# 西门子PLC、触摸屏和变频器应用技巧与实战

韩相争 ◎ 编著

机械工业出版社

本书为一部综合性读物，以西门子 S7-200 SMART PLC、西门子 SMART LINE 触摸屏和西门子 V20 变频器为讲述对象，着眼工程实际，以西门子 S7-200 SMART PLC、西门子 SMART LINE 触摸屏和西门子 V20 变频器之间的综合应用为重点，通过工程案例详细讲述了西门子 S7-200 SMART PLC 的编程技巧、西门子 SMART LINE 触摸屏画面设计及组态方法和变频调速的典型应用，全书在内容安排上循序渐进，由浅入深全面展开。

全书分为 3 篇，共计 9 章。主要内容包括 S7-200 SMART PLC 编程基础与控制系统开发流程、数字量控制程序的设计、模拟量控制程序的设计、运动控制程序的设计、通信控制程序的设计、西门子 SMART LINE 触摸屏应用案例、SMART LINE 触摸屏与 S7-200 SMART PLC 综合应用案例、V20 变频器应用案例、V20 变频器与 S7-200 SMART PLC 综合应用案例等。

本书实用性强，图文并茂，不仅为初学者提供了一套有效处理以上三者综合应用的方法，还为广大工程技术人员提供了大量的实践经验，可作为广大电气工程技术人员自学和参考用书，也可作为高等工科院校、高等职业院校电气工程及自动化、机电一体化等专业综合实训参考教材。

**图书在版编目（CIP）数据**

西门子 PLC、触摸屏和变频器应用技巧与实战/韩相争编著. —北京：机械工业出版社，2022.1
ISBN 978-7-111-69590-5

Ⅰ.①西… Ⅱ.①韩… Ⅲ.①PLC 技术 ②变频器 ③触摸屏
Ⅳ.①TM571.6 ②TP334.1 ③TN773

中国版本图书馆 CIP 数据核字（2021）第 233126 号

机械工业出版社（北京市百万庄大街 22 号 邮政编码 100037）
策划编辑：任 鑫 责任编辑：任 鑫
责任校对：郑 婕 王 延 封面设计：马精明
责任印制：郜 敏
北京汇林印务有限公司印刷
2022 年 3 月第 1 版第 1 次印刷
184mm×260mm · 25 印张 · 569 千字
标准书号：ISBN 978-7-111-69590-5
定价：99.00 元

电话服务 网络服务
客服电话：010-88361066 机 工 官 网：www.cmpbook.com
010-88379833 机 工 官 博：weibo.com/cmp1952
010-68326294 金 书 网：www.golden-book.com
**封底无防伪标均为盗版** 机工教育服务网：www.cmpedu.com

# 前言 / PREFACE

在实际工程中，PLC、触摸屏和变频器组成的控制系统广泛地应用于工业控制的各行各业。其中，PLC 是控制的核心，触摸屏（人机界面）是用户和 PLC 沟通的桥梁，变频器是重要的调速装置。

对于一个工控系统，视其复杂程度或客户需求，会涉及 PLC、触摸屏和变频器三者之间两种或三种综合应用。对于初学或刚刚步入工控领域不久的电气工程技术人员来说，对上述设备的综合应用设计会感到陌生或吃力。基于此，笔者结合多年的教学和工程设计经验，为读者编写了这部综合性的作品。

本书以西门子 S7-200 SMART PLC、西门子 SMART LINE 触摸屏和西门子 V20 变频器为讲述对象，着眼工程实际，以西门子 S7-200 SMART PLC、西门子 SMART LINE 触摸屏和西门子 V20 变频器之间的综合应用为重点，通过工程案例详细讲述了西门子 S7-200 SMART PLC 的编程技巧、西门子 SMART LINE 触摸屏画面设计及组态方法和变频调速的典型应用，全书在内容安排上循序渐进，由浅入深全面展开。

本书有以下特色：

1）去粗取精，直击要点。

2）以图解形式讲解，生动形象，并配有大量的教学视频，读者可扫描二维码观看，易于学习。

3）案例典型，读者可边学边用。

4）对西门子 S7-200 SMART PLC、西门子 SMART LINE 触摸屏和西门子 V20 变频器之间的综合应用，方法讲述系统，过程解析详细，便于读者模仿，可解决读者设计经验不足的难题。

5）控制系统设计完全从工程应用的角度出发，可与实际直接接轨，易于上手。

6）以西门子 S7-200 SMART PLC、西门子 SMART LINE 触摸屏和西门子 V20 变频器软硬件手册为第一手资料，直接和工程接轨。

7）设有“编者有料”“编者心语”等专栏，为读者指出关键点和注意事项。

全书分为 3 篇，共计 9 章。主要内容包括 S7-200 SMART PLC 编程基础与控制系统开发流程、数字量控制程序的设计、模拟量控制程序的设计、运动控制程序的设计、通信控制程序的设计、西门子 SMART LINE 触摸屏应用案例、SMART LINE 触摸屏与 S7-200 SMART PLC 综合应用案例、V20 变频器应用案例、V20 变频器与 S7-200 SMART PLC 综合应用案例等。

本书实用性强，图文并茂，不仅为初学者提供了一套有效处理以上三者综合应用的方法，还为广大工程技术人员提供了大量的实践经验，可作为广大电气工程技术人员自学和参考用书，也可作为高等工科院校、高等职业院校电气工程及自动化、机电一体化等专业综合实训参考教材。

全书由韩相争编著，乔海审阅，李艳昭、杜海洋、刘江帅校对，郑宏俊、李志远、张孝雨为本书的编写提供了帮助，在此一并表示衷心的感谢。

由于笔者水平有限，书中不足之处，敬请广大专家和读者批评指正。

笔　者

于沈阳

# 目录 / CONTENTS

# 第2篇　触　摸　屏

# 第3篇 变 频 器

# 第 1 篇

# 西门子 PLC

# 第 1 章 S7-200 SMART PLC 编程基础与控制系统开发流程

本章要点：

- ◆ S7-200 SMART PLC 概述
- ◆ S7-200 SMART PLC 硬件组成
- ◆ S7-200 SMART PLC 主机的外形结构
- ◆ S7-200 SMART PLC 主机的接线及应用实例
- ◆ S7-200 SMART PLC 编程软件快速应用
- ◆ PLC 控制系统开发流程

## 1.1 S7-200 SMART PLC 概述

西门子 S7-200 SMART PLC 是在 S7-200 PLC 基础上发展起来的全新自动化控制产品，该产品的以下亮点，使其成为经济型自动化市场的理想选择。

1. 机型丰富，选择多样

该产品可以提供不同类型、I/O 点数丰富的 CPU 模块。其产品配置灵活，在满足不同需要的同时，可最大限度地控制成本，是小型自动化系统的理想选择。

2. 选件扩展，配置灵活

S7-200 SMART PLC 新颖的信号板设计，在不额外占用控制柜空间的前提下，可实现通信接口、数字量通道、模拟量通道的扩展，配置更加灵活。

3. 以太互动，便捷经济

S7-200 SMART PLC 的 CPU 模块的本身集成了以太网接口，用 1 根以太网线，便可以实现程序的下载和监控，省去了购买专用编程电缆的费用，经济便捷。同时，其强大的以太网功能，可以实现与其他 CPU 模块、触摸屏和计算机的通信和组网。

**4. 软件友好，编程高效**

STEP 7-Micro/WIN SMART 编程软件融入了新颖的带状菜单和移动式窗口设计，并具有先进的程序结构和强大的向导功能，使编程效率更高。

**5. 运动控制功能强大**

S7-200 SMART PLC 的 CPU 模块本体最多集成 3 路高速脉冲输出，支持 PWM/PTO 输出方式以及多种运动模式。配以方便易用的向导设置功能，可快速实现设备调速和定位。

**6. 完美整合，无缝集成**

S7-200 SMART PLC、SMART LINE 系列触摸屏和 SINAMICS V20 变频器完美结合，可以满足用户人机互动、控制和驱动的全方位需要。

## 1.2　S7-200 SMART PLC 硬件组成

S7-200 SMART PLC 的硬件系统由 CPU 模块、数字量扩展模块、模拟量扩展模块、热电阻与热电偶模块和相关设备组成。

### 1.2.1　CPU 模块

CPU 模块又称基本模块或主机，它由 CPU 单元、存储器单元、输入输出接口单元以及电源组成。CPU 模块是一个完整的控制系统，它可以单独地完成一定的控制任务，主要功能是采集输入信号、执行程序、发出输出信号和驱动外部负载。

CPU 模块有经济型和标准型两种。经济型 CPU 模块有 4 种，分别为 CPU CR20s、CPU CR30s、CPU CR40s 和 CPU CR60s，经济型 CPU 价格便宜，但不具有扩展能力；标准型 CPU 模块有 8 种，分别为 CPU SR20、CPU ST20、CPU SR30、CPU ST30、CPU SR40、CPU ST40、CPU SR60 和 CPU ST60，它们具有扩展能力。

CPU 模块的外形，如图 1-1 所示。

CPU 模块的技术参数，见表 1-1。

表 1-1　CPU 模块的技术参数

| 特征 | CPU SR20/ST20 | CPU SR30/ST30 | CPU SR40/ST40 | CPU SR60/ST60 |
| --- | --- | --- | --- | --- |
| 外形尺寸 | 90mm×100mm×81mm | 110mm×100mm×81mm | 125mm×100mm×81mm | 175mm×100mm×81mm |
| 程序存储器/KB | 12 | 18 | 24 | 30 |
| 数据存储器/KB | 8 | 12 | 16 | 20 |
| 本机数字量 I/O | 12 输入/8 输出 | 18 输入/12 输出 | 24 输入/16 输出 | 36 输入/24 输出 |
| 数字量 I/O 映像区 | 256 位输入/256 位输出 | 256 位输入/256 位输出 | 256 位输入/256 位输出 | 256 位输入/256 位输出 |
| 模拟映像 | 56 字输入/56 字输出 | 56 字输入/56 字输出 | 56 字输入/56 字输出 | 56 字输入/56 字输出 |

（续）

| 特征 | CPU SR20/ST20 | CPU SR30/ST30 | CPU SR40/ST40 | CPU SR60/ST60 |
|---|---|---|---|---|
| 扩展模块数量/个 | 6 | 6 | 6 | 6 |
| 脉冲捕捉输入个数 | 12 | 12 | 14 | 24 |
| 高速计数器个数 | 4 路 | 4 路 | 4 路 | 4 路 |
| 单相高速计数器个数 | 4 路 200kHz | 4 路 200kHz | 4 路 200kHz | 4 路 200kHz |
| 正交相位 | 2 路 100kHz | 2 路 100kHz | 2 路 100kHz | 2 路 100kHz |
| 高速脉冲输出 | 2 路 100kHz<br>（仅限 DC 输出） | 3 路 100kHz<br>（仅限 DC 输出） | 3 路 100kHz<br>（仅限 DC 输出） | 3 路 20kHz<br>（仅限 DC 输出） |
| 以太网接口/个 | 1 | 1 | 1 | 1 |
| RS-485 通信接口 | 1 | 1 | 1 | 1 |
| 可选件 | 存储器卡、信号板和通信版 | | | |
| DC 24V 电源 CPU<br>输入电流/最大负载 | 430mA/160mA | 365mA/624mA | 300mA/680mA | 300mA/220mA |
| AC 240V 电源 CPU | 120/60mA | 52/72mA | 150mA/190mA | 300/710mA |

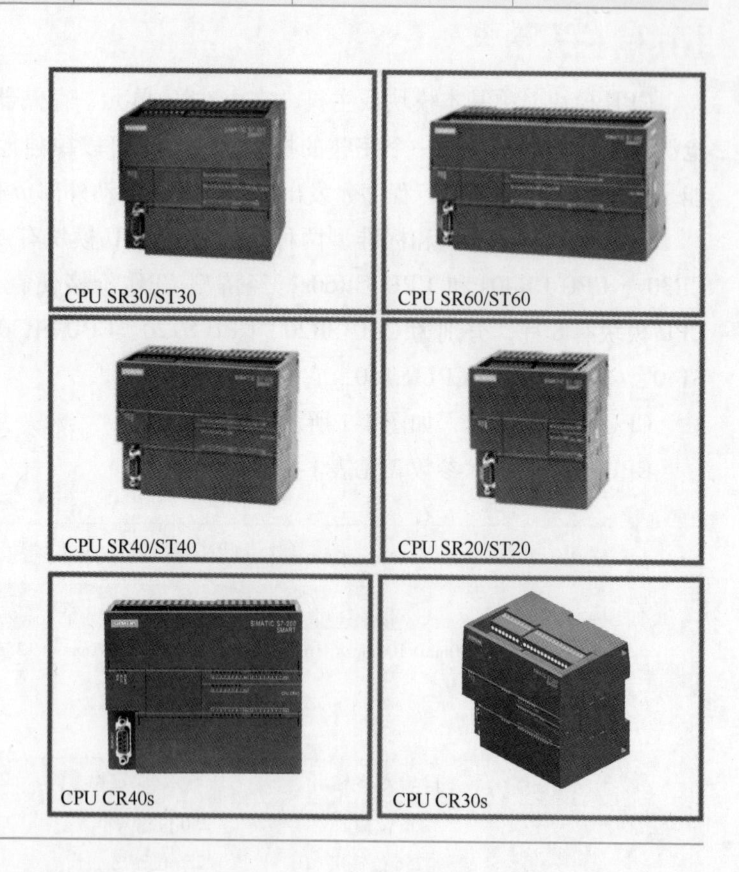


图 1-1　CPU 模块的外形

### 1.2.2　数字量扩展模块

数字量扩展模块的外形，如图 1-2 所示。当 CPU 模块数字量 I/O 点数不能满足控制系统的需要时，用户可根据实际的需要对数字量 I/O 点数进行扩展。数字量扩展模块不能单独使用，需要通过自带的连接器插在 CPU 模块上。

数字量扩展模块通常有 3 类，分别为数字量输入模块，数字量输出模块和数字量输入输出混合模块。

数字量输入模块有 2 个，型号分别为 EM DE08 和 EM DE16，EM DE08 为 8 点输入，EM DE16 为 16 点输入。

数字量输出模块有 4 个，型号分别为 EM DR08、EM DT08、EM QR16 和 EM QT16。其中，EM DR08 模块和 EM QR16 模块为 8 点和 16 点继电器输出型，每点额定电流为 2A；EM DT08 模块和 EM QR16 为 8 点和 16 点晶体管输出型，每点额定电流为 0. 75A。

数字量输入/输出模块有 4 个，型号为 EM DR16、EM DT16、EM DR32 和 EM DT32。其中，EM DR16/DT16 模块为 8 点输入/8 点输出，继电器/晶体管输出型，每点额定电流为 2A/0. 75A；EM DR32/DT32 模块为 16 点输入/16 点输出，继电器/晶体管输出型，每点额定电流为 2A/0. 75A。

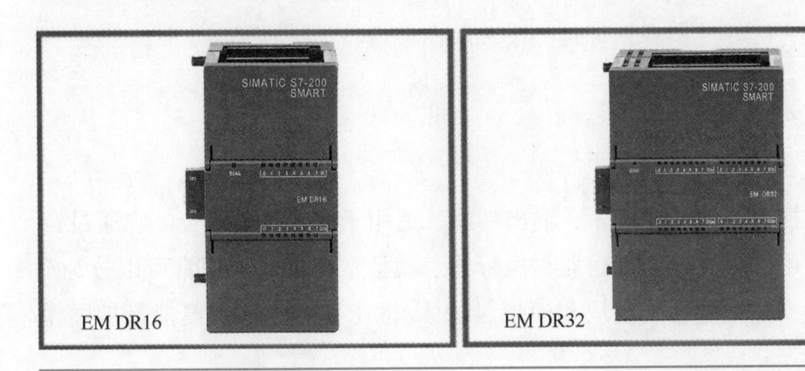


图 1-2　数字量扩展模块的外形

### 1.2.3　信号板

S7-200 SMART PLC 有 3 种信号板，分别为模拟量输入/输出信号板、数字量输入/输出信号板和 RS-485/RS-232 信号板。信号板的外形，如图 1-3 所示。

模拟量输入信号板型号为 SB AE01，1 点模拟量输入，输入量程有±10V、±5V、±2. 5V 或 0~20mA 共 4 种，电压模式的分辨率为 11 位+符号位，电流模式的分辨率为 11 位，对应的数据字范围-27648~27648；模拟量输出信号板型号为 SB AQ01，1 点模拟量输出，输出量程为±10V 或 0~20mA，对应数据字范围为±27648 或 0~27648。

数字量输入/输出信号板型号为 SB DT04，为 2 点输入/2 点输出晶体管输出型，输出端每点最大额定电流为 0. 5A。

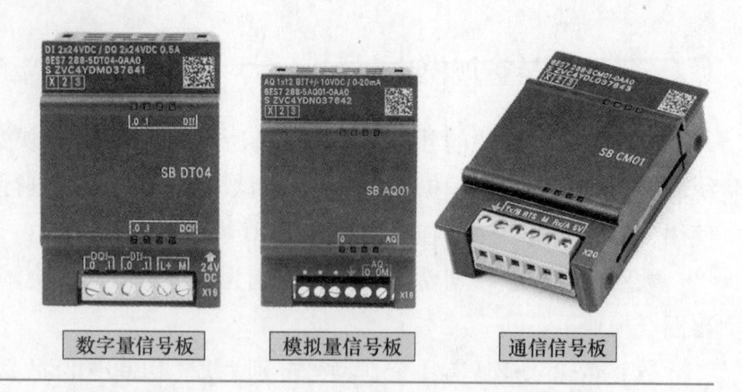


图 1-3 信号板的外形

RS-485/RS-232 信号板型号为 SB CM01，可以组态 RS-485 或 R-S232 通信接口。

编者有料

1. 和 S7-200PLC 相比，S7-200 SMART PLC 信号板配置是特有的，在功能扩展的同时，也兼顾了安装方式，且配置灵活，不占控制柜空间。

2. 读者在应用 PLC 及数字量扩展模块时，一定要注意引脚的载流量，继电器输出型载流量为 2A；晶体管输出型载流量为 0.75A。在应用时，不要超过上限值；如果超限，则需要用继电器过渡，这也是工程中常用的手段。

### 1.2.4 模拟量扩展模块

模拟量扩展模块为主机提供了模拟量输入、输出功能，适用于复杂控制场合。它通过自带连接器与主机相连，并且可以直接连接变送器和执行器。模拟量扩展模块通常可以分为 3 类，分别为模拟量输入模块、模拟量输出模块和模拟量输入/输出混合模块。模拟量扩展模块的外形，如图 1-4 所示。

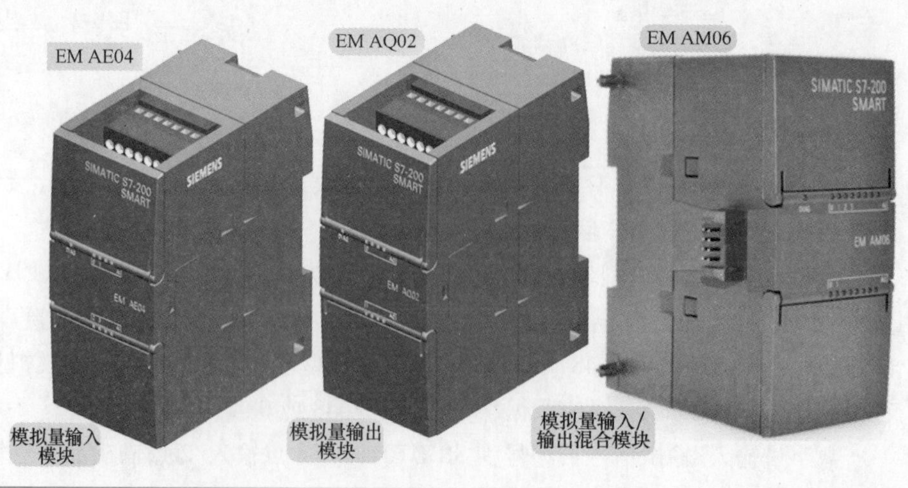


图 1-4 模拟量扩展模块的外形

模拟量输入模块有 2 种，分别为 4 路输入和 8 路输入，对应型号为 EM AE04 和 EM AE08，量程有 4 种，分别为±10V、±5V、±2.5V 和 0~20mA。其中，电压型模拟量输入模块的分辨率为 12 位+符号位，满量程输入对应的数字量范围为-27648~27648，输入阻抗不小于 9MΩ；电流型的分辨率为 12 位，满量程输入对应的数字量范围为 0~27648，输入阻抗为 250Ω。

模拟量输出模块有 2 种，分别为 2 路输出和 4 路输出，对应型号为 EM AQ02 和 EM AQ04，量程有 2 种，分别为±10V 和 0~20mA。其中，电压型的分辨率为 11 位+符号位，满量程输入对应的数字量范围为-27648~27648；电流型的分辨率为 11 位，满量程输入对应的数字量范围为 0~27648。

模拟量输入/输出模块有 2 种，分别为 2 路模拟量输入/1 路模拟量输出和 4 路模拟量输入/2 路模拟量输出，对应型号为 EM AM03 和 EM AM06。实际上就是模拟量输入模块与模拟量输出模块的叠加，故不再赘述。

### 1.2.5　热电阻与热电偶模块

热电阻或热电偶扩展模块是模拟量模块的特殊形式，可直接连接热电偶和热电阻测量温度。热电阻和热电偶扩展模块的外形，如图 1-5 所示。

热电阻或热电偶扩展模块可以支持多种热电阻和热电偶。热电阻扩展模块型号为 EM AR02 和 EM AR04，温度测量分辨率为 0.1℃/0.1℉，电阻测量精度为 15 位+符号位；热电偶扩展模块型号为 EM AT04，温度测量分辨率和电阻测量精度与热电阻相同。

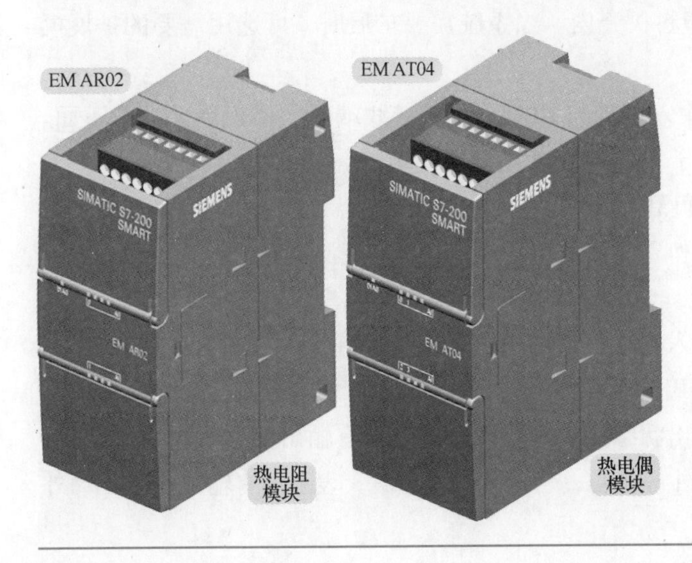


图 1-5　热电阻模块和热电偶模块的外形

### 1.2.6　相关设备

相关设备是为了充分和方便地利用系统硬件和软件资源而开发和使用的一些设备，主要有编程设备、人机操作界面等。编程设备和人机界面，如图 1-6 所示。

编程设备主要用来进行用户程序的编制、存储和管理等，并将用户程序送入 PLC 中，在调试过程中，进行监控和故障检测。S7-200 SMART PLC 的编程软件为 STEP 7-Micro/WIN SMART。

人机操作界面主要指专用操作员界面。常见的如触摸面板、文本显示器等，用户可以通过该设备轻松地完成各种调整和控制任务。

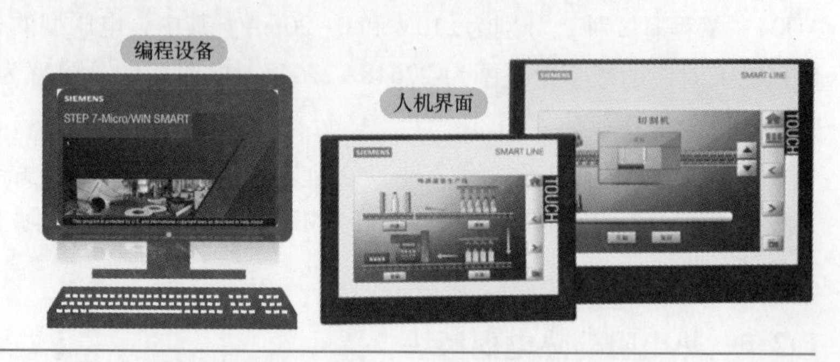


图 1-6　编程设备和人机界面

## 1.3　S7-200 SMART PLC 主机的外形结构

S7-200 SMART PLC 主机的外形结构，如图 1-7 所示。其 CPU 单元、存储器单元、输入/输出单元及电源集中封装在同一塑料机壳内。当系统需要扩展时，可选用需要的扩展模块与主机连接。

1）输入端子：输入端子是外部输入信号与 PLC 连接的接线端子，位于顶部端盖下面。此外，顶部端盖下面还有输入公共端子和 PLC 工作电源接线端子。

2）输出端子：输出端子是外部负载与 PLC 连接的接线端子，位于底部端盖下面。此外，底部端盖下面还有输出公共端子和 24V 直流电源端子，24V 直流电源为传感器和光电开关等提供能量。

3）输入状态指示灯（LED）：输入状态指示灯用于显示是否有输入控制信号接入 PLC。当指示灯亮时，表示有控制信号接入 PLC；当指示灯不亮时，表示没有控制信号接入 PLC。

4）输出状态指示灯（LED）：输出状态指示灯用于显示是否有输出信号驱动执行设备。当指示灯亮时，表示有输出信号驱动外部设备；当指示灯不亮时，表示没有输出信号驱动外部设备。

5）运行状态指示灯：运行状态指示灯有 RUN、STOP 和 ERROR，其中 RUN、STOP 指示灯用于显示当前工作方式。当 RUN 指示灯亮时，表示运行状态；当 STOP 指示灯亮时，表示停止状态；当 ERROR 指示灯亮时，表示系统故障，PLC 停止工作。

6）存储卡插口：该插口插入 Micro SD 卡，可以下载程序和 PLC 固件版本更新。

7）扩展模块接口：用于连接扩展模块，采用插针式连接，使模块连接更加紧密。

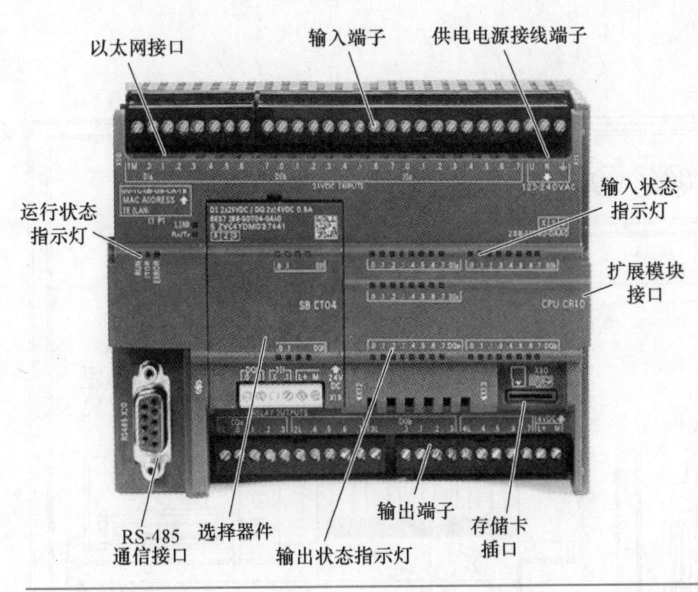


图 1-7　S7-200 SMART PLC 主机的外形结构

8）选择器件：可以选择信号板或通信板，实现精确化配置的同时，又可以节省控制柜的安装空间。

9）RS-485 通信接口：可以实现 PLC 与计算机之间、PLC 与 PLC 之间、PLC 与其他设备之间的通信。

10）以太网接口：用于程序下载和设备组态。下载程序时，只需要一条以太网线即可，无须购买专用的程序下载线。

## 1.4　S7-200 SMART PLC 主机的接线及应用实例

S7-200 SMART PLC 的主机（CPU 模块）型号虽然较多，但接线方式相似，因此本书以 CPU SR20/ST20 为例，对 S7-200 SMART PLC 的主机（CPU 模块）接线进行讲解。

### 1.4.1　CPU SR20 的接线

CPU SR20 的接线，如图 1-8 所示。在图 1-8 中，L1、N 端子接交流电源，电压允许范围为 85～264V。L+、M 为 PLC 向外输出 24V/300mA 直流电源，L+为电源正，M 为电源负，该电源可作为输入端电源使用，也可作为传感器供电电源。

输入端子：CPU SR20 共有 12 点输入，端子编号采用八进制。输入端子 I0.0～I1.3，公共端为 1M。

输出端子：CPU SR20 共有 8 点输出，端子编号也采用八进制。输出端子共分 3 组，Q0.0～Q0.3 为第一组，公共端为 1L；Q0.4～Q0.7 为第二组，公共端为 2L；根据负载性质的不同，输出电路电源支持交流和直流。

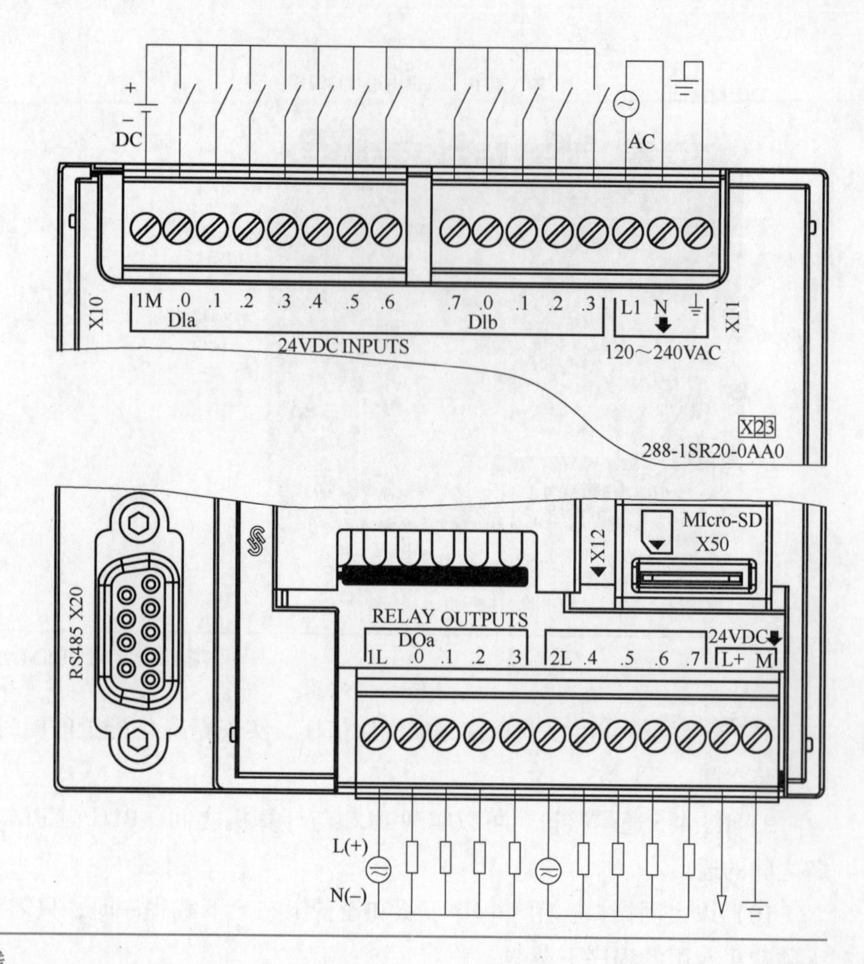


图 1-8　CPU SR20 的接线

## 1.4.2　CPU ST20 的接线

CPU ST20 的接线，如图 1-9 所示。在图 1-9 中，电源为 DC24V，输入点接线与 CPU SR20 相同。不同点在于输出点的接线，输出端子为 1 组，输出编号为 Q0. 0~Q0. 7，公共端为 2L+、2M；根据负载性质的不同，输出电路电源只支持直流电源。

编者有料

1. CPU SR××模块输出电路电源既支持直流型又支持交流型，有时候交流电源用多了，以为 CPU SR××模块输出电路电源不支持直流型，这是误区，需读者注意。

2. CPU STXX 模块输出为晶体管型，输出端能发射出高频脉冲，常用于含有伺服电动机和步进电动机的运动量场合，这点 CPU SR××模块不具备。

3. 运动量场合，CPU ST××模块不能直接驱动伺服电动机或步进电动机，需配驱动器。伺服电动机需配伺服电动机驱动器；步进电动机需配步进电动机驱动器；驱动器的厂商很多，例如西门子、三菱、松下和和利时等，读者可根据需要，进行查找。

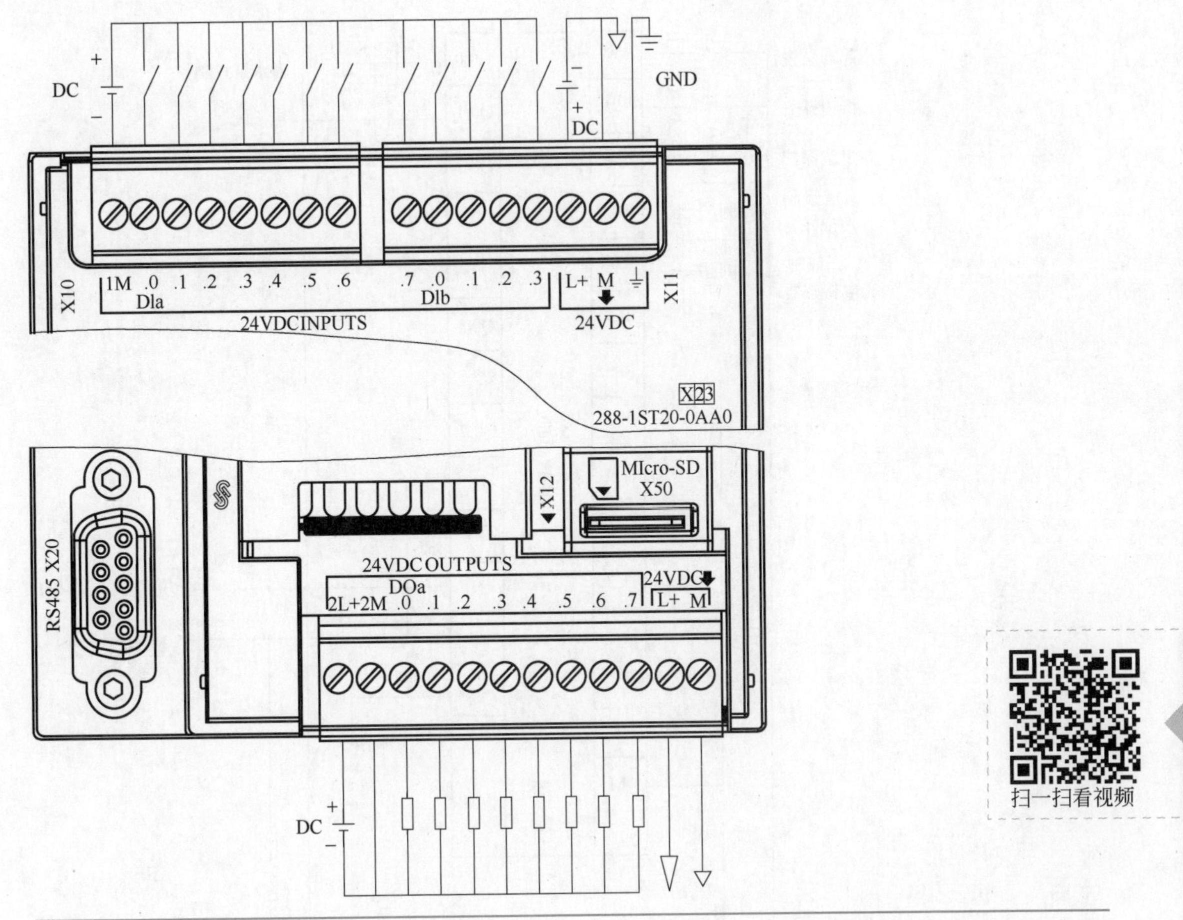


图 1-9　CPU ST20 的接线

### 1.4.3　CPU 模块与外围器件的接线实例

外围器件包括输入器件和输出器件。输入器件可分为触点型和电子型。触点型的输入器件如开关、按钮、行程开关和液位开关等，这类器件多为二线制；电子型输入器件如接近开关、光电开关、电感式传感器、电容式传感器和电磁流量计等，这类器件多为三线制。输出器件包括接触器、继电器和电磁阀等。

（1）输入器件与 CPU 模块的连接

输入器件如果是二线制，它的一端连接 CPU 模块的输入点，另一端经熔断器连接到输入回路电源的正极；如果是三线制，两根电源线正常供电，信号线连接到 CPU 模块的输入点上，如图 1-10 所示。

（2）输出器件与 CPU 模块的连接

输出器件的一端连接到 CPU 模块的输出点上，另一端连接到输出回路电源的负极，如图 1-10 所示。

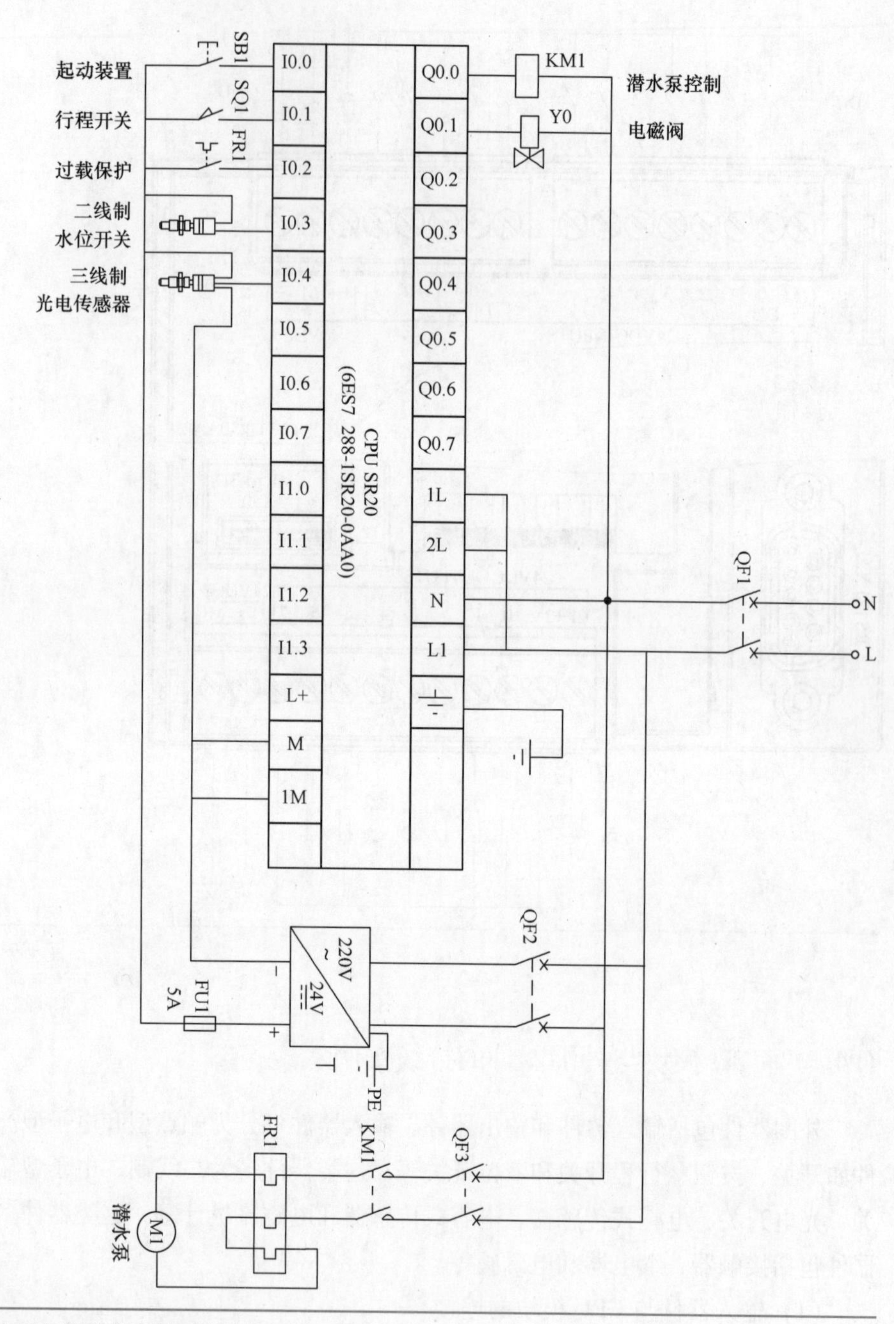


图 1-10　CPU 模块与外围器件的接线实例

## 1.5　例说西门子 S7-200 SMART PLC 编程软件快速应用

STEP 7-Micro/WIN SMART 是西门子公司专门为 S7-200 SMART PLC 设计的编程软件，其功能强大，目前较为普及的 V2.2 版，可在 Windows XP SP3 和 Windows 7 操作系统上运

行，支持梯形图、语句表、功能块图 3 种语言，可进行程序的编辑、监控、调试和组态。其安装文件还不足 100MB。在沿用 STEP 7-Micro/WIN 优秀编程理念的同时，其加入了更多的人性化设计，使编程更容易上手，项目开发更加高效。

本书以 STEP 7-Micro/WIN SMART V2.2 编程软件为例，对相关知识进行讲解。

## 1.5.1　STEP 7-Micro/WIN SMART 编程软件的界面

STEP 7-Micro/WIN SMART 编程软件的界面，如图 1-11 所示。其界面主要包括快速访问工具栏、导航栏、项目树、菜单栏、程序编辑器、窗口选项卡和状态栏。

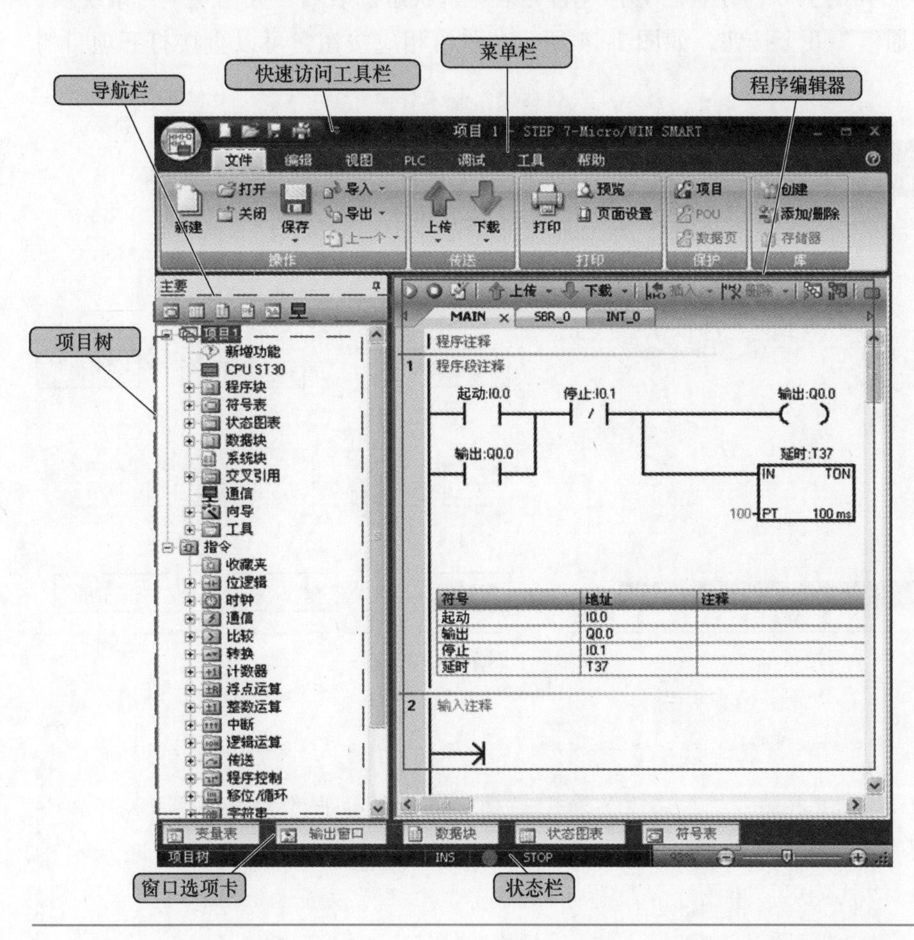


图 1-11　STEP 7-Micro/WIN SMART 编程软件的界面

### 1. 快速访问工具栏

快速访问工具栏位于菜单栏的上方，如图 1-12 所示。单击“快速访问文件”按钮，可以简捷快速地访问“文件”菜单下的大部分功能和最近文档。单击“快速访问文件”按钮出现的下拉菜单，如图 1-13 所示。快速访问工具栏上的其余按钮分别为“新建”“打开”“保存”和“打印”等。

此外，单击▾还可以自定义快速访问工具栏。

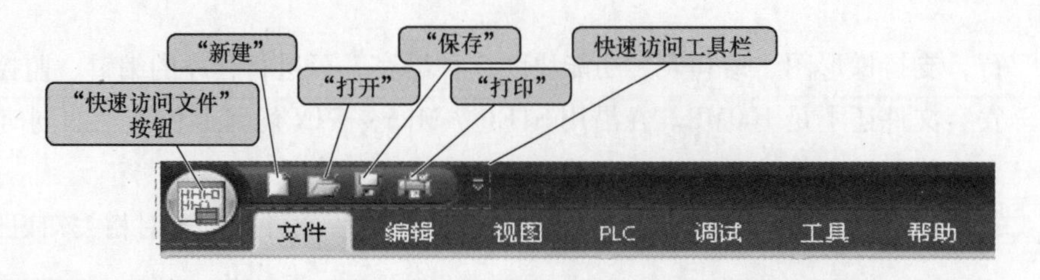


图 1-12　快速访问工具栏

**2. 导航栏**

导航栏位于项目树的上方，导航栏上有"符号表""状态图表""数据块""系统块""交叉引用"和"通信"几个按钮，如图 1-14 所示。单击相应按钮，可以直接打开项目树中的对应选项。

图 1-13　"快速访问文件"下拉菜单

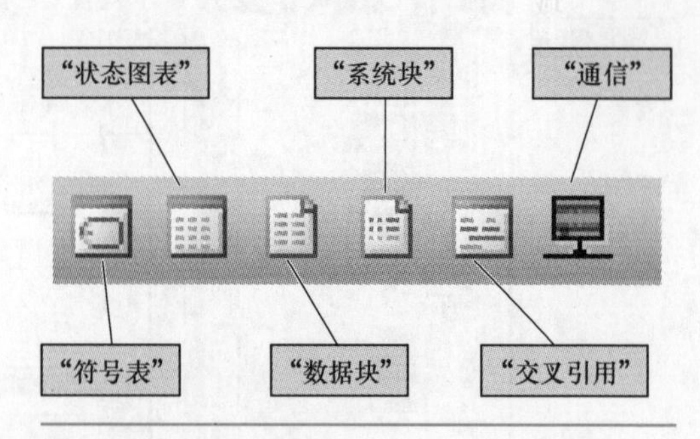


图 1-14　导航栏

编者有料

1. "符号表""状态图表""系统块"和"通信"几个按钮非常重要，读者应予以重视。"符号表"对程序起到注释作用，增加程序的可读性；"状态图表"用于调试时，监控变量的状态；"系统块"用于硬件组态；"通信"按钮用于设置通信信息。

2. 各按键的名称读者无须死记硬背，将鼠标放在按键上，就会出现。

**3. 项目树**

项目树位于导航栏的下方，如图 1-15 所示。项目树有两大功能：组织编辑项目和提供指令。

（1）组织编辑项目

1）双击"系统块"，可以进行硬件组态。

2）单击"程序块"文件夹前的 ⊞，"程序块"文件夹会展开。单击鼠标右键可以插入子程序或中断程序。

3）单击“符号表”文件夹前的 ⊞，“符号表”文件夹会展开。单击鼠标右键可以插入新的符号表。

4）单击“状态图表”文件夹前的 ⊞，“状态图表”文件夹会展开。单击鼠标右键可以插入新的状态图表。

5）单击“向导”文件夹前的 ⊞，“向导”文件夹会展开，操作者可以选择相应的向导。常用的向导有运动向导、PID 向导和高速计数器向导。

（2）提供相应的指令

单击相应指令文件夹前的 ⊞，相应的指令文件夹会展开，操作者双击或拖拽相应的指令，相应的指令会出现在程序编辑器的相应位置。

此外，项目树右上角有一小钉图标，当其为竖放“📌”时，项目树位置会固定；当其为横放“📌”，项目树会自动隐藏。小钉图标隐藏时，会扩大程序编辑器的区域。

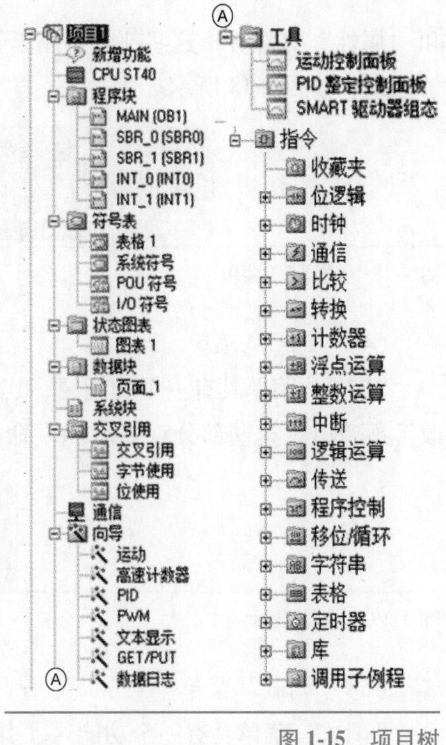


图 1-15　项目树

**4. 菜单栏**

菜单栏包括文件、编辑、视图、PLC、调试、工具和帮助 7 个菜单项。

（1）“文件”菜单

“文件”菜单显示一个功能区，其中包括“操作”“传输”“打印”“保护”以及“库”等部分，它们各自将多种文件命令合为一组，如图 1-16 所示。

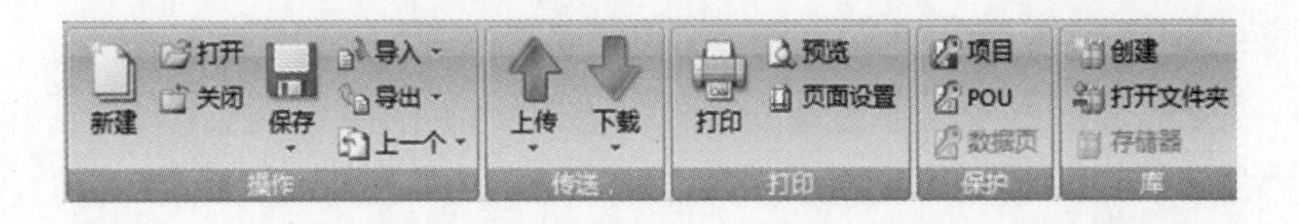


图 1-16　“文件”菜单

（2）“编辑”菜单

“编辑”菜单具有一个功能区，其中包含“剪贴板”“插入”“删除”和“搜索”等部分，这些部分对多种编辑命令进行了分组，如图 1-17 所示。

图 1-17　“编辑”菜单

（3）“视图”菜单

“视图”菜单具有一个功能区，其中包含“编辑器”“窗口”“符号”“注释”“书签”

和“属性”等部分，这些部分对用于管理STEP 7-Micro/WIN SMART中查看内容的命令进行了分组，如图1-18所示。

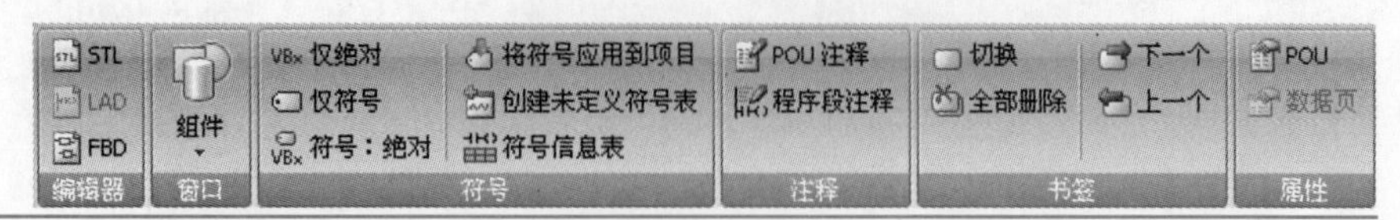


图1-18 “视图”菜单

（4）“PLC”菜单

“PLC”菜单具有一个功能区，其中包含“操作”“传送”“存储卡”“信息”和“修改”等部分，这些部分对多种PLC命令进行了分组，如图1-19所示。

图1-19 “PLC”菜单

（5）“调试”菜单

“调试”菜单具有一个功能区，其中包含“读/写”“状态”“强制”“扫描”和“设置”等部分，这些部分对多种用于调试程序的命令进行了分组，如图1-20所示。

图1-20 “调试”菜单

（6）“工具”菜单

“工具”菜单具有一个功能区，其中包含“向导”“工具”和“设置”等部分，如图1-21所示。

图1-21 “工具”菜单

**5. 程序编辑器**

程序编辑器是编写和编辑程序的区域，如图1-22所示。程序编辑器主要包括工具栏、POU选择器、POU注释、程序注释等部分。其中，工具栏详解如图1-23所示。POU选择器用于主程序、子程序和中断程序之间的切换。

**6. 窗口选项卡**

窗口选项卡可以实现变量表窗口、符号表窗口、状态图表窗口、数据块窗口和输出窗口的切换。

**7. 状态栏**

状态栏位于主窗口底部，提供软件中执行的操作信息。

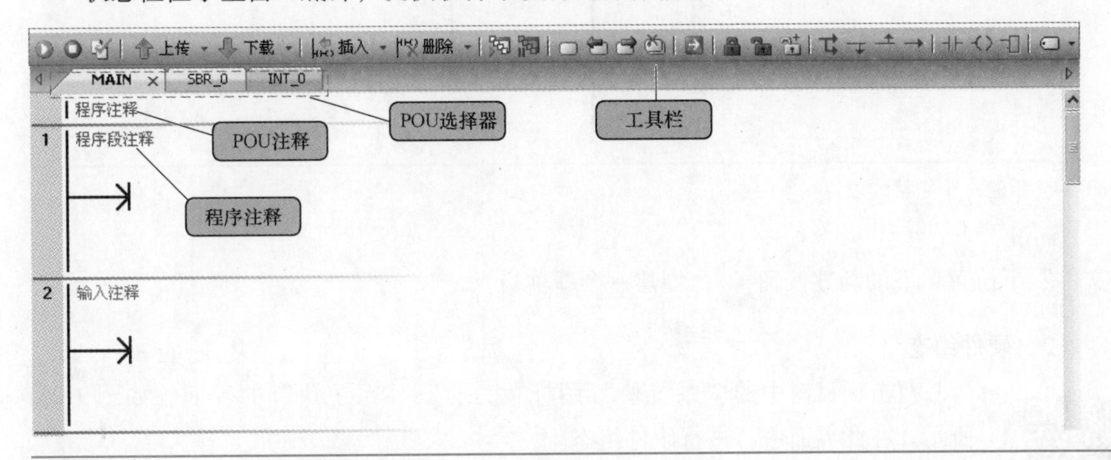


图 1-22　程序编辑器

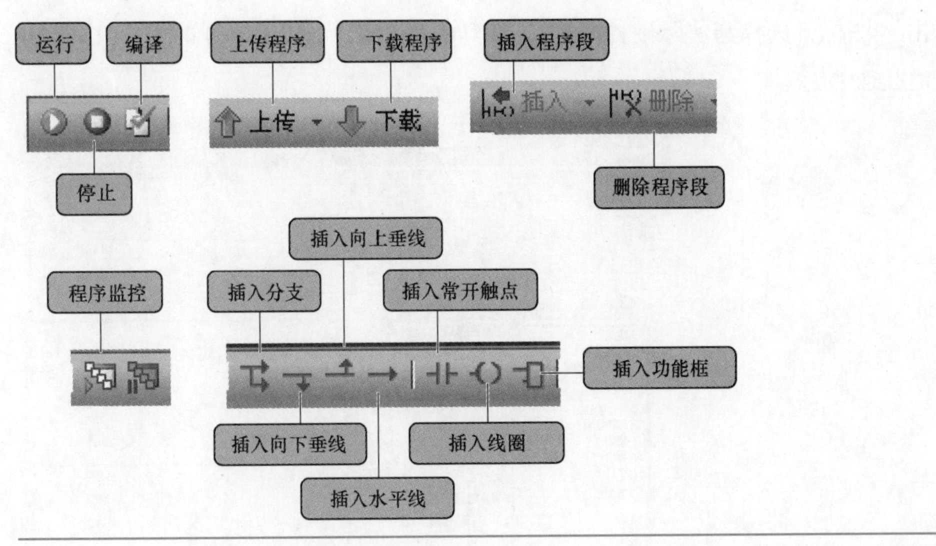


图 1-23　工具栏详解

## 1.5.2　STEP 7-Micro/WIN SMART 编程软件应用举例

**1. 项目要求**

以图 1-24 为例，完整地介绍硬件组态、程序输入、注释、编译、下载和监控的全过程。本例中系统硬件有 CPU ST20、1 块模拟量输出信号板、1 块 4 路模拟量输入模块和 1 块 8 路数字量输入模块。

**2. 任务实施**

（1）创建项目

双击桌面上的 STEP 7-Micro/WIN SMART 编程软件图标，打开编程软件界面。单击

图 1-24　新建一个完整的项目

“文件”下拉菜单下的新建按钮，创建一个新项目。

（2）硬件组态

双击项目树中的“系统块”图标，打开“系统块”的界面，如图 1-25 所示。在此界面中，进行硬件组态。

1）系统块表格的第 1 行是 CPU 型号的设置。在第 1 行的第 1 列处，可以单击图标，选择与实际硬件匹配的 CPU 型号。本例 CPU 型号选择 CPU ST20（DC/DC/DC）。

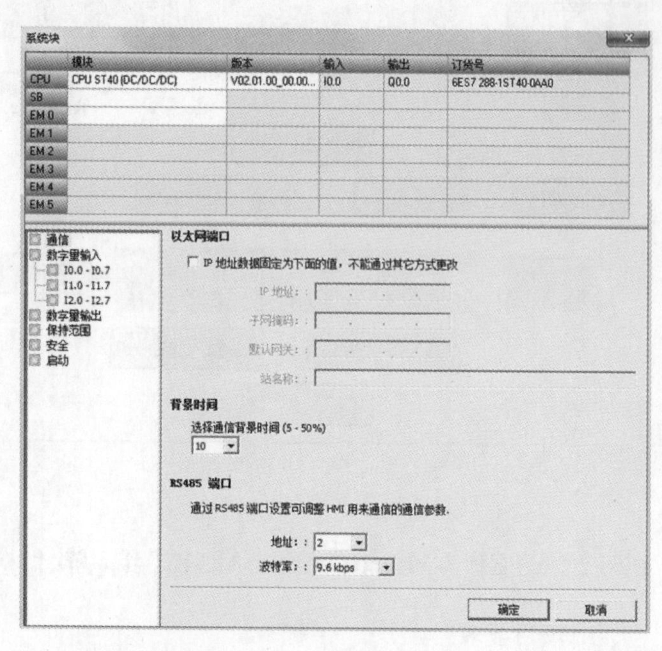


图 1-25　系统块开展界面

2）系统块表格的第 2 行是信号板的设置。在第 1 行的第 1 列处，可以单击图标，选择与实际信号板匹配的类型。本例信号板型号选择 SB AQ01（1AQ）。

3）系统块表格的第 3~8 行可以设置扩展模块。扩展模块包括数字量扩展模块、模拟量扩展模块、热电阻扩展模块和热电偶扩展模块。本例中，第 3 行选择 4 路模拟量输入模块，型号为 EM AE04（4AI）；第 4 行选择 8 路数字量输入模块，型号为 EM DE04（8DI）。

本例硬件组态的最终结果，如图 1-26 所示。

系统块

| | 模块 | 版本 | 输入 | 输出 | 订货号 |
|---|---|---|---|---|---|
| CPU | CPU ST20 (DC/DC/DC) | V02.02.00_00.00... | I0.0 | Q0.0 | 6ES7 288-1ST20-0AA0 |
| SB | SB AQ01 (1AQ) | | | AQW12 | 6ES7 288-5AQ01-0AA0 |
| EM 0 | EM AE04 (4AI) | | AIW16 | | 6ES7 288-3AE04-0AA0 |
| EM 1 | EM DE08 (8DI) | | I12.0 | | 6ES7 288-2DE08-0AA0 |
| EM 2 | | | | | |
| EM 3 | | | | | |

图 1-26　硬件组态的最终结果

本例中，进行硬件组态时，特别需要注意的是模拟量输入模块参数的设置。了解西门子 S7-200 PLC 的读者都知道，模拟量模块的类型和范围均由拨码开关来设置，而 S7-200 SMART PLC 模拟量模块的类型和范围由软件来设置，即先选中模拟量输入模块，再选中要设置的通道。模拟量的类型有电压和电流两类，电压范围有 3 种：±2. 5V、±5V、±10V；电流范围只 1 种：0~20mA。

值得注意的是，通道 0 和通道 1 的类型相同；通道 2 和通道 3 的类型相同；具体设置，如图 1-27 所示。

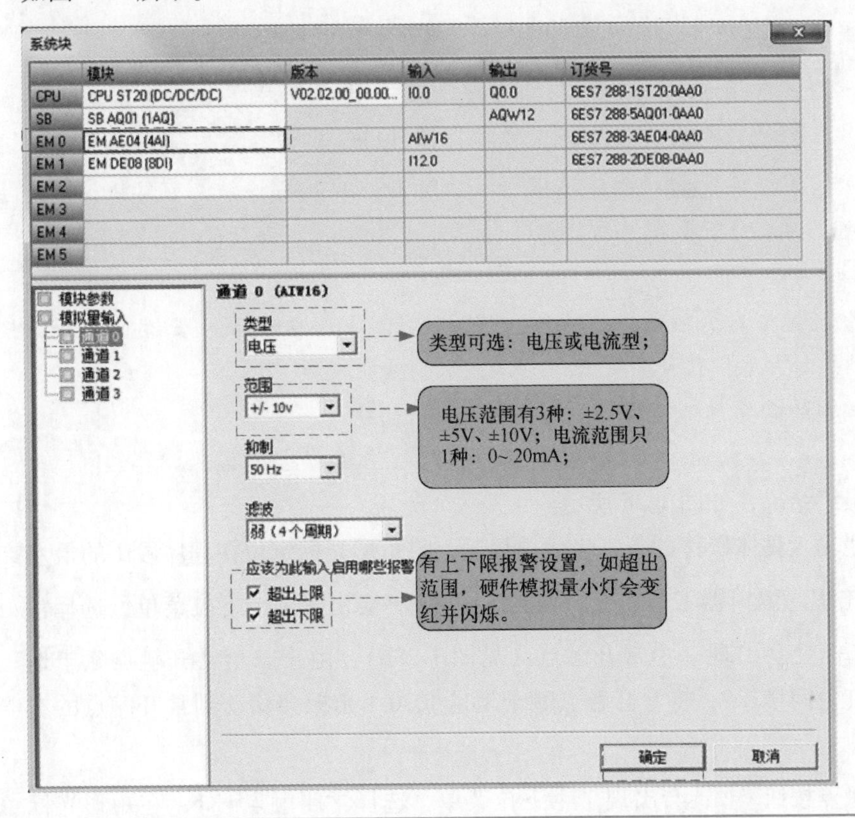


图 1-27　组态模拟量输入

编者有料

1. 硬件组态的目的是生成一个与实际硬件系统完全相同的系统。硬件组态包括CPU 模块、扩展模块和信号板型号的添加，以及它们相关参数的设置。

2. S7-200 SMART PLC 硬件组态有些类似 S7-1200 PLC 和 S7-300/400 PLC，注意输入输出点的地址是系统自动分配的，操作者不能更改，编程时要严格遵守系统的地址分配。例如在图 1-26 中，第 4、5 列为软件自动分配的输入、输出点的起始地址，操作者编程时应遵循此地址分配，不得改变。

3. 硬件组态时，设备的选择型号必须和实际硬件完全匹配，否则控制功能无法实现。

(3) 程序输入

生成新项目后，系统会自动打开主程序 MAIN（OB1），操作者先将光标定位在程序编辑器中要放元件的位置，然后可以进行程序输入了。

程序输入常用的有两种方法：①用程序编辑器中的工具栏输入；②用键盘上的快捷键输入。

编者有料

1. 用程序编辑器中的工具栏进行输入。单击⊣⊢按钮，出现下拉菜单，选择⊣ ⊢，可以输入常开触点；单击⊣⊢按钮，出现下拉菜单，选择⊣/⊢，可以输入常闭触点；单击<>按钮，可以输入线圈；单击□按钮，可以输入功能框；单击按钮，可以插入分支；单击按钮，可以插入向下垂线，单击按钮，可以插入向上垂线；单击→按钮，可以插入水平线；

2. 用键盘上的快捷键输入。触点快捷键 F4；线圈快捷键 F6；功能块快捷键 F9；分支快捷键“Ctrl+↓”；向上垂线快捷键“Ctrl+↑”；水平线快捷键“Ctrl+→”。输入完元件后，根据实际编程的需要，必须将相应元件赋予相应的地址。

本例程序输入的最终结果，如图 1-28 所示。

本例中使用工具栏输入具体操作如下：生成项目后，将矩形光标定位在程序段 1 的最左边（见图 1-28a）；单击程序编辑器工具栏上的触点按钮⊣⊢，会出现 1 个下拉菜单，选择常开触点⊣ ⊢，在矩形光标处会出现一个常开触点（见图 1-28b），由于未给常开触点赋予地址，因此触点上方有红色问号??.?；将常开触点赋予地址 I0. 0，光标会移动到常开触点的右侧（见图 1-28c）。

单击工具栏上的触点按钮⊣⊢，会出现 1 个下拉菜单，选择常闭触点⊣/⊢，在矩形光标处会出现一个常闭触点（见图 1-28d），将常闭触点赋予地址 I0. 1，光标会移动到常闭触点的右侧（见图 1-28e）。

单击工具栏上的线圈按钮，会出现 1 个下拉菜单，选择线圈-[ ]，在矩形光标处会出现一个线圈，将线圈赋予地址 M0.0（见图 1-28f）；将光标放在常开触点 I0.0 下方，之后生成常开触点 M0.0（见图 1-28g）；将光标放在新生成的触点 M0.0 上，单击工具栏上的“插入向上垂线”按钮，将 M0.0 触点并联到 I0.0 触点上（见图 1-28h）；将光标放在常闭触点 I0.1 上方，单击工具栏上的“插入向下垂线”按钮，会生成双箭头折线（见图 1-28i）；单击工具栏上的“功能框”按钮，会出现下拉菜单，在键盘上输入 TON，下拉菜单光标会跳到 TON 指令处，选择 TON 指令，在矩形光标处会出现一个 TON 功能块（见图 1-28j）；之后给 TON 功能框输入地址 T37 和预设值 100，便得到了最终的结果。

使用键盘上的快捷键输入方法与此基本相同，只不过单击工具栏按钮换成了按快捷键，故这里不再赘述。

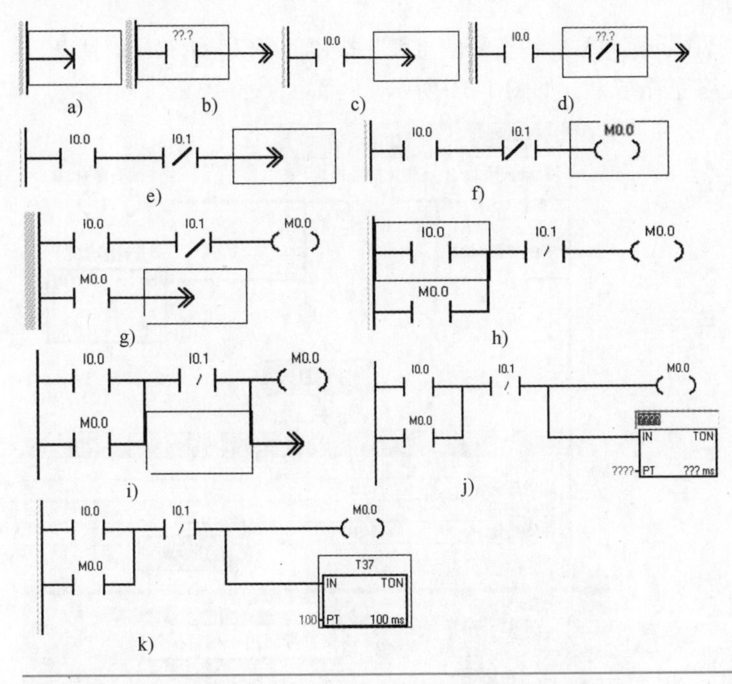


图 1-28　图 1-24 程序输入的具体步骤

（4）程序注释

一个程序，特别是较长的程序，如果想要很容易被别人看懂，做好程序描述是必要的。本例程序注释的添加步骤如下：

扫一扫看视频

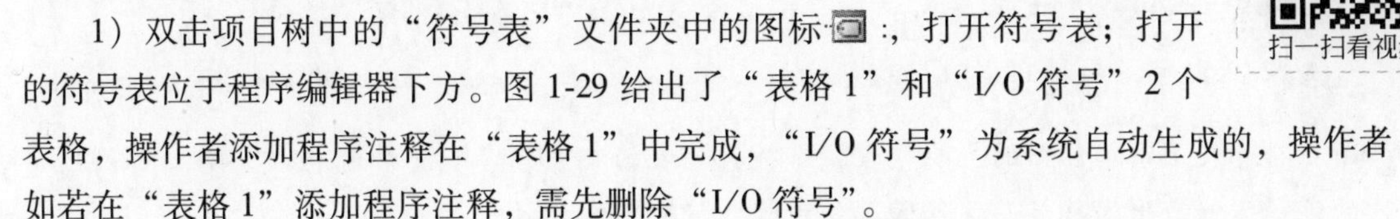

1）双击项目树中的“符号表”文件夹中的图标，打开符号表；打开的符号表位于程序编辑器下方。图 1-29 给出了“表格 1”和“I/O 符号”2 个表格，操作者添加程序注释在“表格 1”中完成，“I/O 符号”为系统自动生成的，操作者如若在“表格 1”添加程序注释，需先删除“I/O 符号”。

2）符号生成：打开表格 1，在“符号”列输入符号名称，符号名最多可以包含 23 个符

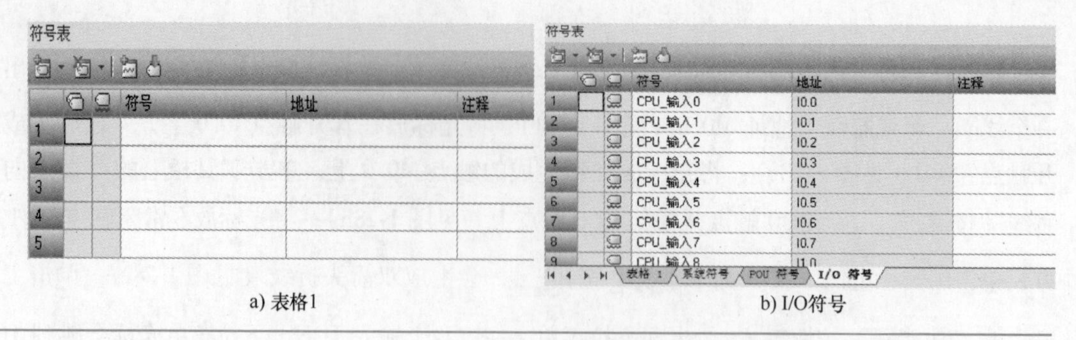


a) 表格1　　b) I/O符号

图 1-29　打开符号表

号；在“地址”列输入相应的地址；“注释”列可以进一步详细的注释，最多可注释 79 个字符。图 1-24 的注释信息填完后，单击符号表中的图标，将符号应用于项目。

3）显示方式设置。显示方式有 3 种，分别为“仅显示符号”“仅显示绝对地址”和“显示地址和符号”，如图 1-30 所示。

4）符号信息表设置。单击“视图”菜单下的“符号信息表”按钮，可以显示符号信息表。

通过以上几步，图 1-24 的最终注释结果，如图 1-31 所示。

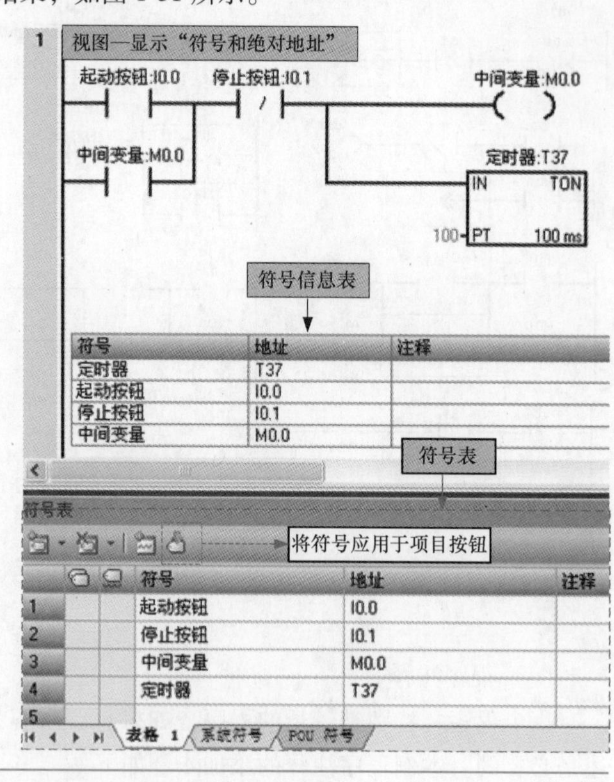


视图
VBx 仅绝对
仅符号
VBx 符号：绝对

图 1-30　显示方式设置

图 1-31　图 1-24 注释的最终结果

**编者有料**

符号表是添加注释的主要手段，掌握符号表的相关内容对于读者非常重要，图 1-31 的注释案例给出了符号表注释的具体步骤，读者可细细品味。

（5）程序编译

在程序下载前，为了避免程序出错，最好进行程序编译。

程序编译的方法：单击程序编辑器工具栏上的“编译”按钮，输入的程序就可编译了。本例编译的最终结果，如图 1-32 所示。

如果语法有错误，将会在输出窗口中显示错误的个数、错误的原因和错误的位置，如图 1-33所示。双击某一条错误，将会打开出错的程序块，并用光标指示出出错的位置，待错误改正后，方可下载程序。需要指出，程序如果未编译，下载前软件会自动编译，编译结果会显示在输出窗口。

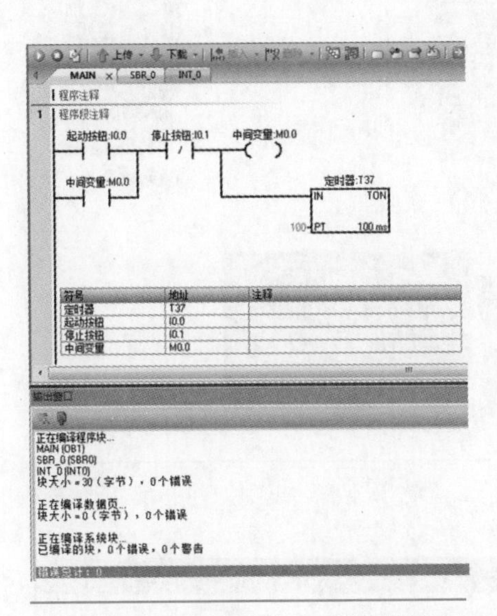


图 1-32　图 1-24 编译后的最终结果

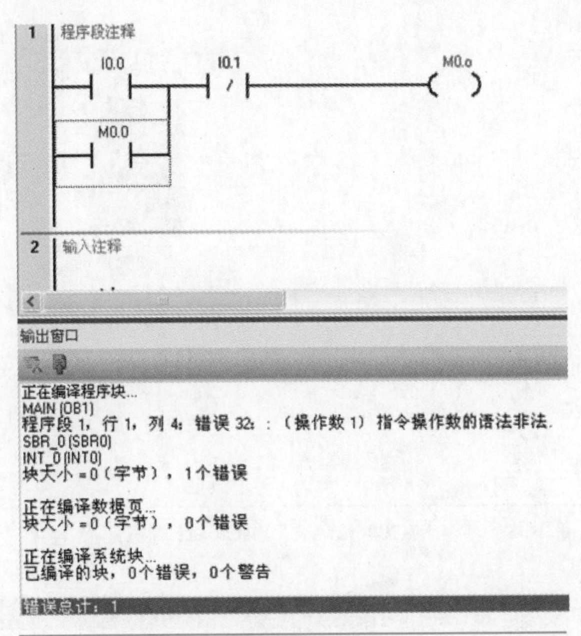


图 1-33　编译后出现的错误信息

（6）程序下载

扫一扫看视频

在下载程序之前，必须先保障 S7-200 SMART PLC 的 CPU 和计算机之间能正常通信。设备能实现正常通信的前提是：①设备之间进行了物理连接，若单台 S7-200 SMART PLC 与计算机之间连接，只需要 1 条普通的以太网线，如图 1-34 所示，若多台 S7-200 SMART PLC 与计算机之间连接，还需要交换机，如图 1-35 所示；②设备进行了正确的通信设置。

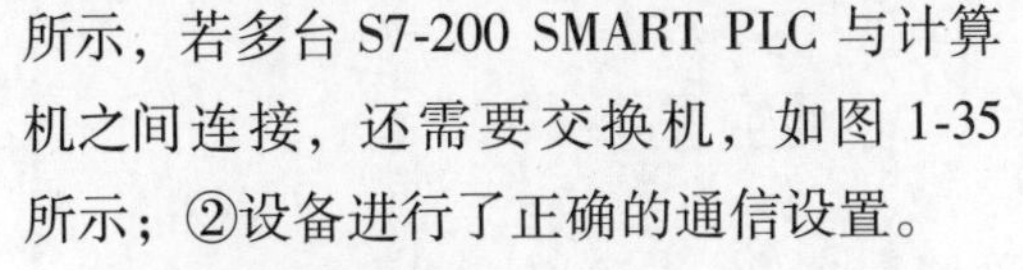

◆ 通信设置

① CPU 的 IP 地址设置。

双击项目树或导航栏中的“通信”图标，打开通信对话框，如图 1-36

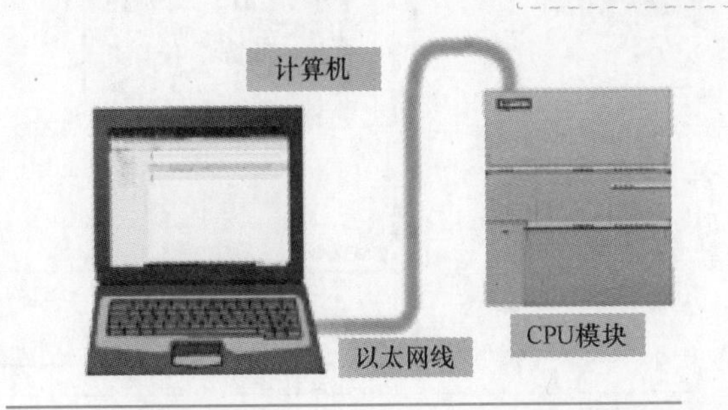


图 1-34　单台 S7-200 SMART PLC 与计算机连接

所示。单击“网络接口卡”下边的图标 ▼，会出现下拉菜单，本例选择了 TCP/IP(Auto) -> Realtek PCIe GBE Famil...；之后单击左下角“查找 CPU”按钮，CPU 的地址会被搜索出来，S7-200 SMART PLC 默认地址为“192.168.2.1”；单击“闪烁指示灯”按钮，CPU 模块中的 STOP、RUN 和 ERROR 指示灯会轮流点亮，再按一下，点亮停止，这样做的目的是当有多个 CPU 时，便于找到所选择的那个 CPU。单击“编辑”按钮，可以改变 IP 地址；若“系统块”中组态了“IP 地址数据固定为下面的值，不能通过其它方式更改”（见图 1-37），单击“编辑”按钮，会出现错误信息，则证明这里 IP 地址不能改变。

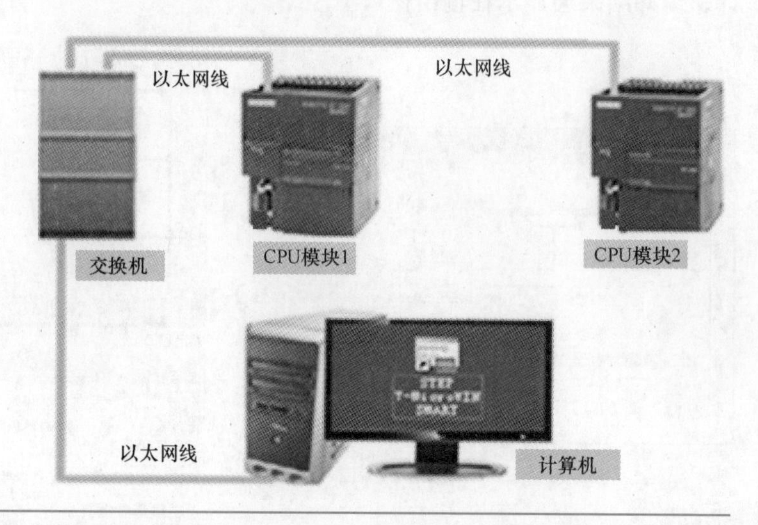


图 1-35　多台 S7-200 SMART PLC 与计算机连接

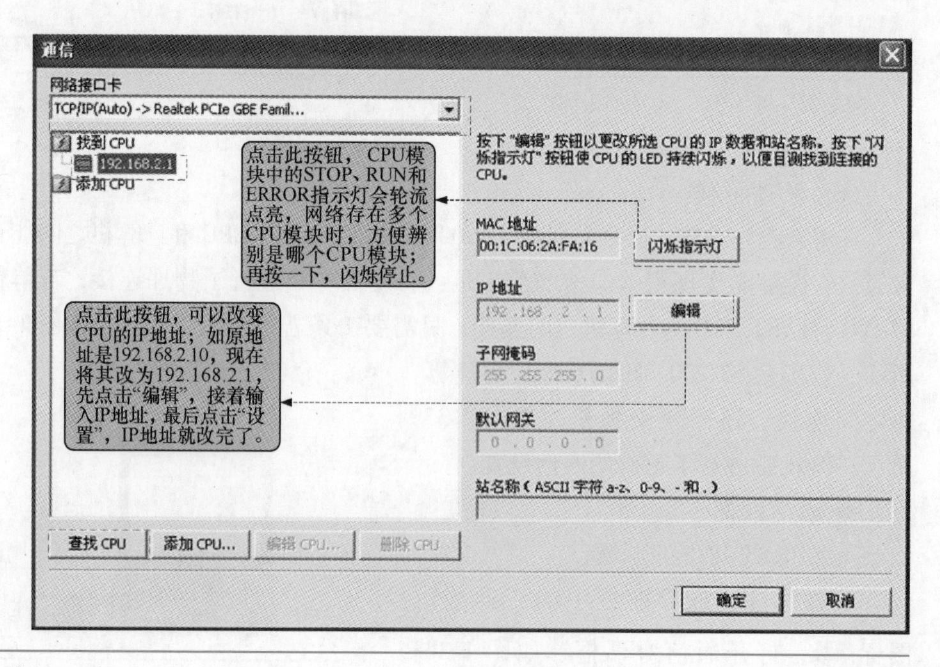


图 1-36　通信对话框

最后，单击“确定”按钮，CPU 所有通信信息设置完毕。

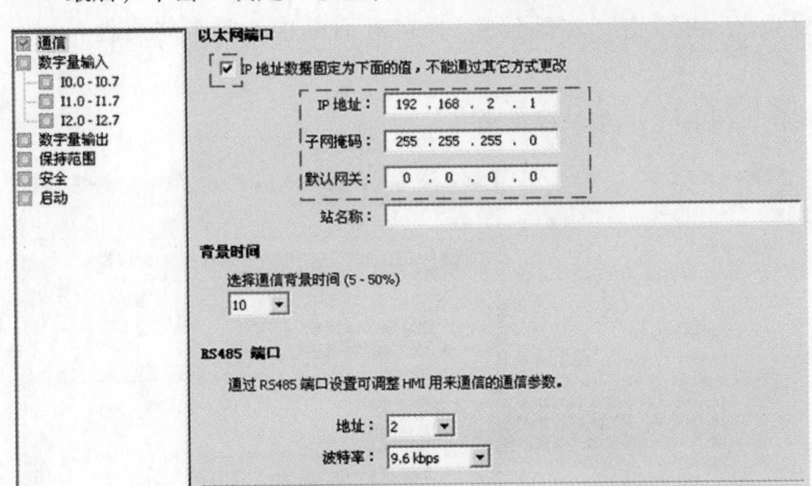


图 1-37　固定 IP 地址设置

编者有料

在图 1-36 中，单击“闪烁指示灯”按钮能方便找到所需要的 CPU 模块；单击“编辑”按钮，可更改 CPU 的 IP 地址。以上两点读者熟记后，会给以后的操作带来方便。

② 计算机网卡的 IP 地址设置。

打开计算机的控制面板，若是 Windows XP 操作系统，双击“网络连接”图标，打开对话框，按图 1-38 所示设置 IP 地址即可。这里的 IP 地址设置为“192. 168. 2. 170”，子网

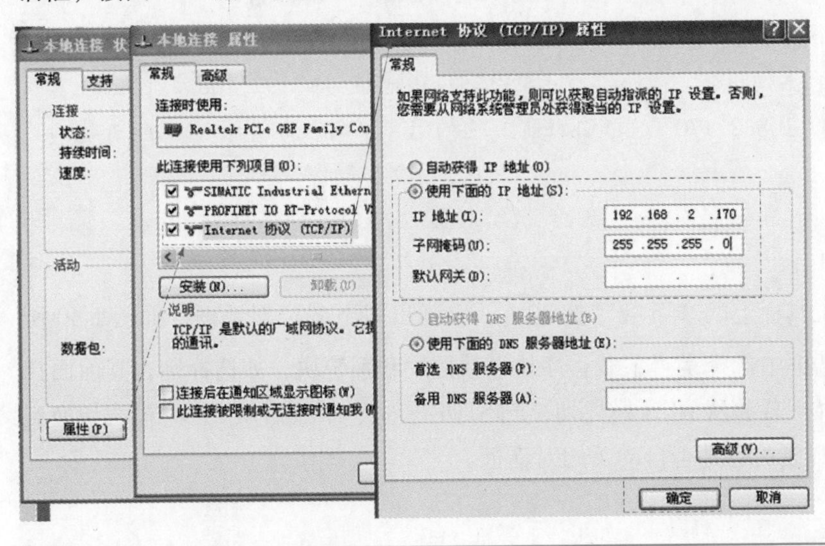


图 1-38　Windows XP 操作系统网卡的 IP 地址设置

掩码默认为“255. 255. 255. 0”，网关无须设置。若是 Windows7 SP1 操作系统，打开控制面板，单击“更改适配器设置”，再双击“本地连接”，在对话框中，单击“属性”，按图 1-39所示设置 IP 地址。

最后单击“确定”，计算机网卡的 IP 地址设置完毕。

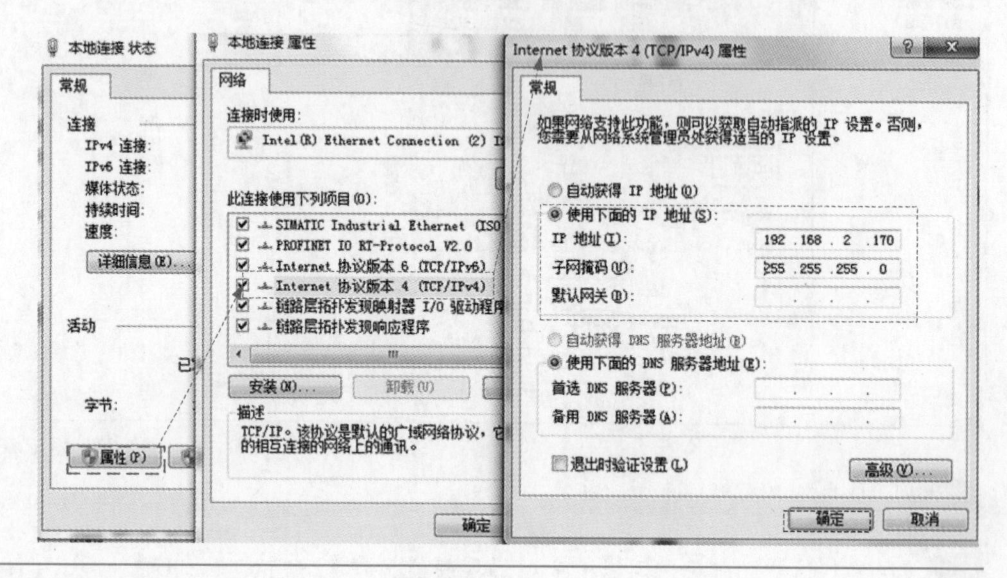


图 1-39 Windows7 SP1 操作系统网卡的 IP 地址设置

通过以上两方面的设置，S7-200 SMART PLC 与计算机之间就能实现通信了，成功实现通信的表征是，软件状态栏上的绿色指示灯，不停地闪烁。

编者有料

读者需注意，两个设备要通过以太网能通信，必须在同一子网中。简单地讲，需要 IP 地址的前三段相同，第四段不同。如本例，CPU 的 IP 地址为“192. 168. 2. 1”，计算机网卡 IP 地址为“192. 168. 2. 170”，它们的前三段相同，第四段不同，因此两者能通信。

◆ 程序下载

单击程序编辑器中工具栏上的“下载”按钮，会弹出“下载”对话框，如图 1-40 所示。用户可以在块的多选框中选择是否下载程序块、数据块和系统块，如选择则在其前面打对勾；可以用选项框选择下载前从 RUN 模式切换到 STOP 模式、下载后从 STOP 模式切换到 RUN 模式是否提示，下载成功后是否自动关闭对话框。

◆ 运行与停止模式

要运行下载到 PLC 中的程序，单击工具栏中的“运行”按钮；如需停止运行，单击工具栏中的“停止”按钮。

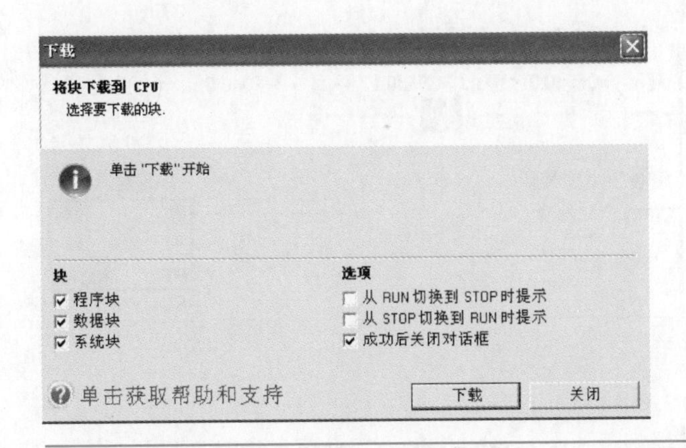


图 1-40　下载对话框

（7）程序监控与调试

首先，打开要进行监控的程序，单击工具栏上的“程序监控”按钮，开始对程序进行监控。

CPU 中存在的程序与打开的程序可能不同，这时单击“程序监控”按钮后，会出现“时间截不匹配”对话框，如图 1-41 所示，单击“比较”按键，确定 CPU 中的程序打开程序是否相同，如果相同，对话框会显示“已通过”，单击“继续”按钮，开始监控。

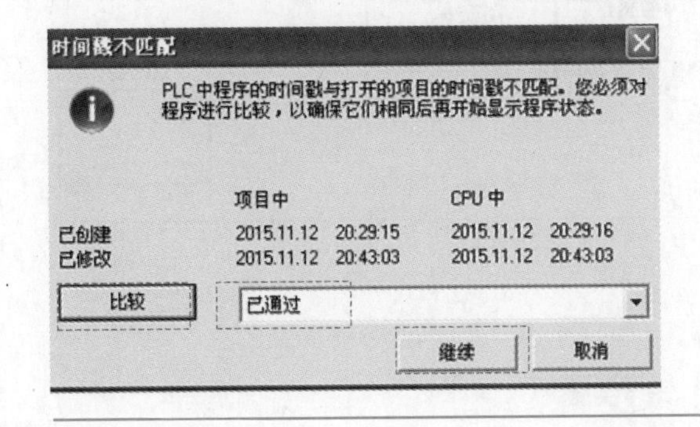


图 1-41　比较对话框

在监控状态下，接通的触点、线圈和功能块均会显示深蓝色，表示有能流流过；如无能流流过，则显示灰色。

对图 1-24 这段程序监控调试过程如下：

1）打开要进行监控的程序，单击工具栏上的“程序监控”按钮，开始对程序进行监控，此时仅有左母线和 I0.1 触点显示深蓝色，其余元件为灰色，如图 1-42 所示。

2）闭合 I0.0，M0.0 线圈得电并自锁，定时器 T37 也得电，因此，所有元件均有能流流过，故此时均显示深蓝色，如图 1-43 所示。

3）断开 I0.1，M0.0 和定时器 T37 均失电，因此，除 I0.0 外（I0.0 为常动）其余元件均显示灰色，如图 1-44 所示。

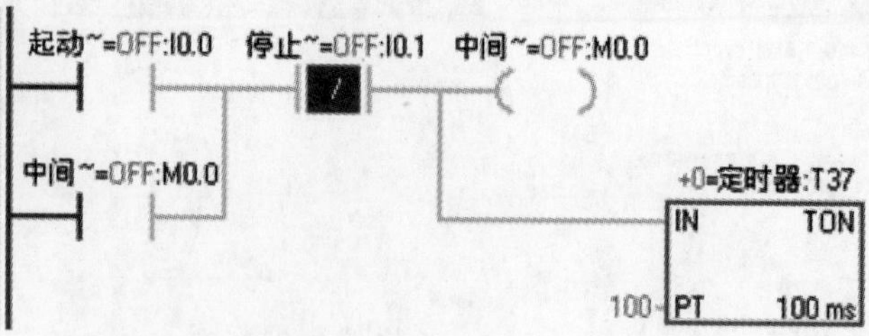

图 1-42　图 1-24 的监控状态（1）

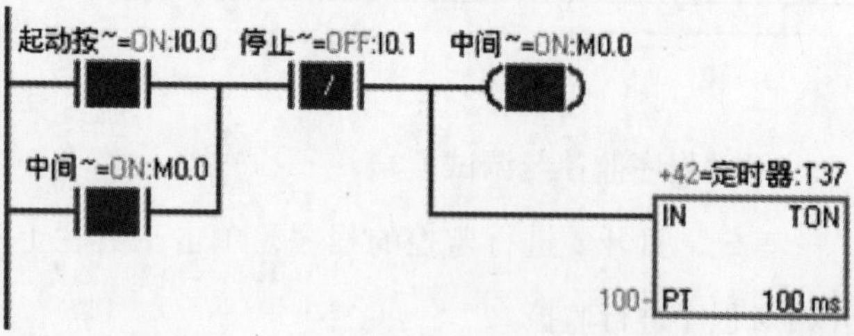

图 1-43　图 1-24 的监控状态（2）

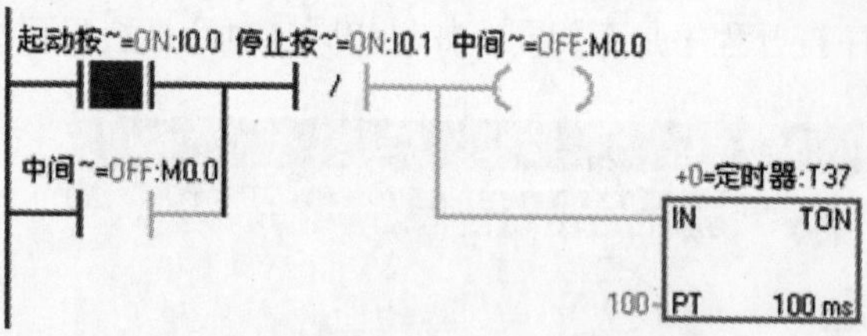

图 1-44　图 1-24 的监控状态（3）

## 1.6　PLC 控制系统设计基本原则与步骤

### 1.6.1　PLC 控制系统设计的应用环境

由于 PLC 是一种计算机化的高科技产品，相对继电器来说价格较高，因此在进行 PLC 控制系统设计之前，就要考虑是否有必要使用 PLC。

通常在以下情况可以考虑使用 PLC：

1）控制系统的数字量 I/O 点数较多，控制要求复杂，若使用继电器控制，则需要大量的中间继电器、时间继电器等器件。

2）对控制系统的可靠性要求较高，继电器控制系统难以满足控制要求。

3）由于生产工艺流程或产品的变化，需要经常改变控制系统的控制关系或控制参数。

4）可以用一台 PLC 控制多个生产设备。

编者有料

对于控制系统简单、I/O 点数少，控制要求并不复杂的情况，则无须使用 PLC 控制，使用继电器控制就完全可以了。

### 1.6.2　PLC 控制系统设计的基本原则

在实际生产过程中，任何一种控制都是以满足生产工艺的控制要求，提高生产质量和效率为目的的，因此在 PLC 控制系统的设计时，应遵循以下基本原则：

1）最大限度地满足生产工艺的控制要求。充分发挥 PLC 强大的控制功能，最大限度地满足生产工艺的控制要求，是 PLC 控制系统设计的首要前提。这就需要设计人员深入现场进行调查研究，收集资料，同时要注意与操作员和工程管理人员密切的配合，共同讨论，解决设计中出现的问题。

2）确保控制系统的工作安全可靠。确保控制系统的工作安全可靠，是设计的重要原则。这就要求设计者在设计时，应全面地考虑控制系统硬件和软件。

3）力求使系统简单、经济、使用和维修方便。在满足生产工艺的控制要求前提下，要注意降低工程成本，提高工程效益，符合用户的操作习惯和方便维修。

4）应考虑生产的发展和改进，在设计时应适当留有裕量。

### 1.6.3　PLC 控制系统设计的一般步骤

PLC 控制系统设计的流程图，如图 1-45 所示。

#### 1. 深入了解被控系统的工艺过程和控制要求

深入了解被控系统的工艺过程和控制要求是系统设计的关键，这一步的好坏，直接影响着系统设计和施工的质量。首先应该详细分析被控对象的工艺过程及工作特点，了解被控对象机、电、液之间的关系，提出被控对象对 PLC 控制系统的要求。具体控制要求包括：

1）控制的基本方式：行程控制、时间控制、速度控制、电流和电压控制等。

2）需要完成的动作：动作及其顺序、动作条件。

3）操作方式：手动（点动、回原点）、自动（单步、单周、自动运行），以及必要的保护、报警、连锁和互锁等。

4）确定软硬件分工：根据控制工艺的复杂程度，确定软硬件分工，可从技术方案、经济型、可靠性等方面做好软硬件的分工。

#### 2. 确定控制方案，拟定设计任务书

在分析完被控对象的控制要求基础上，可以确定控制方案。通常有以下几种方案供参考：

1）单控制器系统：单控制系统是指采用一台 PLC 作为控制器控制一台被控设备或多台被控设备的控制系统，如图 1-46 所示。

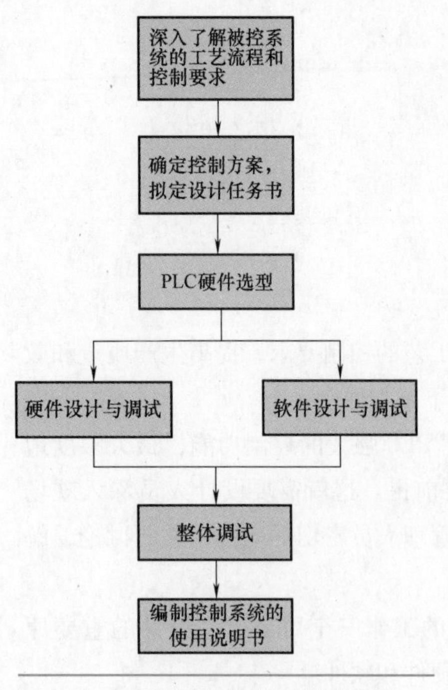


图 1-45　PLC 控制系统设计的流程图

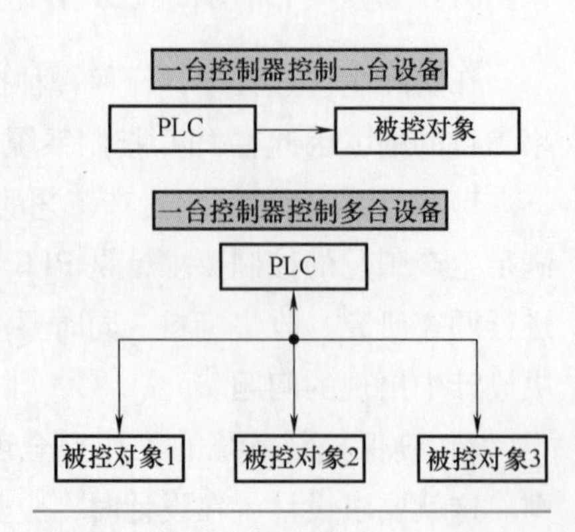


图 1-46　单控制器系统

2）多控制器系统：多控制器系统即分布式控制系统，该系统中每个控制对象都是由一台 PLC 作为控制器来控制的，各台 PLC 之间可以通过信号传递进行内部连锁，或由上位机通过总线进行通信控制，如图 1-47 所示。

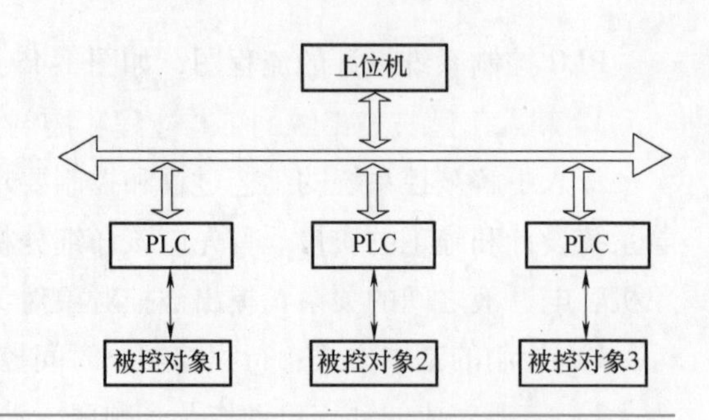


图 1-47　多控制器系统

3）远程 I/O 控制系统：远程 I/O 系统是 I/O 模块不与控制器放在一起而是远距离放在被控设备附近，如图 1-48 所示。

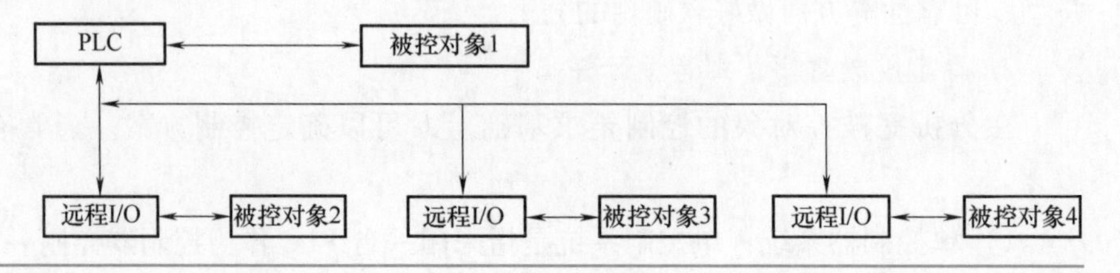


图 1-48　远程 I/O 控制系统

### 3. PLC 硬件选型

PLC 硬件选型的基本原则是，在功能满足的条件下，保证系统安全可靠运行，尽量兼顾价格。具体应考虑以下几个方面：

（1）PLC 的硬件功能

对于开关量控制系统，主要考虑 PLC 的最大 I/O 点数是否满足要求；如有特殊要求（如通信控制、模拟量控制等），则应考虑是否有相应的特殊功能模块。

此外，还要考虑扩展能力、程序存储器与数据存储器的容量等。

（2）确定输入、输出点数

在确定输入、输出点数前，应确定哪些信号需要输入给 PLC，哪些负载需要 PLC 来驱动，还要确定哪些是数字量，哪些是模拟量，哪些是直流量，哪些是交流量，以及电压等级和是否有特殊要求。在确定时，还应考虑今后系统改进和扩充的需求，留有一定的裕量。

（3）PLC 供电电源类型、输入和输出模块的类型

PLC 供电电源类型一般有两种，分别为交流型和直流型。交流型供电通常为 220V，直流型供电通常为 24V。

数字量输入模块的输入电压一般为 DC24V。直流输入电路的延迟时间较短，可直接与光电开关、接近开关等电子输入设备直接相连。

如有模拟量还需考虑变送器、执行机构的量程与模拟量输入/输出模块的量程是否匹配等。

继电器输出型模块的工作电压范围广，触点导通的电压降小，承受瞬间过电压和瞬间过电流能力强，但触点寿命有限制，动作速度较慢。若系统的输出信号变化不是很频繁，建议优先选择继电器输出型模块。继电器输出型模块可用于交直流负载。

晶体管输出型用于直流负载，其具有可靠性高，执行速度快，寿命长等优点，但过载能力较差。

（4）PLC 的结构及安装方式

PLC 分为整体式和模块式两种，整体式每点的价格比模块式的要便宜，但模块式的功能扩展灵活，安装方便，特殊模块选择的余地大，一般较复杂的系统选择模块式 PLC。

### 4. 硬件设计

PLC 控制系统的硬件设计主要包括 I/O 地址分配、系统主电路和控制电路的设计、PLC 输入输出电路的设计、控制柜或操作台电气元件安装布置设计等。

（1）I/O 地址分配

输入点和输入信号、输出点和输出控制是一一对应的。通常按系统配置通道与触点号，分配每个输入、输出信号，即进行编号。在编号时要注意，不同型号的 PLC，其输入、输出通道范围不同，要根据所选 PLC 的型号进行确定，切不可“张冠李戴”。

（2）系统主电路和控制电路设计

1）系统主电路设计：主电路通常是指电流较大的电路，如电动机主电路、控制变压器的一次侧输入电路、控制系统的电源输入和控制电路等。

在设计主电路时，主要要考虑以下几个方面：

① 总开关的类型、容量、分段能力和所用的场合等。

② 保护装置的设置。短路保护要设置熔断器或断路器，过载保护要设置热继电器，漏电保护要设置漏电保护器等。

③ 接地。从安全的角度考虑，控制系统应设置保护接地。

2）系统控制电路设计：控制电路通常是指电流较小的电路。控制电路设计一般包括保护电路、安全电路、信号电路和控制电路设计等。

（3）PLC 输入、输出电路的设计

设计输入、输出电路通常要考虑以下问题：

1）输入电路可由 PLC 内部提供 DC24V 电源，也可外接电源；输出点需根据输出模块类型选择电源。

2）为了防止负载短路损坏 PLC，输入、输出电路公共端需加熔断器保护。

3）为了防止接触器相间短路，通常要设置互锁电路。

4）输出电路有感性负载，为了保证输出点的安全和防止干扰，直流电路需在感性负载两端并联续流二极管；交流电路需在感性负载两端并联阻容电路，如图 1-49 所示。

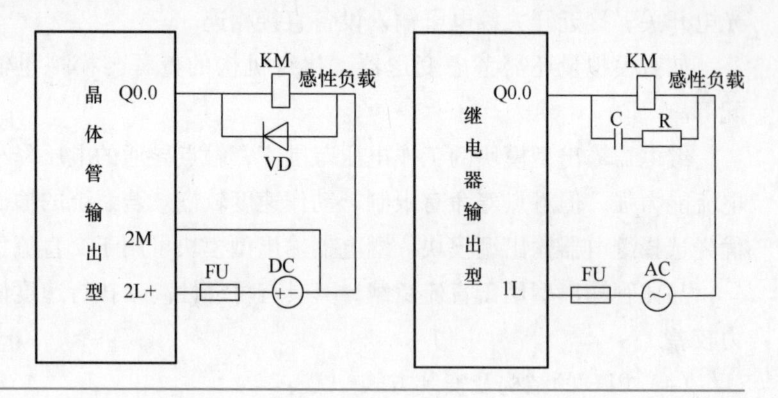


图 1-49 输出电路感性负载的处理

5）应减少输入输出点数，具体方法可参考本书 2.3 节。

（4）控制柜或操作台电气元件安装布置设计

其设计目的是用于指导、规范现场生产和施工，并提高可靠性和标准化程度。

**5. 软件设计**

在进行软件设计之前，S7-200 SMART PLC 需先对硬件进行组态，看该系统所需的 CPU 模块、信号板和扩展模块都是哪些，并对应选择相应的型号。硬件组态完后，可以对软件进行设计了。

软件设计包括系统初始化程序、主程序、子程序、中断程序等，小型数字量控制系统往往只有主程序。

软件设计主要包括以下几步：

1）首先应根据总体要求和控制系统的具体情况，确定程序的基本结构。

2）绘制控制流程图或顺序功能图。

3）根据控制流程图或顺序功能图，设计梯形图：简单系统可用经验设计法，复杂系统可用顺序控制设计法。

**6. 软、硬件调试**

调试分为模拟调试和联机调试。

在软件设计完成后一般需进行模拟调试。模拟调试可以通过仿真软件来代替 PLC 硬件在计算机上调试程序。若有 PLC 硬件，可以用小开关和按钮模拟 PLC 的实际输入信号，在通过输出模块上个输出位对应的指示灯，观察输出信号是否满足设计要求。若需要模拟信号 I/O 时，可用电位器和万用表配合进行。

硬件模拟调试主要是对控制柜或操作台的接线进行测试，可在操作台的接线端子上模拟 PLC 外部数字输入信号，或者操作按钮指令开关，观察对应 PLC 输入点的状态。

在联机调试时，把编制好的程序下载到现场的 PLC 中。调试时，主电路一定要断电，只对控制电路进行调试。通过现场联机调试，还会发现新的问题或需要对某些控制功能进行改进。

如软硬件调试均没问题，就可以进行整体调试了。

**7. 编制控制系统的使用说明书**

系统交付使用后，应根据调试的最终结果整理出完整的技术文件，单位存档，部分资料提供给用户，以利于系统的维修和改进。

编制的文件主要有：PLC 的硬件接线图和其他的电气样图、PLC 编程元件表和带有文字说明的梯形图。此外，若使用的是顺序控制法，顺序功能图也需要进行整理。

# 第 2 章

# S7-200 SMART PLC 数字量控制程序的设计

**本章要点：**

- 常用的经典小程序
- 电动机星三角减压起动案例
- 顺序控制设计法与顺序功能图
- 送料小车控制程序的设计
- 水塔水位控制程序的设计
- 信号灯控制程序的设计

一个完整的 PLC 控制系统，由硬件和软件两部分构成，其中软件程序质量的好坏，直接影响着整个控制系统性能。因此，本书从第 2 章开始陆续重点讲解数字量（开关量）控制程序的开发、模拟量控制程序的开发、运动控制程序的开发和通信等内容。

## 2.1 常用的经典小程序

实际的 PLC 程序往往是某些典型小程序的扩展与叠加，因此掌握一些经典小程序对大型复杂 PLC 程序设计非常有利。鉴于此，本节将给出一些经典的小程序，供读者学习和参考。

### 2.1.1 起保停电路与置位复位电路

#### 1. 起保停电路

起保停电路在梯形图中应用广泛，其最大的特点是利用自身的自锁（又称自保持）可以获得“记忆”功能。电路模式如图 2-1 所示。

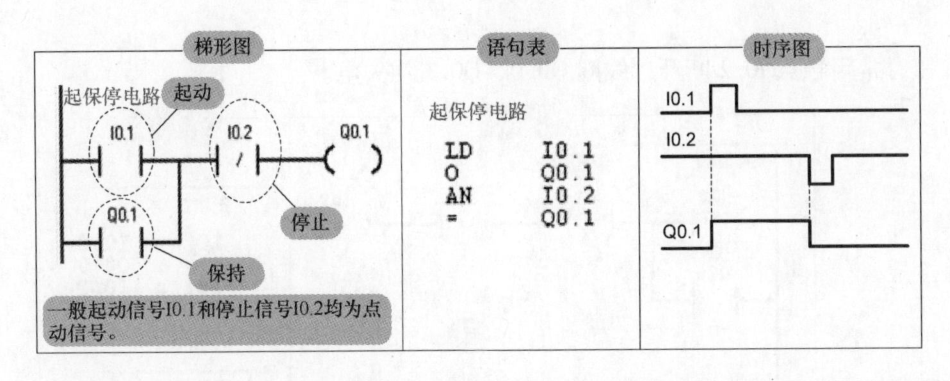


图 2-1　起保停电路

当按下起动按钮，常开触点 I0.1 接通，在未按停止按钮的情况下（即常闭触点 I0.2 为 ON），线圈 Q0.1 得电，其常开触点闭合；松开起动按钮，常开触点 I0.1 断开，这时“能流”经常开触点 Q0.1 和常闭触点 I0.2 流至线圈 Q0.1，Q0.1 仍得电，这就是“自锁”和“自保持”功能。

当按下停止按钮，其常闭触点 I0.2 断开，线圈 Q0.1 失电，其常开触点断开；松开停止按钮，线圈 Q0.1 仍保持断电状态。

2. 置位复位电路

与起保停电路一样，置位复位电路也具有“记忆”功能。置位复位电路由置位、复位指令实现。电路模式如图 2-2 所示。

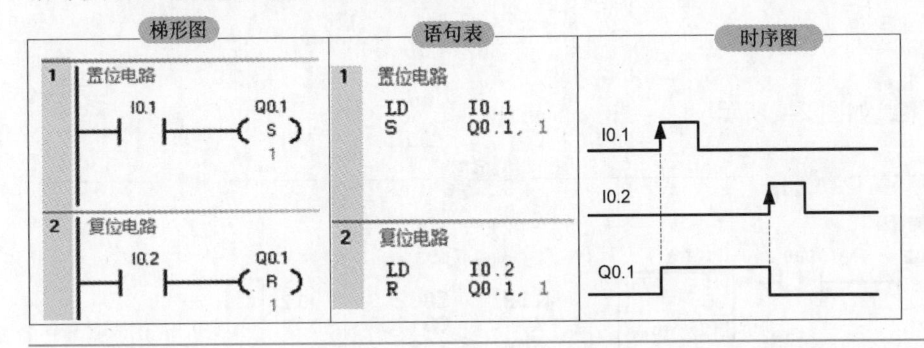


图 2-2　置位复位指令电路

按下起动按钮，常开触点 I0.1 闭合，置位指令被执行，线圈 Q0.1 得电，当 I0.1 断开后，线圈 Q0.1 继续保持得电状态；按下停止按钮，常开触点 I0.2 闭合，复位指令被执行，线圈 Q0.1 失电，当 I0.2 断开后，线圈 Q0.1 继续保持失电状态。

### 2.1.2　互锁电路

有些情况下，两个或多个继电器不能同时输出，为了避免它们同时输出，往往相互将自身的常闭触点串在对方的电路中，这样的电路就是互锁电路。电路模式，如图 2-3 所示。

按下正向起动按钮，常开触点 I0.0 闭合，线圈 Q0.0 得电并自锁，其常闭触点 Q0.0 断开，这时即使 I0.1 接通，线圈 Q0.1 也不会动作；按下反向起动按钮，常开触点 I0.1 闭合，线圈 Q0.1 得电并自锁，其常闭触点 Q0.1 断开，这时即使 I0.0 接通，线圈 Q0.0 也不会动作；按下停止按钮，常闭触点 I0.2 断开，线圈 Q0.0、Q0.1 均失电。

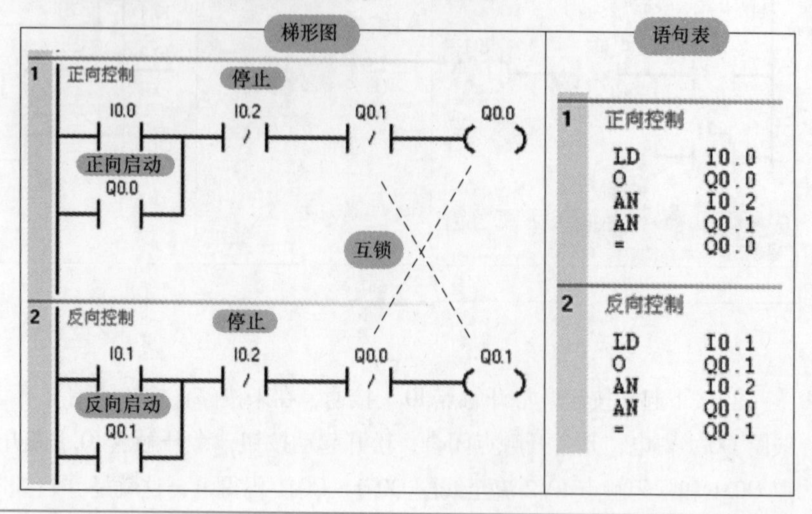


图 2-3　互锁电路

## 2.1.3　延时断开电路

### 1. 控制要求

当输入信号有效时，立即有输出信号；而当输入信号无效时，输出信号要延时一段时间后再停止。

### 2. 解决方案

具体解决方案，如图 2-4 所示

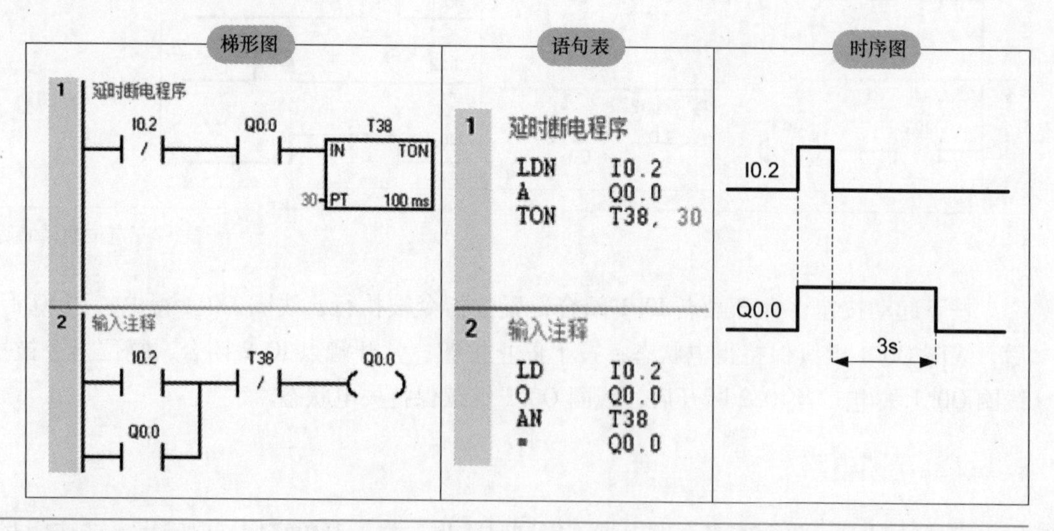


图 2-4　延时断开电路

**案例解析**

当按下起动按钮，I0.2 接通，Q0.0 立即有输出并自锁，当按下起动按钮松开后，定时器 T38 开始定时，延时 3s 后，Q0.0 断开，且 T38 复位。

## 2.1.4　延时接通/断开电路

### 1. 控制要求

当输入信号有效，延时一段时间后输出信号才接通；当输入信号无效，延时一段时间后输出信号才断开。

### 2. 解决方案

具体解决方案，如图 2-5 所示。

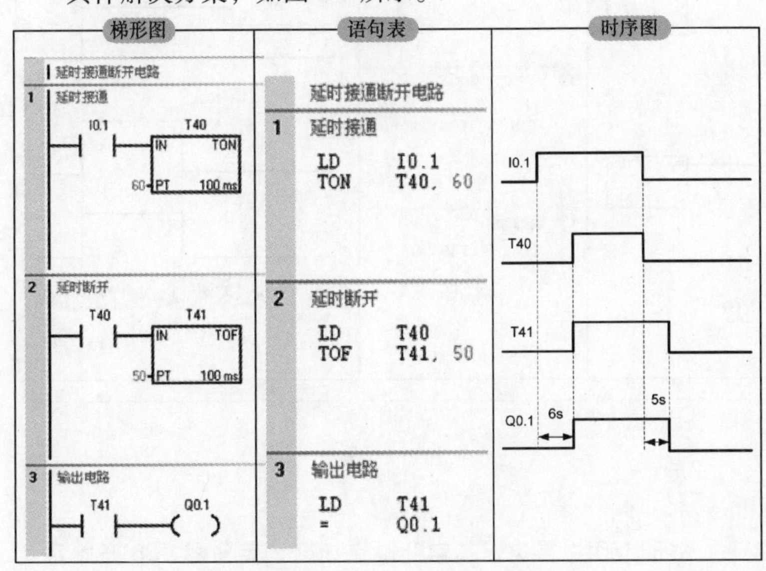


图 2-5　延时接通/断开电路

**案例解析**

当 I0.1 接通后，定时器 T40 开始计时，6s 后 T40 常开触点闭合，断电延时定时器 T41 通电，其常开触点闭合，Q0.1 有输出；当 I0.1 断开后，断电延时定时器 T41 开始定时，5s 后，T41 定时时间到，其常开触点断开，线圈 Q0.1 的状态由接通到断开。

## 2.1.5　长延时电路

在 S7-200 SMART PLC 中，定时器最长延时时间为 3276.7s，如果需要更长的延时时间，则应该考虑多个定时器、计数器的联合使用。

### 1. 应用定时器的长延时电路

该解决方案的基本思路是利用多个定时器的串联，来实现长延时控制。定时器串联使用时，其总的定时时间等于各定时器定时时间之和（即 $T=T_1+T_2$），具体如图 2-6 所示。

### 2. 应用计数器的长延时电路

只要提供一个时钟脉冲信号作为计数器的计数输入信号，计数器即可实现定时功能，其定时时间等于时钟脉冲信号周期乘以计数器的设定值即 $T=T_1K_c$，其中 $T_1$ 为时钟脉冲周期，$K_c$ 为计数器设定值，时钟脉冲可以由 PLC 内部特殊标志位存储器产生［如 SM0.4（分脉冲）、SM0.5（秒脉冲）］，也可以由脉冲发生电路产生。含有 1 个计数器的长延时电路，如图 2-7 所示。

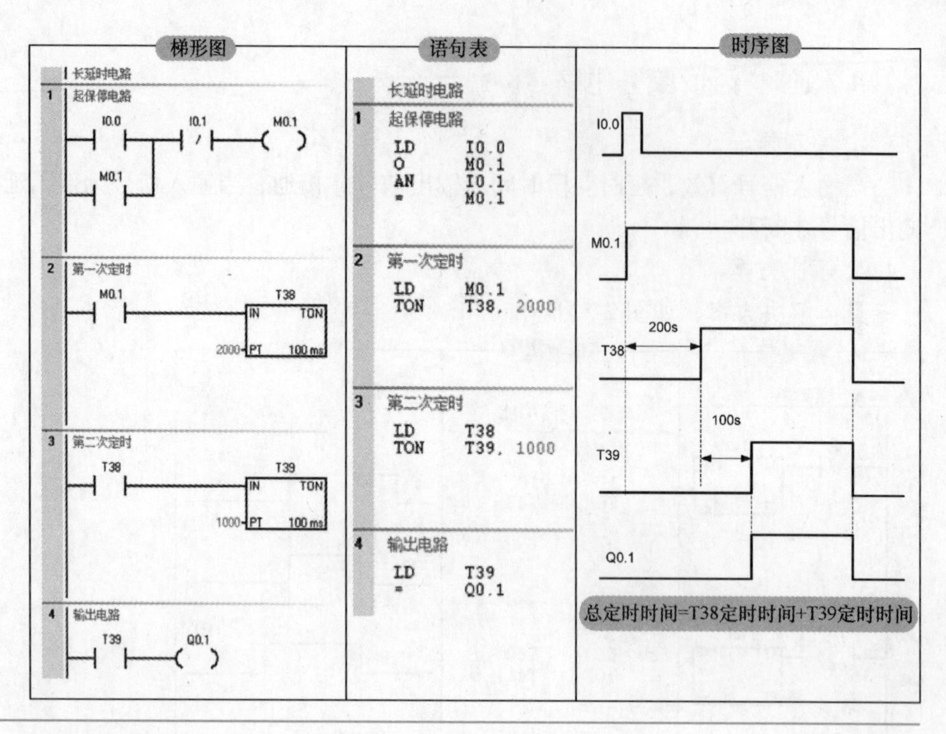


图 2-6　应用定时器的长延时电路

案例解析

按下起动按钮，I0. 0 接通，线圈 M0. 1 得电，其常开触点闭合，定时器 T38 开始定时，200s 后 T38 常开触点闭合，T39 开始定时，100s 后 T39 常开触点闭合，线圈 Q0. 1 有输出。I0. 0 从接通到 Q0. 1 接通总延时时间=200s+100s=300s。

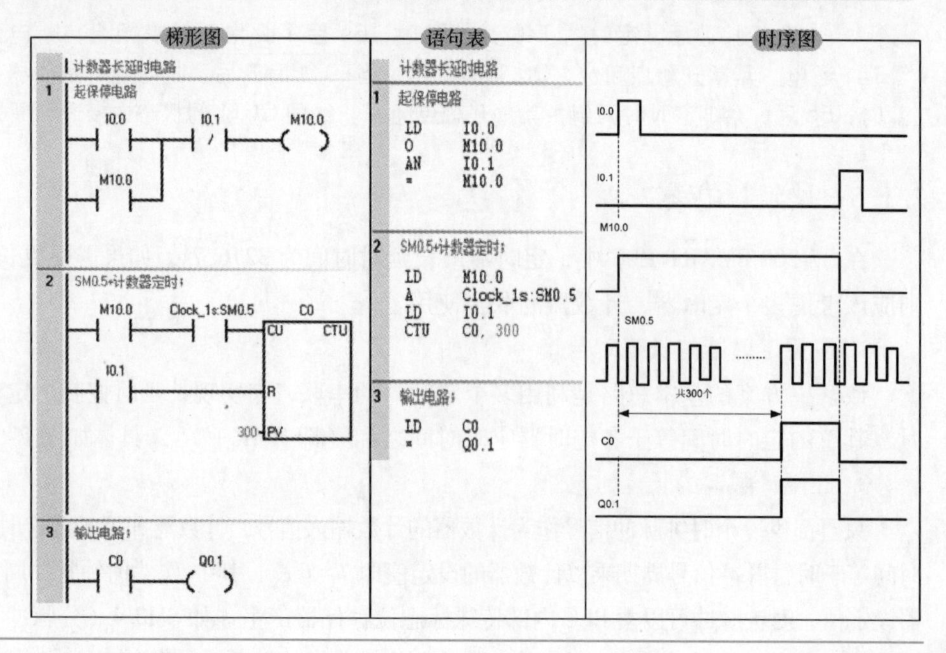


图 2-7　含有 1 个计数器的长延时电路

案例解析

本程序将 SM0.5 产生周期为 1s 的脉冲信号加到 CU 端，当按下起动按钮 I0.0 闭合，线圈 MI0.0 得电并自锁，其常开触点闭合，当 C0 计数到 300 个脉冲后，C0 常开触点动作，线圈 Q0.1 接通；I0.0 从闭合到 Q0.1 动作共计延时 300×1s=300s。

**3. 应用定时器和计数器组合的长延时电路**

该解决方案的基本思路是将定时器和计数器连接，来实现长延时，其本质是形成一个等效倍乘定时器，具体如图 2-8 所示。

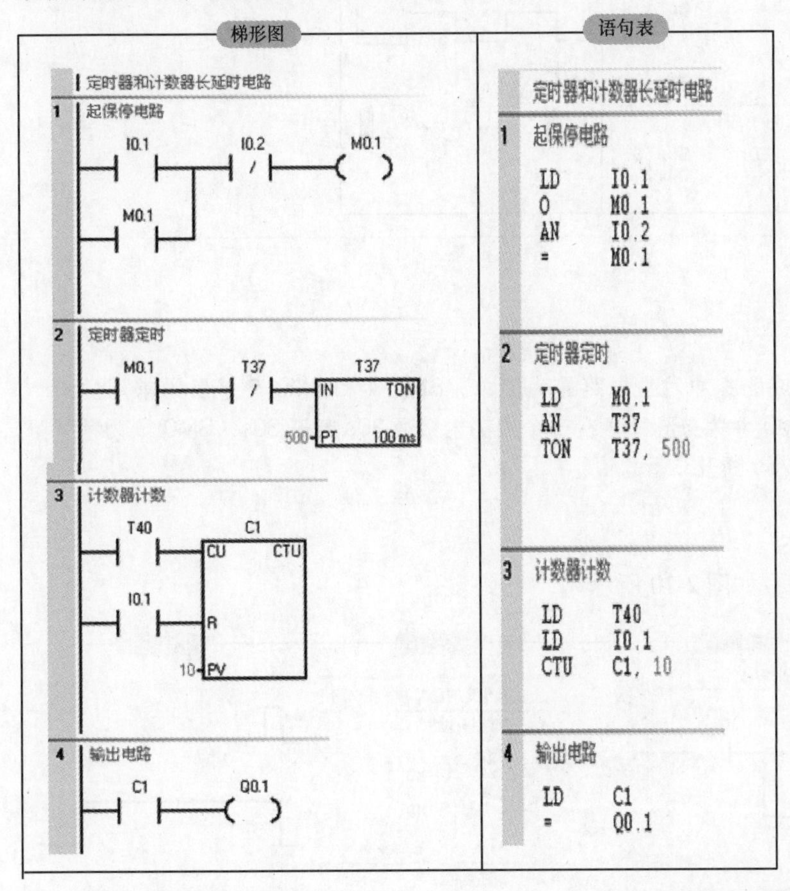


图 2-8　应用定时器和计数器组合的长延时电路

案例解析

网络 1 和网络 2 形成一个 50s 自复位定时器，该定时器每 50s 接通一次，都会给 C1 一个脉冲，当计数到达预置值 10 时，计数器常开触点闭合，Q0.1 有输出。从 I0.1 接通到 Q0.1 有输出总共延时时间为 50s×10=500s。

## 2.1.6　脉冲发生电路

脉冲发生电路是应用广泛的一种控制电路，它的构成形式很多，具体如下：

**1. 由 SM0.4 和 SM0.5 构成的脉冲发生电路**

SM0.4 和 SM0.5 构成的脉冲发生电路最为简单，SM0.4 和 SM0.5 是最为常用的特殊内部标志位存储器，SM0.4 为分脉冲，在一个周期内接通 30s 断开 30s，SM0.5 为秒脉冲，在一个周期内接通 0.5s 断开 0.5s，具体如图 2-9 所示。

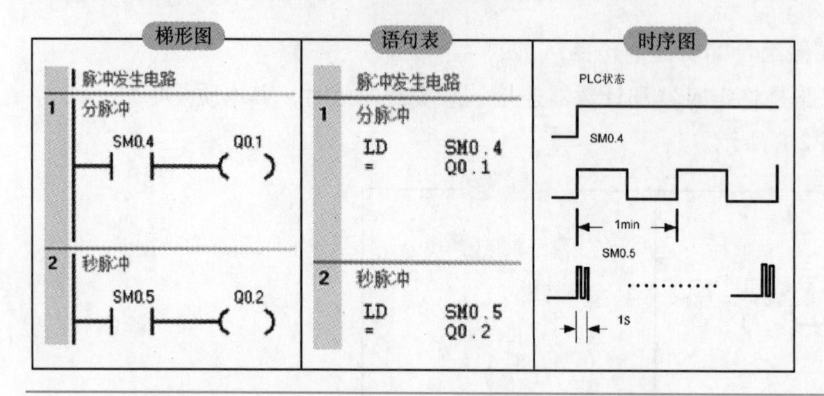


图 2-9 由 SM0.4 和 SM0.5 构成的脉冲发生电路

**案例解析**

SM0.4 和 SM0.5 构成的脉冲发生电路最为简单，SM0.4 和 SM0.5 是最为常用的特殊内部标志位存储器，SM0.4 为分脉冲，在一个周期内接通 30s 断开 30s，SM0.5 为秒脉冲，在一个周期内接通 0.5s 断开 0.5s。

**2. 单个定时器构成的脉冲发生电路**

周期可调脉冲发生电路，如图 2-10 所示。

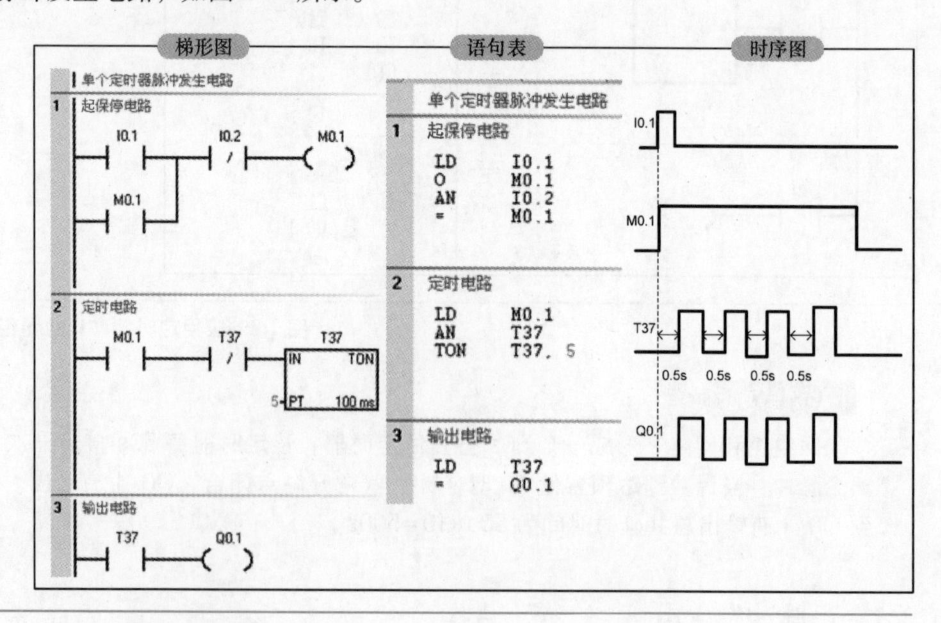


图 2-10 单个定时器构成的脉冲发生电路

案例解析

单个定时器构成的脉冲发生电路的脉冲周期可调，通过改变 T37 的预置值，可改变脉冲的延时时间，进而改变脉冲的发生周期。当按下起动按钮时，I0. 1 闭合，线圈 M0. 1 接通并自锁，M0. 1 的常开触点闭合，T37 计时，0. 5s 后 T37 定时时间到其线圈得电，其常开触点闭合，Q0. 1 接通，当 T37 常开触点接通的同时，其常闭触点断开，T37 线圈断电，从而 Q0. 1 失电，接着 T37 在从 0 开始计时，如此周而复始会产生间隔为 1s 的脉冲，直到按下停止按钮，才停止脉冲发生。

### 3. 多个定时器构成的脉冲发生电路

多个定时器构成的脉冲发生电路，如图 2-11 所示。

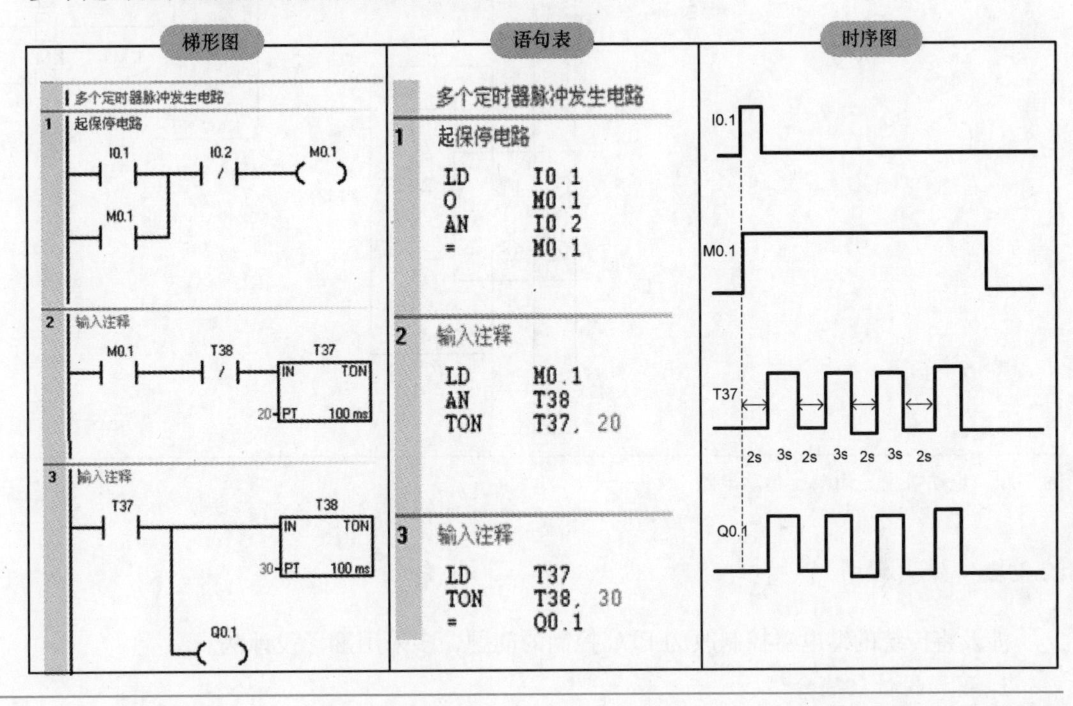


图 2-11　多个定时器构成的脉冲发生电路

案例解析

当按下起动按钮时，I0. 1 闭合，线圈 M0. 1 接通并自锁，M0. 1 的常开触点闭合，T37 计时，2s 后 T37 定时时间到其线圈得电，其常开触点闭合，Q0. 1 接通，与此同时 T38 定时，3s 后定时时间到，T38 线圈得电，其常闭触点断开，T37 断电其常开触点断开，Q01 和 T38 线圈断电，T38 的常闭触点复位，T37 又开始定时，如此反复，会发出一个个脉冲。

## 2.2 电动机星三角减压起动案例

### 2.2.1 控制要求

合上总断路器 QF，按下起动按钮 SB2，接触器 KM1、KM3 接通，电动机星形联结进行减压起动；过一段时间后，时间继电器 KT 动作，接触器 KM3 断开，KM2 接通，电动机进入三角形联结状态；按下停止按钮 SB1，电动机停止运行，其电路如图 2-12 所示。

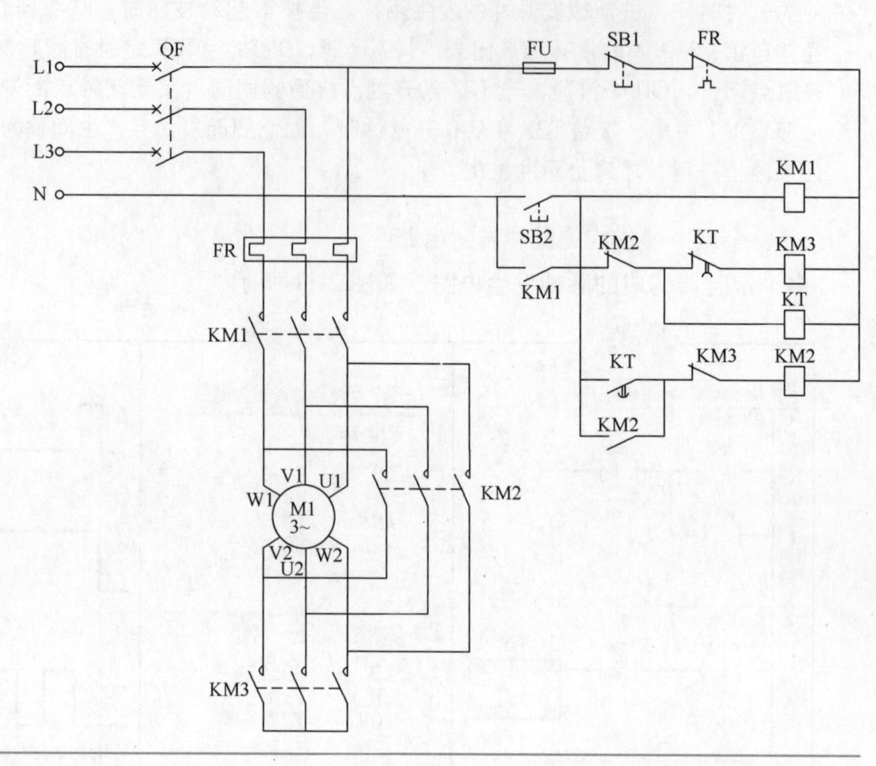


图 2-12　电动机星三角减压起动电路

## 2.2.2　方法解析

涉及将传统的继电器控制改为 PLC 控制的问题，多采用翻译设计法。

### 1. 翻译设计法简介

PLC 使用与继电器电路极为相似的语言，如果将继电器控制改为 PLC 控制，根据继电器电路图设计梯形图是一条捷径。因为原有的继电器控制系统经长期的使用和考验，已有一套自己的完整方案，同时由于继电器电路图与梯形图有很多相似之处，因此可以将经过验证的继电器电路直接转换为梯形图，这种方法被称为翻译设计法。

继电器控制电路符号与梯形图电路符号对应情况，见表 2-1。

表 2-1　继电器控制电路符号与梯形图电路符号对应表

| 梯形图电路 | | | 继电器电路 | |
|---|---|---|---|---|
| 元件 | 符号 | 常用地址 | 元件 | 符号 |
| 常开触点 | | I、Q、M、T、C | 按钮、接触器、时间继电器、中间继电器的常开触点 | |

（续）

| 梯形图电路 | | | 继电器电路 | |
|---|---|---|---|---|
| 元件 | 符号 | 常用地址 | 元件 | 符号 |
| 常闭触点 | —\| / \|— | I、Q、M、T、C | 按钮、接触器、时间继电器、中间继电器的常闭触点 | |
| 线圈 | —(　) | Q、M | 接触器、中间继电器线圈 | |
| 定时器 | Tn<br>IN TON<br>PT 10ms | T | 时间继电器 | |
| 计数器 | Cn<br>CU CTU<br>R<br>PV | C | 无 | 无 |

表 2-1 是翻译设计法的关键，请读者熟记此对应关系。

**2. 设计步骤**

1）了解原系统的工艺要求，熟悉继电器电路图。

2）确定 PLC 的输入信号和输出负载，以及与它们对应的梯形图中的输入位和输出位的地址，画出 PLC 外部接线图。

3）将继电器电路图中的时间继电器、中间继电器用 PLC 的辅助继电器、定时器代替，并赋予它们相应的地址，这样就建立了继电器电路元件与梯形图编程元件的对应关系。

4）根据上述关系，画出全部梯形图，并予以简化和修改。

**3. 使用翻译法的几点注意事项**

（1）应遵守梯形图的语法规则

在继电器电路中触点可以在线圈的左边，也可以在线圈的右边，但在梯形图中，线圈必须在最右边，如图 2-13 所示。

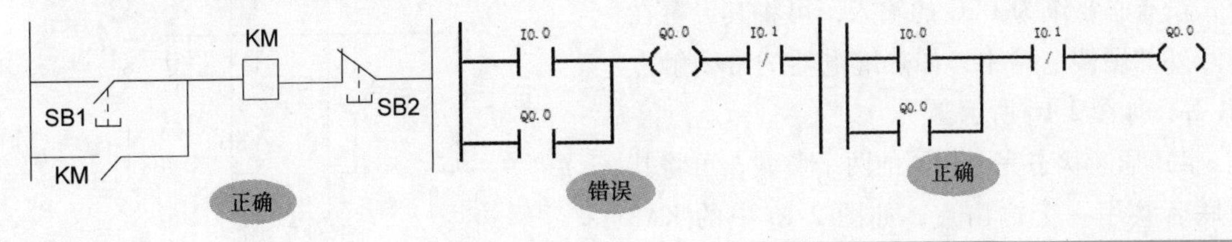


图 2-13　继电器电路与梯形图书写语法对照

（2）设置中间单元

在梯形图中，若多个线圈受某一触点串、并联电路控制，为了简化电路，可设置辅助继电器作为中间编程元件，如图 2-14 所示。

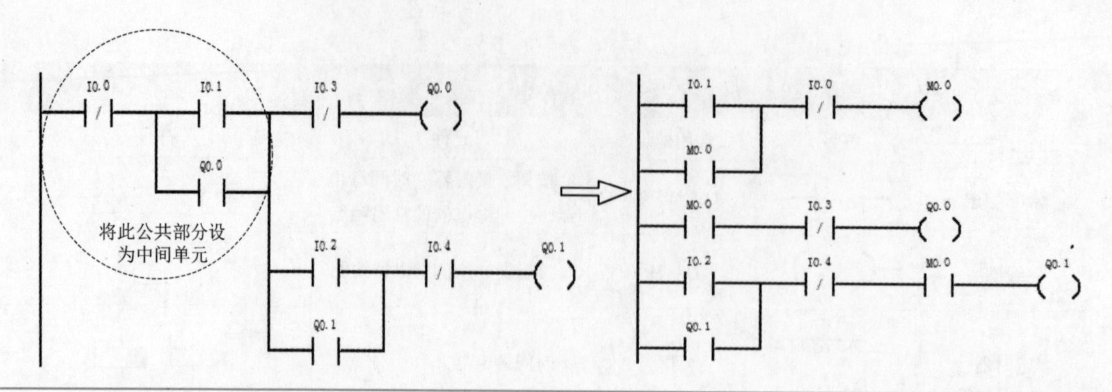


图 2-14　设置中间单元

（3）尽量减少 I/O 点数

PLC 的价格与 I/O 点数有关，减少 I/O 点数可以降低成本。减少 I/O 点数的具体措施如下：

1）几个常闭串联或常开并联的触点可合并后与 PLC 相连，只占一个输入点；如图 2-15 所示。

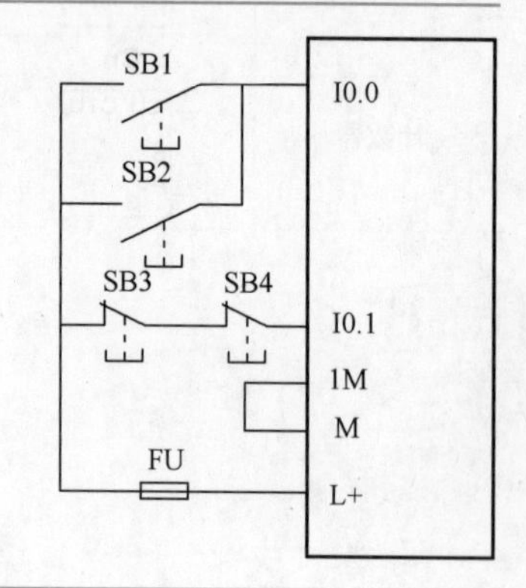


图 2-15　输入元件合并

编者有料

图 2-16 给出了自动手动切换的一种处理方案，值得读者学习，在工程中经常可见到这种方案。值得说明的是，此方案只适用继电器输出型的 PLC，晶体管输出型的 PLC 采取这种手动自动方案可能会导致晶体管的击穿，进而损坏 PLC。

2）利用单只按钮实现起停电路，既可节省 PLC 的 I/O 点数，又可减少按钮和接线。

3）系统某些输入信号功能简单、涉及面窄，没有必要作为 PLC 的输入，可将其设置在 PLC 外部硬件电路中，如热继电器的常闭触点 FR 等，如图 2-16 所示。

4）通断状态完全相同的两个负载，可将其并联后共用一个输出点，如图 2-16 中的 KA3 和 HR。

（4）设立连锁电路

为了防止接触器相间短路，可以在软件和硬件上设置互锁电路，如图 2-17 所示。

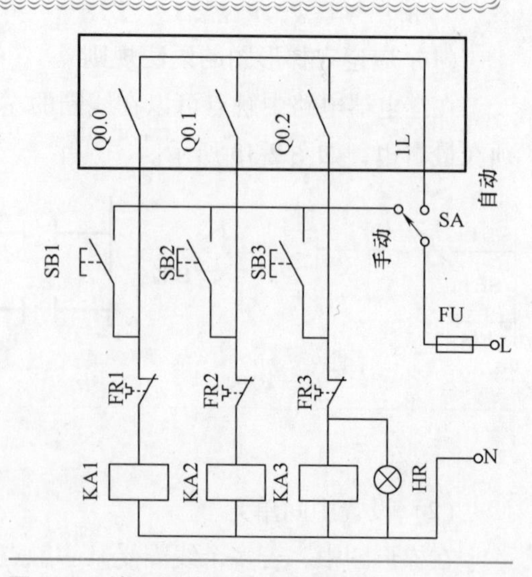


图 2-16　输入元件处理及并行输出

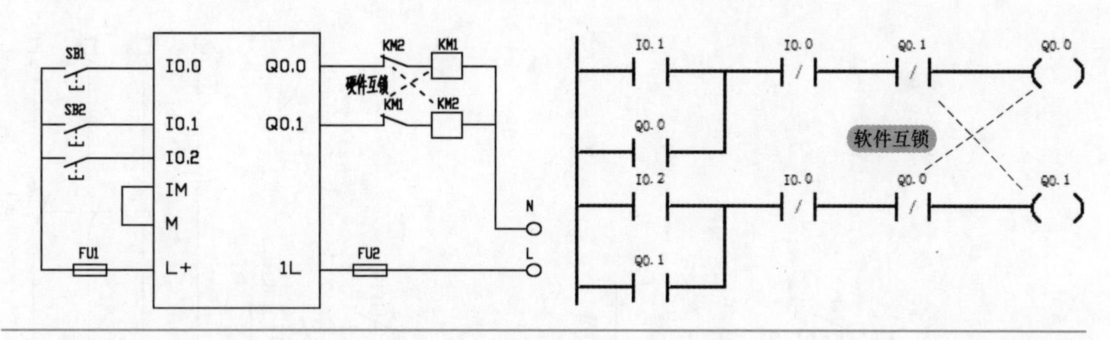


图 2-17　硬件与软件互锁

(5) 外部负载额定电压

PLC 的输出模块（如继电器输出模块）只能驱动额定电压最高为 AC220V 的负载，若原系统中的接触器线圈为 AC380V，应将其改成线圈为 AC220V 的接触器或者设置中间继电器。

### 2.2.3　编程实现

第一步：根据控制要求，对输入/输出进行 I/O 分配，见表 2-2。

表 2-2　电动机星三角减压起动 I/O 分配

| 输　入　量 | | 输　出　量 | |
|---|---|---|---|
| 起动按钮 SB2 | I0. 1 | 接触器 KM1 | Q0. 0 |
| 停止按钮 SB1 | I0. 0 | 角接 KM2 | Q0. 1 |
| | | 星接 KM3 | Q0. 2 |

第二步：绘制接线图，如图 2-18 所示。

第三步：设计梯形图程序。梯形图电路是在继电器电路的基础上演绎过来的，因此根据继电器电路设计梯形图电路是一条捷径。将继电器控制电路的元件用梯形图编程元件逐一替换，草图如图 2-19 所示。由于草图程序可读性不高，因此将其简化和修改，整理结果如图 2-20所示。

第四步：进行功能分析。按下起动按钮 SB2，常开触点 I0. 1 闭合，线圈 Q0. 0、M0. 0 得电且对应的常开触点闭合，因此线圈 Q0. 2 得电且定时器 T37 开始定时，定时时间到，线圈 Q0. 2 断开 Q0. 1 得电并自锁，Q0. 1 对应的常闭触点断开，定时器停止定时；当软线圈 Q0. 0，Q0. 2 闭合时，接触器 KM1、KM3 接通，电动机为星接；当软线圈 Q0. 0，Q0. 1 闭合时，接触器 KM1、KM2 接通，电动机为角接。

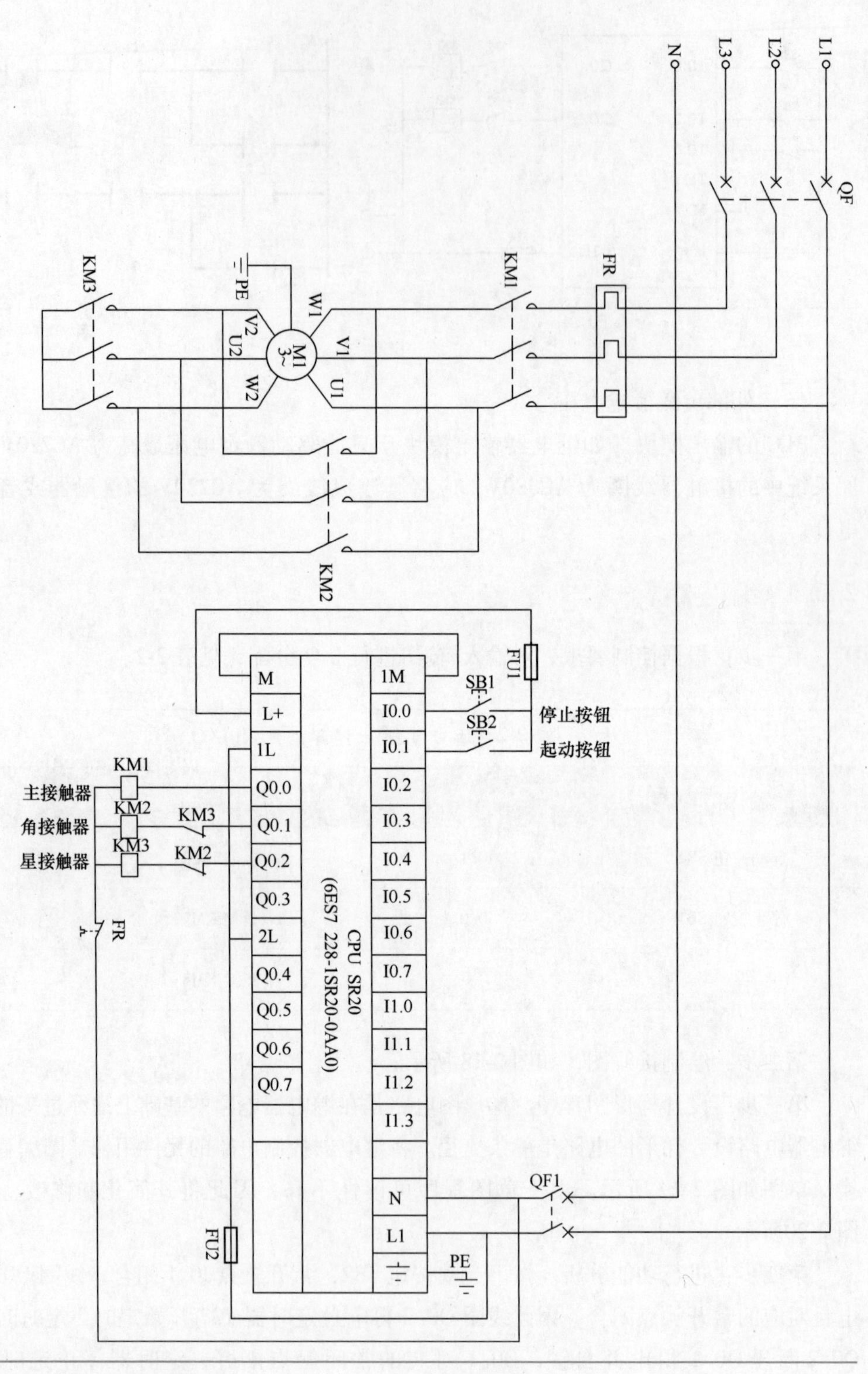


图 2-18 电动机星三角减压起动接线图

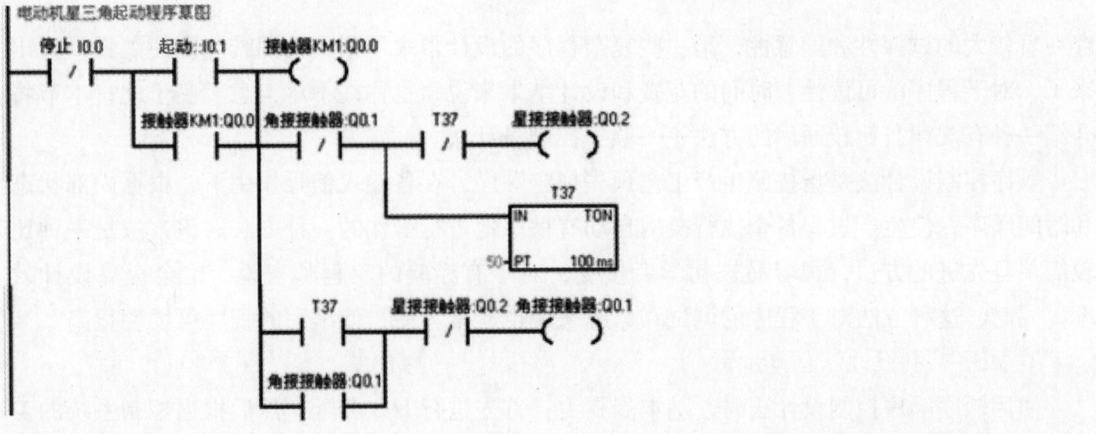

图 2-19　电动机星三角减压起动程序草图

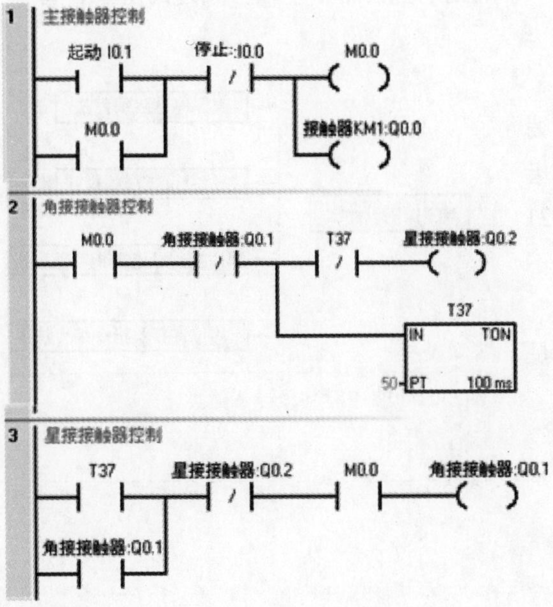

图 2-20　电动机星三角减压起动最终程序

编者有料

涉及将传统的继电器控制改为 PLC 控制的问题，采用翻译设计法编写程序最方便。

## 2.3　顺序控制设计法与顺序功能图

### 2.3.1　顺序控制设计法

**1.** 顺序控制设计法简介

采用经验设计法设计梯形图程序时，由于没有一套固定的方法可循，且在设计过程中又存在着较大的试探性和随意性，给一些复杂程序的设计带来了很大的困难。即使勉强设计出来了，对于程序的可读性、时间的花费和设计结果来说，也往往不尽人意。鉴于此，本节将介绍一种有规律且比较通用的方法——顺序控制设计法。

顺序控制设计法是指按照生产工艺预先规定顺序，在各输入信号作用下，根据内部状态和时间顺序，使生产过程各个执行机构自动有秩序地进行操作的一种方法。该方法是一种比较简单且先进的方法，很容易被初学者接受，对于有经验的工程师来说，也会提高设计效率。同时，这种方法对于程序的调试和修改来说也非常方便，使编写的程序可读性很高。

**2. 顺序控制设计法基本步骤**

使用顺序顺序控制设计法时，基本步骤为：首先进行 I/O 分配；然后根据控制系统的工艺要求，绘制顺序功能图；最后，根据顺序功能图设计梯形图。在顺序功能图的绘制中，往往是根据控制系统的工艺要求，将生产过程的一个周期划分为若干个顺序相连的阶段，每个阶段都对应顺序功能图的一步。

**3. 顺序控制设计法分类**

顺序控制设计法大致可分为：起保停电路编程法、置位复位指令编程法、顺序控制继电器指令编程法和移位寄存器指令编程法，如图 2-21 所示。本章将根据顺序功能图的基本结构的不同，对以上 4 种方法进行详细讲解。

使用顺序控制设计法时，绘制顺序功能图是关键，因此下面要对顺序功能图详细介绍。

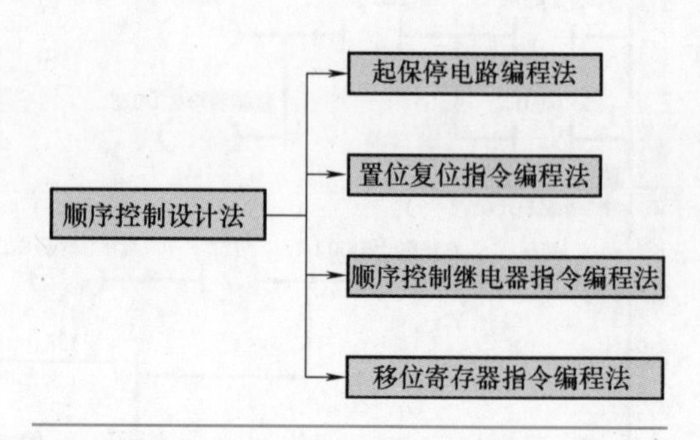


图 2-21 顺序控制设计法分类

编者有料

顺序控制设计法的基本步骤和方法分类是重点，读者需熟记。

## 2.3.2 顺序功能图简介

**1. 顺序功能图的组成要素**

顺序功能图是一种图形语言，用来编制顺序控制程序。在 IEC 的 PLC 编程语言标准（IEC61131-3）中，顺序功能图被确定为 PLC 位居首位的编程语言。在编写程序时，往往根据控制系统的工艺过程，先画出顺序功能图，然后再根据顺序功能图写出梯形图。顺序功能图主要由步、有向连线、转换、转换条件和动作（或命令）五大要素组成，如图 2-22 所示。

（1）步

步就是将系统的一个周期划分为若干个顺序相连的阶段，这些阶段就叫步。步是根据输出量的状态变化来划分的，通常用编程元件代表。编程元件是指辅助继电器 M 和状态继电器 S。步通常涉及以下几个概念：

1）初始步：一般在顺序功能图的最顶端，与系统的初始化有关，通常用双方框表示。注意每一个顺序功能图中至少有一个初始步，初始步一般由初始化脉冲 SM0.1 激活。

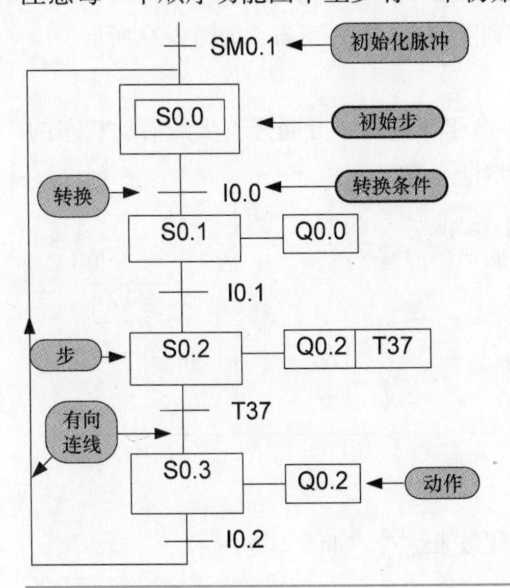


图 2-22　顺序功能图

2）活动步：系统所处的当前步为活动状态，就称该步为活动步。当步处于活动状态时，相应的动作被执行，步处于不活动状态，相应的非记忆性动作被停止。

3）前级步和后续步：前级步和后续步是相对的，如图 2-23 所示。对于 S0.2 步来说，S0.1 是它的前级步，S0.3 步是它的后续步；对于 S0.1 步来说，S0.2 是它的后续步，S0.0 步是它的前级步。需要指出的是，一个顺序功能图中可能存在多个前级步和多个后续步，如 S0.0 就有两个后续步，分别为 S0.1 和 S0.4；S0.7 也有两个前级步，分别为 S0.3 和 S0.6。

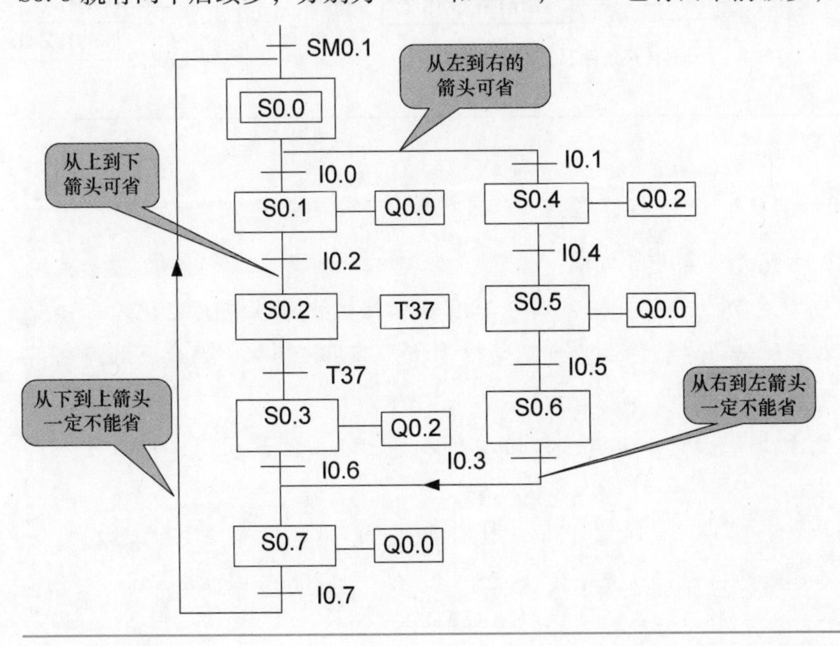


图 2-23　前级步、后续步与有向连线

（2）有向连线

有向连线是连接步与步之间的连线，其规定了活动步的进展路径与方向。通常规定有向连线的方向从左到右或从上到下箭头可省，从右到左或从下到上箭头一定不可省，如图 2-23 所示。

（3）转换

转换用一条与有向连线垂直的短画线表示，转换将相邻的两步分隔开。步的活动状态的进展是由转换的实现来完成，并与控制过程的发展相对应。

（4）转换条件

转换条件就是系统从上一步跳到下一步的信号。转换条件可以由外部信号提供，也可由内部信号提供。外部信号如按钮、传感器、接近开关、光电开关等的通断信号；内部信号如定时器和计数器常开触点的通断信号等。转换条件可以用文字语言、布尔代数表达式或图形符号等标注在表示转换的短画线旁。使用较多的是布尔代数表达式，如图 2-24 所示。

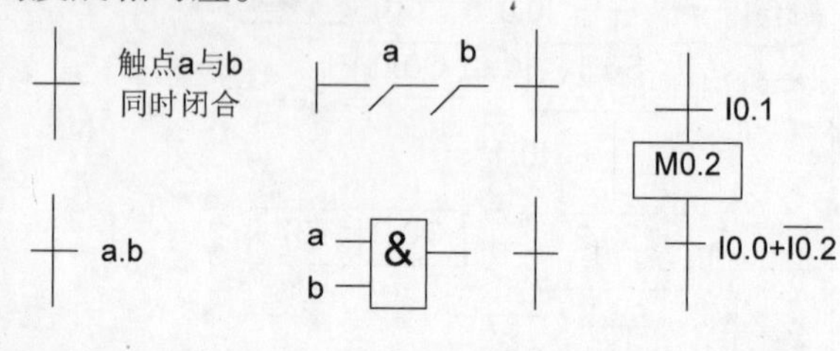


图 2-24　转换条件

（5）动作

被控系统每一个需要执行的任务或者是施控系统每一个要发出的命令都叫动作。注意，动作是指最终的执行线圈或定时器计数器等，一步中可能有一个动作或几个动作。通常动作用矩形框表示，矩形框内标有文字或符号，矩形框用相应的步符号相连。需要指出的是，涉及多个动作时，处理方案如图 2-25 所示。

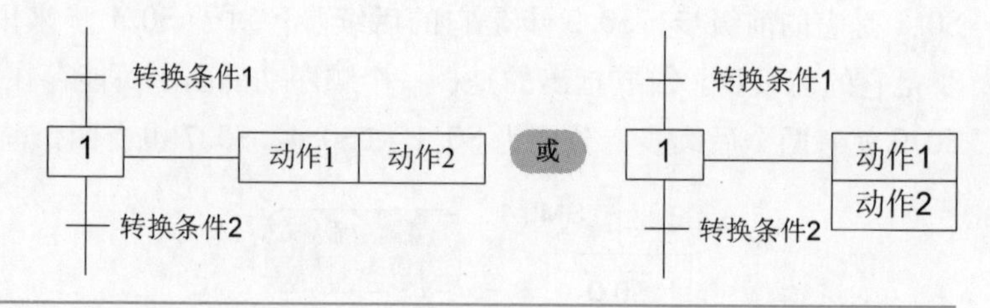


图 2-25　多个动作的处理方案

编者有料

对顺序功能图组成的五大要素进行梳理：

1. 步的划分是绘制顺序功能图的关键，划分标准是根据输出量状态的变化。如小车开始右行，当碰到右限位转为左行，由此可见输出量状态有明显变化，因此画顺序功能图时，一定要分为两步，即左行步和右行步。

2. 一个顺序功能图至少有一个初始步，初始步在顺序功能图的最顶端，用双方框表示，一般用 SM0.1 激活。

3. 动作是最终的执行线圈 Q、定时器 T 和计数器 C，辅助继电器 M 和顺序控制继电器 S 只是中间变量不是最终输出，这点一定要注意。

**2. 顺序功能图的基本结构**

（1）单序列

所谓的单序列就是指没有分支和合并，步与步之间只有一个转换，每个转换两端仅有一个步，如图 2-26a 所示。

（2）选择序列

选择序列既有分支又有合并，选择序列的开始叫分支，选择序列的结束叫合并，如图 2-26b 所示。在选择序列的开始，转换符号只能标在水平

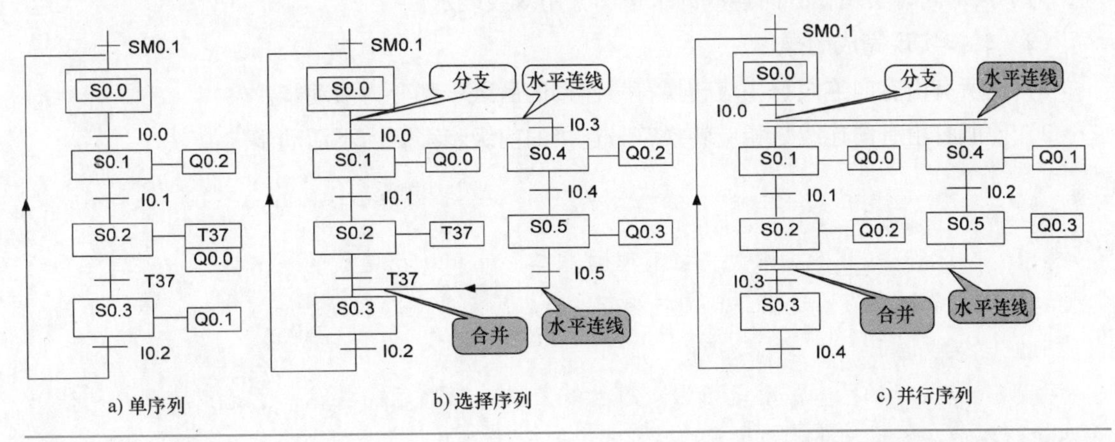


图 2-26　顺序功能图的基本结构

连线之下，如 I0. 0、I0. 3 对应的转换就标在水平连线之下；选择序列的结束，转换符号只能标在水平连线之上，如 T37、I0. 5 对应的转换就标在水平连线之上。当 S0. 0 为活动步，并且转换条件 I0. 0=1，则发生由步 S0. 0→步 S0. 1 的跳转；当 S0. 0 为活动步，并且转换条件 I0. 3=1，则发生由步 S0. 0→步 S0. 4 的跳转；当 S0. 2 为活动步，并且转换条件 T37=1，则发生由步 S0. 2→步 S0. 3 的跳转；当 S0. 5 为活动步，并且转换条件 I0. 5=1，则发生由步 S0. 5→步 S0. 3 的跳转；

需要指出的是，在选择程序中，某一步可能存在多个前级步或后续步，如 S0. 0 就有两个后续步 S0. 1、S0. 4、S0. 3 就有两个前级步 S0. 2、S0. 5。

（3）并行序列

并行序列用来表示系统的几个同时工作的独立部分的工作情况，如图 2-26c 所示。并行序列的开始叫分支，当转换满足的情况下，导致几个序列同时被激活，为了强调转换的同步实现，水平连线用双线表示，且水平双线之上只有一个转换条件，如步 S0. 0 为活动步，并且转换条件 I0. 0 = 1 时，步 S0. 1、S0. 4 同时变为活动步，步 S0. 0 变为不活动步，水平双线之上只有转换条件 I0. 0；并行序列的结束叫合并，当直接连在双线上的所有前级步 S0. 2、S0. 5 为活动步，并且转换条件 I0. 3 = 1，才会发生步 S0. 2、S0. 5→S0. 3 的跳转，即 S0. 2、S0. 5 为不活动步，S0. 3 为活动步，在同步双水平线之下只有一个转换条件 I0. 3。

**3. 梯形图中转换实现的基本原则**

(1) 转换实现的基本条件

在顺序功能图中，步的活动状态的进展是由转换的实现来完成的。转换的实现必须同时满足以下两个条件：

1) 该转换的所有前级步都为活动步。

2) 相应的转换条件得到满足。

以上两个条件缺一不可，若转换的前级步或后续步不只一个时，转换的实现称为同时实现，为了强调同时实现，有向连线的水平部分用双线表示。

(2) 转换实现完成的操作

1) 使所有由有向连线与相应转换符号连接的后续步都变为活动步。

2) 使所有由有向连线与相应转换符号连接的前级步都变为不活动步。

编者有料

1. 转换实现的基本原则。转换实现的基本条件和转换完成的基本操作，可简要的概括为：当前级步为活动步，满足转换条件，程序立即跳转到下一步；当后续步为活动步时，前级步停止。

2. 转换实现的基本原则是根据顺序功能图设计梯形图的基础，它适用于顺序功能图中的各种结构和各种顺序控制梯形图的编程方法。

**4. 绘制顺序功能图时的注意事项**

两步绝对不能直接相连，必须用一个转换将其隔开；两个转换也不能直接相连，必须用一个步将其隔开。

这两条是判断顺序功能图绘制正确与否的依据。

顺序功能图中初始步必不可少，它一般对应于系统等待起动的初始状态，这一步可能没有什么动作执行，因此很容易被遗忘。若无此步，则无法进入初始状态，系统也无法返回停止状态。

自动控制系统应能多次重复执行同一工艺过程，因此在顺序功能图中一般应有由步和有向连线组成的闭环，即在完成一次工艺过程的全部操作后，应从最后一步返回到初始步，系统停留在初始步（单周期操作）；在执行连续循环工作方式时，应从最后一步返回下一周期开始运行的第一步。

## 2.4 送料小车控制程序的设计

### 2.4.1 任务导入

图 2-27 为某送料小车控制示意图。送料小车初始位置在最右端，右限位 SQ1 压合；按

下起动按钮，小车开始装料，25s 后，小车装料结束，开始左行；当碰到左限位 SQ2 后，小车停止左行开始卸料，20s 后，小车卸料完毕开始右行；当碰到右限位，小车停止右行开始装料，如此循环，试设计程序。

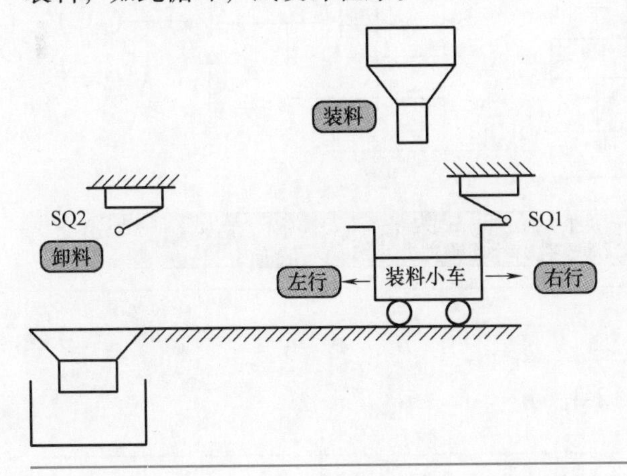


图 2-27　送料小车控制示意图

### 2.4.2　起保停电路编程法

本小节案例属于顺序控制，2.3 节讲到解决此类问题有 4 种方法，分别为起保停电路编程法、置位复位指令编程法、顺序控制继电器指令编程法和移位寄存器指令编程法，那么先看第一种方法。

**方法点拨**

起保停电路编程法，其中间编程元件为辅助继电器 M，在梯形图中，为了实现当前级步为活动步且满足转换条件时，才进行步的转换，总是将代表前级步的辅助继电器的常开触点与对应的转换条件触点串联，作为激活后续步辅助继电器的起动条件；当后续步被激活，对应的前级步停止，所以用代表后续步的辅助继电器的常闭触点与前级步的电路串联作为停止条件。

2.3 节也讲到顺序功能图有 3 种基本结构，因此起保停电路编程法也因顺序功能图结构不同而不同，本小节先讲解单序列起保停电路编程法。单序列顺序功能图与梯形图的对应关系，如图 2-28 所示。在图 2-28 中，Ma−1，Ma，Ma+1 是顺序功能图中连续 3 步。Ia，Ia+1 为转换条件。对于 Ma 步来说，它的前级步为 Ma−1，转换条件为 Ia，因此 Ma 的起动条件为辅助继电器的常开触点 Ma−1 与转换条件常开触点 Ia 的串联组合；对于 Ma 步来说，它的后续步为 Ma+1，因此 Ma 的停止条件为 Ma+1 的常闭触点。

### 2.4.3　起保停电路编程法任务实施

起保停电路编程法的实施步骤如下：

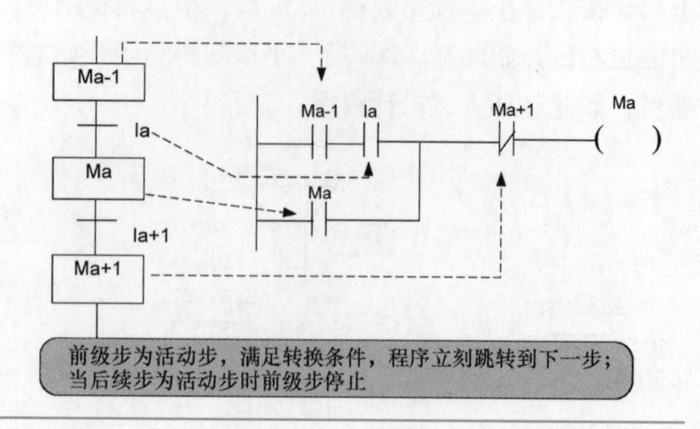

图 2-28　顺序功能图与梯形图的转化

1）根据控制要求，进行 I/O 分配，见表 2-3。

表 2-3　送料小车控制的 I/O 分配

| 输　入　量 | | 输　出　量 | |
|---|---|---|---|
| 起动按钮 | I0.0 | 左行 | Q0.0 |
| 停止 | I0.1 | 右行 | Q0.1 |
| 右限位 SQ1 | I0.2 | 装料 | Q0.4 |
| 左限位 SQ2 | I0.3 | 卸料 | Q0.5 |

2）根据控制要求，绘制顺序功能图，如图 2-29 所示。

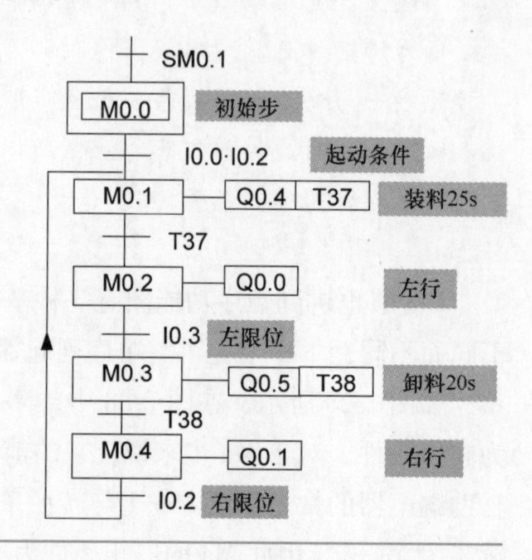


图 2-29　送料小车控制的顺序功能图

3）将顺序功能图转化为梯形图，如图 2-30 所示。

4）送料小车控制顺序功能图转化梯形图过程分析：

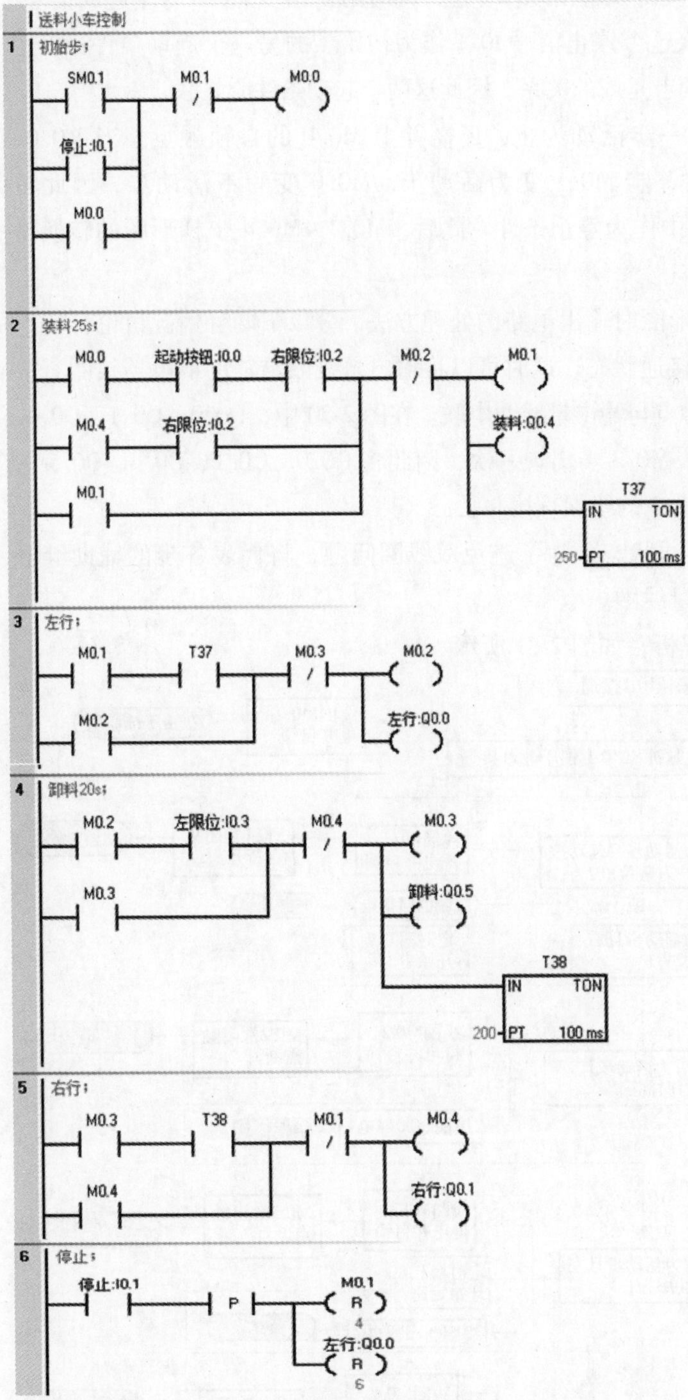

图 2-30　送料小车控制的梯形图程序

以 M0.0 步为例，介绍顺序功能图转化为梯形图的过程。PLC 刚运行时，应将初始步 M0.0 激活，否则系统无法工作，所以初始化脉冲 SM0.1 为 M0.0 的一个起动条件；当按下停止按钮，将 M0.1~M0.4 这 4 步中间编程元件及输出动作复位，同时给初始步 M0.0 一个起动信号，为下次使用该控制系统做准备，那么这个停止信号 I0.1 作为初始步的另一个起动条件；以上两个起动条件都能使初始步激活，两者是或的关系，因此这两个起动条件应并联。

为了保证活动状态能持续到下一步活动为止，还需并上 M0.0 的自锁触点。当 M0.0、I0.0、I0.2 的常开触点同时为 1 时，步 M0.1 变为活动步，M0.0 变为不活动步，因此将 M0.1 的常闭触点串入 M0.0 的回路中作为停止条件。此后，M0.1~M0.4 步梯形图的转换与 M0.0 步梯形图的转换一致，故不赘述。

下面介绍顺序功能图转化为梯形图时输出电路的处理方法，分以下两种情况讨论：

① 某一输出量仅在某一步中为接通状态，这时可以将输出量线圈与辅助继电器线圈直接并联，也可以用辅助继电器的常开触点与输出量线圈串联。在图 2-30 中，Q0.0、Q0.1、Q0.4、Q0.5 分别仅在 M0.2、M0.4、M0.1、M0.3 步出现一次，因此将 Q0.0、Q0.1、Q0.4、Q0.5 的线圈分别与 M0.2、M0.4、M0.1、M0.3 的线圈直接并联；

② 某一输出量在多步中都为接通状态，为了避免双线圈问题，将代表各步的辅助继电器的常开触点并联后，驱动该输出量线圈。

5）送料小车控制梯形图程序解析，如图 2-31 所示。

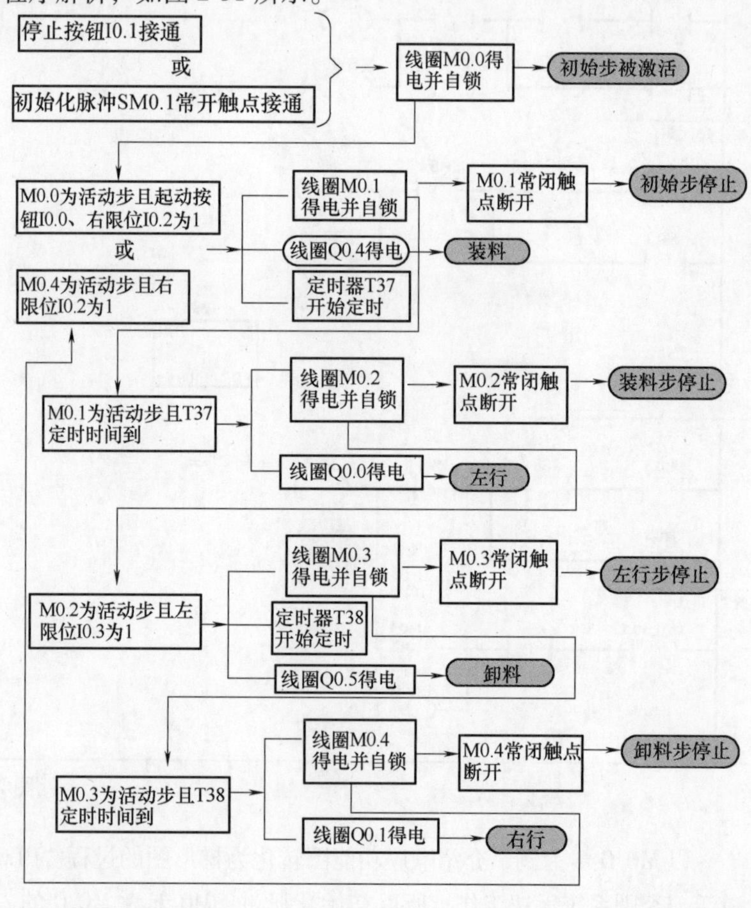


图 2-31　送料小车控制起保停电路编程法梯形图程序解析

### 2.4.4　置位复位指令编程法

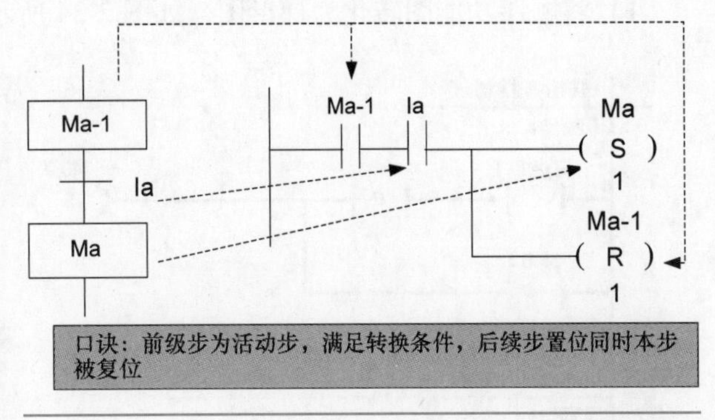


图 2-32　置位复位指令编程法顺序功能图与梯形图的转化

与起保停电路编程法一样，置位复位指令编程法同样因顺序功能图结构不同而不同，本小节先讲解单序列置位复位指令编程法。单序列顺序功能图与梯形图的对应关系，如图 2-32 所示。在图 2-32中，当 Ma-1 为活动步，且转换条件 Ia 满足，Ma 被置位，同时 Ma-1 被复位，因此将 Ma-1 和 Ia 的常开触点组成的串联电路作为 Ma 步的起动条件，同时它有作为 Ma-1 步的停止条件。这里只有一个转换条件 Ia，故仅有一个置位复位电路块。

需要说明的是，输出继电器 Qa 线圈不能与置位、复位指令直接并联，原因在于 Ma-1 与 Ia 常开触点组成的串联电路接通时间很短，当转换条件满足后，前级步立即复位，而输出继电器至少应在某步为活动步的全部时间内接通。处理方法为：用所需步的常开触点驱动输出线圈 Qa，如图 2-33 所示。

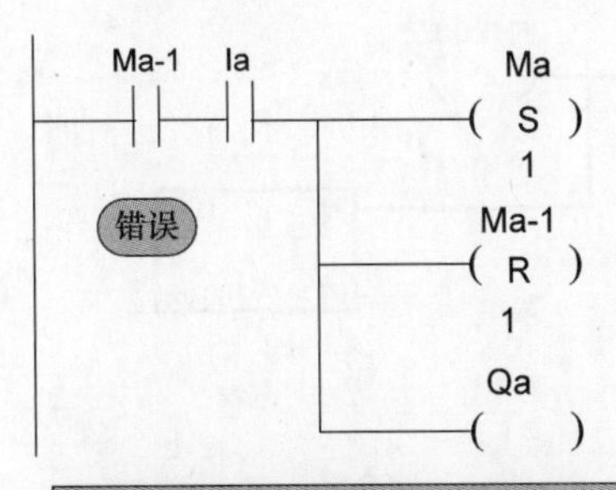


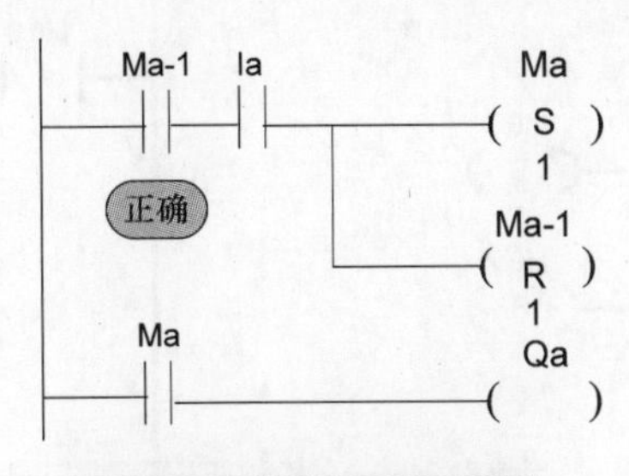


图 2-33　置位复位指令编程方法注意事项

**方法点拨**

置位复位指令编程法，其中间编程元件仍为辅助继电器 M，当前级步为活动步且满足转换条件的情况下，后续步被置位，同时本步被复位。

需要注意的是，置位复位指令也称以转换为中心的编程法，其中有一个转换就对应有一个置位复位电路块，有多少个转换就有多少个这样电路块。

### 2.4.5　置位复位指令编程法任务实施

置位复位指令编程法任务实施前两步与起保停电路编程法一样，这里不再赘述，关键是第三步将顺序功能图转化为梯形图与起保停电路编程法不同。

1）将顺序功能图转化为梯形图，如图 2-34 所示。

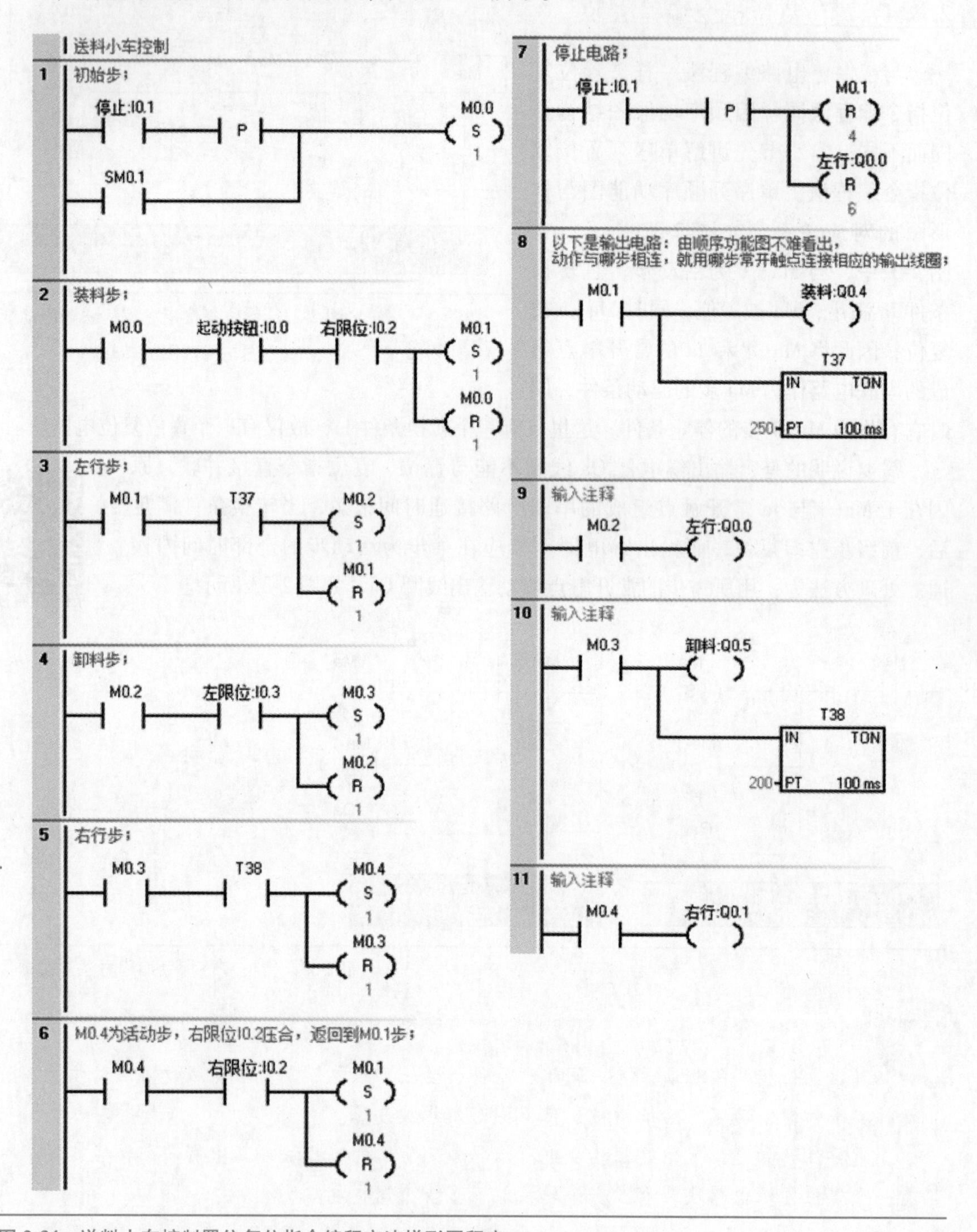


图 2-34　送料小车控制置位复位指令编程方法梯形图程序

2）送料小车控制置位复位指令编程法程序解析，如图 2-35 所示。

下面以 M0.1 步为例讲解置位复位指令编程法顺序功能图转化为梯形图的过程。由顺序功能图可知，M0.1 的前级步为 M0.0，转换条件为 I0.0 · I0.2，因此将 M0.0 的常开触点和转换条件

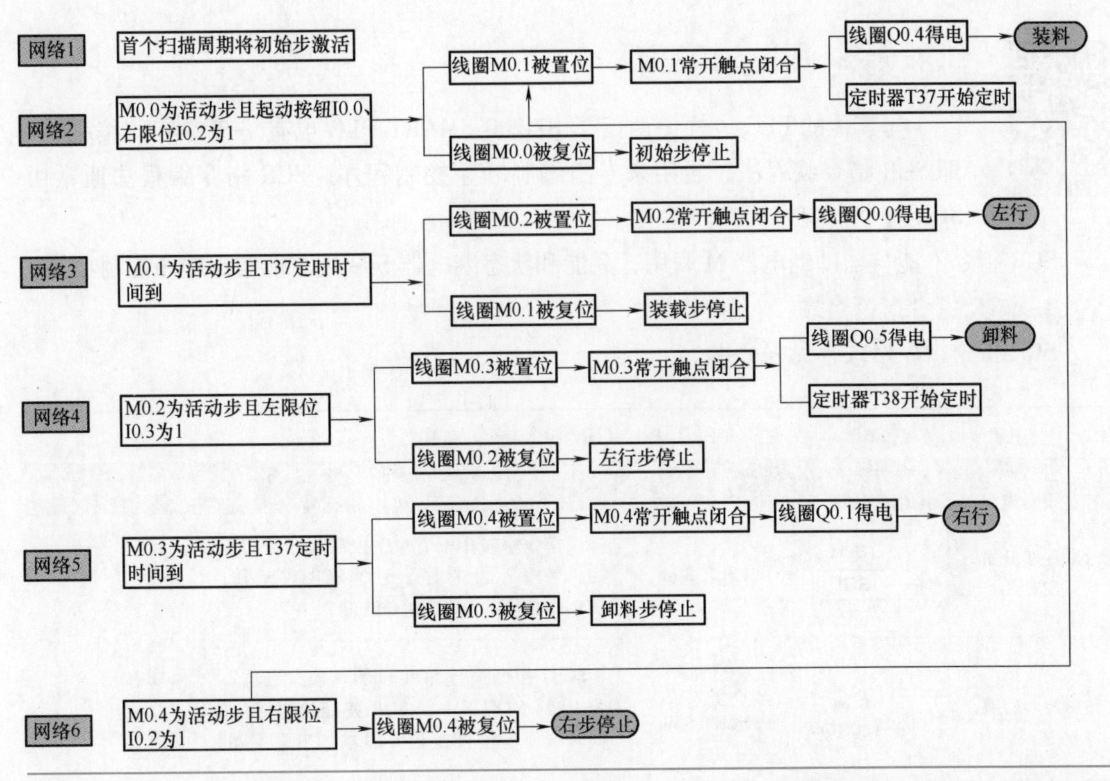


图 2-35　送料小车控制置位复位指令编程法程序解析

I0.0 · I0.2 的常开触点串联组成的电路，作为 M0.1 的置位条件和 M0.0 的复位条件，当 M0.0 的常开触点和转换条件 I0.0 · I0.2 的常开触点都闭合时，M0.1 被置位，同时 M0.0 被复位。

使用置位复位指令编程法时，不能将输出量的线圈与置位复位指令直接并联，原因在于置位复位指令所在的电路只接通一个扫描周期，当转换条件满足后前级步马上被复位，该串联电路立即断开，这样一来输出量线圈不能在某步对应的全部时间内接通。鉴于此，在处理梯形图输出电路时，用代表步的辅助继电器的常开触点或者常开触点的并联电路来驱动输出量线圈。

**编者有料**

1. 使用置位复位指令编程法时，当前级步为活动步且满足转换条件的情况下，后续步被置位，同时前级步被复位。置位复位指令也称以转换为中心的编程法，其中有一个转换就对应有一个置位复位电路块，有多少个转换就有多少个这样电路块。

2. 输出继电器 Q 线圈不能与置位复位指令并联，原因在于前级步与转换条件常开触点组成的串联电路接通时间很短，当转换条件满足后，前级步立即复位，而输出继电器至少应在某步为活动步的全部时间内接通。具体处理方法为：使用所需步的常开触点驱动输出线圈 Q。

## 2.4.6 SCR 指令编程法

与其他的 PLC 一样，西门子 S7-200 SMART PLC 也有一套专有的编程法，即 SCR 指令编程法，它用来专门编制顺序控制程序。SCR 指令编程法通常由 SCR 指令实现。

SCR 指令不能与辅助继电器 M 联用，只能和状态继电器 S 联用才能实现顺序控制功能。

### 1. SCR 指令指令格式

SCR 指令指令格式，见表 2-4。

表 2-4 SCR 指令指令格式

| 指令名称 | 梯形图 | 语句表 | 功能说明 | 数据类型及操作数 |
|---|---|---|---|---|
| 顺序步开始指令 | S bit<br>SCR | LSCR S bit | 该指令标志着一个顺序控制程序段的开始，当输入为 1 时，允许 SCR 段动作，SCR 段必须用 SCRE 指令结束 | BOOL，S |
| 顺序步转换指令 | S bit<br>(SCRT) | SCRT S bit | SCRT 指令执行 SCR 段的转换。当输入为 1 时，对应下一个 SCR 使能位被置位，同时本使能位被复位，即本 SCR 段停止工作 | |
| 顺序步结束指令 | (SCRE) | SCRE | 执行 SCRE 指令，结束由 SCR 开始到 SCRE 之间顺序控制程序段的工作 | 无 |

### 2. 单序列 SCR 指令编程法

SCR 指令编程法单序列顺序功能图与梯形图的对应关系，如图 2-36 所示。在图 2-36 中，当 Sa−1 为活动步，从 Sa−1 步开始，线圈 Qa−1 有输出；当转换条件 Ia 满足时，Sa 被置位，即转换到下一步 Sa 步，Sa−1 步停止。对于单序列程序，每步都是这样的结构。

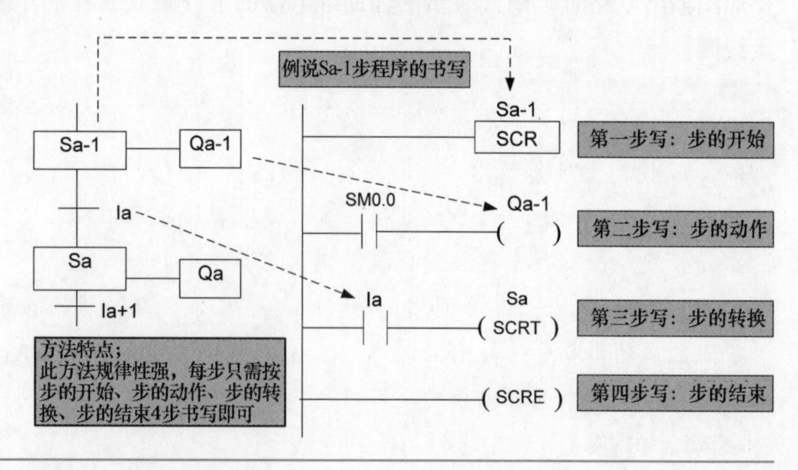


图 2-36 SCR 指令编程法顺序功能图与梯形图的转化

## 2.4.7　SCR 指令编程法任务实施

SCR 指令编程法 I/O 分配与前两种方法一样，顺序功能图的绘制和顺序功能图与梯形图的转化与前两种方法不同。

送料小车控制的顺序功能图的绘制，如图 2-37 所示。将顺序功能图转化为梯形图，如图 2-38 所示。

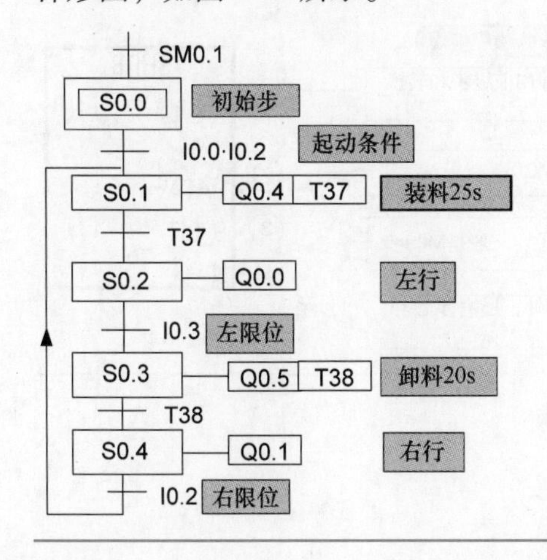


图 2-37　送料小车控制的顺序功能图

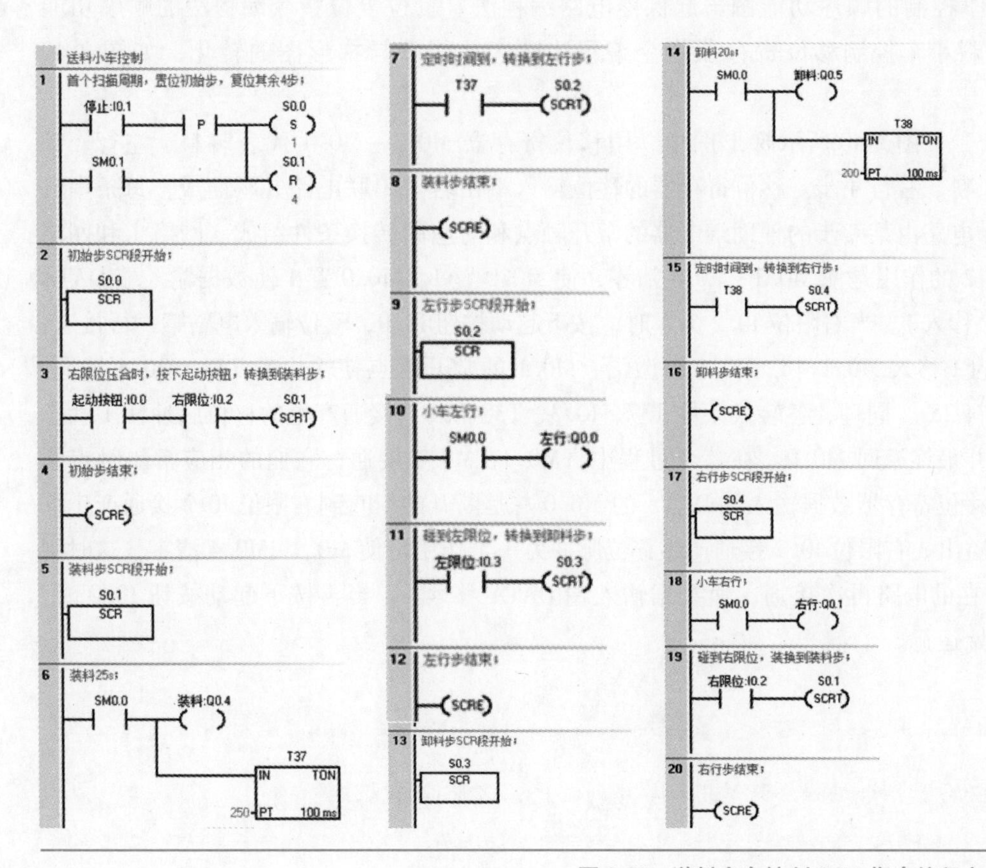


图 2-38　送料小车控制 SCR 指令编程方法梯形图程序

### 2.4.8 移位寄存器指令编程法

单序列顺序功能图中的各步总是顺序通断，且每一时刻只有一步接通，因此可以用移位寄存器指令进行编程。使用移位寄存器指令，在顺序功能图转化为梯形图时，需完成 4 步，如图 2-39 所示。

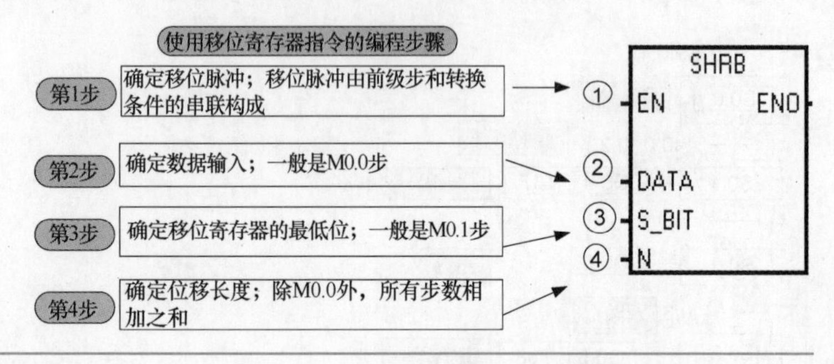


图 2-39 使用移位寄存器指令的编程步骤

### 2.4.9 移位寄存器指令编程法任务实施

送料小车控制的顺序功能图与起保停电路编程法、置位复位指令编程法的顺序功能图一致。送料小车控制移位寄存器指令编程法顺序功能图与梯形图的转化，如图 2-40 所示。

图 2-40 所示梯形图中，用移位寄存器 M0.1 ~ M0.4 代表装料、左行、卸料、右行 4 步。移位寄存器的移位输入端由若干串联电路并联而成，每条串联电路由某一步的辅助继电器的常开触点和对应的转换条件组成。网络 1 和网络 2 的作用是使 M0.1 ~ M0.4 清零，使 M0.0 置 1。M0.0 置 1 使数据输入端 DATA 移入 1。当右限位 I0.2 为 1 时，按下起动按钮 I0.0，移位输入电路第一行接通，使 M0.0 中的 1 移入 M0.1 中，M0.1 被激活，M0.1 的常开触点使输出量 T37、Q0.4 接通，送料小车装料 25s。同理，各转换条件 T37、I0.3、T38 和 I.2 接通产生的移位脉冲使 1 状态向下移动，并最终返回 M0.0。在整个过程中，M0.1 ~ M0.4 接通，它们的相应常闭触点断开，使接在移位寄存器数据输入端 DATA 的 M0.0 总是断开的，直到右限位 I0.2 接通产生移位脉冲使 1 溢出。右限位 I0.2 接通产生移位脉冲另一个作用是使 M0.1 ~ M0.4 清零，这时网络 2M0.0 所在的电路再次接通，使数据输入端 DATA 移入 1，当再按下起动按钮 I0.0 时，系统重新开始运行。

移位寄存器指令编程法只适用于单序列程序，这点读者需注意。

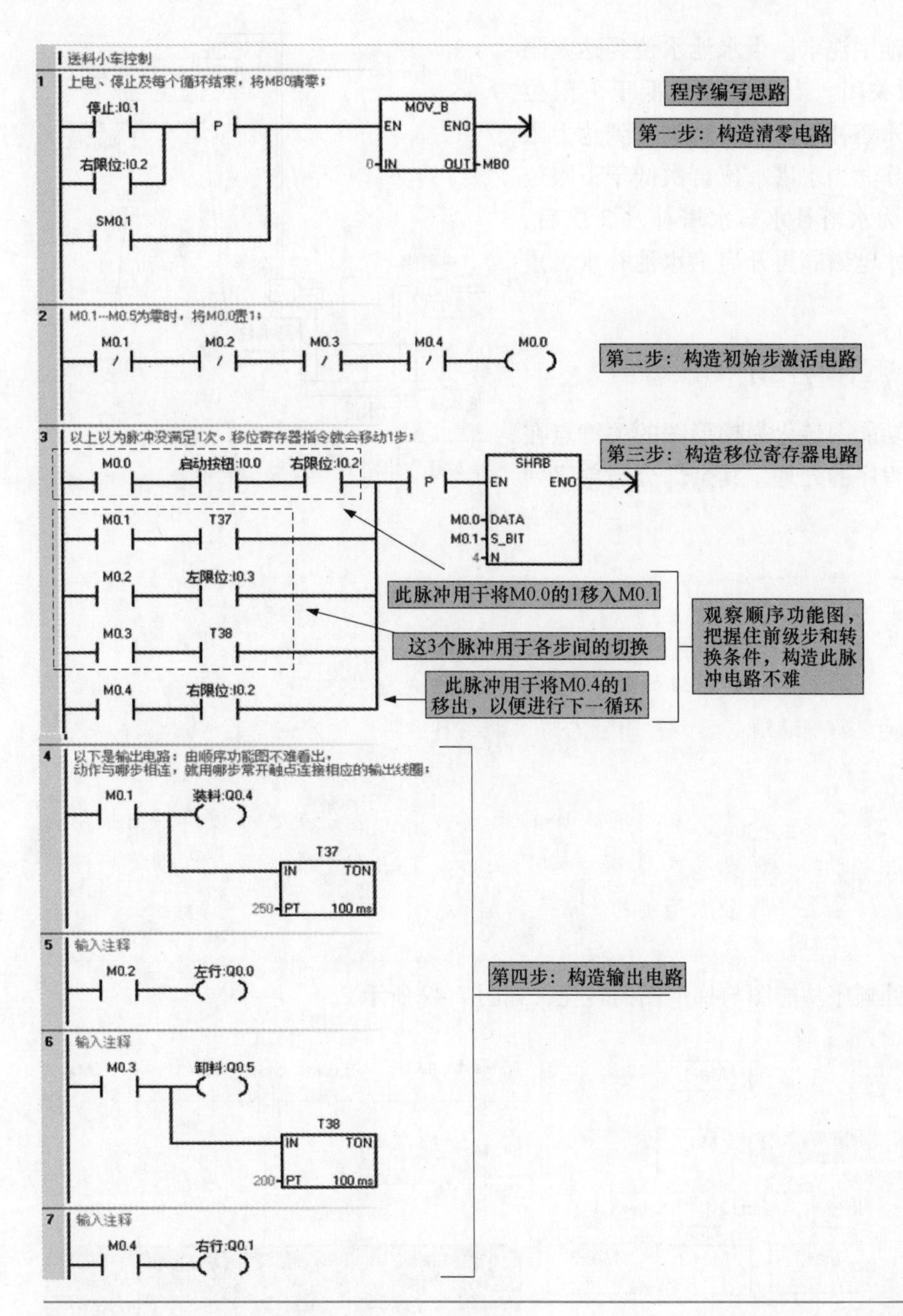


图 2-40　送料小车控制的移位寄存器指令编程法

## 2.5　水塔水位控制程序的设计

### 2.5.1　任务导入

图 2-41 为某水塔水位控制示意图。在水池水位低于下限时，按下起动按钮，进水电磁

阀开启，开始往水池中注水。当水池水位到达上限位时，进水电磁阀关闭。当水塔水位低于下限位时，水泵起动，为水塔补水。当水塔水位到达上限位时，水泵停止工作。当水塔水位再次低于下限位时，水泵再次起动为水塔补水。水塔补水 2 次后，水池水位不足，进水电磁阀再开启为水池补水，重复上述的循环。

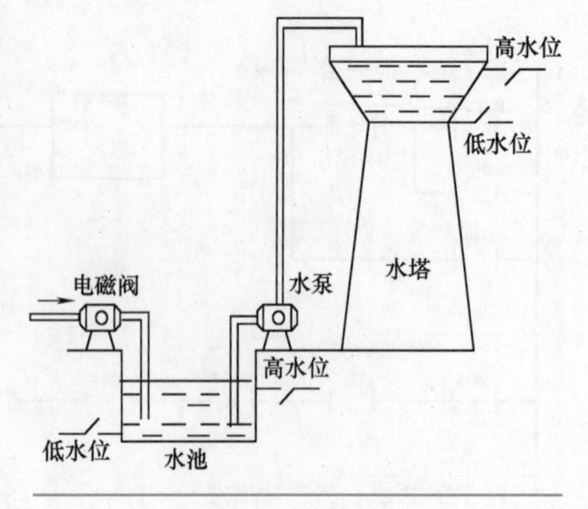


图 2-41　水塔水位控制示意图

## 2.5.2　选择序列起保停电路编程法

选择序列顺序功能图转化为梯形图的关键点在于分支处和合并处程序的处理，其余部分与单序列的处理方法一致。

方法点拨

1. 分支处编程

若某步后有一个由 $N$ 条分支组成的选择程序，该步可能转换到不同的 $N$ 步去，则应将这 $N$ 个后续步对应的辅助继电器的常闭触点与该步线圈串联，作为该步的停止条件。

2. 合并处编程

对于选择程序的合并，若某步之前有 $N$ 个转换，即有 $N$ 条分支进入该步，则控制代表该步的辅助继电器的起动电路由 $N$ 条支路并联而成，每条支路都由前级步辅助继电器的常开触点与转换条件的触点构成的串联电路组成。

分支序列分支处顺序功能图与梯形图的转化，如图 2-42 所示。

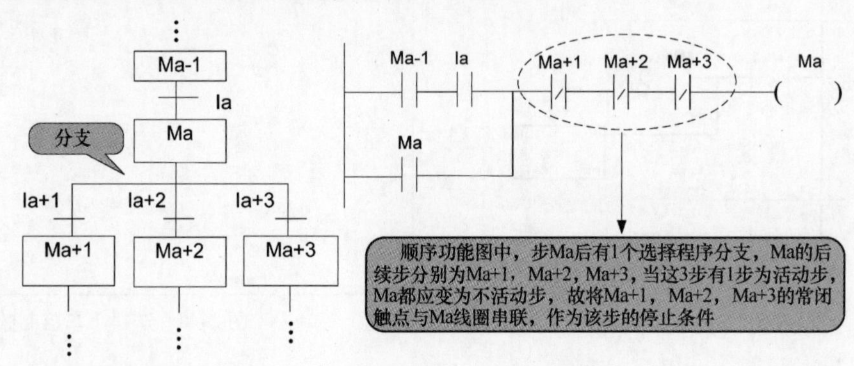


图 2-42　分支处顺序功能图与梯形图的转化

分支序列合并处顺序功能图与梯形图的转化，如图 2-43 所示。

## 2.5.3　选择序列起保停电路编程法任务实施

具体的实施步骤如下：

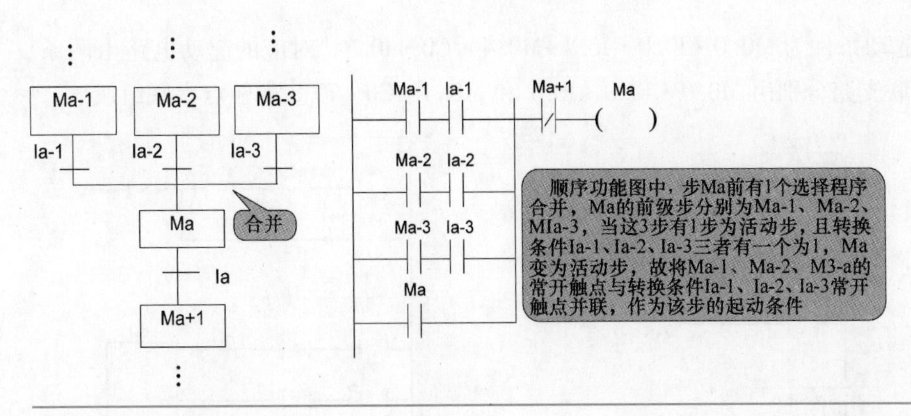


图 2-43　合并处顺序功能图与梯形图的转化

1）根据控制要求，进行 I/O 分配，见表 2-5。

表 2-5　水塔水位控制的 I/O 分配

| 输　入　量 | | 输　出　量 | |
|---|---|---|---|
| 起动按钮 | I0.0 | 进水电磁阀 | Q0.0 |
| 水池低水位 | I0.1 | 水泵 | Q0.1 |
| 水池高水位 | I0.2 | | |
| 水塔低水位 | I0.3 | | |
| 水塔高水位 | I0.4 | | |
| 停止按钮 | I0.5 | | |

2）根据控制要求，绘制顺序功能图，如图 2-44 所示。

3）将顺序功能图转化为梯形图，如图 2-45 所示。

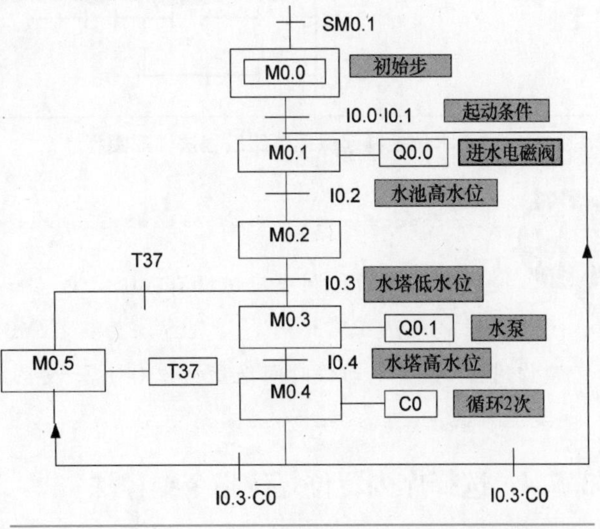


图 2-44　水塔水位控制的顺序功能图

4）水塔水位控制顺序功能图转化为梯形图过程分析：

① 选择序列分支处的处理方法。在图 2-44 中，步 M0.4 之后有一个选择序列的分支，设 M0.4 为活动步，当它的后续步 M0.5 或 M0.1 为活动步时，它应变为不活动步，故图 2-45 梯形图中将 M0.5 和 M0.1 的常闭触点与 M0.4 线圈串联。

② 图 2-44 中，步 M0.1 之前有一个选择序列的合并，当步 M0.0 为活动步且转换条件 I0.0 · I0.1 为 1 满足或 M0.4 为活动步且转换条件 C0 · I0.3 满足，步 M0.1 应变为活动步，故图 2-45

梯形图中 M0.1 的起动条件为 M0.0 · I0.0 · I0.1+M0.4 · C0 · I0.3，对应的起动电路由两条并联分支组成，并联支路分别由 M0.0 · I0.0 · I0.1 和 M0.4 · C0 · I0.3 的触点串联组成。

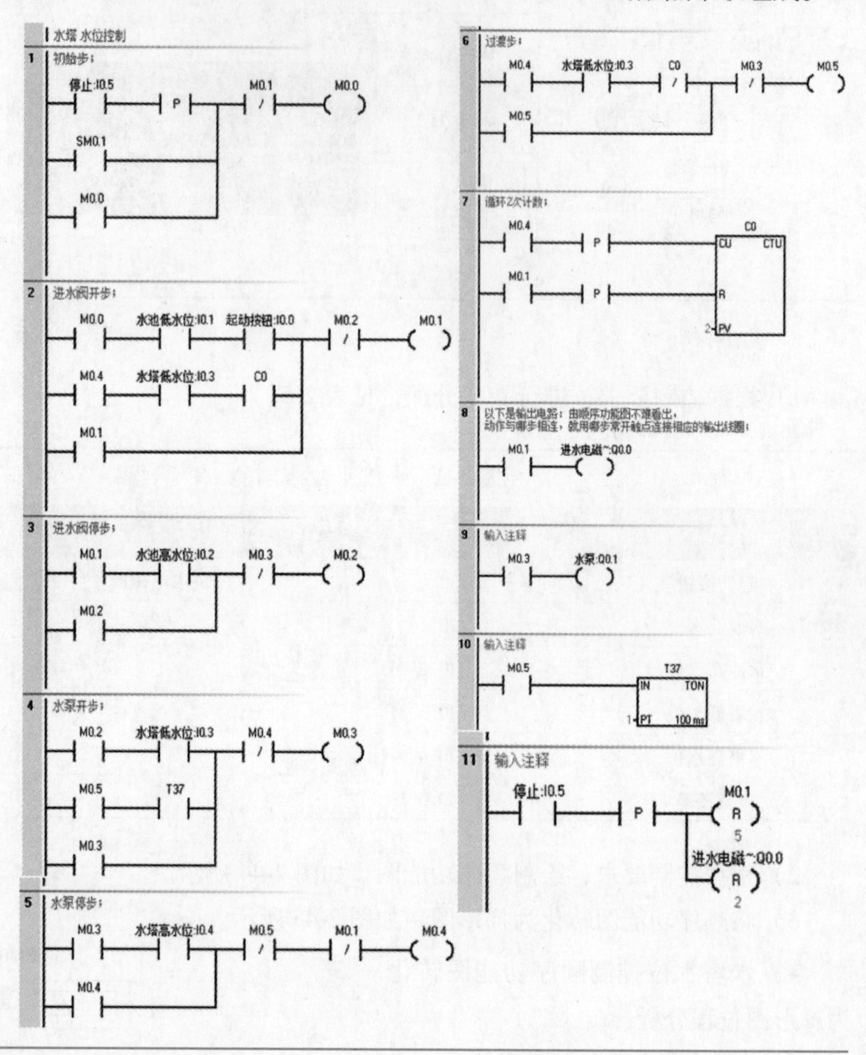


图 2-45 水塔水位控制起保停电路编程法梯形图程序

**编者有料**

按道理，实际控制中应该没有 M0.5 步，如果这样的话，M0.3 和 M0.4 间就存在小闭环，程序无法正常运行。处理方法为：在 M0.3 和 M0.4 间增加步 M0.5 步，起到过渡作用，M0.5 步动作时间很短，仅 0.1s，故系统运行不受影响。

## 2.5.4 选择序列置位复位指令编程法

选择序列顺序功能图转化为梯形图的关键点在于分支处和合并处程序的处理，置位复位指令编程法核心是转换，因此选择序列在处理分支和合并处编程上与单序列的处理方法一致，无须考虑多个前级步和后续步的问题，只考虑转换即可。

## 2.5.5 选择序列置位复位指令编程法任务实施

I/O 分配和绘制顺序功能图与选择序列起保停电路编程法一致，故不赘述。将顺序功能图转化为梯形图，如图 2-46 所示。

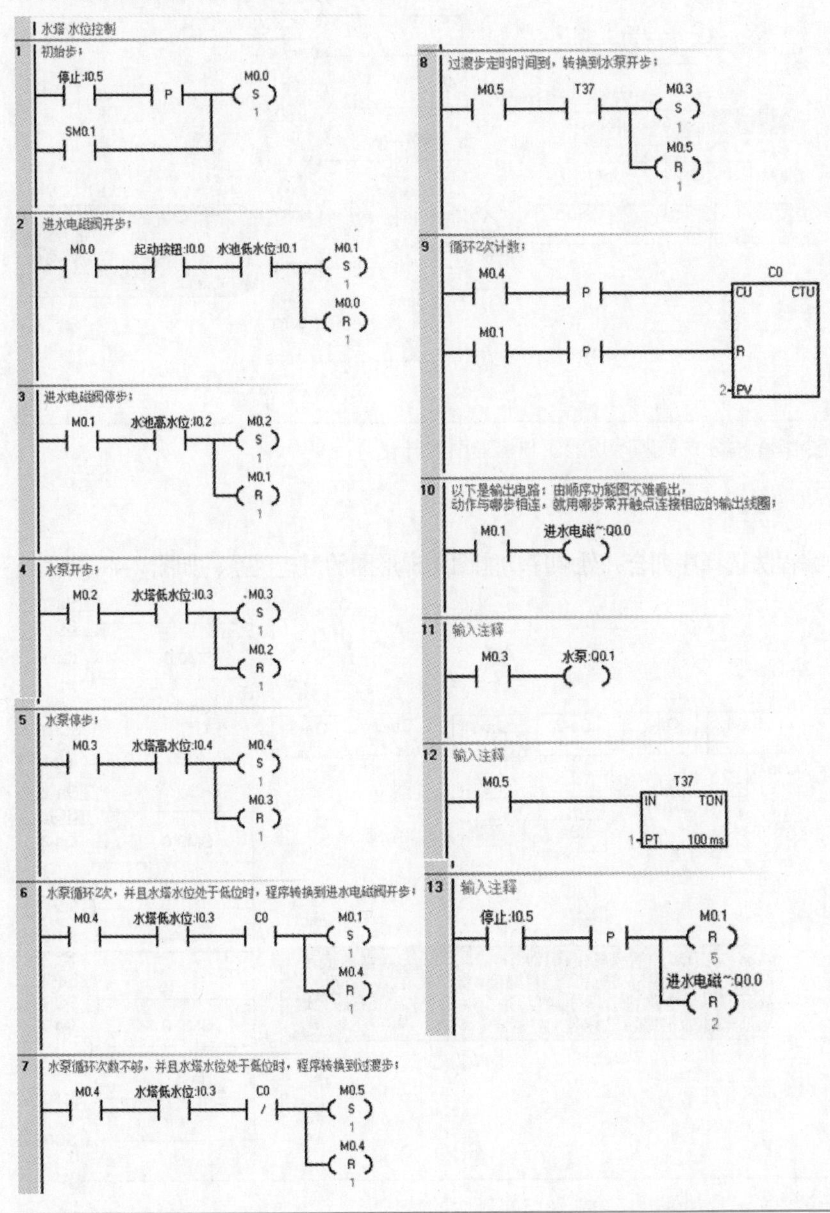


图 2-46 水塔水位控制置位复位指令编程法梯形图程序

## 2.5.6 选择序列顺序控制继电器指令编程法

选择序列每个分支的动作由转换条件决定，但每次只能选择一条分支进行转移。

**1. 分支处编程**

顺序控制继电器指令编程法选择序列分支处顺序功能图与梯形图的对应关系，如图 2-47所示。

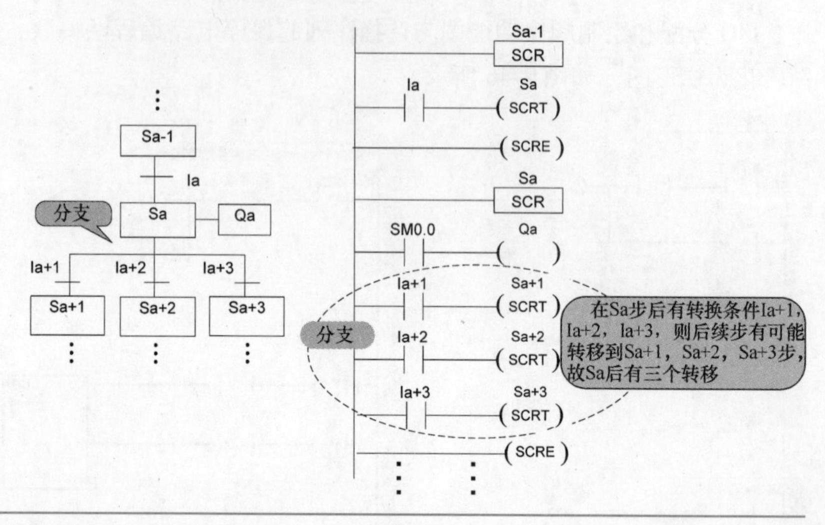


图 2-47　顺序控制继电器指令编程法分支处顺序功能图与梯形图的转化

**2. 合并处编程**

顺序控制继电器指令编程法选择序列合并处顺序功能图与梯形图的对应关系，如图 2-48 所示。

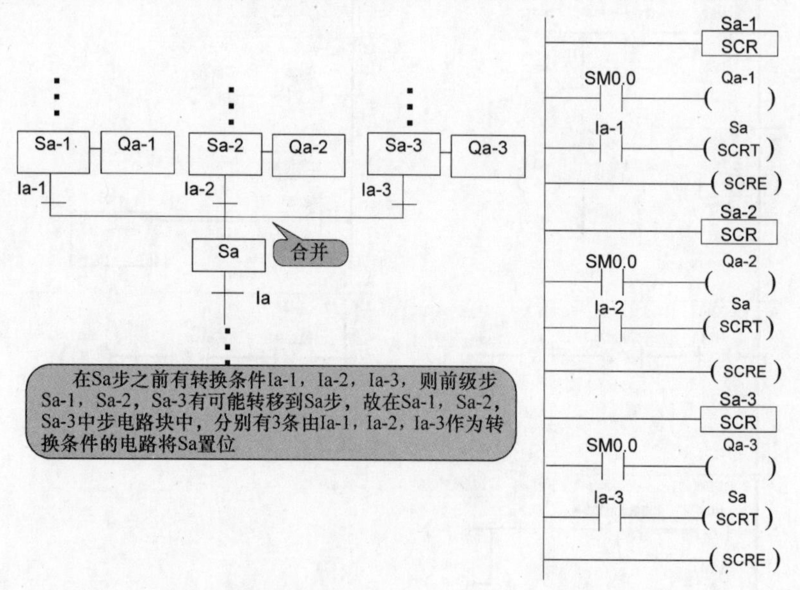


图 2-48　顺序控制继电器指令编程法合并处顺序功能图与梯形图的转化

## 2.5.7　选择序列顺序控制继电器指令编程法任务实施

根据控制要求，绘制顺序功能图，如图 2-49 所示。

将顺序功能图转化为梯形图，如图 2-50 所示。

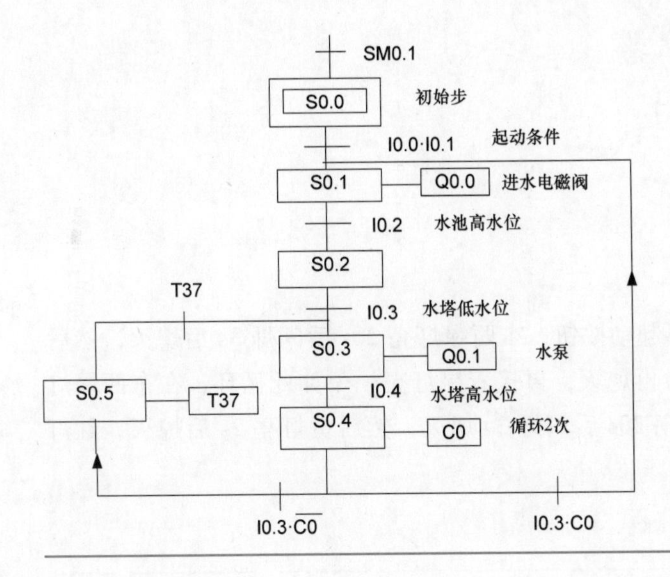


图 2-49　水塔水位控制的顺序功能图

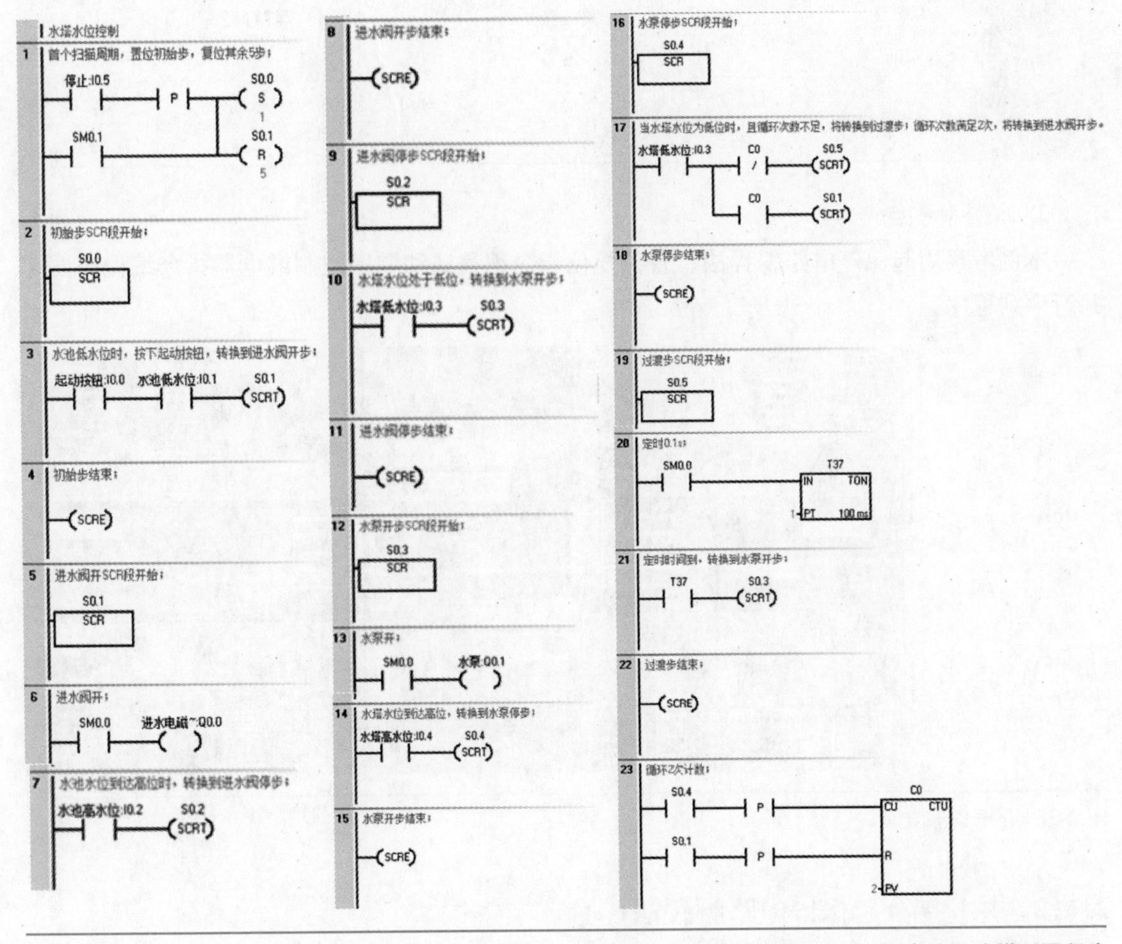


图 2-50　水塔水位控制 SCR 指令编程法梯形图程序

# 2.6 信号灯控制程序的设计

## 2.6.1 任务导入

### 1. 控制要求

信号灯布置，如图 2-51 所示。按下起动按钮，东西绿灯亮 20s 后闪烁 3s 后熄灭，然后黄灯亮 2s 后熄灭，紧接着红灯亮 25s 后再熄灭，再接着绿灯亮……如此循环；在东西绿灯亮的同时，南北红灯亮 25s，接着绿灯亮 20s 后闪烁 3s 熄灭，然后黄灯亮 2s 后熄灭，红灯亮……如此循环，具体要求见表 2-6。

试根据上述控制要求，编制程序。

表 2-6 信号灯工作情况表

<table>
<tr><td rowspan="2">东西</td><td>绿灯亮</td><td>绿灯闪</td><td>黄灯亮</td><td colspan="3">红灯亮</td></tr>
<tr><td>20s</td><td>3s</td><td>2s</td><td colspan="3">25s</td></tr>
<tr><td rowspan="2">南北</td><td colspan="3">红灯亮</td><td>绿灯亮</td><td>绿灯闪</td><td>黄灯亮</td></tr>
<tr><td colspan="3">25s</td><td>20s</td><td>3s</td><td>2s</td></tr>
</table>

### 2. 本例考察点

本例考察用起保停电路编程法、置位复位指令编程法和顺序控制继电器指令编程法设计并行序列程序。

图 2-51 信号灯布置图

## 2.6.2 并行序列起保停电路编程法

### 1. 分支处编程

若并行程序某步后有 $N$ 条并行分支，且转换条件满足，则并行分支的第一步同时被激活。这些并行分支第一步的启动条件均相同，都是前级步的常开触点与转换条件的常开触点组成的串联电路，不同的是各个并行分支的停止条件。串入各自后续步的常闭触点作为停止条件。并行序列顺序功能图与梯形图的转化，如图 2-52 所示。

2. 合并处编程

对于并行程序的合并，若某步之前有 $N$ 系分支，即有 $N$ 条分支进入该步，则并行分支的最后一步同时为 1，且转换条件满足，方能完成合并。因此合并处的起动电路为所有并行分支最后一步的常开触点串联和转换条件的常开触点的组合；停止条件仍为后续步的常闭触点。并行序列顺序功能图与梯形图的转化，如图 2-52 所示。

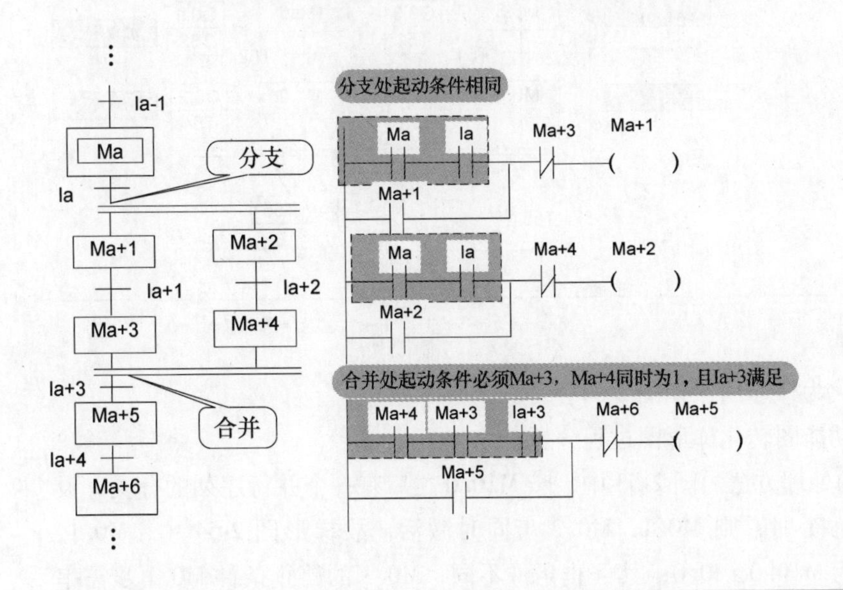


图 2-52　并行序列顺序功能图转化为梯形图

## 2.6.3　并行序列起保停电路编程法任务实施

具体实施步骤如下：

1）根据控制要求，进行 I/O 分配，见表 2-7。

表 2-7　信号灯 I/O 分配表

| 输入量 | | 输出量 | |
|---|---|---|---|
| 起动按钮 | I0.0 | 东西绿灯 | Q0.0 |
| 停止按钮 | I0.1 | 东西黄灯 | Q0.1 |
| | | 东西红灯 | Q0.2 |
| | | 南北绿灯 | Q0.3 |
| | | 南北黄灯 | Q0.4 |
| | | 南北红灯 | Q0.5 |

2）根据控制要求，绘制顺序功能图，如图 2-53 所示。

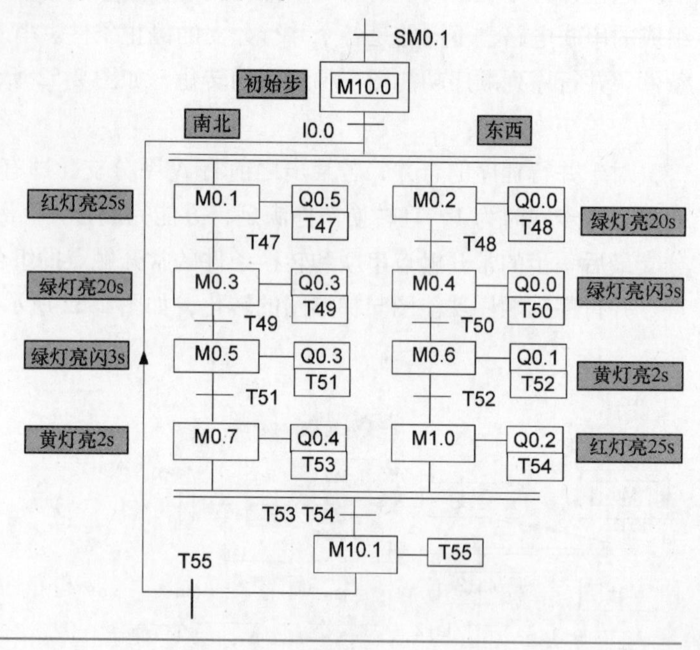


图 2-53　信号灯控制顺序功能图

3）将顺序功能图转化为梯形图，如图 2-54 所示。

4）信号灯控制顺序功能图转化梯形图过程分析：

① 并行序列分支处的处理方法。图 2-53 中，步 M10. 0 之后有一个并行序列的分支，设 M10. 0 为活动步且 I0. 0 为 1 时，则 M0. 1，M0. 2 步同时激活，故梯形图 2-54 中，M0. 1，M0. 2 的起动条件相同都为 M10. 0 · I0. 0；其停止条件不同，M0. 1 的停止条件 M0. 1 步需串 M0. 3 的常闭触点，M0. 2 的停止条件 M0. 2 步需串 M0. 4 的常闭触点。M10. 1 后也有 1 个并行分支，其原理与 M10. 0 步相同，这里不再赘述。

② 并行序列合并处的处理方法。图 2-53 中，步 M10. 1 之前有 1 个并行序列的合并，当 M0. 7，M1. 0 同时为活动步且转换条件 T53 · T54 满足时，M10. 1 应变为活动步，故梯形图 2-54中，M10. 1 的起动条件为 M0. 7 · M1. 0 · T53 · T54，停止条件为 M10. 1 步中应串入 M0. 1 和 M0. 2 的常闭触点。这里的 M10. 1 比较特殊，它既是并行分支又是并行合并，故起动和停止条件有些特别。需要指出的是，M10. 1 步本应没有，出于编程方便考虑，设置此步，T55 的时间非常短，仅为 0. 1s，因此不影响程序的整体。

## 2. 6. 4　并行序列置位复位指令编程法

### 1. 分支处编程

如果某一步 Ma 的后面由 *N* 条分支组成，当 Ma 为活动步且满足转换条件后，其后的 *N* 条后续步同时激活，故 Ma 与转换条件的常开触点串联来置位后 *N* 步，同时复位 Ma 步。并行序列顺序功能图与梯形图的转化，如图 2-55 所示。

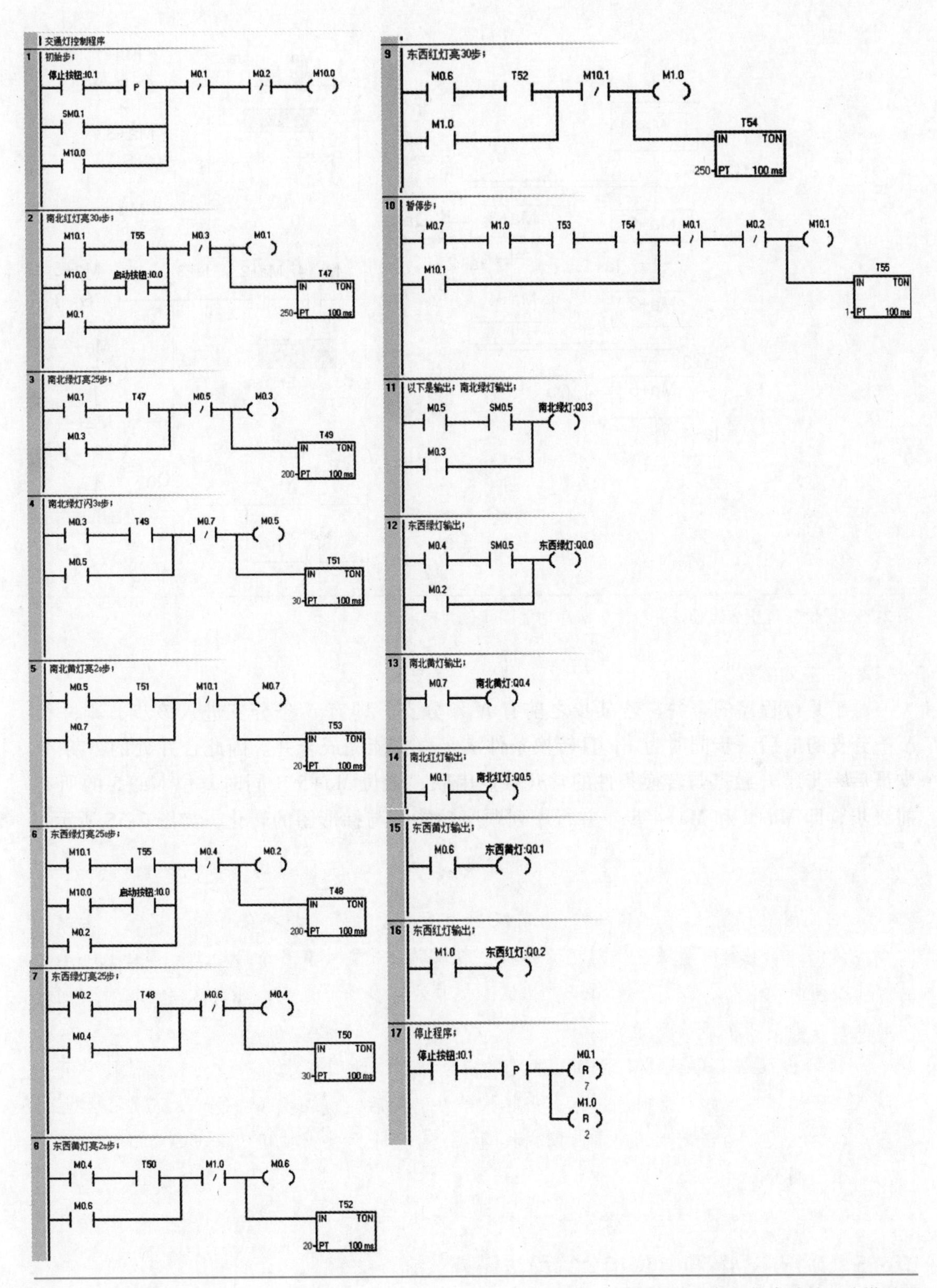


图 2-54　信号灯控制起保停电路编程法梯形图

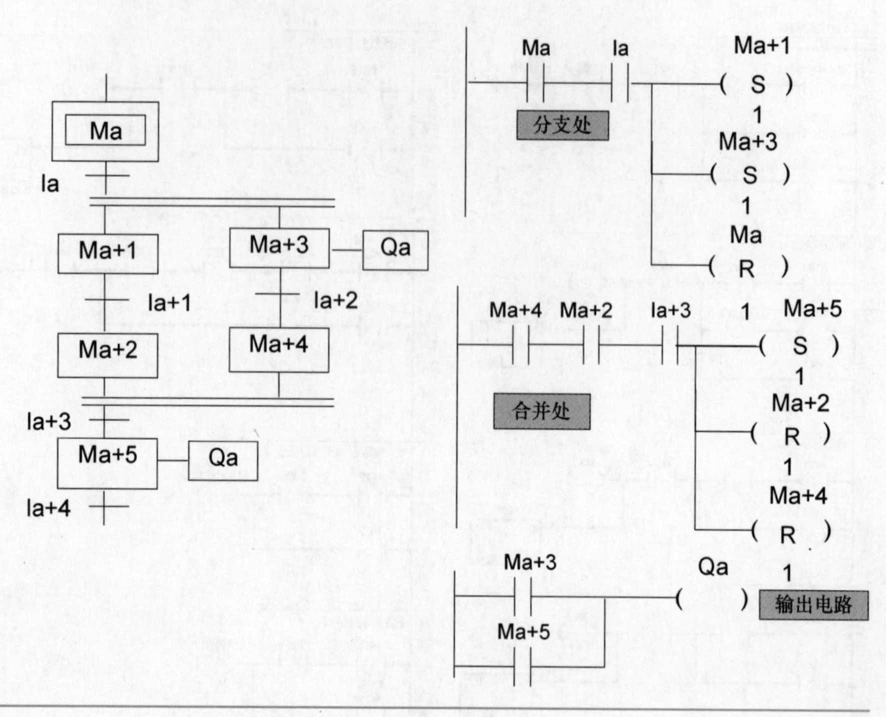


图 2-55 置位复位指令编程法并行序列顺序功能图转化为梯形图

**2. 合并处编程**

对于并行程序的合并，若某步之前有 *N* 条分支，即有 *N* 条分支进入该步，则并行 *N* 条分支的最后一步同时为 1，且转换条件满足，方能完成合并。因此合并处的 *N* 条分支最后一步常开触点与转换条件的常开触点串联，置位 Ma+5 步同时复位 Ma+5 的所有前级步，即 Ma+2 和 Ma+4 步。并行序列顺序功能图与梯形图的转化，如图 2-55 所示。

编者有料

1. 使用置位复位指令编程法，当前级步为活动步且满足转换条件的情况下，后续步被置位，同时前级步被复位；对于并联序列来说，分支处有多个后续步，那么这些后续步都同时被置位，仅有 1 个前级步复位；合并处有多个前级步，那么这些前级步都同时复位，仅有 1 个后续步置位。

2. 输出继电器 Q 线圈不能与置位复位指令并联，原因在于前级步与转换条件常开触点组成的串联电路接通时间很短，当转换条件满足后，前级步立即复位，而输出继电器至少应在某步为活动步的全部时间内接通。具体处理方法为：用所需步的常开触点驱动输出线圈 Q。

## 2.6.5 并行序列置位复位指令编程法任务实施

信号灯控制并行程序，用置位复位指令编程法将顺序功能图转化为梯形图，如图 2-56 所示。

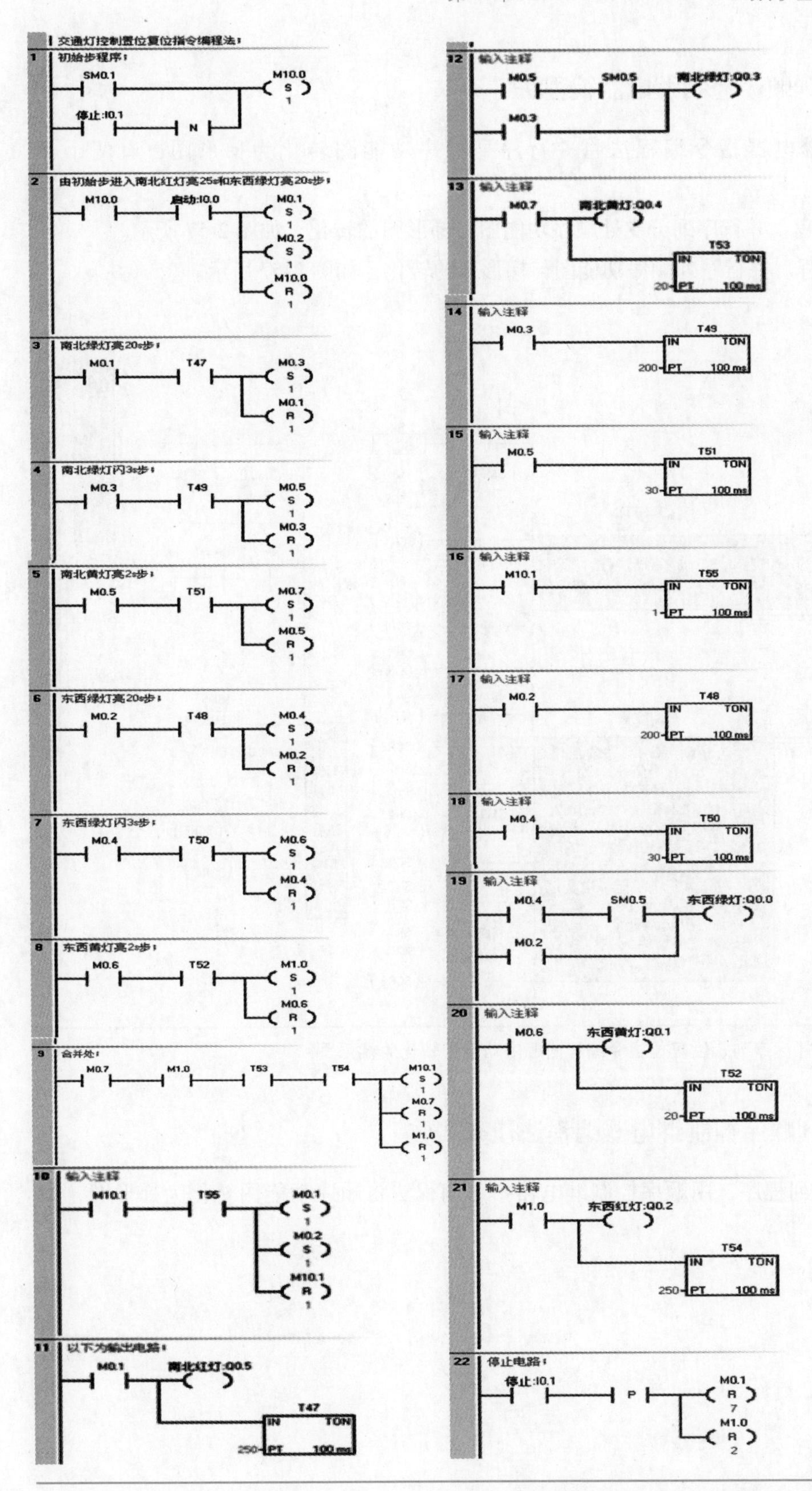


图 2-56 交通灯控制并行序列置位复位指令编程法的梯形图程序

## 2.6.6 并行序列顺序控制继电器编程法

用顺序控制继电器指令编程法将并行序列顺序功能图转化为梯形图，有两个关键点：

1）分支处编程。并行序列分支处顺序功能图与梯形图的转化，如图 2-57 所示。

2）合并处编程。并行序列顺序功能图与梯形图的转化，如图 2-57 所示。

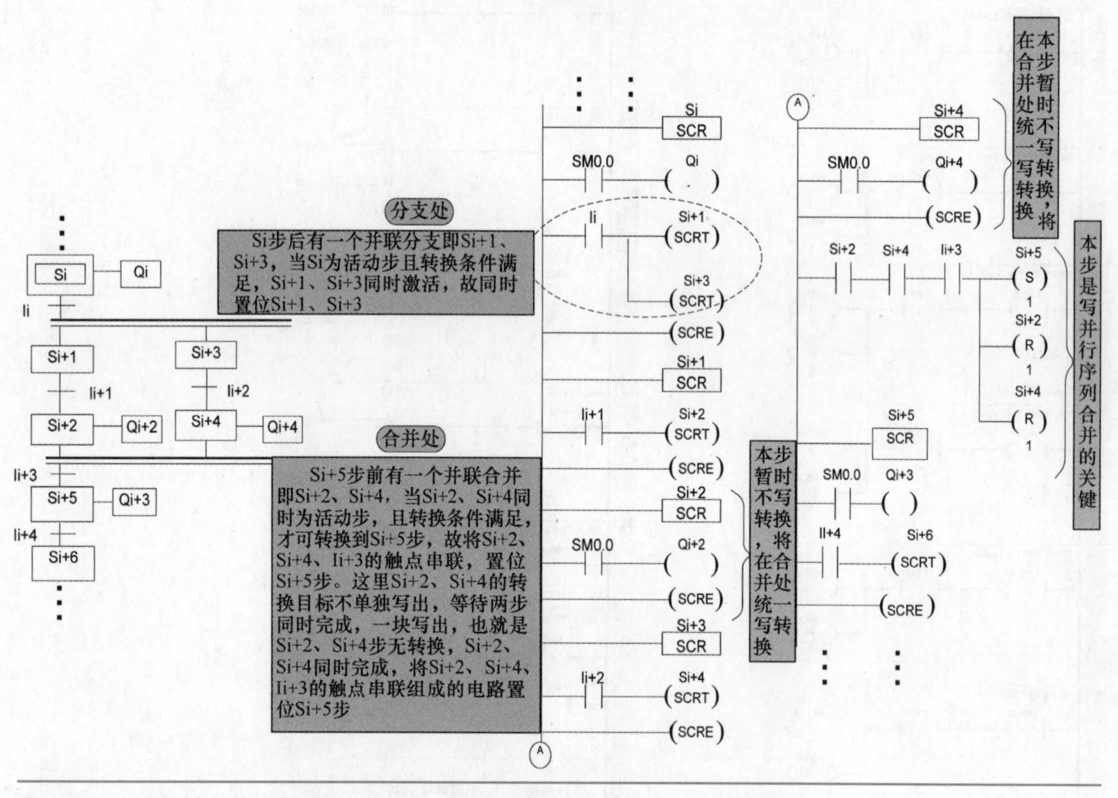


图 2-57 交通灯控制并行序列置位复位指令编程法顺序功能图转化为梯形图

## 2.6.7 并列序列顺序控制继电器编程法任务实施

信号灯控制并列程序，用顺序控制继电器指令编程法将顺序功能图转化为梯形图，如图 2-58所示。

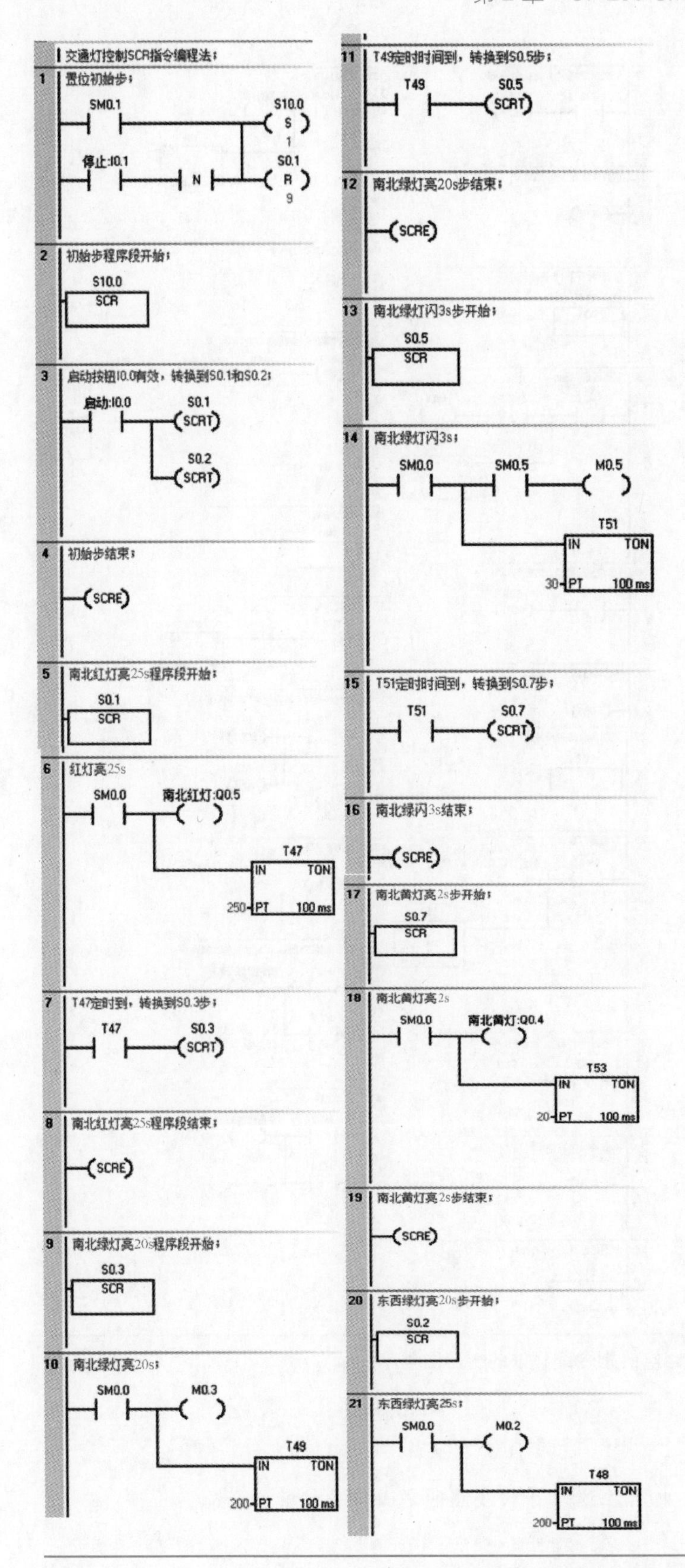


图 2-58　交通灯控制并行序列顺序控制继电器指令编程法的梯形图程序

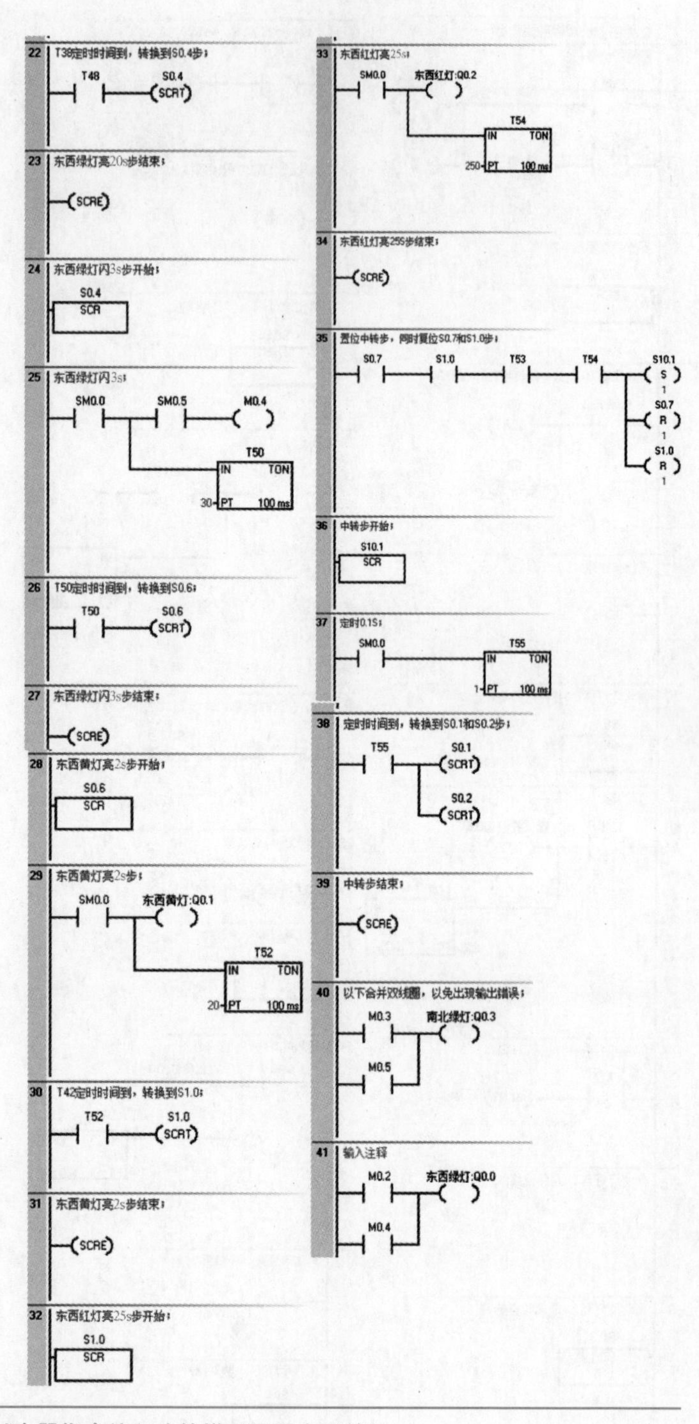


图 2-58　交通灯控制并行序列顺序控制继电器指令编程法的梯形图程序（续）

**编者有料**

顺序控制继电器指令编程法也需注意合并双线圈问题，以免输出出错。

# 第3章

# S7-200 SMART PLC 模拟量控制程序的设计

**本章要点：**

- ◆ 模拟量控制概述
- ◆ 模拟量扩展模块
- ◆ 工程量与内码的转换方法及案例
- ◆ 模拟量转换库的添加及应用案例
- ◆ 空气压缩机控制案例
- ◆ PID 控制概述
- ◆ 恒温控制案例
- ◆ PID 向导及应用案例

## 3.1 模拟量控制概述

### 3.1.1 模拟量控制简介

**1. 模拟量控制**

在工业控制中，某些输入量（如压力、温度、流量和液位等）是连续变化的模拟量信号，某些被控对象也需模拟信号控制，因此要求 PLC 有处理模拟信号的能力。

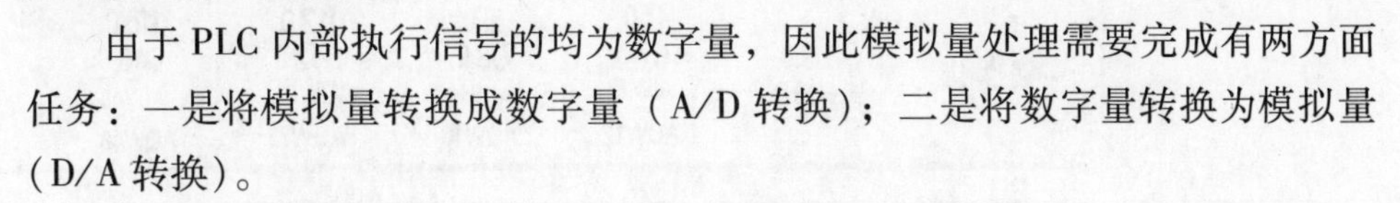

由于 PLC 内部执行信号的均为数字量，因此模拟量处理需要完成有两方面任务：一是将模拟量转换成数字量（A/D 转换）；二是将数字量转换为模拟量（D/A 转换）。

**2. 模拟量处理过程**

模拟量处理过程，如图 3-1 所示。这个过程分为以下几个阶段：

1）模拟量信号的采集，由传感器来完成。传感器将非电信号（如温度、压力、液位和流量等）转化为电信号。注意此时的电信号为非标准信号。

2）非标准电信号转化为标准电信号，此项任务由变送器来完成。传感器输出的非标准电信号传送给变送器，经变送器将非标准电信号转换为标准电信号。根据国际标准，标准信号有两种类型，分别为电压输出型和电流输出型。电压输出型的标准信号为 DC1～5V；电流输出型的标准信号为 DC4～20mA。

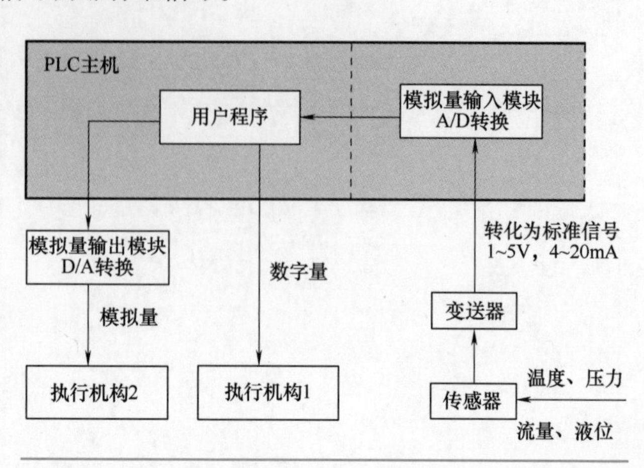


图 3-1　模拟量处理过程

3）A/D 转换和 D/A 转换。变送器将其输出的标准信号传送给模拟量输入扩展模块后，模拟量输入扩展模块将模拟量信号按照一定的比例关系转化为数字量信号，再经过 PLC 运算，将其结果输出或直接驱动输出继电器，从而驱动数字量负载，或再经模拟量输出模块实现 D/A 转换后，输出模拟量信号控制模拟量负载。

### 3.1.2　模块扩展连接

S7-200 SMART PLC 本身有一定数量的 I/O 点数，其地址分配也是固定的。当 I/O 点数不够时，通过连接 I/O 扩展模块或安装信号板，可以实现扩展。扩展模块一般安装在 PLC 本机的右端，最多可以扩展 6 个扩展模块；扩展模块可以分为数字量输入模块、数字量输出模块、数字量输入输出模块、模拟量输入模块、模拟量输出模块、模拟量输入输出模块、热电阻输入模块和热电偶输入模块。

扩展模块的地址分配由 I/O 模块的类型和模块在 I/O 链中的位置决定。数字量 I/O 模块的地址以字节为单位，某些 CPU 和信号板的数字量 I/O 点数如果不是 8 的整数倍，最后一个字节中未用的位不会分配给 I/O 链中的后续模块。

CPU、信号板和各扩展模块的起始地址分配，如图 3-2 所示。用系统块组态硬件时，编程软件 STEP 7-Micro/WIN SMART 会自动分配各模块和信号板的地址。

|  | CPU | 信号板 | 信号模块 0 | 信号模块 1 | 信号模块 2 | 信号模块 3 |
|---|---|---|---|---|---|---|
| 起始地址 | I0.0<br>Q0.0 | I7.0<br>Q7.0<br>AIW12<br>AQW12 | I8.0<br>Q8.0<br>AIW16<br>AQW16 | I12.0<br>Q12.0<br>AIW32<br>AQW32 | I16.0<br>Q16.0<br>AIW48<br>AQW48 | I20.0<br>Q20.0<br>AIW64<br>AQW64 |

图 3-2　扩展模块连接及起始地址分配

# 3.2 模拟量扩展模块

## 3.2.1 模拟量输入模块

### 1. 概述

模拟量输入模块有4路模拟量输入EM AE04和8路模拟量输入EM AE08两种，其功能是将输入的模拟量信号按照一定的比例关系转化为数字量，并将结果存入模拟量输入映像寄存器AI中。AI中的数据以字（1个字16位）的形式存取。电压模式的分辨率为12位+符号位，电流模式的分辨率为12位。

模拟量输入模块有4种量程，分别为0~20mA、±10V、±5V、±2.5V。选择哪个量程可以通过编程软件STEP 7-Micro/WIN SMART来设置。

对于单极性满量程输入范围对应的数字量输出为0~27648；双极性满量程输入范围对应的数字量输出为-27648~+27648。

通过查阅西门子S7-200 SMART PLC用户手册发现，模拟量输入模块EM AE04和EM AE08仅在模拟量通道数量上有差异，其余特性不变。下面将以4路模拟量输入模块EM AE04为例，进行说明。

编者有料

1. 在S7-200 SMART PLC上市之初，仅有4路模拟量输入模块EM AE04，后来又陆续推出了8路模拟量输入模块EM AE08，两者仅有模拟量通道数量上的差别，其余性质一致。

2. 随着S7-200 SMART PLC技术的更新，分辨率由原来的11位更新为现在的12位。

### 2. 技术指标

模拟量输入模块EM AE04的技术参数，见表3-1。

表3-1　模拟量输入模块EM AE04的技术参数

| 4路模拟量输入 | |
|---|---|
| 功耗 | 1.5W（空载） |
| 电流消耗（SM总线） | 80mA |
| 电流消耗（DC24V） | 40mA（空载） |
| 满量程范围 | -27648~+27648 |
| 过冲/下冲范围（数据字） | 电压：27649~32511/-27649~-32512<br>电流：27649~32511/-4864~0 |

（续）

| 4 路模拟量输入 | |
|---|---|
| 上溢/下溢（数据字） | 电压：32512~32767/-32513~-32768<br>电流：32512~32767/-4865~-32768 |
| 输入阻抗 | ≥9MΩ 电压输入<br>250Ω 电流输入 |
| 最大耐压/耐流 | ±35V DC/±40mA |
| 输入范围 | ±5V、±10V、±2.5V 或 0~20mA |
| 分辨率 | 电压模式：12 位+符号位<br>电流模式：12 位 |
| 隔离 | 无 |
| 精度（25℃/0~55℃） | 电压模式：满程的±0.1%/±0.2%<br>电流模式：满程的±0.2%/±0.3% |
| 电缆长度（最大值） | 100m，屏蔽双绞线 |

### 3. 模拟量输入模块 EM AE04 的外形与接线

模拟量输入模块 EM AE04 的外形与接线，如图 3-3 所示。

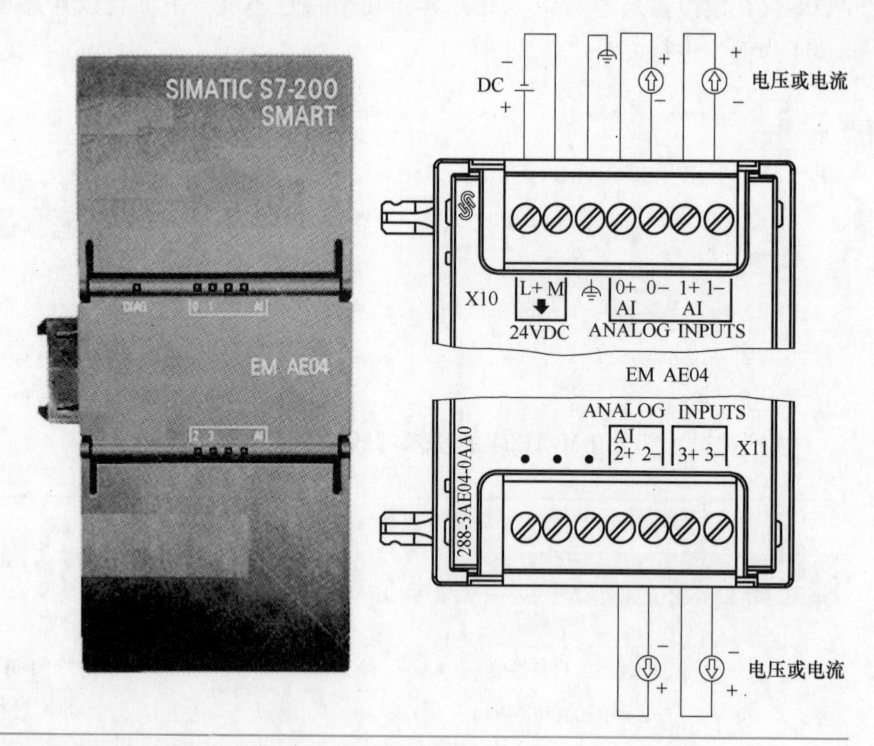


图 3-3 模拟量输入模块 EM AE04 的外形及接线图

模拟量输入模块 EM AE04 需要 DC24V 电源供电，可以外接开关电源，也可由来自 PLC 的传感器电源（L+，M 之间 24VDC）提供。在扩展模块及外围元器件较多的情况下，不建议使用 PLC 的传感器电源供电，具体电源需要按量计算，请查阅第 1 章中的相关内容。模拟量输入模块安装时，将其连接器插入 CPU 模块或其他扩展模块的插槽里，不再是 S7-200 PLC 那种采用扁平电缆的连接方式。

模拟量输入模块支持电压信号和电流信号输入，对于模拟量电压信号、电流信号的类型及量程的选择由编程软件 STEP 7-Micro/WIN SMART 设置来完成，不再是 S7-200 PLC 那种需要使用 DIP 开关设置，这样更加便捷。

**4. 模拟量输入模块 EM AE04 接线应用案例**

1）接线要求：现有二线制、三线制和四线制传感器各 1 个，1 块模拟量输入模块 EM AE04，二线制、三线制和四线制传感器要接到模拟量输入模块 EM AE04 上，试设计电路。

2）接线图：模拟量输入模块 EM AE04 与传感器的接线图，如图 3-4 所示。

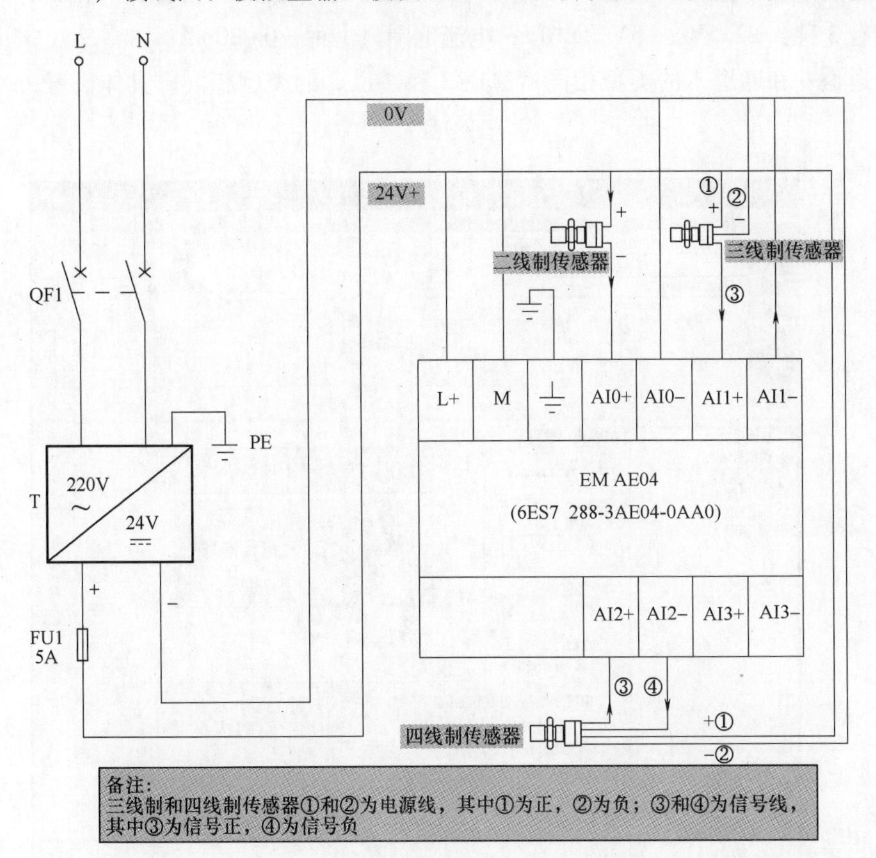


图 3-4　模拟量输入模块 EM AE04 与传感器的接线图

3）接线解析：对于二线制传感器，两根线既是电源线又是信号线，要与模拟量输入模块 EM AE04 对接，我们选择了 0 通道，将标有+的一根线接到 24V+上，标有-的一根线接到 AI0+上，AI0-直接和电源线的 0V 对接即可。三线制和四线制传感器电源线和信号线是分开的，标有①的接到 24V+上，标有②的接到 0V 上，以上两根是电源线；对于三线制传感器信号线正③接到模块的 AI1+上，信号负和电源负共用；对于四线制传感器信号线正③接到模块的 AI2+上，信号负④接到模块 AI2-上。

编者有料

1. 模拟量输入模块接线应用案例抽象出来了实际工程中所有模拟量传感器与模拟量输入模块的对接方法，该例子读者应细细品味。

2. 典型的二线制模拟量传感器有压力变送器；常见的三线制模拟量传感器有温度传感器、光电传感器、红外线传感器和超声波传感器等；常见的四线制传感器有电磁流量计和磁滞位移传感器等。

**5. 模拟量输入模块 EM AE04 组态模拟量输入**

在编程软件中，先选中模拟量输入模块，再选中要设置的通道，模拟量的类型有电压和电流两种，电压范围有 3 种：±2.5V、±5V、±10V；电流范围只 1 种：0~20mA。

值得注意的是，通道 0 和通道 1 的类型相同；通道 2 和通道 3 的类型相同；具体设置，如图 3-5 所示。

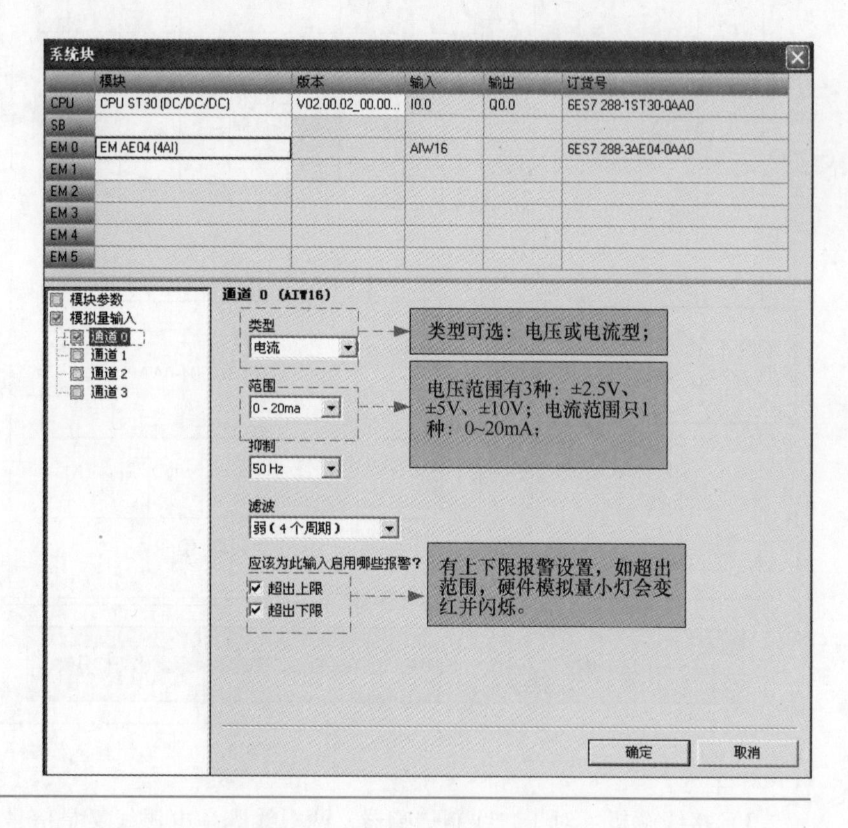


图 3-5 组态模拟量输入

## 3.2.2 模拟量输出模块

**1. 概述**

模拟量输出模块有 2 路模拟量输出 EM AQ02 和 4 路模拟量输出 EM AQ04 两种，其功能将模拟量输出映像寄存器 AQ 中的数字量按照一定的比例关系转化为可用于驱动执行元件的模拟量。此模块有两种量程，分别为±10V 和 0~20mA，对应的数字量为-27648~+27648 和0~27648。

AQ 中的数据以字（1 个字 16 位）的形式存取，电压模式分辨率为 11 位+符号位；电流模式分辨率为 11 位。

通过查阅西门子 S7-200 SMART PLC 用户手册发现，模拟量输出模块 EM AQ02 和 EM AQ04 仅模拟量通道数量上有差异，其余性质不变。那么本小节将以 2 路模拟量输出 EM AQ02 为例，进行讲述。

2. 技术指标

模拟量输出模块 EM AQ02 的技术参数，见表 3-2。

表 3-2　模拟量输出模块 EM AQ02 的技术参数

| 2 路模拟量输出 | |
|---|---|
| 功耗 | 1.5W（空载） |
| 电流消耗（SM 总线） | 80mA |
| 电流消耗（DC24V） | 50mA（空载） |
| 信号范围<br>电压输出<br>电流输出 | ±10V<br>0~20mA |
| 分辨率 | 电压模式：11 位+符号位<br>电流模式：11 位 |
| 满量程范围 | 电压：-27648~+27648<br>电流：0~+27648 |
| 精度（25℃/0~55℃） | 满程的±0.5%/±1.0% |
| 负载阻抗 | 电压：≥1000Ω；电流：≤500Ω |
| 电缆长度（最大值） | 100m，屏蔽双绞线 |

编者有料

1. 在 S7-200 SMART PLC 上市之初，仅有 2 路模拟量输出模块 EM AQ02，后来又陆续推出了 4 路模拟量输出模块 EM AQ04，两者仅有模拟量通道数量上的差别，其余性质一致。

2. 随着 S7-200 SMART PLC 技术的更新，分辨率由原来的 10 位更新为现在的 11 位。

3. 模拟量输出模块 EM AQ02 端子与接线

模拟量输出模块 EM AQ02 的接线图，如图 3-6 所示。

模拟量输出模块需要 DC24V 电源供电，可以外接开关电源，也可由来自 PLC 的传感器电源（L+，M 之间 24VDC）提供。在扩展模块及外围元件较多的情况下，不建议使用 PLC 的传感器电源供电，具体电源需要按量计算，请查阅第 1 章中的相关内容。

在与设备连接时，通道的两个端子直接对接到设备（比例阀和调节阀等）的两端即可，

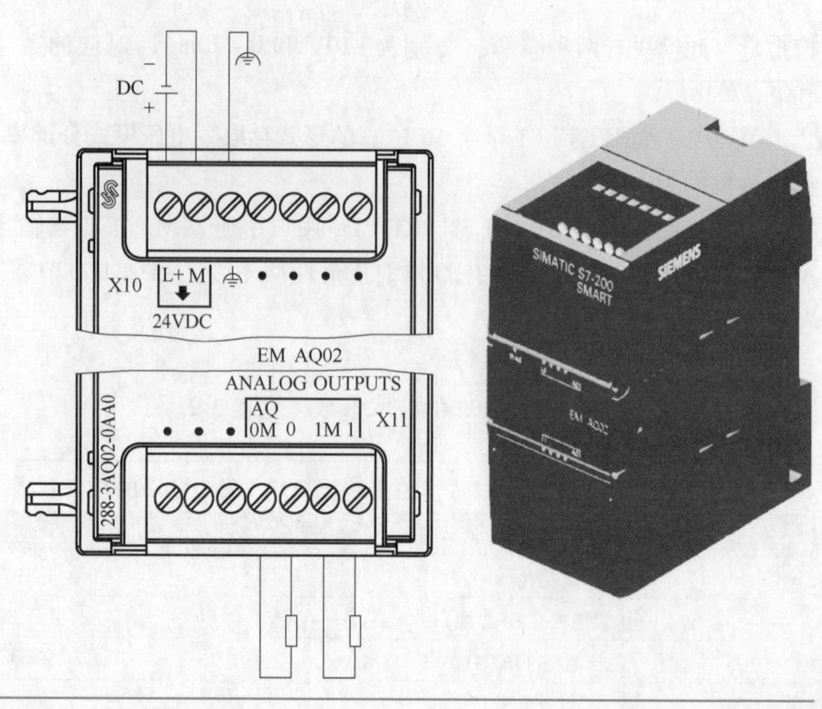


图 3-6　模拟量输出模块 EM AQ02 的外形及接线图

通道 0 接设备端子的正，通道 0M 接到设备端子的负。

模拟量输出模块安装时，将其连接器插入 CPU 模块或其他扩展模块的插槽里即可。

**4. 模拟量输出模块 EM AQ02 接线应用案例**

1）接线要求：某工业现场有比例阀、西门子 V20 变频器和模拟量输出模块 EM AQ02 各 1 个，现要将比例阀和西门子 V20 变频器的模拟量控制通道与模拟量输出模块 EM AQ02 对接，试设计电路。

2）接线图：模拟量输出模块 EM AQ02 与比例阀和西门子 V20 变频器的模拟量控制接线图，如图 3-7 所示。

3）接线解析：模拟量输出模块 EM AQ02 的模拟量通道端子直接对接到设备（比例阀和调节阀）的两端即可，即模拟量通道 0 或 1 接设备端子的正，模拟量通道 0M 或 1M 接设备端子的负。

**5. 模拟量输出模块 EM AQ02 组态模拟量输出**

在编程软件中，先选中模拟量输出模块，再选中要设置的通道，模拟量的类型有电压和电流两种，电压范围只有 1 种：±10V；电流范围只有 1 种：0~20mA。具体设置，如图 3-8 所示。

## 3.2.3　模拟量输入输出模块

**1. 模拟量输入输出模块**

模拟量输入输出模块有两种：一种是 EM AM06，即 4 路模拟量输入和 2 路模拟量输出；另一种是 EM AM03，即 2 路模拟量输入和 1 路模拟量输出。

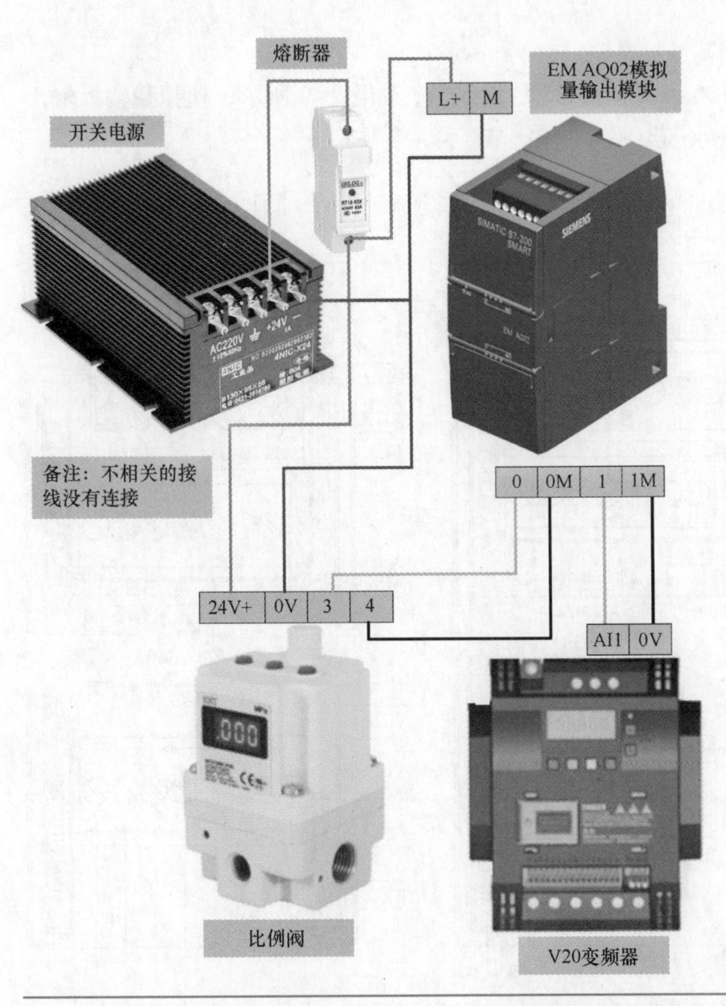


图 3-7　EM AQ02 与比例阀和西门子 V20 变频器的模拟量控制接线图

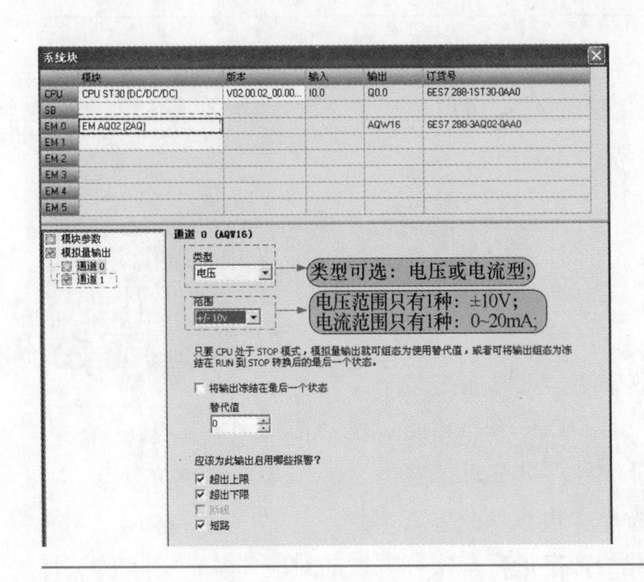


图 3-8　组态模拟量输出

**2. 模拟量输入输出模块的接线**

模拟量输入输出模块 EM AM06 和 EM AM03 的接线图，如图 3-9 所示；模拟量输入输出模块 EM AM06 的外形，如图 3-10 所示。

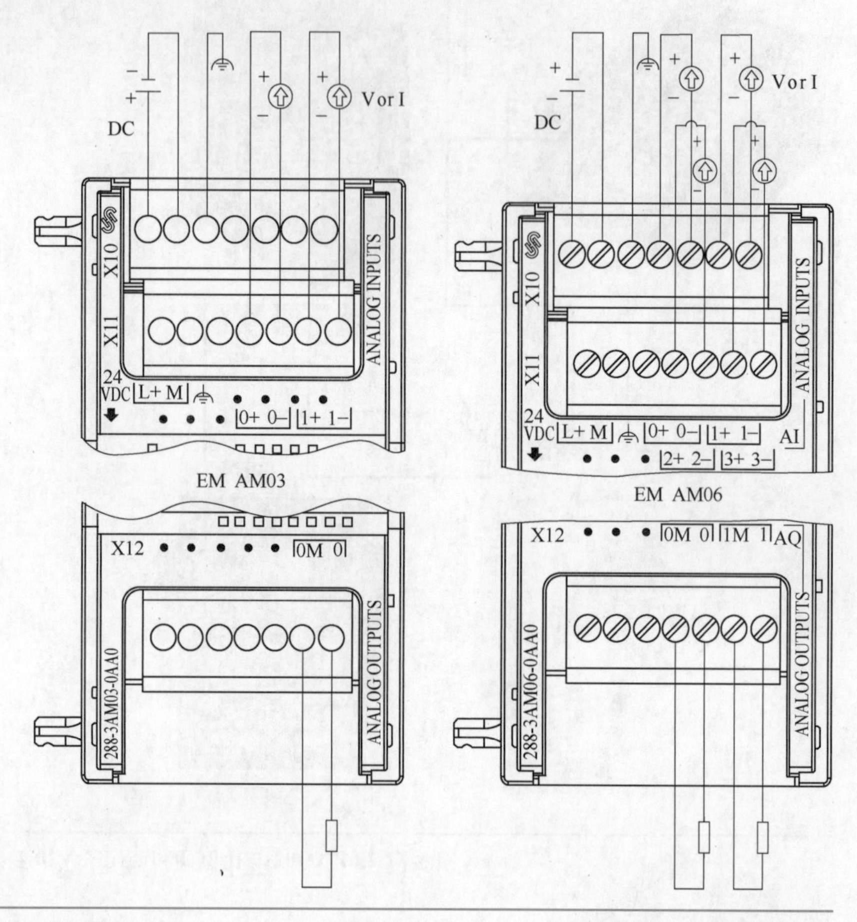


图 3-9　模拟量输入输出模块的接线图

模拟量输入输出模块实际上是模拟量输入模块和模拟量输出模块的叠加，故技术参数可以参考表 3-1 和表 3-2，组态模拟量输入输出可以参考图 3-5 和图 3-8，这里不再赘述。

图 3-10　模拟量输入输出模块 EM AM06 的外形

### 3.2.4　热电偶模块

热电偶模块 EM AT04 是热电偶专用热模块，可以连接多种热电偶（J、K、E、N、S、T、R、B、C、TXK 和 XK），还可以测量范围为±80mV 的低电平模拟量信号。组态时，温度测量类型可选择“热电偶”，也可以选择“电压”。选择“热电偶”类型时，内码（模拟量信号转化为数字量）与实际温度的对应关系是实际温度乘以 10；选择“电压”类型时，额定范围的满量程值将是 27648。

热电偶模块有冷端补偿电路，可以对测量数据进行修正，以补偿基准温度和模块温度差。

### 1. 热电偶模块 EM AT04 的技术参数

热电偶模块 EM AT04 的技术参数，见表 3-3。

热电偶模块 EM AT04 的技术参数给出了其支持热电偶的类型，各种热电偶的精度和测量范围具体见表 3-4。

表 3-3　热电偶模块 EM AT04 技术参数

| 热电偶模块 | |
|---|---|
| 输入范围 | 热电偶类型：S、T、R、E、N、K、J<br>电压范围：±80mV |
| 分辨率<br>温度<br>电阻 | 0.1℃/0.1℉<br>15 位+符号位 |
| 导线长度 | 到传感器最长为 100m |
| 电缆电阻 | 最大 100Ω |
| 数据字格式 | 电压值测量：−27648～+27648 |
| 阻抗 | ≥10MΩ |
| 最大耐压 | DC±35V |
| 重复性 | ±0.05 % FS |
| 冷端误差 | ±1.5℃ |
| DC24V 电压范围 | DC20.4～28.8V（开关电源，或来自 PLC 的传感器电源） |

表 3-4　热电偶选型表

| 类型 | 低于范围最小值 | 额定范围下限 | 额定范围上限 | 超出范围最大值 | 25℃时的精度 | −20～55℃时的精度 |
|---|---|---|---|---|---|---|
| J | −210.0℃ | −150.0℃ | 1200.0℃ | 1450.0℃ | ±0.3℃ | ±0.6℃ |
| K | −270.0℃ | −200.0℃ | 1372.0℃ | 1622.0℃ | ±0.4℃ | ±1.0℃ |
| T | −270.0℃ | −200.0℃ | 400.0℃ | 540.0℃ | ±0.5℃ | ±1.0℃ |
| E | −270.0℃ | −200.0℃ | 1000.0℃ | 1200.0℃ | ±0.3℃ | ±0.6℃ |
| R & S | −50.0℃ | 100.0℃ | 1768.0℃ | 2019.0℃ | ±1.0℃ | ±2.5℃ |
| B | 0.0℃ | 200.0℃ | 800.0℃ | — | ±2.0℃ | ±2.5℃ |
| | — | 800.0℃ | 1820.0℃ | 1820.0℃ | ±1.0℃ | ±2.3℃ |
| N | −270.0℃ | −200℃ | 1300.0℃ | 1550.0℃ | ±1.0℃ | ±1.6℃ |
| C | 0.0℃ | 100.0℃ | 2315.0℃ | 2500.0℃ | ±0.7℃ | ±2.7℃ |
| TXK/XK（L） | −200.0℃ | −150.0℃ | 800.0℃ | 1050.0℃ | ±0.6℃ | ±1.2℃ |
| 电压 | −32512 | −27648<br>−80mV | 27648<br>80mV | 32511 | ±0.05℃ | ±0.1℃ |

**2. 热电偶模块 EM AT04 的接线**

热电偶模块 EM AT04 的接线图，如图 3-11 所示。

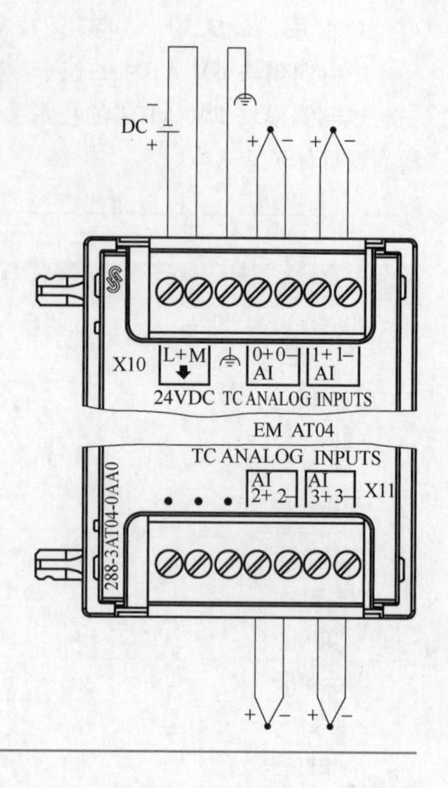


图 3-11 热电偶模块 EM AT04 的接线图

热电偶模块 EM AT04 需要 DC24V 电源供电，可以外接开关电源，也可由来自 PLC 的传感器电源（L+，M 之间 24VDC）提供；热电偶模块通过连接器与 CPU 模块或其他模块连接。热电偶在连接时，直接接到热电偶模块的相应通道上即可。

**3. 热电偶模块 EM AT04 组态**

热电偶模块 EM AT04 的组态，如图 3-12 所示。

## 3.2.5 热电阻模块

热电阻模块是热电阻专用热模块，可以连接 Pt、Cu、Ni 等热电阻。热电阻用于采集温度信号，热电阻模块则将采集来的温度信号转化为数字量。热电阻模块有两种，分别为 2 路输入热电阻模块 EM AR02 和 4 路输入热电阻模块 EM AR04。热电阻模块的温度测量分辨率为 0.1℃/0.1℉，电阻测量精度为 15 位+符号位。

鉴于 2 路输入热电阻模块 EM AR02 和 4 路输入热电阻模块 EM AR04 只是输入通道上有差别，其余性质不变，故本节以 2 路输入热电阻模块 EM AR02 为例，进行讲述。

**1. 热电阻模块 EM AR02 技术指标**

热电阻模块 EM AR02 的技术指标，见表 3-5。

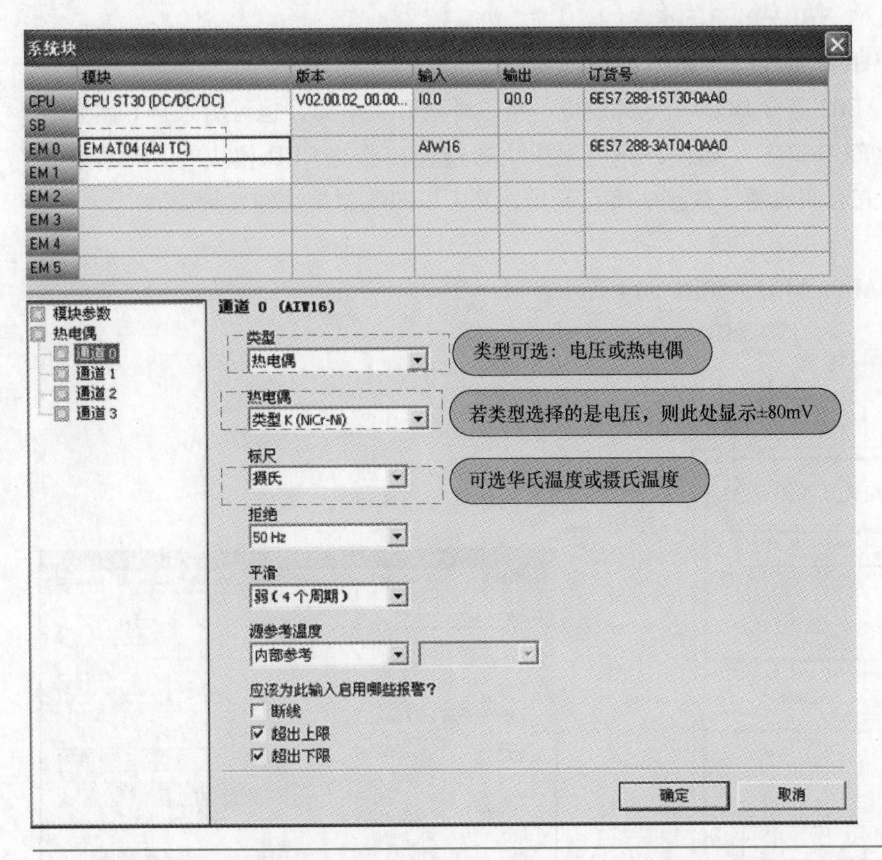


图 3-12　热电偶模块 EM AT04 组态

表 3-5　热电阻模块 EM AR02 技术指标

| 热电阻模块 | |
|---|---|
| 输入范围 | 热电阻类型：Pt、Cu、Ni |
| 分辨率<br>温度<br>电阻 | 0.1℃/0.1℉<br>15 位+符号位 |
| 导线长度 | 到传感器最长为 100m |
| 电缆电阻 | 最大 20Ω（对于 Cu10，最大为 2.7Ω） |
| 阻抗 | ≥10MΩ |
| 最大耐压 | ±35VDC |
| 重复性 | ±0.05%FS |
| DC24V 电压范围 | 20.4~28.8VDC（开关电源，或来自 PLC 的传感器电源） |

**2. 热电阻模块 EM AR02 端子与接线**

热电阻模块 EM AR02 接线图，如图 3-13 所示。

热电阻模块 EM AR02 需要 DC24V 电源供电，可以外接开关电源，也可由来自 PLC 的传感器电源（L+，M 之间 DC24V）提供；热电阻模块通过连接器与 CPU 模块或其他模块连接。热电阻因有二、三和四线制，故接法略有差异，其中以四线制接法精度最高。

**3. 热电阻模块 EM AR02 组态**

热电阻模块 EM AR02 组态，如图 3-14 所示。

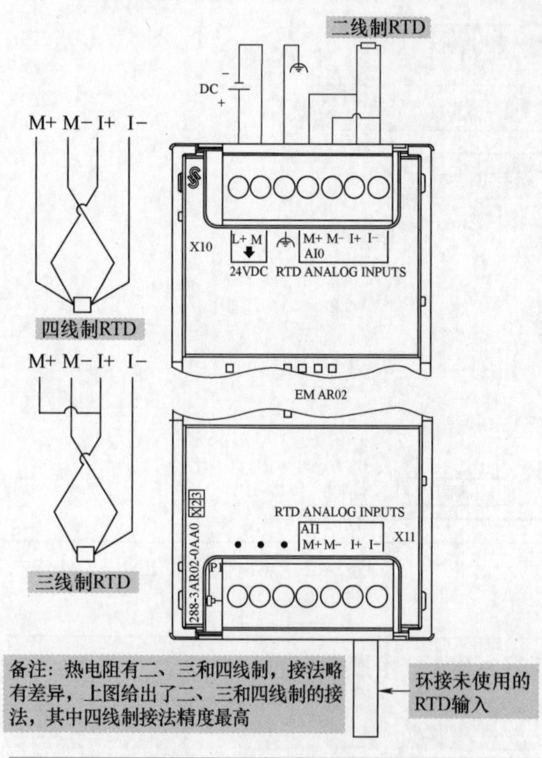


图 3-13　热电阻模块 EM AR02 接线图

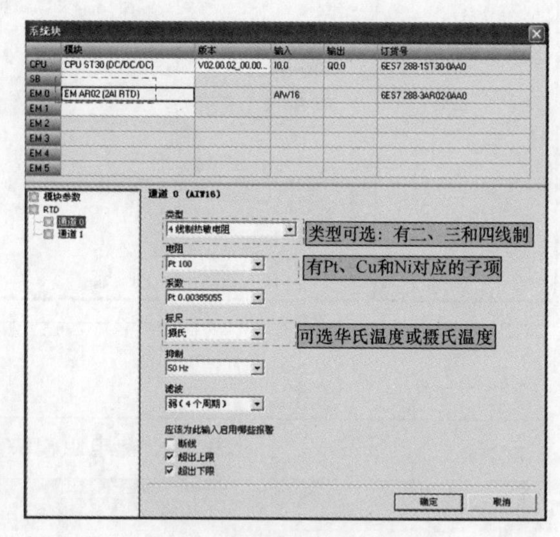


图 3-14　热电阻模块 EM AR02 组态

## 3.3　工程量与内码的转换方法及案例

对于模拟量编程，很多初学者觉得很难，其实只要把握住模拟量编程的关键点，就可以轻松掌握。这个关键点就在于找到工程量与内码的转换关系。

所谓的工程量是指工业控制中的实际物理量，如压力、温度、流量和液位等，这些物理量通过变送器能够产生标准的、连续变化的模拟量信号。所谓的内码是指外部输入的、连续变化的模拟量信号在模拟量输入模块内部对应产生的数字量信号（我们知道在 PLC 及其模块内部实现运算的都是数字量信号）。那么归根结底，找工程量与内码的转换关系，就是找实际物理量与模拟量模块内部数字量的对应关系。在找对应关系时，应考虑变送器输出量程和模拟量输入模块的量程。下面将通过两个例子，详细讲解如何查找工程量与内码的转换关系，以及模拟量程序的编写。

【例 3-1】　某压力变送器量程为 0~10MPa，输出信号为 0~10V，模拟量输入模块 EM AE04 量程为-10~10V，转换后数字量范围为 0~27648，设转换后的数字量为 $X$，试编程求压力值。

【解】　1. 找到实际物理量与模拟量输入模块内部数字量比例关系

例中，压力变送器的输出信号的量程 0~10V 恰好和模拟量输入模块 EM AE04 量程的一半 0~10V 一一对应，因此对应关系为正比例，实际物理量 0MPa 对应模拟量模块内部数字量 0，实际物理量 10MPa 对应模拟量模块内部数字量 27648。具体如图 3-15所示。

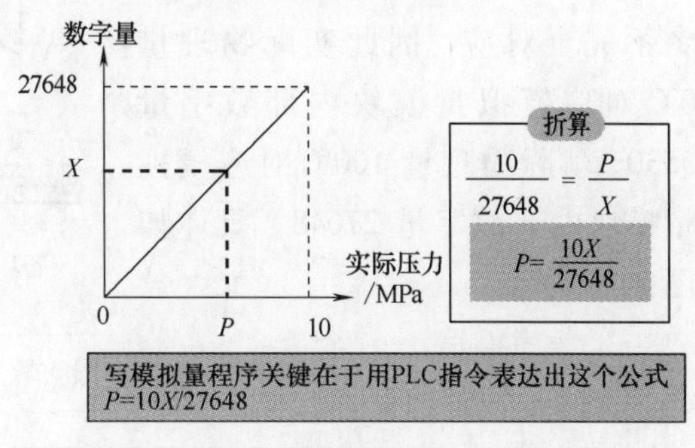


图 3-15　实际物理量与数字量的对应关系

2. 程序编写

通过上步找到比例关系后，可以进行模拟量程序的编写了，编写的关键在于用 PLC 指令表达出 $P=10X/27648$。具体程序如图 3-16所示。

【例 3-2】　某温度变送器量程为 0~100℃，输出信号为 4~20mA，模拟量输入模块 EM AE04 量程为 0~20mA，转换后数字量为 0~27648，设转换后的数字量为 $X$，试编程求温度值。

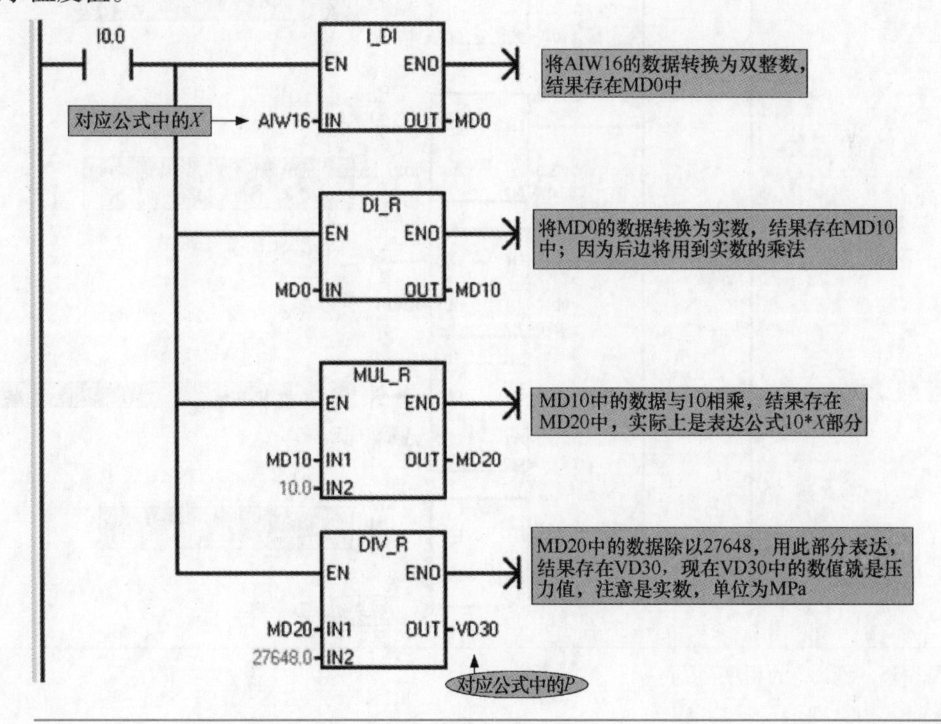


图 3-16　例 3-1 的程序

【解】 **1. 找到实际物理量与模拟量输入模块内部数字量比例关系**

例中，温度变送器的输出信号的量程为 4～20mA，模拟量输入模块 EM AE04 的量程为 0～20mA，两者不完全对应，因此实际物理量 0℃ 对应模拟量模块内部数字量 5530，实际物理量 100℃ 对应模拟量模块内部数字量 27648。具体如图 3-17 所示。

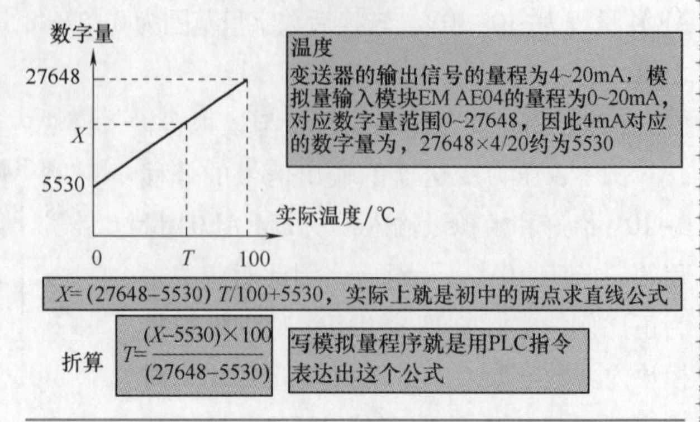


图 3-17 实际物理量与数字量的对应关系

**2. 程序编写**

通过上步骤找到比例关系后，就可以进行模拟量程序的编写了，编写的关键在于用 PLC 指令表达出 $T=100\ (X-5530)/(27648-5530)$。具体程序如图 3-18 所示。

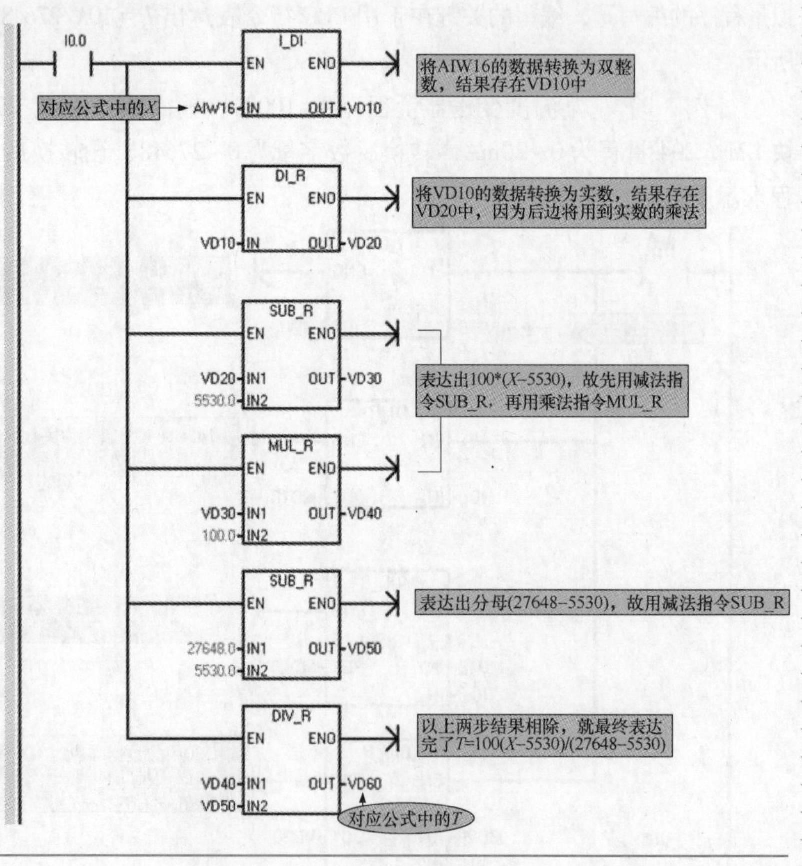


图 3-18 例 3-2 的程序

编者有料

1. 读者应细细品味以上两个例子的异同点，真正理解内码与实际物理量的对应关系，是掌握模拟量编程的关键；一些初学者模拟量编程不会，原因就在这里。

2. 用热电阻模块和热电偶模块采集温度时，实际温度=内码/10，这点容易被读者忽略。

## 3.4 模拟量转换库的添加及应用案例

3.3 节已详细地阐述了工程量与内码的转换关系，西门子公司为便于用户编程，官方网站提供了模拟量比例转换指令库文件 scale.smartlib，利用库文件中的模拟量比例转换指令 S_ITR 和 S_RTI，可以非常方便地将实际物理量与模拟量输入模块内部数字量建立联系。

### 3.4.1 指令解析

S_ITR 和 S_RTI 指令解析，如图 3-19 所示。

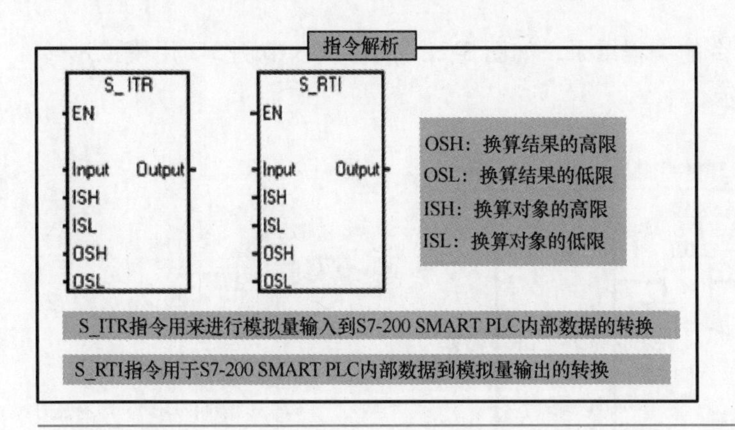


图 3-19 指令解析

### 3.4.2 在 STEP7-Micro/WIN 编程软件中添加模拟量比例转换指令库

首先，在西门子官方网站上下载模拟量比例转换指令库文件 scale.smartlib；接着打开 STEP7-Micro/WIN 编程软件，在项目树中的库文件夹上，单击鼠标右键并选择“打开库文件夹”，打开库文件夹所在的路径，将模拟量比例转换指令库文件 scale.smartlib 文件复制到该路径下，之后在项目树中的库文件夹上，单击鼠标右键并“刷新库”即可。具体如图 3-20所示。

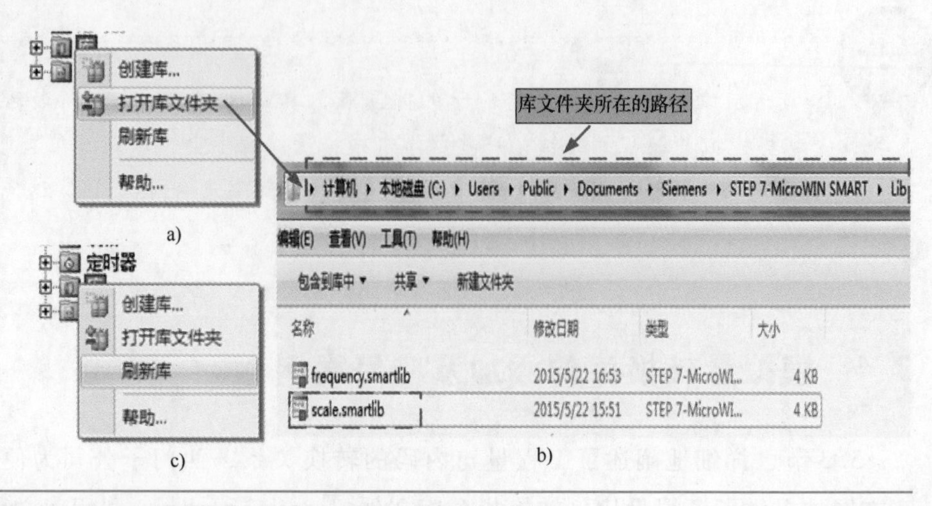


图 3-20 在 STEP7-Micro/WIN 编程软件中添加模拟量比例转换指令库

## 3.4.3 模拟量比例转换指令库应用案例

**1. 控制要求**

将 3.3 节例 1 和例 2 用模拟量转换指令进行编程。

**2. 程序编制及解析**

3.3 节例 3-1 用模拟量转换指令的编程结果，如图 3-21 所示。3.3 节例 3-2 用模拟量转换指令的编程结果，如图 3-22 所示。

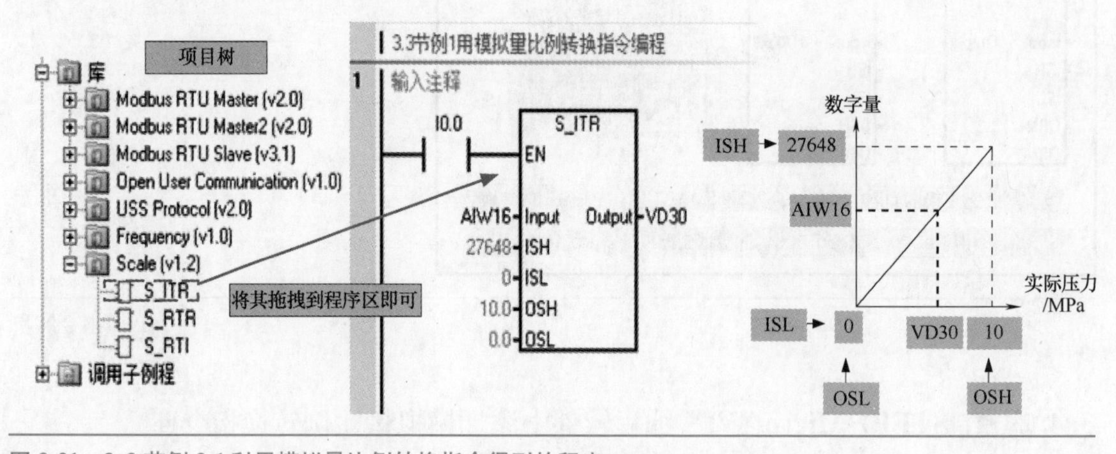


图 3-21 3.3 节例 3-1 利用模拟量比例转换指令得到的程序

**编者有料**

用模拟量比例转换指令编程非常便捷，读者应熟练掌握。在模拟量编程中使用该方法编程，好处是占用的网络少并且编程速度快。

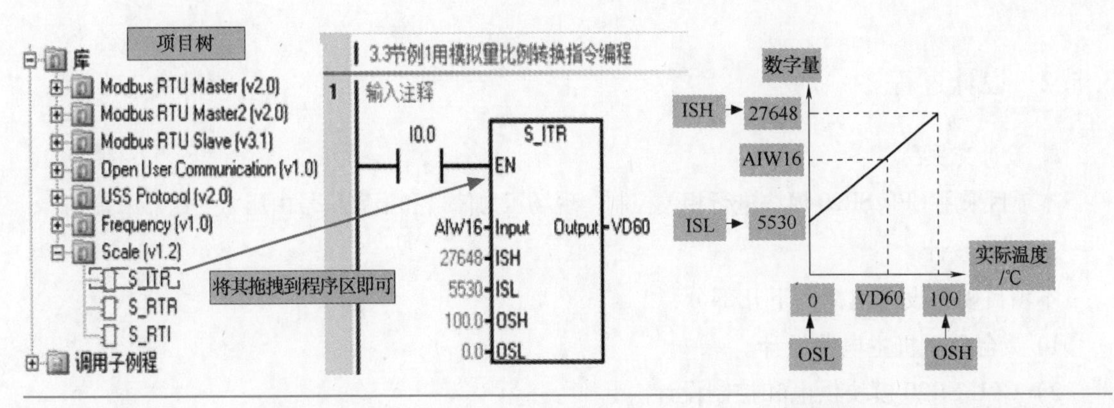


图 3-22　3.3 节例 3-2 用模拟量比例转换指令得到的程序

## 3.5　空压机控制案例

### 3.5.1　控制要求

某车间有 2 台空气压缩机（简称空压机），为了增加压缩空气的储存量，现增加一个大的储气罐，因此需对原有 2 台独立的空压机进行改造，如图 3-23 示。具体控制要求如下：

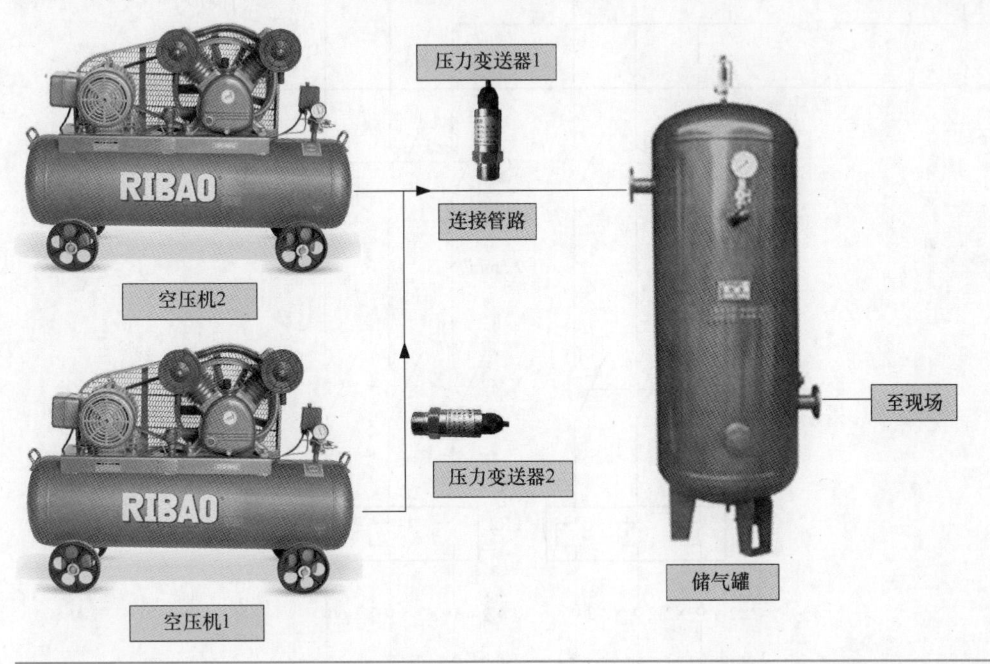


图 3-23　空压机改造装置图

1）气压低于 0.4MP，2 台空压机工作。

2）气压高于 0.8MP，2 台空压机停止工作。

3）2 台空压机要求分时起动。

4）为了生产安全，必须设有气压报警装置。一旦出现气压高报警故障，要求立即报警，并且 2 台空压机立即停止工作。

## 3.5.2 设计过程

### 1. 设计方案

本项目采用 CPU SR20 模块进行相关控制，现场压力信号和报警信号由压力变送器采集。

### 2. 硬件设计

本项目硬件设计包括以下几部分：

1）2 台空压机主电路设计。

2）CPU SR20 模块供电和控制设计。

3）模拟量信号采集、空压机状态指示及报警电路设计。

以上各部分的相应电路，如图 3-24 所示。

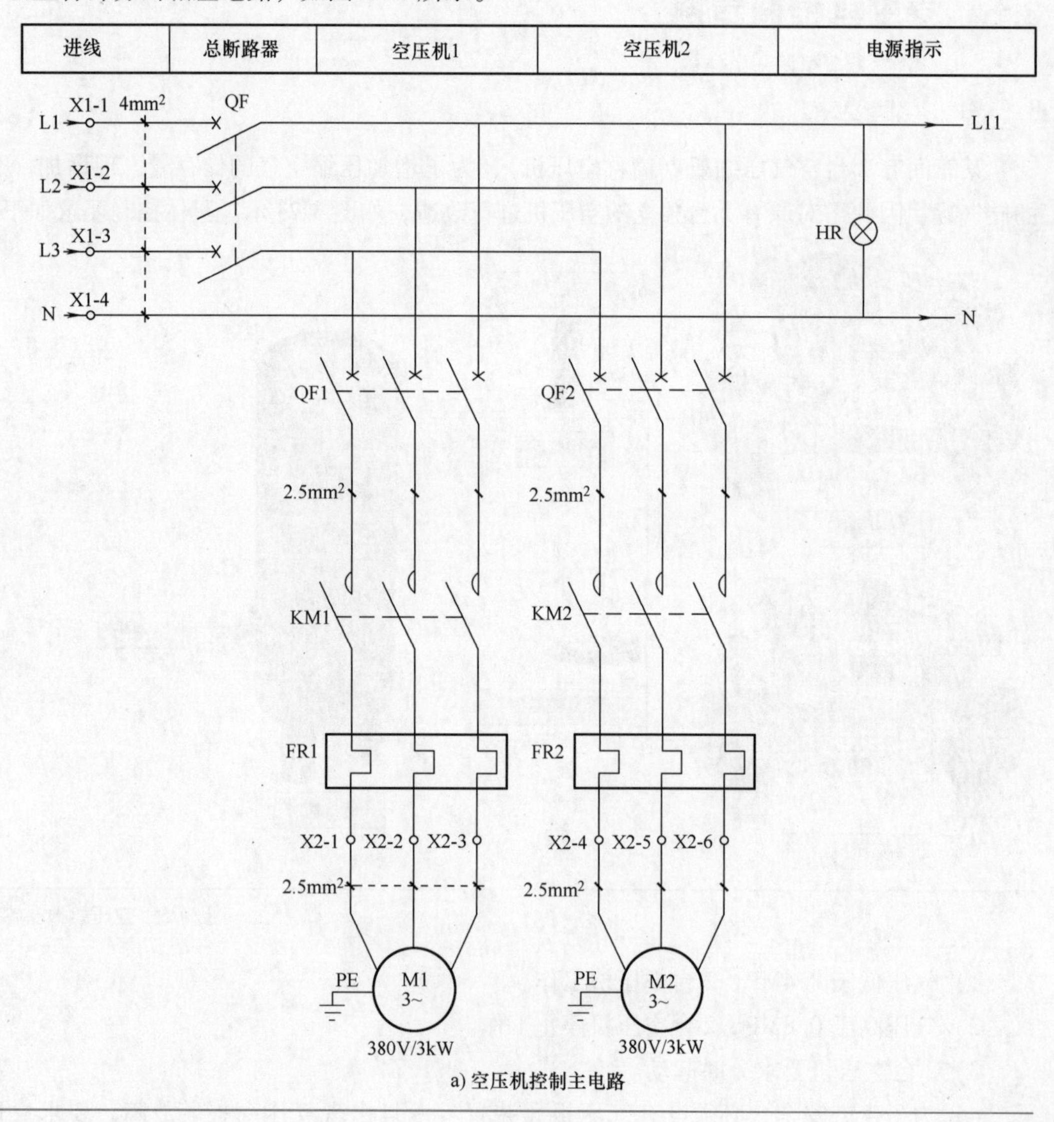


a) 空压机控制主电路

图 3-24 空压机控制电路

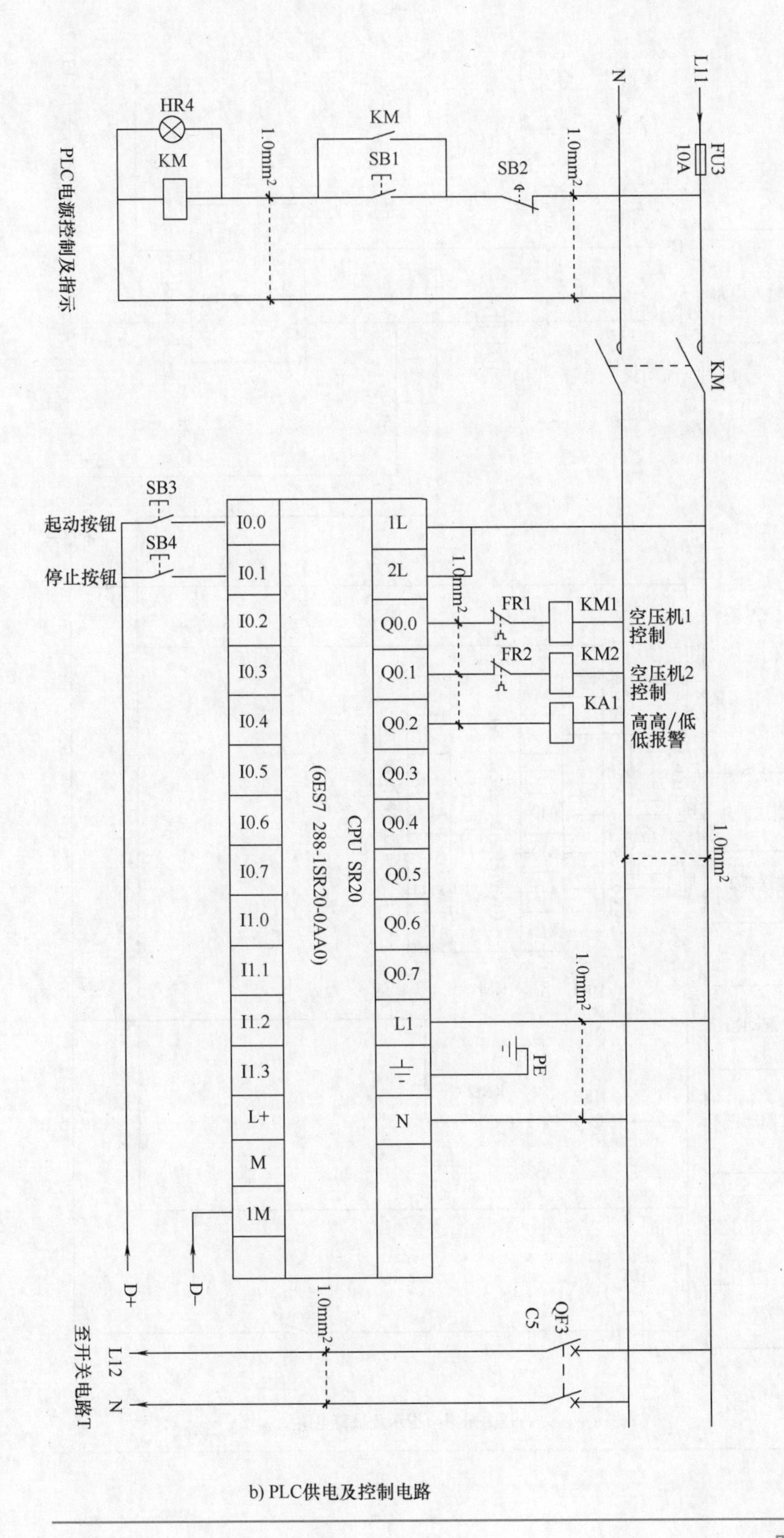


b) PLC供电及控制电路

图 3-24　空压机控制电路（续）

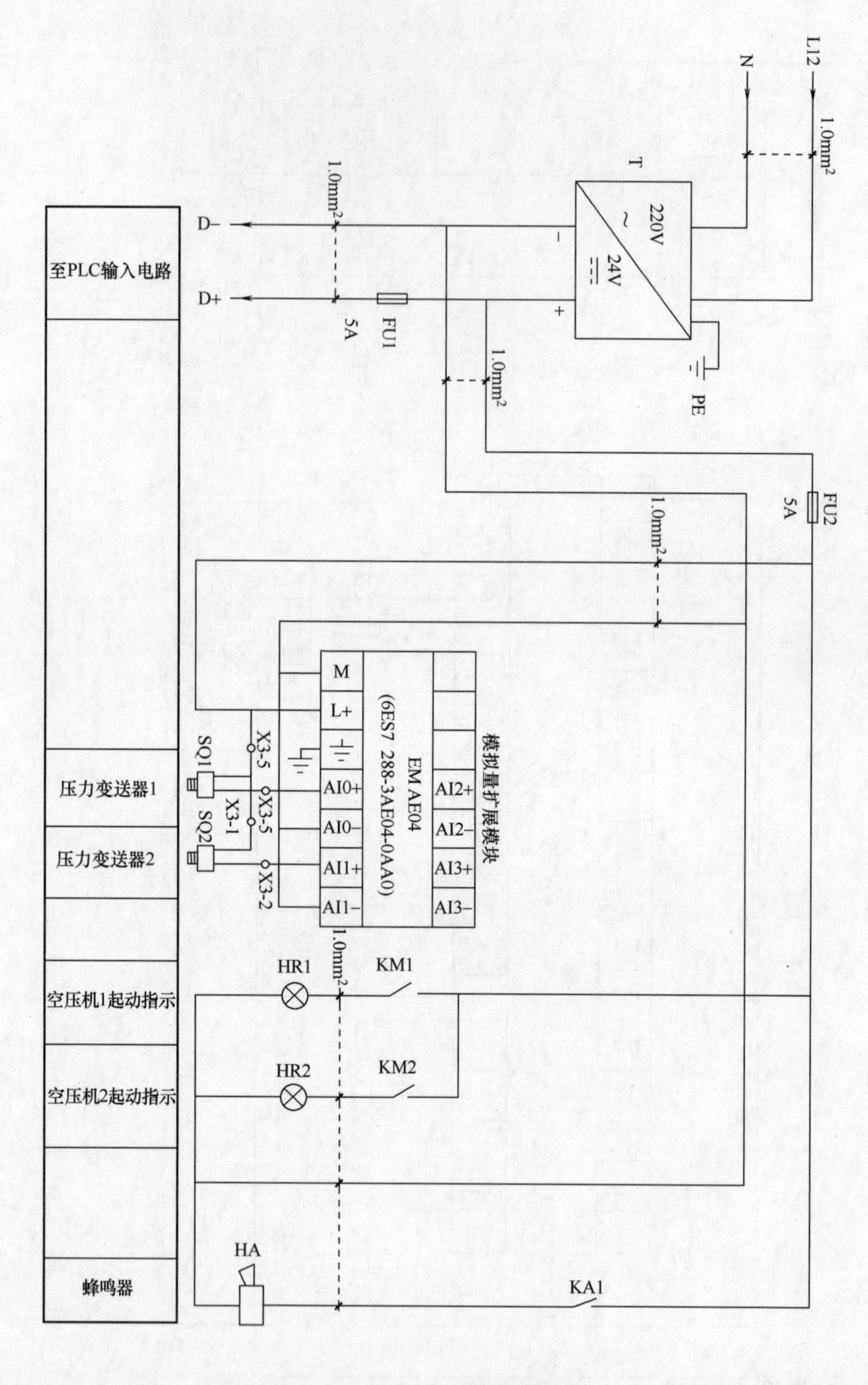


c) 压力采集、指示及报警电路

图 3-24　空压机控制电路（续）

### 3. I/O 分配及硬件组态

1）明确控制要求后，确定 I/O 端子，见表 3-6。

表 3-6　空压机控制 I/O 分配

| 输入量 | | 输出量 | |
|---|---|---|---|
| 起动按钮 | I0. 0 | 空压机 1 | Q0. 0 |
| 停止按钮 | I0. 1 | 空压机 2 | Q0. 1 |

2）空压机控制电路硬件组态，如图 3-25 所示。

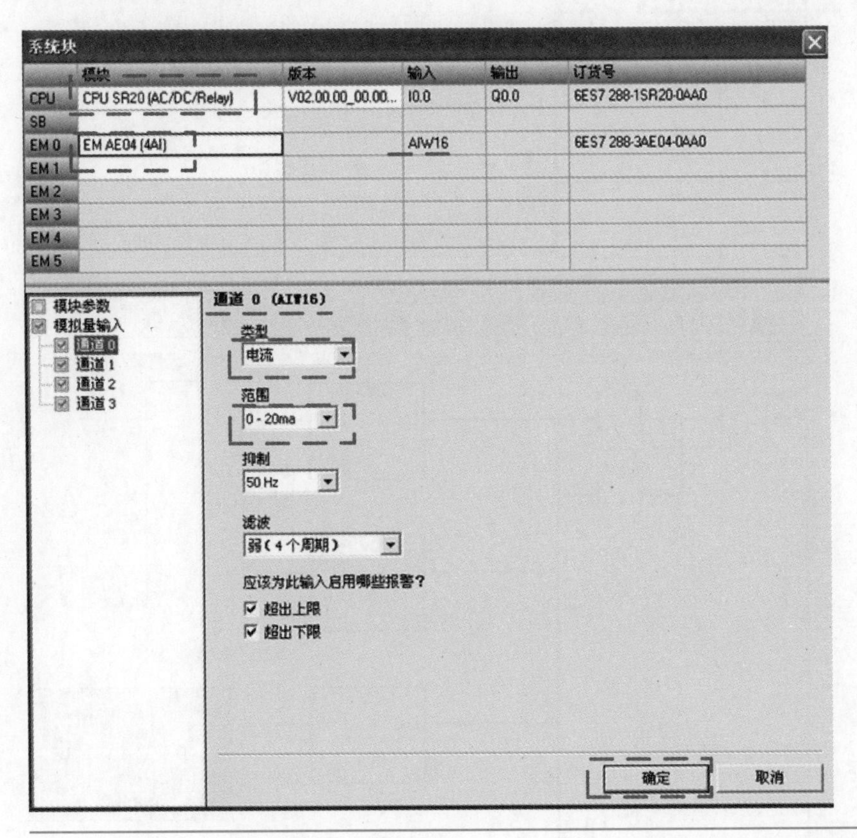


图 3-25　空压机控制电路硬件组态

### 4. 空压机控制<解法一>程序

1）空压机控制<解法一>程序，如图 3-26 所示。

2）空压机编程思路及程序解析。

本程序主要分为三大部分，即模拟量信号采集程序、空压机分时起动程序和压力比较程序。

本例中，压力变送器输出信号为 4～20mA，对应压力为 0～1MPa；当 AIW16<5530 时，信号输出小于 4mA，采集结果无意义，故需要有模拟量采集清零程序。

当 AIW16>5530 时，采集结果有意义。模拟量信号采集程序的编写先将数据类型由字转换为实数，这样得到的结果更精确；接下来，找到实际压力与数字量转换之间的比例关系，这是编写模拟量程序的关键，其比例关系为 $P=(\mathrm{AIW16}-5530)/(27648-5530)$，压力的单位为 MPa。用 PLC 指令表达出压力 $P$ 与 AIW16（现在的 AIW16 中的数值以实数形式，存储在 VD40 中）之间的关系，即 $P=(\mathrm{VD40}-5530)/(27648-5530)$，因此模拟量信号采集程序用 SUB-R 指令表达出（VD40-5530.0）作为表达式的分子，用 SUB-R 指令表达出（27648.0-5530.0）作为表达式的分母，此时得到的结果为 MPa，再将 MPa 转换为 kPa，故用 MUL-R 指令表达出 VD50×1000.0，这样得到的结果更精确，便于调试。

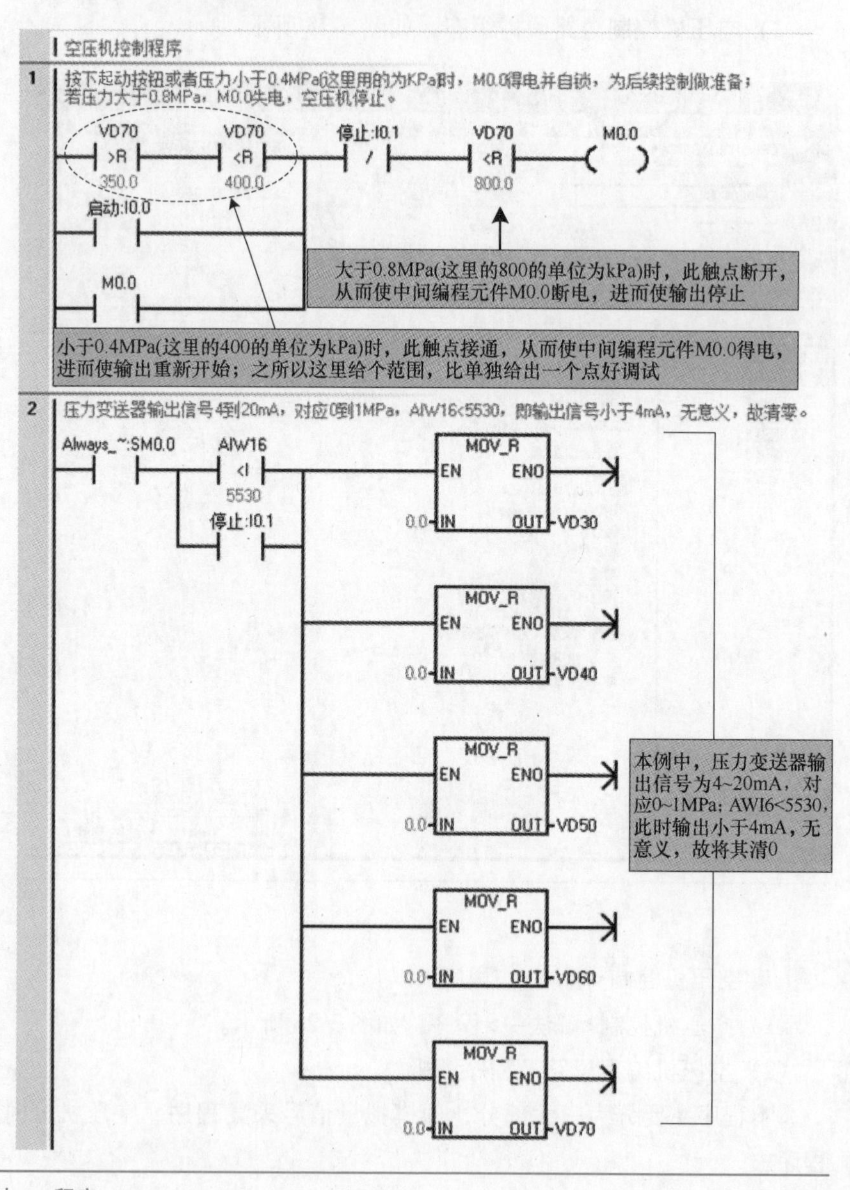


图 3-26　空压机控制<解法一>程序

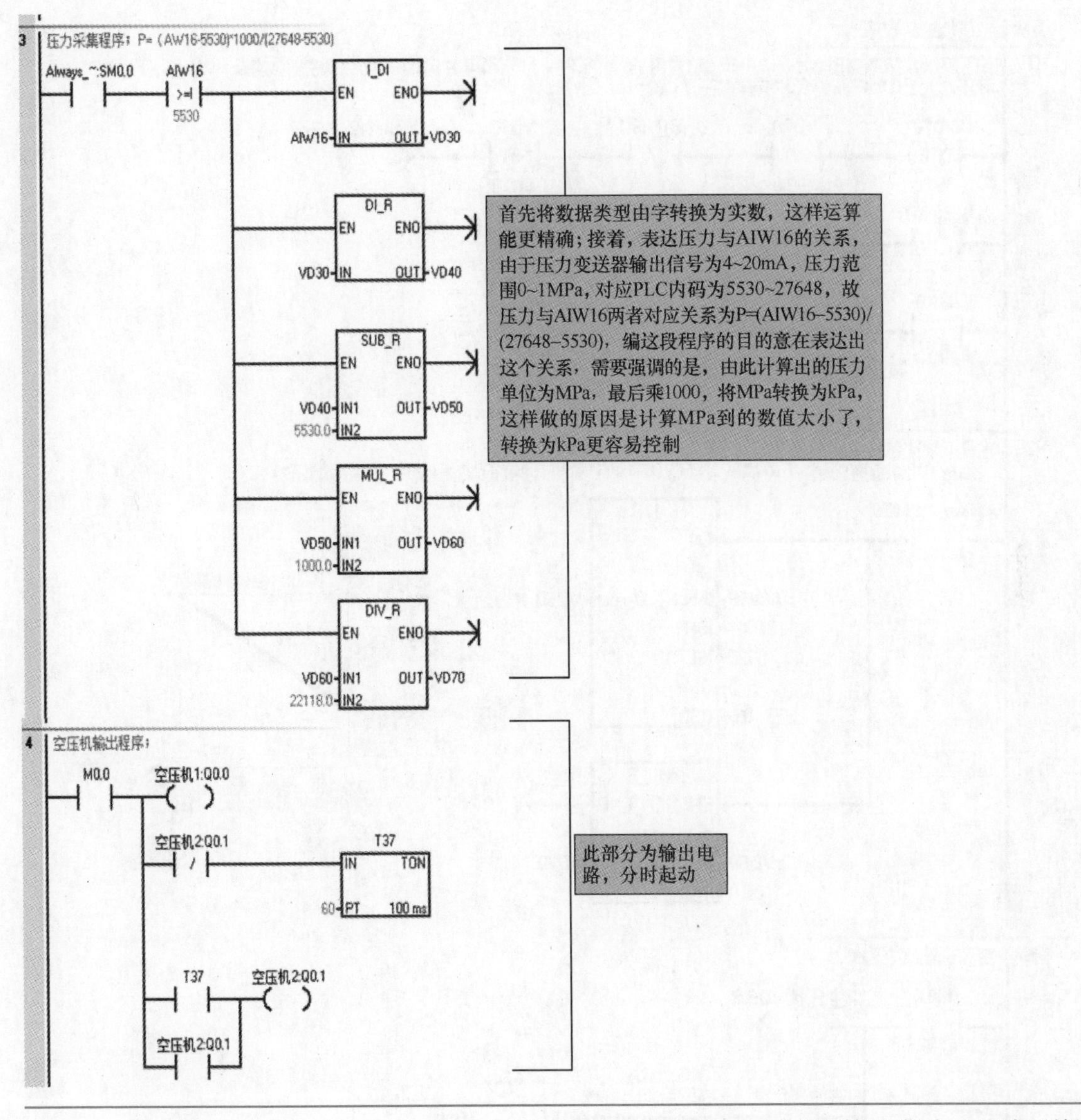


图 3-26　空压机控制<解法一>程序（续）

空压机分时起动程序采用定时电路，当定时器定时时间到后，激活下一个线圈同时将此定时器断电。

压力比较程序，当模拟量采集值低于 350kPa<*P*<400kPa 时，起保停电路重新得电，中间编程元件 M0.0 得电，Q0.0 和 Q0.1 分时得电；当压力大于 800kPa 时，起保停电路断电，Q0.0 和 Q0.1 同时断电。

**5. 空压机控制<解法二>程序**

空压机控制<解法二>程序，如图 3-27 所示。

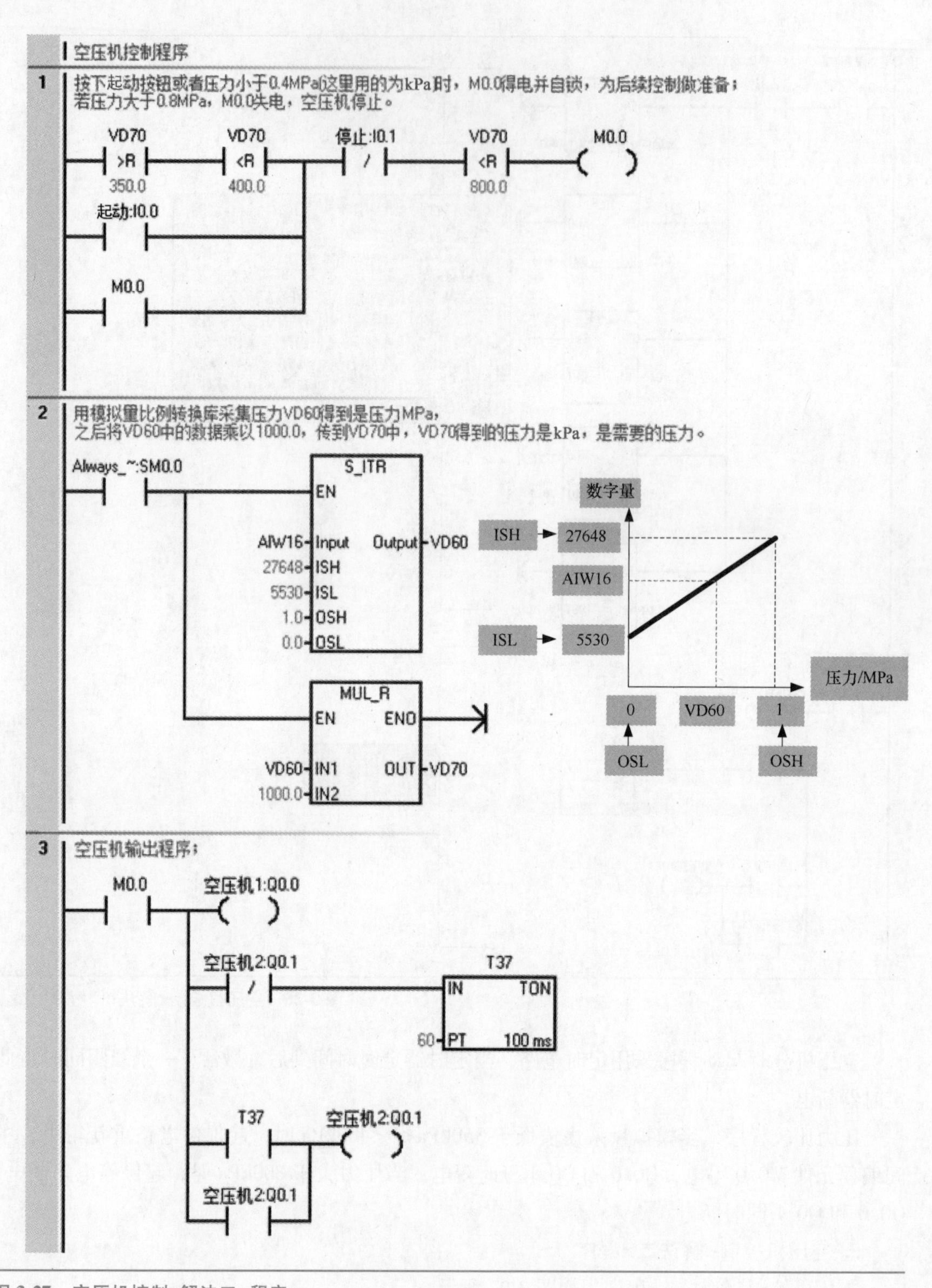


图 3-27　空压机控制<解法二>程序

模拟量编程的几个注意点：

1. 找到实际物理量与对应数字量的关系是编程的关键，之后用 PLC 功能指令表达出这个关系即可。

2. 硬件组态输入输出地址编号是软件自动生成的，需严格遵照此编号，不可自己随便编号，否则编程会出现错误，如本例中，模拟量通道的地址就为 AIW16，而不是 AWI0。

3. S7-200 SMART PLC 编程软件比较智能，模拟量模块组态时有超出上限、超出下限及断线报警，若模拟量通道红灯不停闪烁，需考虑以上几点。

## 3.6　PID 控制及应用案例

### 3.6.1　PID 控制

#### 1. PID 控制简介

PID 是闭环控制系统的比例-积分-微分控制算法。PID 控制器根据设定值（给定）与被控对象实际值（反馈）的差值，按照 PID 算法计算出控制器的输出量，控制执行机构去影响被控对象的变化。PID 控制是负反馈闭环控制，能够抑制系统闭环内的各种因素所引起的扰动，使反馈跟随给定变化。

典型的 PID 算法包括三个部分：比例项、积分项和微分项，即输出=比例项+积分项+微分项。下面以离散系统的 PID 控制为例，对 PID 算法进行说明。离散系统的 PID 算法如下：

$$M_n=K_c\times(SP_n-PV_n)+K_c(T_s/T_i)\times(SP_n-PV_n)+M_x+K_c\times(T_d/T_s)\times(PV_{n-1}-PV_n)$$

式中，$M_n$ 为在采样时刻 n 计算出来的回路控制输出值；$K_c$ 为回路增益；$SP_n$ 为在采样时刻 n 的给定值；$PV_n$ 为在采样时刻 n 的过程变量值；$PV_{n-1}$ 为在采样时刻 n-1 的过程变量值；$T_s$ 为采样时间；$T_i$ 为积分时间常数；$T_d$ 为微分时间常数，$M_x$ 为在采样时刻 n-1 的积分项。

比例项 $K_c\times(SP_n-PV_n)$ 是将偏差信号按比例放大，提高控制灵敏度；积分项 $K_c(T_s/T_i)\times(SP_n-PV_n)+M_x$ 是对偏差信号进行积分处理，缓解比例放大量过大，引起的超调和振荡；微分项 $(T_d/T_s)\times(PV_{n-1}-PV_n)$ 是对偏差信号进行微分处理，提高控制的迅速性。

根据具体项目的控制要求，在实际应用中，PID 控制有可能只用到其中的一部分，比如常用的是 PI（比例-积分）控制，这时没有微分控制部分。

#### 2. PID 控制举例

炉温控制采用 PID 控制方式，炉温控制系统的示意图，如图 3-28 所示。在炉温控制系统中，热电偶为温度检测元件，其信号传至变送器转换为标准电压或电流信号，标准信号再送至 A/D 模块，经 A/D 转换后的数字量与 CPU 设定值比较，两者的差值进行 PID 运算，将运算结果送给 D/A 模块，D/A 模块输出相应的电压或电流信号对电动阀进行控制，从而实现了温度的闭环控制。

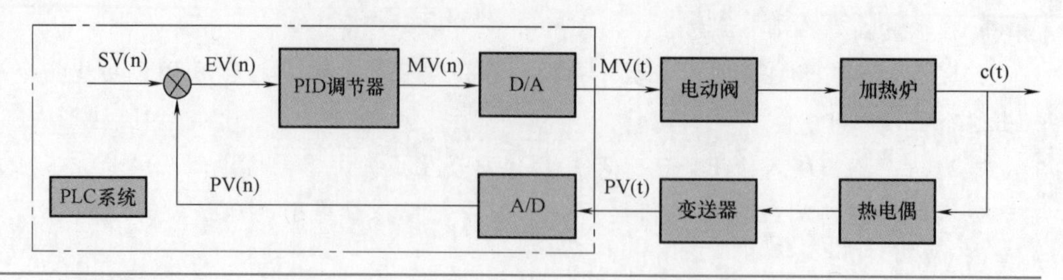


图 3-28　炉温控制系统示意图

图中 SV(n) 为给定量；PV(n) 为反馈量，此反馈量 A/D 已经转换为数字量了；MV(t) 为控制输出量；令 ΔX=SV(n)-PV(n)，如果 ΔX>0，表明反馈量小于给定量，则控制器输出量 MV(t) 将增大，使电动阀开度变大，进入加热炉的天然气流量增大，进而炉温上升；如果 ΔX<0，表明反馈量大于给定量，则控制器输出量 MV(t) 将减小，使电动阀开度变小，进入加热炉的天然气流量变小，进而炉温降低；如果 ΔX=0，表明反馈量等于给定量，则控制器输出量 MV(t) 不变，电动阀开度不变，进入加热炉的天然气流量不变，进而炉温不变。

**3. PID 算法在 S7-200 SMART PLC 中的实现**

S7-200 SMART PLC 能够进行 PID 控制。S7-200 SMART CPU 最多可以支持 8 个 PID 控制回路（8 个 PID 指令功能块）。

PID 控制算法有几个关键的参数，即 $K_c$（Gain，增益）、$T_i$（积分时间常数）、$T_d$（微分时间常数）、$T_s$（采样时间）。

在 S7-200 SMART PLC 中，PID 功能是通过 PID 指令功能块实现的。通过定时（按照采样时间）执行 PID 功能块，按照 PID 运算规律，根据当时的给定、反馈、比例-积分-微分数据，计算出控制量。

PID 功能块通过一个 PID 回路表交换数据，这个表在 V 数据存储区中的开辟，长度为 36 字节。因此每个 PID 功能块在调用时需要指定两个要素：PID 控制回路号，控制回路表的起始地址（以 VB 表示）。

由于 PID 可以控制温度、压力等许多对象，它们各自都是由工程量表示，因此要有一种通用的数据表示方法才能被 PID 功能块识别。S7-200 SMART PLC 中的 PID 功能使用占调节范围百分比的方法抽象地表示被控对象的数值大小。在实际工程中，这个调节范围往往被认为与被控对象（反馈）的测量范围（量程）一致。

PID 功能块只接受 0.0~1.0 之间的实数（实际上就是百分比）作为反馈、给定与控制输出的有效数值，如果是直接使用 PID 功能块编程，必须保证数据在这个范围之内，否则会出错。其他如增益、采样时间、积分时间、微分时间都是实数。

因此，必须把外围实际的物理量与 PID 功能块需要的（或者输出的）数据之间进行转换。这就是所谓输入/输出的转换与标准化处理。

S7-200 SMART PLC 的编程软件 Micro/WIN SMART 提供了 PID 指令向导，可以方便地完成这些转换/标准化处理。除此之外，PID 指令也同时会被自动调用。

## 3.6.2　PID 指令

PID 指令指令格式，如图 3-29 所示。

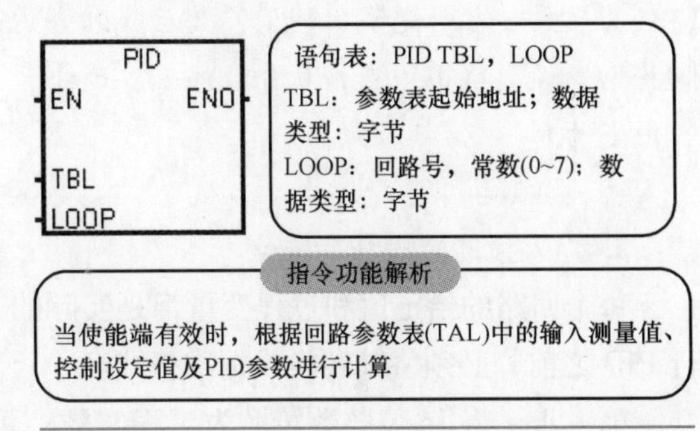


图 3-29　PID 指令格式

具体说明如下：

1）运行 PID 指令前，需要对 PID 控制回路参数进行设定，参数共 9 个，均为 32 位实数，共占 36 字节，见表 3-7。

2）程序中可使用 8 条 PID 指令，分别编号 0~7，不能重复使用。

3）使 ENO=0 的错误条件：0006（间接地址），SM1.1（溢出，参数表起始地址或指令中指定的 PID 回路指令号码操作数超出范围）。

表 3-7　PID 控制回路参数表

| 地址（VD） | 参数 | 数据格式 | 参数类型 | 说明 |
|---|---|---|---|---|
| 0 | 过程变量当前值 $PV_n$ | 实数 | 输入 | 取值范围：0.0~1.0 |
| 4 | 给定值 $SP_n$ | 实数 | 输入 | 取值范围：0.0~1.0 |
| 8 | 输出值 $M_n$ | 实数 | 输入/输出 | 范围在 0.0~1.0 之间 |
| 12 | 增益 $K_c$ | 实数 | 输入 | 比例常数，可为正数可负数 |
| 16 | 采用时间 $T_s$ | 实数 | 输入 | 单位为秒，必须为正数 |
| 20 | 积分时间 $T_i$ | 实数 | 输入 | 单位为分钟，必须为正数 |
| 24 | 微分时间 $T_d$ | 实数 | 输入 | 单位为分钟，必须为正数 |
| 28 | 上次积分值 $M_x$ | 实数 | 输入/输出 | 范围在 0.0~1.0 之间 |
| 32 | 上次过程变量 $PV_{n-1}$ | 实数 | 输入/输出 | 最近一次 PID 运算值 |

## 3.6.3　PID 控制编程思路

### 1. PID 初始化参数设定

运行 PID 指令前，必须根据对 PID 控制回路参数表对初始化参数进行设定，一般需要给增益 $K_c$、采样时间 $T_s$、积分时间 $T_i$ 和微分时间 $T_d$ 这 4 个参数赋予相应的数值，数值以满足控制要求为目的。特别地，当不需要比例项时，将增益 $K_c$ 设置为 0；当不需要积分项时，将积分参数 $T_i$ 设置为无限大，即 9999.99；当不需要微分项时，将微分参数 $T_d$ 设置为 0。

编者有料

要设置出合适的初始化参数，并不是一件简单的事，需要工程技术人员对控制系统极其熟悉。往往是多次调试，最后找到合适的初始化参数；第一次试运行参数时，一般将增益设置得小一点，积分时间不要太小，以保证不会出现较大的超调量。微分一般都设置为 0。

**2. 输入量的转换和标准化**

每个回路的给定值和过程变量都是实际的工程量，其大小、范围和单位不尽相同，在进行 PID 之前，必须将其转换成标准格式。

第一步，将 16 位整数转换为工程实数；可以参考，3.2 节中内码与实际物理量的转换参考程序，这里不再赘述。

第二步，在第一步的基础上，将工程实数值转换为 0.0~1.0 之间的标准数值；往往是第一步得到的实际工程数值（如 VD30 等）比上其最大量程。

**3. 编写 PID 指令**

**4. 将 PID 回路输出转换为成比例的整数**

程序执行后，要将 PID 回路输出 0.0~1.0 之间的标准化实数值转换为 16 位整数值，方能驱动模拟量输出。具体转换方法：将 PID 回路输出 0.0~1.0 之间的标准化实数值乘以 27648.0 或 55296.0；若为单极型则乘以 27648.0，若为双极型则乘以 55296.0。

## 3.6.4 恒温控制

**1. 控制要求**

某加热炉需要恒温控制，温度应维持在 60℃。按下加热起动按钮，全温开启加热（加热管受模拟量固态继电器控制，模拟量信号 0~10V），当加热到 80℃，开始进入 PID 模式，将温度维持在 60℃；当低于 40℃，全温加热；温度检测传感器为热电阻，经变送器转换输出信号为 4~20mA，对应温度 0~100℃，试编程。

**2. 硬件组态**

恒温控制硬件组态，如图 3-30 所示。

系统块

| | 模块 | 版本 | 输入 | 输出 | 订货号 |
|---|---|---|---|---|---|
| CPU | CPU ST20 (DC/DC/DC) | V02.02.00_00.00... | I0.0 | Q0.0 | 6ES7 288-1ST20-0AA0 |
| SB | SB AQ01 (1AQ) | | | AQW12 | 6ES7 288-5AQ01-0AA0 |
| EM 0 | EM AE04 (4AI) | | AIW16 | | 6ES7 288-3AE04-0AA0 |
| EM 1 | | | | | |

图 3-30　恒温控制硬件组态

**3. 程序设计**

恒温控制的程序，如图 3-31 所示。

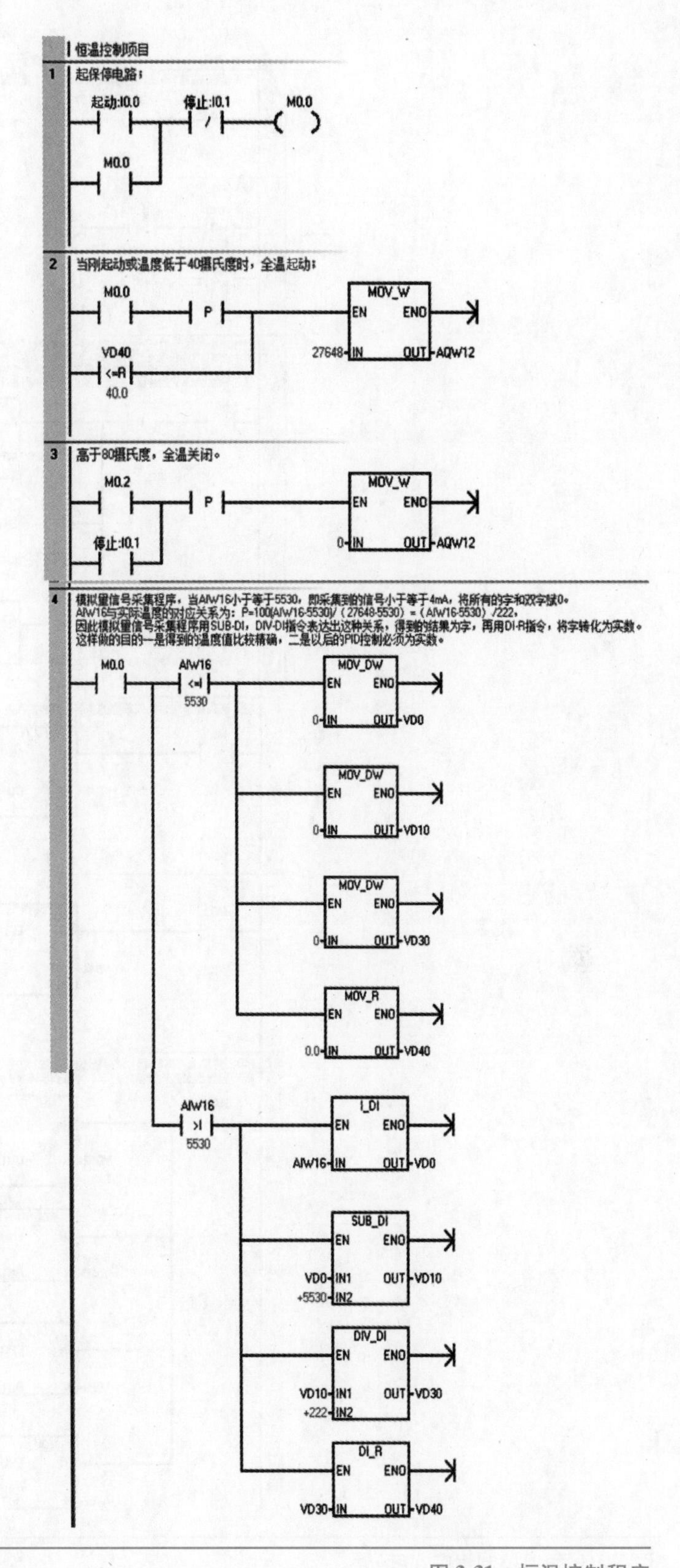
恒温控制项目
1
起保停电路；
起动:I0.0
停止:I0.1
M0.0
M0.0
2
当刚起动或温度低于40摄氏度时，全温起动；
M0.0
P
VD40
<=R
40.0
MOV_W
EN
ENO
27648-IN
OUT-AQW12
3
高于80摄氏度，全温关闭。
M0.2
P
停止:I0.1
MOV_W
EN
ENO
0-IN
OUT-AQW12
4
模拟量信号采集程序，当AIW16小于等于5530，即采集到的信号小于等于4mA，将所有的字和双字赋0。
AIW16与实际温度的对应关系为：P=100(AIW16-5530)/（27648-5530）=（AIW16-5530）/222，
因此模拟量信号采集程序用SUB-DI，DIV-DI指令表达出这种关系，得到的结果为字，再用DI-R指令，将字转化为实数。
这样做的目的一是得到的温度值比较精确，二是以后的PID控制必须为实数。
M0.0
AIW16
<=I
5530
MOV_DW
EN
ENO
0-IN
OUT-VD0
MOV_DW
EN
ENO
0-IN
OUT-VD10
MOV_DW
EN
ENO
0-IN
OUT-VD30
MOV_R
EN
ENO
0.0-IN
OUT-VD40
AIW16
>I
5530
I_DI
EN
ENO
AIW16-IN
OUT-VD0
SUB_DI
EN
ENO
VD0-IN1
OUT-VD10
+5530-IN2
DIV_DI
EN
ENO
VD10-IN1
OUT-VD30
+222-IN2
DI_R
EN
ENO
VD30-IN
OUT-VD40

图 3-31　恒温控制程序

5 当采集到的温度为80摄氏度时，给全温加热一个停止信号，给PID控制一个起动信号。

VD40 >=R 80.0 M0.2

6 输入注释

VD40 >=R 80.0 停止:I0.1 M0.1

M0.1

7 对PID初始化参数进行设定，分别对给定量、增益、采样时间、积分时间常数、微分时间常数进行设置。
其中给定量50摄氏度为工程量，PID需要0.0到1.0的实数，因此50摄氏度除以总的量程100摄氏度，将其转化为0.0到1.0的实数。
此外，在寻找合适的增益与积分时间常数时，先给增益赋一个较小的值，给积分常数一个较大的值，
保证不会出现较大的超调，一点点尝试，最后找到最佳参数。微分时间常数通常设为0就可以。

M0.1 P DIV_R EN ENO 60.0 IN1 OUT VD48 100.0 IN2

MOV_R EN ENO 3.0 IN OUT VD56 — MOV_R EN ENO 1.0 IN OUT VD60

MOV_R EN ENO 10.0 IN OUT VD64 — MOV_R EN ENO 0.0 IN OUT VD68

8 输入回路标准化：将采集到的温度，此时为实数，将其转换为0.0到1.0内的数值，故用VD40中的数值除以总量程100摄氏度。

M0.1 DIV_R EN ENO VD40 IN1 OUT VD44 100.0 IN2

9 PID指令

M0.1 PID EN ENO VB44 TBL 0 LOOP

10 PID回路输出，将0.0到1.0内的数值转换为16位整数值，故现将VD80中的数值乘以27648（乘以27648因为为单极型），
再将实数四舍五入转换为双字，再将双字转换为字，最后传给AQW12。

SM0.0 MUL_R EN ENO VD52 IN1 OUT VD80 27648.0 IN2

ROUND EN ENO VD80 IN OUT VD84

DI_I EN ENO VD84 IN OUT VW88

MOV_W EN ENO VW88 IN OUT AQW12

图 3-31 恒温控制程序（续）

本项目程序的编写主要考虑3个方面，具体如下：

1）全温起停控制程序的编写。全温起停控制比较简单，关键是找到起动和停止信号。起动信号一个是起动按钮所给的信号，另一个为当温度低于40℃时，比较指令所给的信号，两个信号是或的关系，因此要并联；停止信号为当温度为80℃时，比较指令通过中间编程元件所给的信号。

2）温度信号采集程序的编写。笔者不止一次强调，解决此问题的关键在于找到实际物理量温度与内码AIW16之间的比例关系。温度变送器的量程为0~100℃，其输出信号为4~20mA，EM AE04模拟量输入通道的信号范围为0~20mA，内码范围为0~27648，故不难找出压力与内码的对应关系，对应关系为 $P=100(\mathrm{AIW16}-5530)/(2768-5530)=(\mathrm{AIW16}-5530)/222$，其中 $P$ 为温度。因此温度信号采集程序编写实际上就是用SUB-DI和DIV-DI指令表达出上述这种关系，此时得到的结果为双字，再用DI-R指令将双字转换为实数。这样做有两点考虑：第一得到的温度为实数比较精确，第二此段程序恰好也是PID控制输入回路的转换程序，因此必须转换为实数。

3）PID控制程序的编写。恒温控制PID控制回路参数表，见表3-8。PID控制程序的编写主要考虑以下4个方面：

表3-8　恒温控制PID控制回路参数表

| 地址（VD） | 参数 | 数值 | 数据格式 | 参数类型 |
|---|---|---|---|---|
| VD48 | 给定值 | 50.0/100.0=0.5 | 实数 | 输入 |
| VD56 | 增益 | 3.0 | 实数 | 输入 |
| VD60 | 采用时间 | 1.0 | 实数 | 输入 |
| VD64 | 积分时间 | 10.0 | 实数 | 输入 |
| VD68 | 微分时间 | 0.0 | 实数 | 输入 |

① PID初始化参数设定。PID初始化参数的设定主要涉及给定值、增益、采样时间、积分时间常数和微分时间常数5个参数的设定。给定值为0.0~1.0之间的数，其中温度恒为60℃，是个工程量，需将其转换为0.0~1.0之间的数，故将实际温度60℃比上量程100℃，即DIV-R 60.0，100.0。寻找合适的增益值和积分时间常数时，需将增益赋予一个较小的数值，将积分时间常数赋予一个较大的值，其目的是让系统不会出现较大的超调量，多次试验，最后得出合理的结果；微分时间常数通常设置为0。

② 输入量的转换及标准化。输入量的转换程序即温度信号采集程序，输入量的转换程序最后得到的结果为实数，需将此实数转换为0.0~1.0之间的标准数值，故将VD40中的实数比上100℃，其中100℃为满量程的数值。

③ 编写PID指令。

④ 将PID回路输出转换为成比例的整数。故VD52中的数先除以27648.0（为单极型），接下来将实数四舍五入转化为双字，再将双字转化为字送至AQW12中，从而完成PID控制。

## 3.7 PID 向导及应用案例

STEP 7-Micro/WIN SMART 提供了 PID 向导，可以帮助用户方便地生成一个闭环控制过程的 PID 算法。此向导可以完成绝大多数 PID 运算的自动编程，用户只需在主程序中调用 PID 向导生成的子程序，就可以完成 PID 控制任务。

PID 向导既可以生成模拟量输出 PID 控制算法，也支持数字量输出；既支持连续自动调节，也支持手动参与控制。建议用户使用此向导对 PID 编程，以避免出现不必要的错误。

### 3.7.1 PID 向导编程步骤

**1. 打开 PID 向导**

方法 1：打开 STEP 7-Micro/WIN SMART 编程软件，在项目树中打开“向导”文件夹，然后双击 PID。

方法 2：在 STEP 7-Micro/WIN SMART 编程软件的“工具”菜单中选择 PID 向导 PID。

**2. 定义需要配置的 PID 回路号**

在图 3-32 中，选择要组态的回路，单击“下一页”，最多可组态 8 个回路。

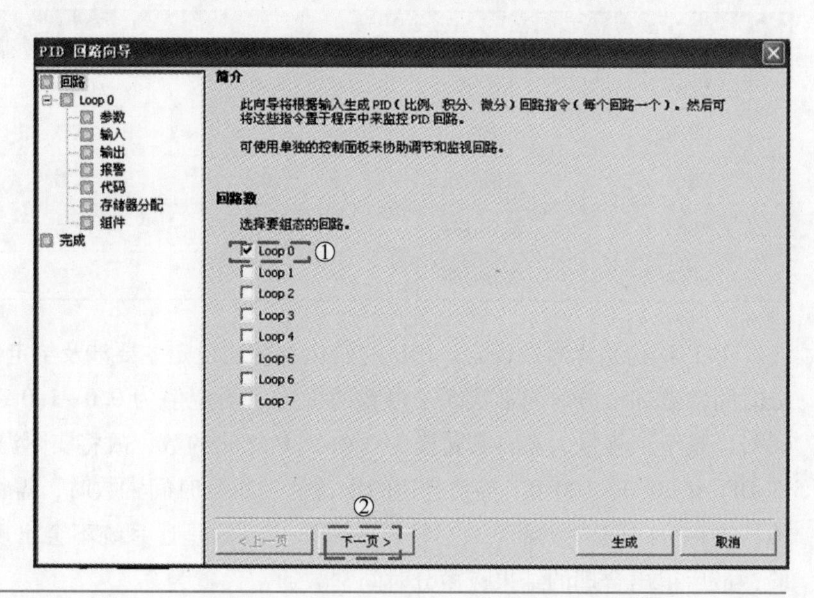


图 3-32 配置 PID 回路号

**3. 给回路组态命名**

可为回路组态自定义名称。此部分的默认名称是“Loop x”，其中“x”等于回路编号，如图 3-33 所示。

**4. PID 回路参数设置**

PID 回路参数设置，如图 3-34 所示。PID 回路参数设置分为 4 个部分，分别为增益设

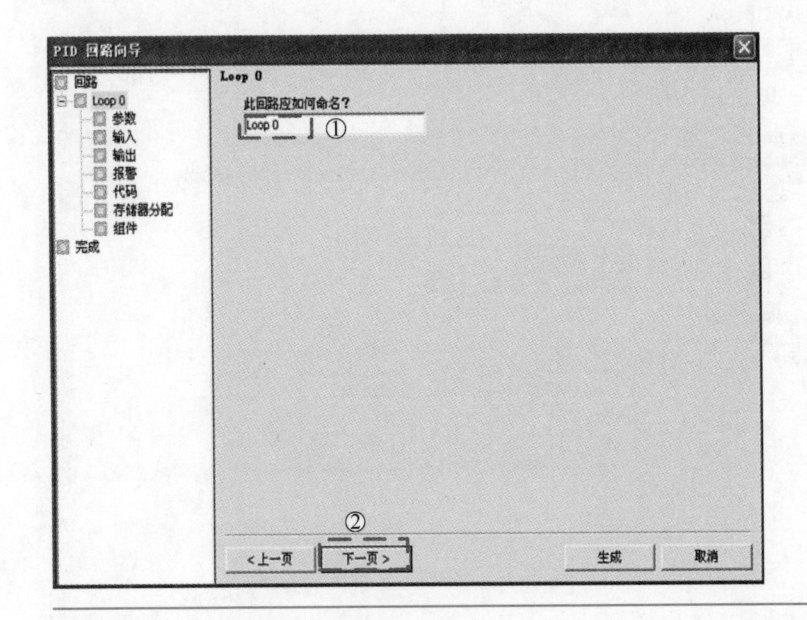


图 3-33　给回路组态命名

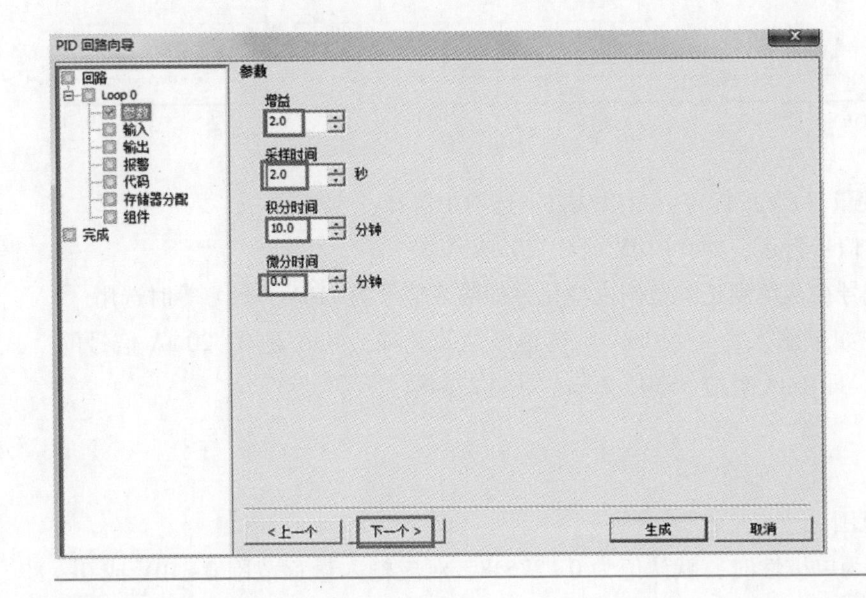


图 3-34　PID 回路参数设置

置、采样时间设置、积分时间设置和微分时间设置。注意这些参数的数值均为实数。

1）增益：即比例常数，默认值为 1.00，本例设置为 2.0。

2）积分时间：如果不想要积分作用可以将该值设置得很大（比如 10000.0），默认值为 10.00。

3）微分时间：如果不想要微分回路，可以把微分时间设为 0，默认值为 0.00。

4）采样时间：是 PID 控制回路对反馈采样和重新计算输出值的时间间隔，默认值为 1.00。在向导完成后，若想要修改此参数，则必须返回向导中修改，不可在程序中或状态表中修改。

**5. 设定输入回路过程变量**

设定输入回路过程变量，如图 3-35 所示。

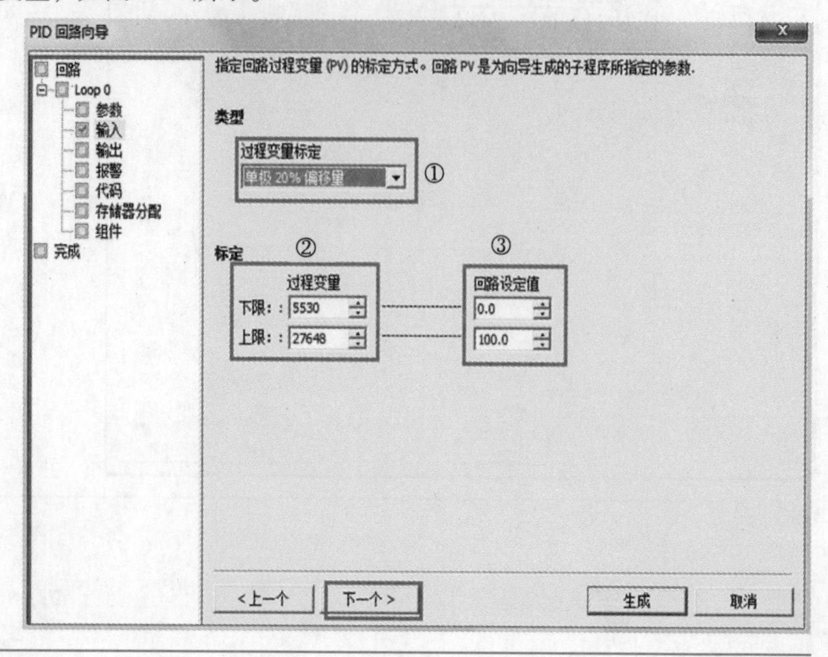


图 3-35　输入回路过程变量设置

1）指定回路过程变量（PV）标定。可以从以下选项中选择：

◆ 单极性：输入的信号为正，如 0~10V 或 0~20mA 等。

◆ 双极性：输入信号在从负到正的范围内变化，如输入信号为±10V、±5V 等时选用。

◆ 选用 20%偏移：如果输入为 4~20mA 则选单极性及此项，4mA 是 0~20mA 信号的 20%，所以选 20%偏移，即 4mA 对应 5530，20mA 对应 27648。

◆ 温度×10℃。

◆ 温度×10℉。

2）反馈输入取值范围。

在图 3-35 中①设置为单极性时，默认值为 0~27648，对应输入量程范围 0~10V 或 0~20mA 等，输入信号为正。

在图 3-35 中①设置为双极性时，默认的取值为-27648~+27648，对应的输入范围根据量程不同可以是±10V、±5V 等。

在图 3-35 中①选中 20%偏移量时，取值范围为 5530~27648，不可改变。

3）在“标定”（Scaling）参数中，指定回路设定值（SP）默认值是 0.0 和 100.0 之间的一个实数。

**6. 设定回路输出选项**

设定回路输出选项，如图 3-36 所示。

图中各项说明如下：

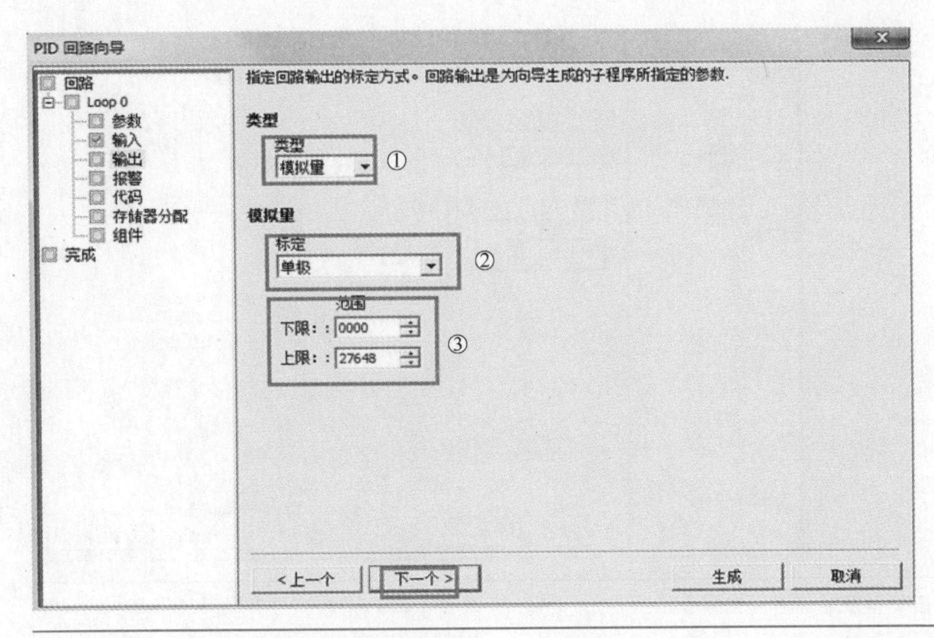


图 3-36　设定回路输出选项

① 类型。可以选择模拟量输出或数字量输出。模拟量输出用来控制一些需要模拟量给定的设备，如比例阀、变频器等；数字量输出实际上是控制输出点的通、断状态按照一定的占空比变化，可以控制固态继电器等。

② 模拟量：标定。可设定极性回路输出变量值的范围，可以选择：

◆ 单极：单极性输出，可为 0~10V 或 0~20mA 等。

◆ 双极：双极性输出，可为正负 10V 或正负 5V 等。

◆ 单极 20%偏移量：如果选中 20%偏移，则输出为 4~20mA。

③ 模拟量：范围。

◆ 为单极时，默认值为 0~27648。

◆ 为双极时，取值-27648~27648。

◆ 为 20%偏移量时，取值 5530~27648，不可改变。

如果类型选择了“数字量”输出，需要设定“循环时间”，如图 3-37 所示。

**7. 设定回路报警选项**

设定回路报警选项，如图 3-38 所示。

向导提供了 3 个输出来反映过程值（PV）的低值报警、高值报警及过程值模拟量模块错误状态。当报警条件满足时，输出置位为 1。这些功能在选中了相应的选择框之后起作用。

① 使能低值报警并设定过程值（PV）报警的低值，此值为过程值的百分数，默认值为 0.10，即报警的低值为过程值的 10%，最低可设为 0.01，即满量程的 1%。

② 使能高值报警并设定过程值（PV）报警的高值，此值为过程值的百分数，默认值为 0.90，即报警的高值为过程值的 90%，最高可设为 1.00，即满量程的 100%。

③ 使能过程值（PV）模拟量模块错误报警并设定模块于 CPU 连接时所处的模块位置。

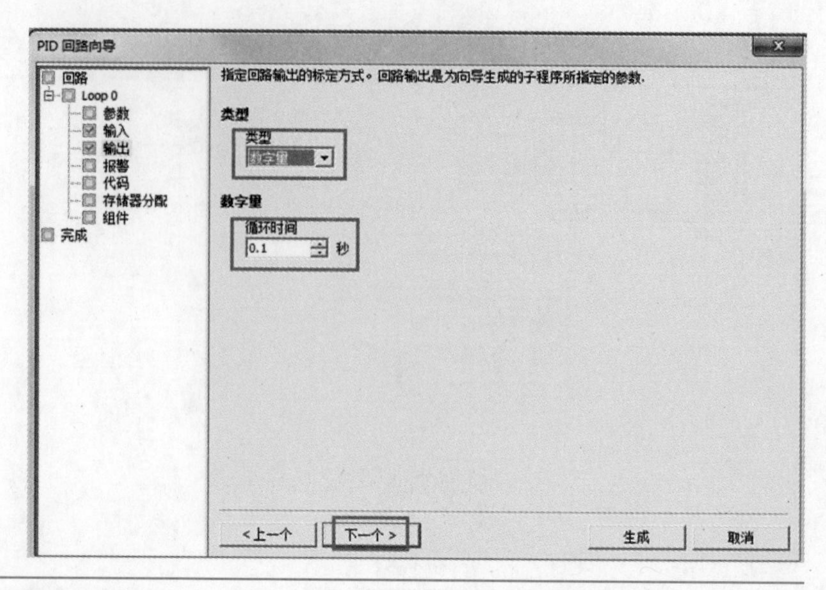


图 3-37　数字量输出类型及循环时间设置

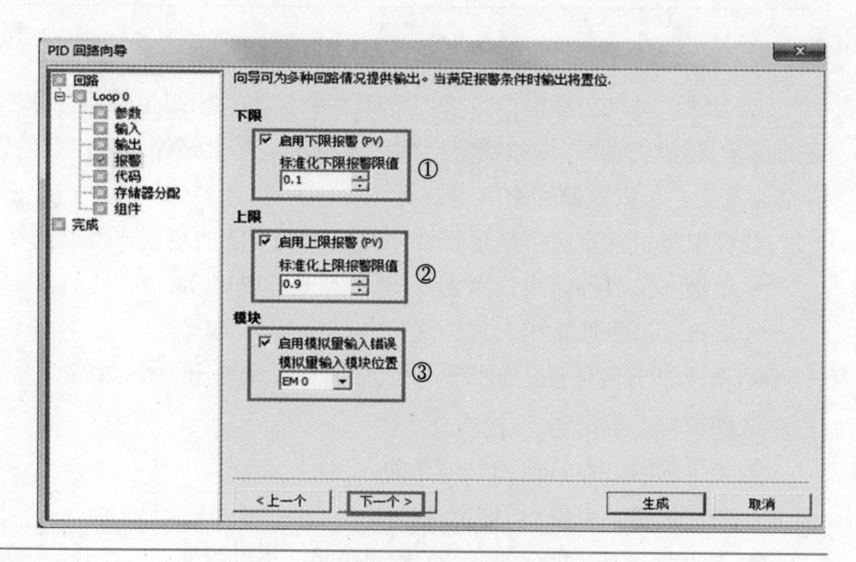


图 3-38　设定回路报警选项

“EM0”就是第一个扩展模块的位置。

**8. 定义向导所生成的 PID 初始化子程序和中断程序名及手/自动模式**

定义向导所生成的 PID 初始化子程序和中断程序名及手/自动模式，如图 3-39 所示。

图中①处可指定 PID 初始化子程序的名字；②处可指定 PID 中断子程序的名字；③处可以选择添加 PID 手动控制模式。在 PID 手动控制模式下，回路输出由手动输出设定控制，此时需要写入手动控制输出参数一个 0.0~1.0 的实数，代表输出的 0%~100%而不是直接去改变输出值。

**9. 指定 PID 运算数据存储区**

指定 PID 运算数据存储区，如图 3-40 所示。

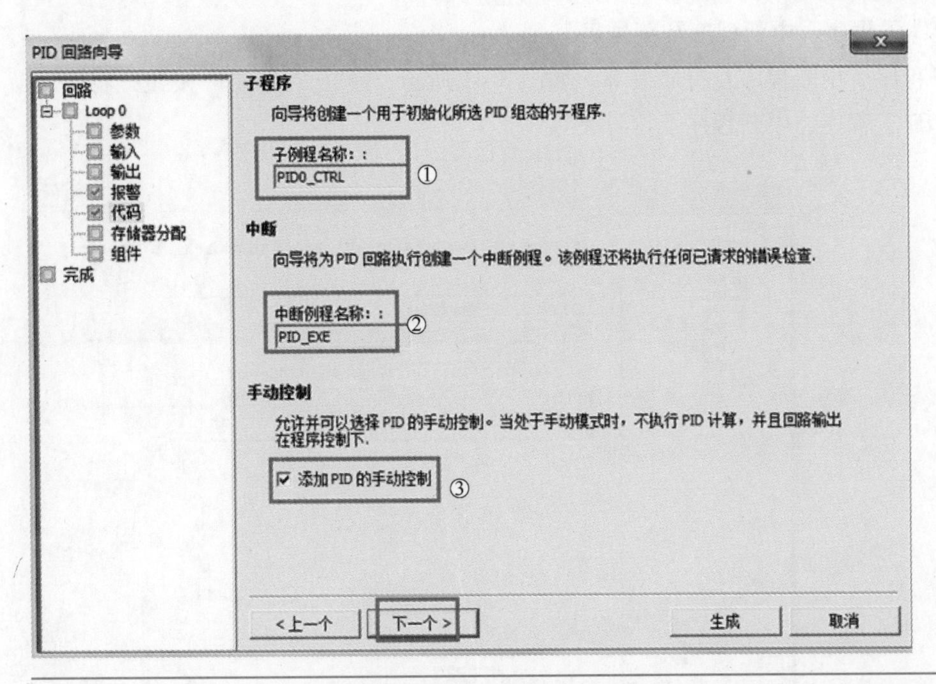


图 3-39　定义向导所生成的 PID 初始化子程序和中断程序名及手/自动模式

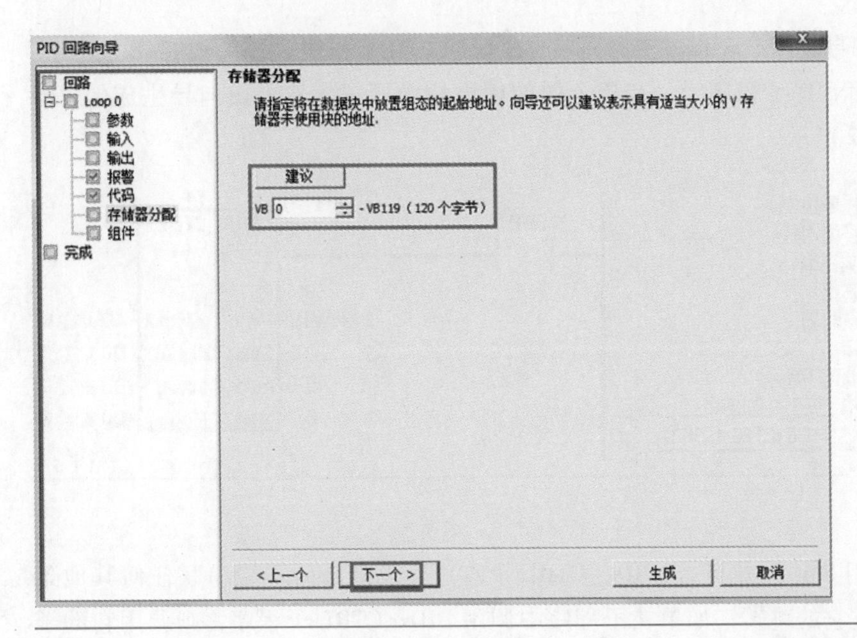


图 3-40　指定 PID 运算数据存储区

PID 指令使用了一个 120 个字节的 V 区参数表来进行控制回路的运算工作。除此之外，PID 向导生成的输入/输出量的标准化程序也需要运算数据存储区。需要为它们定义一个起始地址，并要保证该地址起始的若干字节在程序的其他地方没有被重复使用。如果单击

“建议”，则向导将自动设定当前程序中没有用过的 V 区地址。

**10. 生成 PID 子程序、中断程序及符号表**

生成 PID 子程序、中断程序及符号表等，如图 3-41 所示，单击“生成”按钮，将在项目中生成上述 PID 子程序、中断程序及符号表等。

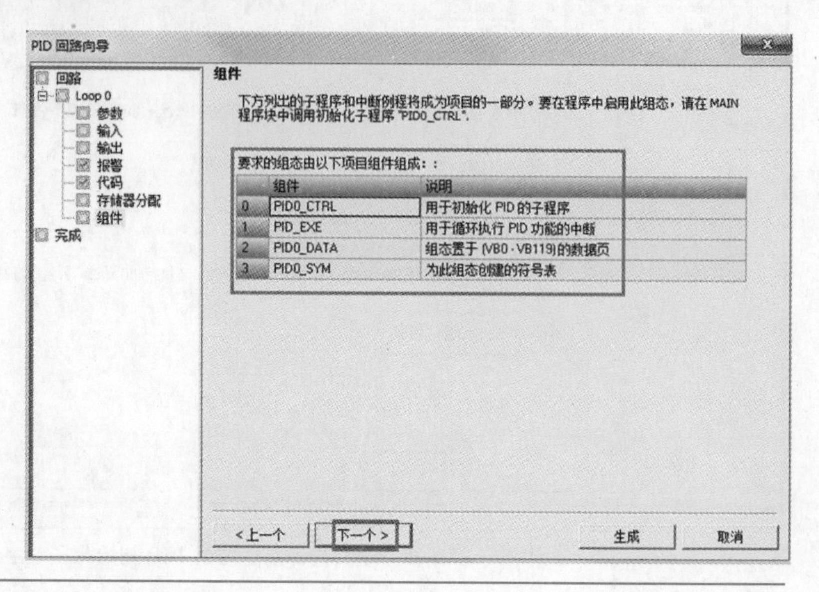


图 3-41　生成 PID 子程序、中断程序及符号表

**11. 配置完 PID 向导，需要在程序中调用向导生成的 PID 子程序**

在用户程序中调用 PID 子程序时，在指令树的程序块中用鼠标双击由向导生成的 PID 子程序即可，如图 3-42 所示。

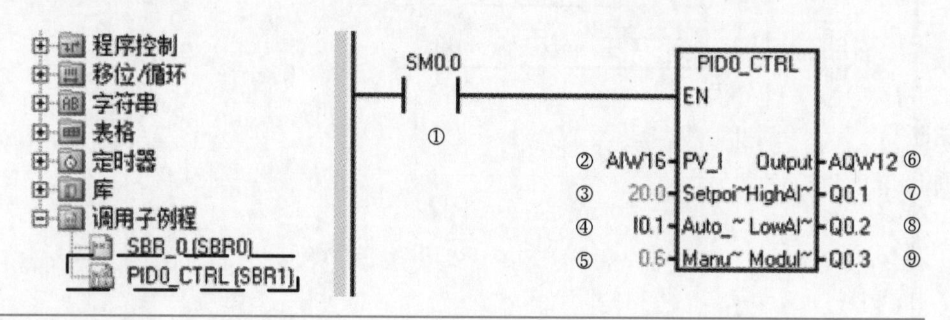


图 3-42　调用 PID 子程序

图中，①处必须用 SM0.0 来使能 PIDx_CTRL 子程序，SM0.0 后不能串联任何其他条件，而且也不能有越过它的跳转；如果在子程序中调用 PIDx_CTRL 子程序，则调用它的子程序也必须仅使用 SM0.0 调用，以保证它的正常运行。

② 处输入过程值（反馈）的模拟量输入地址。

③ 处输入设定值变量地址（VDxx），或者直接输入设定值常数，根据向导中的设定 0.0~100.0，此处应输入一个 0.0~100.0 的实数。若输入 20，即为过程值的 20%，假设过

程值 AIW16 是量程为 0~200℃的温度值，则此处的设定值 20 代表 40℃（即 200℃的 20%）；如果在向导中设定给定范围为 0.0~100.0，则此处的 20 相当于 20℃。

④ 处用 I0.1 控制 PID 的手/自动方式，当 I0.1 为 1 时，为自动方式，经过 PID 运算从 AQW12 输出；当 I0.1 为 0 时，PID 将停止计算，AQW12 输出为 ManualOutput（VD4）中的设定值，此时不需要另外编程或直接给 AQW12 赋值。若在向导中没有选择 PID 手动功能，则此项不会出现。

⑤ 定义 PID 手动状态下的输出，从 AQW12 输出一个满值范围内对应此值的输出量。此处可输入手动设定值的变量地址（VDxx）或直接输入数。数值范围为 0.0~1.0 之间的一个实数，代表输出范围的百分比。例：如输入 0.5，则设定为输出的 50%。若在向导中没有选择 PID 手动功能，则此项不会出现。

⑥ 此处键入控制量的输出地址。

⑦ 当高报警条件满足时，相应的输出置位为 1，若在向导中没有使能高报警功能，则此项将不会出现。

⑧ 处当低报警条件满足时，相应的输出置位为 1，若在向导中没有使能低报警功能，则此项将不会出现。

⑨ 处当模块出错时，相应的输出置位为 1，若在向导中没有使能模块错误报警功能，则此项将不会出现。

### 3.7.2　恒温控制

#### 1. 控制要求

本例与 3.6.4 节中案例的控制要求、硬件组态完全一致，将程序换由 PID 向导来编写。

#### 2. 程序设计

（1）PID 向导生成

本例的 PID 向导生成请参考 3.7.1 节 PID 向导生成步骤，其中第 4 步设置回路参数增益改成 3.0，第 7 步设置回路报警全不勾选，第 8 步定义向导所生成的 PID 初始化子程序和中断程序名及手/自动模式中手动控制不勾选，第 9 步指定 PID 运算数据存储区 VB44，其余与 3.7.1 节 PID 向导生成步骤所给参考图片一致，故这里不再赘述。

（2）程序结果

恒温控制程序结果，如图 3-43 所示。

使用 PID 向导时，千万要注意存储器地址的分配，否则程序会出错。

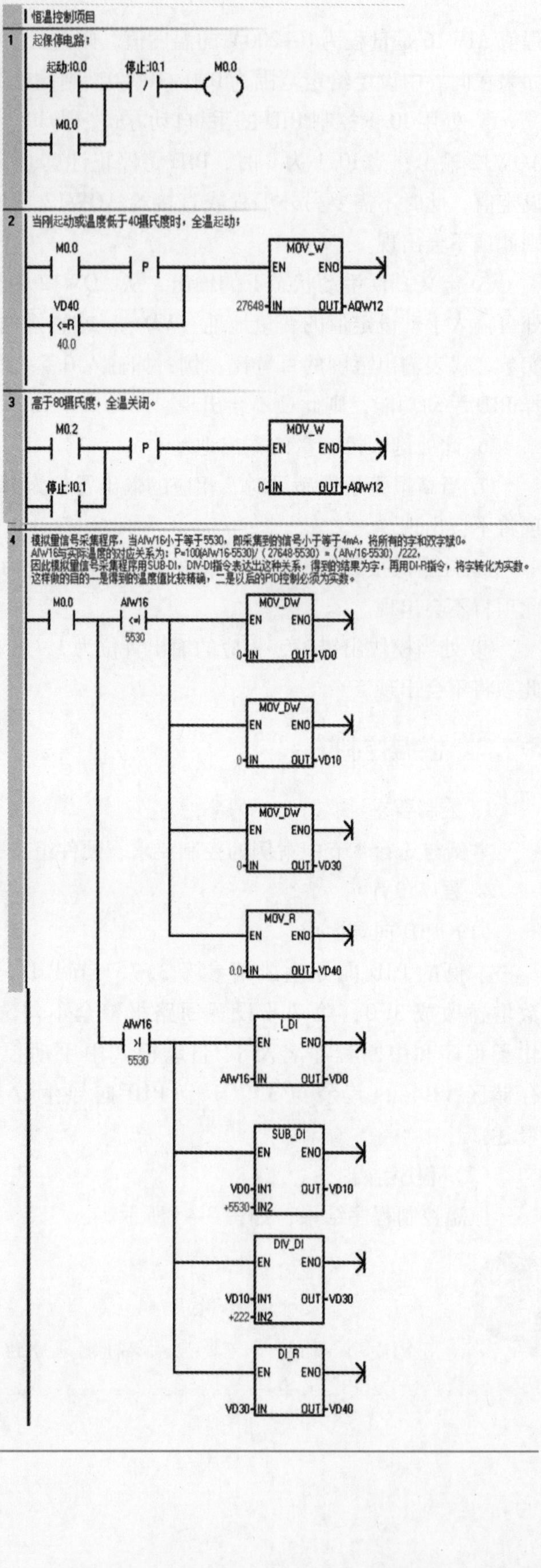

恒温控制项目

1 起保停电路：

起动:I0.0 停止:I0.1 / M0.0 ( )

M0.0

2 当刚起动或温度低于40摄氏度时，全温起动；

M0.0 P

VD40 <=R 40.0

MOV_W EN ENO 27648-IN OUT-AQW12

3 高于80摄氏度，全温关闭。

M0.2 P

停止:I0.1

MOV_W EN ENO 0-IN OUT-AQW12

4 模拟量信号采集程序，当AIW16小于等于5530，即采集到的信号小于等于4mA，将所有的字和双字赋0。
AIW16与实际温度的对应关系为：P=100(AIW16-5530)/（27648-5530）=（AIW16-5530）/222，
因此模拟量信号采集程序用SUB-DI，DIV-DI指令表达出这种关系，得到的结果为字，再用DI-R指令，将字转化为实数。
这样做的目的一是得到的温度值比较精确，二是以后的PID控制必须为实数。

M0.0 AIW16 <=I 5530

MOV_DW EN ENO 0-IN OUT-VD0

MOV_DW EN ENO 0-IN OUT-VD10

MOV_DW EN ENO 0-IN OUT-VD30

MOV_R EN ENO 0.0-IN OUT-VD40

AIW16 >I 5530

I_DI EN ENO AIW16-IN OUT-VD0

SUB_DI EN ENO VD0-IN1 +5530-IN2 OUT-VD10

DIV_DI EN ENO VD10-IN1 +222-IN2 OUT-VD30

DI_R EN ENO VD30-IN OUT-VD40

图 3-43 恒温控制程序（PID 向导）

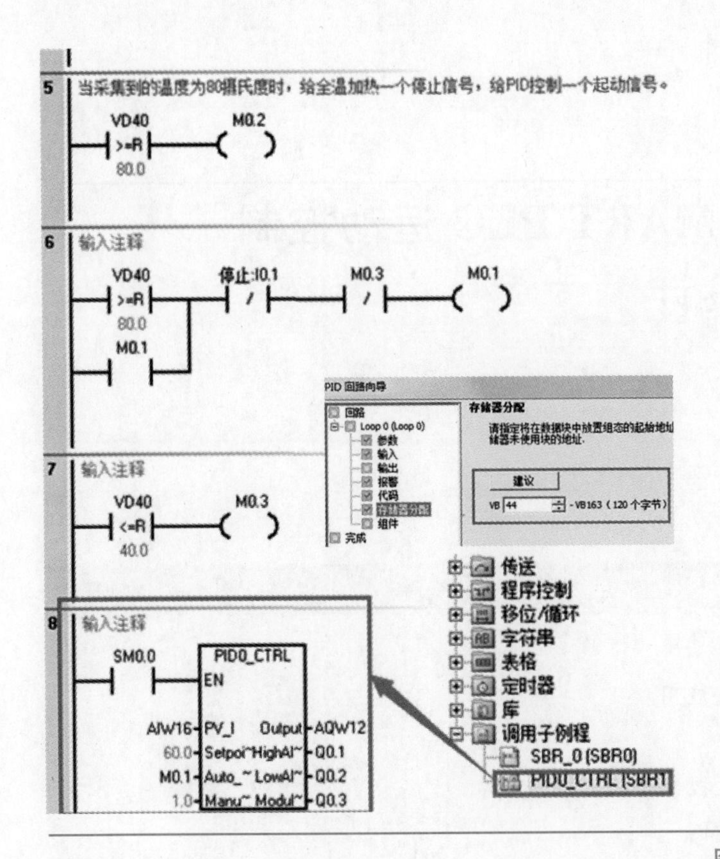


图 3-43　恒温控制程序（PID 向导）（续）

# 第 4 章

# S7-200 SMART PLC 运动控制程序的设计

**本章要点：**

- ◆ 编码器基础
- ◆ 高速计数器指令及应用
- ◆ 运动控制相关器件
- ◆ 步进滑台循环往返控制案例
- ◆ 相对定位控制及案例

以 PLC、驱动器、步进/伺服电动机和反馈元件组成的运动控制系统，在机床、装配、纺织、包装和印刷等多个领域应用广泛。对于初学者来说，PLC 运动控制程序的编写难度较大，鉴于此，本章将结合转速测量、步进滑台循环往返控制、相对定位与绝对定位等多个实例，对 PLC 运动控制程序的编写进行讲解。

## 4.1 编码器基础

编码器是集光、机、电技术于一体的数字化传感器，主要利用光栅衍射的原理来实现位移与数字变换，通过光电转换将输出轴上的机械几何位移量转换成脉冲或数字量。编码器以其结构简单、精度高、寿命长等特点，广泛应用于定位、测速和定长控制等场合。

编码器按工作原理的不同，可以分为增量式编码器和绝对式编码器。

### 4.1.1 增量式编码器

增量式编码器提供了一种对连续位移量离散化、增量化以及位移变化（速度）的传感方法。增量式编码器的特点是每产生一个增量位移就对应于一个输出脉冲信号。增量式编码器测量的是相对于某个基准点的相对位置增量，而不直接检测出绝对位置信息。增量式编码器的外形图，如图 4-1 所示。

图 4-1　增量式编码器外形图

增量式编码器主要由光源、码盘、检测光栅、光电检测器件和转换电路组成，如图 4-2 所示。在码盘上刻有节距相等的辐射状透光缝隙，相邻两个透光缝隙之间代表一个增量周期。检测光栅上刻有 A、B 两组与码盘相对应的透光缝隙，用以通过或阻挡光源和光电检测器件之间的光线，它们的节距和码盘上的节距相等，并且两组透光缝隙错开 1/4 节距，使得光电检测器件输出的信号在相位上相差 90°。当码盘随着被测转轴转动时，检测光栅不动，光线透过码盘和检测光栅上的缝隙照射到光电检测器件上，光电检测器件就输出两组相位相差 90°的近似于正弦波的电信号，正弦波电信号经过转换电路的信号处理，会得到矩形波电信号，进而就可以得到被测轴的转角或速度信息。

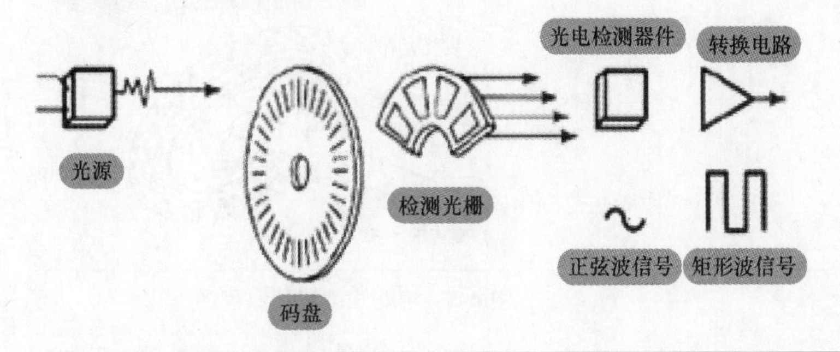


图 4-2　增量式编码器组成部件及原理

一般来说，增量式编码器输出 A、B 两相相位差为 90°的脉冲信号（即所谓的两相正交输出信号），根据 A、B 两相的先后位置关系，可以方便地判断出编码器的旋转方向。另外，码盘一般还提供用作参考零位的 Z 相标志脉冲信号，码盘每旋转一周，会发出一个零位标志信号，如图 4-3 所示。

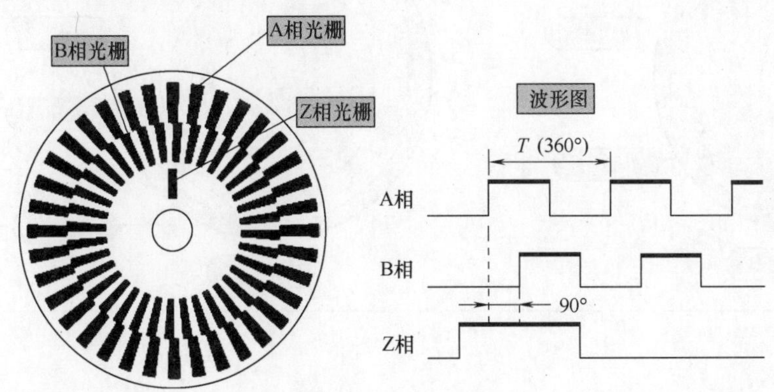


图 4-3　增量式编码器输出信号

### 4.1.2 绝对式编码器

绝对式编码器的原理及组成部件与增量式编码器基本相同，与增量式编码器不同的是，绝对式编码器用不同的数字码来表示不同的增量位置，它是一种直接输出数字量的传感器。绝对式编码器的外形图，如图 4-4 所示。

如图 4-5 所示，绝对式编码器的圆形码盘上沿径向有若干同心码道，每条码道上由透光和不透光的扇形区相间组成，相邻码道的扇区数量是双倍关系，码盘上的码道数就是它的二进制数码的位数。在码盘的一侧是光源，另一侧对应每一码道有一个光敏元件。当码盘处于不同位置时，各光敏元件根据受光照与否转换出相应的电平信号，形成二进制数。显然，码道越多，分辨率就越高，对于一个具有 $n$ 位二进制分辨率的编码器，其码盘必须有 $n$ 条码道。

图 4-4　绝对式编码器外形图

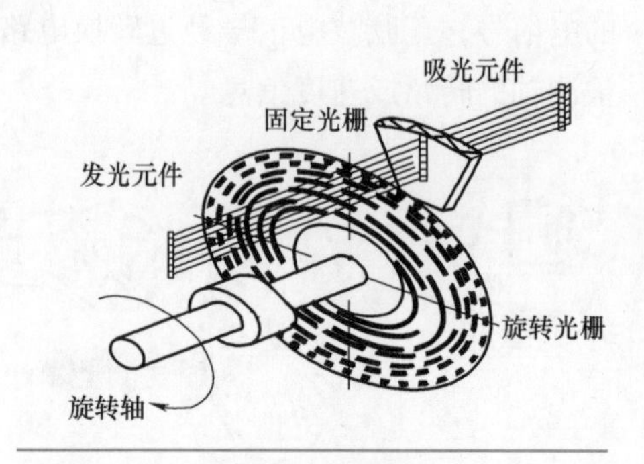


图 4-5　绝对式编码器原理图

根据编码方式的不同，绝对式编码器的码盘分为两种形式，分别为二进制码盘和格雷码码盘，如图 4-6 所示。

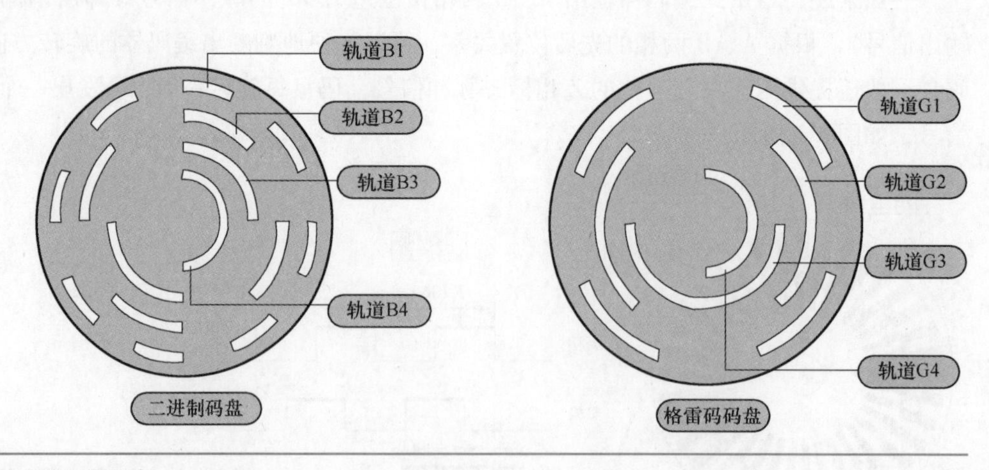


图 4-6　绝对式编码器码盘

绝对式编码器的特点是不需要计数器，在转轴的任意位置都可读出一个固定的与位置相对应的数字码，即可直接读出角度坐标的绝对值。另外，相对于增量式编码器，绝对式编码器不存在累积误差，并且当电源切除后位置信息也不会丢失。

编者有料

1. 增量式编码器是通过脉冲增量记录位置增量，且断电不能保存当前的位置信息，因此增量式编码器在实际工程中，通常用在速度测量和长度测量的场合。

2. 绝对式编码器每一个位置都会对应唯一的一个数字码，且断电能保存当前的位置信息，因此绝对式编码器实际工程中，通常用在定位场合。

### 4.1.3　编码器输出信号类型

编码器的信号输出有集电极开路输出、电压输出、推挽式输出和线驱动输出等多种信号输出形式。

1. 集电极开路输出

集电极开路输出是以输出电路的晶体管发射极作为公共端，集电极悬空的输出电路。根据使用的晶体管类型不同，可以分为 NPN 集电极开路输出和 PNP 集电极开路输出两种形式。NPN 集电极开路输出，如图 4-7 所示，PNP 集电极开路输出，如图 4-8 所示。

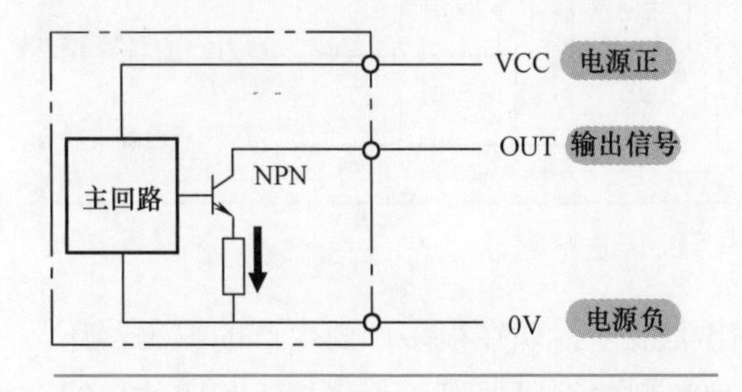


图 4-7　NPN 集电极开路输出

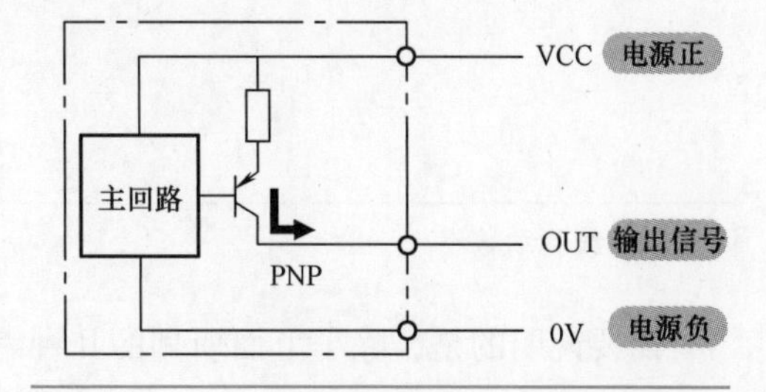


图 4-8　PNP 集电极开路输出

2. 电压输出

电压输出是在集电极开路输出的基础上，在电源和集电极之间接了一个上拉电阻，这样就使得集电极和电源之间能有了一个稳定的电压状态，如图 4-9 所示。一般在编码器供电电压和信号接收装置电压一致的情况下使用这种类型的输出电路。

3. 推挽式输出

推挽式输出由分别为 PNP 型和 NPN 型的两个晶体管组成，如图 4-10 所示。当其中一个晶体管导通时，另外一个晶体管则关断，两个输出晶体管交互进行动作。

这种输出形式具有高输入阻抗和低输出阻抗，因此在低阻抗情况下它也可以提供大范围的电源。由于输入、输出信号相位相同且频率范围较宽，因此它还适用于长距离传输。

推挽式输出电路可以直接与 NPN 和 PNP 集电极开路输入电路连接，即可以接入源型或漏型输入的模块中。

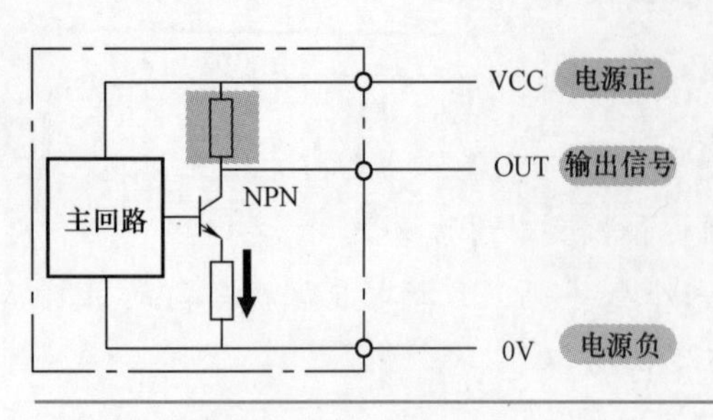

图 4-9 电压输出

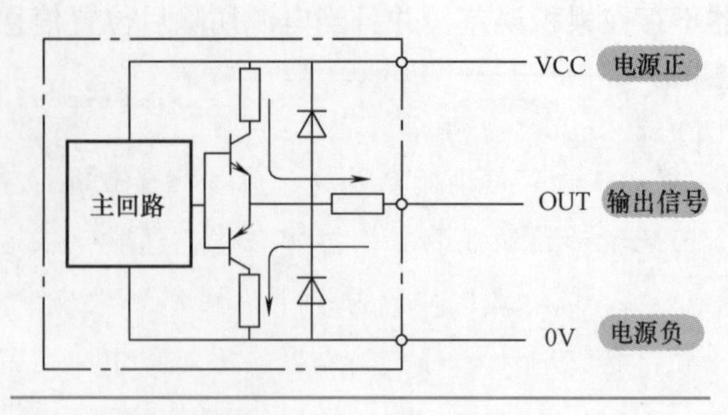


图 4-10 推挽式输出

4. 线驱动输出

如图 4-11 所示，线驱动输出接口采用了专用的 IC 芯片，输出信号符合 RS-422 标准，以差分的形式输出，因此线驱动输出信号抗干扰能力更强，可以应用于高速、长距离数据传输的场合，同时还具有响应速度快和抗噪声性能强的特点。

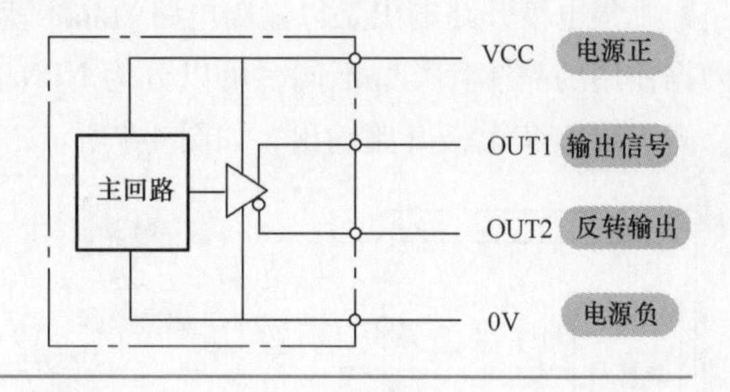


图 4-11 线驱动输出

需要说明的是，除了上面所列的几种编码器输出类型外，现在很多厂商生产的编码器还具有智能通信接口，比如 PROFIBUS 总线接口。这种类型的编码器可以直接接入相应的总线网络，通过通信的方式读出实际的计数值或测量值，这里不做说明。

## 4.1.4 编码器与 S7-200 SMART PLC 的接线

1. PNP 集电极开路输出编码器与 S7-200 SMART PLC 的接线

PNP 集电极开路输出编码器与 S7-200 SMART PLC 接线时，按漏型输入接法连接，如图 4-12所示。

2. NPN 集电极开路输出编码器与 S7-200 SMART PLC 的接线

NPN 集电极开路输出编码器与 S7-200 SMART PLC 接线时，按源型输入接法连接，如图 4-13所示。

## 4.1.5 增量式编码器的选型

在增量式编码器选型时，可以综合考虑以下几个参数：

1. 电源电压

电源电压是指编码器外接供电电源的电压，一般为直流 5~24V。

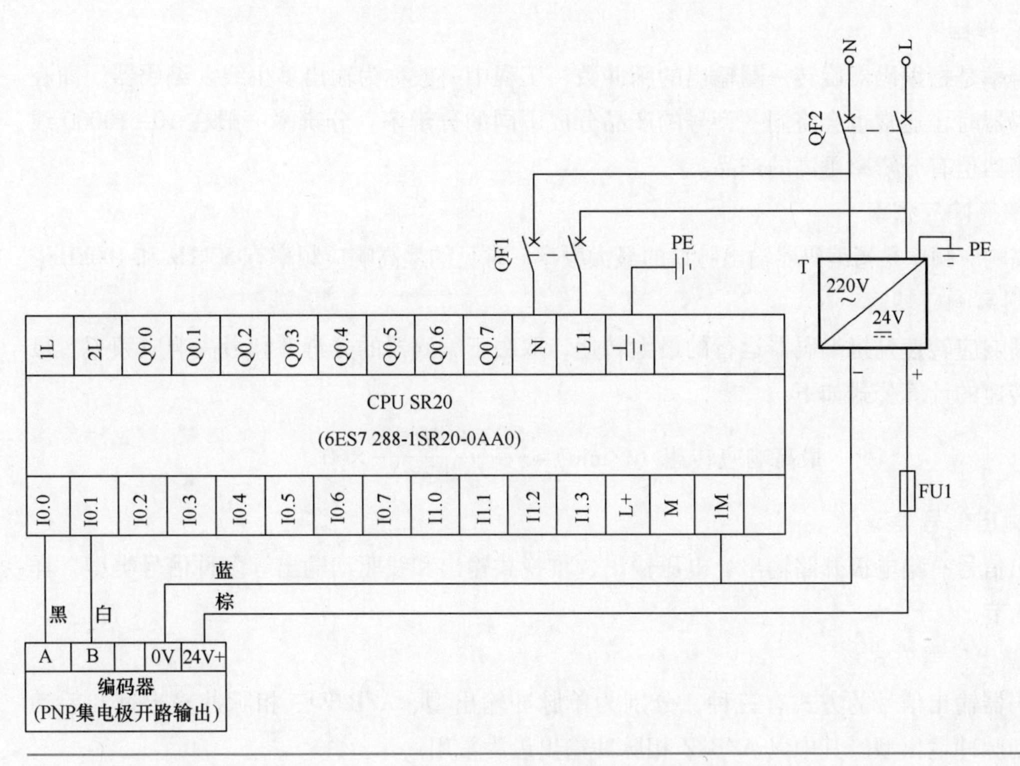


图 4-12　PNP 集电极开路输出编码器与 S7-200 SMART PLC 的接线

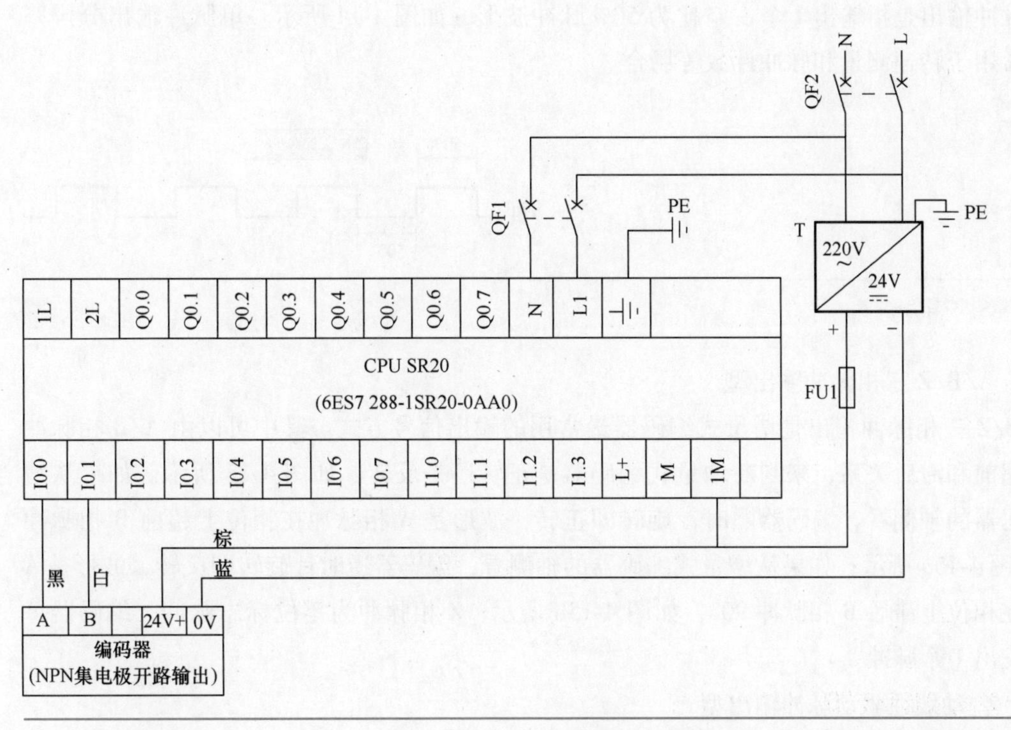


图 4-13　NPN 集电极开路输出编码器与 S7-200 SMART PLC 的接线

**2. 分辨率**

分辨率是指编码器旋转一圈输出的脉冲数，工程中一般称为输出多少线。编码器厂商在生产编码器时，通常也会将同一型号的产品分成不同的分辨率。分辨率一般在 10~10000 线之间，当然也有分辨率更高的产品。

**3. 最高响应频率**

最高响应频率是指编码器输出脉冲的最大频率。常见的最高响应频率有 50kHz 和 100kHz。

**4. 最高响应转速**

最高响应转速是指编码器运行的最大转速，取决于编码器的分辨率和最高响应频率。最高响应转速的计算公式如下：

$$最高响应转速\ (\mathrm{r/min}) = \frac{最高响应频率}{分辨率} \times 60$$

**5. 输出信号类型**

输出信号有集电极开路输出、电压输出、推挽式输出和线驱动输出等多种信号类型，详见 4. 1. 3 节。

**6. 输出信号方式**

编码器输出信号的方式有三种，分别为单脉冲输出型、A/B/Z 三相脉冲输出型和差动线性驱动脉冲输出型。其中以 A/B/Z 相脉冲输出最为常用。

（1）单脉冲输出型

单脉冲输出是指输出 1 个占空比为 50%脉冲波形，如图 4-14 所示。单脉冲输出分辨率较低，常用于转速测量和脉冲计数等场合。

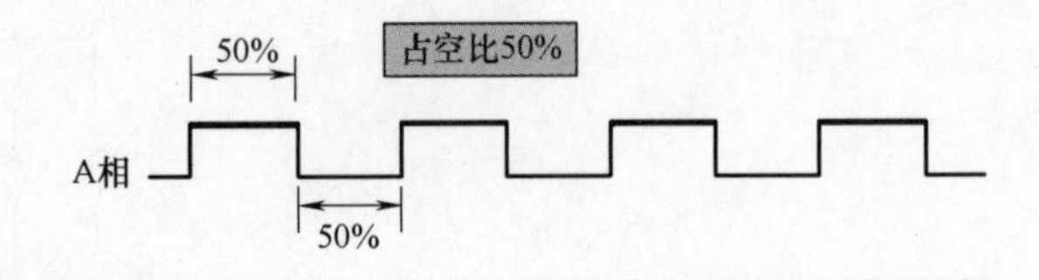


图 4-14　单脉冲输出型

（2）A/B/Z 三相脉冲输出型

A/B/Z 三相脉冲输出是增量式编码器最常用的输出信号方式。其中可以由 A/B 相脉冲相位的超前和滞后关系，来判断增量式编码器是正转还是反转，如图 4-15 所示。如果从增量式编码器的轴侧看，编码器顺时针旋转即正转，波形是 A 相脉冲在相位上超前 B 相脉冲 90°，如图 4-15a 所示；如果从增量式编码器的轴侧看，编码器逆时针旋转即反转，波形是 A 相脉冲在相位上滞后 B 相脉冲 90°，如图 4-15b 所示；Z 相脉冲为零位标志脉冲，编码器每转 1 圈发出 1 个脉冲。

（3）差动线性驱动脉冲输出型

差动线性驱动脉冲输出型为一对互为反相的脉冲信号，如图 4-16 所示。这种输出信号由于取消了信号地线，所以对以共模出现的干扰信号有很强的抗干扰能力。在工业环境中，

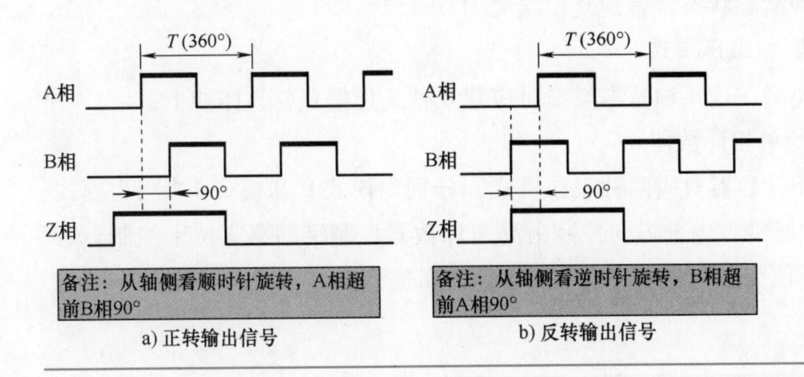


图 4-15　A/B/Z 三相脉冲输出型

因其能传输更远的距离使得应用越来越广泛。

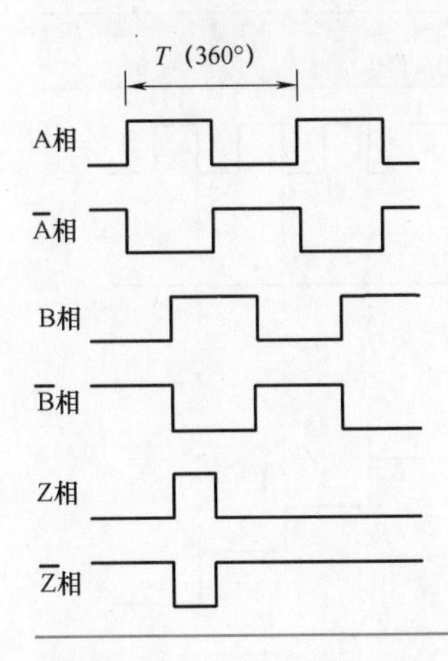


图 4-16　差动线性驱动脉冲输出型

## 4.2　高速计数器指令相关知识

普通的计数器计数速度受扫描周期的影响，当遇到比 CPU 频率高的输入脉冲，就无能为力了。为此 S7-200 SMART PLC 提供了多个高速计数器（HSC0~HSC5），用以响应快速脉冲输入信号。高速计数器可以独立于用户程序工作，不受扫描周期影响。高速计数器的典型应用是利用编码器测量转速和长度。

### 4.2.1　高速计数器输入端子和工作模式

#### 1. 高速计数器的输入端子及其含义

高速计数器的输入端子有 3 种，分别为时钟脉冲端、方向控制端和复位端。每种端子都有它特定的含义，时钟脉冲端负责接收输入脉冲；方向控制端控制计数器当前值的加减，方向控制端为 1 时，为加计数，为 0 时，为减计数；复位端负责清零，当复位端有效时，将清除计数器的当前值并保持这种清除状态，直到复位端关闭。

**2. 高速计数器的基本类型和工作模式**

高速计数器有 4 种基本类型，这 4 种基本类型对应着 8 种工作模式，具体如下：

（1）带有内部方向控制的单相计数器

带有内部方向控制的单相计数器对应两种工作模式，分别为模式 0 和模式 1。当为模式 0 或模式 1 时，只有 1 个时钟脉冲，内部方向控制由高速计数器控制字的第 3 位来控制，若该位为 1，则为加计数，若该位为 0，则为减计数。综上，高速计数器模式 0 和模式 1 的工作原理，如图 4-17 所示。

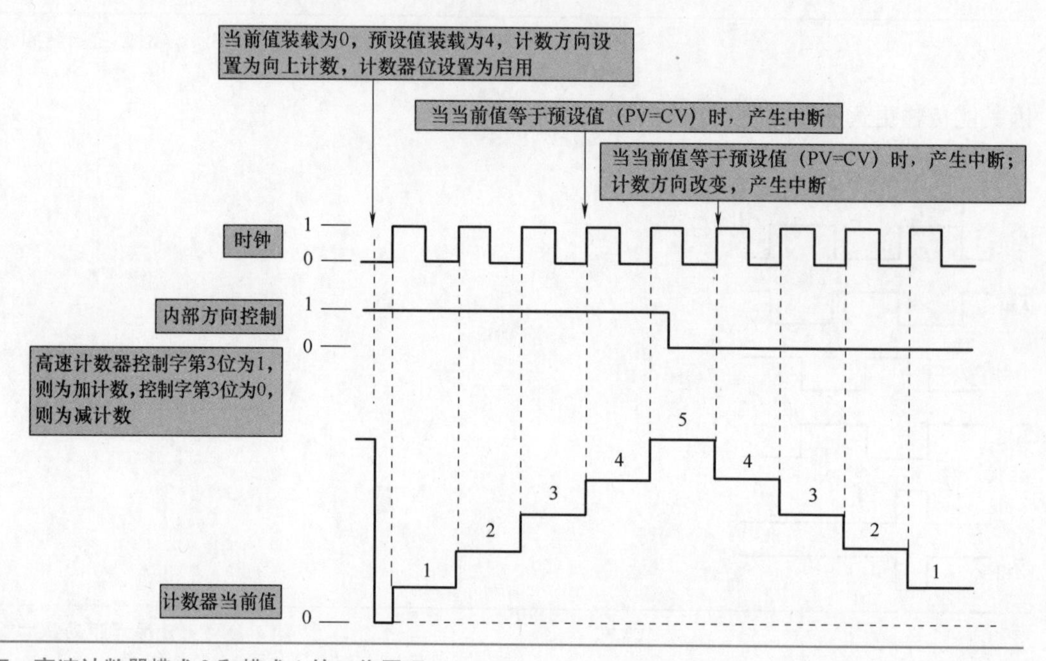


图 4-17　高速计数器模式 0 和模式 1 的工作原理

（2）带有外部方向控制的单相计数器

带有外部方向控制的单相计数器对应两种工作模式，分别为模式 3 和模式 4。当为模式 3 或模式 4 时，只有 1 个时钟脉冲和 1 个方向控制，方向信号为 1，为加计数，方向信号为 0，为减计数；其工作原理图与图 4-17 相似，只不过将内部方向控制换成外部方向控制。

（3）带有两个时钟输入的双相计数器

带有两个时钟输入的双相计数器对应两种工作模式，分别为模式 6 和模式 7。当为模式 6 或模式 7 时，有 2 个时钟脉冲，1 个为加时钟，1 个为减时钟，当加时钟有效时，则为加计数，当减时钟有效时，则为减计数。综上，高速计数器模式 6 和模式 7 的工作原理，如图 4-18所示。

（4）A/B 相正交计数器

A/B 相正交计数器对应两种工作模式，分别为模式 9 和模式 10。当为模式 9 或模式 10

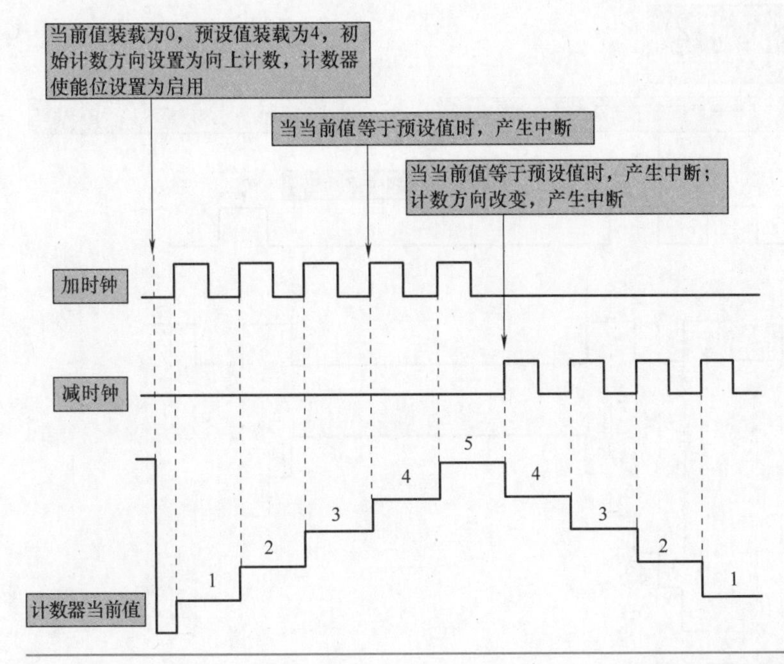


图 4-18　高速计数器模式 6 和模式 7 的工作原理

时，有 2 个时钟，分别为 A 相时钟和 B 相时钟，两相时钟相位相差 90°，即两相正交；若 A 相时钟超前 B 相时钟 90°，则为加计数；若 A 相时钟滞后 B 相时钟 90°，则为减计数。在这种计数方式下，可选择 1X 模式和 4X 模式，所谓的 1X 模式即单倍频率，1 个时钟脉冲计 1 个数，如图 4-19 所示；4X 模式即 4 倍频率，1 个时钟脉冲计 4 个数，如图 4-20 所示。

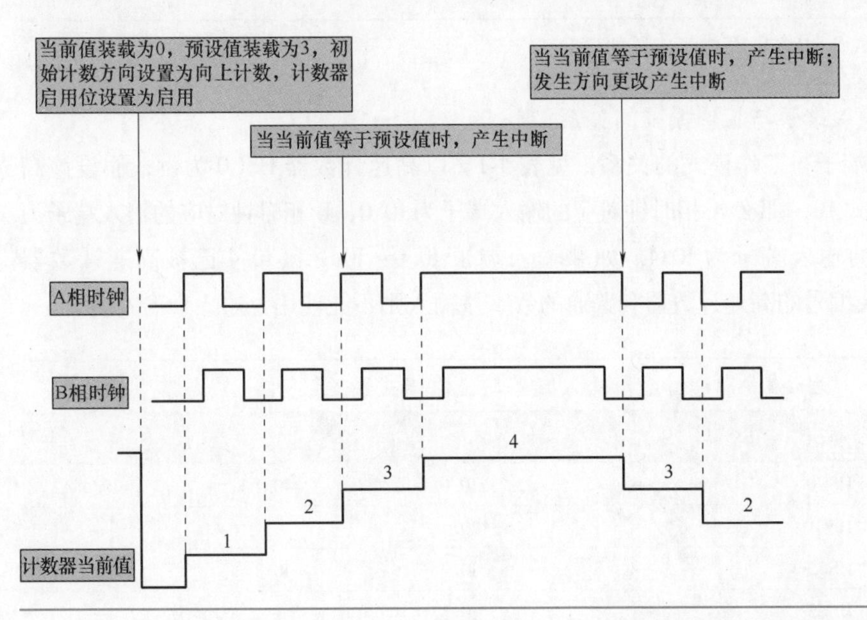


图 4-19　高速计数器模式 9 和模式 10 的工作原理（1X 模式）

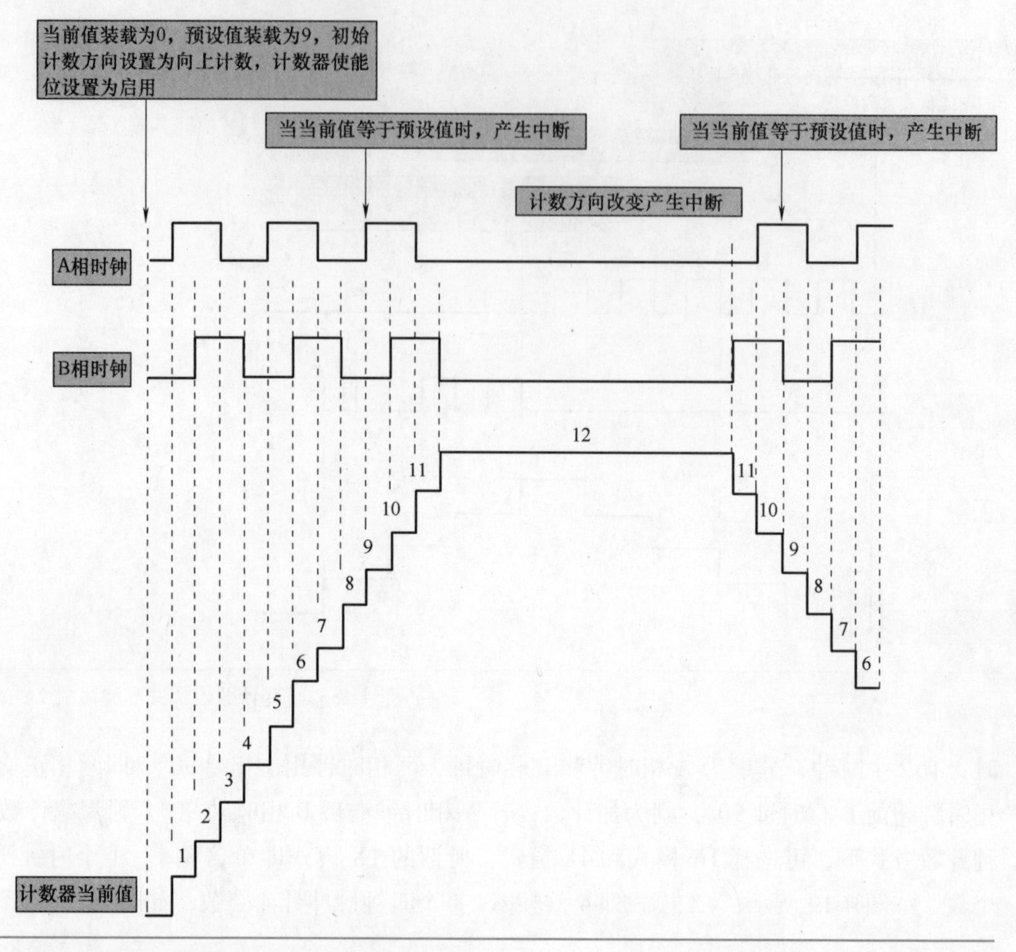


图 4-20　高速计数器模式 9 和模式 10 的工作原理（4X 模式）

### 3. 高速计数器输入端子与工作模式的关系

高速计数器输入端子与工作模式的关系，见表 4-1。以高速计数器 HSC0 为例，假设该高速计数器选用工作模式 10，那么 A 相时钟对应的输入端子为 I0.0，B 相时钟对应的输入端子为 I0.1，复位信号对应的输入端子为 I0.4。如果输入端子 I0.0、I0.1 和 I0.4 已被高速计数器 HSC0 使用，那么其余编号的高速计数器和普通的数字量输入则不能使用上述 3 个输入端子。

表 4-1　高速计数器输入端子与工作模式的关系

| 高速计数器及工作模式 | | 说明 | 高速计数器输入端子及工作模式说明 | | |
|---|---|---|---|---|---|
| 高速计数器 | HSC0 | — | I0.0 | I0.1 | I0.4 |
| | HSC1 | — | I0.1 | — | — |
| | HSC2 | — | I0.2 | I0.3 | I0.5 |
| | HSC3 | — | I0.3 | — | — |
| | HSC4 | — | I0.6 | I0.7 | I1.2 |
| | HSC5 | — | I1.0 | I1.1 | I1.3 |

（续）

| 高速计数器及工作模式 | | 说明 | 高速计数器输入端子及工作模式说明 | | |
|---|---|---|---|---|---|
| 工作模式 | 0 | 带有内部方向控制的单相计数器 | 时钟 | — | — |
| | 1 | | 时钟 | — | 复位 |
| | 3 | 带有外部方向控制的单相计数器 | 时钟 | 方向 | — |
| | 4 | | 时钟 | 方向 | 复位 |
| | 6 | 带有两个时钟输入的双相计数器 | 加时钟 | 减时钟 | — |
| | 7 | | 加时钟 | 减时钟 | 复位 |
| | 9 | A/B 相正交计数器 | A 相时钟 | B 相时钟 | — |
| | 10 | | A 相时钟 | B 相时钟 | 复位 |

#### 4. 高速计数器输入端子滤波时间设置

S7-200 SMART PLC 使用时绝大多数的情况下输入信号的频率较低，为了抑制高频信号的干扰，一般输入端子设置的滤波时间较长。如果某些输入端子需要作为高速计数输入使用时，需要手动修改滤波时间，否则在信号输入频率较高时会造成高速计数器无法计数。表 4-2 列出了 S7-200 SMART PLC 输入滤波时间与对应最大检测频率的关系，当输入端子作为高速计数输入使用时，需按表 4-2 设置输入端子的滤波时间。

表 4-2 S7-200 SMART PLC 输入滤波时间与对应最大检测频率的关系

| 输入滤波时间 | 可检测到的最大频率 |
|---|---|
| 0. 2μs | 200kHz（标准型 CPU）<br>100kHz（紧凑型或经济型 CPU） |
| 0. 4μs | 200kHz（标准型 CPU）<br>100kHz（紧凑型或经济型 CPU） |
| 0. 8μs | 200kHz（标准型 CPU）<br>100kHz（紧凑型或经济型 CPU） |
| 1. 6μs | 200kHz（标准型 CPU）<br>100kHz（紧凑型或经济型 CPU） |
| 3. 2μs | 156kHz（标准型 CPU）<br>100kHz（紧凑型或经济型 CPU） |
| 6. 4μs | 78kHz |
| 12. 8μs | 39kHz |
| 0. 2ms | 2. 5kHz |
| 0. 4ms | 1. 25kHz |
| 0. 8ms | 625Hz |
| 1. 6ms | 312Hz |

（续）

| 输入滤波时间 | 可检测到的最大频率 |
| --- | --- |
| 3. 2ms | 156Hz |
| 6. 4ms | 78Hz |
| 12. 8ms | 39Hz |

当输入端子作为高速计数输入使用时，上述输入端子的滤波时间可在 STEP 7-Micro/WIN SMART 编程软件中设置。例如，要测量的高速输入信号的频率为 80kHz，则应在 STEP 7-Micro/WIN SMART 编程软件中，将输入端子的滤波时间改为 3. 2μs 或更小。具体方法为：首先双击指令树中的系统块图标，将会弹出“系统块”对话框。在该对话框上方选中 CPU 模块，然后在左侧选中“数字量输入”中的 I0. 0~I0. 7，接着对右侧使用的高速计数端子 I0. 0、I0. 1 进行滤波时间设置。单击高速计数端子 I0. 0、I0. 1 后边的倒三角图标，在出现的下拉菜单中选择滤波时间 3. 2μs，经过上述操作，滤波时间设置完毕，如图 4-21 所示。

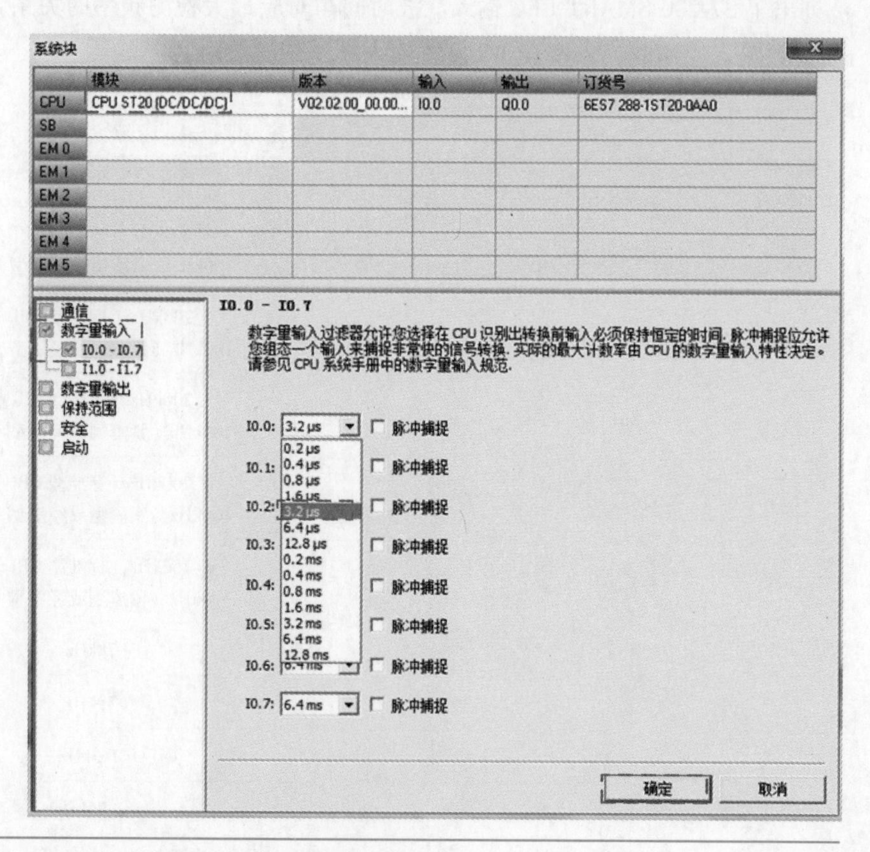


图 4-21　STEP 7-Micro/WIN SMART 编程软件中滤波时间设置

### 4.2.2　高速计数器控制字节及相关概念

#### 1. 控制字节

定义完高速计数器工作模式后，还要设置相应的控制字节；每个高速计数器都有 1 个控制字节，控制字节负责方向控制，计数允许与禁止等，具体作用见表 4-3。

表 4-3　高速计数器的控制字节功能说明

| HSC0 | HSC1 | HSC2 | HSC3 | HSC4 | HSC5 | 功能描述 |
| --- | --- | --- | --- | --- | --- | --- |
| SM37.0 | 不支持 | SM57.0 | 不支持 | SM147.0 | SM157.0 | 复位有效电平控制位，0=高电平激活时复位；1=低电平激活时复位 |
| SM37.2 | 不支持 | SM57.2 | 不支持 | SM147.2 | SM157.2 | 正交相计数器的计数速率选择，0=4X计数速率；1=1X 计数速率 |
| SM37.3 | SM47.3 | SM57.3 | SM137.3 | SM147.3 | SM157.3 | 计数方向控制位，0=减计数；1=加计数 |
| SM37.4 | SM47.4 | SM57.4 | SM137.4 | SM147.4 | SM157.4 | 向 HSC 写入计数方向，0=不更新；1=更新方向 |
| SM37.5 | SM47.5 | SM57.5 | SM137.5 | SM147.5 | SM157.5 | 向 HSC 写入新预设值，0=不更新；1=更新预设值 |
| SM37.6 | SM47.6 | SM57.6 | SM137.6 | SM147.6 | SM157.6 | 向 HSC 写入新当前值，0=不更新；1=更新当前值 |
| SM37.7 | SM47.7 | SM57.7 | SM137.7 | SM147.7 | SM157.7 | 启用 HSC，0=禁用 HSC；1=启用 HSC |

#### 2. 高速计数器的初始值、当前值和预置值

高速计数器都有初始值和预置值。所谓的初始值就是高速计数器的起始值，预置值是指高速计数器运行的目标值。当当前计数值（简称当前值）等于预置值时，会引发 1 个中断事件。初始值、当前值和预置值都是 32 位有符号整数。必须先设置控制字以允许装入初始值和预置值，并将初始值和预置值存储在特殊存储器中，然后执行 HSC 指令使新的初始值和预置值有效。

初始值、当前值和预置值的寄存器与高速计数器之间的关系，见表 4-4。

表 4-4　初始值、当前值和预置值的寄存器与高速计数器之间的关系

| 高速计数器 | HSC0 | HSC1 | HSC2 | HSC3 | HSC4 | HSC5 |
| --- | --- | --- | --- | --- | --- | --- |
| 初始值 | SMD38 | SMD48 | SMD58 | SMD138 | SMD148 | SMD158 |
| 预置值 | SMD42 | SMD52 | SMD62 | SMD142 | SMD152 | SMD162 |
| 当前值 | HC0 | HC1 | HC2 | HC3 | HC4 | HC5 |

### 4.2.3 高速计数器指令

高速计数器指令有两条，分别为高速计数器定义指令和高速计数器指令，其指令格式，见表 4-5。

表 4-5 高速计数器指令的指令格式

| 指令名称 | 编程语言 | | 操作数类型及操作范围 |
|---|---|---|---|
| | 梯形图 | 语句表 | |
| 高速计数器定义指令 | HDEF<br>EN ENO<br>HSC<br>MODE | HDEF HSC，MODE | HSC：高速计数器的编号，为常数 0~5<br>数据类型：字节<br>MODE：工作模式，有 8 种工作模式，取值 0、1、3、4、6、7、9 和 10<br>数据类型：字节 |
| 高速计数器指令 | HSC<br>EN ENO<br>N | HSC N | N：高速计数器编号，常数 0~5<br>数据类型：字 |
| 功能说明 | 1. 高速计数器定义指令：该指令指定了高速计数器的 HSCx 工作模式<br>2. 高速计数器指令：根据高速计数器控制位的状态，按照高速计数器定义指令指定的工作模式，控制高速计数器 | | |

## 4.3 高速计数器在转速测量中的应用

### 4.3.1 直流电动机的转速测量

有一台直流电动机，通过直流调速器可以调节其转速，在直流电动机的轴头上装有 1 个编码器，试用西门子 S7-200 SMART PLC 来测量其转速，并编制相关程序。

### 4.3.2 直流电动机转速测量硬件设计

根据上述控制要求，本案例选择了 1 台西门子 CPU SR20 模块，1 个欧姆龙增量式编码器（型号为 E6B2-CWZ5B，该编码器为 PNP 输出型），1 台永磁式直流电动机并配备直流调速器，还有 1 个开关电源为其控制系统供电。直流电动机转速测量的接线图，如图 4-22 所示。

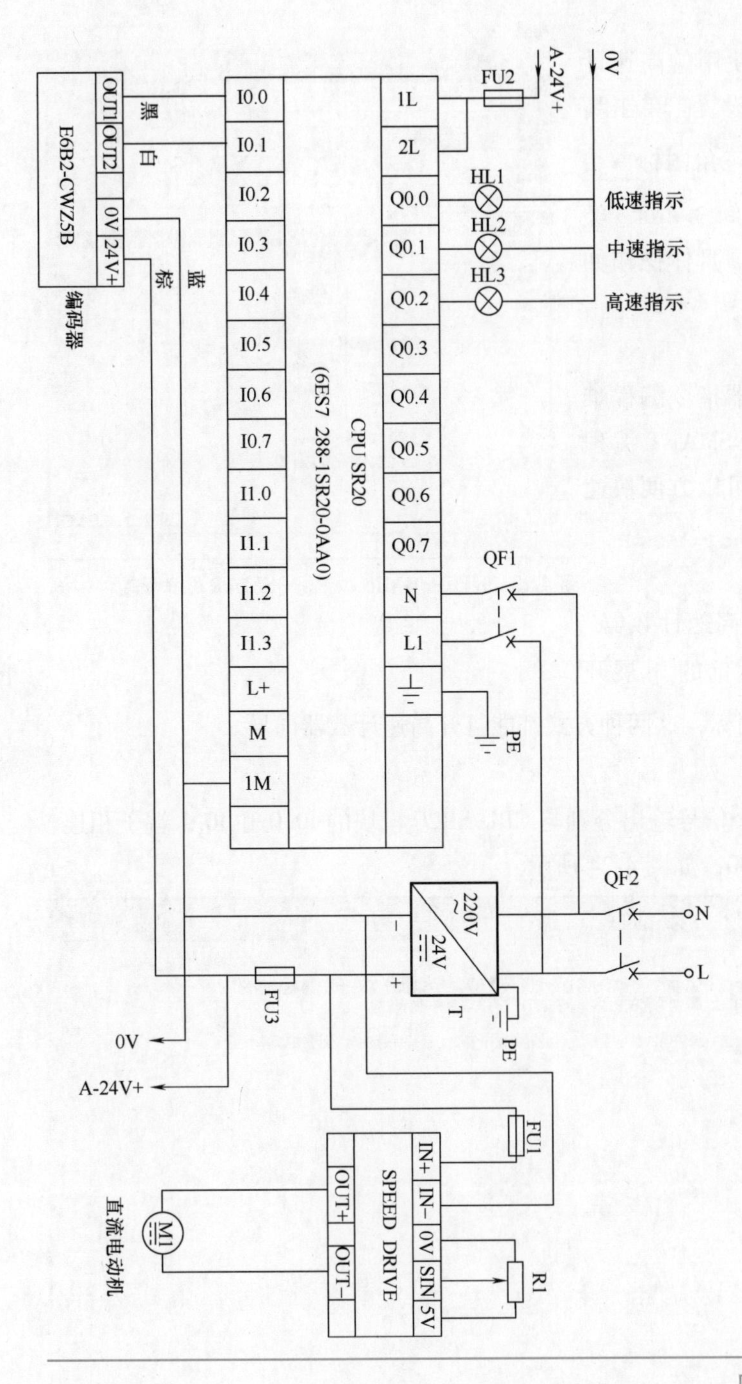


图 4-22　直流电动机转速测量的接线图

## 4.3.3　直流电动机转速测量软件设计

### 1. 高速计数器输入端子滤波时间设置

打开 STEP 7-Micro/WIN SMART 编程软件，双击指令树中的 系统块 图标，将会弹出“系统块”对话框。在该对话框上方选中 CPU SR20 (DC/DC/DC)，然后在左侧选中“数字量输入”的 I0.0~I0.7，接着对右侧使用的高速计数端子 I0.0、I0.1 进行滤波时间设置。单击高速计数端子 I0.0、I0.1 后边的倒三角图标，在出现的下拉菜单中选择滤波时间 3.2μs，经过上述操作，滤波时间设置完毕。具体操作如图 4-23 所示。

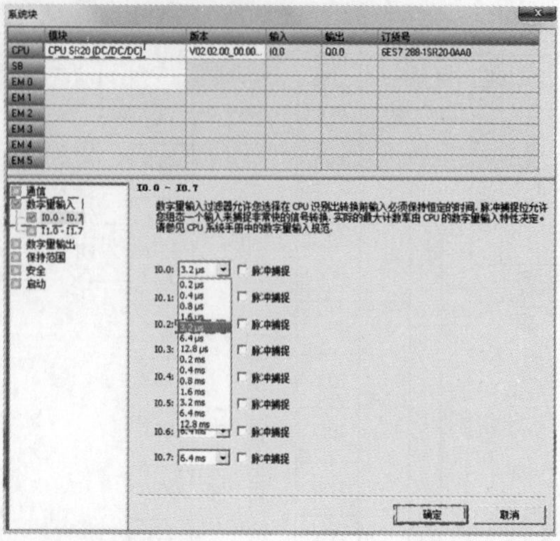

图 4-23　STEP 7-Micro/WIN SMART 编程软件中滤波时间设置

**2. 高速计数器向导设置**

对于初学者来说用高数计数器指令编程难度较大，为此 STEP 7-Micro/WIN SMART 编程软件中提供了高速计数器向导，可以方便快速地生成高速计数初始化程序。

（1）打开高速计数器向导

单击菜单栏中的“工具”→“高速计数器”按钮，或者单击指令树中 向导 前的 ⊞ 展开文件夹，再双击 高速计数器 图标，这两种方式都能打开高速计数器向导。

（2）选择高速计数器

在硬件接线图中，编码器两个信号输出分别与 CPU SR20 模块的 I0.0 和 I0.1 端子相连，根据表 4-1，选择高速计数器 HSC0，如图 4-24 所示。

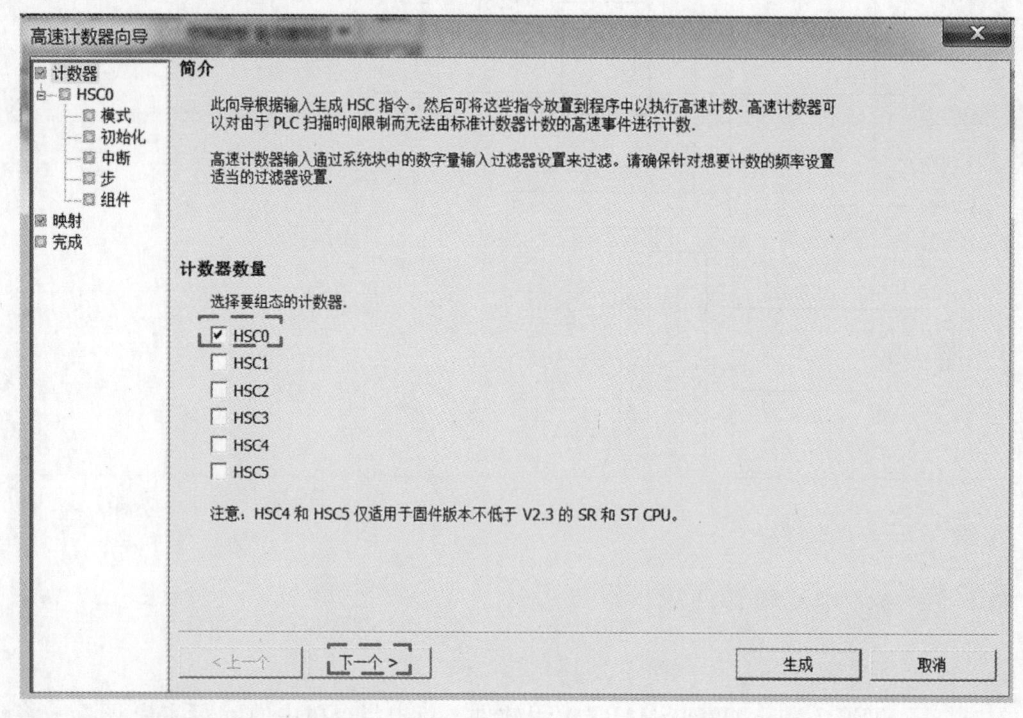


图 4-24　选择高速计数器

（3）为高速计数器命名

选择完高速计数器后，单击“下一个”按钮，会弹出为高速计数器命名界面，如图 4-25所示。在“此计数器应如何命名？”项，输入“HSC0”。输入完毕后，单击“下一个”按钮，会弹出图 4-26 所示界面。

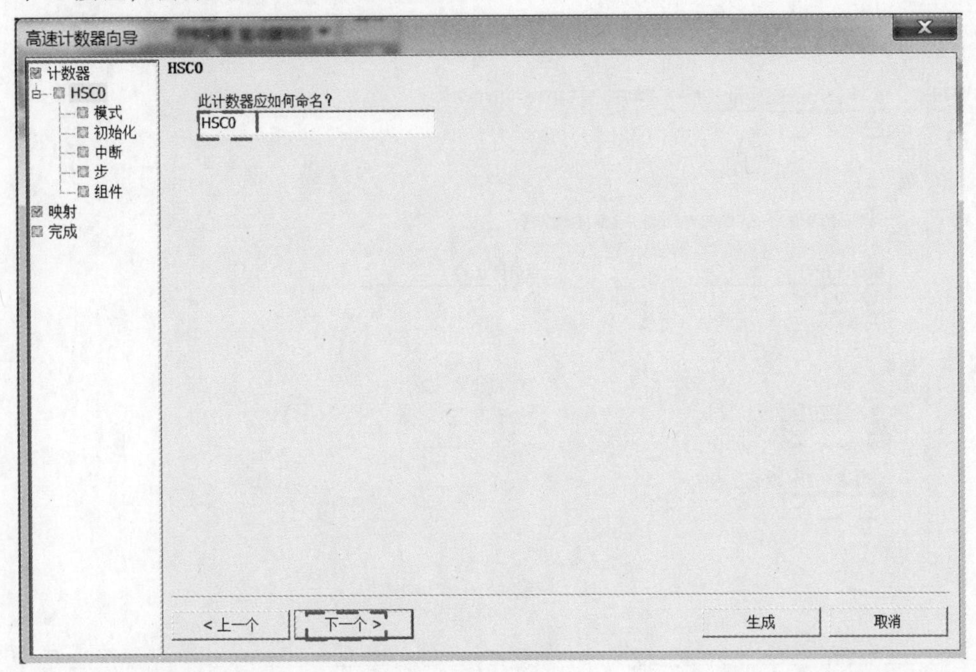


图 4-25　为高速计数器命名

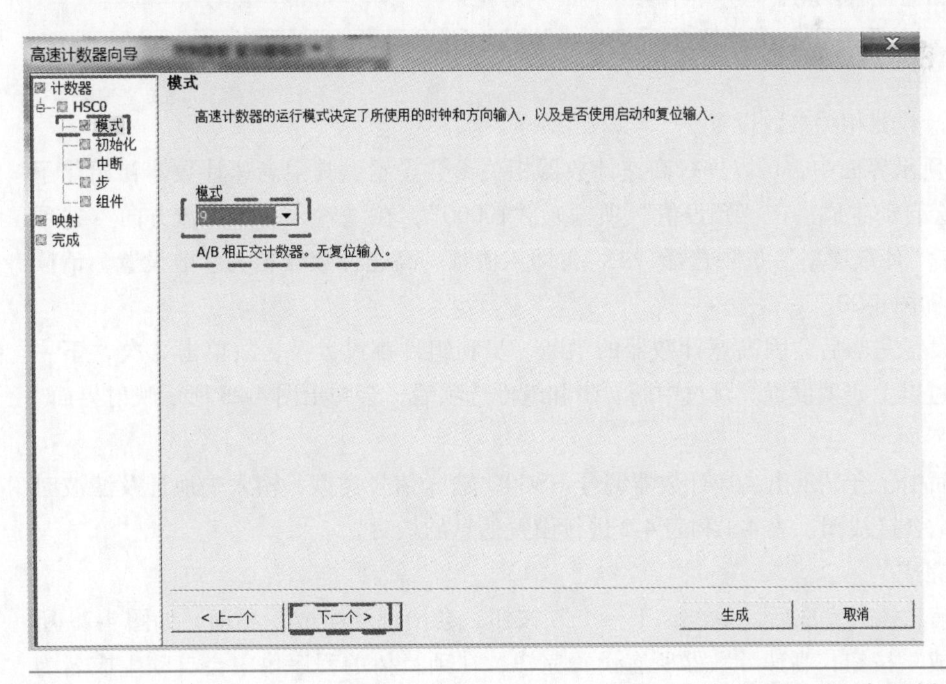


图 4-26　高速计数器工作模式选择

（4）选择高速计数器的工作模式

在图 4-26 界面中，选择高速计数器工作模式。在“模式”选项中，选择“模式 9”，即 A/B 相正交计数器，无复位输入。高速计数器的工作模式选择设置，请读者参考表 4-1。设置完毕后，单击“下一个”按钮，会弹出图 4-27 所示界面。

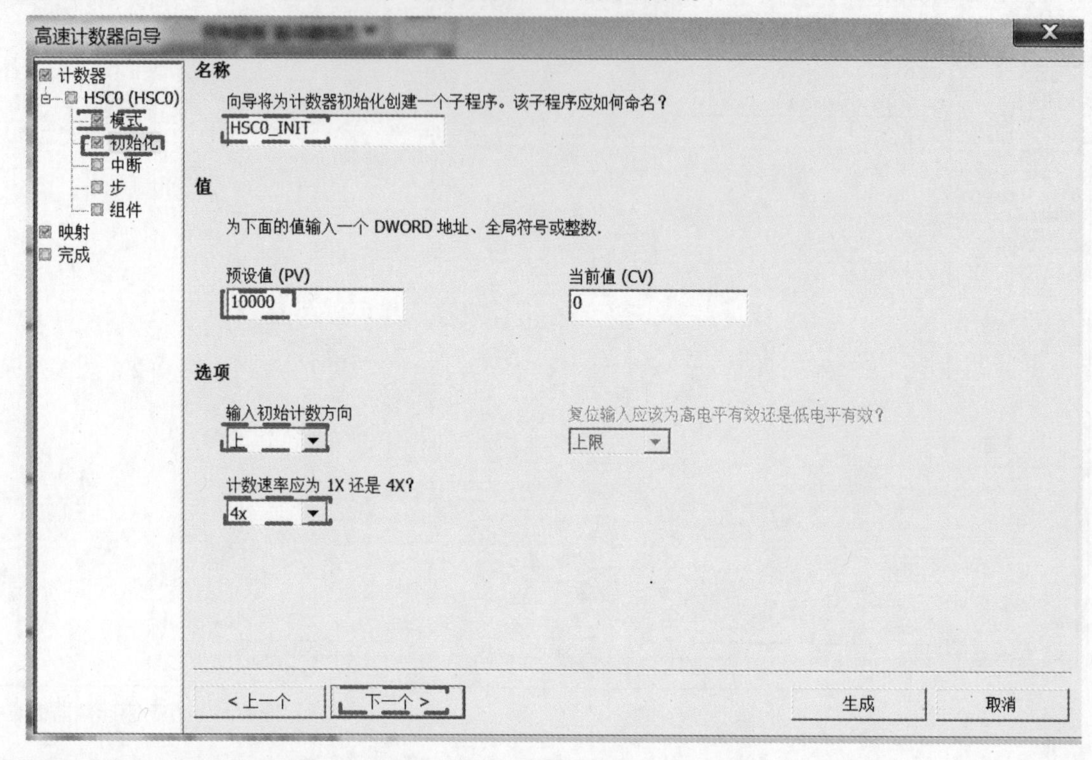


图 4-27　高速计数器相关参数设置

（5）高速计数器相关参数设置

在图 4-27 所示界面中，可以进行高速计数器相关参数设置。其中高速计数器初始化子程序名称系统会自动生成；在“预设值”项输入“10000”，在“输入初始计数方向”选项选择“上”，在“计数速率”选项选择“4X”，即 4 倍频。高速计数器相关参数设置，请读者参考图 4-19 和图 4-20。

相关参数设置完毕后，因高速计数器的中断、步和组件都没涉及，故单击 3 次“下一个”按钮，跳过以上 3 项设置。跳过中断、步和组件选项后，会弹出图 4-28 所示映射界面。

（6）映射界面

在映射界面中，会显示出高速计数器编号 HSC0、输入信号类型、输入端地址及滤波时间等，读者需结合接线图、表 4-1 和表 4-2 进行设置信息的核对。

（7）设置完成

映射界面信息核对完成后，单击“下一个”按钮，会出现“生成”界面，如图 4-29 所示。单击“生成”按钮，高速计数器所有设置完毕，在项目树的程序块中会自动生成名为“HSC0_INIT”的子程序，如图 4-30 所示。

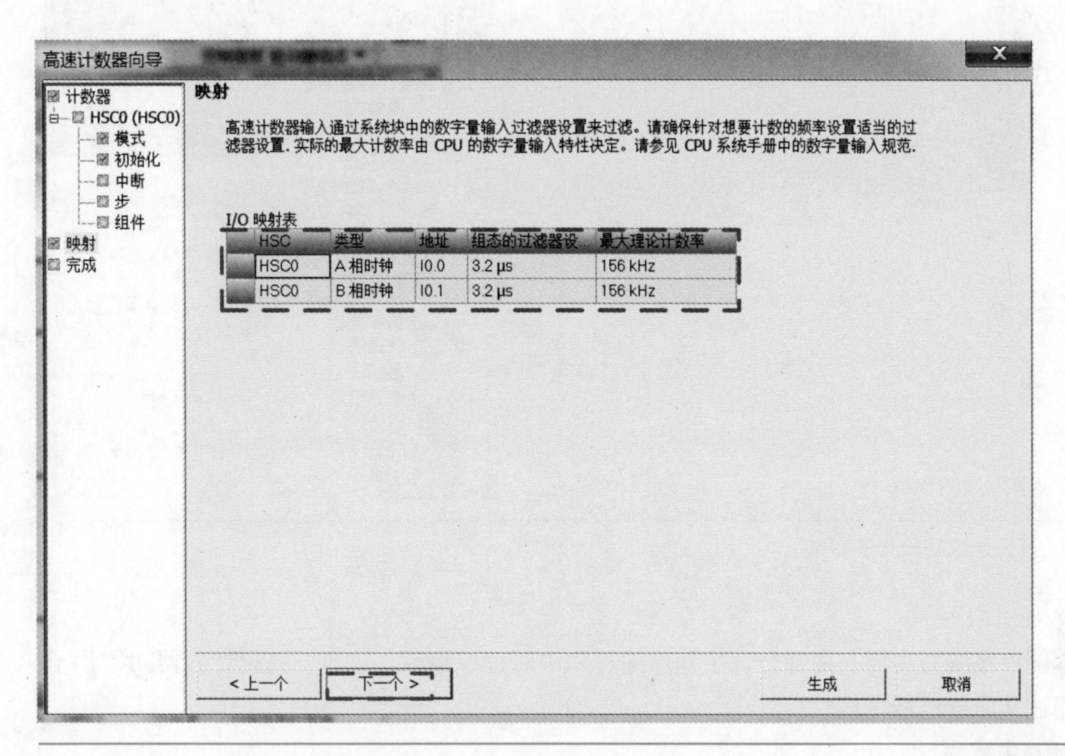


图 4-28　映射界面

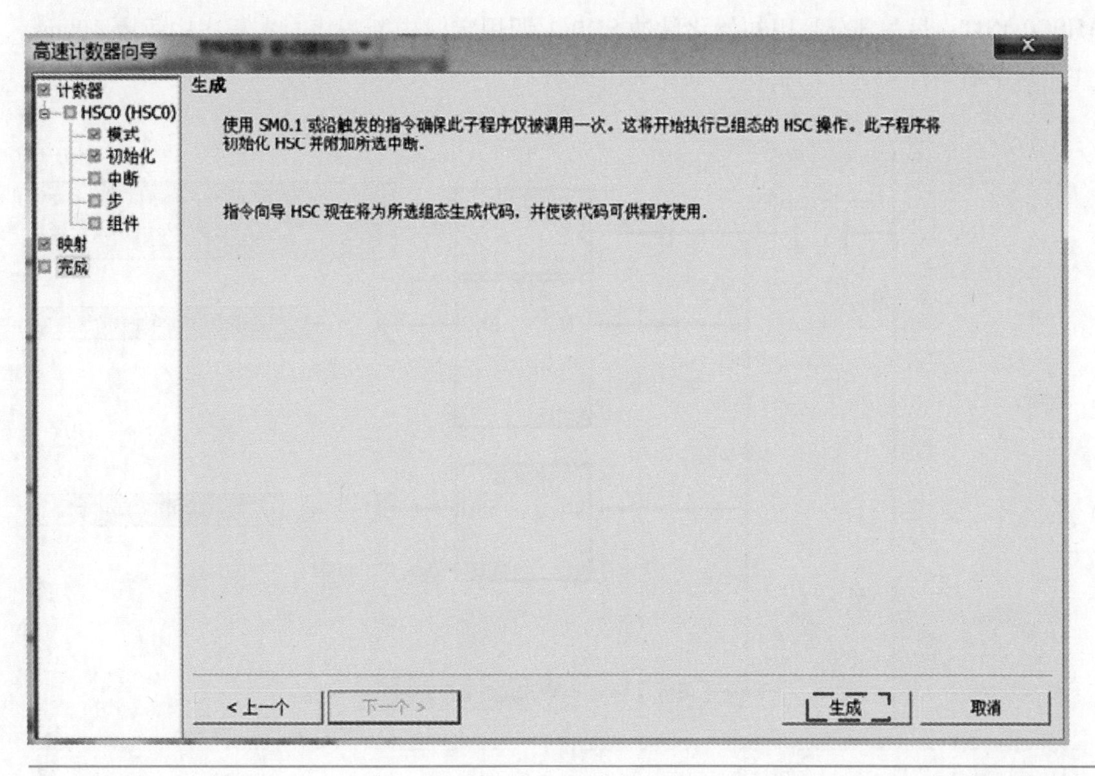


图 4-29　生成界面

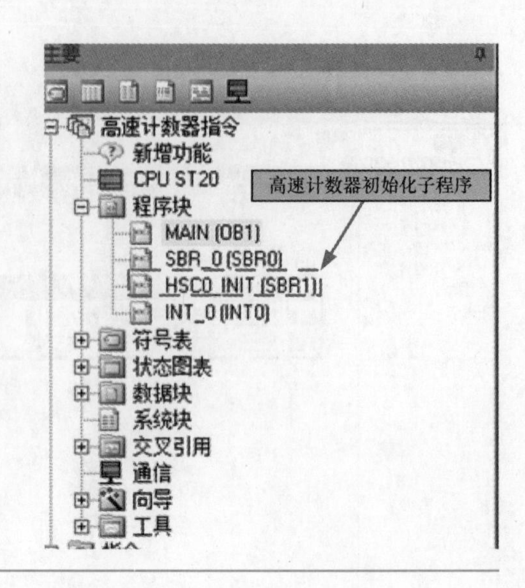


图 4-30　高速计数初始化子程序

3. 程序编写

本例程序编写主要有两部分，主程序编写和中断程序编写。注意，高速计数器初始化子程序通过其向导已经生成。

（1）主程序

主程序编写可分为两部分：一部分是用初始化脉冲 SM0. 1 调用高速计数器初始化子程序 HSC0_INIT；另一部分是用初始化脉冲 SM0. 1 调用定时中断程序，本程序中每隔 100ms 产生 1 次中断事件。编写的主程序如图 4-31 所示。

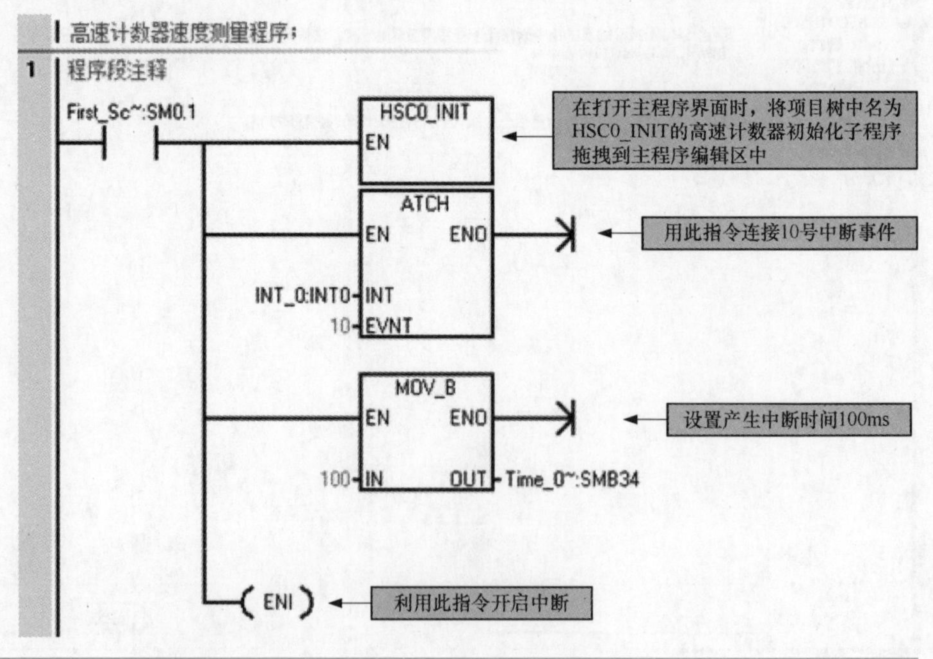


图 4-31　直流电动机转速测量主程序

（2）中断程序

中断程序编写的思路是首先采集编码器 100ms 发出的脉冲数，100ms 采集的脉冲数存储在高速计数器的当前值寄存器 HC0 中，再将 100ms 采集的脉冲数转换为 1min 采集的脉冲数，之后再除以编码器旋转 1 圈的脉冲数，即编码器的分辨率多少线，这样就得到了直流电动机的转速。编写的中断程序如图 4-32 所示。

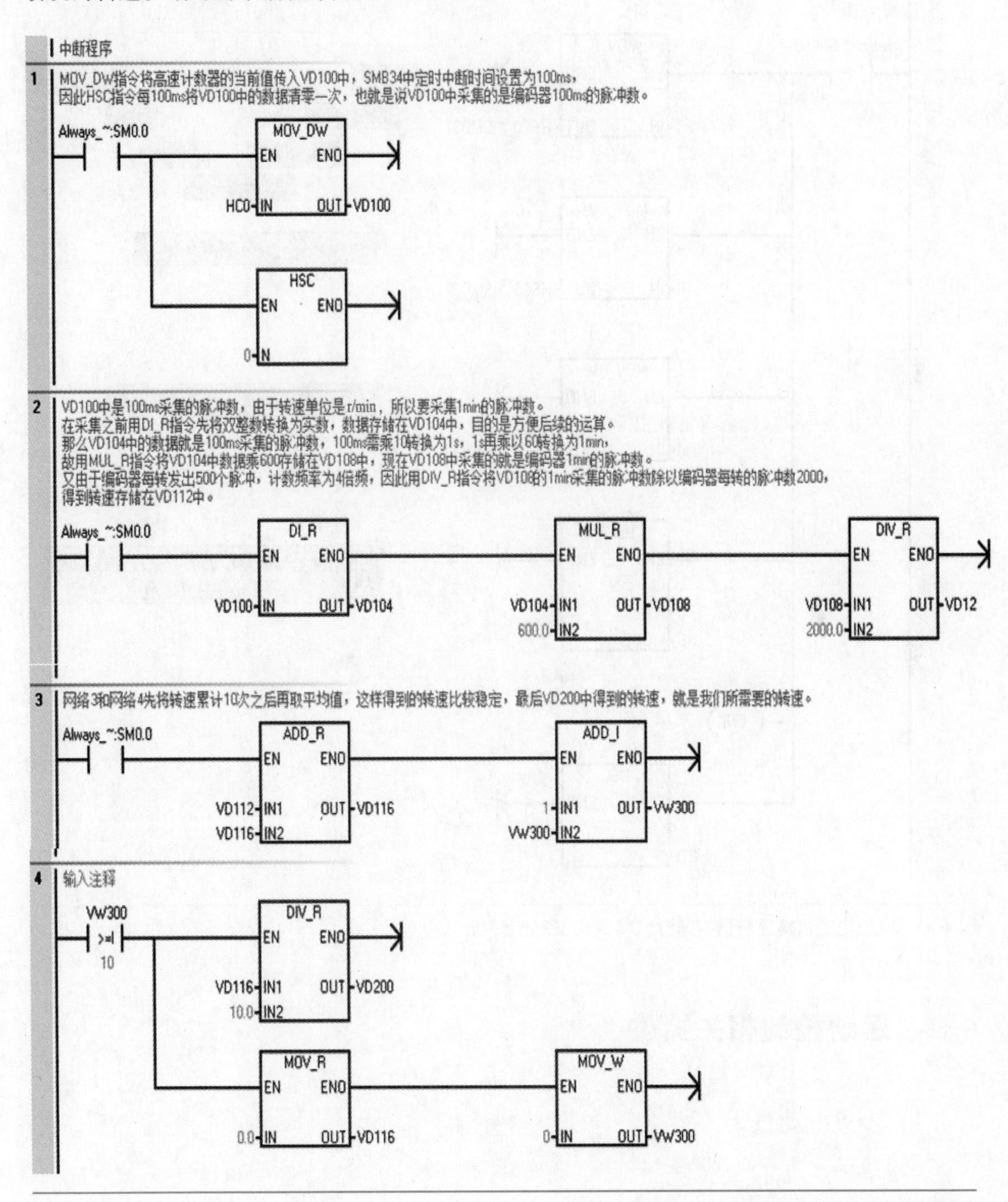


图 4-32　直流电动机转速测量中断程序

（3）高速计数初始化子程序解析

高速计数初始化子程序无须编写，高速计数器向导设置完成后，该程序会自动生成，但为了读者便于理解该程序，这里做了程序的相关解析。高速计数初始化子程序如图 4-33 所示。

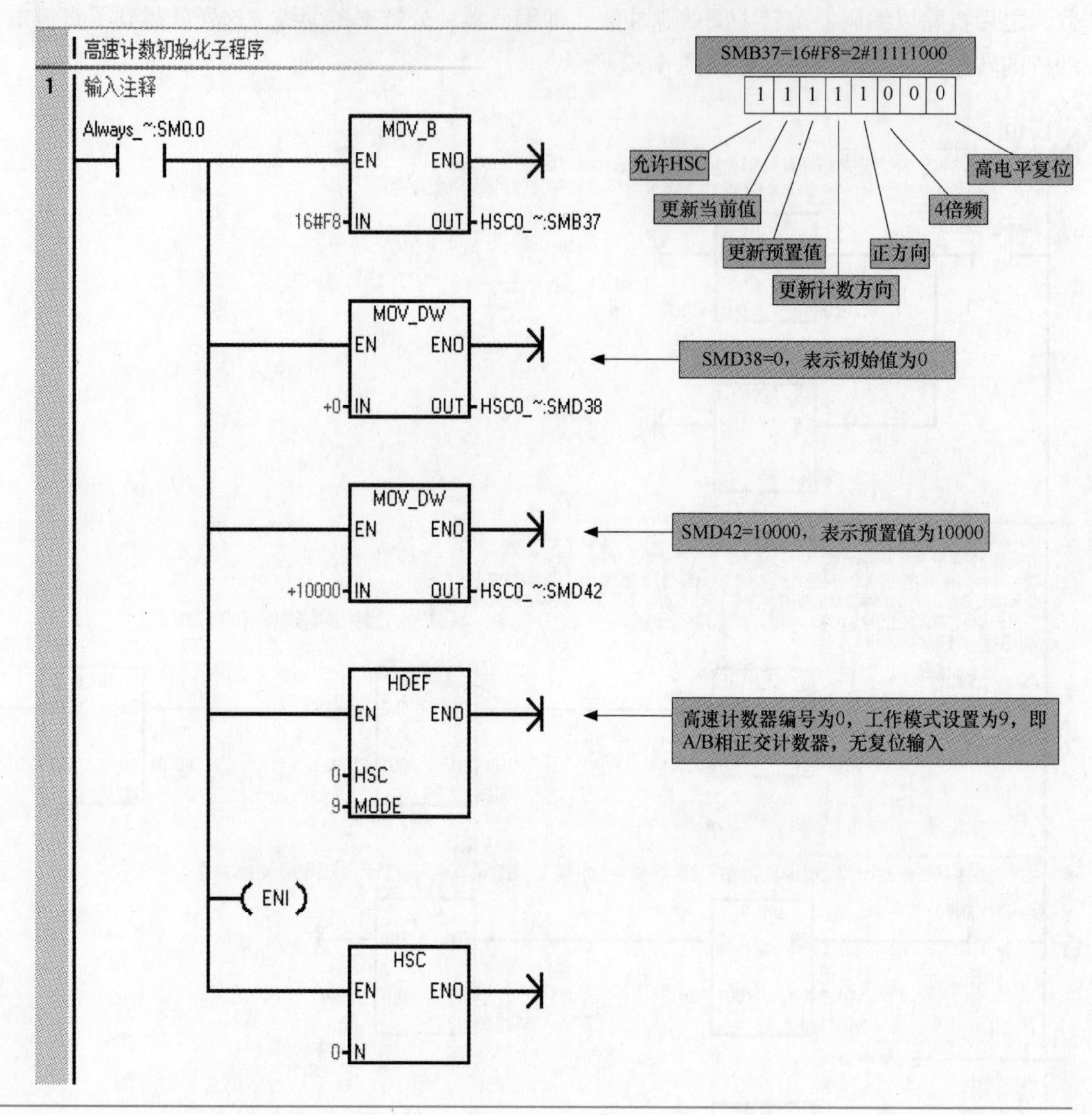


图 4-33　直流电动机转速测量高速计数初始化子程序解析

## 4.4　运动控制相关器件

### 4.4.1　步进电动机

**1. 简介**

步进电动机是一种将电脉冲转换成角位移的执行机构，是专门用于精确调速和定位的特种电动机。每输入一个脉冲，步进电动机就会转过一个固定的角度或者说前进一步。改变脉冲的数量和频率，可以控制步进电动机角位移的大小和旋转速度。步进电动机外形如图 4-34 所示。

图 4-34　步进电动机外形

**2. 工作原理**

（1）单三拍控制下步进电动机的工作原理

单三拍控制中的“单”指的是每次只有一相控制绕组通电。通电顺序为 U→V→W→U 或者按 U→W→V→U 顺序。“拍”是指由一种通电状态转换到另一种通电状态；“三拍”是指经过三次切换控制绕组的电脉冲为一个循环。

当 U 相控制绕组通入脉冲时，U、U′为电磁铁的 N、S 极。由于磁路磁通要沿着磁阻最小的路径闭合，这样使得转子齿的 1、3 要和定子磁极的 U、U′对齐，如图 4-35a 所示。

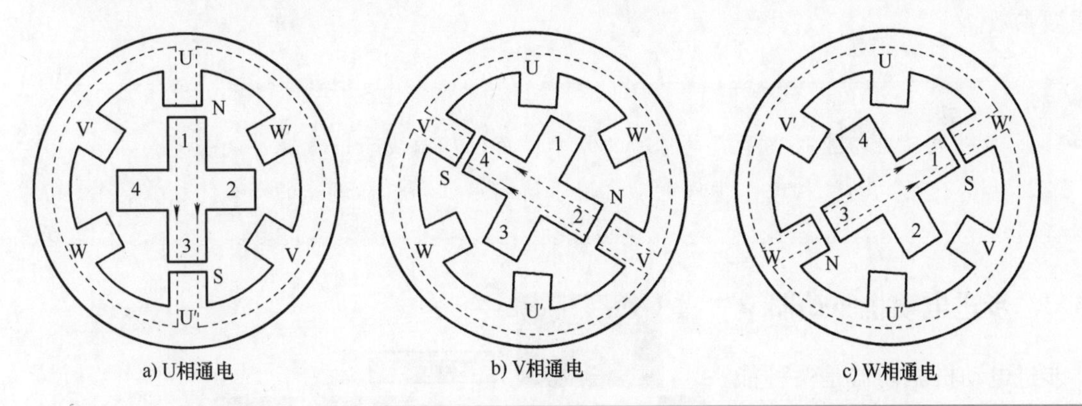


图 4-35　单三拍控制下步进电动机的工作原理

当 U 相脉冲结束，V 相控制绕组通入脉冲，转子齿的 2、4 要和定子磁极的 V、V′对齐，如图 4-35b 所示。和 U 相通电对比，转子顺时针旋转了 30°。

当 V 相脉冲结束，W 相控制绕组通入脉冲，转子齿的 3、1 要和定子磁极的 W、W′对齐，如图 4-35c 所示。和 V 相通电对比，转子顺时针旋转了 30°。

通过上边的分析可知，如果按 U→V→W→U 顺序通入脉冲，转子就会按顺时针一步一步地转动，每步转过 30°，通入脉冲的频率越高，转得越快。

（2）双三拍和六拍控制下步进电动机的工作原理

双三拍和六拍控制与单三拍控制相比，就是通电的顺序不同，转子的旋转方式与单三拍类似。双三拍控制的通电顺序为 UV→VW→WU→UV；六拍控制的通电顺序为 U→UV→V→VW→W→WU→U。

**3. 几个重要参数**

（1）步距角

控制系统每发出一个脉冲信号，转子都会转过一个固定的角度，这个固定的角度，就叫步距角。这是步进电动机的一个重要的参数，在步进电动机的名牌中会给出。步距角的计算公式为$\beta=360°/ZKM$，其中，$Z$为转子齿数，$M$为定子绕组相数，$K$为通电系数，当前后通电相数一致$K$为1，否则$K$为2。

（2）相数

相数是指定子的线圈组数，或者说产生不同对磁极 N、S 磁场的励磁线圈的对数。目前常用的有两相、三相和五相步进电动机。两相步进电动机步距角为0.9°/1.8°；三相步进电动机步距角为0.75°/1.5°；五相步进电动机步距角为0.36°/0.72°。步进电动机驱动器如果没有细分，用户主要靠选择不同相数的步进电动机来满足自己需要的步距角；如果有步进电动机驱动器，用户可以通过步进电动机驱动器改变细分来改变步距角，这时相数就没有意义了。

（3）保持转矩

保持转矩是指步进电动机通电但没转动时，定子锁定转子的转矩。这是步进电动机的一个重要参数。

**编者有料**

1. 步进电动机转速取决于通电脉冲的频率；角位移取决于通电脉冲的数量。
2. 和普通的电动机相比，步进电动机用于精确定位和精确调速的场合。

## 4.4.2 步进电动机驱动器

步进电动机驱动器是一种能使步进电动机运转的功率放大器。当控制器发出脉冲信号和方向信号，步进电动机驱动器接收到这些信号后，先进行环形分配和细分，然后进行功率放大，这样就将微弱的脉冲信号放大成安培级的脉冲信号，从而驱动步进电动机。

本节将以温州某公司生产的步进电动机驱动器为例，进行相关内容讲解。步进电动机驱动器外形及端子标注如图 4-36 所示。

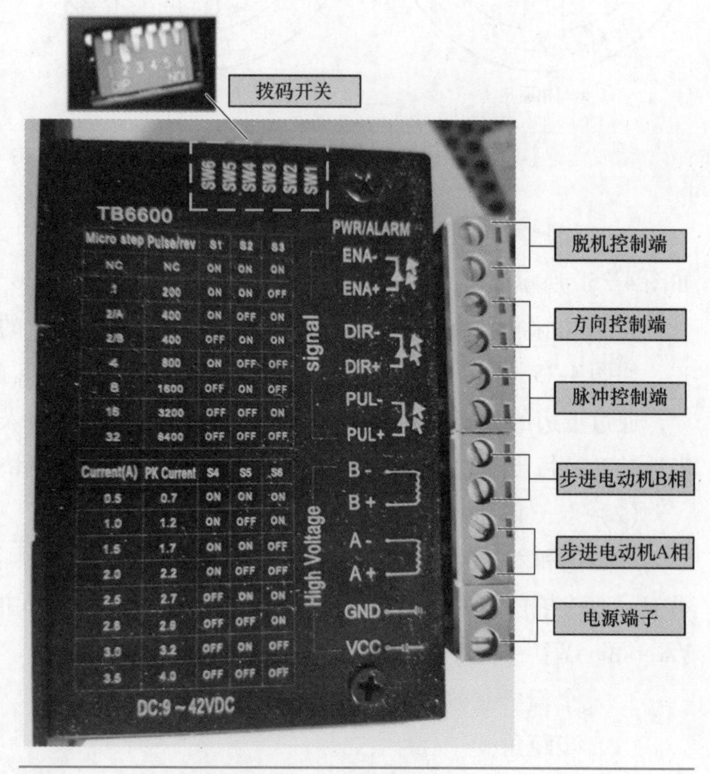


图 4-36 步进电动机驱动器外形及端子标注

**1. 拨码开关设置**

拨码开关的设置是步进电动机驱动器使用中的一项重要内

容。步进电动机驱动器通过拨码开关的不同组合，能设定步进电动机的运行电流和细分设定。有些厂商生产的驱动器还能通过拨码开关设置半电流/全电流锁定。

（1）细分设定

细分设定通过 SW1、SW2 和 SW3 三个拨码开关的不同组合来设定。拨码开关 SW1、SW2 和 SW3 的组合，见表 4-6。例如步进电动机铭牌步距角为 1.8°，细分设定为 4（即 SW1 为 ON，SW2 为 OFF，SW3 为 OFF），那么步进电动机转一圈需要脉冲数 = (360°/1.8°) ×4 = 800 个。

（2）步进电动机运行电流的设定

步进电动机驱动器通过后三个拨码开关 SW4、SW5 和 SW6 不同组合，设定步进电动机的运行电流。在设定运行电流时，需查看步进电动机的铭牌中的额定电流，设定的运行电流不能超过步进电动机的额定电流。

步进电动机驱动器后三个拨码开关 SW4、SW5 和 SW6 的组合，见表 4-7。例如，步进电动机铭牌额定电流为 1.5A，那么步进驱动器拨码开关 SW4 为 ON，SW5 为 ON，SW6 为 OFF，即此时的运转电流为 1.5A。

**表 4-6　拨码开关 SW1、SW2 和 SW3 的组合**

| 细分倍数 | 脉冲数/圈 | SW1 | SW2 | SW3 |
|---|---|---|---|---|
| 1 | 200 | ON | ON | OFF |
| 2/A | 400 | ON | OFF | ON |
| 2/B | 400 | OFF | ON | ON |
| 4 | 800 | ON | OFF | OFF |
| 8 | 1600 | OFF | ON | OFF |
| 16 | 3200 | OFF | OFF | ON |
| 32 | 6400 | OFF | OFF | OFF |

**表 4-7　拨码开关 SW4、SW5 和 SW6 的组合**

| 电流/A | SW4 | SW5 | SW6 |
|---|---|---|---|
| 0.5 | ON | ON | ON |
| 1.0 | ON | OFF | ON |
| 1.5 | ON | ON | OFF |
| 2.0 | ON | OFF | OFF |
| 2.5 | OFF | ON | ON |

（续）

| 电流/A | SW4 | SW5 | SW6 |
|---|---|---|---|
| 3.0 | OFF | ON | OFF |
| 3.5 | OFF | OFF | OFF |

此外，有些驱动器还能进行半电流/全电流锁定状态设置。拨码开关能设定驱动器工作在半电流锁定状态，还是全电流锁定状态。拨码开关为 ON 时，驱动器工作在半电流锁定状态；拨码开关为 OFF 时，驱动器工作在全电流锁定状态。半流锁定状态是指当外部输入脉冲串停止并持续 0.1s 后，驱动器的输出电流将自动切换为正常运行电流的一半以降低发热，保护电动机不被损坏。实际应用中，建议设置成半电流锁定状态。

编者心语

拨码开关的设置在步进电动机编程中非常重要，请结合上边的实例，熟练掌握此部分内容。

**2. 步进电动机驱动器与控制器之间的接线**

步进电动机驱动器与控制器之间的接线，分为共阳极接法和共阴极接法，如图 4-37所示。在图 4-37 中，PUL+和 PUL-为步进脉冲信号正、负端子，DIR+和 DIR-为方向信号正、负端子，VCC 和 GND 为供电电源正、负端子。所谓的共阳极接法，是脉冲信号正端子和方向信号正端子分别与控制器的公共端相连，将脉冲信号负端子和方向信号负端子分别与控制器的脉冲端和方向端相连。所谓的共阴极接法，是将脉冲信号负端子和方向信号负端子分别与控制器的公共端相连，将脉冲信号正端子和方向信号正端子分别与控制器的脉冲端和方向端相连。西门子 S7-200 SMART PLC 与此款步进电动机驱动器接线时，应采用共阴极接法。

特别需要说明的是，有些步进电动机驱动器 VCC 供电为 5V，步进电动机驱动器各控制端可以和控制器相应输出端直接接入；如果 VCC 供电电压超过 5V，控制器相应输出端就需外加限流电阻，如图 4-38 所示。

编者有料

1. 读者在选取步进电动机驱动器时，建议按图 4-37 所示形式选取，这样能省去限流电阻，使用起来更加方便。

2. 步进电动机驱动器与控制器之间的接线图非常重要，S7-200 SMART PLC 与步进电动机驱动器对接时，应采用图 4-37 中的共阴极接法，或者采用图 4-38 中的共阳极接法。

3. 不同的步进电动机驱动器和控制器之间接线会有所不同，读者需查看相应厂商的产品样本。

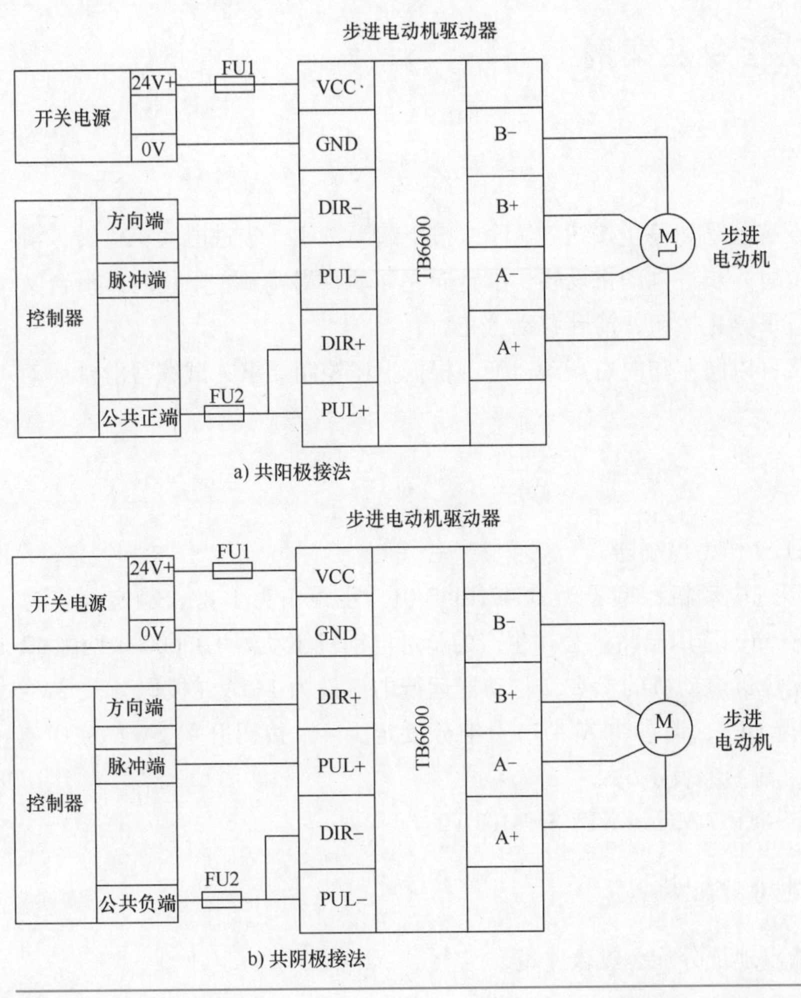


图 4-37　步进电动机驱动器与控制器之间的接线

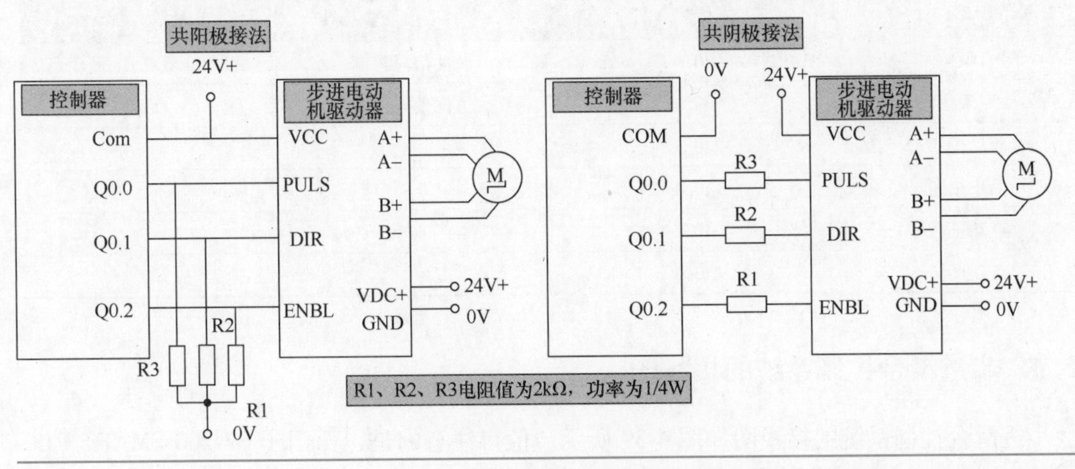


图 4-38　特殊情况下的步进电动机驱动器与控制器之间的接线

## 4.5 运动控制手动指令及案例

### 4.5.1 任务引入

某步进滑台控制系统设有起动和停止按钮各 1 个，按下起动按钮，步进电动机正转，滑台向右移动，当碰到右限位时，步进电动机反转，滑台向左移动，当碰到左限位时，滑台又向右移动，如此往复；当按下停止按钮，滑台移动停止。

为了方便调试，滑台又可以向左和向右点动运行。根据上述控制要求，试编写滑台运动控制程序。

### 4.5.2 软硬件配置

1）选用西门子 CPU ST20 作为控制器。

2）选用 42 系列两相步进电动机，型号为 BS42HB47-01，步距角为 1.8°，额定电流为 1.5A，保持转矩为 0.317N · m；选用温州某公司生产的步进电动机驱动器 TB6600 来匹配 42 系列两相步进电动机。根据步进电动机的参数，驱动器运行电流设为 1.5A（拨码开关 SW4 为 ON，SW5 为 ON，SW6 为 OFF，请参考表 4-7）；细分设定为 4（拨码开关 SW1 为 ON，SW2 为 OFF，SW3 为 OFF，请参考表 4-6）。

3）PLC 编程软件采用 STEP 7-Micro/WIN SMART V2.2。

### 4.5.3 PLC 输入输出地址分配

步进电动机控制输入输出地址分配，见表 4-8。

表 4-8 步进电动机控制输入输出分配表

| 输入量 | | 输出量 | |
|---|---|---|---|
| 右限位 | I0.0 | 脉冲信号控制 | Q0.0 |
| 左限位 | I0.1 | 方向信号控制 | Q0.2 |
| 起动按钮 | I0.3 | | |
| 停止按钮 | I0.4 | | |
| 点动正转 | I0.5 | | |
| 点动反转 | I0.6 | | |

### 4.5.4 步进滑台控制系统的接线图

步进滑台控制系统的接线图如图 4-39 所示。值得注意的是，西门子 S7-200 SMART PLC 与步进电动机驱动器之间接线时，应采用共阴极接法。

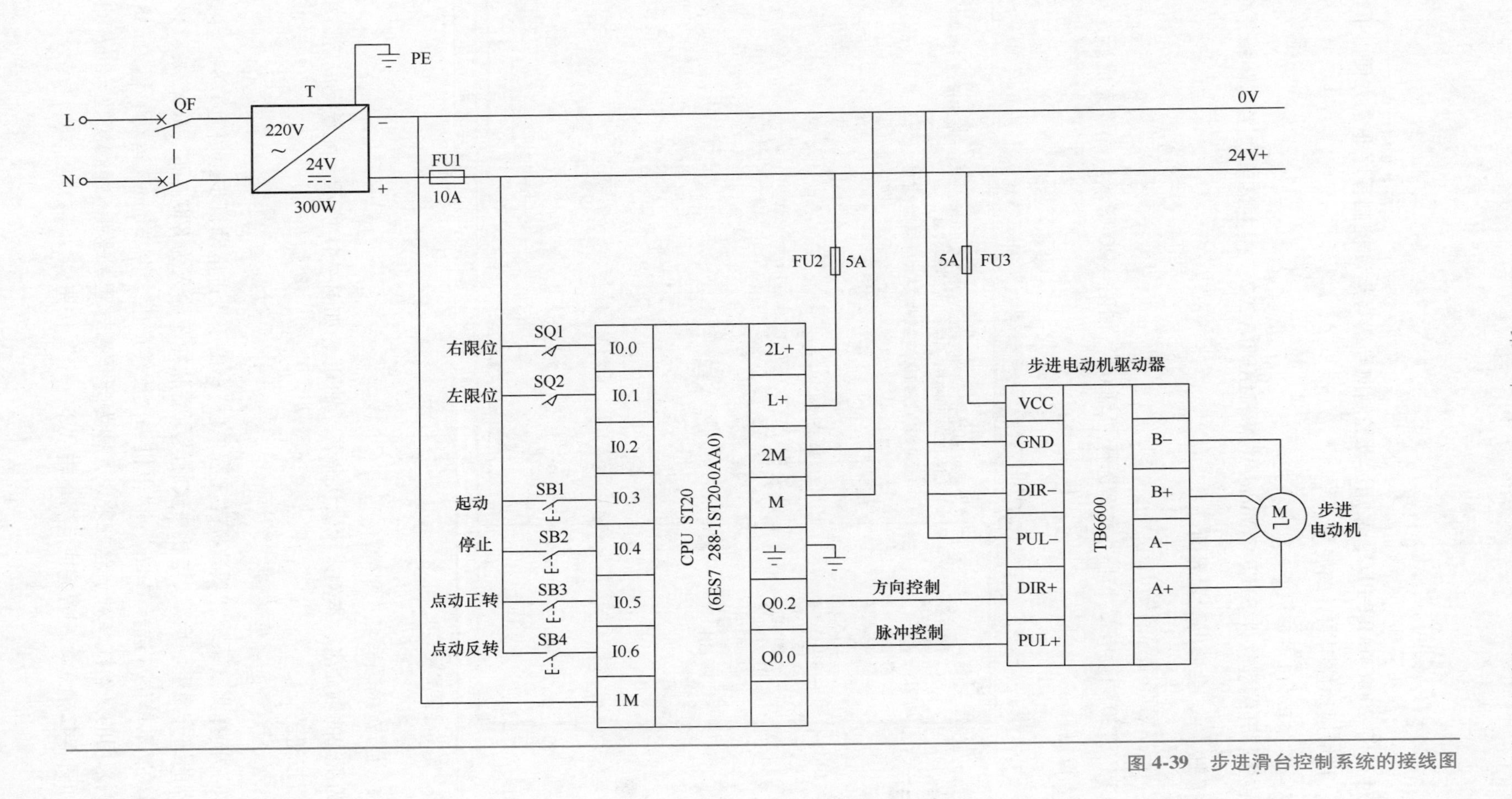


图 4-39　步进滑台控制系统的接线图

### 4.5.5 运动控制向导组态

对于 S7-200 SMART PLC，采用运动控制向导编写运动控制程序非常方便。下边要通过实例，讲解运动控制向导的使用。

**1. 打开运动控制向导**

首先打开编程软件 STEP 7-Micro/WIN SMART V2.2，在主菜单“工具”中，单击“运动”按钮，会弹出配置界面。

**2. 选择需要配置的轴**

CPU ST20 内设有 2 个轴，本例选择“轴 0”，如图 4-40 所示。配置完成后，单击“下一个”按钮。

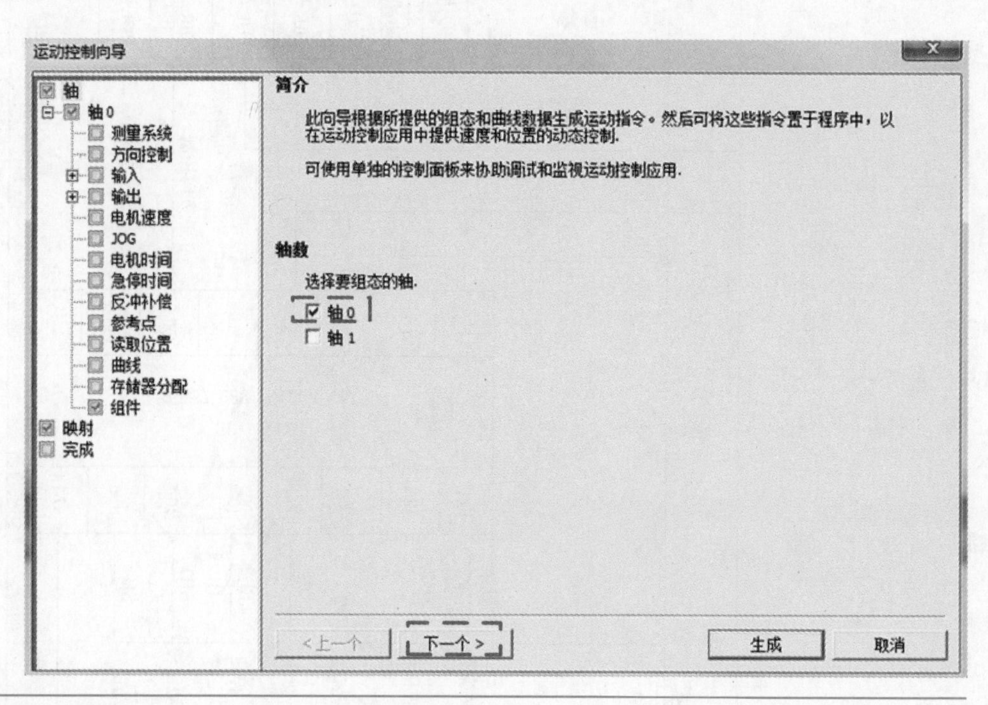


图 4-40　选择需要配置的轴

**3. 为所选的轴命名**

为所选的轴命名，本例采用默认命名“轴 0”，如图 4-41 所示。配置完成后，单击“下一个”按钮。

**4. 输入系统的测量系统**

在“选择测量系统”项选择“工程单位”；由于步进电动机步距角为 1.8°，步进电动机驱动器的细分为 4，所以“电机一次旋转所需脉冲”输入为 800，即（360°/1.8°）×4＝800；“测量的基本单位”选择“mm”；“电机一次旋转产生多少‘mm’运动”输入“8.0”，由于本例采用的是丝杠，对于丝杠来说，即为导程，导程＝螺距×螺纹头数＝8mm×1＝8mm。设置如图 4-42 所示。配置完成后，单击“下一个”按钮。

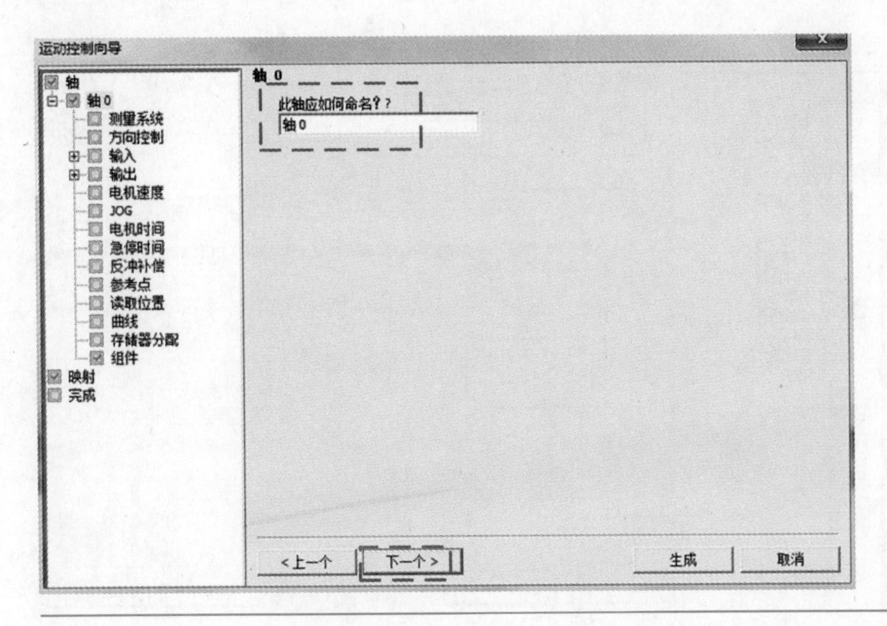


图 4-41　为所选的轴命名

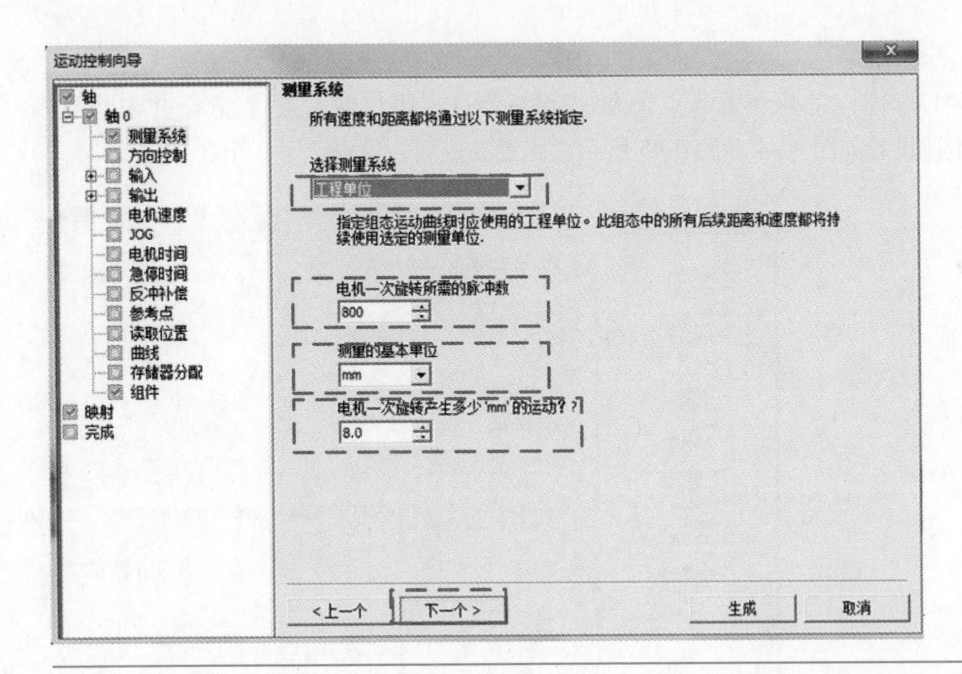


图 4-42　输入系统的测量系统

**5. 设置脉冲输出**

设置脉冲有几路输出，本例选择“单相（2 输出）”，如果选择单相（2 输出），则一个输出（P0）控制脉动，另一个输出（P1）控制方向，如图 4-43 所示。配置完成后，单击“下一个”按钮。

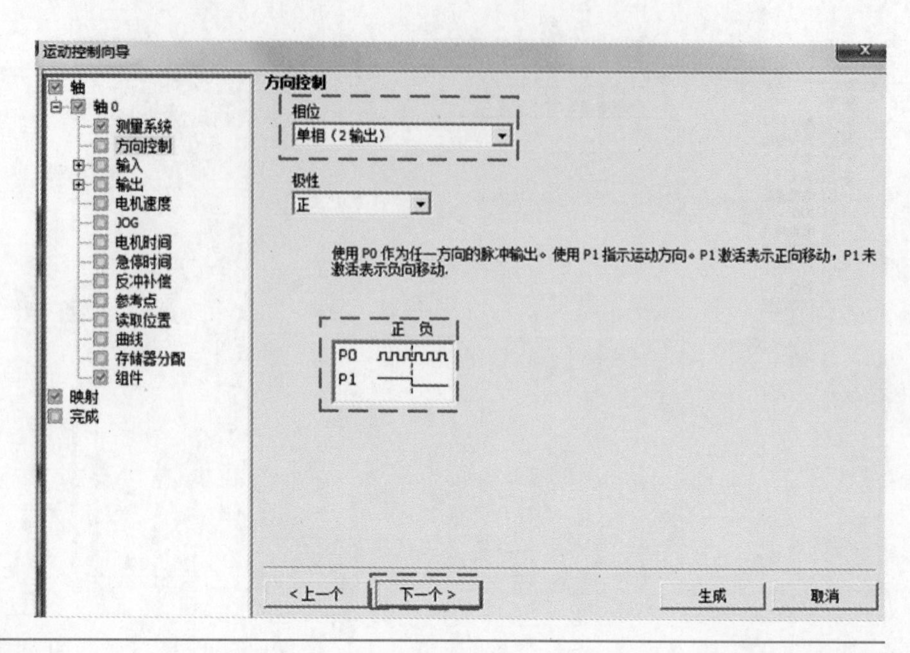


图 4-43 设置脉冲输出

**6. 分配输入点**

本例设置“LMT+”（右限位输入点）和“LMT-”（左限位输入点），其余并未涉及，故无须设置。上述设置如图 4-44 和图 4-45 所示。配置完成后，单击“下一个”按钮。

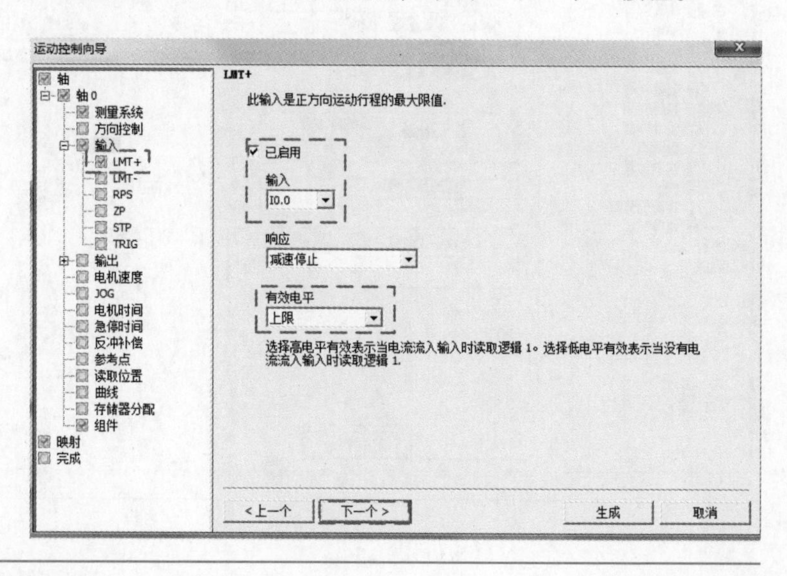


图 4-44 设置“LMT+”（右限位输入点）

**7. 定义电动机的最大速度**

定义电动机运动的最大速度“MAX_SPEED”为“50. 0”，如图 4-46 所示。

**8. 定义点动参数**

定义电动机的点的速度为“3. 0mm/s”，电动机的点动速度是指点动命令有效时能够得

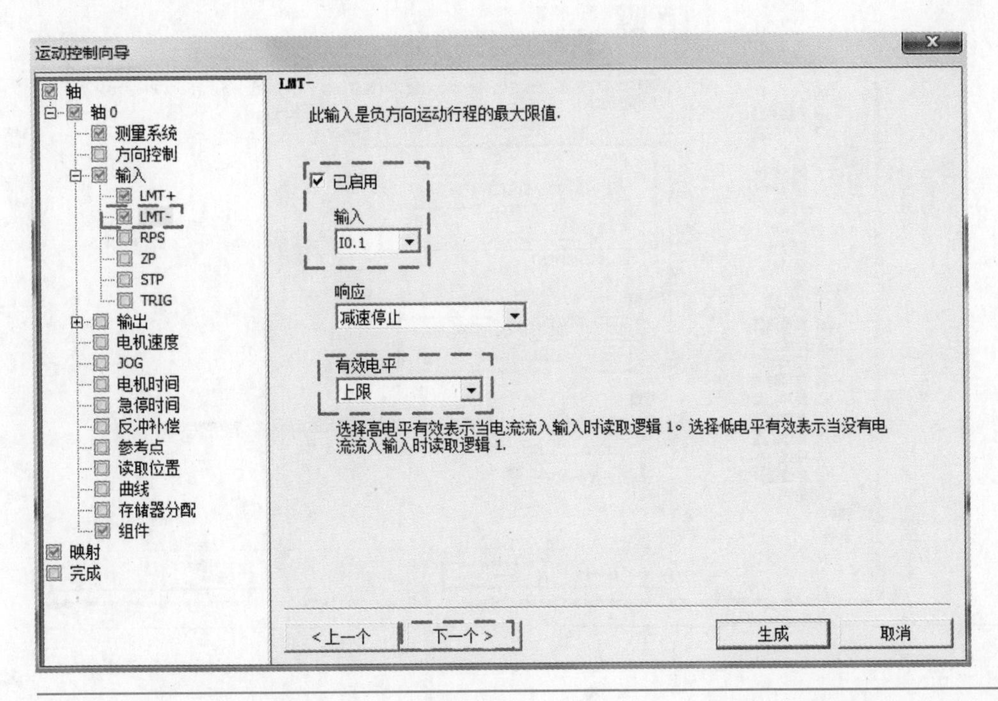


图 4-45　设置“LMT-”（左限位输入点）

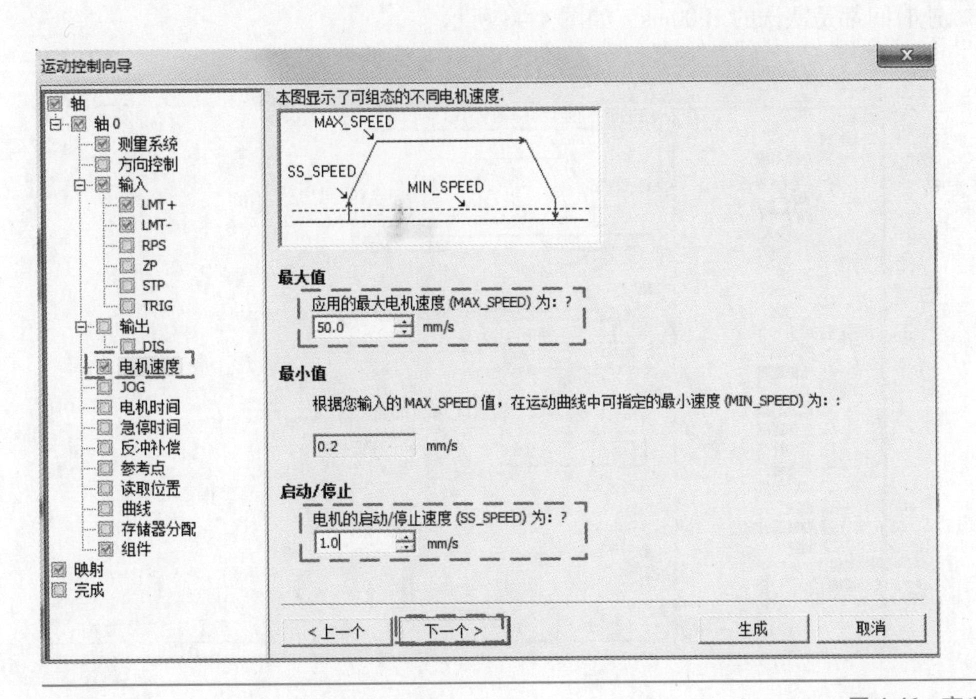


图 4-46　定义电动机的速度

到的最大速度；定义点动增量为“2. 0mm”，点动增量是指瞬间的点动命令能够将工件运动的距离。以上设置如图 4-47 所示。

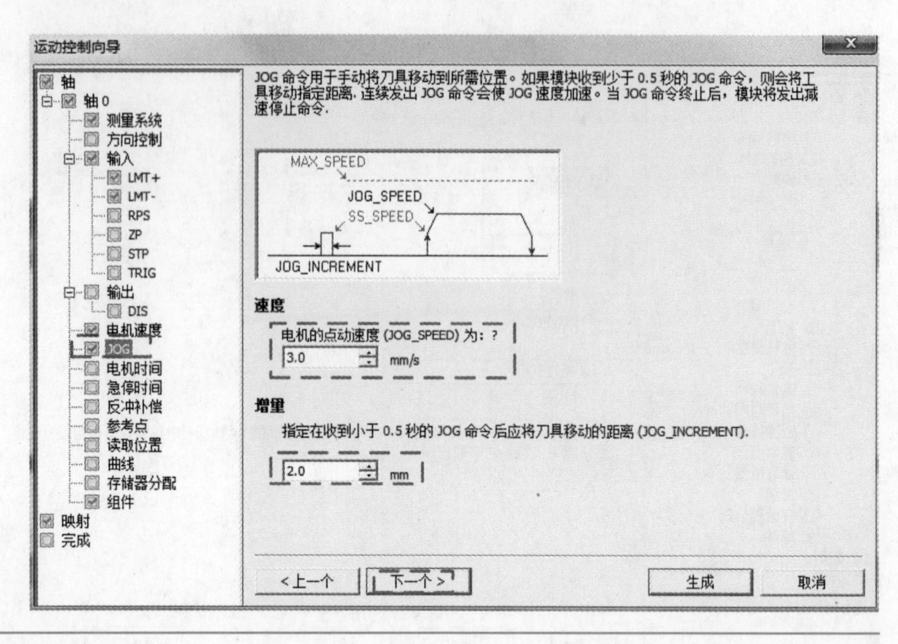


图 4-47　定义点动参数

## 9. 设置加/减速时间

本例加/减速时间都是默认的 1000ms，如图 4-48 所示。

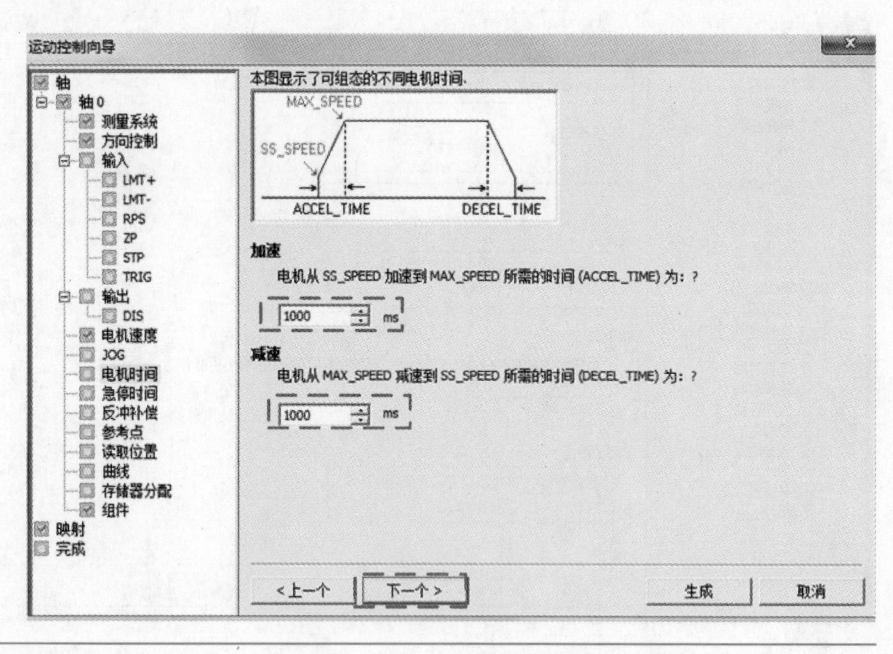


图 4-48　设置加/减速时间

## 10. 配置分配存储区

配置分配存储区时，不能使用向导已使用的地址，否则程序会出错。配置分配存储区结果如图 4-49 所示。配置完成后，单击“下一个”按钮。

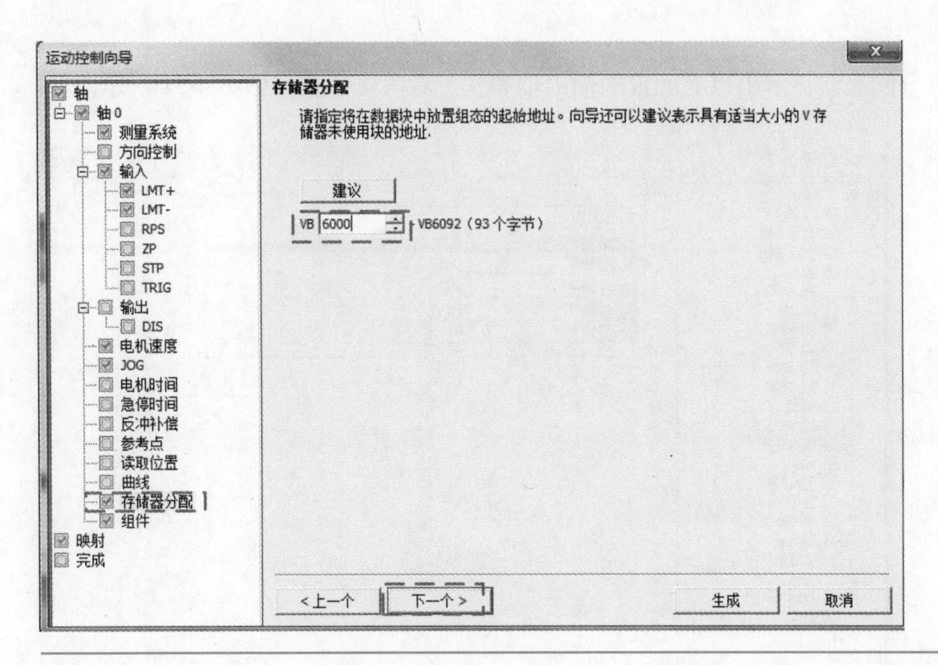


图 4-49　配置分配存储区

## 11. 选择组件

由于本例仅涉及运动控制手动模式，故只勾选“AXISO_MAN”即可，如图 4-50 所示。配置完成后，单击“下一个”按钮。

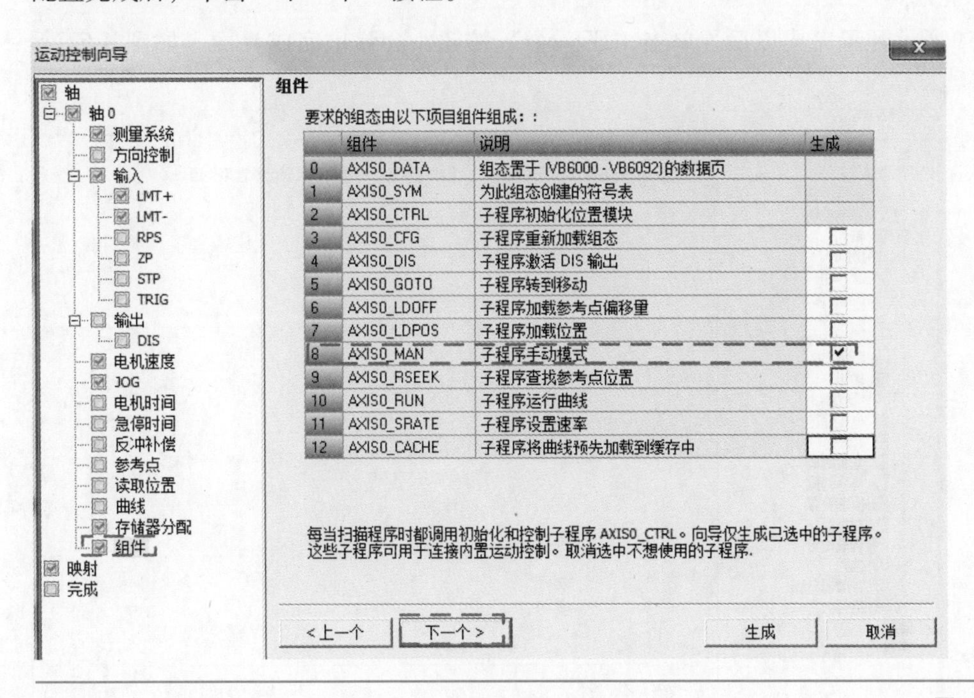


图 4-50　选择组件

**12. 查看输入/输出点分配**

输入/输出点分配表能显示出以上配置的输出轴和左、右限位信息，如图 4-51 所示。

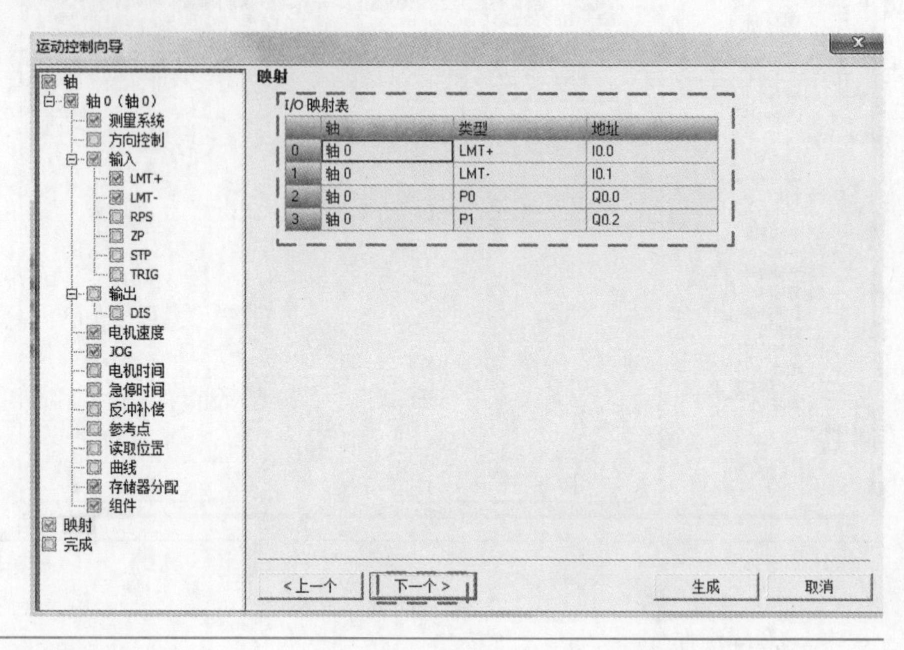


图 4-51　输入/输出点分配信息

**13. 组态完成**

如图 4-51 所示配置完成以后，单击“下一个”按钮，会弹出完成界面，如图 4-52 所

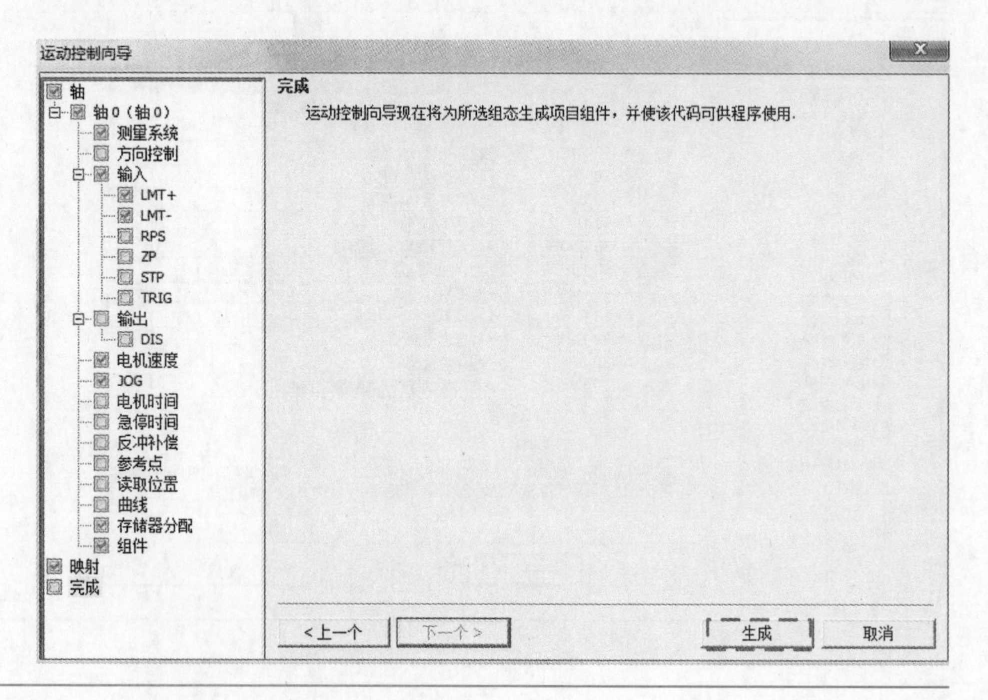


图 4-52　完成界面

示。单击“生成”按钮，组态完毕。组态完毕后，在编程软件 STEP 7-Micro/WIN SMART V2.2 的项目树“调用子例程”会显示所有的运动控制指令，编程时，可以根据需要调用相关指令。“调用子例程”中的运动控制指令如图 4-53 所示。

字符串
表格
定时器
库
调用子例程
SBR_0 (SBR0)
AXIS0_CTRL (SBR1)
AXIS0_MAN (SBR2)

图 4-53　“调用子例程”中的运动控制指令

## 4.5.6　图说常用的运动控制指令

### 1. AXISx_CTRL 指令

AXISx_CTRL 指令如图 4-54 所示。

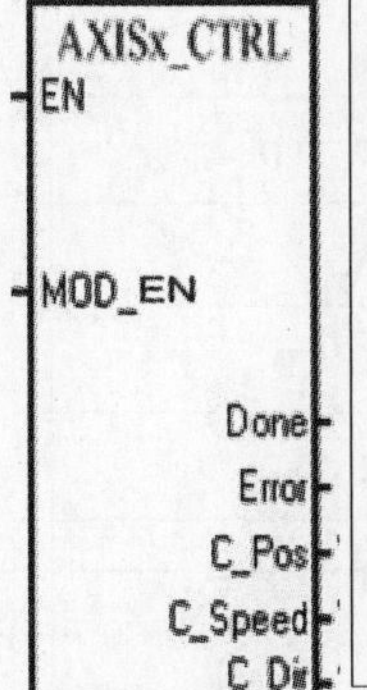


**参数解析**

功能：启用和初始化运动轴，方法是自动命令运动轴每次CPU更改为RUN模式时加载组态/包络表。

1.MOD_EN参数必须开启，才能启用其他运动控制子例程向运动轴发动命令。如果MOD_EN参数关闭，运动轴会中止所有正在进行的命令。

2.Done 参数会在运动轴完成任何一个子例程时开启。

3.Error 参数存储该子程序运行时的错误代码。

4.C_Pos 参数表示运动轴的当前位置。根据测量单位，该值是脉冲数(DINT)或工程单位数(REAL)。

5.C_Speed参数提供运动轴的当前速度。如果针对脉冲组态运动轴的测量系统，C_Speed是一个DINT数值，其中包含脉冲数/s；如果针对工程单位组态测量系统，C_Speed是一个REAL数值，其中包含选择的工程单位数/s（REAL）。

6.C_Dir 参数表示电动机的当前方向：信号状态0=正向；信号状态1=反向。

| 输入/输出 | 数据类型 | 操作数 |
|---|---|---|
| MOD_EN | BOOL | I、Q、V、M、SM、S、T、C、L、能流 |
| Done、C_Dir | BOOL | I、Q、V、M、SM、S、T、C、L |
| Error | BYTE | IB、QB、VB、MB、SMB、SB、LB、AC、*VD、*AC、*LD |
| C_Pos、C_Speed | DINT、REAL | ID、QD、VD、MD、SMD、SD、LD、AC、*VD、*AC、*LD |

图 4-54　AXISx_CTRL 指令

### 2. AXISx_MAN 指令

AXISx_MAN 指令如图 4-55 所示。

## 4.5.7　步进滑台运动控制程序及编程思路分析

### 1. 步进滑台运动控制程序

步进滑台运动控制程序如图 4-56 所示。

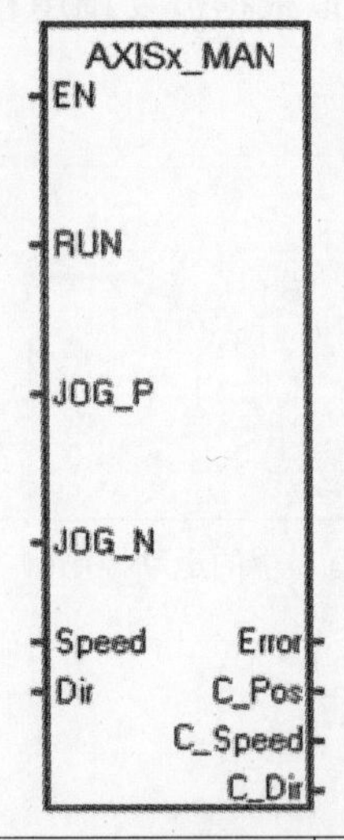


**参数解析**

功能：将运动轴置为手动模式。这允许电动机按不同的速度运行，或沿正向或负向慢进。

1.RUN　参数会命令运动轴加速至指定的速度（Speed参数）和方向（Dir参数）。您可以在电动机运行时更改Speed参数，但Dir参数必须保持为常数。禁用RUN参数会命令运动轴减速，直至电动机停止。

2.JOG_P（点动正向旋转）或JOG_N（点动反向旋转）参数会命令运动轴正向或反向点动。如果JOG_P或JOG_N参数保持启用的时间短于0.5s，则运动轴将通过脉冲指示移动JOG_INCREMENT中指定的距离。如果JOG_P或JOG_N参数保持启用的时间为0.5s或更长，则运动轴将开始加速至指定的JOG_SPEED。

3.Speed参数决定启用RUN时的速度。如果您针对脉冲组态运动轴的测量系统，则速度为DINT值（脉冲数/s）。如果针对工程单位组态运动轴的测量系统，则速度为REAL值（单位数/s）。

4.Dir参数确定当RUN启用时移动的方向。

5. C_Speed参数提供运动轴的当前速度。如果是针对脉冲组态运动轴的测量系统，C_Speed是一个DINT数值，其中包含脉冲数/s。如果您针对工程单位组态测量系统，C_Speed是一个REAL数值，其中包含选择的工程单位数/s(REAL)。

6. C_Dir　参数表示电动机的当前方向：信号状态0=正向；信号状态1=反向。

7.Error　参数存储该子程序运行时的错误代码。

| 输入/输出 | 数据类型 | 操作数 |
|---|---|---|
| RUN、JOG _ P、JOG_N | BOOL | I、Q、V、M、SM、S、T、C、L、能流 |
| Speed | DINT、REAL | ID、QD、VD、MD、SMD、SD、LD、AC、* VD、* AC、* LD、常数 |
| Dir、C_Dir | BOOL | I、Q、V、M、SM、S、T、C、L |
| Error | BYTE | IB、QB、VB、MB、SMB、SB、LB、AC、* VD、* AC、* LD |
| C_Pos、C_Speed | DINT、REAL | ID、QD、VD、MD、SMD、SD、LD、AC、* VD、* AC、* LD |

图 4-55　AXISx_MAN 指令

**2. 编程思路分析**

本例采用了运动控制手动指令实现步进滑台的往复运动控制，因此本程序的所有网络都是围绕着 AXISx_MAN 指令展开的。在使用 AXIS0_MAN 指令前，必须启动和初始化运动轴，因此网络 2 用到了 AXIS0_CTRL 指令。在使用运动控制手动指令 AXIS0_MAN 时，当 RUN 端子启动，步进电动机将按 VD108 给定的速度和 M0. 2 确定的方向运动，本例中 RUN 端子的启动由网络 4 中 M2. 0 的置位指令实现，给定的速度是 10. 0mm/s，通过网络 4 的 MOV_R 指令实现，步进电动机的运动方向通过网络 6 和网络 7 置位还是复位 M0. 2 来实现。当 AXIS0_MAN 指令 RUN 端子使能断开时，步进电动机停止运动，这可通过网络 5 来实现。

本例中，还用到了点动正转和点动反转功能，如果 JOG_P 或 JOG_N 端子接通时间短于 0. 5s，则步进电动机将按 JOG_INCREMENT 指定的距离运动；如果 JOG_P 或 JOG_N 端子接通时间为 0. 5s 或更长，则步进电动机将开始加速至指定的 JOG_SPEED。上述这些内容的理解需参考图 4-47。

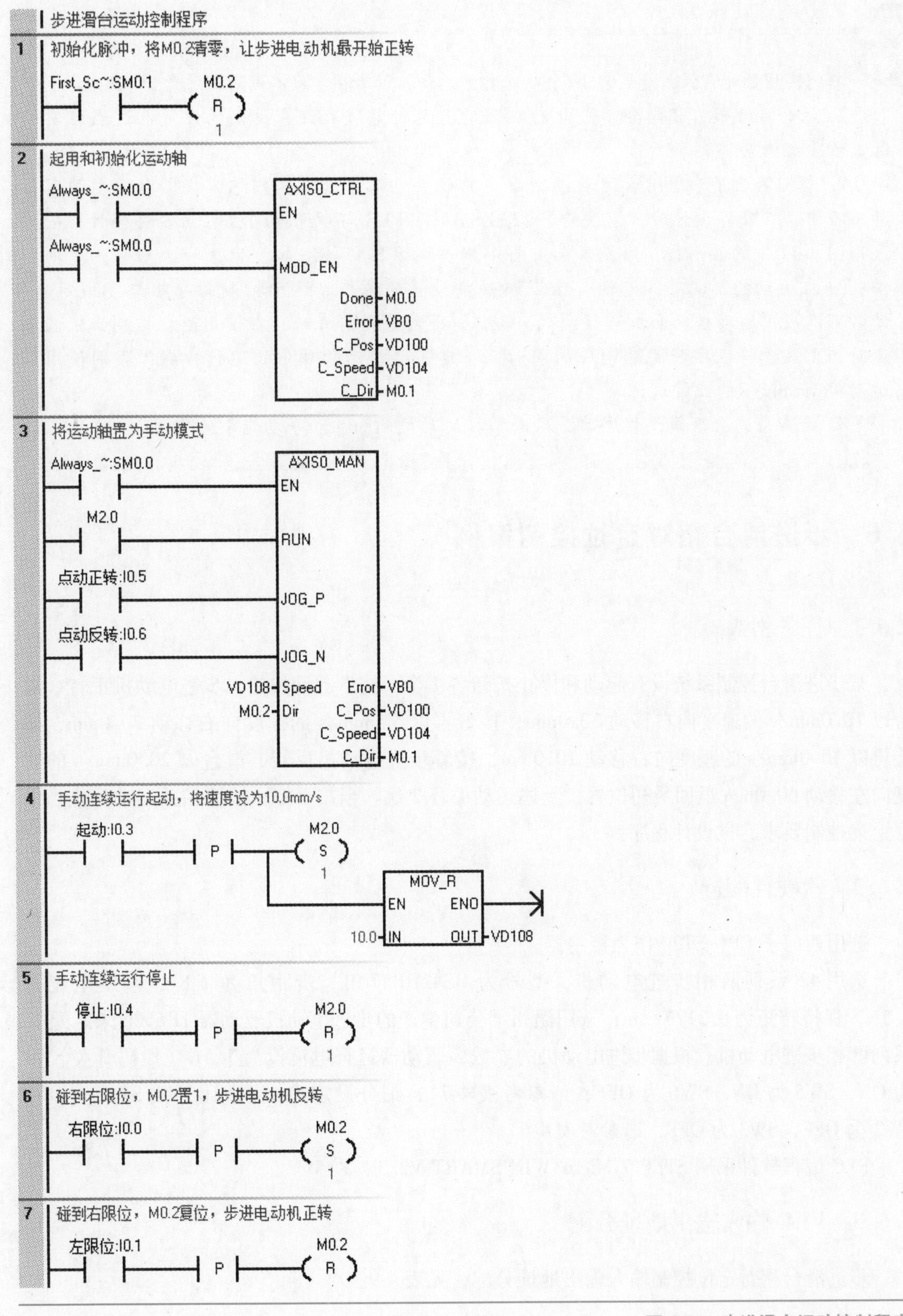


图 4-56　步进滑台运动控制程序

编者有料

本例实用性非常强，是笔者10余年工作的总结，读者在学习本例时需注意如下几点：

1. 结合4.4节真正学会步进电动机驱动器运行电流和细分设定的设置，这点在实际工程中经常会遇到。

2. 本例给出了步进滑台运动控制系统的硬件电路，读者需熟练掌握，以便用到实际工程中，在硬件设计时，需注意S7-200 SMART PLC与步进电动机驱动器对接时，应采用图4-37中的共阴极接法或者采用图4-38中的共阳极接法。

3. 在运动控制向导组态时，需理解每步设置的意图。运动控制向导组态完成后，读者可以应用运动控制面板进行调试，验证一下组态是否正确；在使用运动控制面板调试时，需注意将程序下载到PLC的同时，一定不要启动软件中的运行按钮，否则使用运动控制面板不能正常调试。

4. 读者应充分理解编程思路，从而掌握运动控制向导和手动指令的应用。

## 4.6 步进滑台相对定位控制案例

### 4.6.1 任务引入

某步进滑台控制系统设有起动和停止按钮各1个，按下起动按钮，步进电动机正转，滑台以10.0mm/s的速度向右移动30.0mm，接着再以5.0mm/s的速度向右移动20.0mm，接着再以10.0mm/s的速度向右移动10.0mm，接着步进电动机反转，滑台以20.0mm/s的速度向左移动60.0mm返回最初位置，上述运动循环2次。当按下停止按钮相关运动停止。根据上述控制要求，试设计程序。

### 4.6.2 软硬件配置

选用西门子CPU ST20作为控制器。

选用42系列两相步进电动机，型号为BS42HB47-01，步距角为1.8°，额定电流为1.5A，保持转矩为0.317N·m；选用温州某公司生产的步进电动机驱动器TB6600来匹配42系列两相步进电动机。根据步进电动机的参数，驱动器运行电流设为1.5A（拨码开关SW4为ON，SW5为ON，SW6为OFF，请参考表4-7）；细分设定为4（拨码开关SW1为ON，SW2为OFF，SW3为OFF，请参考表4-6）。

PLC编程软件采用STEP 7-Micro/WIN SMART V2.3。

### 4.6.3 PLC输入输出地址分配

步进滑台相对定位控制输入输出地址分配，见表4-9。

表 4-9　步进滑台相对定位控制输入输出分配表

| 输入量 | | 输出量 | |
|---|---|---|---|
| 起动按钮 | I0. 3 | 脉冲信号控制 | Q0. 0 |
| 停止按钮 | I0. 4 | 方向信号控制 | Q0. 2 |

## 4. 6. 4　步进滑台控制系统的接线图

步进滑台相对定位控制的接线图，如图 4-57 所示。

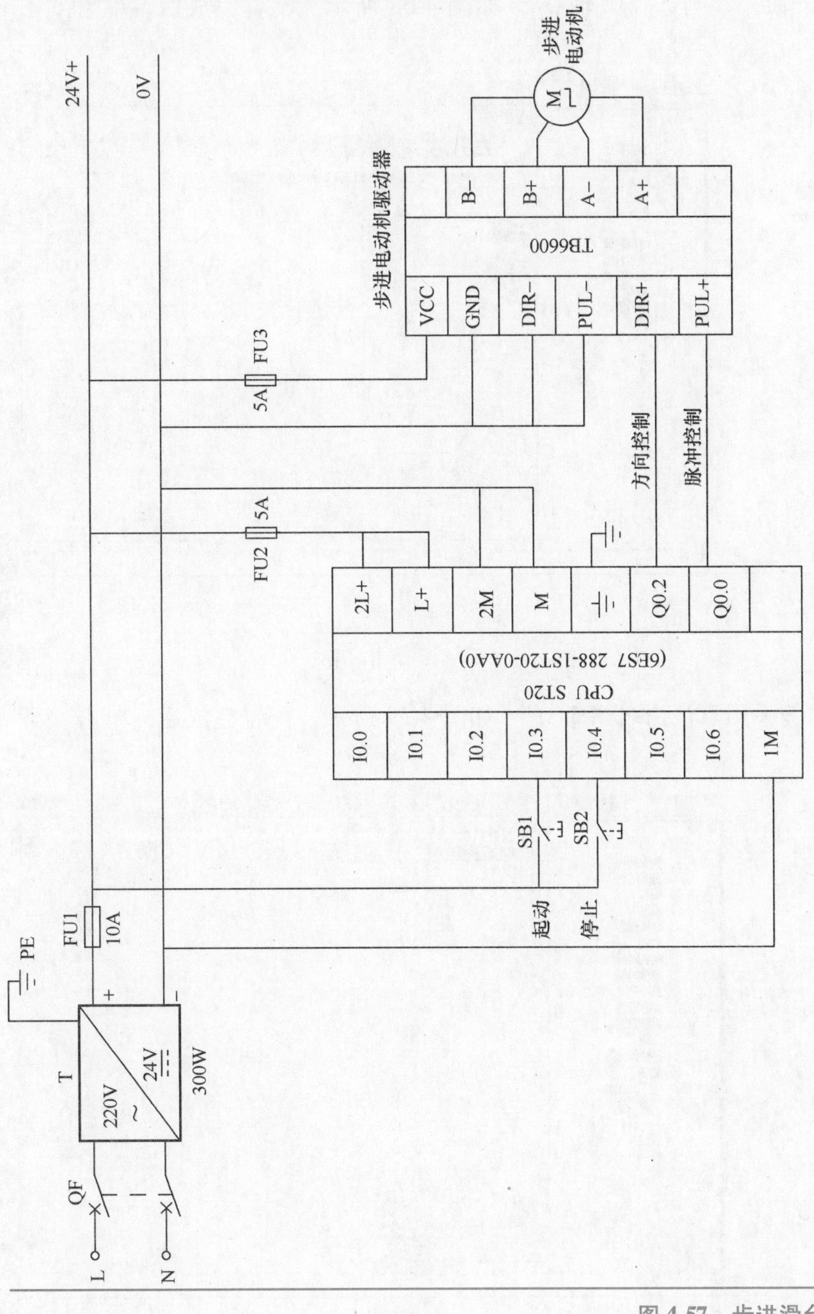


图 4-57　步进滑台相对定位控制系统的接线图

## 4.6.5 运动控制向导组态

**1. 打开运动控制向导**

首先打开编程软件 STEP 7-Micro/WIN SMART V2.3，在主菜单“工具”中，单击“运动”按钮，会弹出配置界面。

**2. 选择需要配置的轴**

CPU ST20 内设有 2 个轴，本例选择“轴 0”，如图 4-58 所示。配置完成后，单击“下一个”按钮。

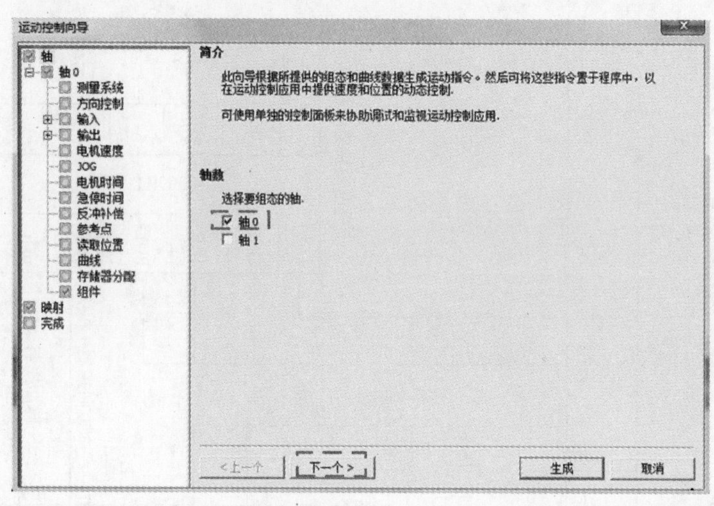


图 4-58　选择需要配置的轴

**3. 为所选的轴命名**

为所选的轴命名，本例采用默认命名“轴 0”，如图 4-59 所示。配置完成后，单击“下一个”按钮。

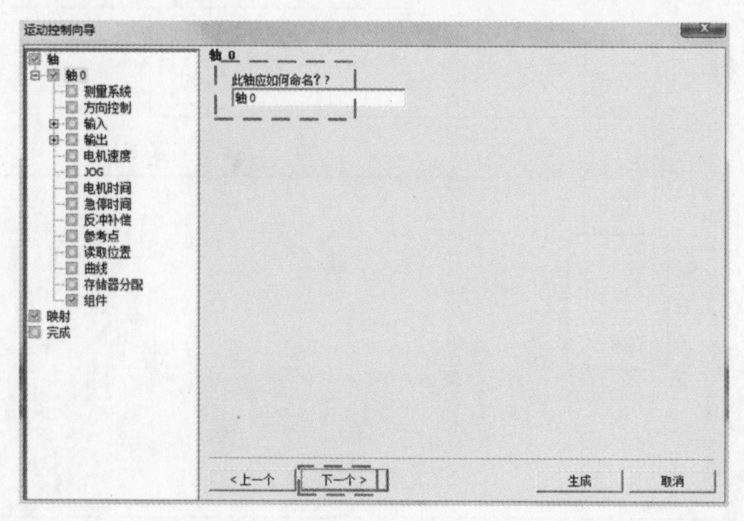


图 4-59　为所选的轴命名

#### 4. 输入系统的测量系统

在“选择测量系统”项选择“工程单位”；由于步进电动机步距角为1.8°，步进电动机驱动器的细分为4，所以“电机一次旋转所需脉冲”输入为“800”，即（360°/1.8°）×4=800；“测量的基本单位”选择“mm”；“电机一次旋转产生多少‘mm’运动”输入“8.0”，由于本例采用的是丝杠，对于丝杠来说，即为导程，导程=螺距×螺纹头数=8mm×1=8mm。设置如图4-60所示。配置完成后，单击“下一个”按钮。

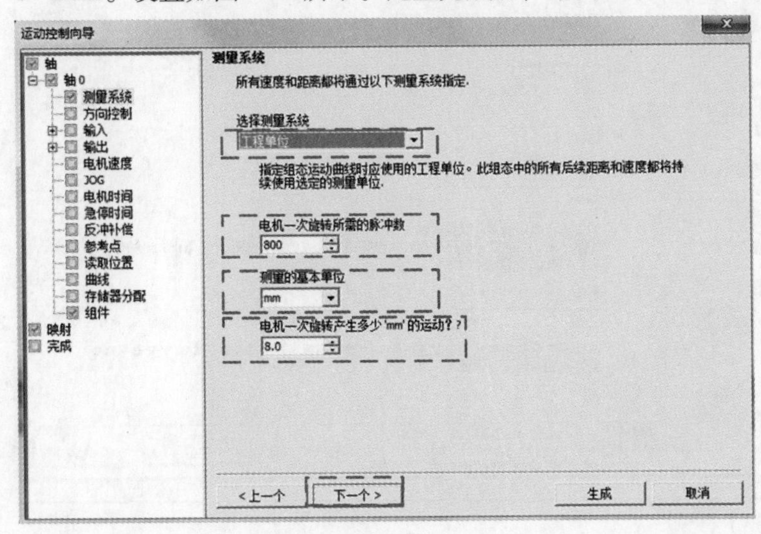


图 4-60　输入系统的测量系统

#### 5. 设置脉冲输出

设置脉冲有几路输出，本例选择“单相（2输出）”，如果选择单相（2输出），则一个输出（P0）控制脉动，另一个输出（P1）控制方向，如图4-61所示。配置完成后，单击“下一个”按钮。

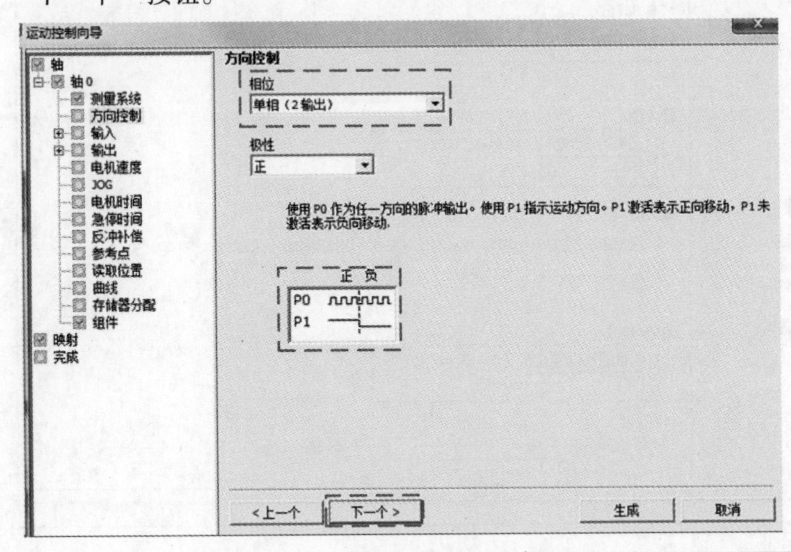


图 4-61　设置脉冲输出

### 6. 分配输入点

本例只设置“STP”（停止输入点），其余并未用到，故无须设置，如图 4-62 所示。配置完成后，连续单击两次“下一个”按钮。

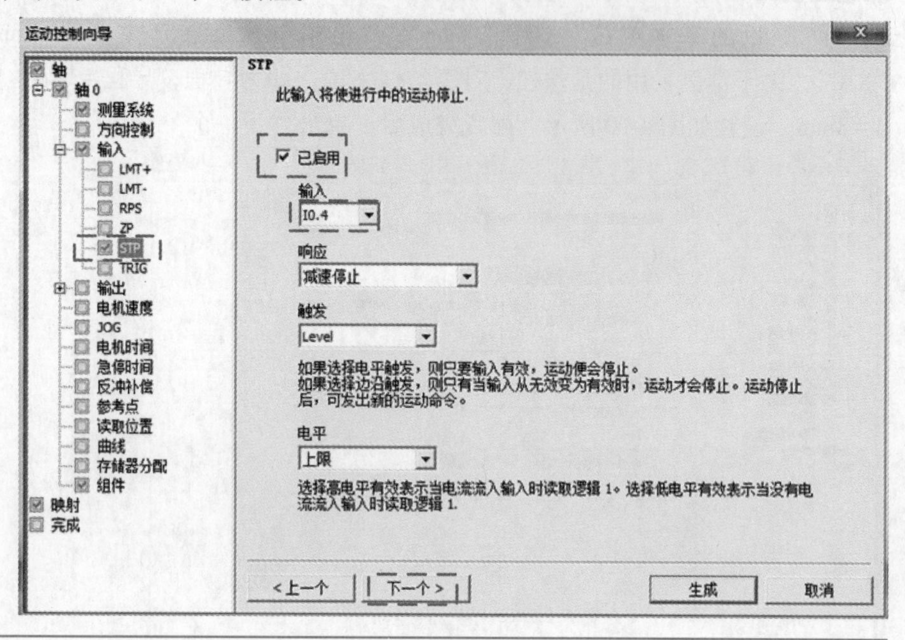


图 4-62　设置“STP”（停止输入点）

### 7. 定义电动机的最大速度

定义电动机运动的最大速度“MAX_SPEED”为“50. 0”，如图 4-63 所示。

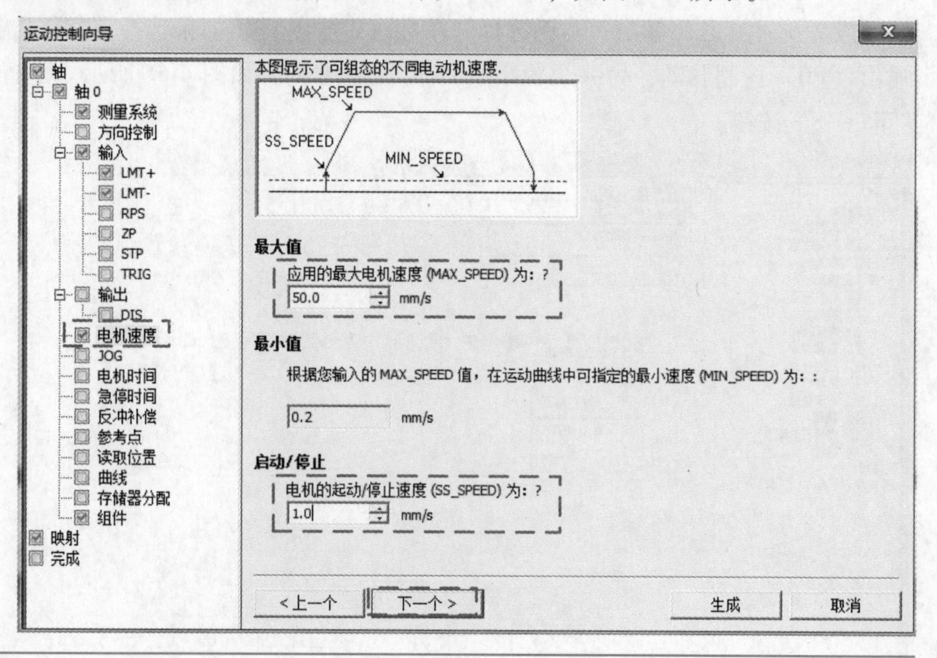


图 4-63　定义电动机运动的最大速度

**8. 定义点动参数**

定义电动机的点的速度为“3.0mm/s”，电动机的点动速度是指点动命令有效时能够得到的最大速度；定义点动增量为“2.0mm”，点动增量是指瞬间的点动命令能够将工件运动的距离。以上设置如图 4-64 所示。

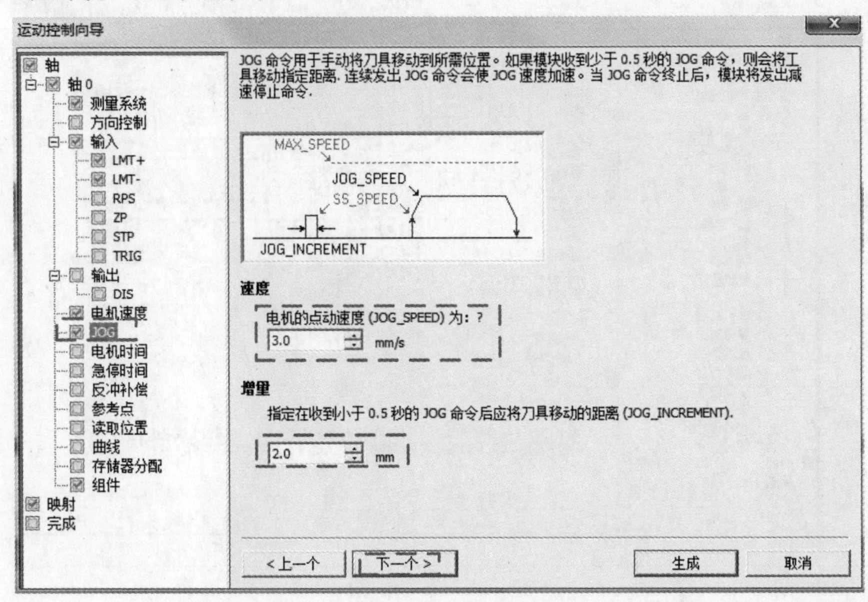


图 4-64　定义点动参数

**9. 配置分配存储区**

配置分配存储区时，不能使用向导已使用的地址，否则程序会出错。配置分配存储区结果如图 4-65 所示。配置完成后，单击“下一个”按钮。

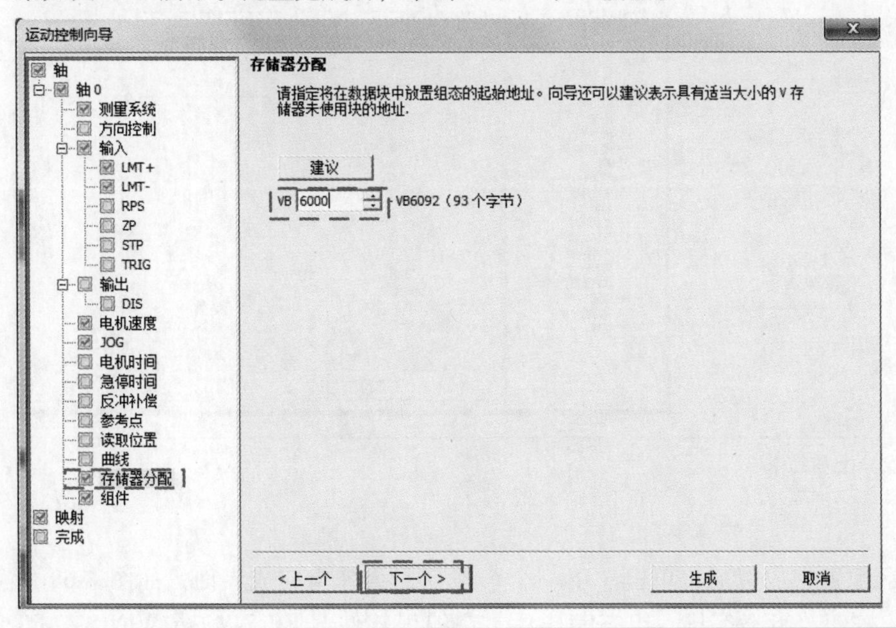


图 4-65　配置分配存储区

**10. 选择组件**

由于本例仅涉及 AXIS0_GOTO，故只勾选“AXIS0_GOTO”即可，如图 4-66 所示。配置完成后，单击“下一个”按钮。

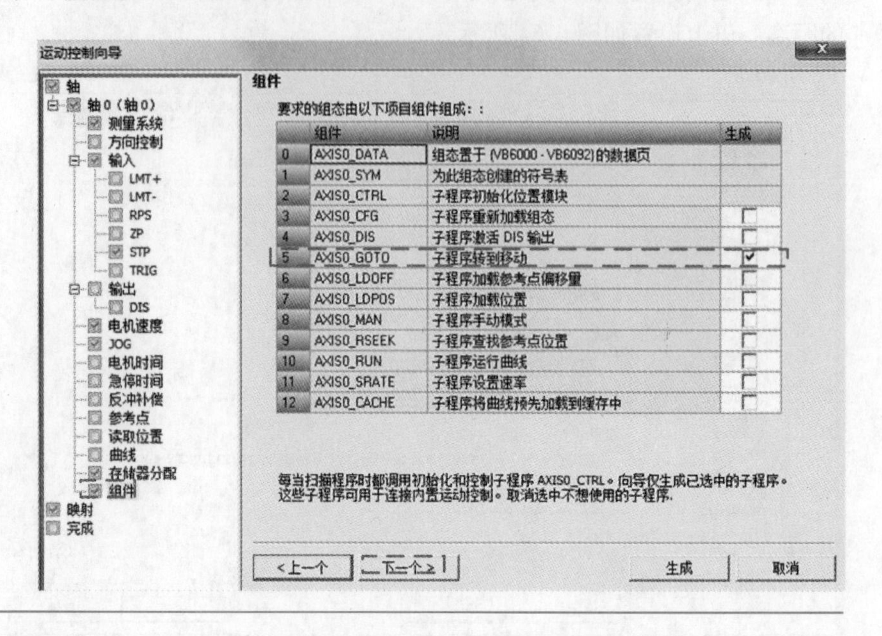


图 4-66　选择组件

**11. 查看输入/输出点分配**

输入/输出点分配表能显示出以上配置的输出轴和停止输入等信息，如图 4-67 所示。

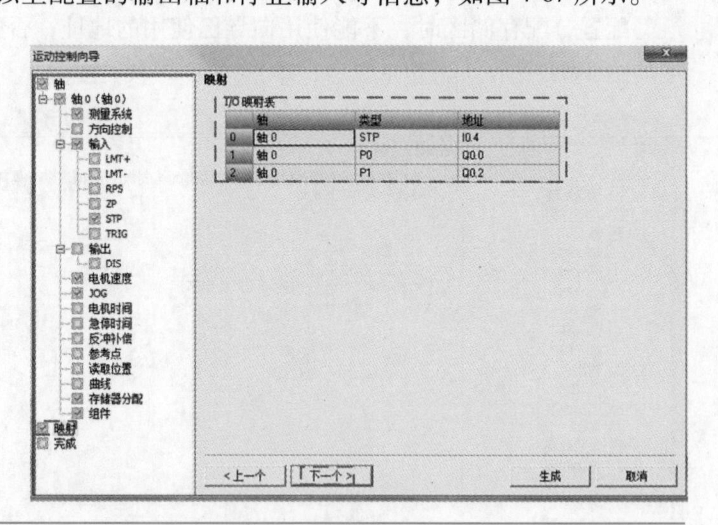


图 4-67　输入/输出点分配信息

**12. 组态完成**

如图 4-67 所示配置完成以后，单击“下一个”按钮，会弹出完成界面，如图 4-68 所示。单击“生成”按钮，组态完毕。组态完毕后，在编程软件 STEP 7-Micro/WIN SMART

V2.3 的项目树“调用子例程”会显示所有的运动控制指令，编程时，可以根据需要调用相关指令。“调用子例程”中的运动控制指令如图 4-69 所示。

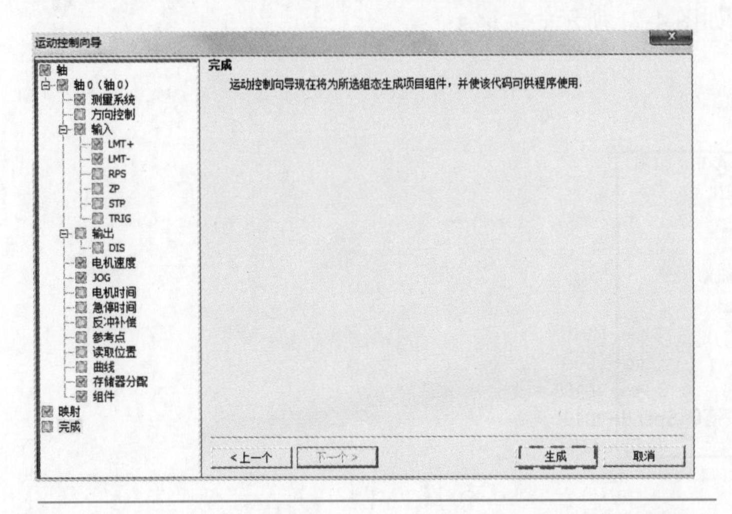


图 4-68　完成界面

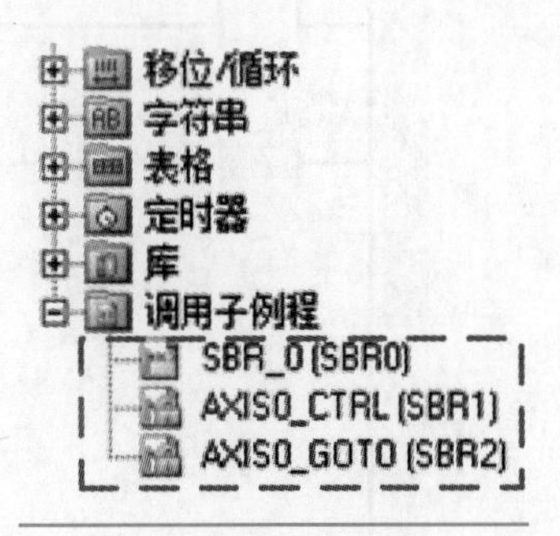


图 4-69　“调用子例程”中的运动控制指令

## 4.6.6　图说常用的运动控制指令

AXISx_GOTO 指令，如图 4-70 所示。

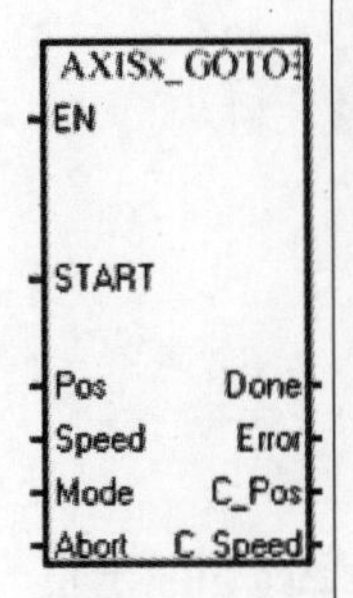


参数解析

功能：命令运动轴转到所需位置。

1. START参数开启会向运动轴发出GOTO命令。对于在START参数开启且运动轴当前不繁忙时执行的每次扫描，该子例程向运动轴发送一个GOTO命令。为了确保仅发送了一个GOTO命令，应使用边沿检测元素用脉冲方式开启START参数。
2. Pos参数包含一个数值，指示要移动的位置（绝对移动）或要移动的距离（相对移动）。根据所选的测量单位，该值是脉冲数(DINT)或工程单位数(ERAL)。
3. Speed参数确定该移动的最高速度。根据所选的测量单位，该值是脉冲数/s (DINT)或工程单位数/s(REAL)。
4. Mode参数选择移动的类型：
   - 0：绝对位置；
   - 1：相对位置；
   - 2：单速连续正向旋转；
   - 3：单速连续反向旋转。
5. Abort参数启动会命令运动轴停止当前包络并减速，直至电动机停止。

| 输入/输出 | 数据类型 | 操作数 |
| --- | --- | --- |
| START | BOOL | I、Q、V、M、SM、S、T、C、L、能流 |
| Pos、Speed | DINT、REAL | ID、QD、VD、MD、SMD、SD、LD、AC、* VD、* AC、* LD、常数 |
| Mode | BYTE | IB、QB、VB、MB、SMB、SB、LB、AC、* VD、* AC、* LD、常数 |
| Abort、Done | BOOL | I、Q、V、M、SM、S、T、C、L |
| Error | BYTE | IB、QB、VB、MB、SMB、SB、LB、AC、* VD、* AC、* LD |
| C_Pos、C_Speed | DINT、REAL | ID、QD、VD、MD、SMD、SD、LD、AC、* VD、* AC、* LD |

图 4-70　AXISx_GOTO 指令

### 4.6.7 步进滑台相对定位控制程序

步进滑台相对定位控制程序，如图 4-71 所示。

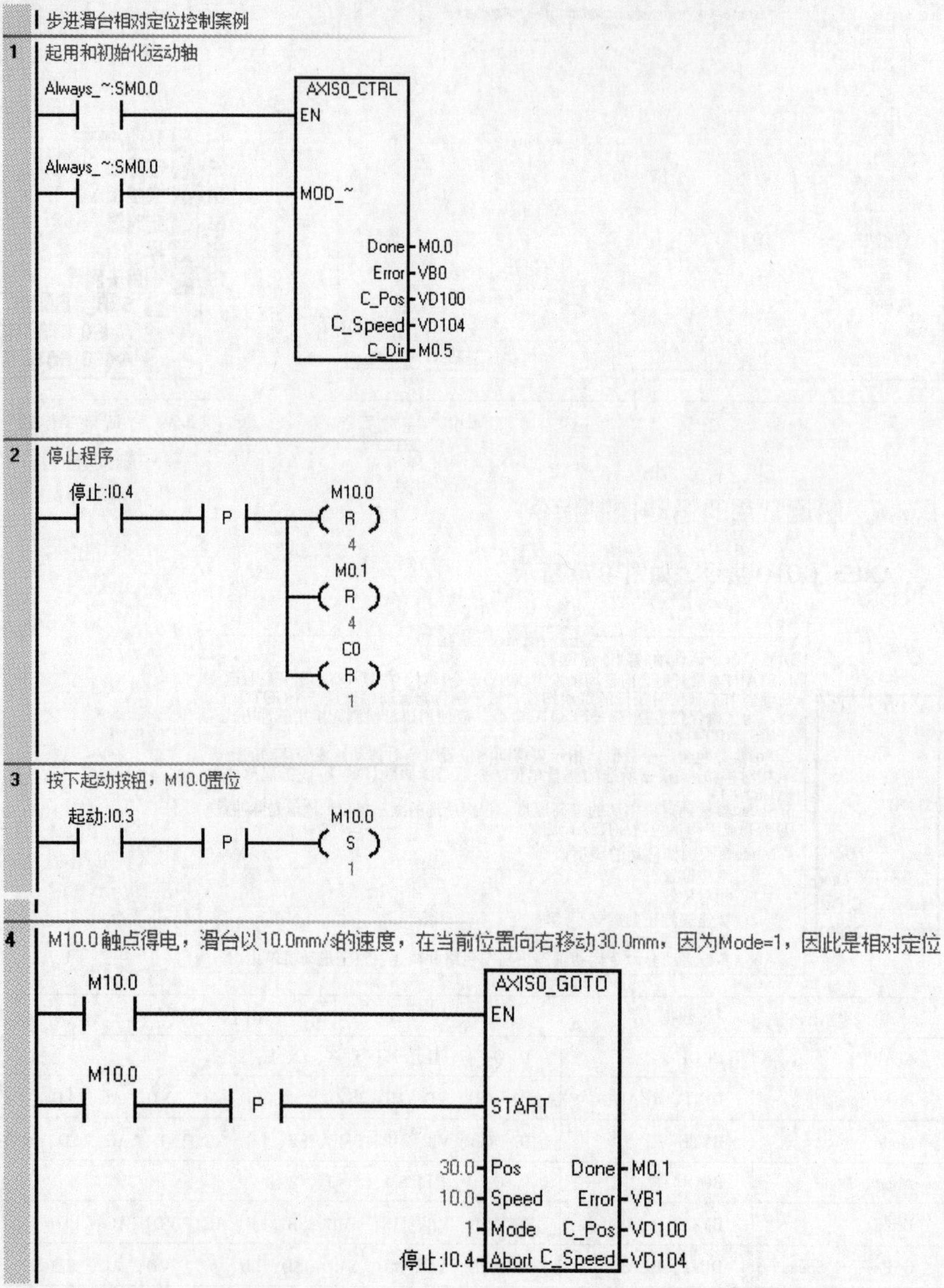

步进滑台相对定位控制案例

1 起用和初始化运动轴

Always_~:SM0.0 —— AXIS0_CTRL EN

Always_~:SM0.0 —— MOD_~

Done - M0.0
Error - VB0
C_Pos - VD100
C_Speed - VD104
C_Dir - M0.5

2 停止程序

停止:I0.4 —— P —— M10.0 (R) 4

M0.1 (R) 4

C0 (R) 1

3 按下起动按钮，M10.0置位

起动:I0.3 —— P —— M10.0 (S) 1

4 M10.0触点得电，滑台以10.0mm/s的速度，在当前位置向右移动30.0mm，因为Mode=1，因此是相对定位

M10.0 —— AXIS0_GOTO EN

M10.0 —— P —— START

30.0 - Pos　Done - M0.1
10.0 - Speed　Error - VB1
1 - Mode　C_Pos - VD100
停止:I0.4 - Abort　C_Speed - VD104

图 4-71　步进滑台相对定位控制程序

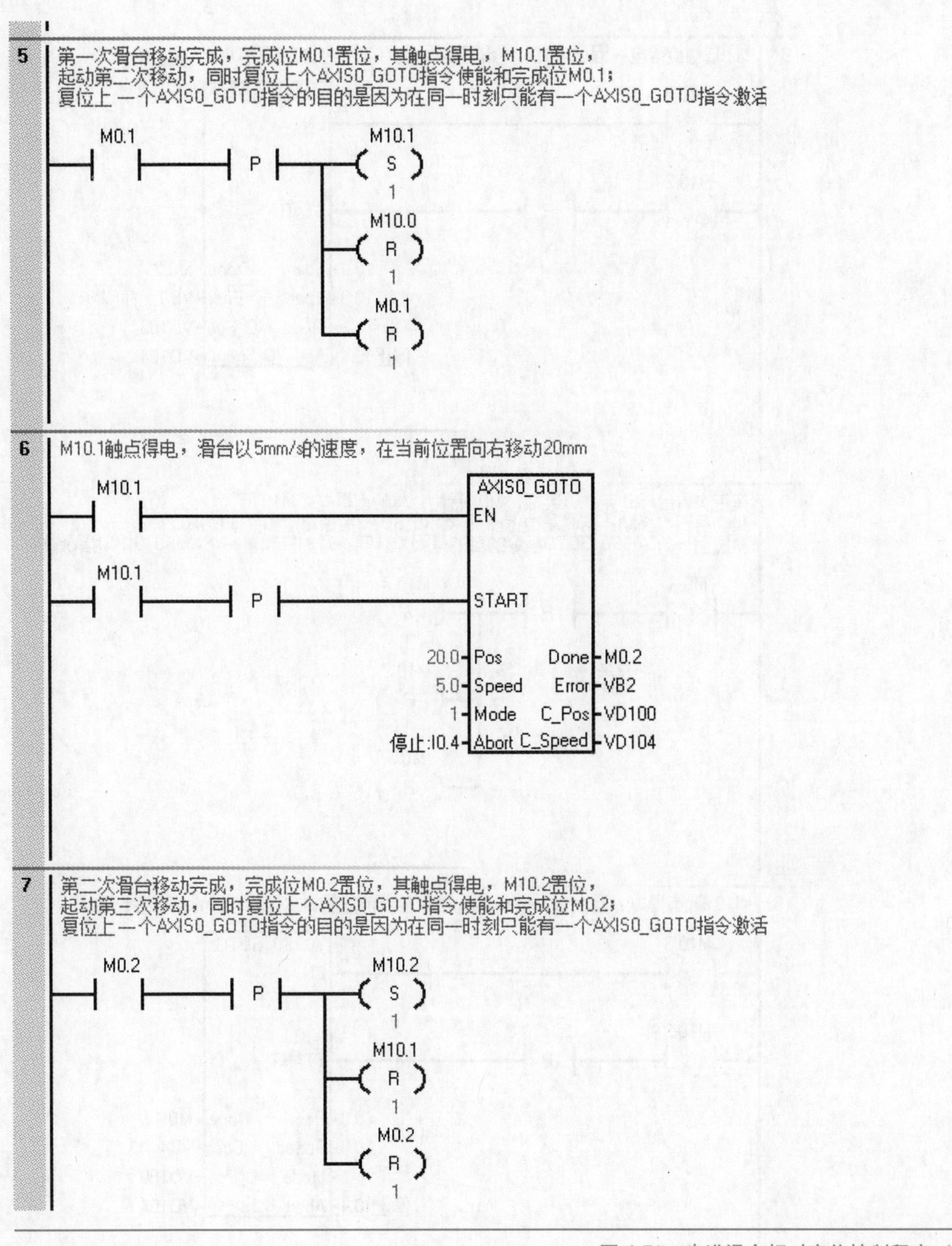


图 4-71　步进滑台相对定位控制程序（续）

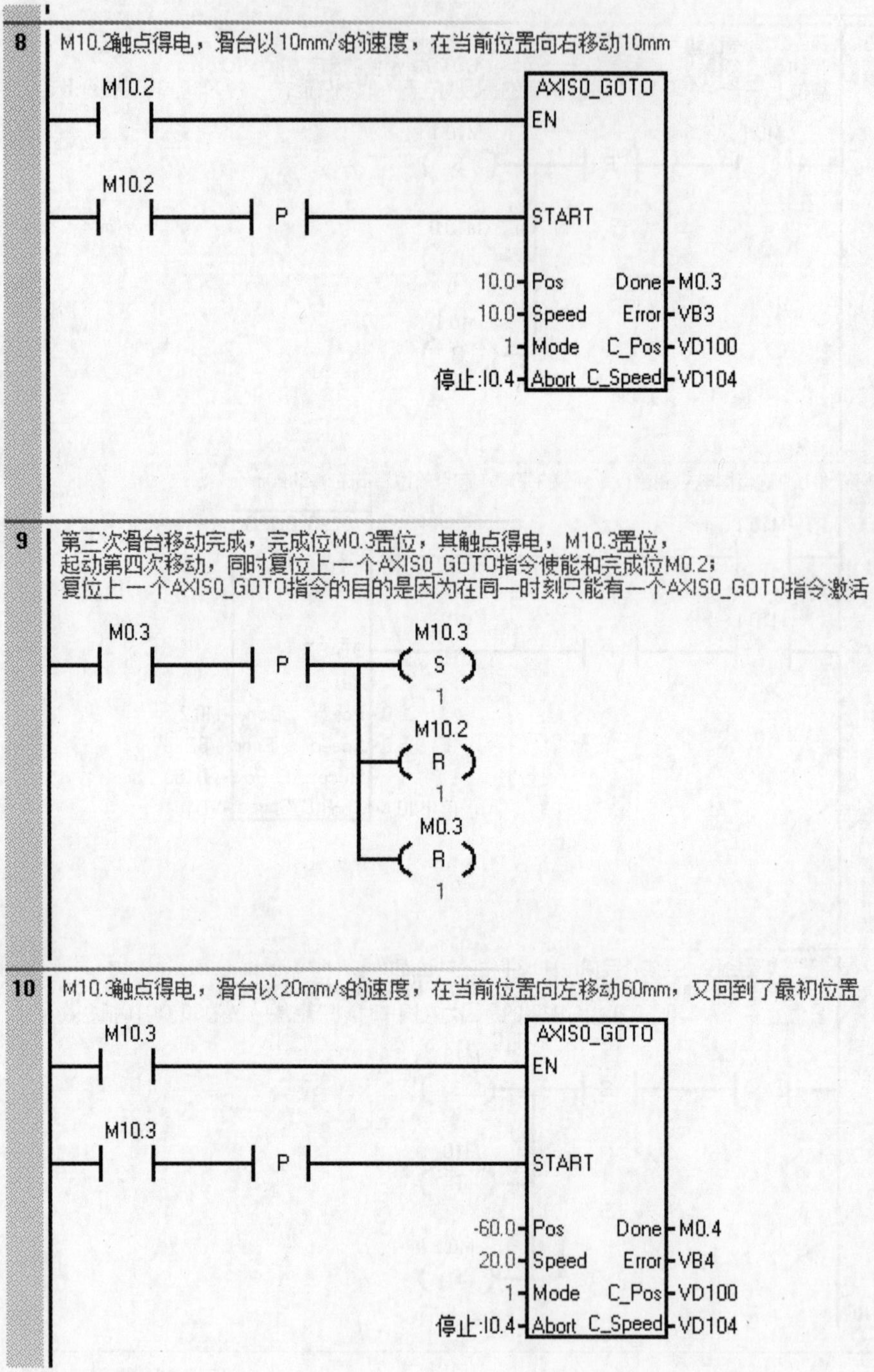

**8** M10.2触点得电，滑台以10mm/s的速度，在当前位置向右移动10mm

M10.2 —| |— EN (AXIS0_GOTO)

M10.2 —| |—|P|— START

10.0 - Pos　Done - M0.3

10.0 - Speed　Error - VB3

1 - Mode　C_Pos - VD100

停止:I0.4 - Abort　C_Speed - VD104

**9** 第三次滑台移动完成，完成位M0.3置位，其触点得电，M10.3置位，
起动第四次移动，同时复位上一个AXIS0_GOTO指令使能和完成位M0.2；
复位上一个AXIS0_GOTO指令的目的是因为在同一时刻只能有一个AXIS0_GOTO指令激活

M0.3 —| |—|P|— M10.3 ( S ) 1；M10.2 ( R ) 1；M0.3 ( R ) 1

**10** M10.3触点得电，滑台以20mm/s的速度，在当前位置向左移动60mm，又回到了最初位置

M10.3 —| |— EN (AXIS0_GOTO)

M10.3 —| |—|P|— START

-60.0 - Pos　Done - M0.4

20.0 - Speed　Error - VB4

1 - Mode　C_Pos - VD100

停止:I0.4 - Abort　C_Speed - VD104

图 4-71　步进滑台相对定位控制程序（续）

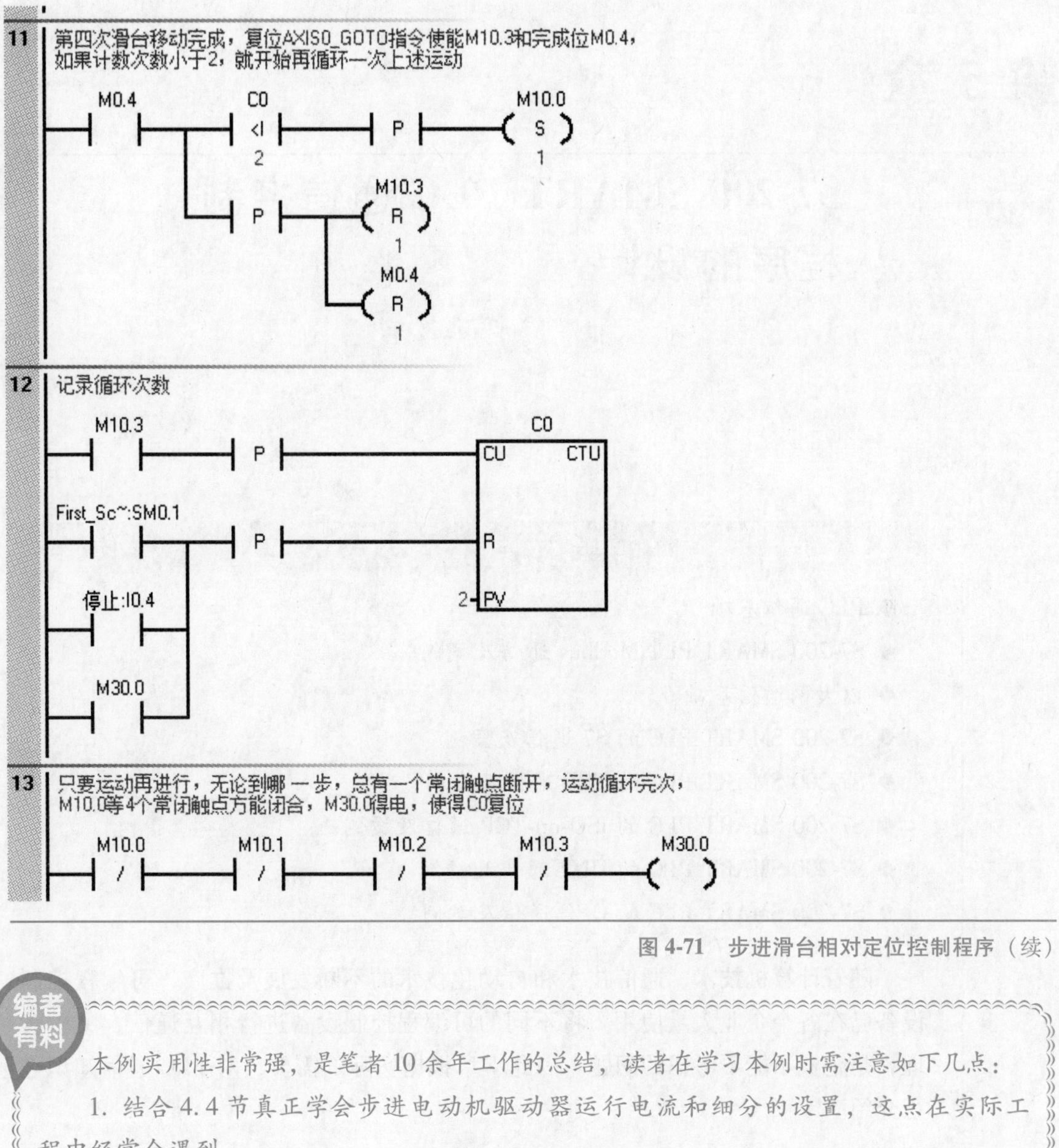

11　第四次滑台移动完成，复位AXIS0_GOTO指令使能M10.3和完成位M0.4，如果计数次数小于2，就开始再循环一次上述运动

M0.4　C0 <I 2　P　M10.0 ( S ) 1

P　M10.3 ( R ) 1

M0.4 ( R ) 1

12　记录循环次数

M10.3　P　C0 CU CTU

First_Sc~:SM0.1　P　R

停止:I0.4

M30.0

2-PV

13　只要运动再进行，无论到哪一步，总有一个常闭触点断开，运动循环完次，M10.0等4个常闭触点方能闭合，M30.0得电，使得C0复位

M10.0 /　M10.1 /　M10.2 /　M10.3 /　M30.0 ( )

**图 4-71　步进滑台相对定位控制程序（续）**

编者有料

本例实用性非常强，是笔者 10 余年工作的总结，读者在学习本例时需注意如下几点：

1. 结合 4.4 节真正学会步进电动机驱动器运行电流和细分的设置，这点在实际工程中经常会遇到。

2. 本例给出了步进滑台运动控制系统的硬件电路，读者需熟练掌握，以便用到实际工程中。在硬件设计时，需注意 S7-200 SMART PLC 与步进电动机驱动器对接时，应采用图 4-37 中的共阴极接法或者采用图 4-38 中的共阳极接法。

3. 在运动控制向导组态时，需理解每步设置的意图。运动控制向导组态完成后，读者可以应用运动控制面板进行调试，验证一下组态是否正确；在使用运动控制面板调试时，需注意将程序下载到 PLC 的同时，一定不要启动软件中的运行按钮，否则使用运动控制面板不能正常调试。

4. 读者应充分理解编程思路，从而掌握运动控制向导和 AXISX_GOTO 的应用。

# 第 5 章

# S7-200 SMART PLC 通信控制程序的设计

**本章要点：**

- ◆ PLC 通信基础
- ◆ S7-200 SMART PLC Modbus 通信及案例
- ◆ 以太网通信基础
- ◆ S7-200 SMART PLC 的 S7 通信及案例
- ◆ S7-200 SMART PLC 的 TCP 通信及案例
- ◆ S7-200 SMART PLC 的 ISO-on-TCP 通信及案例
- ◆ S7-200 SMART PLC 的 UDP 通信及案例
- ◆ S7-200 SMART PLC 的 OPC 通信及案例

随着计算机技术、通信技术和自动化技术的不断发展及推广，可编程控制设备已在各个企业大量使用。将不同的可编程控制设备进行相互通信、集中管理，是企业不能不考虑的问题。因此本章根据实际的需要，对 PLC 通信知识进行介绍。

## 5.1 PLC 通信基础

### 5.1.1 单工、全双工与半双工通信

1. 单工通信

单工通信指信息只能保持同一方向传输，不能反向传输，如图 5-1a 所示。

2. 全双工通信

全双工通信指信息可以沿两个方向传输，A、B 两方都可以同时一方面发送数据，另一方面接收数据，如图 5-1b 所示。

**3. 半双工通信**

半双工通信指信息可以沿两个方向传输，但同一时刻只限于一个方向传输，即同一时刻 A 方发送 B 方接收或 B 方发送 A 方接收。

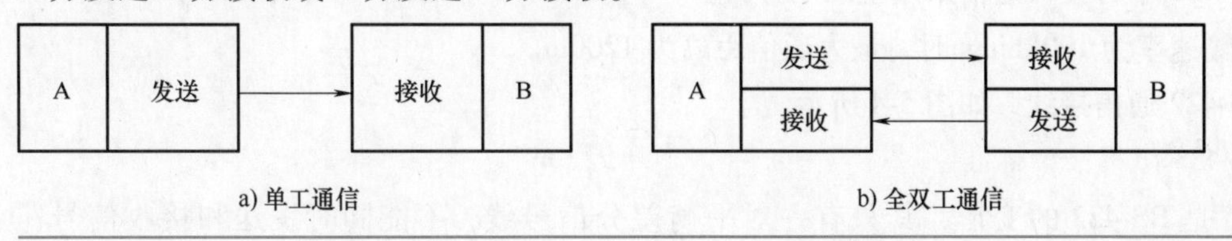


图 5-1　单工与全双工通信

## 5.1.2　串行通信接口标准

串联通信接口标准有 3 种，分别为 RS-232C 串行接口标准、RS-422 串行接口标准和 RS-485 串行接口标准。

**1. RS-232C 串行接口标准**

1969 年，美国电子工业协会 EIA 推荐的一种串行接口标准，即 RS-232C 串行接口标准。其中的 RS 是英文中的“推荐标准”缩写，232 为标识号，C 表示标准修改的次数。

（1）机械性能

RS-232C 接口一般使用 9 针或 25 针 D 形连接器。以 9 针 D 形连接器最为常见。

（2）电气性能

1）采用负逻辑，用-15～-5V 表示逻辑“1”，用+5～+15V 表示逻辑“0”。

2）只能进行一对一通信。

3）最大通信距离 15m，最大传输速率为 20kbit/s。

4）通信采用全双工方式。

5）接口电路采用单端驱动、单端接收电路，如图 5-2 所示。需要说明的是，此电路易受外界信号及公共地线电位差的干扰。

6）两个设备通信距离较近时，只需 3 线，如图 5-3 所示。

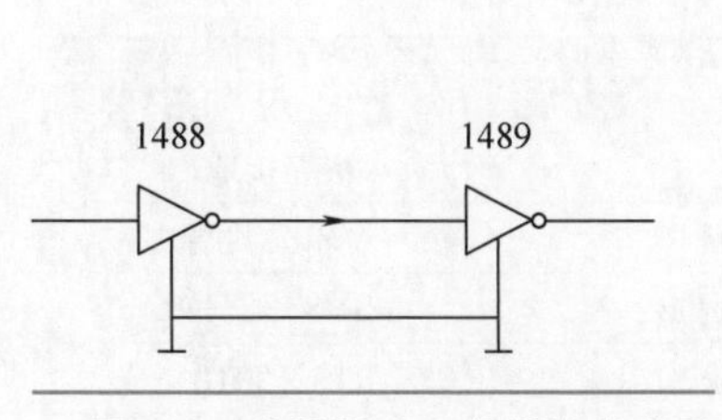


图 5-2　单端驱动、单端接收电路

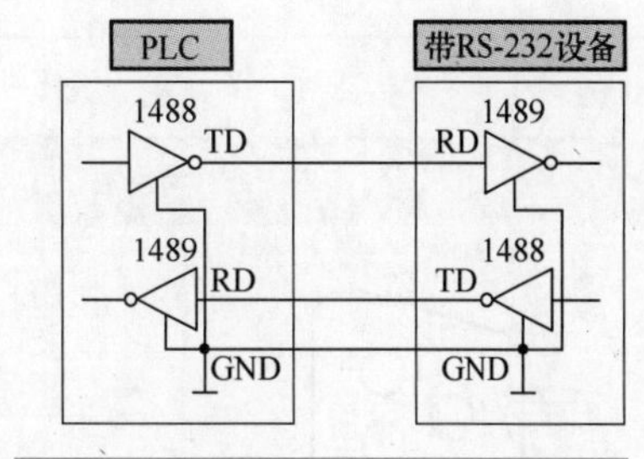


图 5-3　PLC 与 RS-232 设备通信

**2. RS-422 串行接口标准**

由于 RS-232C 接口传输速率、传输距离和抗干扰能力等有限，美国电子工业协会 EIA 又推出了一种新的串行接口标准，即 RS-422 串行接口标准。

RS-422 串行接口具有以下特点：

1）RS-422 串行接口采用平衡驱动、差分接收电路，提高抗干扰能力。

2）RS-422 串行接口通信采用全双工方式。

3）传输速率为 100kbit/s 时，最大通信距离为 1200m。

4）RS-422 通信接线，如图 5-4 所示。

**3. RS-485 串行接口标准**

RS-485 是 RS-422 的变形，其只有一对平衡差分信号线，不能同时发送和接收信号；RS-485 通信采用半双工方式；RS-485 通信接口和双绞线可以组成串行通信网络，构成分布式系统，在一条总线上最多可以接 32 个站，如图 5-5 所示。

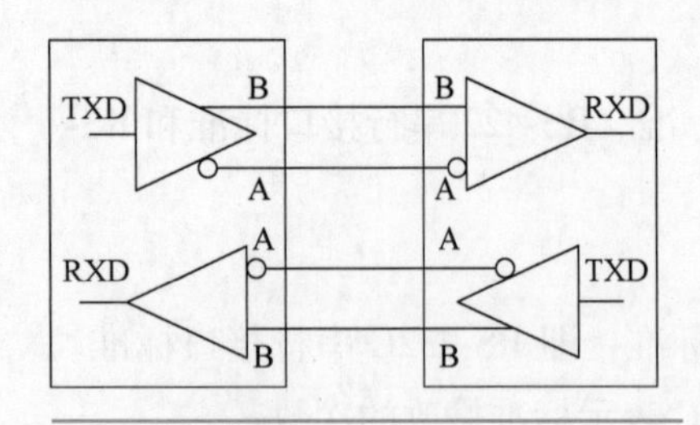


图 5-4　RS-422 通信接线

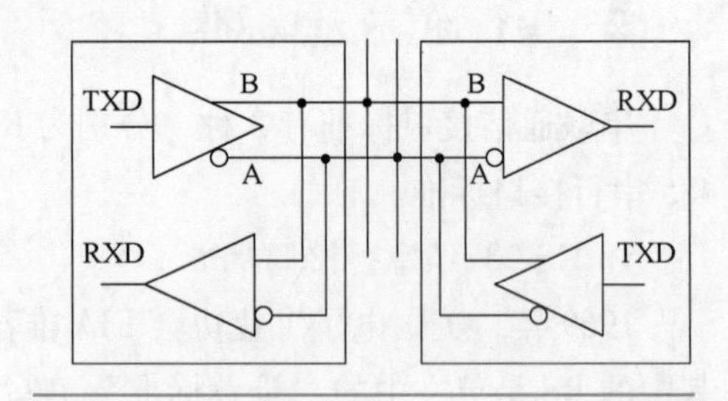


图 5-5　RS-485 通信接线

### 5.1.3　S7-200 SMART PLC 及其信号板 RS-485 端口引脚分配

每个 S7-200 SMART PLC 的 CPU 都提供一个 RS-485 端口（端口 0），标准型 CPU 额外支持 SB CM01 信号板（端口 1），信号板可通过 STEP 7-Micro/WIN SMART 软件组态为 RS-232 通信端口或 RS-485 通信端口。

**1. S7-200 SMART PLC RS-485 端口引脚分配**

S7-200 SMART PLC 集成的 RS-485 通信端口（端口 0）是与 RS-485 兼容的 9 针 D 形连接器。S7-200 SMART PLC 集成 RS-485 端口的引脚分配及定义，见表 5-1。

表 5-1　RS-485 端口的引脚分配及定义

| 连接器 | 引脚号 | 信号 | 引脚定义 |
| --- | --- | --- | --- |
| 5 9 6 1 | 1 | 屏蔽 | 机壳接地 |
| | 2 | 24V 返回 | 逻辑公共端 |
| | 3 | RS-485 信号 B | RS-485 信号 B |
| | 4 | 发送请求 | RTS（TTL） |
| | 5 | 5V 返回 | 逻辑公共端 |
| | 6 | +5V | +5V，100Ω 串联电阻 |
| | 7 | +24V | +24V |
| | 8 | RS-485 信号 A | RS-485 信号 A |
| | 9 | 不适用 | 10 位协议选择（输入） |

**2. 信号板 SB CM01 端口引脚分配**

信号板 SB CM01 可通过 STEP 7-Micro/WIN SMART 软件组态为 RS-232 通信端口或 RS-485 通信端口。S7-200 SMART PLC SB CM01 信号板端口（端口 1）的引脚分配及定义，见表 5-2。

**表 5-2　信号板 SB CM01 端口的引脚分配**

| 连接器 | 引脚号 | 信号 | 引脚定义 |
| --- | --- | --- | --- |
| | 1 | 接地 | 机壳接地 |
| | 2 | Tx/B | RS 232-Tx/RS 485-B |
| | 3 | 发送请求 | RTS（TTL） |
| | 4 | M 接地 | 逻辑公共端 |
| | 5 | Rx/A | RS 232-Rx/RS 485-A |
| | 6 | +5V | +5V，100Ω 串联电阻 |

## 5.1.4　通信传输介质

通信传输介质一般有 3 种，分别为双绞线、同轴电缆和光纤，如图 5-6 所示。

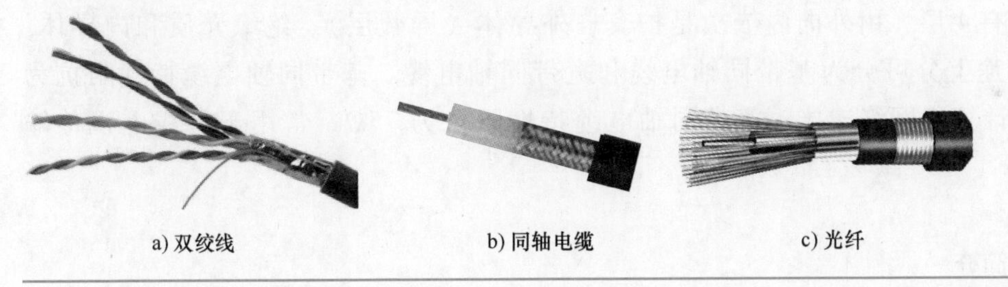

a) 双绞线　　b) 同轴电缆　　c) 光纤

图 5-6　通信传输介质

**1. 双绞线**

（1）双绞线简介

双绞线是由一对相互绝缘的导线按照一定的规律互相缠绕在一起而制成的一种传输介质。两根线扭绞在一起其目的是为了减小电磁干扰。实际使用时，一对或多对双绞线一起包在一个绝缘电缆套管里，常见的双绞线有 1 对、2 对和 4 对。

双绞线按有无屏蔽层可分为非屏蔽双绞线和屏蔽双绞线，屏蔽层可以减小电磁干扰。双绞线具有成本低、重量轻、易弯曲、易安装等特点。RS-232、RS-485 和以太网多采用双绞线进行通信。

（2）以太网线制作

以太网线常见的有 4 芯和 8 芯的。制作以太网线时，需压制专用的连接头，即 RJ45 连接头，俗称水晶头。水晶头的压制有两个标准，分别为 TIA/EIA 568A 和 TIA/EIA 568B。制作水晶头首先将水晶头有卡的一面朝下，有铜片的一面朝上，有开口的一边朝自己身体 TIA/EIA 568A 的线序为 1 白绿、2 绿、3 白橙、4 蓝、5 蓝白、6 橙、7 白棕、8 棕；TIA/EIA 568B 的线序为 1 白橙、2 橙、3 白绿、4 蓝、5 蓝白、6 绿、7 白棕、8 棕，如图 5-7 所示。

图 5-7　RJ45 接头线序

对于一条网线来说，可以分为直通线和交叉线。所谓的直通线就是制作两个水晶头按同一标准，采用 TIA/EIA 568B 标准或者采用 TIA/EIA 568A 标准；所谓的交叉线就是制作两个水晶头采用不同标准，一端用 TIA/EIA 568A 标准，另一端用 TIA/EIA 568B 标准。

10Mbit/s 以太网用 1、2、3、6 线芯传递数据；100Mbit/s 以太网用 4、5、7、8 线芯传递数据。

**2. 同轴电缆**

同轴电缆有 4 层，由外向内依次是护套、外导体（屏蔽层）、绝缘介质和内导体。同轴电缆从用途上分可分为基带同轴电缆和宽带同轴电缆。基带同轴电缆特性阻抗为 50Ω，适用于计算机网络连接；宽带同轴电缆特性阻抗为 75Ω，常用于有线电视传输介质。

**3. 光纤**

（1）光纤简介

光纤是由石英玻璃经特殊工艺拉制而成。按工艺的不同可将光纤分为单模光纤和多模光纤。单模光纤直径为 8～9μm，多模光纤 62.5μm。单模光纤光信号没反射、衰减小、传输距离远；多模光纤光信号多次反射、衰减大、传输距离近。

（2）光纤跳线和尾纤

光纤跳线两端都有活动头，可以直接连接两台设备。光纤跳线，如图 5-8 所示。尾纤只有一端有活动头，另一端没有活动头，需用专用设备与另一根光纤熔在一起。

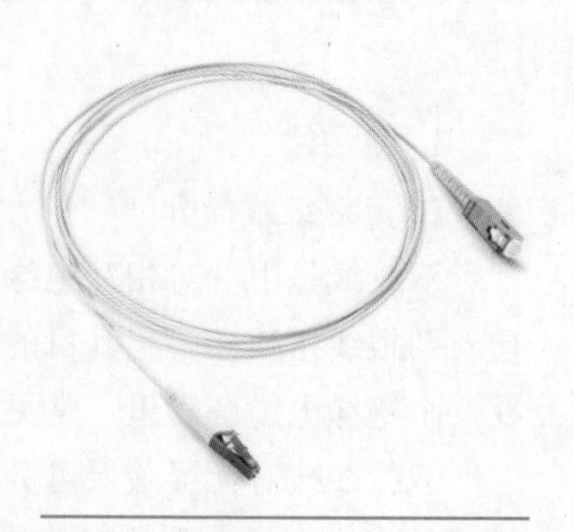

图 5-8　光纤跳线

（3）光纤接口

光纤的接口很多，不同的接口需要配不同的耦合器，一旦设备的接口确定，跳线和尾纤的接口也确定了。光纤接口如图 5-9 所示。

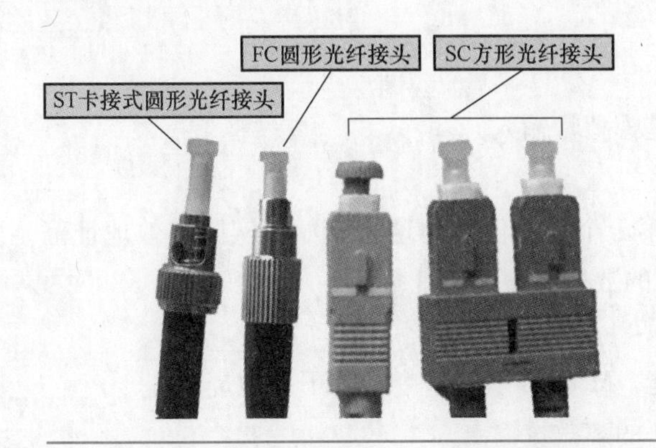


图 5-9　光纤接口

（4）光纤工程应用

实际工程中，光纤传输需配光纤收发设备，如图 5-10 所示。

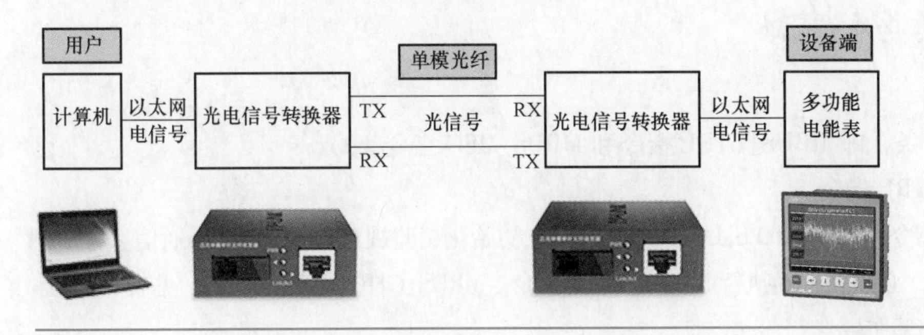


图 5-10　光纤工程应用

## 5.2　S7-200 SMART PLC Modbus 通信及案例

Modbus 通信协议在工业控制中应用广泛，如 PLC、变频器和自动化仪表等工控产品都采用了此协议。Modbus 通信协议已成为一种通用的工业标准。

Modbus 通信协议是一个主-从协议，采用请求-响应方式，主站发出带有从站地址的请求信息，具有该地址的从站接收后，发出响应信息作为应答。主站只有一个，从站可以有 1~247 个。

### 5.2.1　Modbus 寻址

Modbus 的地址通常有 5 个字符值，其中包含数据类型和偏移量。第 1 个字符决定数据类型，后面 4 个字符选择数据类型内的正确数值。

#### 1. Modbus 主站寻址

Modbus 主站指令将地址映射至正确功能，以发送到从站设备。Modbus 主站指令支持下列 Modbus 地址：

1）00001 至 09999 是离散量输出（线圈）。

2）10001 至 19999 是离散量输入（触点）。

3）30001 至 39999 是输入寄存器（通常是模拟量输入）。

4）40001 至 49999 是保持寄存器。

所有 Modbus 地址均从 1 开始，也就是说第 1 个数据值从地址 1 开始。实际有效地址范围取决于从站设备。不同的从站设备支持不同的数据类型和地址范围。

**2. Modbus 从站寻址**

Modbus 主站设备将地址映射至正确的功能。Modbus 从站指令支持下列地址：

1）00001 至 00256 是映射到 Q0.0~Q31.7 的离散量输出。

2）10001 至 10256 是映射到 I0.0~I31.7 的离散量输入。

3）30001 至 30056 是映射到 AIW0~AIW110 的模拟量输入寄存器。

4）40001 至 49999 和 400001 至 465535 是映射到存储器 V 的保持寄存器。

## 5.2.2 主站指令与从站指令

**1. 主站指令**

主站指令有 2 条，即 MBUS_CTRL 指令和 MBUS_MSG 指令。

（1）MBUS_CTRL 指令

MBUS_CTRL 指令用于 S7-200 SMART PLC 端口 0 初始化、监视或禁用 Modbus 通信。在使用 MBUS_MSG 指令前，必须先正确执行 MBUS_CTRL 指令。MBUS_CTRL 的指令格式，见表 5-3。

（2）MBUS_MSG 指令

MBUS_MSG 指令用于启动对 Modbus 从站的请求，并处理应答。MBUS_MSG 的指令格式，见表 5-4。

表 5-3 MBUS_CTRL 的指令格式

| 子程序 | 输入/输出端 | 输入/输出端数据类型 | 输入/输出端操作数 | 输入输出功能注释 |
| --- | --- | --- | --- | --- |
| MBUS_CTRL<br>EN<br>Mode<br>Baud Done<br>Parity Error<br>Port<br>Timeout | EN | BOOL | I、Q、M、S、SM、T、C、V、L | 使能端：必须保证每一扫描周期都被使能（使用 SM0.0） |
| | Mode | BOOL | I、Q、M、S、SM、T、C、V、L | 模式：为 1 时，使能 Modbus 协议功能；为 0 时恢复为系统 PPI 协议 |
| | Baud | DWORD | VD、ID、QD、MD、SD、SMD、LD、AC、常数、*VD、*AC、*LD | 波特率：支持的通信波特率为 1200bit/s、2400bit/s、4800bit/s、9600bit/s、19200bit/s、38400bit/s、57600bit/s、115200bit/s |

（续）

| 子程序 | 输入/输出端 | 输入/输出端数据类型 | 输入/输出端操作数 | 输入输出功能注释 |
|---|---|---|---|---|
| MBUS_CTRL<br>EN<br>Mode<br>Baud　Done<br>Parity　Error<br>Port<br>Timeout | Parity | BYTE | VB、IB、QB、MB、SB、SMB、LB、AC、常数、＊VD、＊AC、＊LD | 校验方式选择：<br>0=无校验；<br>1=奇校验；<br>2=偶校验 |
| | Port | BYTE | VB、IB、QB、MB、SB、SMB、LB、AC、常数、＊VD、＊AC、＊LD | 端口号：0=CPU 集成的 RS 485 通信口；1=可选 CM 01 信号板 |
| | Timeout | WORD | VW、IW、QW、MW、SW、SMW、LW、AC、常数、＊VD、＊AC、＊LD | 超时：主站等待从站响应的时间，以毫秒为单位，典型的设置值为 1000ms（1s），允许设置的范围为 1-32767。注意：这个值必须设置足够大以保证从站有时间响应 |
| | Error | BYTE | VB、IB、QB、MB、SB、SMB、LB、AC、＊VD、＊AC、＊LD | 初始化错误代码<br>（只有在 Done 位为 1 时有效）：<br>0=无错误；<br>1=校验选择非法；<br>2=波特率选择非法；<br>3=超时无效；<br>4=模式选择非法；<br>9=端口无效；<br>10=信号板端口 1 缺失或未组态 |

表 5-4　**MBUS_MSG 的指令格式**

| 子程序 | 输入/输出端 | 输入/输出端数据类型 | 输入/输出端操作数 | 输入输出功能注释 |
|---|---|---|---|---|
| MBUS_MSG<br>EN<br>First<br>Slave　Done<br>RW　Error<br>Addr<br>Count<br>DataPtr | EN | BOOL | I、Q、M、S、SM、T、C、V、L | 使能端：必须保证每一扫描周期都被使能（使用 SM0.0） |
| | First | BOOL | I、Q、M、S、SM、T、C、V、L | 读写请求位：每一个新的读写请求必须使用脉冲触发 |
| | Slave | BYTE | VB、IB、QB、MB、SB、SMB、LB、AC、常数、＊VD、＊AC、＊LD | 从站地址：可选择的范围为 1~247 |
| | RW | BYTE | VB、IB、QB、MB、SB、SMB、LB、AC、常数、＊VD、＊AC、＊LD | 读写请求：0=读，1=写；注意：0=读，1=写；数字量输入和模拟量输入只支持读功能 |

（续）

| 子程序 | 输入/输出端 | 输入/输出端数据类型 | 输入/输出端操作数 | 输入输出功能注释 |
|---|---|---|---|---|
| MBUS_MSG<br>EN<br>First<br>Slave Done<br>RW Error<br>Addr<br>Count<br>DataPtr | Addr | DWORD | VD、ID、QD、MD、SD、SMD、LD、AC、常数、*VD、*AC、*LD | 读写从站的数据地址：选择读写的数据类型，00001 至 0xxxx = 开关量输出；10001 至 1xxxx = 数字量输入；30001 至 3xxxx = 模拟量输入；40001 至 4xxxx = 保持寄存器 |
| | Count | INT | VB、IB、QB、MB、SB、SMB、LB、AC、*VD、*AC、*LD | 数据个数：通信的数据个数（位或字的个数）。注意：Modbus 主站可读/写的最大数据量为 120 个字（是指每一个 MBUS_MSG 指令） |
| | DataPtr | DWORD | &VB | 数据指针：①如果是读指令，读回的数据放到这个数据区中；②如果是写指令，要写出的数据放到这个数据区中 |
| 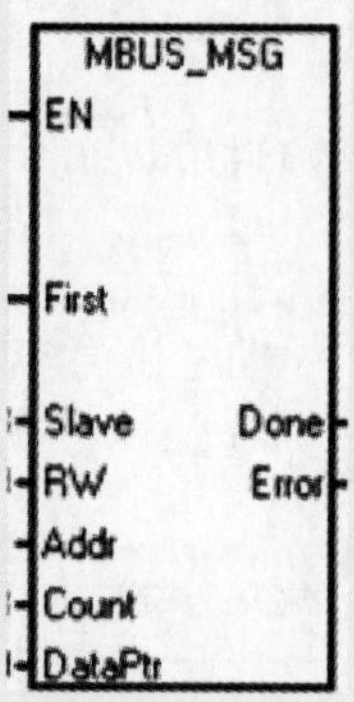 | Done | BOOL | I、Q、M、S、SM、T、C、V、L | 完成位：读写功能完成位； |
| | Error | BYTE | VB、IB、QB、MB、SB、SMB、LB、AC、*VD、*AC、*LD | 错误代码：<br>只有在 Done 位为 1 时，错误代码才有效<br>0 = 无错误；<br>1 = 响应校验错误；<br>2 = 未用；<br>3 = 接收超时（从站无响应）；<br>4 = 请求参数错误；（slave address，Modbus address，count，RW）；<br>5 = Modbus/自由口未使能；<br>6 = Modbus 正在忙于其他请求；<br>7 = 响应错误（响应不是请求的操作）；<br>8 = 响应 CRC 校验和错误；<br>101 = 从站不支持请求的功能；<br>102 = 从站不支持数据地址；<br>103 = 从站不支持此种数据类型；<br>104 = 从站设备故障；<br>105 = 从站接收了信息，但是响应被延迟；<br>106 = 从站忙，拒绝了该信息；<br>107 = 从站拒绝了信息；<br>108 = 从站存储器奇偶错误 |

**2. 从站指令**

从站指令有 2 条，即 MBUS_INIT 指令和 MBUS_SLAVE 指令。

（1）MBUS_INIT 指令

MBUS_INIT 指令用于启动、初始化或禁止 Modbus 通信。在使用 MBUS_SLAVE 指令之前，必须正确执行 MBUS_INIT。其指令格式如图 5-11 所示。

MBUS_INIT
EN
a Mode　　Done k
b Addr　　Error l
c Baud
d Parity
e Port
f Delay
g MaxIQ
h MaxAI
i MaxHold
j HoldStart

**指令解析**

a. 模式选择：起动/停止Modbus，1=起动；0=停止
b. 从站地址：Modbus从站地址，取值1~247
c. 波特率：可选1200bit/s，2400bit/s，4800bit/s，9600bit/s，19200bit/s，38400bit/s，57600bit/s，115200bit/s
d. 奇偶校验：0=无校验；1=奇校验；2=偶校验
e. 端口：0=CPU中集成的 RS-485，1=可选信号板上的RS-485或RS-232。
f. 延时：附加字符间延时，缺省值为0
g. 最大I/Q位：参与通信的最大I/O点数，S7-200 SMART的I/O映像区为256/256(但目前只能最多连接4个扩展模块，因此目前最多I/O点数为188/188)
h. 最大AI字数：参与通信的最大AI通道数，最多56个
i. 最大保持寄存器区：参与通信的V存储区字(VW)
j. 保持寄存器区起始地址：以&VBx指定(间接寻址方式)
k. 初始化完成标志：成功初始化后置1
l. 初始化错误代码

图 5-11　MBUS_INIT 指令指令格式

（2）MBUS_SLAVE 指令

MBUS_SLAVE 指令用于 Modbus 主设备发出的请求服务，并且必须在每次扫描时执行，以便允许该指令检查和回答 Modbus 请求。其指令格式如图 5-12 所示。

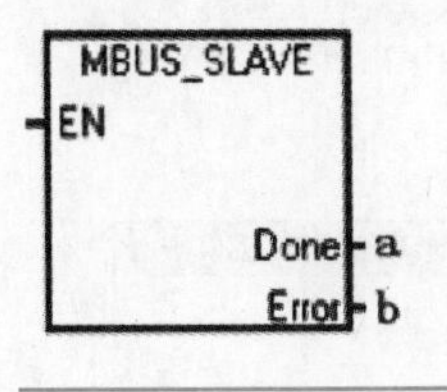


a. Modbus执行：通信中时置1，无Modbus通信活动时为0
b. 错误代码：0=无错误

图 5-12　MBUS_SLAVE 指令指令格式

## 5.2.3　应用案例

### 1. 控制要求

用主站的起动按钮 I0.1 控制从站水泵 Q0.0、Q0.1 起动，并且按下起动按钮后，主站数据以自加 1 的形式，反复向从站发送数据；用主站的停止按钮 I0.2 控制从站水泵 Q0.0、Q0.1 停止并停止发数据。试编写控制程序。

### 2. 硬件配置

装有 STEP 7-Micro/WIN SMART V2.2 编程软件的计算机 1 台；1 台 CPU ST30；1 台 CPU ST20；3 根以太网线；1 台交换机；RS-485 简易通信线 1 根（两边都是 DB9 插件，分别连接 3，8 端）。

### 3. 硬件连接

硬件连接，如图 5-13 所示。

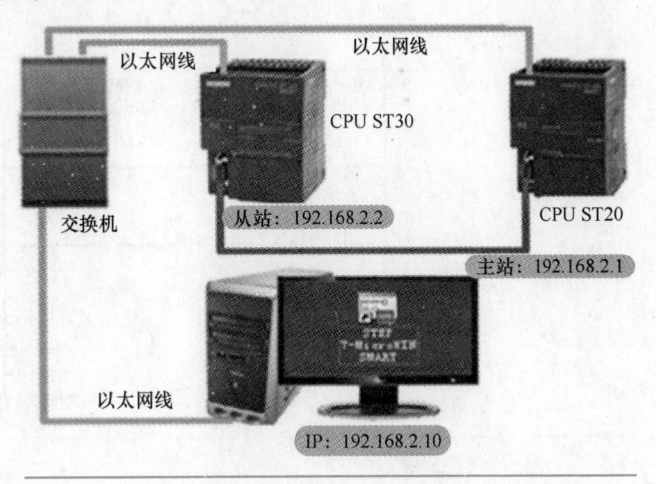


图 5-13　两台 S7-200 SMART 的硬件连接

### 4. 主站编程

主站程序，如图 5-14 所示。

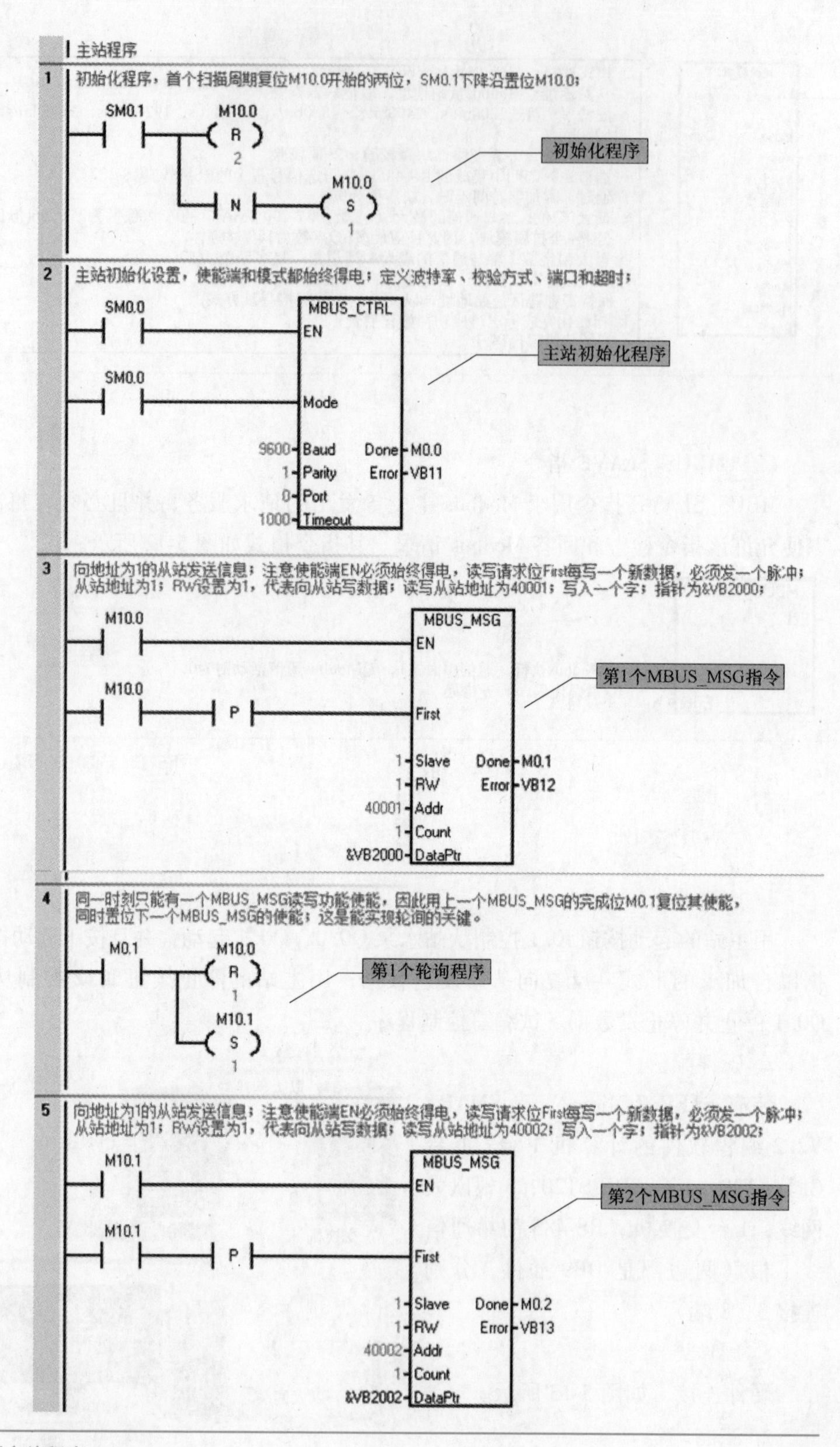


图 5-14　应用案例主站程序

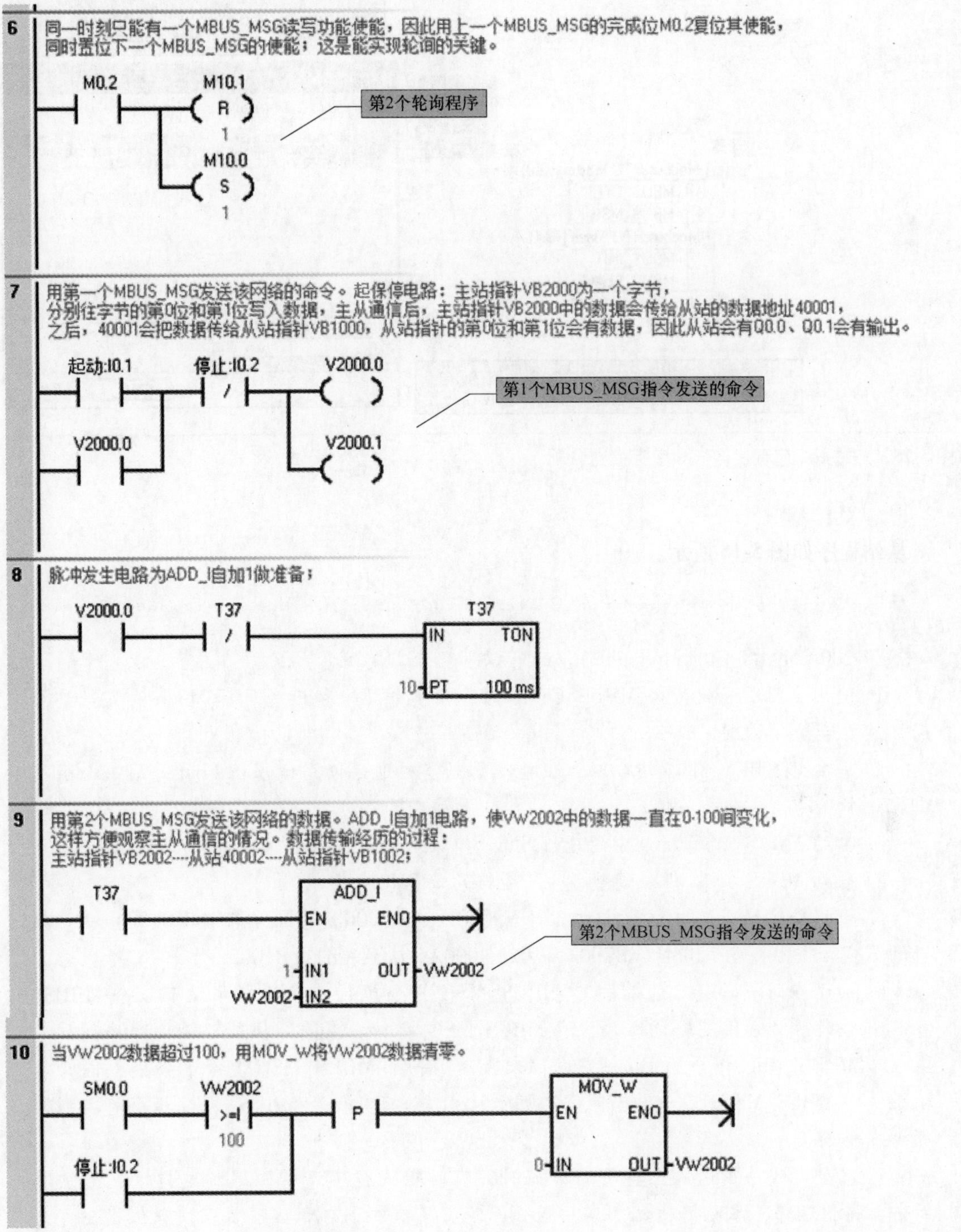

6　同一时刻只能有一个MBUS_MSG读写功能使能，因此用上一个MBUS_MSG的完成位M0.2复位其使能，同时置位下一个MBUS_MSG的使能；这是能实现轮询的关键。

M0.2　M10.1 ( R ) 1　M10.0 ( S ) 1　第2个轮询程序

7　用第一个MBUS_MSG发送该网络的命令。起保停电路：主站指针VB2000为一个字节，分别往字节的第0位和第1位写入数据，主从通信后，主站指针VB2000中的数据会传给从站的数据地址40001，之后，40001会把数据传给从站指针VB1000，从站指针的第0位和第1位会有数据，因此从站会有Q0.0、Q0.1会有输出。

起动:I0.1　停止:I0.2　V2000.0　V2000.0　V2000.1　第1个MBUS_MSG指令发送的命令

8　脉冲发生电路为ADD_I自加1做准备；

V2000.0　T37　T37　IN　TON　10-PT　100 ms

9　用第2个MBUS_MSG发送该网络的数据。ADD_I自加1电路，使VW2002中的数据一直在0-100间变化，这样方便观察主从通信的情况。数据传输经历的过程：主站指针VB2002---从站40002---从站指针VB1002；

T37　ADD_I　EN　ENO　1-IN1　OUT-VW2002　VW2002-IN2　第2个MBUS_MSG指令发送的命令

10　当VW2002数据超过100，用MOV_W将VW2002数据清零。

SM0.0　VW2002 >=I 100　P　MOV_W　EN　ENO　0-IN　OUT-VW2002　停止:I0.2

图 5-14　应用案例主站程序（续）

Modbus 主站指令库查找方法和库存储器分配，如图 5-15 所示。

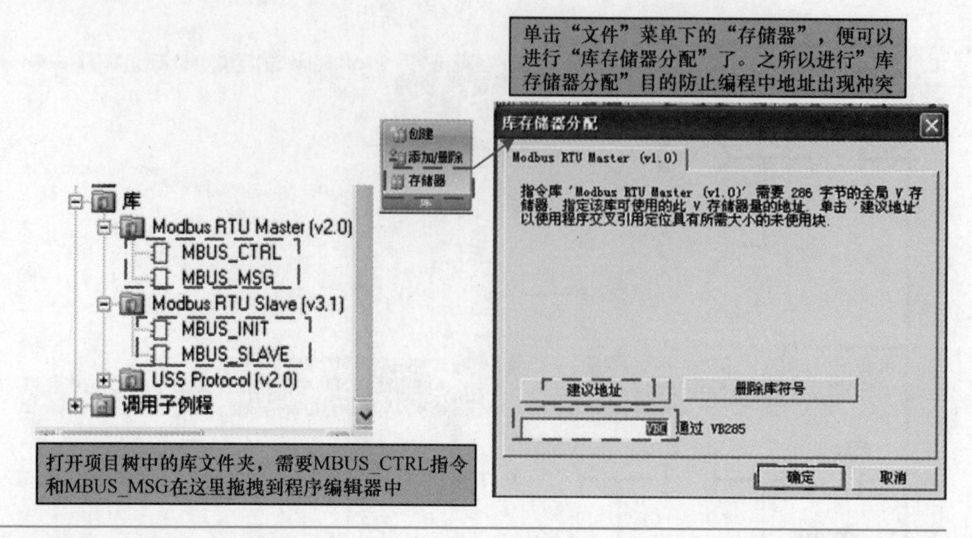


图 5-15　主站指令库查找方法和库存储器分配

**5. 从站编程**

从站程序如图 5-16 所示。

编者有料

S7-200 SMART PLC Modbus 通信的有以下几点需要注意：

1. 使用主站初始化指令 MBUS_CTRL 时，使能端 EN 和模式选择 Mode 均需始终接通，故要连接 SM0. 0。

2. 用主站 MBUS_MSG 指令时，使能端需始终接通；读写请求位 First 每写一个数据需发一个脉冲，这个是关键。

3. 主站 MBUS_MSG 指令中的地址 Slave 和从站 MBUS_INIT 指令中的地址需一致。

4. 从站 MBUS_INIT 指令使能端 EN 连接的是 SM0. 1。

5. 数据传输经历的过程：主站指针 V2000→从站 40001→从站指针 VB100→从站指针的第 0 和 1 位：主站指针 VB2002→从站 40002→从站指针 VB1002。

6. 由于在同一时刻只能有一个 MBUS_MSG 指令执行，因此当主站有多个 MBUS_MSG 指令时，必须设置轮询程序，让 MBUS_MSG 指令依次循环执行。轮询程序往往用上一个 MBUS_MSG 指令的 Done 完成位来激活下一个 MBUS_MSG 指令的使能，同时复位上一个 MBUS_MSG 指令的使能，详见图 5-14。如只有一个 MBUS_MSG 指令时，则无须考虑轮询程序。

7. 当主站程序中途停止再重新开始时，有时轮询就不正常，遇到这样情况必须编写好初始化程序，本初始化程序实用性强，摒弃了有些编者和程序员采用移位指令作为初始化程序的弊端，读者应细细揣摩，将其用到实际工程中。当只有一个 MBUS_MSG 指令时，则无须考虑初始化程序。

8. 本例中的轮询程序和初始化程序是实现 Modbus 通信的关键，是笔者多年经验的总结，值得读者模仿。

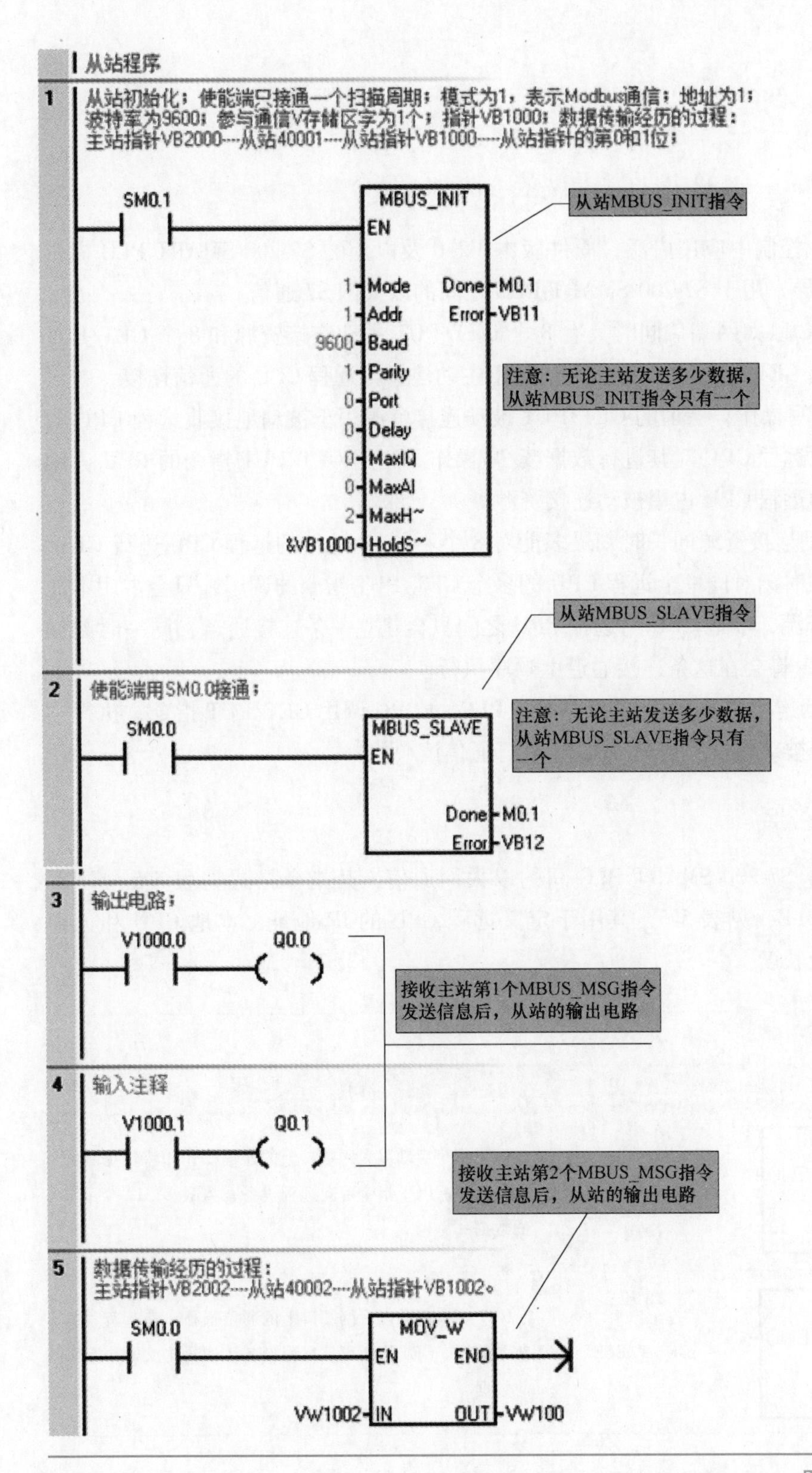


图 5-16　应用案例从站程序

## 5.3 GET/PUT 指令及案例

### 5.3.1 S7-200 SMART PLC 基于以太网的 S7 通信简介

以太网通信在工业控制中应用广泛，固件版本 V2.0 及以上的 S7-200 SMART PLC 提供了 GET/PUT 指令和向导，用于 S7-200 SMART PLC 之间的以太网 S7 通信。

S7-200 SMART PLC 以太网端口同时具有 8 个 GET/PUT 主动连接资源和 8 个 GET/PUT 被动连接资源。所谓的 GET/PUT 主动连接资源用于主动建立与远程 CPU 的通信连接，并对远程 CPU 进行数据读/写操作；所谓的 GET/PUT 被动连接资源用于被动地接收远程 CPU 的通信连接请求，并接收远程 CPU 对其进行数据读/写操作。调用 GET/PUT 指令的 CPU 占用主动连接资源；相应的远程 CPU 占用被动连接资源。

8 个 GET/PUT 主动连接资源同一时刻最多能对 8 个不同 IP 地址的远程 CPU 进行 GET/PUT 指令的调用；同一时刻对同一个远程 CPU 的多个 GET/PUT 指令的调用，只会占用本地 CPU 的一个主动连接资源，本地 CPU 与远程 CPU 之间只会建立一条连接通道，同一时刻触发的多个 GET/PUT 指令将会在这条连接通道上顺序执行。

8 个 GET/PUT 被动连接资源，S7-200 SMART PLC 的 CPU 调用 GET/PUT 指令，执行主动连接的同时，也可以被动地被其他远程 CPU 进行通信读/写。

### 5.3.2 GET/PUT 指令

GET/PUT 指令用于 S7-200 SMART PLC 间的以太网通信，其指令格式见表 5-5。GET/PUT 指令中的参数 TABLE，见表 5-6，其用于定义远程 CPU 的 IP 地址、本地 CPU 和远程 CPU 的通信数据区域及长度。

表 5-5 GET/PUT 指令格式

| 指令名称 | 梯形图 | 语句表 | 指令功能 |
|---|---|---|---|
| PUT 指令 | PUT<br>EN ENO<br>TABLE | PUT TABLE | PUT 指令启动以太网端口上的通信操作，将数据写入远程设备。PUT 指令可向远程设备写入最多 212 个字节的数据 |
| GET 指令 | GET<br>EN ENO<br>TABLE | GET TABLE | GET 指令启动以太网端口上的通信操作，从远程设备获取数据。GET 指令可从远程设备读取最多 222 个字节的数据 |

需要特别说明的是，GET/PUT 指令只需要在主动建立连接的 CPU 中调用执行，被动建立连接的 CPU 不需进行通信编程。

表 5-6　GET/PUT 指令参数 TABLE 的定义

| 字节偏移量 | Bit 7 | Bit 6 | Bit 5 | Bit 4 | Bit 3 | Bit 2 | Bit 1 | Bit 0 |
|---|---|---|---|---|---|---|---|---|
| 0 | D | A | E | 0 | 错误代码 | | | |
| 1 | 远程 CPU 的 IP 地址 | | | | | | | |
| 2 | | | | | | | | |
| 3 | | | | | | | | |
| 4 | | | | | | | | |
| 5 | 预留（必须设置为 0） | | | | | | | |
| 6 | 预留（必须设置为 0） | | | | | | | |
| 7 | 指向远程 CPU 通信数据区域的地址指针（允许数据区域包括：I、Q、M、V） | | | | | | | |
| 8 | | | | | | | | |
| 9 | | | | | | | | |
| 10 | | | | | | | | |
| 11 | 通信数据长度 | | | | | | | |
| 12 | 指向本地 CPU 通信数据区域的地址指针（允许数据区域包括：I、Q、M、V） | | | | | | | |
| 13 | | | | | | | | |
| 14 | | | | | | | | |
| 15 | | | | | | | | |

注：D 表示通信完成标志位，通信已经成功完成或者通信发生错误。
A 表示通信已经激活标志位。
E 表示通信发生错误。
通信数据长度是指需要访问远程 CPU 通信数据的字节个数，PUT 指令可向远程设备写入最多 212 个字节的数据，GET 指令可从远程设备读取最多 222 个字节的数据。

### 5.3.3　GET/PUT 指令应用案例

**1. 控制要求**

通过以太网通信，把本地 CPU1（ST20）中的数据 3 写入远程 CPU2（ST30）中；把远程 CPU2（ST30）中的数据 2 读到 CPU1（ST20）中。试编写控制程序。

**2. 硬件配置**

装有 STEP 7-Micro/WIN SMART V2.2 编程软件的计算机 1 台；1 台 CPU ST30；1 台 CPU ST20；3 根以太网线；1 台交换机。

**3. 硬件连接**

硬件连接如图 5-17 所示。

**4. 主站编程**

主动端程序，如图 5-18 所示。

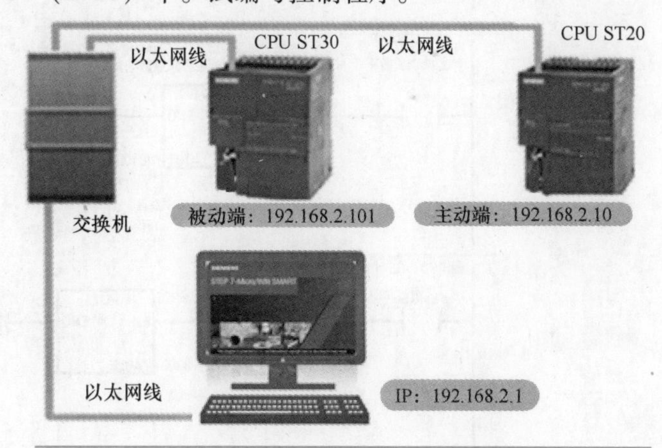


图 5-17　两台 S7-200 SMART PLC 以太网通信的硬件连接

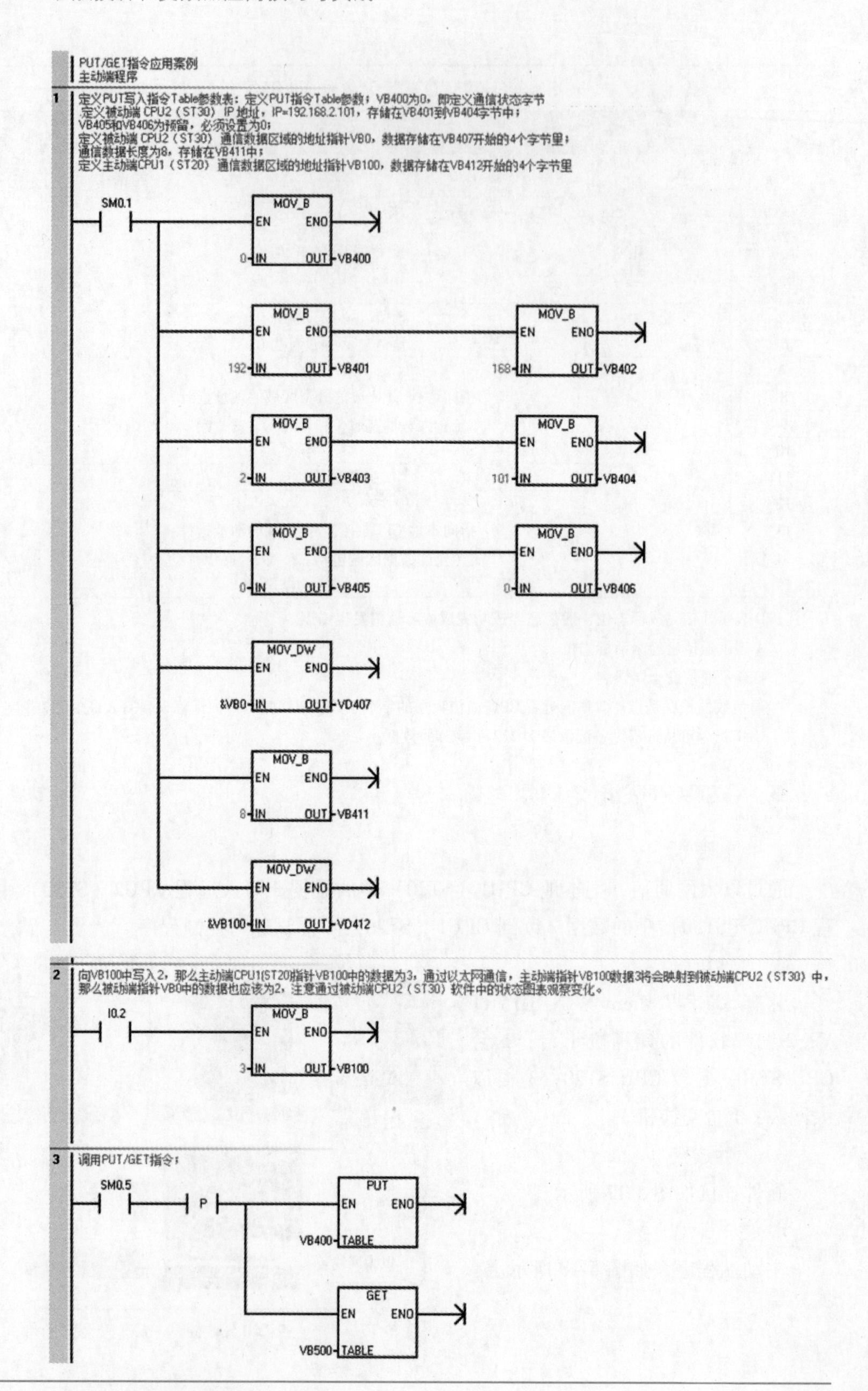


图 5-18　PUT/GET 指令应用案例主动端程序

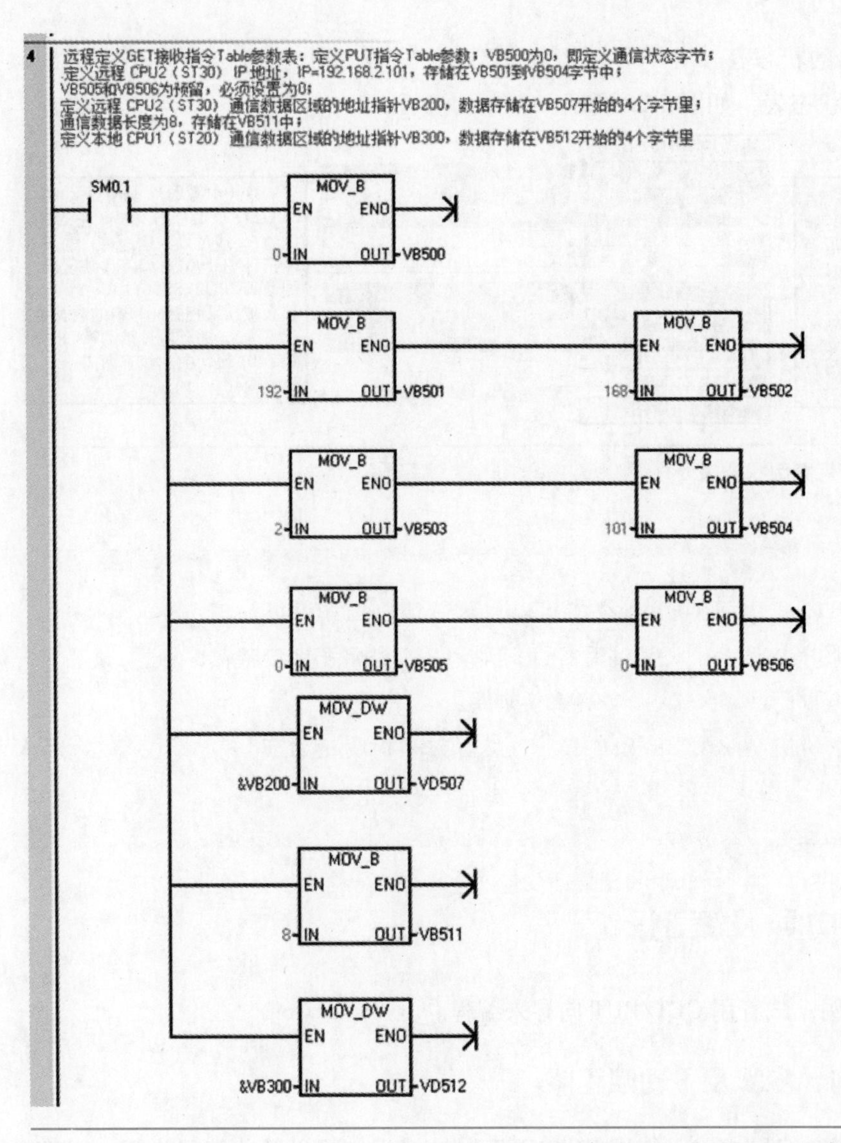


图 5-18　PUT/GET 指令应用案例主动端程序（续）

**5. 从站编程**

被动端程序，如图 5-19 所示。

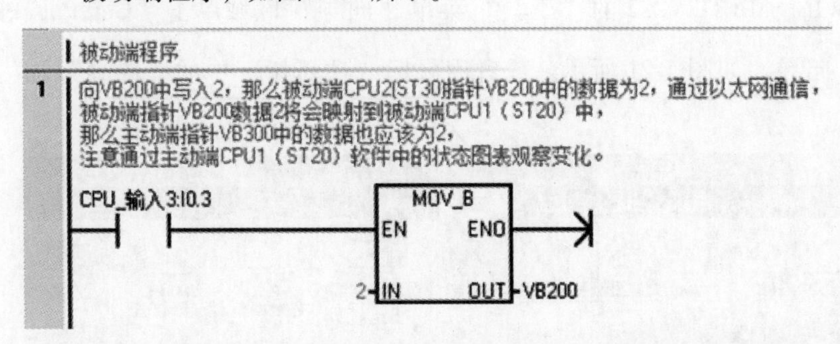


图 5-19　PUT/GET 指令应用案例被动端程序

**6. 主动端和被动端的状态表**

主动端和被动端的状态表，如图 5-20 所示。

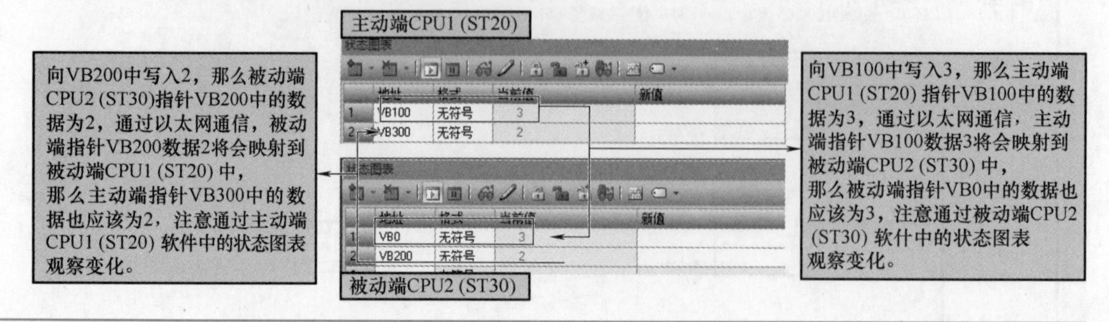


图 5-20 PUT/GET 指令应用案例状态表

编者有料

S7-200 SMART PLC 用 PUT/GET 指令实现以太网通信的几点心得如下：

1. 无论是编写 PUT 写入程序，还是编写 GET 读取程序，都需严格按照表 5-6 进行设置。
2. 主动端调用 PUT/GET 指令，被动端无须调用。
3. PUT/GET 指令的使能端 EN 必须连接脉冲，保证实时发送数据。
4. 要会巧妙运用状态图表观察相应的数据变化。

## 5.4 GET/PUT 向导及案例

将 5.3.3 节中的案例，试着用 GET/PUT 向导来编程。

### 5.4.1 GET/PUT 向导步骤及主动端程序

与使用 GET/PUT 指令编程相比，使用 PUT/GET 向导编程，可以简化编程步骤。GET/PUT 向导最多允许组态 16 项独立的 GET/PUT 操作，并生成代码块来协调这些操作。具体操作步骤如下：

1）在 STEP 7 Micro/WIN SMART V2.2 的“工具”菜单“向导”区域单击“Get/Put”按钮 Get/Put，启动 GET/PUT 向导，如图 5-21 所示。或者用鼠标“项目树”中的“向导”加

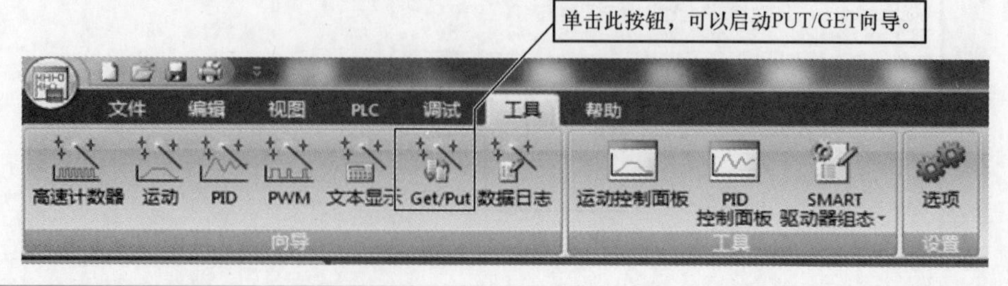


图 5-21 启动 GET/PUT 向导的方法

号，之后双击“Get/Put”按钮 GET/PUT，也可以启动 GET/PUT 向导。

2）在弹出的“Get/Put”向导界面中添加操作步骤名称并添加注释，如图 5-22 所示。

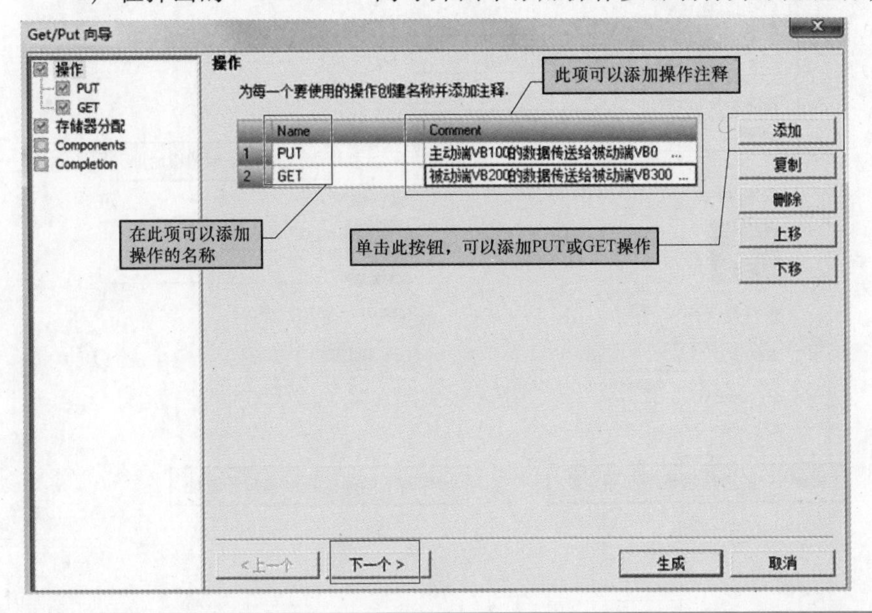


图 5-22　添加操作名称和注释

3）定义 PUT 操作，如图 5-23 所示。

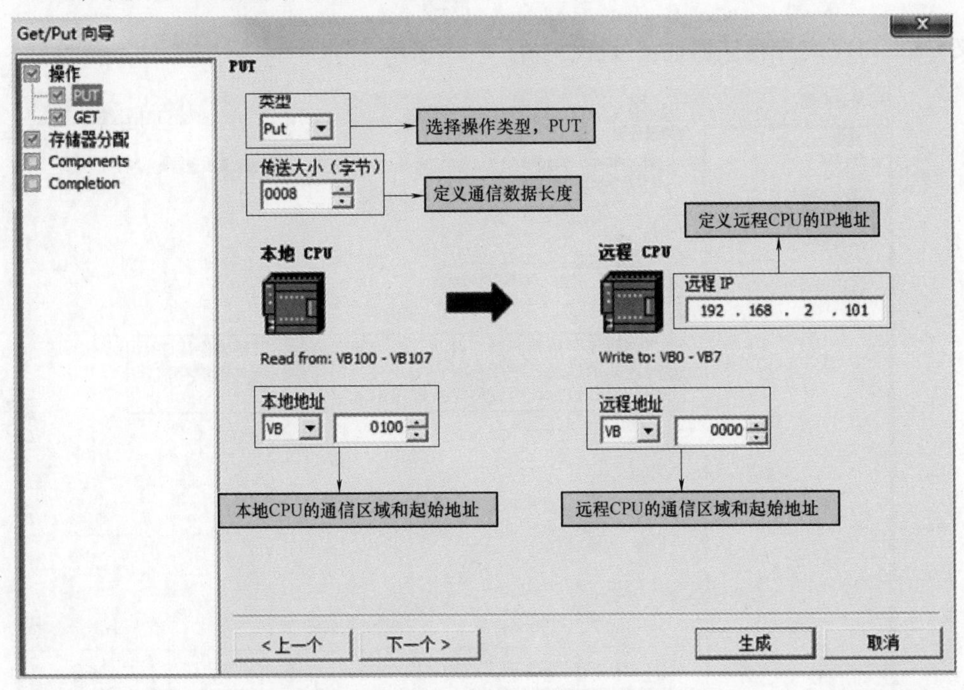


图 5-23　定义 PUT 操作

4）定义 GET 操作，如图 5-24 所示。

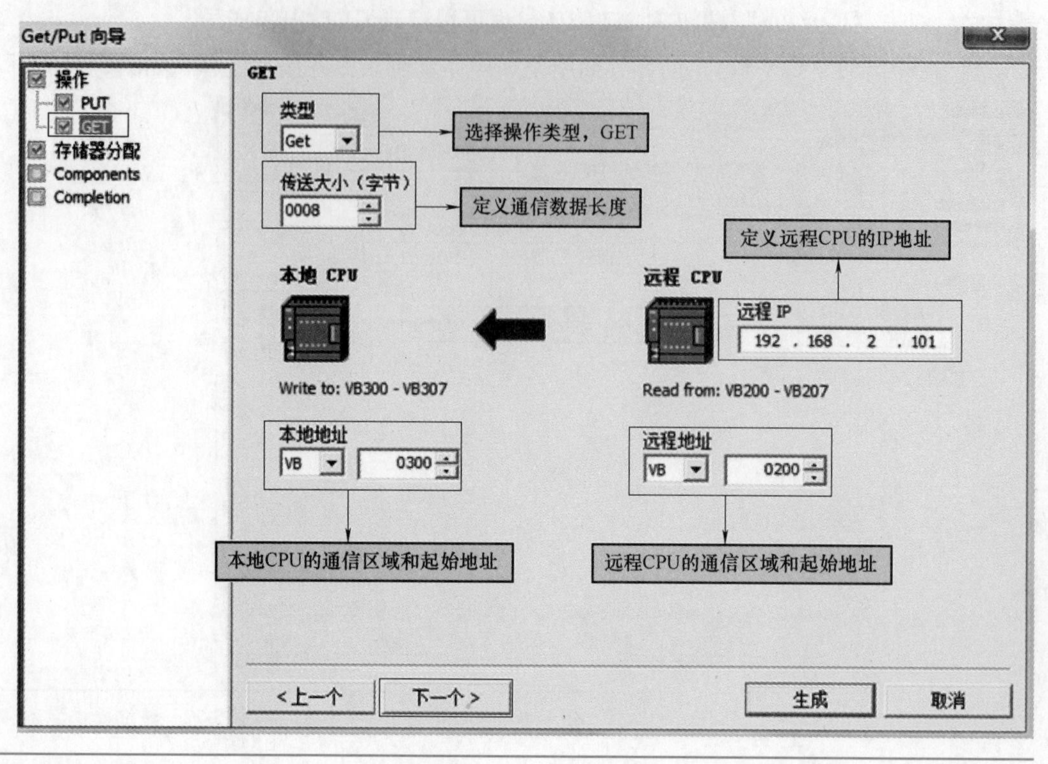


图 5-24　定义 GET 操作

5）定义 GET/PUT 向导存储器地址分配，如图 5-25 所示。

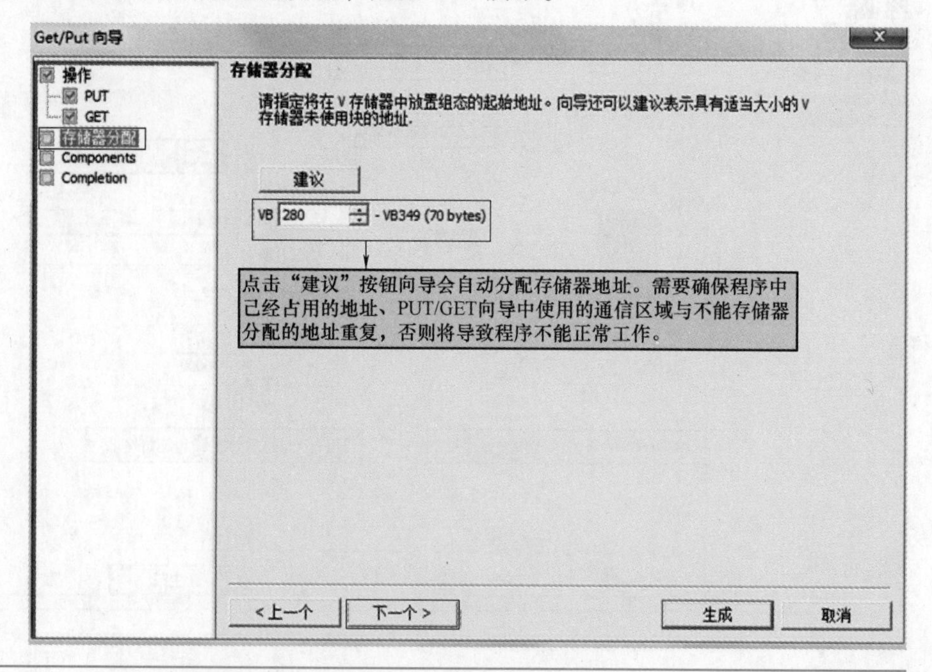


图 5-25　定义 GET/PUT 向导存储器地址分配

6）定义 GET/PUT 向导存储器地址分配后，单击“下一个”按钮，会进入组件界面，如图 5-26 所示。

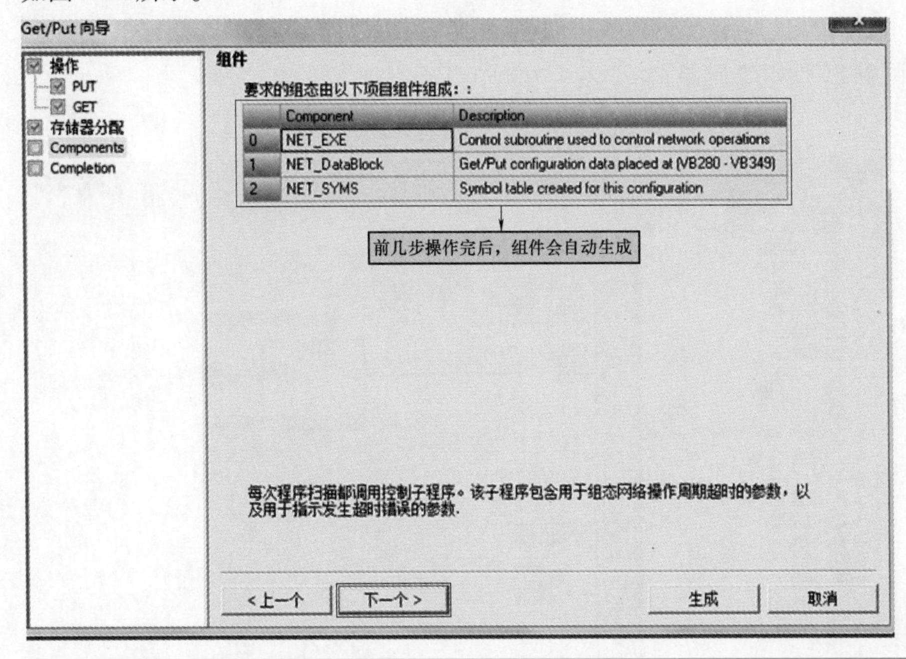


图 5-26　组件界面

7）在“组件”界面，单击“下一个”按钮，会进入向导完成界面，单击“生成”按钮，在项目树的“调用子例程”中将自动生成网络读写指令，使用时，将其拖拽到主程序中，调用该指令即可。主动端 CPU1（ST20）的程序，如图 5-27 所示。

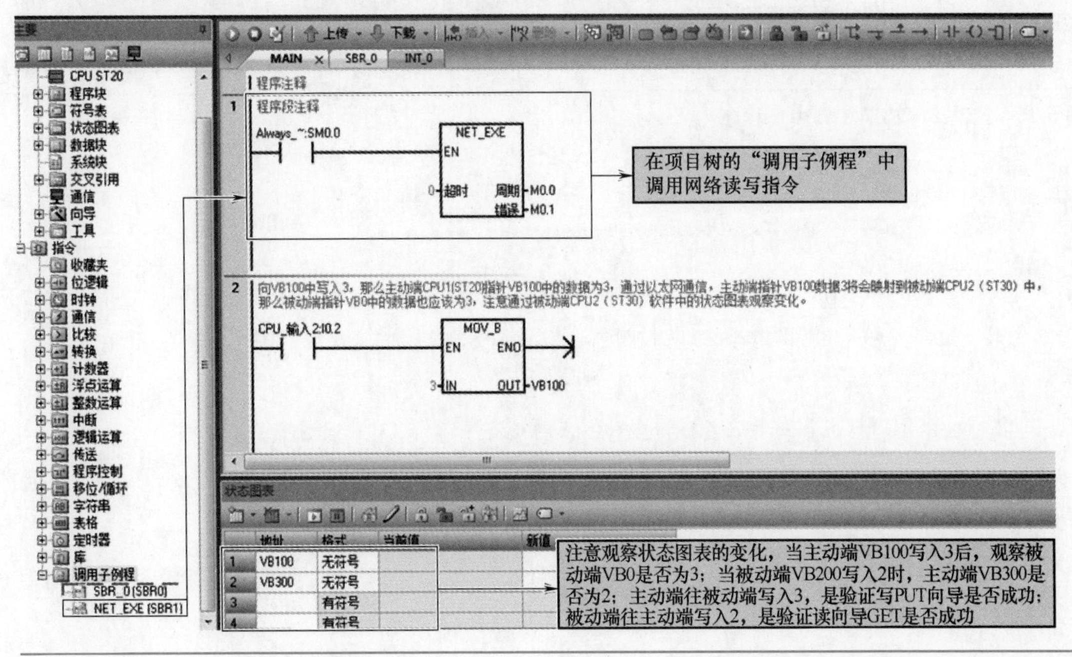


图 5-27　主动端 CPU1（ST20）程序

## 5.4.2 被动端程序

被动端程序，如图 5-28 所示。与 PUT/GET 指令案例一样，主动端能调用 PUT/GET 向导，被动端无须调用 PUT/GET 向导。

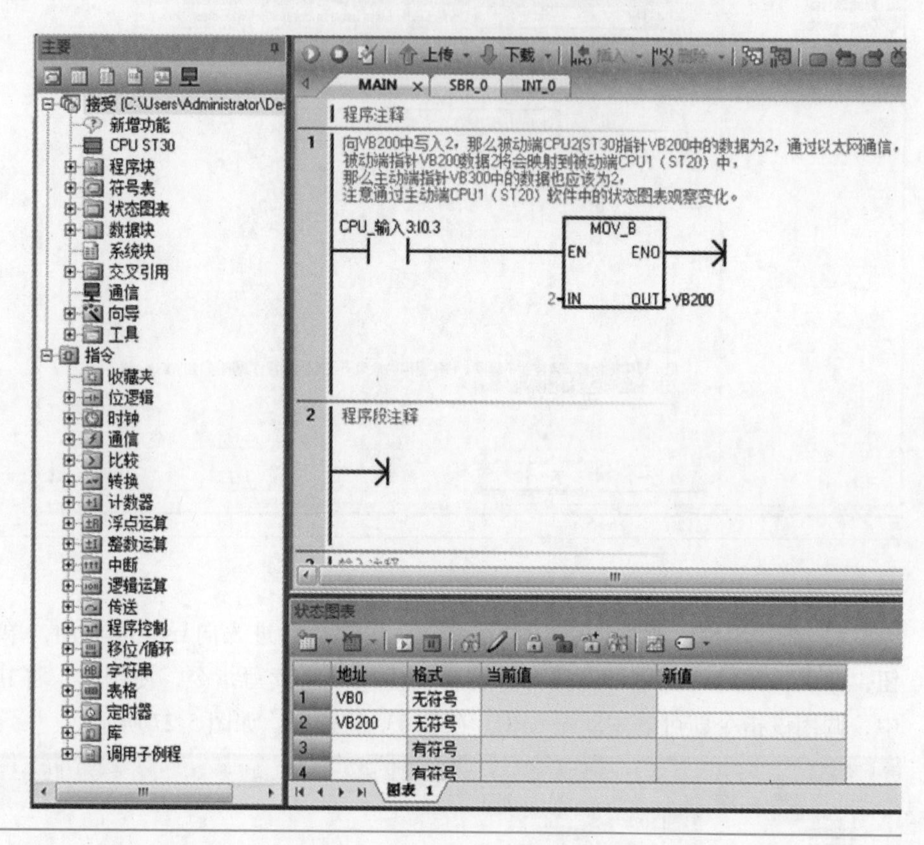


图 5-28 被动端 CPU2（ST30）程序

编者有料

1. S7-200 SMART PLC 以太网通信使用 PUT/GET 指令和 PUT/GET 向导，有异曲同工之妙，但是 PUT/GET 指令程序较复杂，向导较为简单，编程时建议使用 PUT/GET 向导。

2. 使用 PUT/GET 向导，必须进行存储器地址分配，否则会出错。

3. 主动端可以调用 PUT/GET 指令或向导，被动端无需调用 PUT/GET 指令或向导。

## 5.5 S7-200 SMART PLC 基于以太网的开放式用户通信及案例

### 5.5.1 开放式用户通信的相关协议简介

**1. TCP 协议**

TCP 是一个因特网核心协议。在通过以太网通信的主机上运行的应用程序之间，TCP 提供了可靠、有序并能够进行错误校验的消息发送功能。TCP 能保证接收和发送的所有字节内容和顺序完全相同。TCP 协议在主动设备（发起连接的设备）和被动设备（接受连接的设备）之间创建连接。一旦连接建立，任一方均可发起数据传送。TCP 协议是一种“流”协议。这意味着消息中不存在结束标志。所有接收到的消息均被认为是数据流的一部分。

**2. ISO-on-TCP 协议**

ISO-on-TCP 是一种使用 RFC 1006 的协议扩展。ISO-on-TCP 的主要优点是数据有一个明确的结束标志，可以知道何时接收到了整条消息。S7 协议（Put/Get）使用了 ISO-on-TCP 协议。ISO-on-TCP 仅使用 102 端口，并利用 TSAP（传输服务访问点）将消息路由至适当接收方（而非 TCP 中的某个端口）。

**3. UDP 协议**

UDP（用户数据报协议）使用一种协议开销最小的简单无连接传输模型。UDP 协议中没有握手机制，因此协议的可靠性仅取决于底层网络。无法确保对发送、定序或重复消息提供保护。对于数据的完整性，UDP 还提供了校验，并且通常用不同的端口号来寻址不同连接伙伴。

### 5.5.2 开放式用户通信指令

S7-200 SMART PLC 之间的开放式用户通信可以通过调用开放式用户通信（OUC）指令库中的相关指令来实现。开放式用户通信指令库在 STEP 7-Micro/WIN SMART 编程软件“项目树”的库中，包含的指令有 TCP_CONNECT、ISO_CONNECT、UDP_CONNECT、TCP_SEND、TCP_RECV、UDP_SEND、UDP_RECV 和 DISCONNECT，如图 5-29所示。

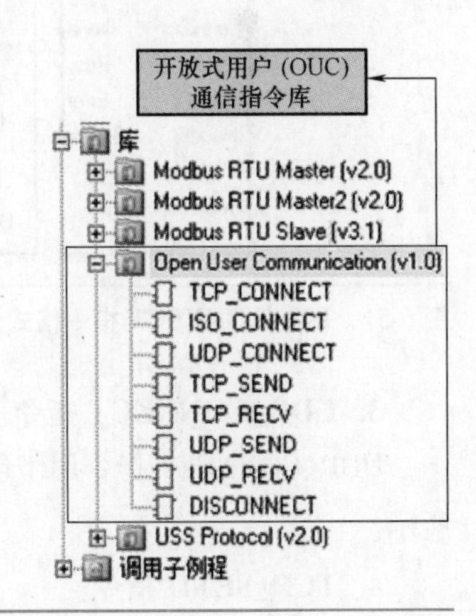


图 5-29 开放式用户通信（OUC）指令库

**1. TCP_CONNECT 指令**

TCP_CONNECT 指令用于创建从 CPU 到通信伙伴的 TCP 通信连接。其指令格式，如图 5-30 所示。

**2. ISO_CONNECT 指令**

ISO_CONNECT 指令用于创建从 CPU 到通信伙伴的 ISO-on-TCP 连接。其指令格式，如图 5-31 所示。

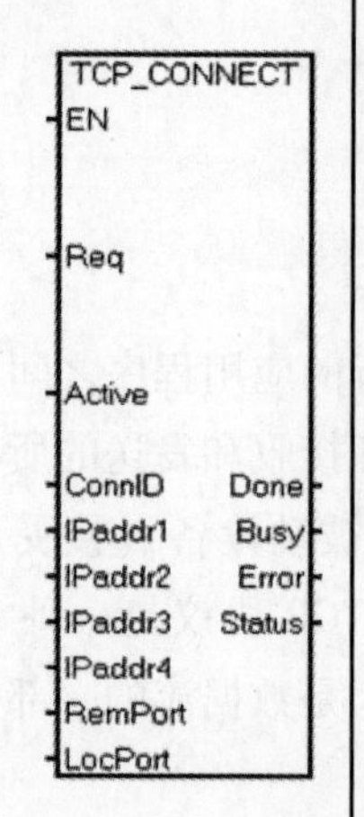


**TCP_CONNECT指令参数解析**

1. 输入参数
EN：使能输入；数据类型：BOOL。
Req：脉冲触发；数据类型：BOOL。
Active：TURE=主动连接（客户端）；数据类型：BOOL。
FALSE=被动连接（服务器）。
ConnID：连接ID为连接标识符，可能范围为0~65534。数据类型：WORD；
IPaddr1~IPaddr4：IP地址的4个8位字节。IPaddr1是IP地址的最高有效字节，IPaddr4是IP地址的最低有效字节。数据类型：BYTE。
RemPort：远程设备上的端口号。远程端口号范围为1~49151。对于被动连接，可使用零。数据类型：WORD。
LocPort：本地设备端口号。范围为1~49151，但是存在一些限制。数据类型：WORD；
本地端口号的规则如下：
有效端口号范围为1~49151；不能使用端口号20、21、25、80、102、135、161、162、443以及34962至34964，这些端口具有特定用途；建议采用的端口号范围为 2000 到5000；对于被动连接，本地端口号必须唯一（不重复）。
2. 输出参数
Done：当连接操作完成且没有错误时，指令置位Done输出。数据类型：BOOL。
Busy：当连接操作正在进行时，指令置位Busy输出。数据类型：BOOL。
Error：当连接操作完成但发生错误时，指令置位Error输出。数据类型：BOOL。
Status：如果指令置位Error输出，Status输出会显示错误代码。如果指令置位Busy或Done输出，Status为零（无错误）。数据类型：BYTE。

图 5-30　TCP_CONNECT 指令格式

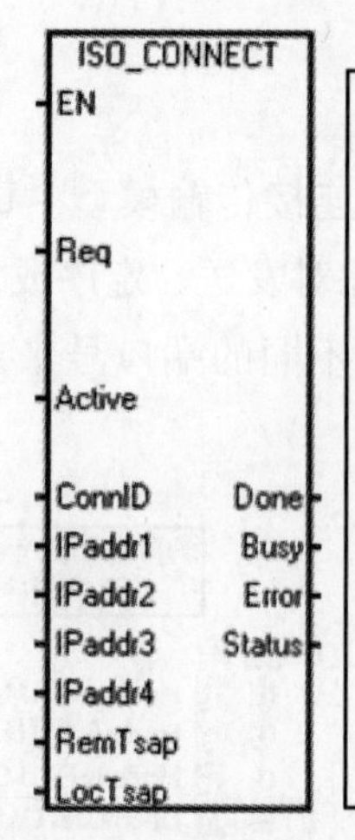


**ISO_CONNECT指令参数解析**

1. 输入参数
EN：使能输入。数据类型：BOOL。
Req：沿触发。数据类型：BOOL。
Active：TURE=主动连接（客户端）FALSE=被动连接（服务器）；数据类型：BOOL。
ConnID：连接ID为连接标识符，可能范围为0~65534。数据类型：WORD。
IPaddr1~IPaddr4：IP地址的4个8位字节。IPaddr1是IP地址的最高有效字节，IPaddr4是IP地址的最低有效字节。数据类型：BYTE。
RemTsap：RemPort是远程TSAP字符串。数据类型：DWORD。
LocTsap：LocPort是本地TSAP字符串。数据类型：DWORD。
2. 输出参数
Done：当连接操作完成且没有错误时，指令置位Done输出。数据类型：BOOL。
Busy：当连接操作正在进行时，指令置位Busy输出。数据类型：BOOL。
Error：当连接操作完成但发生错误时，指令置位Error输出。数据类型：BOOL。
Status：如果指令置位Error输出，Status输出会显示错误代码。如果指令置位Busy或Done 输出，Status为零（无错误）。数据类型：BYTE。

图 5-31　ISO_CONNECT 指令格式

### 3. UDP_CONNECT 指令

UDP_CONNECT 指令用于创建从 CPU 到通信伙伴的 UDP 连接，其指令格式，如图 5-32 所示。

### 4. TCP_SEND 指令

TCP_SEND 指令用于发送 TCP 和 ISO-on-TCP 连接的数据。其指令格式，如图 5-33 所示。

### 5. TCP_RECV 指令

TCP_RECV 指令用于接收 TCP 和 ISO-on-TCP 连接的数据。其指令格式，如图 5-34 所示。

UDP_CONNECT
EN
Req
ConnID　Done
LocPort　Busy
Error
Status

**UDP_CONNECT指令参数解析**

1. 输入参数
EN：使能输入。数据类型：BOOL。
Req：请求操作，沿触发。数据类型：BOOL。
ConnID：连接ID是连接的标识符。范围为0~65534。数据类型： WORD。
LocPort：本地CPU上的端口号，对于所有被动连接，本地端口号必须唯一。数据类型：WORD。本地端口号的规则如下：有效端口号范围为1~49151；不能使用端口号20、21、25、80、102、135、161、162、443以及34962~34964，这些端口具有特定用途；建议采用的端口号范围为2000~5000；对于被动连接，本地端口号必须唯一（不重复）。
2. 输出参数
Done：当连接操作完成且没有错误时，指令置位Done输出。数据类型：BOOL。
Busy：当连接操作正在进行时，指令置位Busy输出。数据类型：BOOL。
Error：当连接操作完成但发生错误时，指令置位Error输出。数据类型：BOOL。
Status：如果指令置位Error输出，Status输出会显示错误代码。如果指令置位Busy或Done 输出，Status为零（无错误）。数据类型：BYTE。

图 5-32　UDP_CONNECT 指令格式

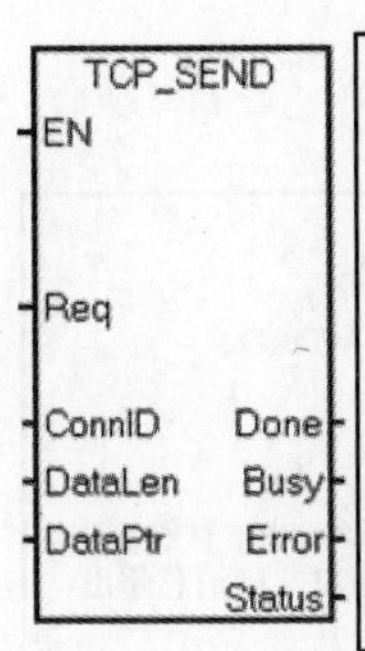


**TCP_SEND指令参数解析**

1. 输入参数
EN：使能输入。数据类型：BOOL。
Req：沿触发。数据类型：BOOL。
ConnID：连接ID (ConnID) 是此发送操作的连接ID号。数据类型： WORD。
DataLen：DataLen是要发送的字节数 (1~1024)。数据类型：WORD。
DataPtr：DataPtr是指向待发送数据的指针。数据类型：DWORD。
2. 输出参数
Done：当连接操作完成且没有错误时，指令置位Done输出。数据类型：BOOL。
Busy：当连接操作正在进行时，指令置位Busy输出。数据类型：BOOL。
Error：当连接操作完成但发生错误时，指令置位Error输出。数据类型：BOOL。
Status：如果指令置位Error输出，Status输出会显示错误代码。如果指令置位Busy或Done 输出，Status为零（无错误）。数据类型：BYTE。

图 5-33　TCP_SEND 指令格式

TCP_RECV
EN
ConnID　Done
MaxLen　Busy
DataPtr　Error
Status
Length

**TCP_RECV指令参数解析**

1. 输入参数
EN：使能输入。数据类型：BOOL。
ConnID：连接ID (ConnID) 是此发送操作的连接ID号。数据类型： WORD。
MaxLen：接收的最大字节数 (1~1024)。数据类型：WORD。
DataPtr：指向接收数据存储位置的指针。数据类型：WORD。
2. 输出参数
Length：实际接收的字节数。仅当指令置位Done或 Error输出时，Length才有效。如果指令置位Done输出，则指令接收整条消息。如果指令置位Error输出，则消息超出缓冲区大小 (MaxLen) 并被截短。数据类型：WORD。
Done：当接收操作完成且没有错误时，指令置位Done输出。数据类型：BOOL。
Busy：当接收操作正在进行时，指令置位Busy输出。数据类型：BOOL。
Error：当接收操作完成但发生错误时，指令置位Error输出。数据类型：BOOL。
Status：如果指令置位Error输出，Status输出会显示错误代码。如果指令置位Busy或Done 输出，Status为零（无错误）。数据类型：BYTE。

图 5-34　TCP_RECV 指令格式

### 6. UDP_SEND 指令

UDP_SEND 指令用于发送 UDP 连接的数据，其指令格式，如图 5-35 所示。

UDP_SEND

EN

Req

ConnID Done

DataLen Busy

DataPtr Error

IPaddr1 Status

IPaddr2

IPaddr3

IPaddr4

RemPort

**UDP_SEND指令参数解析**

1. 输入参数

EN：使能输入。数据类型：BOOL。

Req：发送请求，沿触发。数据类型：BOOL。

ConnID：连接ID是连接的标识符。范围为0~65534。数据类型：WORD。

DataLen：要发送的字节数（1~1024）。数据类型：WORD。

DataPtr：指向待发送数据的指针。数据类型：DWORD。

IPaddr1~IPaddr4：这些是IP地址的4个8位字节。IPaddr1是IP地址的最高有效字节，IPaddr4是IP地址的最低有效字节。数据类型：BYTE。

RemPort：远程设备上的端口号。远程端口号范围为1~49151。数据类型：WORD。

2. 输出参数

Done：当连接操作完成且没有错误时，指令置位Done输出。数据类型：BOOL。

Busy：当连接操作正在进行时，指令置位Busy输出。数据类型：BOOL。

Error：当连接操作完成但发生错误时，指令置位Error输出。数据类型：BOOL。

Status：如果指令置位Error输出，Status输出会显示错误代码。如果指令置位Busy或Done 输出，Status为零（无错误）。数据类型：BYTE。

图 5-35　UDP_SEND 指令格式

## 7. UDP_RECV 指令

UDP_RECV 指令用于接收 UDP 连接的数据，其指令格式，如图 5-36 所示。

UDP_RECV

EN

ConnID Done

MaxLen Busy

DataPtr Error

Status

Length

IPaddr1

IPaddr2

IPaddr3

IPaddr4

RemPort

**UDP_RECV指令参数解析**

1. 输入参数

EN：使能输入。数据类型：BOOL。

ConnID：连接ID (ConnID) 是此发送操作的连接ID号。数据类型：WORD。

MaxLen：接收的最大字节数（1~1024）。数据类型：WORD。

DataPtr：指向接收数据存储位置的指针。数据类型：DWORD。

2. 输出参数

Length：实际接收的字节数。仅当指令置位Done或 Error输出时，Length才有效。如果指令置位Done输出，则指令接收整条消息；如果指令置位Error输出，则消息超出缓冲区大小 (MaxLen) 并被截短。数据类型：WORD。

Done：当接收操作完成且没有错误时，指令置位Done输出；当指令置位Done输出时，Length输出有效。数据类型：BOOL。

Busy：当接收操作正在进行时，指令置位Busy输出。数据类型：BOOL。

Error：当接收操作完成但发生错误时，指令置位Error输出。数据类型：BOOL。

Status：如果指令置位Error输出，Status输出会显示错误代码。如果指令置位Busy或Done 输出，Status为零（无错误）。数据类型：BYTE。

IPaddr1~IPaddr4：IP地址的4个8位字节。IPaddr1是IP地址的最高有效字节，IPaddr4是IP地址的最低有效字节。数据类型：BYTE。

RemPort：是发送消息的远程设备的端口号。数据类型：WORD。

图 5-36　UDP_RECV 指令格式

## 8. DISCONNECT 指令

DISCONNECT 指令用于终止所有协议的连接，其指令格式，如图 5-37 所示。

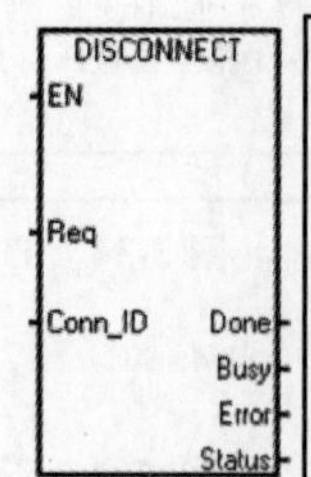


**DISCONNECT指令参数解析**

1. 输入参数

EN：使能输入。数据类型：BOOL。

Req：沿触发指令。数据类型：BOOL。

2. 输出参数

Done：当连接操作完成且没有错误时，指令置位Done输出。数据类型：BOOL。

Busy：当连接操作正在进行时，指令置位Busy输出。数据类型：BOOL。

Error：当连接操作完成但发生错误时，指令置位Error输出。数据类型：BOOL。

Status：如果指令置位Error输出，Status输出会显示错误代码。如果指令置位Busy或Done 输出，Status为零（无错误）。数据类型：BYTE。

图 5-37　DISCONNECT 指令格式

## 5.5.3　开放式用户通信指令应用案例

### 1. TCP 通信应用案例

（1）控制要求

将作为客户端 PLC（IP 地址为 192.168.0.101）中的 VB8000 ~ VB8003 的数据传送到作为服务器端 PLC（IP 地址为 192.168.0.102）中的 VB2000 ~ VB2003 中。试编写控制程序。TCP 通信硬件连接，请参考图 5-17。

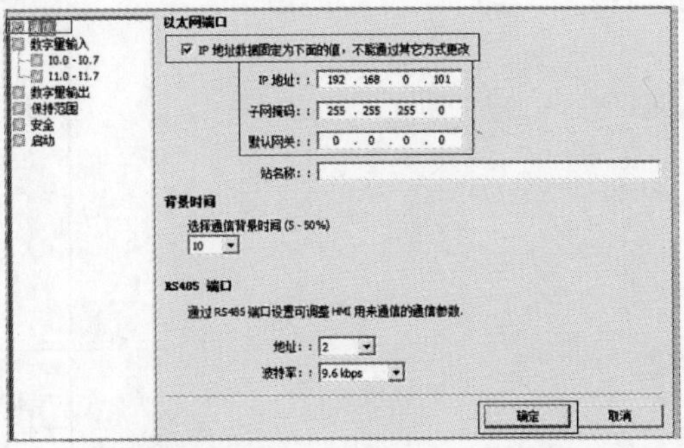

图 5-38　ST20 IP 设置

（2）ST20 客户端程序设计

在设计客户端程序之前，首先进行本地 IP 设置，设置结果如图 5-38 所示。客户端程序，如图 5-39 所示。在设计客户端程序时，一定要注意“库存储器”存储区的分配，否则

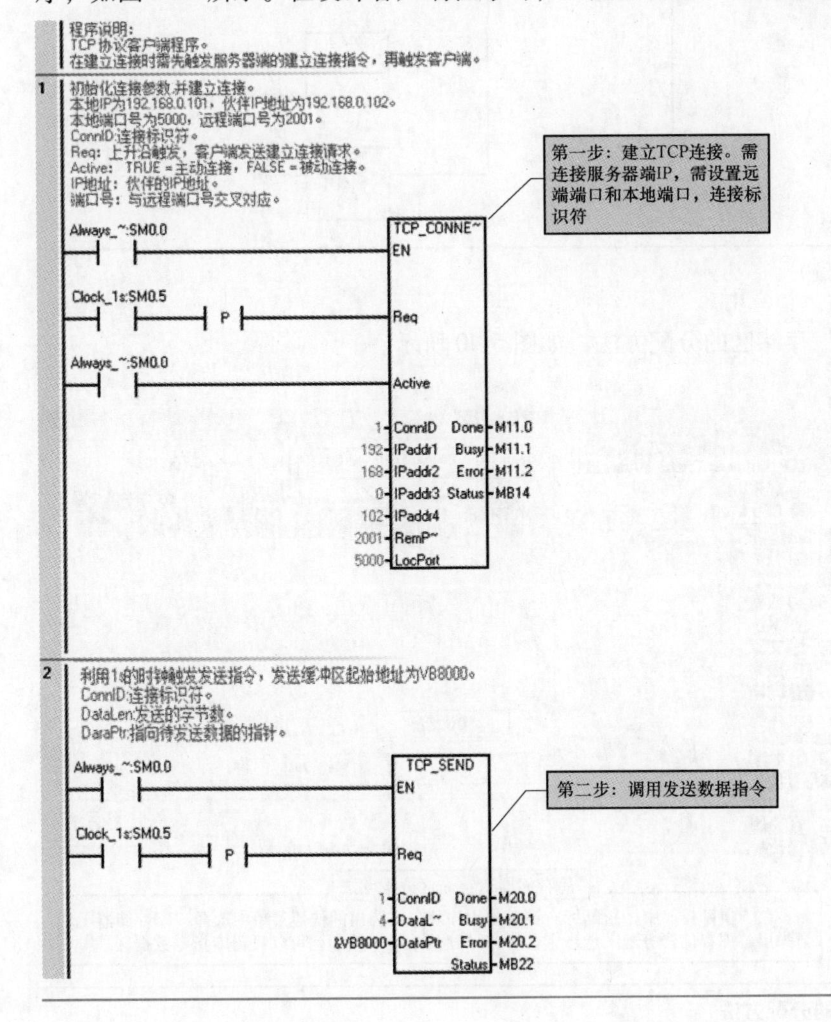


图 5-39　ST20 客户端程序

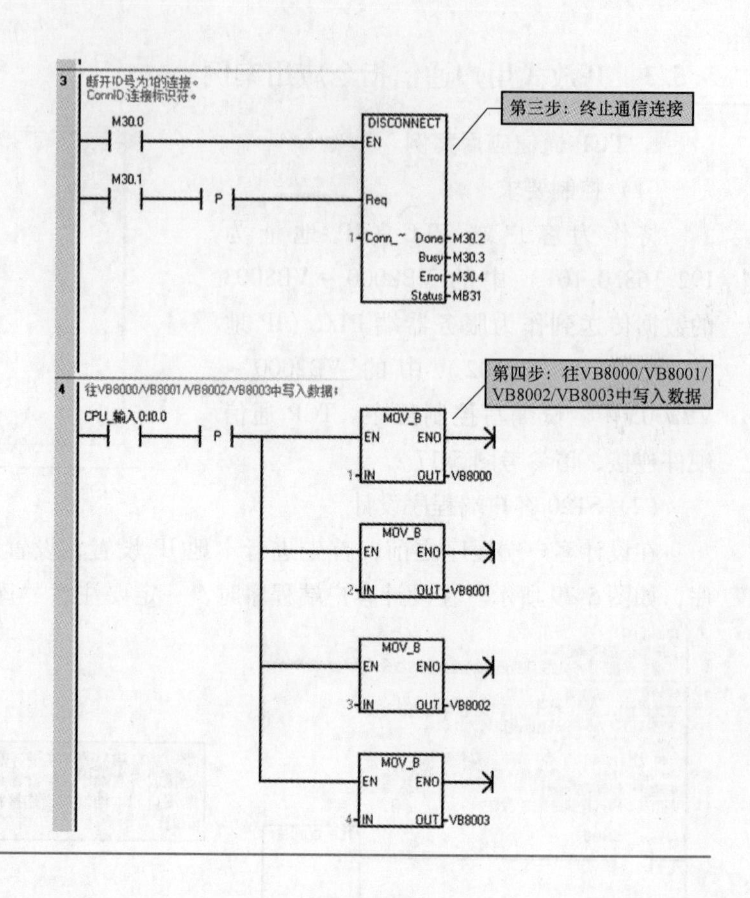


图 5-39 **ST20** 客户端程序（续）

程序会出错。“库存储器”存储区的分配方法，如图 5-40 所示。

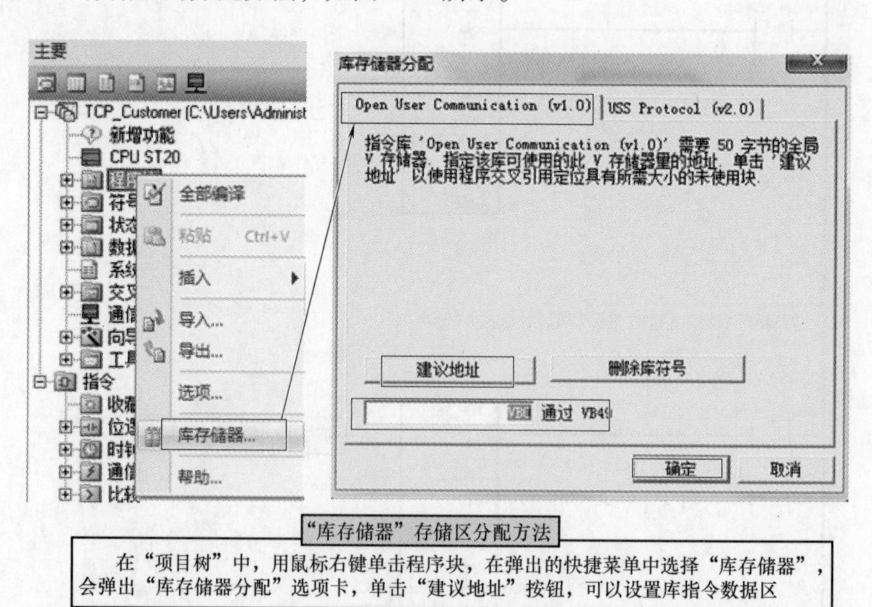


图 5-40 “库存储器”存储区的分配方法

（3）ST30 服务器端程序设计

与客户端程序一样，服务器端程序设计之前，也要进行本地 IP 设置，服务器端的 IP 地址为 192. 168. 0. 102。服务器端程序，如图 5-41 所示。同时也要注意“库存储器”存储区的分配，否则程序会出错。

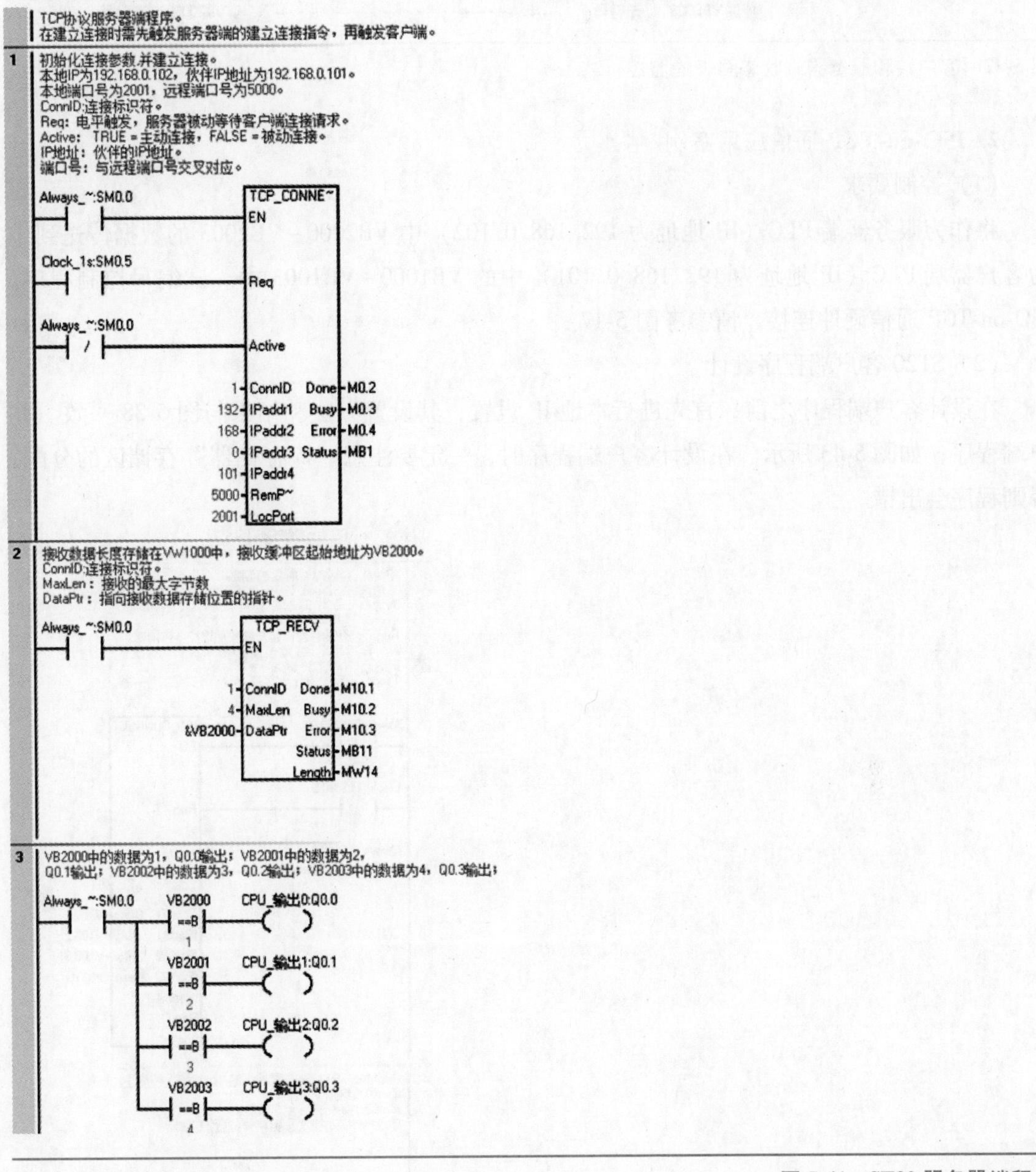


**图 5-41　ST30 服务器端程序**

（4）状态图表监控

进行开放式用户通信程序调试时，一定要会用状态图表，这样才能判断程序正确与否。本例客户端和服务器端的状态图表，如图 5-42 所示。

客户端状态表

| | 地址 | 格式 | 当前值 |
|---|---|---|---|
| 1 | VB8000 | 无符号 | 1 |
| 2 | VB8001 | 无符号 | 2 |
| 3 | VB8002 | 无符号 | 3 |
| 4 | VB8003 | 无符号 | 4 |

客户端发送指针VB8000起4个字节对应服务器端接受指针VB2000起4个字节。

服务器端状态表

| | 地址 | 格式 | 当前值 |
|---|---|---|---|
| 1 | VB2000 | 无符号 | 1 |
| 2 | VB2001 | 无符号 | 2 |
| 3 | VB2002 | 无符号 | 3 |
| 4 | VB2003 | 无符号 | 4 |

图 5-42　客户端和服务器端状态图表的监控

**2. ISO-on-TCP 通信应用案例**

（1）控制要求

将作为服务器端 PLC（IP 地址为 192. 168. 0. 102）中 VB2000～VB2003 的数据传送到作为客户器端 PLC（IP 地址为 192. 168. 0. 101）中的 VB1000～VB1003 中。试编写控制程序。ISO-on-TCP 通信硬件连接，请参考图 5-17。

（2）ST20 客户端程序设计

在设计客户端程序之前，首先进行本地 IP 设置，其设置方法和结果与图 5-38 一致。客户端程序，如图 5-43 所示。在设计客户端程序时，一定要注意“库存储器”存储区的分配，否则程序会出错。

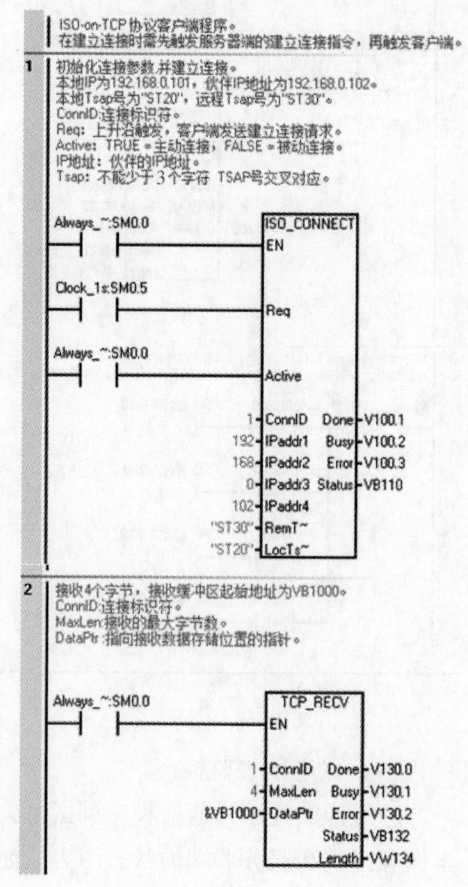


图 5-43　ISO-on-TCP 通信 ST20 客户端程序

3 断开ID号为1的连接
ConnID:连接标识符。
Always_~:SM0.0　DISCONNECT　EN
M30.1　Req
1-Conn_~　Done-V120.1
Busy-V120.2
Error-V120.3
Status-VB121

4 VB1000中的数据为1，Q0.0输出；VB1001中的数据为2，Q0.1输出；VB1002中的数据为3，Q0.2输出；VB1003中的数据为4，Q0.3输出；
Always_~:SM0.0　VB1000 ==B 5　CPU_输出0:Q0.0
VB1001 ==B 6　CPU_输出1:Q0.1
VB1002 ==B 7　CPU_输出2:Q0.2
VB1003 ==B 8　CPU_输出3:Q0.3

**图 5-43　ISO-on-TCP 通信 ST20 客户端程序（续）**

（3）ST30 服务器端程序设计

与客户端程序一样，服务器端程序设计之前，也要进行本地 IP 设置，服务器端的 IP 地址为 192. 168. 0. 102。服务器端程序，如图 5-44 所示。同时，也要注意“库存储器”存储区的分配，否则程序会出错。

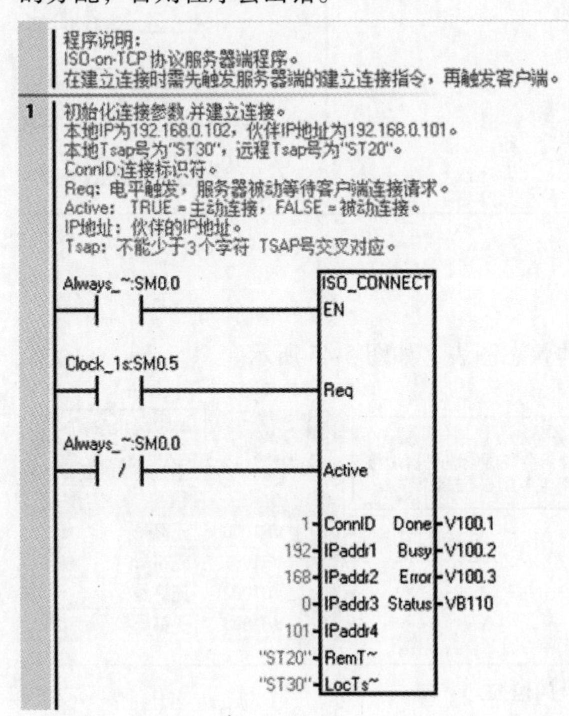


**图 5-44　ISO-on-TCP 通信 ST30 服务器端程序**

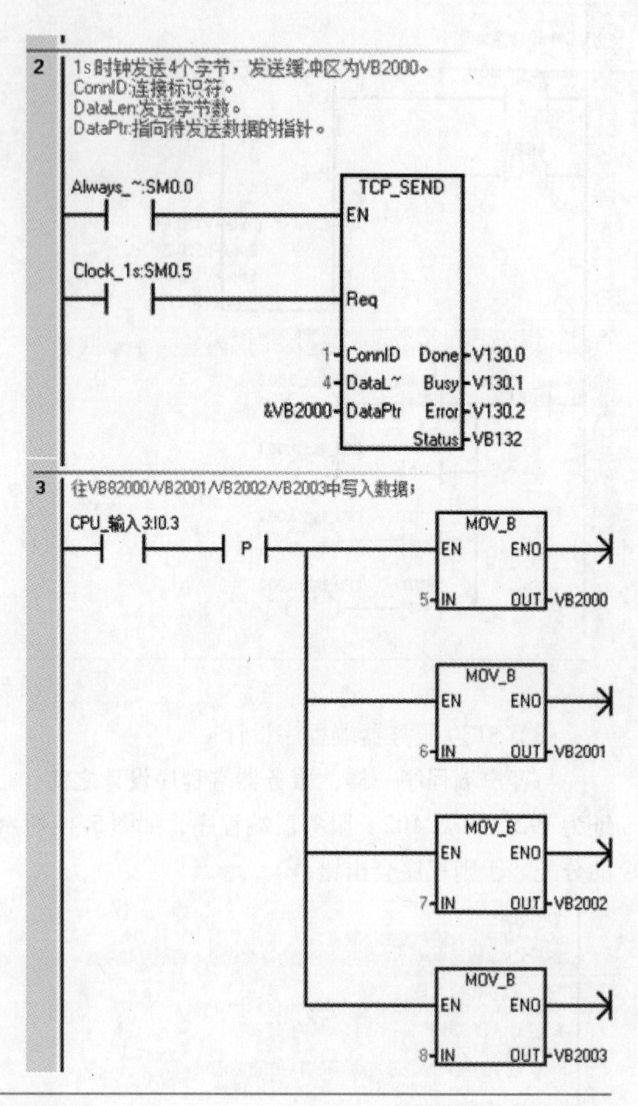


图 5-44　ISO-on-TCP 通信 ST30 服务器端程序（续）

（4）状态图表监控

本例 ISO-on-TCP 通信客户端和服务器端的状态图表，如图 5-45 所示。

状态图表　服务器端状态表

| | 地址 | 格式 | 当前值 |
|---|---|---|---|
| 1 | VB2000 | 无符号 | 5 |
| 2 | VB2001 | 无符号 | 6 |
| 3 | VB2002 | 无符号 | 7 |
| 4 | VB2003 | 无符号 | 8 |

服务器端发送指针VB2000起4个字节对应服务器端接收指针VB1000起4个字节

状态图表　客户端状态表

| | 地址 | 格式 | 当前值 |
|---|---|---|---|
| 1 | VB1000 | 无符号 | 5 |
| 2 | VB1001 | 无符号 | 6 |
| 3 | VB1002 | 无符号 | 7 |
| 4 | VB1003 | 无符号 | 8 |

图 5-45　ISO-on-TCP 通信客户端和服务器端状态图表的监控

**3. UDP 通信应用案例**

（1）控制要求

将作为客户端 PLC（IP 地址为 192.168.0.101）中 VB3000~VB3003 的数据传送到作为服务器端 PLC（IP 地址为 192.168.0.102）中的 VB5000~VB5003 中。试编写控制程序。UDP 通信硬件连接，请参考图 5-17。

（2）ST20 客户端程序设计

在设计客户端程序之前，首先进行本地 IP 设置，设置结果和图 5-38 一致。客户端程序，如图 5-46 所示。在设计客户端程序时，一定要注意“库存储器”存储区的分配，否则程序会出错。

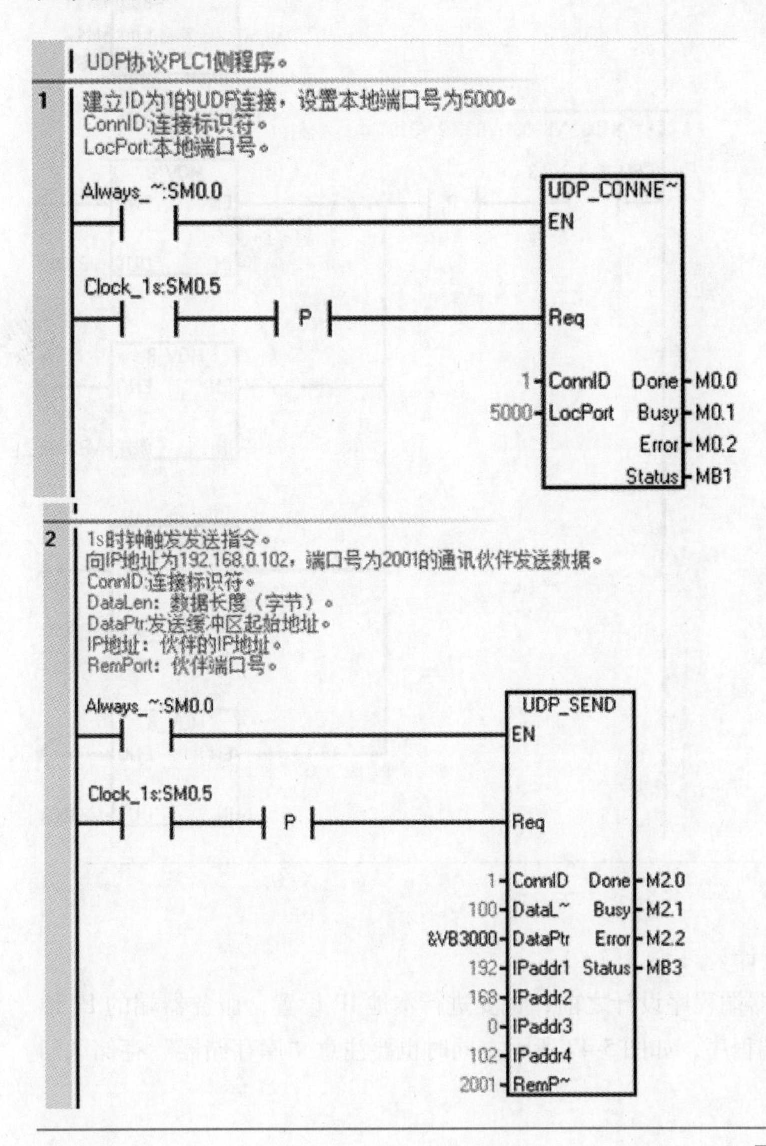


图 5-46 UDP 通信 ST20 客户端程序

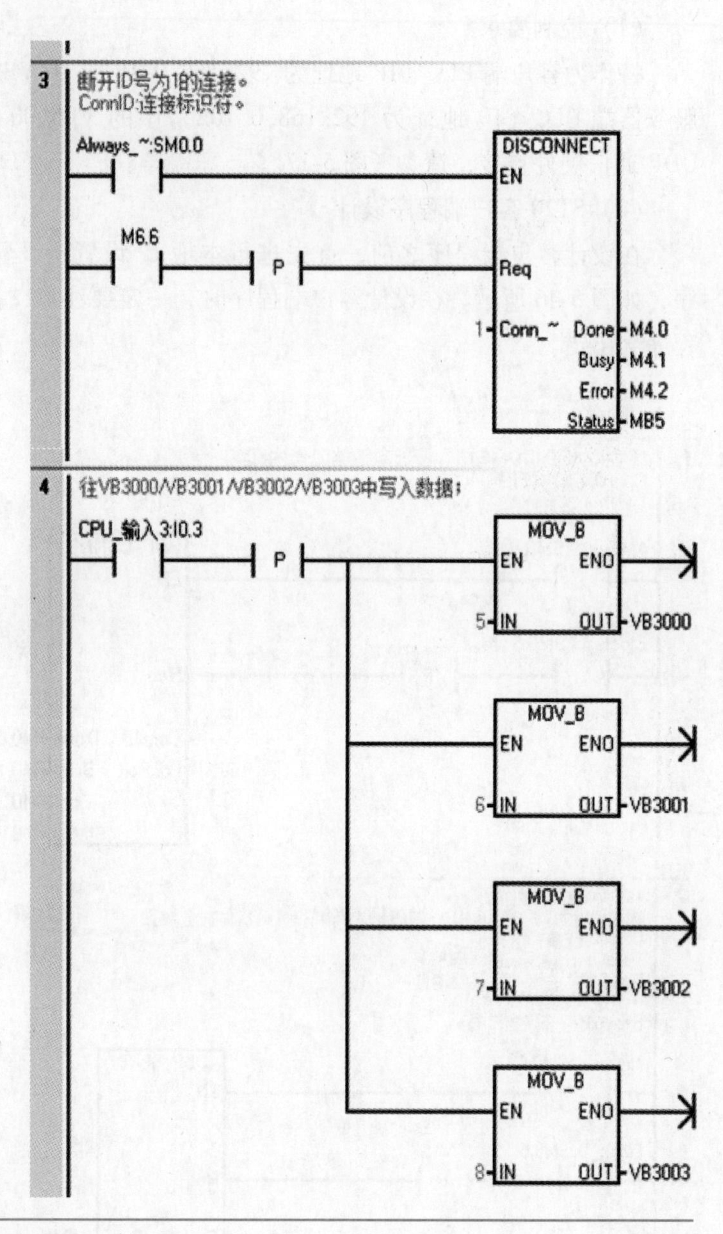


图 5-46 UDP 通信 ST20 客户端程序（续）

（3）ST30 服务器端程序设计

与客户端程序一样，服务器端程序设计之前，也要进行本地 IP 设置，服务器端的 IP 地址为 192. 168. 0. 102。服务器端程序，如图 5-47 所示。同时也要注意“库存储器”存储区的分配，否则程序会出错。

（4）状态图表监控

本例 UDP 通信客户端和服务器端的状态图表，如图 5-48 所示。

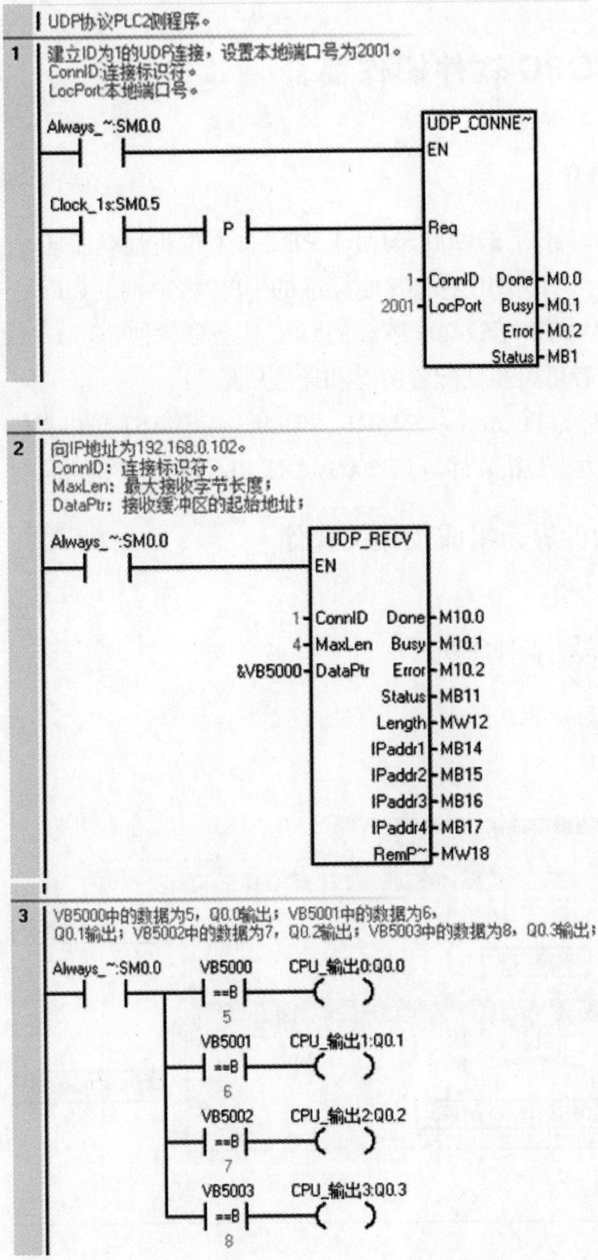

UDP协议PLC2测程序。

1　建立ID为1的UDP连接，设置本地端口号为2001。
ConnID:连接标识符。
LocPort:本地端口号。

Always_~:SM0.0　UDP_CONNE~ EN
Clock_1s:SM0.5　P　Req
1 - ConnID　Done - M0.0
2001 - LocPort　Busy - M0.1
Error - M0.2
Status - MB1

2　向IP地址为192.168.0.102。
ConnID：连接标识符。
MaxLen：最大接收字节长度；
DataPtr：接收缓冲区的起始地址；

Always_~:SM0.0　UDP_RECV EN
1 - ConnID　Done - M10.0
4 - MaxLen　Busy - M10.1
&VB5000 - DataPtr　Error - M10.2
Status - MB11
Length - MW12
IPaddr1 - MB14
IPaddr2 - MB15
IPaddr3 - MB16
IPaddr4 - MB17
RemP~ - MW18

3　VB5000中的数据为5，Q0.0输出；VB5001中的数据为6，Q0.1输出；VB5002中的数据为7，Q0.2输出；VB5003中的数据为8，Q0.3输出；

Always_~:SM0.0　VB5000 ==B 5　CPU_输出0:Q0.0
VB5001 ==B 6　CPU_输出1:Q0.1
VB5002 ==B 7　CPU_输出2:Q0.2
VB5003 ==B 8　CPU_输出3:Q0.3

图 5-47　UDP 通信 ST30 客户端程序

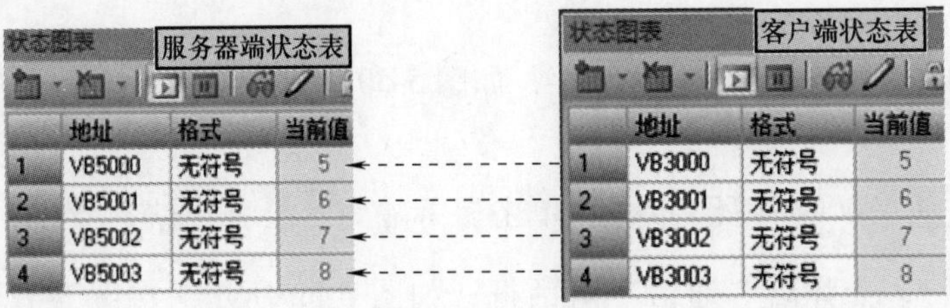

状态图表　服务器端状态表

|  | 地址 | 格式 | 当前值 |
|---|---|---|---|
| 1 | VB5000 | 无符号 | 5 |
| 2 | VB5001 | 无符号 | 6 |
| 3 | VB5002 | 无符号 | 7 |
| 4 | VB5003 | 无符号 | 8 |

状态图表　客户端状态表

|  | 地址 | 格式 | 当前值 |
|---|---|---|---|
| 1 | VB3000 | 无符号 | 5 |
| 2 | VB3001 | 无符号 | 6 |
| 3 | VB3002 | 无符号 | 7 |
| 4 | VB3003 | 无符号 | 8 |

图 5-48　UDP 通信客户端和服务器端状态图表的监控

# 5.6 S7-200 SMART PLC 的 OPC 软件操作简介

## 5.6.1 S7-200 PC Access SMART 简介

S7-200 PC Access SMART 是西门子公司针对 S7-200 SMART PLC 与上位机通信推出的 OPC（OLE for Process Control）服务器软件。其作用是与其他标准的 OPC 客户端（Client）通信并提供数据信息。S7-200 PC Access SMART 与 S7-200 PLC 的 OPC 服务器软件 PC Access 类似，也具有 OPC 客户端测试功能，使用者可以测试配置情况和通信质量。

S7-200 PC Access SMART 在本书中都简称为 PC Access SMART。PC Access SMART 可以支持西门子上位机软件（比如 WinCC）或是第三方上位机软件与 S7-200SMART PLC 建立 OPC 通信。

## 5.6.2 S7-200 PC Access SMART 软件界面组成及相关操作

### 1. 软件界面组成

S7-200 PC Access SMART 软件界面组成，如图 5-49 所示。

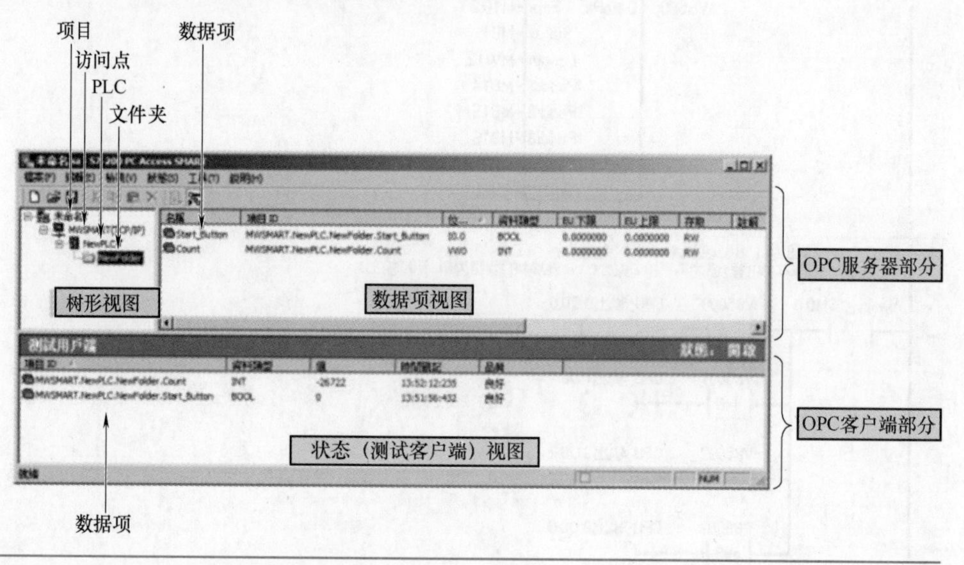


图 5-49 S7-200 PC Access SMART 软件界面组成

### 2. S7-200 PC Access SMART 软件相关操作

（1）新建 OPC 项目

打开 S7-200 PC Access SMART 软件，新建项目并保存，如图 5-50 所示。

（2）新建 PLC 及通信设置

在左侧的浏览窗口中，选中 MWSMART(TCP/IP)，单击鼠标右键，会弹出快捷菜单，如图 5-51 所示。单击 新建 PLC(N)...，会弹出“通信”对话框，如图 5-52 所示。在图 5-52 中，单击左下角的“查找 CPU”按钮，软件会搜索上来 S7-200 SMART PLC 的 IP 地址，本

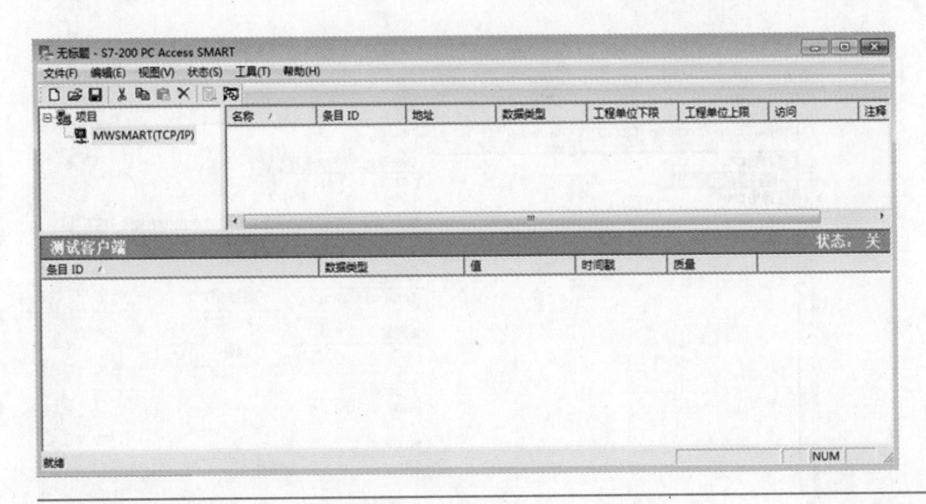


图 5-50　新建 OPC 项目操作

例中 PLC 的 IP 地址为“192. 168. 0. 101”，选中该 IP 地址，会出现相关的通信信息，如图 5-53所示，在该界面中，单击“闪烁指示灯”按钮，PLC 的 STOP、RUN 和 ERROR 指示灯会轮流点亮，再按一下，点亮停止，这样做的目的是便于找到所选择的那个 PLC；单击“编辑”按钮，可以改变 IP 地址；所有都设置完后，单击“确定”按钮，会出现一个名为 NewPLC 的 PLC，单击鼠标右键可以重命名，本例没有重命名。

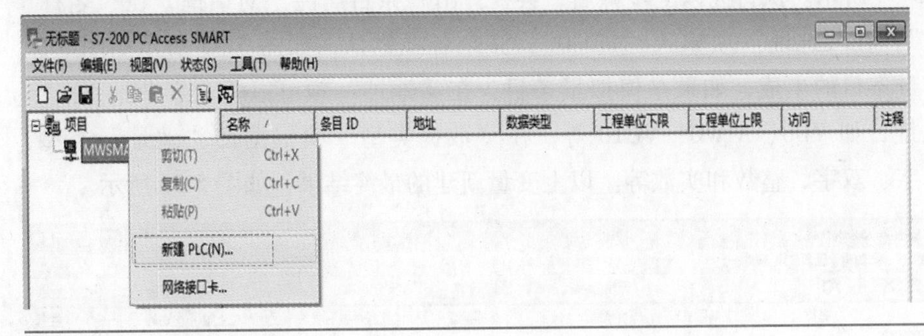


图 5-51　新建 PLC

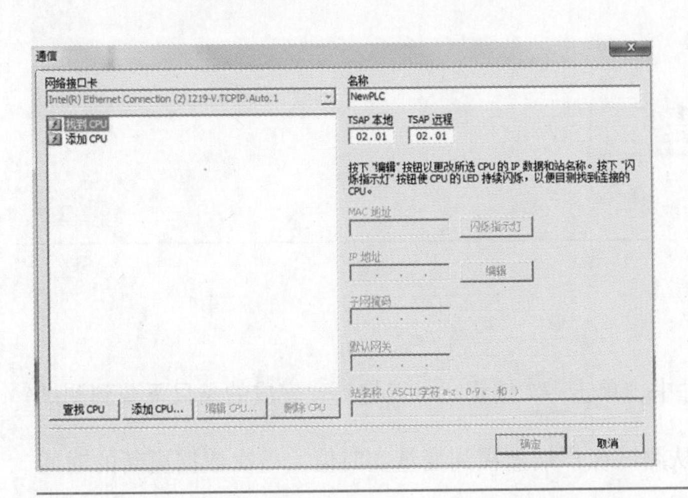


图 5-52　“通信”对话框

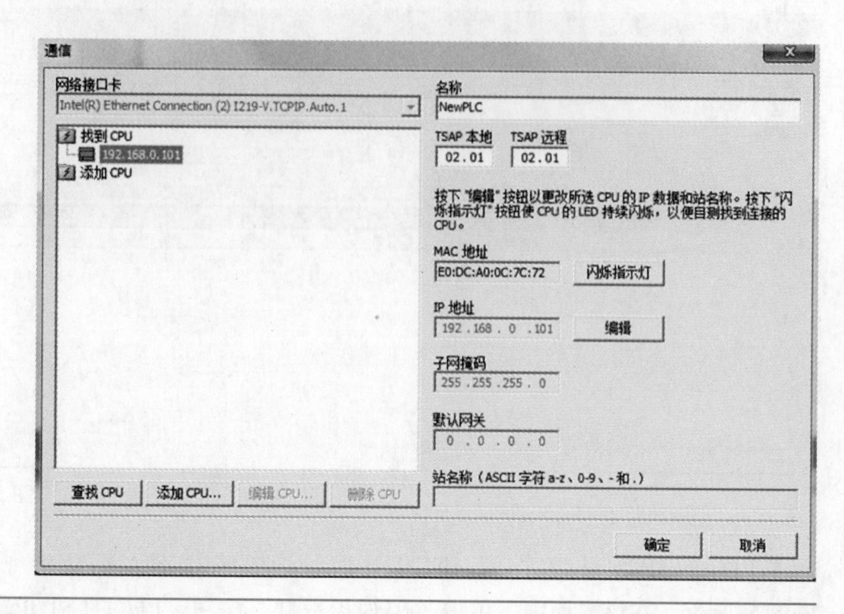


图 5-53　通信参数设置界面

（3）新建变量

在左侧浏览窗口中，选中 NewPLC，单击鼠标右键，会弹出快捷菜单，执行“新建→条目”，如图 5-54 所示。执行完以上步骤后，会在弹出“条目属性”对话框，在“名称”项输入“START”，在“地址”项输入“M0.0”，其余各项默认，如图 5-55 所示。图 5-55 这个例子是数字量条目的生成，如果是模拟量条目，在“地址”项可以输入字节地址、字地址或者双字地址，如 VB0、AIW0、VD10 等，在“数据类型”项根据其“地址”类型，可以选择字节、字、双字、整数和实数等。以上变量新建的最终结果，如图 5-56 所示。

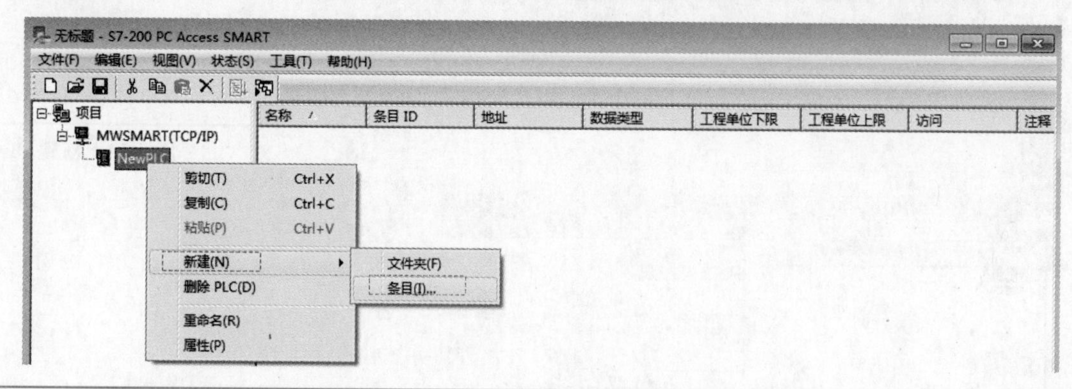


图 5-54　新建变量

（4）客户端状态测试

在 S7-200 PC Access SMART 软件中，单击按钮，可以将新建完成的条目下载到测试客户端。再单击监控按钮，可以从测试客户端监视到变量实时值、每次数据更新的时间

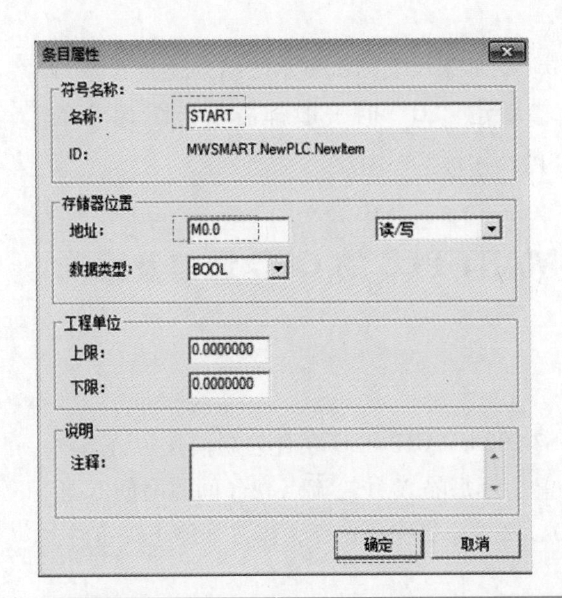


图 5-55　修改条目属性

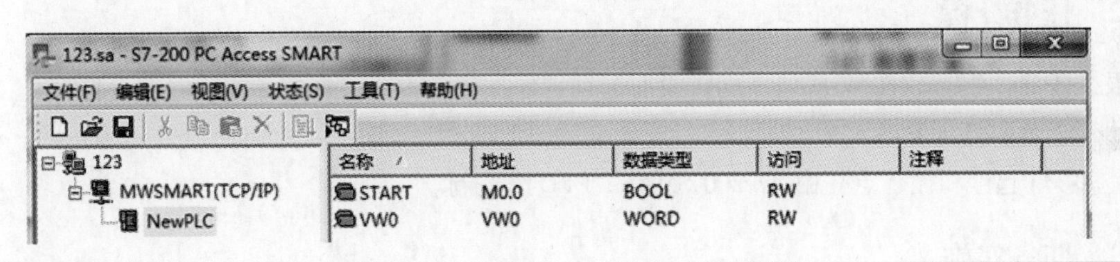


图 5-56　新建变量的结果

戳，以及通信质量。测试质量为“良好”，表示通信成功，相反如果为“差”，表示数据通信失败。本例客户端状态测试结果，如图 5-57 所示。

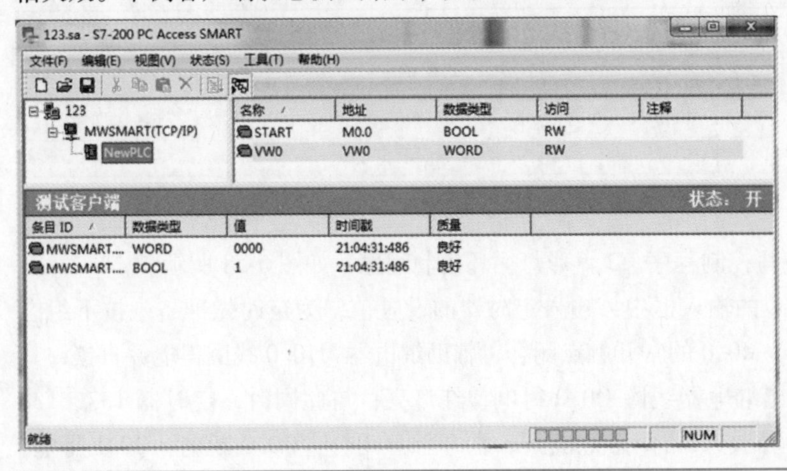


图 5-57　客户端条目测试结果

值得注意的是，客户端状态测试时，需要先将编完的程序下载到 PLC，在 PLC 运行的状态下，单击下载按钮和监控按钮，进行客户端状态测试。如果 PLC 不运行，直接单击下载和监控按钮，测试质量结果可能显示“差”；如果反复测试显示的结果还是“差”，读者可能在新建 PLC 时，没有进行通信测试，“新建 PLC”时一般都需单击图 5-53 的 闪烁指示灯 按钮，测试 OPC 软件与 S7-200 SMART PLC 连接是否正常。

## 5.7 WinCC 组态软件与 S7-200 SMART PLC 的 OPC 通信及案例

### 5.7.1 任务引入

有红、绿 2 盏彩灯，采用组态软件 WinCC+S7-200 SMART PLC 联合控制模式。组态软件 WinCC 上设有起停按钮，当按下起动按钮，2 盏小灯每隔 *N* 秒轮流点亮（间隔时间 *N* 通过组态软件 WinCC 设置），间隔时间 *N* 不超过 10s，2 盏彩灯循环点亮；当按下停止按钮时，2 盏小灯都熄灭。试编写控制程序。

### 5.7.2 任务分析

根据任务，组态软件 WinCC 画面需设有起动、停按钮各 1 个，彩灯 2 盏，时间设置框 1 个，此外 2 盏彩灯标签各 1 个。

2 盏彩灯起停和循环点亮由 S7-200 SMART PLC 来控制。

### 5.7.3 任务实施

**1. S7-200 SMART PLC 程序设计**

1）根据控制要求，进行 I/O 分配，见表 5-7。

表 5-7 彩灯循环控制的 I/O 分配

| 输入量 | | 输出量 | |
|---|---|---|---|
| 起动 | M0.0 | 红灯 | Q0.0 |
| 停止 | M0.1 | 绿灯 | Q0.1 |
| 确定 | M0.2 | | |

2）根据控制要求，编写控制程序。2 盏彩灯循环控制程序，如图 5-58 所示。

事先在组态软件 WinCC 的输入框中，输入定时器的设置值，为定时做准备。按下组态软件 WinCC 中的起动按钮，M0.0 的常开触点闭合，辅助继电器 M10.0 线圈得电并自锁，其常开触点 M10.0 闭合，输出继电器线圈 Q0.0 得电，红灯亮；与此同时，定时器 T37、T38 开始定时，当 T37 定时时间到，其常闭触点断开、常开触点闭合，Q0.0 断电、Q0.1 得电，对应的红灯灭、绿灯亮；当 T38 定时时间到，Q0.1 断电、Q0.0 得电，对应的绿灯灭、红灯亮；当 T38 定时时间到，其常闭触点断开，Q0.1 失电且 T37、T38 复位，接着定时器 T37、T38 又开始新的一轮计时，红绿循环点亮往复循环；当按下组态软件 WinCC 停止按钮，M10.0 失电，其常开触点断开，定时器 T37、T38 断电，2 盏灯全熄灭。

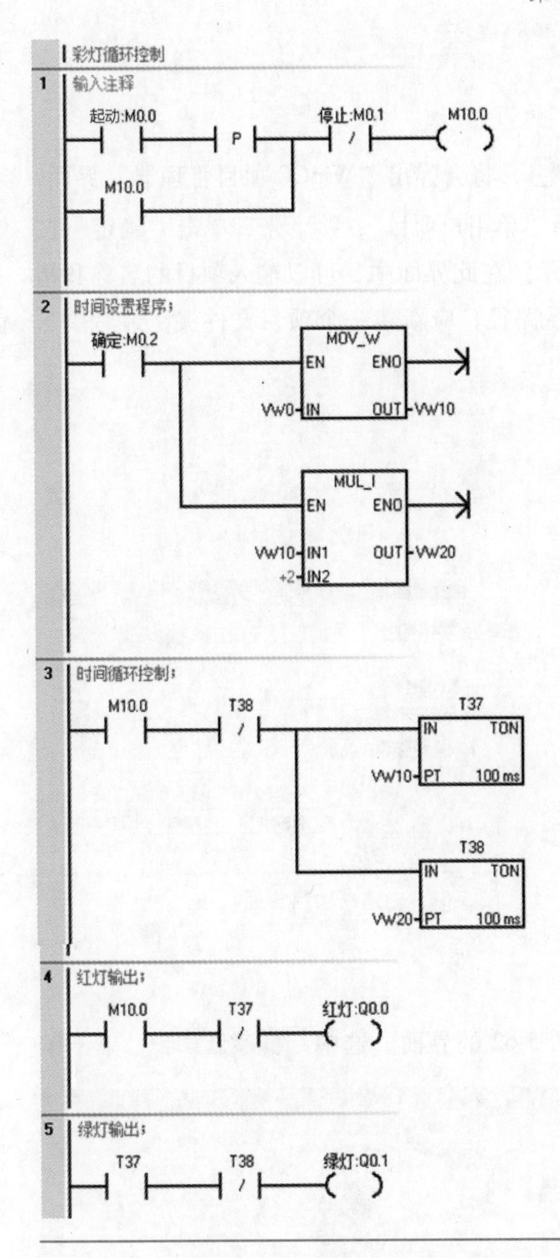


图 5-58　2 盏彩灯循环程序

**2. S7-200 PC Access SMART 程序设计**

S7-200 PC Access SMART 新建变量结果，如图 5-59 所示。OPC 的具体相关操作，可以参考 5.5 节，这里不赘述。

CAIDENG - S7-200 PC Access SMART

文件(F)　编辑(E)　视图(V)　状态(S)　工具(T)　帮助(H)

CAIDENG
MWSMART(TCP/IP)
NewPLC

| 名称 | 条目 ID | 地址 | 数据类型 | 工程单位下限 | 工程单位上限 | 访问 | 注释 |
|---|---|---|---|---|---|---|---|
| green | MWSMART.N... | Q0.1 | BOOL | 0.0000000 | 0.0000000 | RW | |
| OK | MWSMART.N... | M0.2 | BOOL | 0.0000000 | 0.0000000 | RW | |
| red | MWSMART.N... | Q0.0 | BOOL | 0.0000000 | 0.0000000 | RW | |
| START | MWSMART.N... | M0.0 | BOOL | 0.0000000 | 0.0000000 | RW | |
| STOP | MWSMART.N... | M0.1 | BOOL | 0.0000000 | 0.0000000 | RW | |
| vw0 | MWSMART.N... | VW0 | WORD | 0.0000000 | 0.0000000 | RW | |

图 5-59　新建变量的结果

### 3. WinCC 组态

（1）项目的创建

单击 WinCC 软件菜单栏中的“新建”按钮，将会弹出“WinCC 项目管理器”界面，如图 5-60 所示。在此画面中，“新建项目”选择“单用户项目”，接下来，单击“确定”按钮，会弹出“创建新项目”界面，如图 5-61 所示。在此界面中，可以输入项目的名称和指定项目的存放路径，存放时，最好不要放在默认路径，应新建一个项目文件夹，最后单击“创建”按钮，项目创建完成。

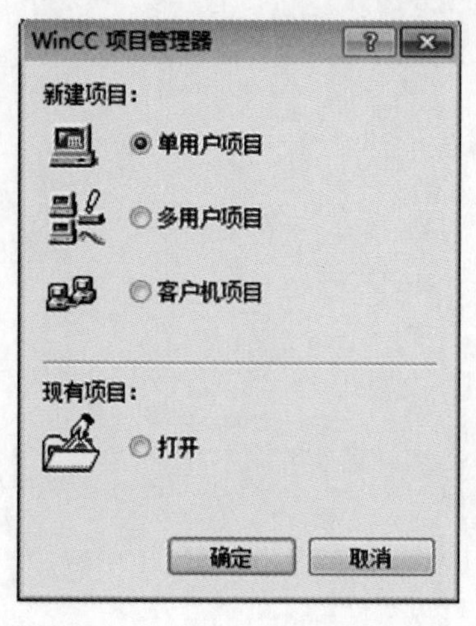


图 5-60　WinCC 项目管理器界面

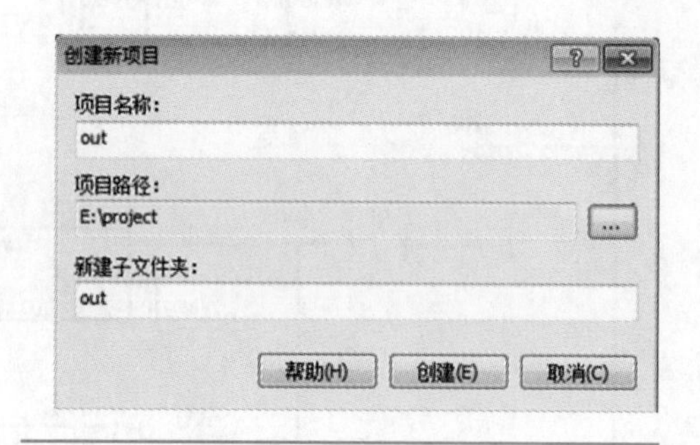


图 5-61　创建新项目界面

（2）添加驱动程序

双击浏览窗口中的 变量管理，会打开图 5-62 的界面。选中 变量管理，单击鼠

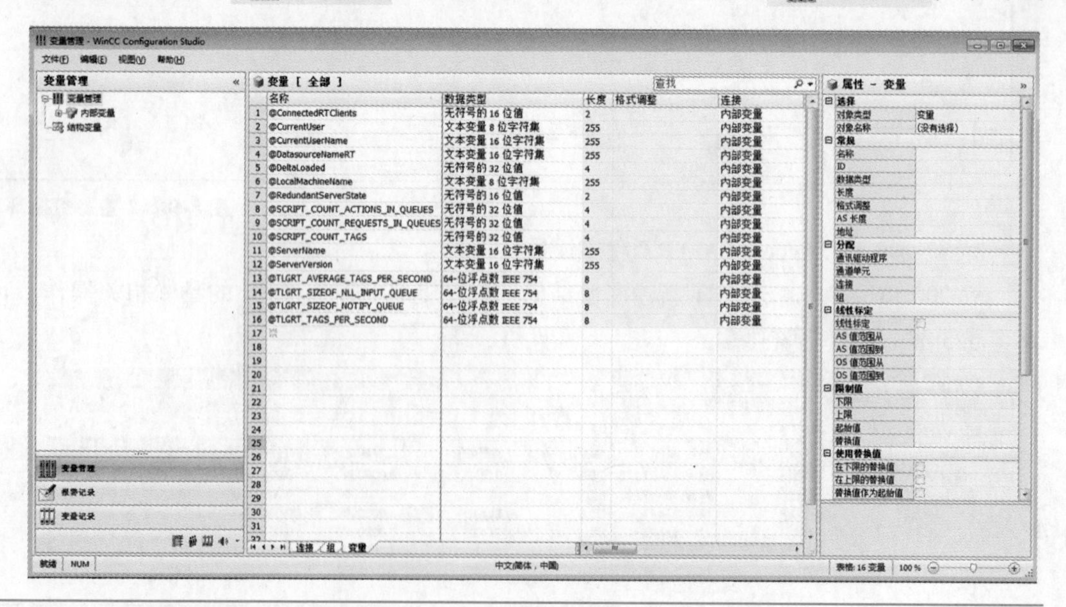


图 5-62　变量管理子界面

标右键执行"添加新的驱动程序 → OPC"，如图 5-63 所示。注意，S7-200 SMART PLC 与 WinCC 的通信只能通过 OPC 实现。执行完以上步骤后，会弹出如图 5-64 所示界面。

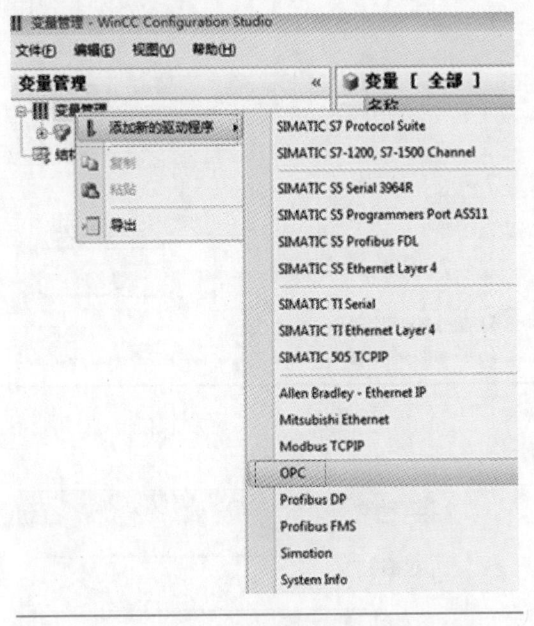


图 5-63　添加驱动步骤（1）

图 5-64　添加驱动步骤（2）

（3）打开系统参数

选中浏览窗口中的 OPC Groups (OPCHN Unit #1)，单击鼠标右键，会弹出快捷菜单，如图 5-65 所示。单击"系统参数"，会弹出"OPC 条目管理器"界面，展开 \\<LOCAL>，选中 S7200SMART.OPCServer，单击按钮 浏览服务器(B)，如图 5-66 所示。执行完以上步骤后，会弹出过滤标准界面，如图 5-67 所示，单击"下一步"按钮，会出现"添加条目"界面，如图 5-68 所示。注意，图 5-68 是将左侧浏览窗口中的 S7200SMART.OPCServer 文件夹逐步展开的结果，该界面的右侧全都为变量。

图 5-65　打开系统参数

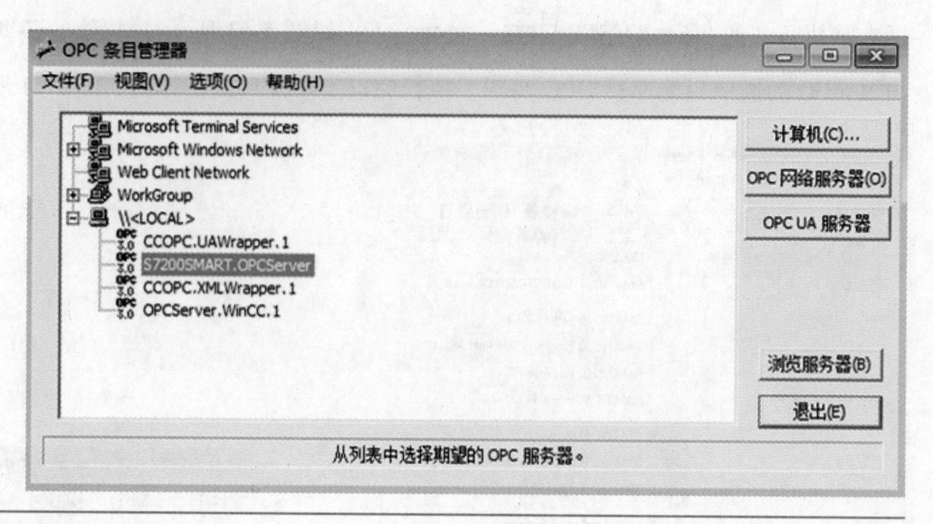


图 5-66 OPC 条目管理器相关操作

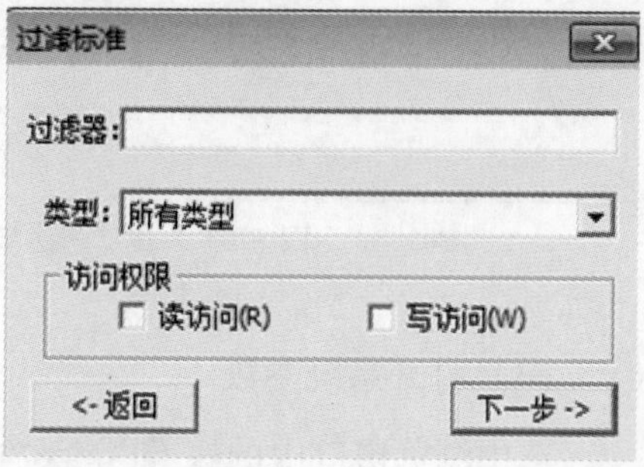

图 5-67 过滤标准界面

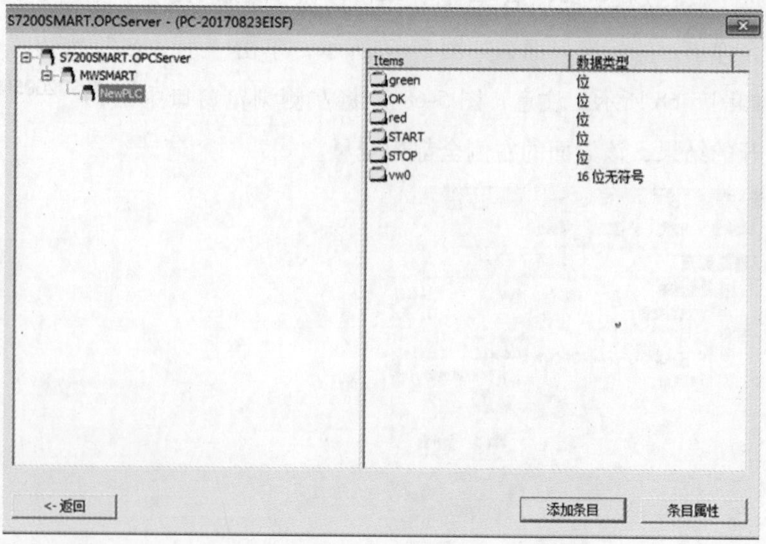

图 5-68 添加条目界面

（4）添加变量

将图 5-68 右侧的变量全选（选中第一个按 Shift 键再选中最后一个），单击“添加条目”，会弹出“OPCTags”界面，如图 5-69 所示。单击“是”，将弹出“新建连接”界面，如 5-70 所示。单击“确定”按钮，会弹出“添加变量”界面，如图 5-71 所示。选中 S7200SMART_OPCServer，单击“完成”按钮。经过以上步骤，变量添加完成。展开图 5-64 中的 OPC Groups (OPCHN Unit #1) 文件夹，S7-200 PC Access SMART 中的所有变量都添加到了 WinCC 变量管理器中，如图 5-72 所示。

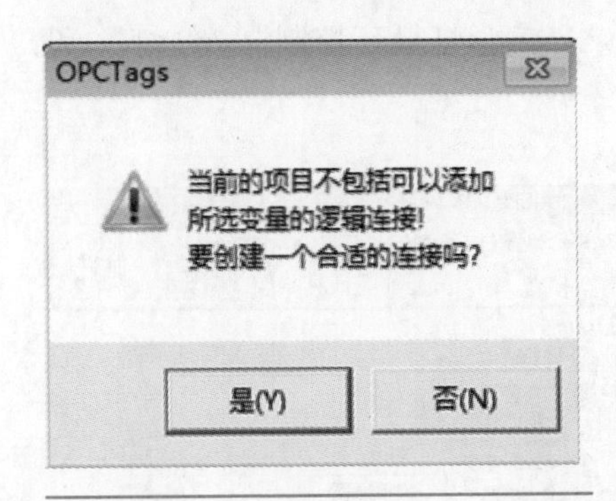


图 5-69　OPCTags 界面

图 5-70　新建连接界面

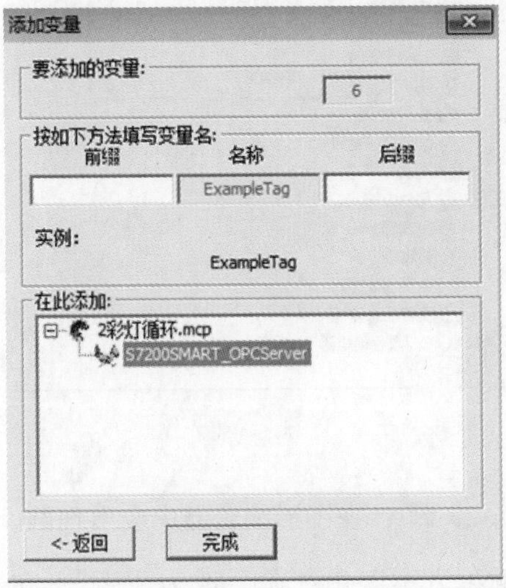

图 5-71　添加变量界面

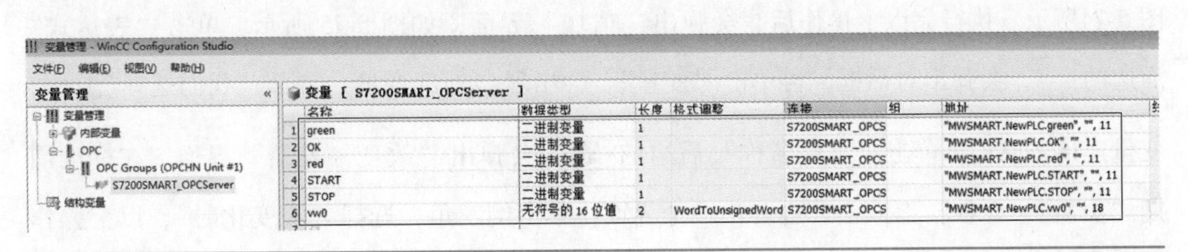


图 5-72　变量添加完成

（5）画面创建与动画连接

1）新建画面：选中浏览窗口中的图形编辑器，单击鼠标右键，执行“新建画面”，此项操作如图 5-73 所示。执行完此项操作后，在浏览窗口右侧的数据窗口会出现 NewPdl0.Pdl 过程画面。

2）添加文本框：双击 NewPdl0.Pdl ，打开图形编辑器。在图形编辑器右侧标准对象中，双击 A 静态文本，在图形编辑器中会出现文本框。选中文本框，在下边的对象属性的“字体”中，将“X 对齐”和“Y 对齐”都设置成“居中”。再复制粘贴两个文本框，分别将这 3 个文本框拖拽到合适的大小，在其中分别输入“2 盏彩灯循环控制”“红灯”和“绿灯”。

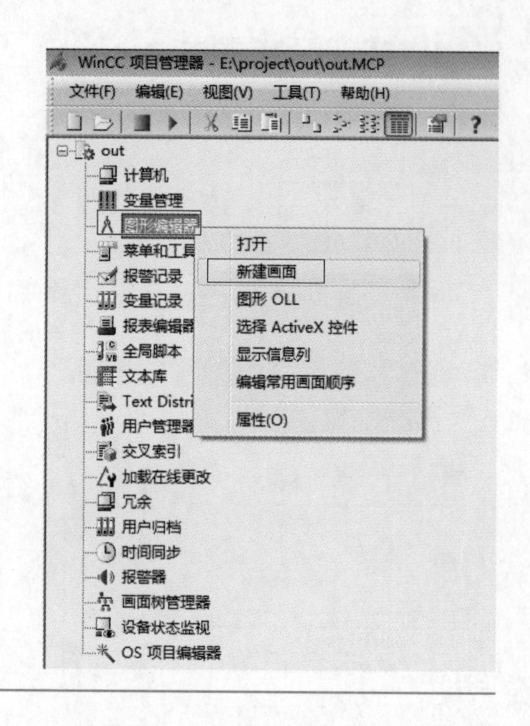


图 5-73　新建画面

3）添加彩灯：在图形编辑器右侧标准对象中，双击 圆，在图形编辑器中会出现圆。选中圆，在下边的对象属性的“效果”中，将“全局颜色方案”由“是”改为“否”；在对象属性的“颜色”中，选中“背景颜色”，在 处单击鼠标右键，会弹出对话框，如图 5-74所示。执行完以上操作后，会弹出“值域”界面，如图 5-75 所示。单击“表达式”后边的 ...，会弹出对话框，再单击“变量”，会出现“外部变量”界面，我们选择 red，变量连接完成；再单击“事件名称”后边的 ，会弹出“改变触发器”界面，在标准周期“更新”“2 秒”上双击，会弹出一个界面，单击倒三角，选择“有变化时”，以上操作如图 5-76所示。

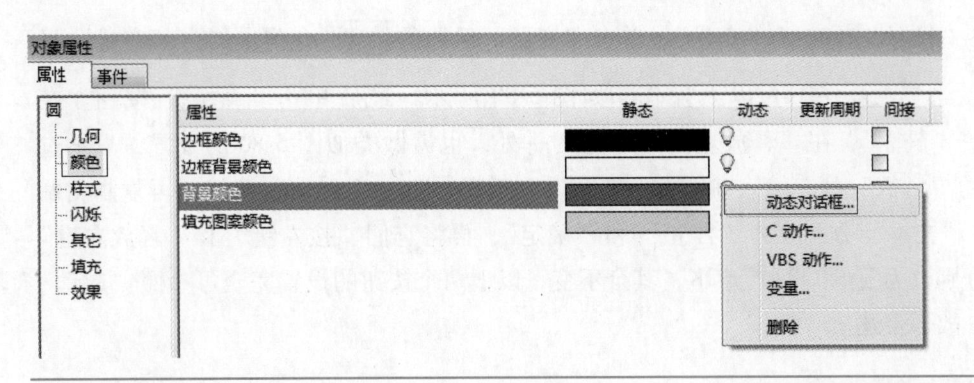


图5-74　背景颜色的动态设置

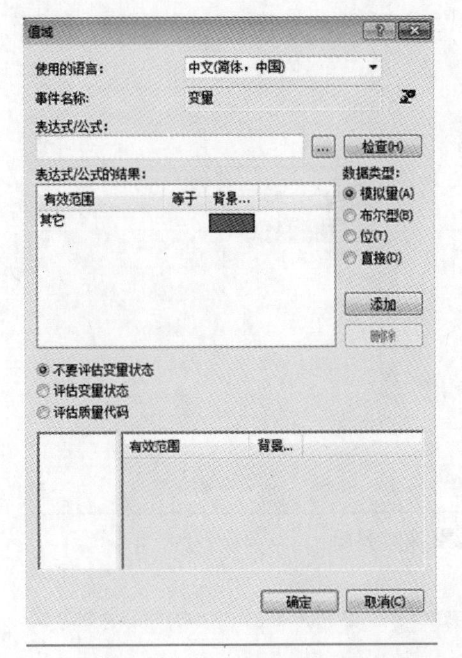


图5-75　值域界面

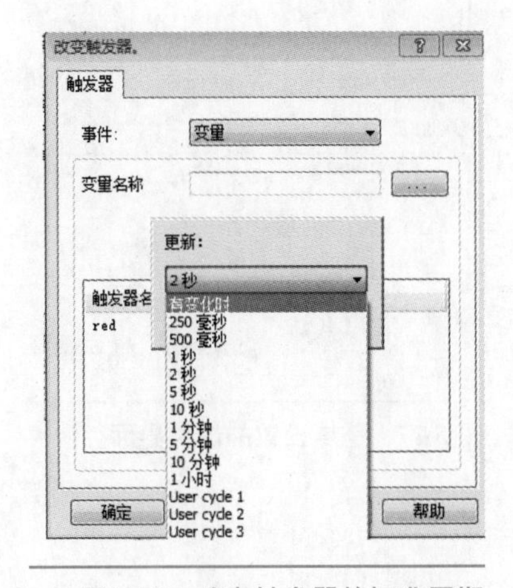


图5-76　改变触发器的标准周期

在图5-75的“数据类型”中，选择“布尔型”，双击表达式的“背景”，会弹出调色板，在调色板中，选择红色。通过“变量连接”“标准周期”和“数据类型”的设置，“值域”界面设置的最终结果，如图5-77所示。最后在“值域”界面上，单击“确定”按钮，所有的设置完成。以上操作是对“红灯”设置，“绿灯”的设置除变量连接为green和“表达式结果”背景的颜色改为绿色外，其余与“红灯”设置相同，故不赘述。

4）添加按钮：在窗口对象中双击按钮，在图形编辑器中会出现按钮，同时会出现“按钮组态”对话框，这里单击。选中按钮，在对象属性的“字体”中，“文本”输入“起动”；在对象属性的界面中，由“属性”切换到“事件”，选中“鼠标”，在“按左键”后边的处，单击鼠标右键，会弹出对话框，如图5-78所示。在此对话框中，选中“直接连接”，会弹出一个界面，如图5-79所示。在“来源”项选择“常数”，在“常数”的后边输入值 1；在“目标”项选择“变量”，单击“变量”后边的，会弹出“外部变量”界面，这里变量选中 START，以上操作，如图 5-80 所示，最后单击“确定”按钮。在图 5-78中选中“鼠标”，在“释放左键”后边的处，也需做类似图 5-80 的设置，只不过在“来源”的“常数”处，输入 0 即可，其余设置不变。选中“起动”按钮，再复制粘贴 2 个按钮，将“文本”分别改为“停止”和“确定”，再将它们“按左键”和“释放左键”的连接变量分别改为 STOP和 OK，其余不变，以上两个按钮的设置完全可参照“起动”按钮的设置，故不赘述。

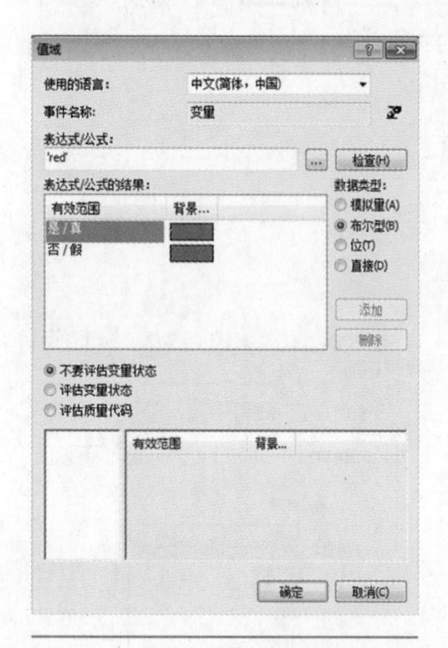


图 5-77　值域设置的最终界面

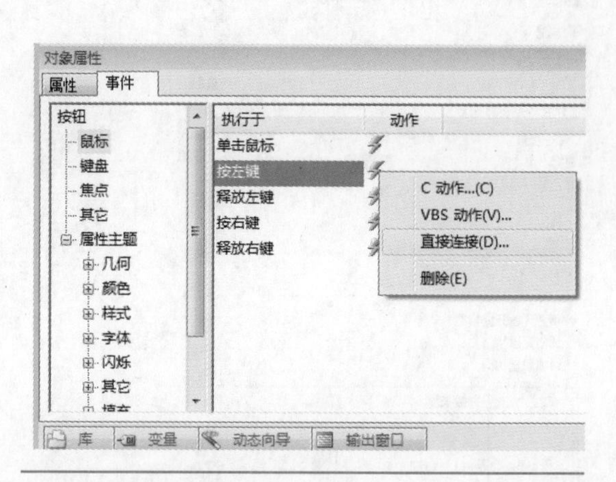


图 5-78　按钮事件界面

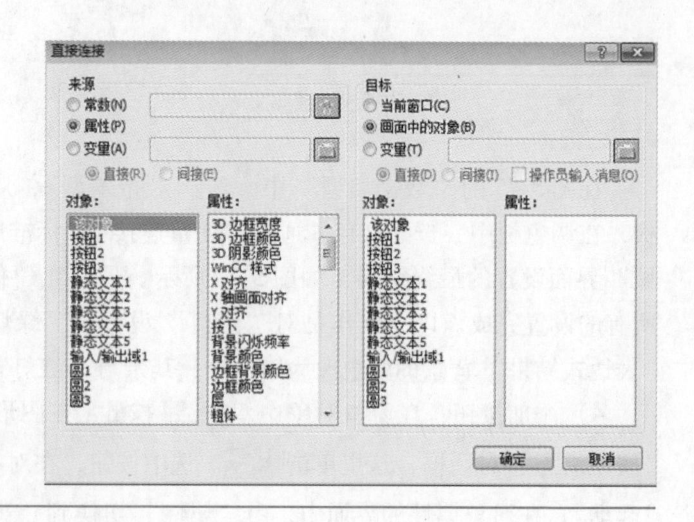


图 5-79　直接连接界面

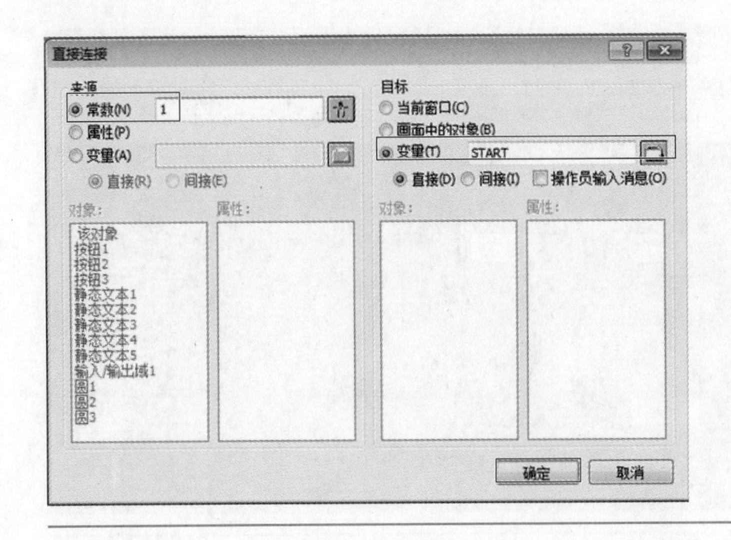


图 5-80　直接连接界面

5）添加输入框：在智能对象中双击 0.12 输入/输出域，在图形编辑器中会弹出一个 I/O 域组态界面，在“变量”项的后边单击 ...，会弹出“外部变量”界面，选择变量 vw0，单击“确定”按钮；单击“更新”项后边的 ▾，会弹出下拉菜单，选择“有变化时”，其余设置不变，以上操作如图 5-81 所示。在此界面中，最后单击“确定”按钮。根据控制要求，间隔时间 $N$ 不超过 10s，故在对象属性的“限制”中，将“下限值”改为“0”，将“上限值”改为“100”，这样就限定了输入框输入值的范围。

图 5-81　I/O 域组态参数设置

通过以上 5 步的设置，该项目 WinCC 的最终画面，如图 5-82所示。

## 4. 项目调试

首先打开 S7-200 SMART PLC 编程软件 STEP 7-Micro/WIN SMART，单击进行通信参数配置，本机地址设置为“192.168.2.100”，通信参数配置完成后，单击 下载 进行程序下载，之后单击 程序状态 进行程序调试；PLC 程序下载完成后，打开 WinCC 软件，单击项目激活按钮 ▶，运行项目。在运行界面的输入框中输入“50”，单击“确定”按钮，对应 PLC 程序 T37 的设定值变为“50”，T38 的设定值变为“100”，则两个彩灯每隔 5s 循环点亮；若输入框输入值大于 100，WinCC 会弹出对话框提示超出设定范围。单击起动按钮，红绿彩灯会每隔 5s 点亮；单击停止按钮，程序停止。WinCC 项目的运行界面如图 5-83 所示。

图 5-82　画面的最终结果

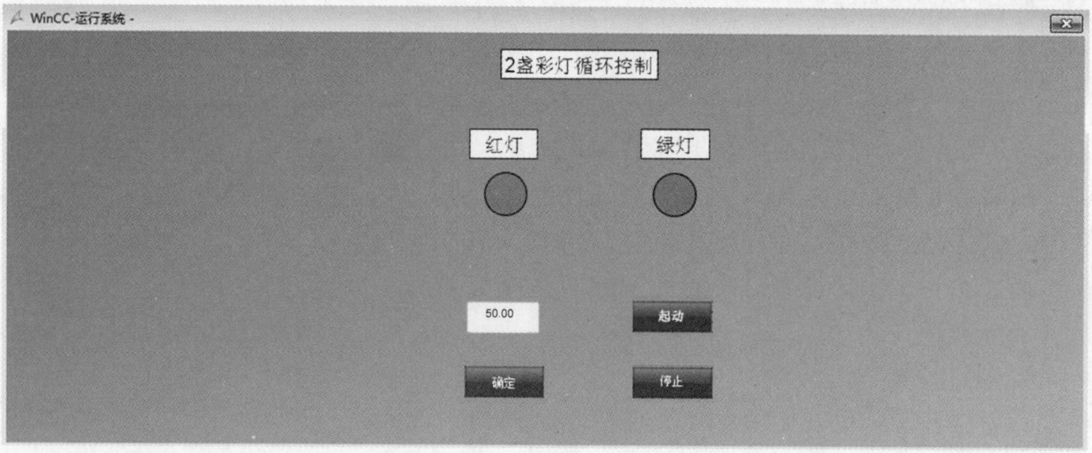

图 5-83　2 盏彩灯循环控制 WinCC 的运行

# 第 2 篇

# 触摸屏

# 第 6 章

# 西门子 SMART LINE 触摸屏应用案例

**本章要点：**

- ◆ 西门子 SMART LINE 触摸屏简介
- ◆ WinCC flexible SMART V3 组态软件界面
- ◆ WinCC flexible SMART V3 组态软件快速应用
- ◆ 两盏彩灯循环点亮控制
- ◆ 水泵控制
- ◆ 小车往返运动动画制作

触摸屏是一种新型数字系统输入设备，利用触摸屏可以直观、方便地进行人机对话。触摸屏不但可以对 PLC 进行操控，而且还可以实时监控 PLC 的工作状态。

目前的触摸屏的厂商很多，国内外有较大影响的如西门子、三菱、昆仑通态、威纶等；本书将以西门子 SMART LINE 触摸屏为例，对触摸屏及其组态软件知识进行讲解。

## 6.1 西门子 SMART LINE 触摸屏

### 6.1.1 西门子 SMART LINE 触摸屏简介

西门子触摸屏又称精彩系列面板，它包括 SMART 700 IE V3 和 SMART 1000 IE V3 两种，它们是专门与 S7-200 SMART PLC 配套的触摸屏。屏幕有 7 寸[⊖]和 10 寸两种，其分辨率分别为 800×480 和 1024×600K 色真彩显示，节能

⊖ 此处标准称为英寸，1 英寸（in）= 0.0254 米（m），后同。

的 LED 背光，数据储存器大小为 128MB，程序储存器大小为 256MB。电源电压为 DC 24V。其支持硬件实时时钟、趋势视图、配方管理、报警功能、数据记录等功能，支持 32 种语言。

其集成的以太网口和串行接口 RS-422/485 可以自适应切换，用以太网下载项目文件方便快速。通过串行接口可以连接 S7-200 PLC 和 S7-200 SMART PLC，串行接口还支持与三菱、欧姆龙、施耐德和台达 PLC 的连接。

SMART LINE V3 还集成了 USB 2.0 接口，可以连接键盘、鼠标和 USB 存储设备，还可以通过 U 盘对人机界面的数据记录和报警记录进行归档。

SMART LINE V3 的专用组态软件是 WinCC flexible SMART V3，它是 WinCC flexible 的精简版本，占用硬盘的空间比 WinCC flexible 2008 SP4 小得多。

## 6.1.2　西门子 SMART LINE 触摸屏外形及端口

西门子触摸屏 SMART 700 IE V3 和 SMART 1000 IE V3 外形，如图 6-1 所示。西门子触摸屏 SMART 700 IE V3 接口及其含义，如图 6-2 所示。

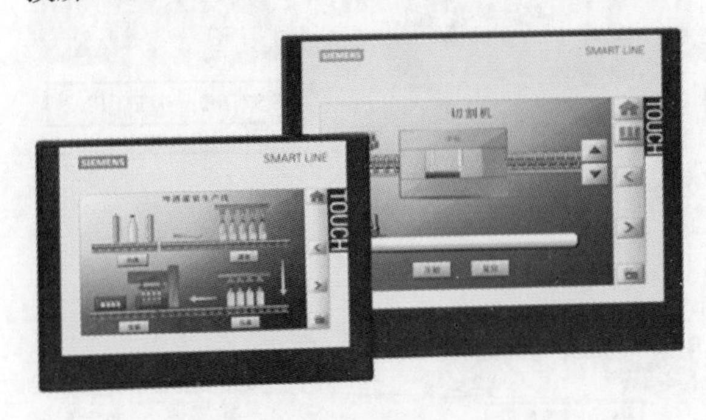


图 6-1　西门子 SMART LINE V3 触摸屏

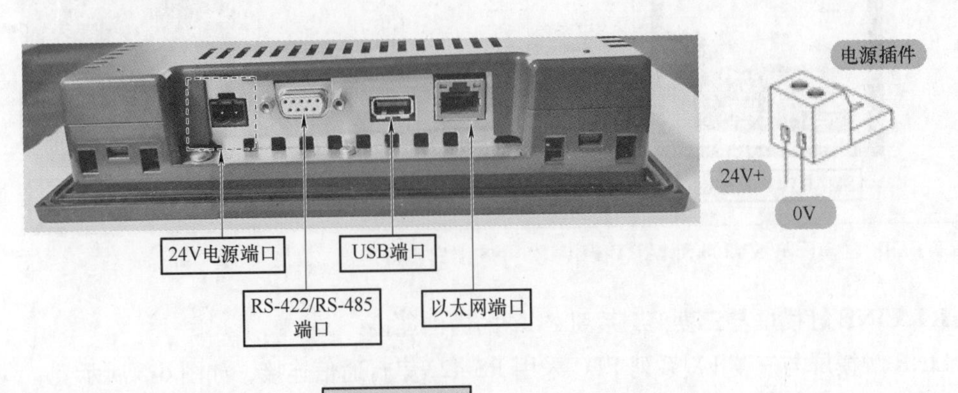


端口含义解析

1. 24V电源端口：触摸屏提供供电窗口。
2. RS-422/RS-485端口：提供RS-422和RS-485串行接口，实现与外部设备连接。
3. 以太网端口：可以实现以太网连接。
4. USB端口：可连接鼠标、键盘及U盘等，支持通过U盘进行数据归档，支持通过U盘备份和恢复触摸屏中的项目和数据，可进行项目移植。

图 6-2　西门子 SMART LINE 700 IE V3 接口及其含义

### 6.1.3 西门子 SMART LINE 触摸屏与 PLC 的通信连接

**1. SMART LINE 触摸屏与 S7-200 SMART PLC 的通信连接**

SMART LINE 触摸屏和 S7-200 SMART PLC 自身都集成了以太网口和 RS-485 端口，因此两者通信可以通过以太网进行连接，也可以通过 RS-485 端口进行串行连接。SMART LINE 触摸屏与 S7-200 SMART PLC 以太网通信连接，如图 6-3 所示。SMART LINE 触摸屏与 S7-200 SMART PLC 通过 RS-485 端口进行串行连接，如图 6-4 所示。串行连接只用到了 9 针 D-Sub 连接器的 3 和 8 两个针脚。需要指出的是，SMART LINE 触摸屏与 S7-200 PLC 只能通过 RS-485 端口进行串行连接，连接方式与图 6-4 相同。

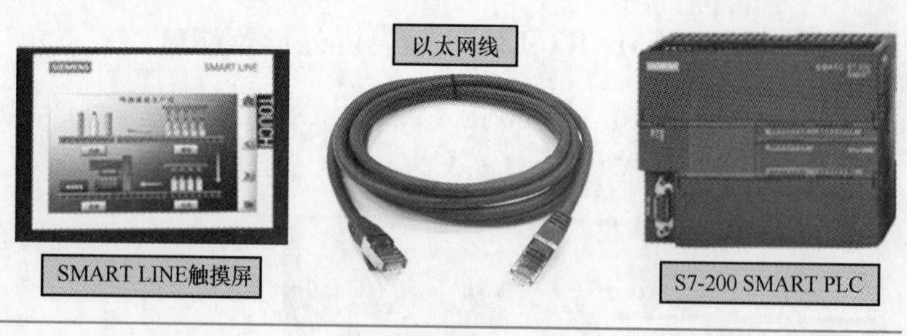


图 6-3 SMART LINE 触摸屏与 S7-200 SMART PLC 以太网通信连接

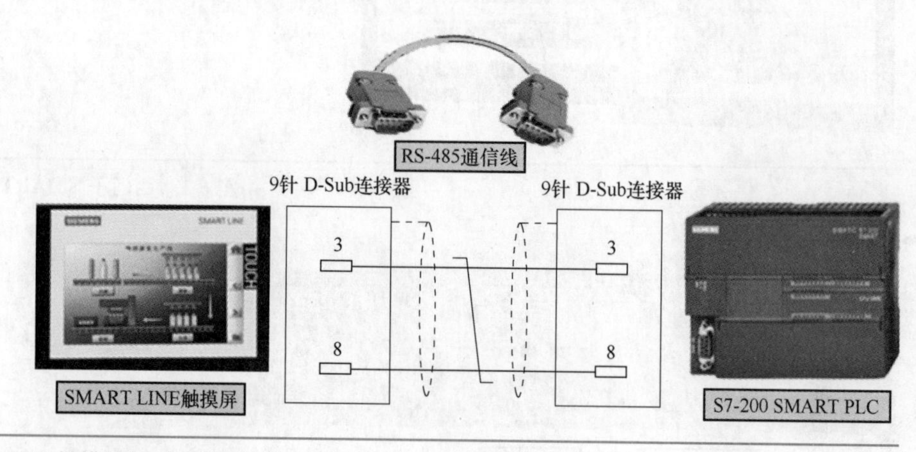


图 6-4 SMART LINE 触摸屏与 S7-200 SMART PLC RS-485 端口串行连接

**2. SMART LINE 触摸屏与三菱 FX 系列 PLC 的通信连接**

SMART LINE 触摸屏与三菱 FX 系列 PLC 采用 RS-422 串行通信连接，如图 6-5 所示。

**3. SMART LINE 触摸屏与欧姆龙 CP/CJ 系列 PLC 的通信连接**

SMART LINE 触摸屏与欧姆龙 CP/CJ 系列 PLC 采用 RS-422 串行通信连接，如图 6-6 所示。

**4. SMART LINE 触摸屏与施耐德 Modicon 系列 PLC 的通信连接**

SMART LINE 触摸屏与施耐德 Modicon 系列 PLC 采用 RS-485 串行通信连接，如图 6-7 所示。

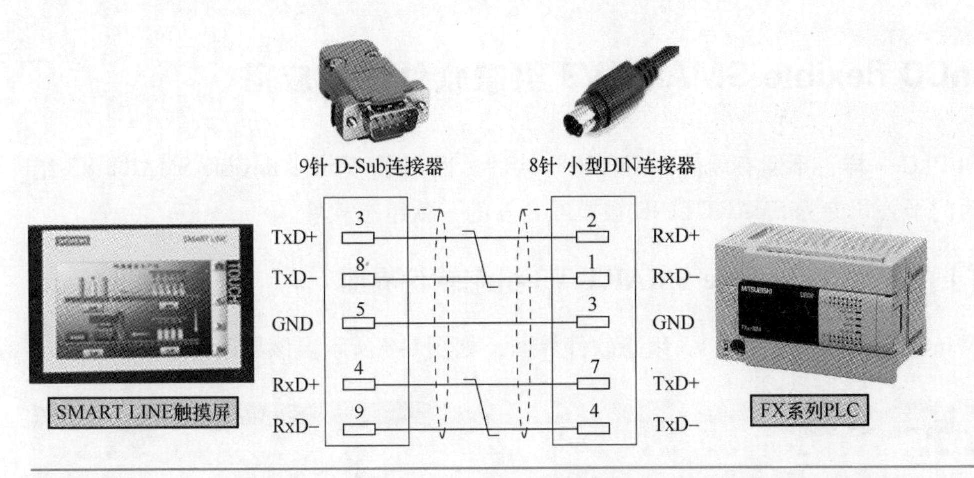


图 6-5　SMART LINE 触摸屏与三菱 FX 系列 PLC 串行连接

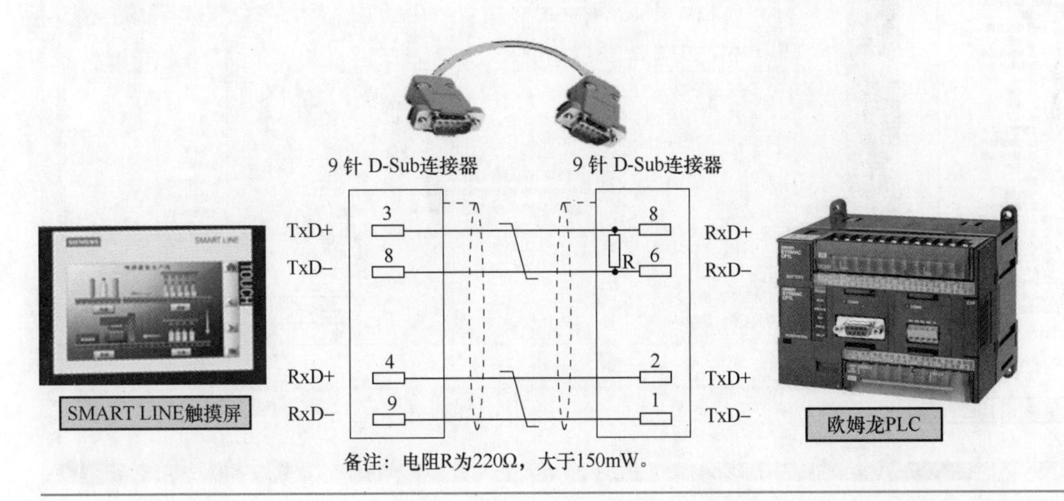


图 6-6　SMART LINE 触摸屏与欧姆龙 CP/CJ 系列 PLC 串行连接

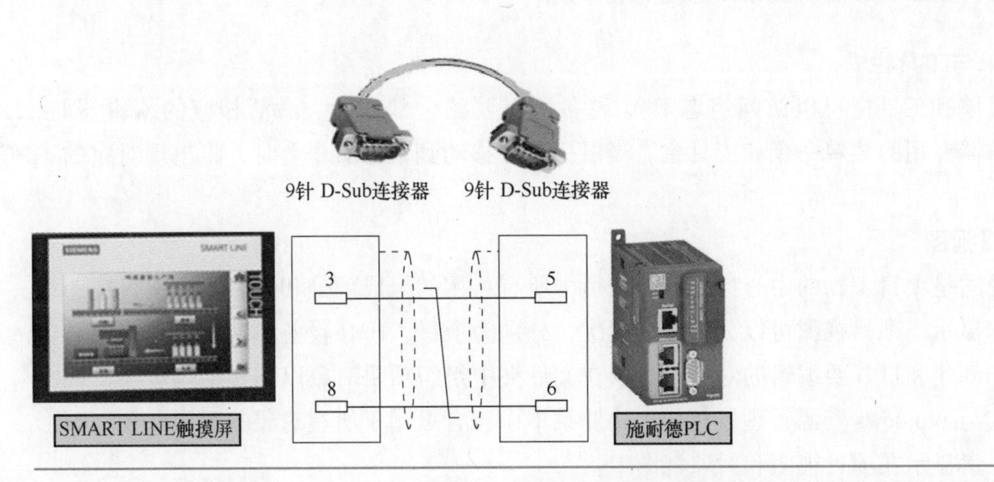


图 6-7　SMART LINE 触摸屏与施耐德 Modicon 系列 PLC 串行连接

## 6.2 WinCC flexible SMART V3 组态软件快速应用

触摸屏和 PLC 一样，不但有硬件，而且还有软件。西门子 WinCC flexible SMART V3 组态软件就是西门子公司专为 SMART LINE 触摸屏开发的一款组态软件。

### 6.2.1 西门子 WinCC flexible SMART V3 组态软件界面

西门子 WinCC flexible SMART V3 组态软件界面，如图 6-8 所示。该界面包含下列元素。

图 6-8 西门子 WinCC flexible SMART V3 组态软件界面

**1. 菜单与工具栏**

使用菜单和工具栏可以访问组态 HMI 设备所需要的全部功能。激活相应的编辑器时，显示此编辑器专用的菜单命令和工具栏。当鼠标指针移动到某个命令上时，将出现对应的工具提示。

**2. 项目视图**

项目视图是项目编辑的中心控制点，项目中所有可用的组成部分和编辑器在项目视图中以树型结构显示。项目视图可以分为 4 个层次，分别为项目、HMI 设备、文件夹和对象。项目视图用于创建和打开要编辑的对象。可以在文件夹中组织项目对象以创建结构。项目视图的使用方式与 Windows 资源管理器相似。快捷菜单中包含可用于所有对象的重要命令。图形编辑器的元素显示在项目视图和对象视图中。

**3. 属性视图**

属性视图用于编辑从工作区域中选取的对象的属性。属性视图的内容基于所选择的对象。

**4. 对象视图**

对象视图可以显示项目视图中选定区域的所有元素。在对象视图中双击某一对象，会打开对应的编辑器。对象窗口中显示的所有对象都可使用拖放功能。

**5. 输出视图**

输出视图用来显示在项目测试运行或项目一致性检查期间生成的系统报警。

**6. 工作区**

在工作区可以编辑项目对象。所有 WinCC flexible 元素都排列在工作区域的边框上。除了工作区之外，可以组织、组态（例如移动或隐藏）任一元素来满足个人需要。

**7. 工具箱**

工具箱包含简单对象、增强对象等选项，可将这些对象添加到画面中。此外，工具箱也提供了许多库，这些库包含有许多对象模板和各种不同的面板。

## 6.2.2 WinCC flexible SMART V3 组态软件应用快速入门

**1. 控制要求**

现需西门子 CPU ST20 模块与 SMART 700 IE V3 触摸屏、交换机和计算机各 1 台，PLC、触摸屏和计算机三者实现以太网通信，如图 6-9 所示。用 SMART 700 IE V3 触摸屏控制西门子 CPU ST20 模块，触摸屏中有起动按钮、停止按钮和指示灯各 1 个，按下起动按钮，西门子 CPU ST20 模块 1 路指示灯亮；按下停止按钮，西门子 CPU ST20 模块 1 路指示灯灭。试设计程序并组态触摸屏画面。

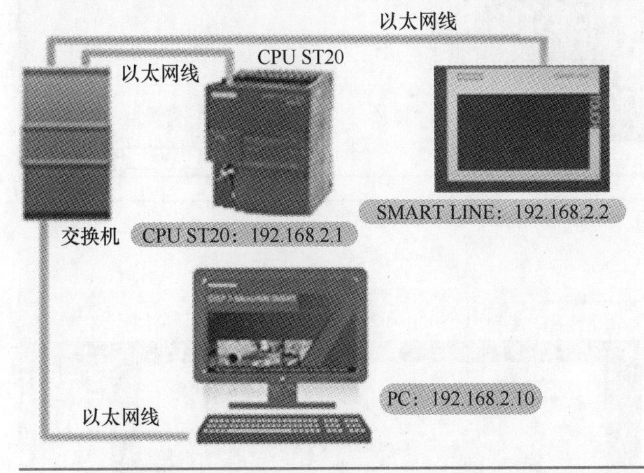


图 6-9　西门子 PLC、SMART LINE 触摸屏和计算机以太网通信

**2. 触摸屏画面设计及组态**

（1）创建项目

安装完 WinCC flexible SMART V3 触摸屏组态软件后，双击桌面上的图标，打开 WinCC flexible SMART V3 项目向导，单击“创建一个空项目”，如图 6-10 所示。

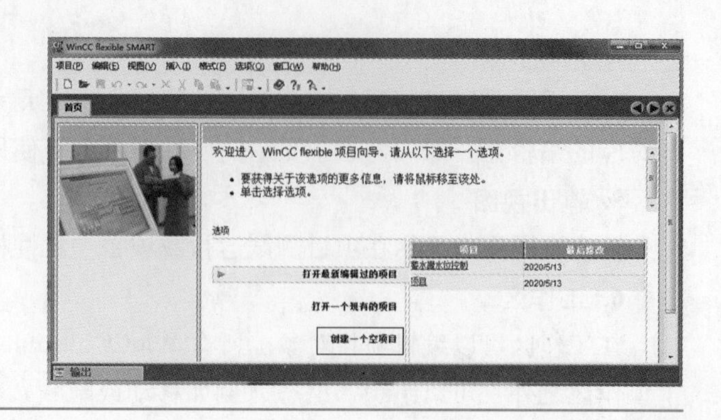


图 6-10　创建一个空项目

（2）设备选择

选择触摸屏的型号，这里我们选择“SMART 700 IE V3”，选择完成后，单击“确定”按钮，选择画面，如图 6-11 所示。单击“确定”按钮后，出现 WinCC flexible SMART V3 组态软件界面，如图 6-12 所示。

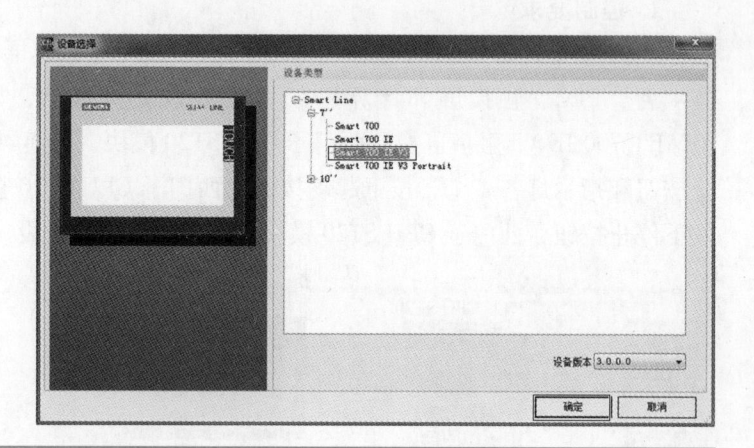


图 6-11　设备选择

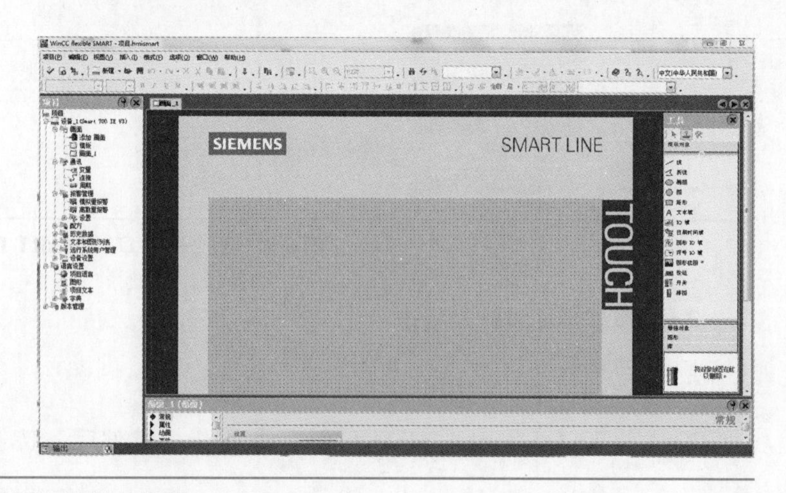


图 6-12　WinCC flexible SMART V3 组态软件界面

（3）新建连接

新建连接即建立触摸屏与 PLC 的连接。单击鼠标右键打开项目树中的“通信”文件夹，双击“连接”，会出现“连接列表”。在“名称”中双击，会出现“连接 1”；“通信驱动程序”项选择 SIMATIC S7 200 Smart ，“在线”项选择“开”；触摸屏地址输入“192. 168. 2. 2”，PLC 地址输入“192. 168. 2. 1”。需要说明的是，两种设备能实现以太网通信的关键是，地址的前三段数字一致，第四段一定不一致。例如本例中，前三段地址为“192. 168. 2”，两个设备都一致，最后一段地址，触摸屏是“2”，PLC 是“1”，第四段不一致。以上新建连接的所有步骤，如图 6-13 所示。

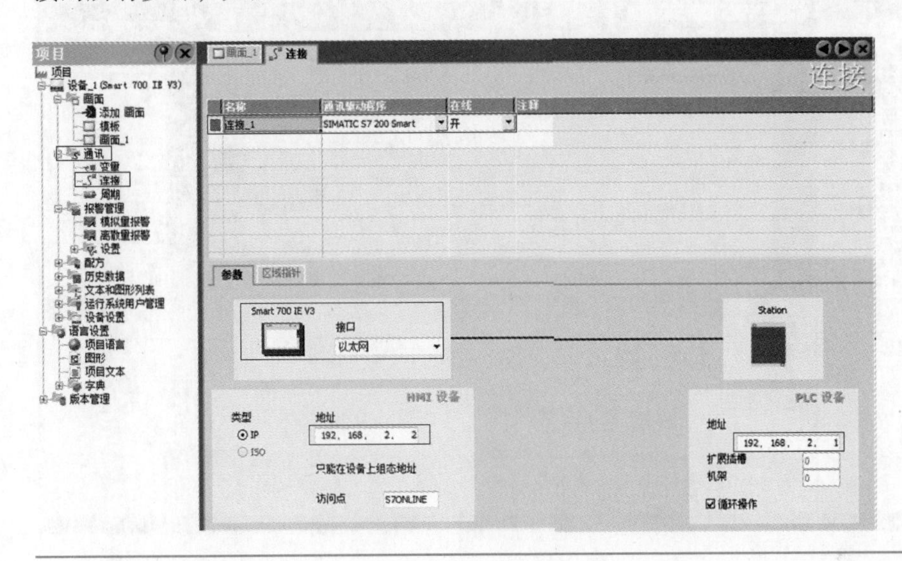


图 6-13　新建连接

（4）新建变量

将触摸屏的变量和 PLC 中的变量建立联系。单击鼠标右键打开项目树中的“通信”文件夹，双击“变量”，会出现“变量列表”。在“名称”中双击，输入“起动”；在“连接”中，选择“连接 1”；“数据类型”选择为“BOOL”；地址选择“M0. 0”。“停止”和“水泵”的变量创建方法与“起动”的一致，故不赘述。新建变量结果，如图 6-14 所示。

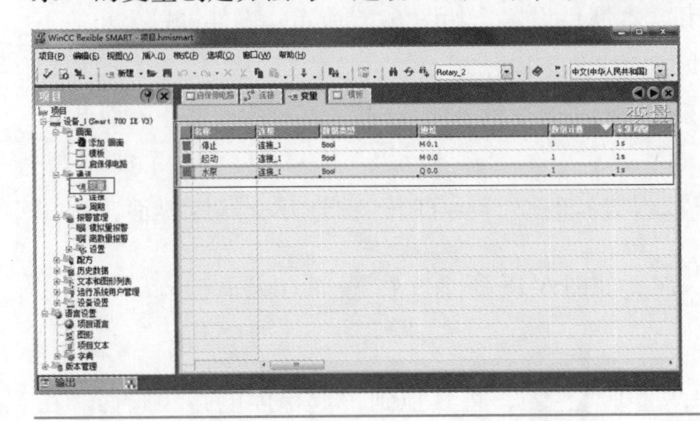

图 6-14　新建变量

（5）创建画面

创建画面需在工作区中完成。单击鼠标右键打开项目树中的“画面”文件夹，双击“画面 1”，会进入“画面 1”界面。在属性视图“常规”中，将“名称”设置为“起保停电路”，这样就将“画面 1”重命名了。“背景颜色”等都可以改变，读者可以根据需要设置。重命名的步骤，如图 6-15 所示。

1）插入按钮并连接变量。

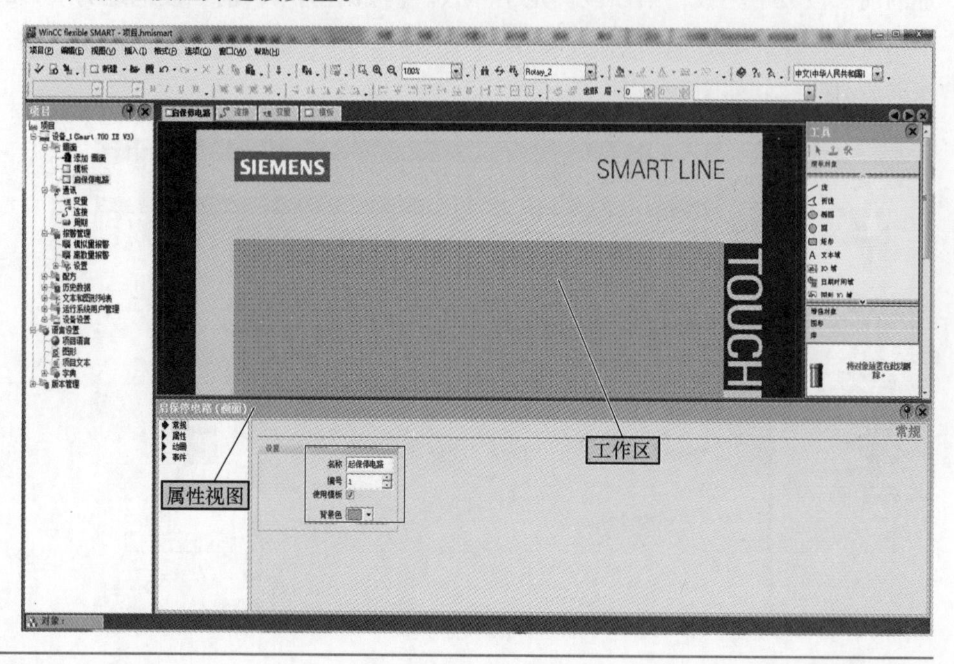


图 6-15　重命名

单击工具箱中的“简单对象”组，将 OK 按钮 图标拖放到“起保停电路”画面中。再拖一次，在“起保停电路”画面中就会出现两个按钮。单击 Text ，对其进行属性设置。常规属性设置：将其名称写为“起动”；外观属性设置：将“前景色”默认“黑色”；“背景色”改为“浅绿”；文本属性设置：将“字体”设置为“宋体，12pt”，“水平的”设置为“居中”，“垂直的”设置为“中间”。常规、外观和文本属性设置，如图 6-16 所示。事件设置为：按下时，SetBit，M0.0；释放时，ResetBit，M0.0，如图 6-17 所示。

“停止”与“起动”设置同理，不再赘述。只不过变量为“M0.1”，名称为“停止”而已。

2）插入水泵指示灯并连接变量。

单击工具箱中的“库”组，单击鼠标右键执行“库→打开”，打开全局库界面，选择 系统库 图标，选中 Button_and_switches.wlf，如图 6-18 所示。在 Button_and_switches 库文件夹下，会出现 Indicator_switches，选中

，将其拖到“起保停电路”画面。在

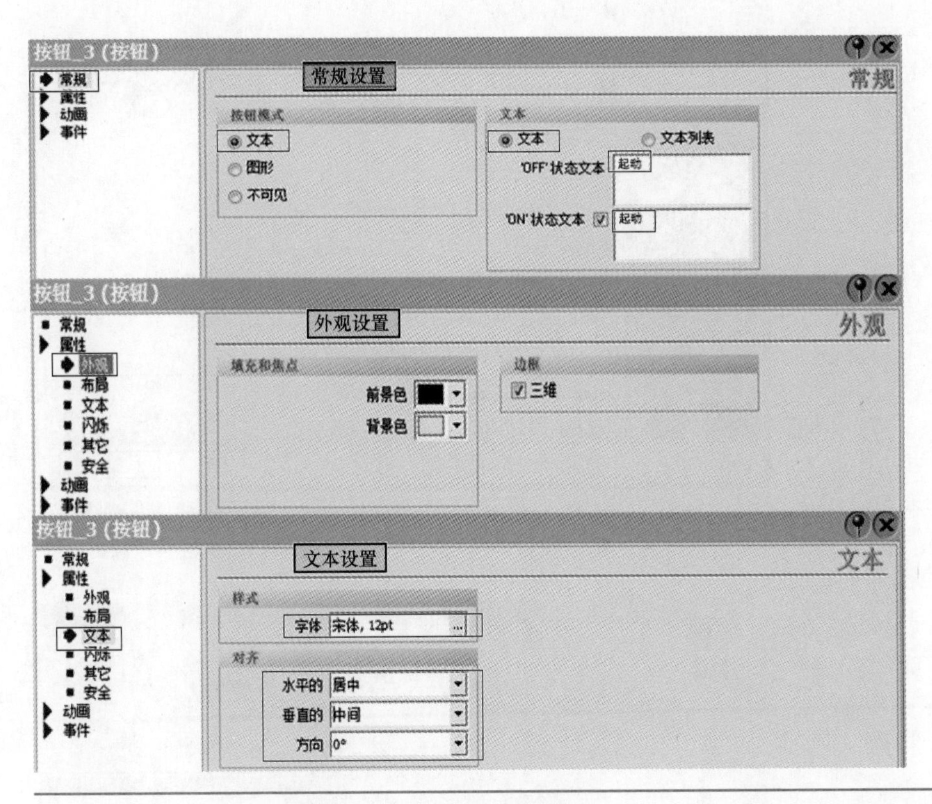


图 6-16　常规、外观和文本属性设置

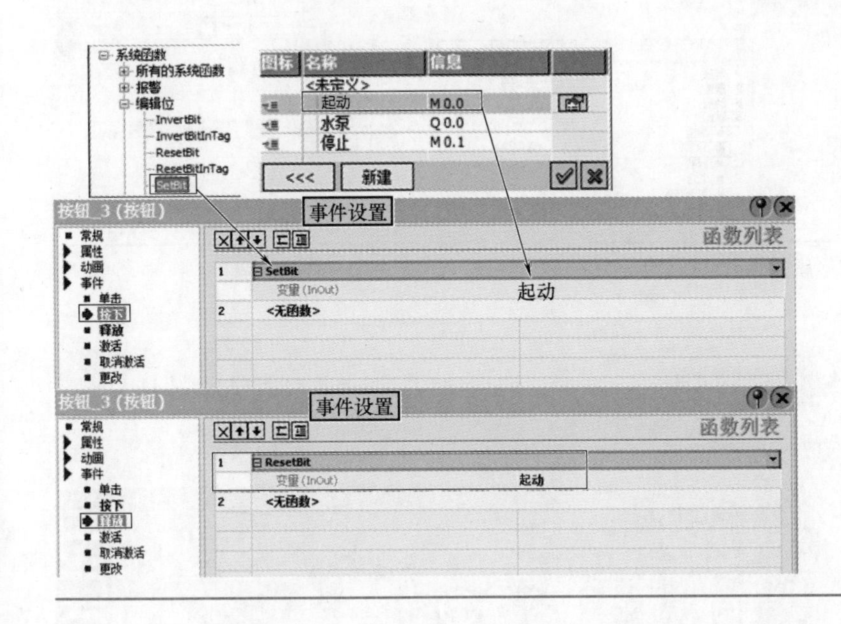


图 6-17　事件设置

指示灯“常规属性”中，将过程变量选择为“水泵”，其余默认；在“事件属性”的“按下”选项中，函数 InvertBit 的变量连接为“水泵”。以上设置如图 6-19 所示。

“起保停电路”触摸屏画面的最终结果，如图 6-20 所示。

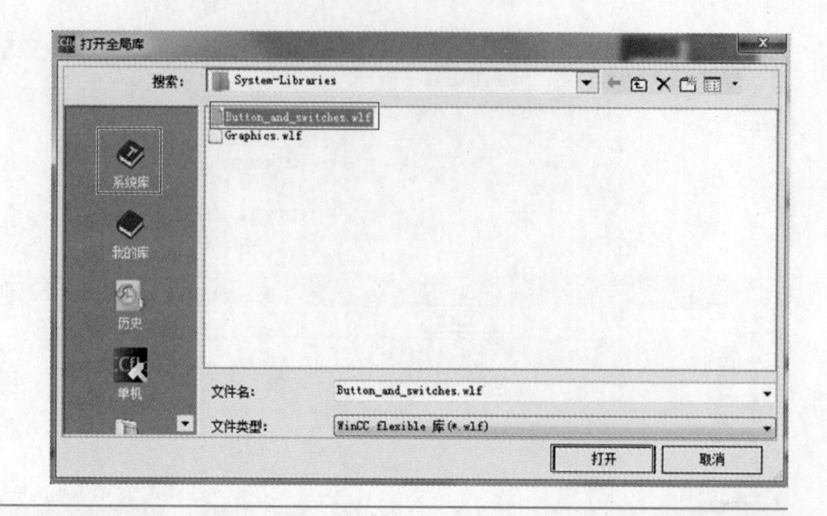


图 6-18　指示灯库的选择

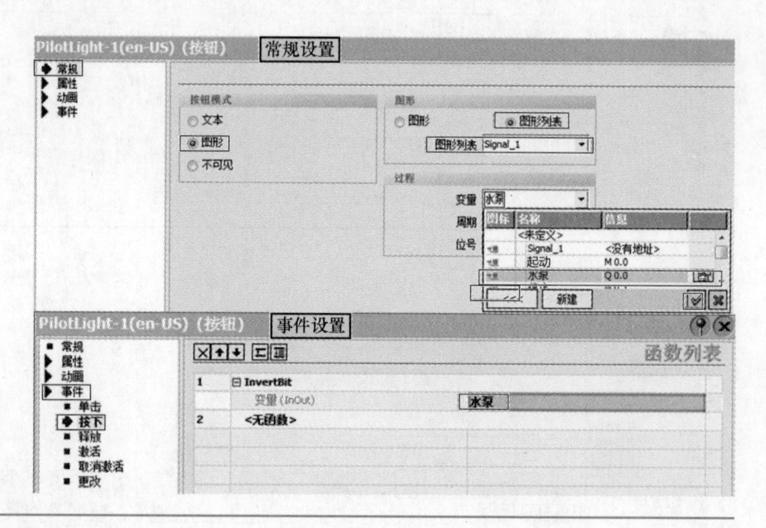


图 6-19　指示灯常规属性和事件属性设置

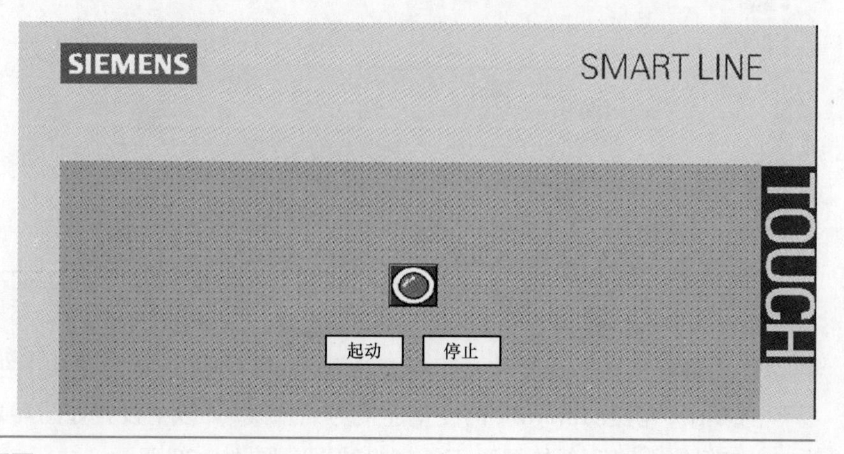


图 6-20　起保停电路最终画面

**3. 将组态软件上项目下载到触摸屏（HMI）**

在以太网硬件连接好后，要想成功地将 WinCC flexible SMART V3 组态软件上的项目下载到触摸屏（HMI）上，需要以下 4 个步骤。

（1）设置计算机网卡的 IP 地址

对于 Windows 7 SP1 操作系统来说，单击任务栏右下角的图标，打开“网络和共享中心”，单击“更改适配器设置”，再双击“本地连接”，在对话框中，单击“属性”，按图 6-21所示设置 IP 地址。这里的 IP 地址设置为“192.168.2.10”，子网掩码默认为“255.255.255.0”，网关无须设置。

最后单击“确定”按钮，计算机网卡的 IP 地址设置完毕。

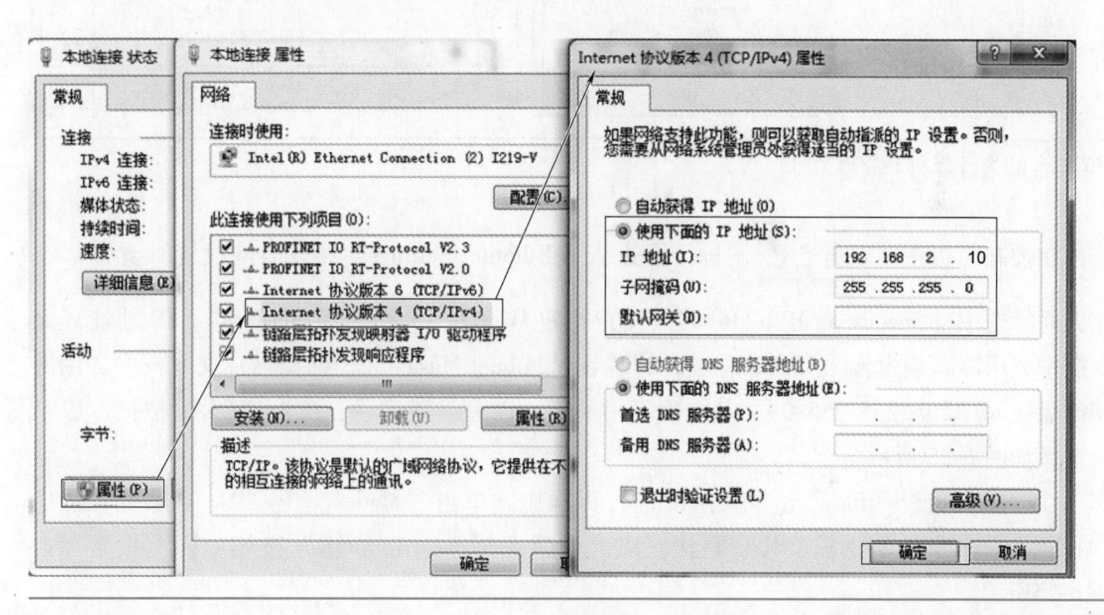


图 6-21　Windows 7 SP1 操作系统网卡的 IP 地址设置

（2）设置计算机 PG/PC 接口

对于 Windows 7 SP1 操作系统来说，在控制面板中，找到设置 PG/PC 接口的图标 设置 PG/PC 接口 (32 位)，双击打开“设置 PG/PC 接口”的界面。在该界面中的“未使用的接口分配参数”项，下拉滚动条，选择 PC internal.local.1，“应用程序访问点”项会变成S7ONLINE (STEP 7)　　--> PC internal.local.1，设置完以上两项后，单击“确定”按钮，计算机 PG/PC 接口设置就完成了。以上设置如图 6-22 所示。

（3）进行触摸屏（HMI）以太端口相关设置

触摸屏（HMI）上电后，会打开“装载程序”界面，如图 6-23 所示。单击“装载程序”界面上的“Cnotrol Panel”按钮，将会进入触摸屏（HMI）的控制面板界面，如图 6-24 所示。

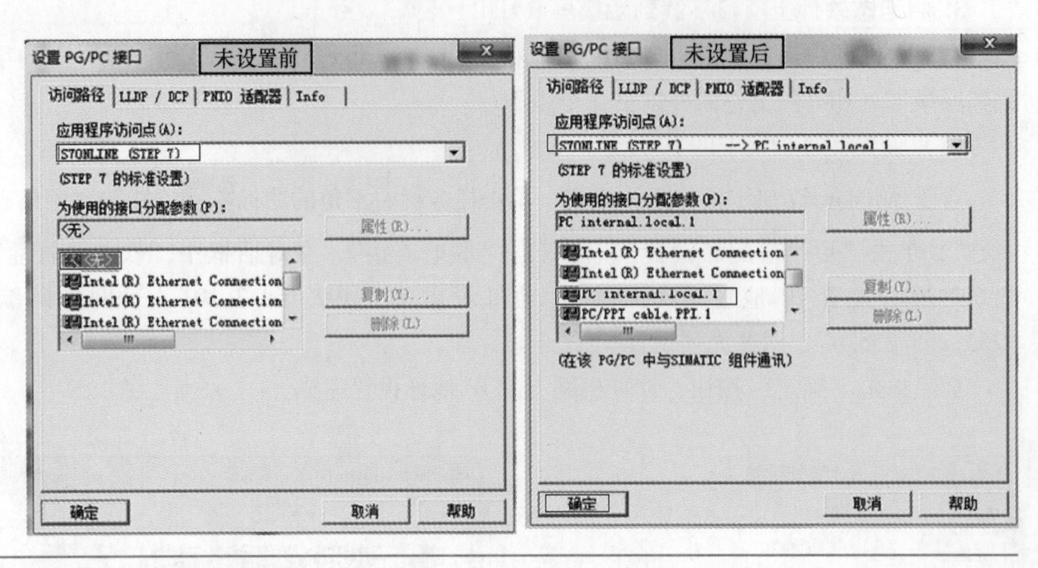


图 6-22　设置计算机 PG/PC 接口

在控制面板中，双击 Ethernet 图标，会进入“Ethernet Settings”（以太网设置）界面。在此界面，选中“Specify an IP address”（用户指定 IP 地址）；在“IP Address”（IP 地址）文本框中，用屏幕键盘输入“192.168.2.2”；在“Subnet Mask”（子网掩码）文本框中，用屏幕键盘输入“255.255.255.0”，其余项不用输入，以上设置完后，单击“OK”按钮。以上设置，如图 6-25 所示。

在“Ethernet Settings”（以太网设置）界面中，单击“Mode”（模式）选项卡，选中“Auto Negotiation”复选框，其余默认，以上设置完后，单击“OK”按钮。以上设置，如图 6-25所示。

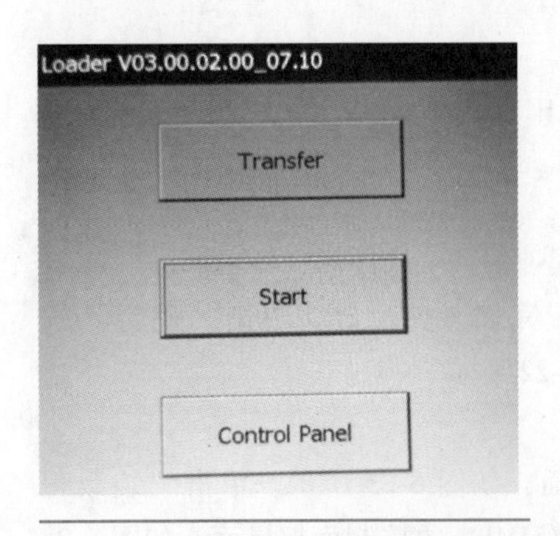


图 6-23　触摸屏（HMI）装载程序界面

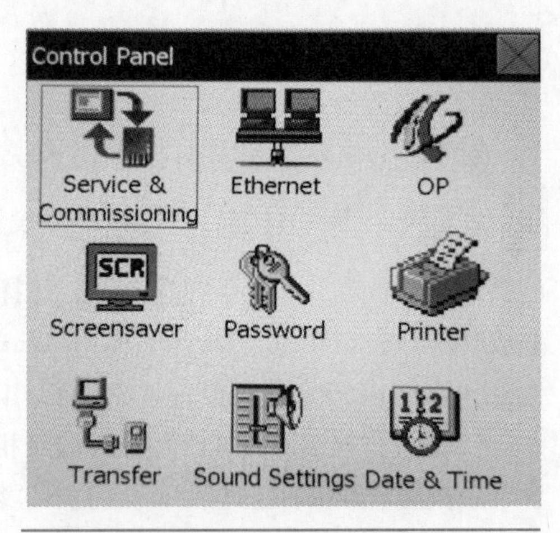


图 6-24　触摸屏（HMI）控制面板界面

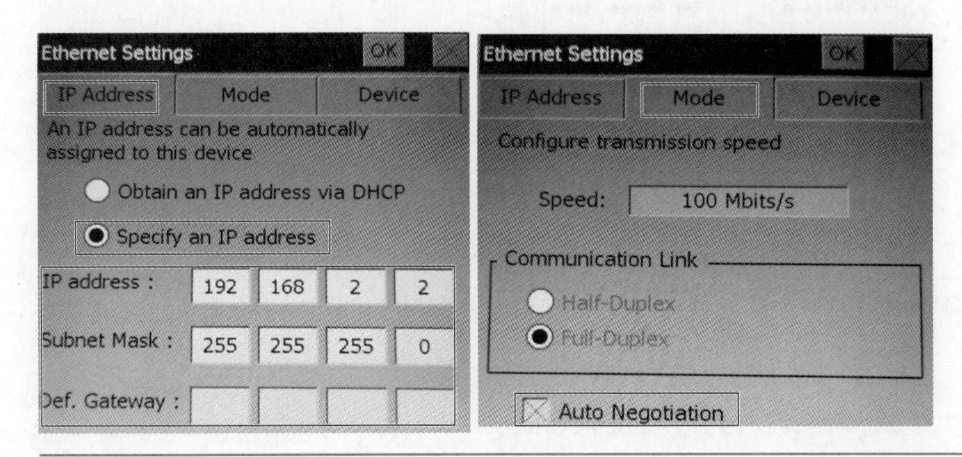

图 6-25　以太网设置界面

在控制面板界面中，双击 Transfer 图标，会进入“Transfer Settings”（传输设置）界面。在此界面中，选中“Enable Channel”（激活通道）和“Remote Control”（远程控制）复选框，设置完成后，单击“OK”按钮。以上设置，如图 6-26 所示。经过上述设置，实际上是启动了触摸屏（HMI）传输通道。

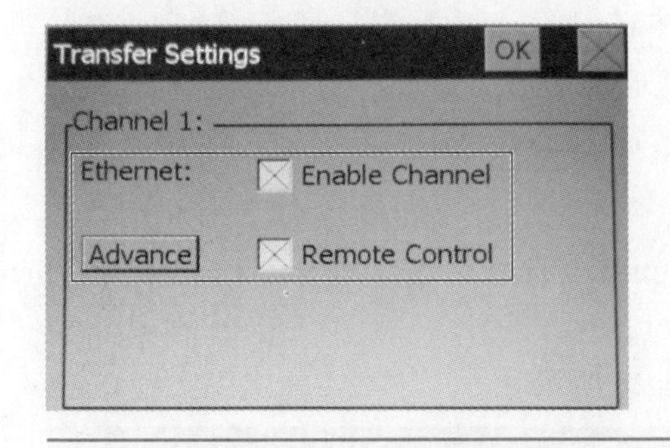

图 6-26　启动触摸屏（HMI）传输通道

以太网口参数设置完成及开启传输通道后，单击“装载程序”界面上的“Transfer”按钮，为 WinCC flexible SMART V3 组态软件上的项目下载做准备。

（4）WinCC flexible SMART V3 组态软件上的项目下载

单击 WinCC flexible SMART V3 组态软件上的项目下载按钮，会弹出“选择设备进行传送”对话框，在此对话框的“计算机名或 IP 地址”项，输入触摸屏（HMI）的 IP 地址“192. 168. 2. 2”，此 IP 地址与触摸屏（HMI）以太网设置的 IP 地址一致，其余默认。以上设置，如图 6-27 所示。经以上设置后，单击“传送”按钮，WinCC flexible SMART V3 组态软件中的项目就会到下载触摸屏（HMI）中。

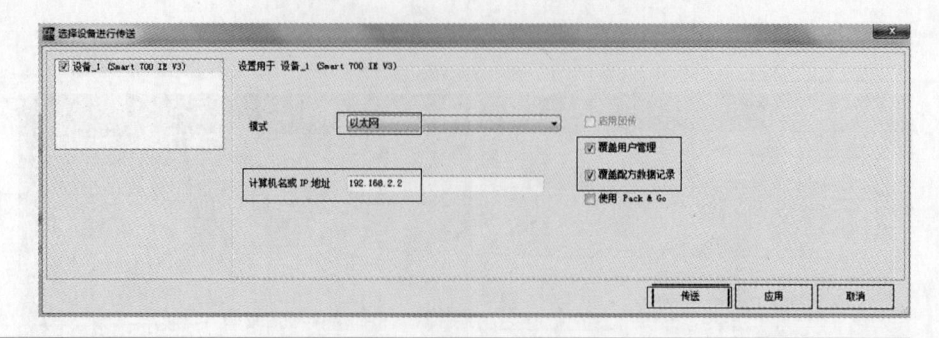


图 6-27　选择设备进行传送设置

> **编者心语**
>
> 在以太网硬件连接好的情况下，将 WinCC flexible SMART V3 组态软件上的项目下载到触摸屏上需要以下 4 步：
>
> 1. 设置计算机网卡的 IP 地址。
>
> 2. 设置计算机 PG/PC 接口。
>
> 3. 设置触摸屏以太端口 IP 地址、选中 Auto Negotiation，并启动传输通道。
>
> 4. 在 WinCC flexible SMART V3 组态软件下载对话框上，设置触摸屏的 IP 地址后，单击传送。
>
> 以上 4 步是成功下载 WinCC flexible SMART V3 组态软件上项目的关键，缺一不可，读者需熟记。
>
> 此外还要注意，计算机、PLC 和触摸屏的 IP 地址应不同。在同一局域网，IP 地址不同，即 IP 地址前三段一致，第四段不同，如 PLC 的 IP 地址为 192.168.2.1，触摸屏的 IP 地址为 192.168.2.2。

**4. PLC 程序设计**

1）硬件组态：起保停电路硬件组态结果，如图 6-28 所示。

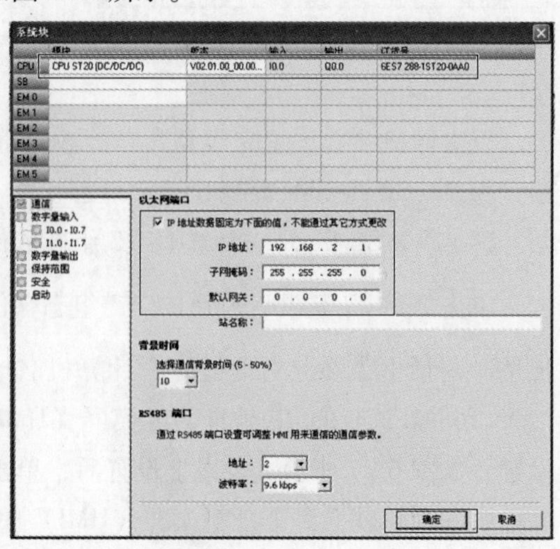


图 6-28　起保停电路硬件组态结果

2）符号表：起保停电路符号表注释，如图 6-29 所示。

3）梯形图：起保停电路梯形图程序，如图 6-30 所示。

符号表

|  |  |  | 符号 | 地址 |
|---|---|---|---|---|
| 1 |  |  | 起动 | M0.0 |
| 2 |  |  | 停止 | M0.1 |
| 3 |  |  | 水泵 | Q0.0 |

图 6-29　起保停电路符号表注释

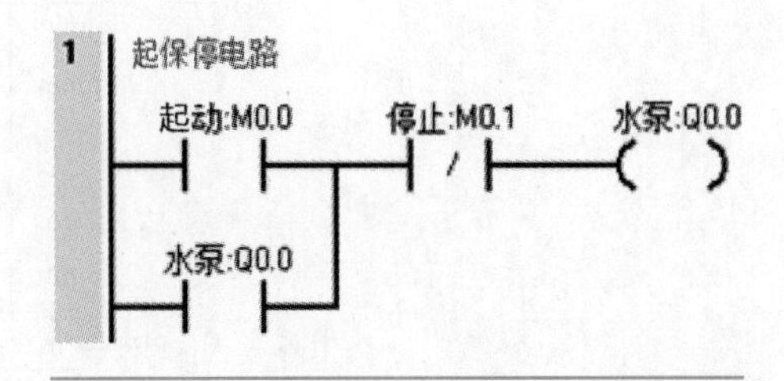


图 6-30　起保停电路梯形图

# 6.3　两盏彩灯循环点亮控制

## 6.3.1　任务引入

有红、绿两盏彩灯，采用 SMART LINE 触摸屏+S7-200 SMART PLC 联合控制模式。触摸屏上设有起停按钮，当按下起停按钮，两盏小灯每隔 *N* 秒轮流点亮（间隔时间预设值通过触摸屏上的“加 1”和“减 1”按钮来设置，预设值范围为 50～100），两盏彩灯循环点亮；当按下起停按钮时，两盏小灯都熄灭。试设计程序并组态画面。

## 6.3.2　任务分析

根据上述任务，触摸屏组态软件 WinCC flexible SMART V3 画面需设有起停按钮 1 个，彩灯 2 盏，I/O 域 1 个，“加 1”和“减 1”按钮各 1 个，“确定”按钮 1 个，文本域 6 个。

两盏彩灯起停和循环点亮由 S7-200 SMART PLC 来控制。

## 6.3.3　硬件电路设计

两盏彩灯循环点亮控制的硬件电路，如图 6-31 所示。

## 6.3.4　PLC 程序设计

1）根据控制要求，进行 I/O 分配，见表 6-1。

表 6-1　彩灯循环点亮控制的 I/O 分配

| 输入量 |  | 输出量 |  |
|---|---|---|---|
| 起停 | M0.0 | 红灯 | Q0.0 |
| 确定 | M0.1 | 绿灯 | Q0.1 |

2）根据控制要求，编写控制程序。两盏彩灯循环点亮控制程序，如图 6-32 所示。

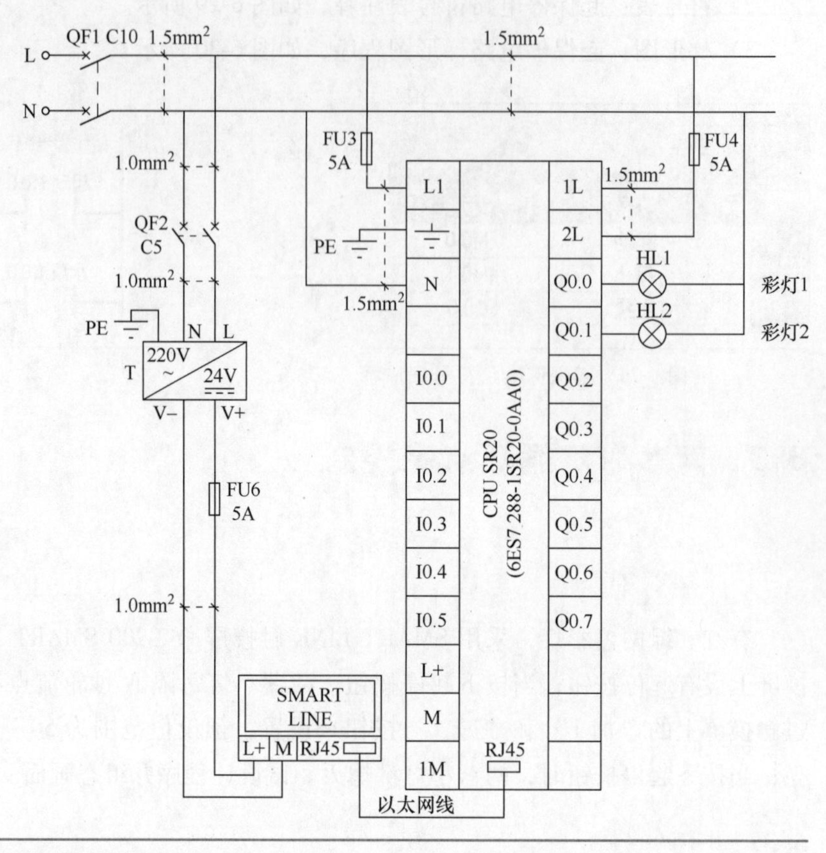


图 6-31　两盏彩灯循环点亮控制的硬件电路

事先通过触摸屏组态软件 WinCC flexible SMART V3 上的“加 1”和“减 1”按钮设置定时器时间，定时器的设置值会显示在 I/O 域中。按下“确定”按钮，为定时做准备。按下组态软件 WinCC flexible SMART V3 中的“起停”按钮，M0. 0 的常开触点闭合，辅助继电器 M10. 0 线圈得电，其常开触点 M10. 0 闭合，输出继电器线圈 Q0. 0 得电，红灯亮；与此同时，定时器 T37、T38 开始定时，当 T37 定时时间到，其常闭触点断开、常开触点闭合，Q0. 0 断电、Q0. 1 得电，对应的红灯灭、绿灯亮；当 T38 定时时间到，Q0. 1 断电、Q0. 0 得电，对应的绿灯灭红灯亮；当 T38 定时时间到，其常闭触点断开，Q0. 1 失电且 T37、T38 复位，接着定时器 T37、T38 又开始新的一轮计时，红绿循环点亮往复循环；当再按下组态软件 WinCC flexible SMART V3 中的“起停”按钮，M10. 0 失电，其常开触点断开，定时器 T37、T38 断电，两盏灯全熄灭。

### 6. 3. 5　触摸屏画面设计及组态

#### 1. 创建项目、设备选择和新建变量

其操作步骤，与 6. 2. 2 节中一致，这里不再赘述。

#### 2. 新建变量

将触摸屏的变量和 PLC 中的变量建立联系。单击鼠标右键开项目树中的“通信”文件

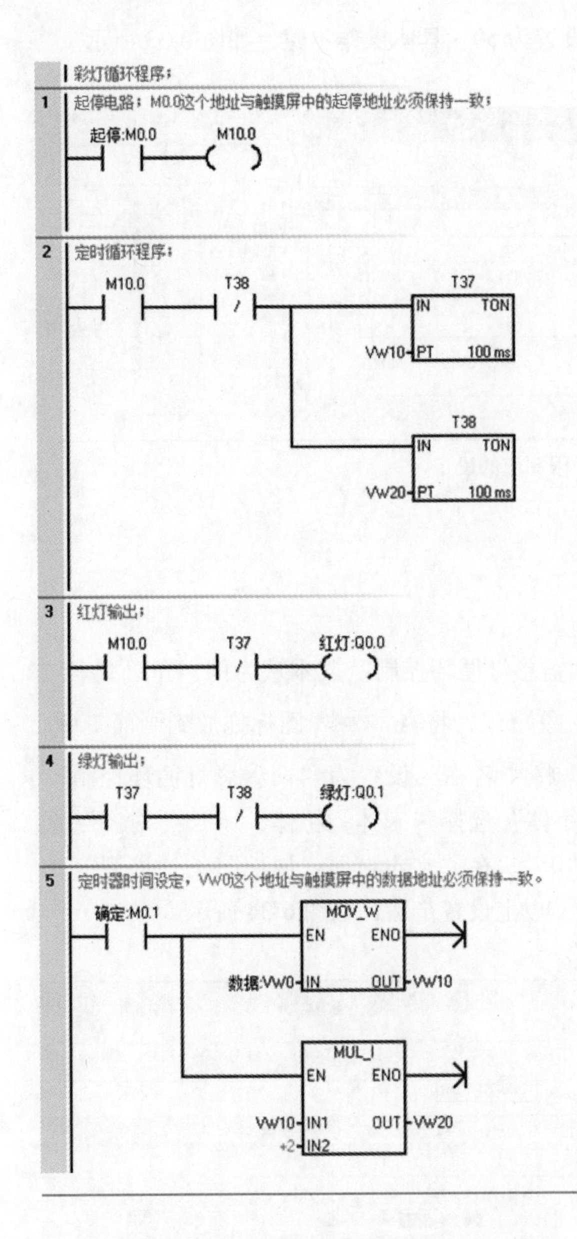


图 6-32　两盏彩灯循环点亮控制程序

夹，双击“变量”，会出现“变量列表”。

本例中的变量分为两类，数字量和模拟量。数字量变量新建以“起停”举例，在“名称”中双击，输入“起停”；在“连接”中，选择“连接 1”；“数据类型”选择为“BOOL”；地址选择“M0. 0”。“确定”“红灯”和“绿灯”的变量创建方法与“起停”的一致，故不赘述。

模拟量变量新建以“数据”举例，在“名称”中双击，输入“数据”；在“连接”中，选择“连接 1”；“数据类型”选择为“Word”；地址选择“VW0”。需要注意的是，根据控制要求，“数据”这个变量需要设置“限制值”，选中“数据”这个变量，在“属性”中的

“限制值”中，“上限”设置为 100，“下限”设置为 50。具体操作步骤，如图 6-33 所示。

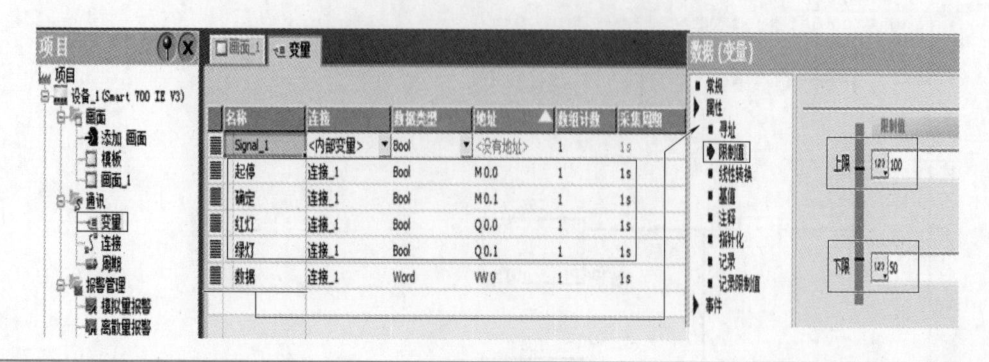


图 6-33　两盏彩灯循环点亮控制新建变量结果及 VW0 限制值的设定

### 3. 创建画面

创建画面需在工作区中完成。

（1）插入文本域

本画中有 6 个文本域，以“两盏彩灯循环控制”文本域为例，介绍文本域的插入。单击工具箱中的“简单对象”组，将 A 文本域 图标拖放到画面 1 中。

在“文本域”的“常规”属性中，将“名称”设置为“两盏彩灯循环控制”；在“文本域”→“属性”的“文本”项中，“字体”选择“宋体，粗体，16”，“对齐”选择水平“居中”，垂直“中间”，“方向”为“0°”，在“文本域”“属性”的“外观”项中，“填充样式”选择“透明的”，其余为默认。以上设置步骤，如图 6-34 所示。

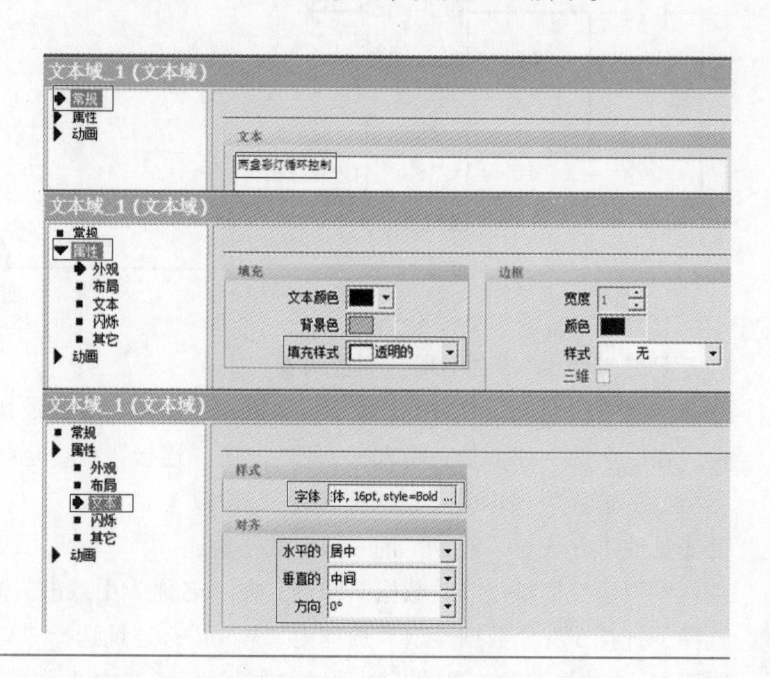


图 6-34　插入文本域

其余 5 个文本域插入方法与“两盏彩灯循环控制”文本域插入方法一致，“常规”“外观”和“文本”等属性，可根据实际的需要进行设置。

(2) 插入矩形

单击工具箱中的“简单对象”组，将 矩形 图标拖放到画面 1 中，选中“矩形”拖拽至合适的大小，将“属性”“外观”中的“填充颜色”设置为“淡蓝”。将“两盏彩灯循环控制”文本域与该矩形叠放到一起，选中“两盏彩灯循环控制”文本域，在工具栏中单击按钮，将“两盏彩灯循环控制”文本域上移一层。“输出指示”“起停面板”和“设置面板”的文本域和矩形的叠放方法与“两盏彩灯循环控制”文本域与矩形的叠放方法一致，故不赘述。

(3) 插入开关

单击工具箱中的“简单对象”组，将 开关 图标拖放到画面 1 中，选中 开关 拖拽至合适的大小。在“开关”的“常规”属性中，将“类型”设置为“通过文本切换”；将“ON 状态文本”后输入“停止”，将“OFF 状态文本”后输入“起动”；“变量”连接为“起停”。以上设置步骤，如图 6-35 所示。

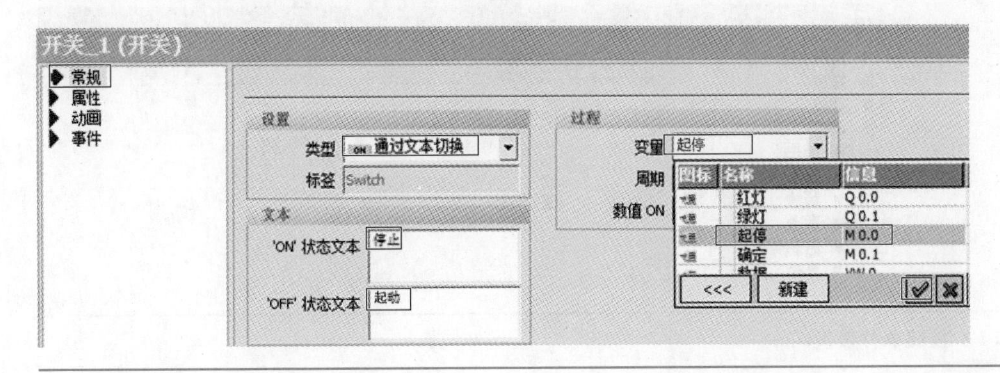


图 6-35　插入开关

(4) 插入按钮

单击工具箱中的“简单对象”组，将 按钮 图标拖放到画面 1 中。再拖拽两次，在画面 1 中会出现 3 个按钮。

1)“加 1”按钮设置。

选中第一个 Text ，对其进行属性设置。常规属性设置：将其名称写为“加 1”；“属性”中的“外观”设置为默认；“属性”中的“文本”设置：将“字体”设置为“宋体，标准，12pt”，其余默认。以上操作步骤，如图 6-36 所示。事件设置：单击时，组态按下按钮时执行系统函数列表下的“计算”文件夹中的“IncreaseValue”（增加值），变量（InOut）连接为“数据”，增加值写入 1，按钮经过上述组态，每按一下变量“数据”的值都会自加 1。以上操作步骤，如图 6-37 所示。

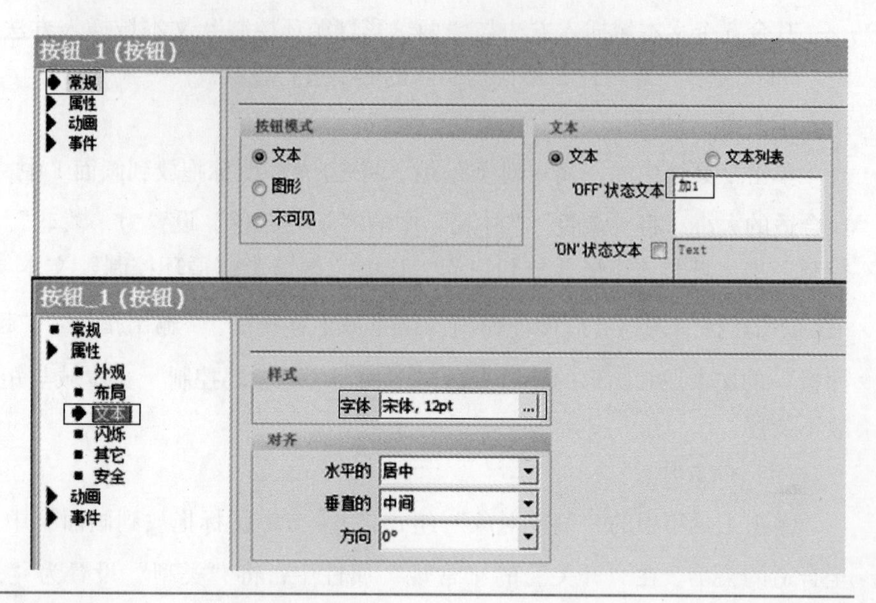


图 6-36 “加 1”按钮常规和文本设置

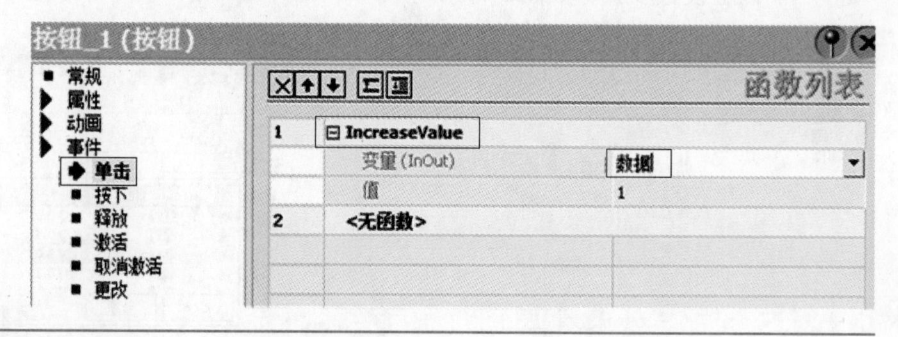


图 6-37 “加 1”按钮事件设置

2）“减 1”按钮设置。

选中第二个 Text ，对其进行属性设置。常规属性设置：将其名称写为“减 1”；“外观”和“文本”设置与“加 1”按钮相同。

事件设置：单击时，组态按下按钮时执行系统函数列表下的“计算”文件夹中的“DecreaseValue”（减少值），变量（InOut）连接为“数据”，减少值写入 1，按钮经过上述组态，每按一下变量“数据”的值都会自减 1。以上操作步骤，如图 6-38 所示。

3）“确定”按钮设置。

“确定”按钮的组态步骤与 6.2.2 节中的“起动”按钮的组态步骤相同，组态结果，如图 6-39 所示。

（5）插入 IO 域

单击工具箱中的“简单对象”组，将 abl IO 域 图标拖放到画面 1 中，在“IO 域”的“常规”属性中，“模式”选择为“输出”，“格式类型”选择为“十进制”，“格式样式”

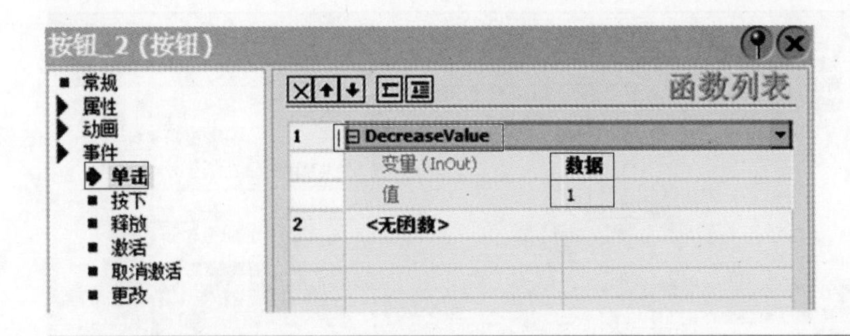


图 6-38　“减 1”按钮事件设置

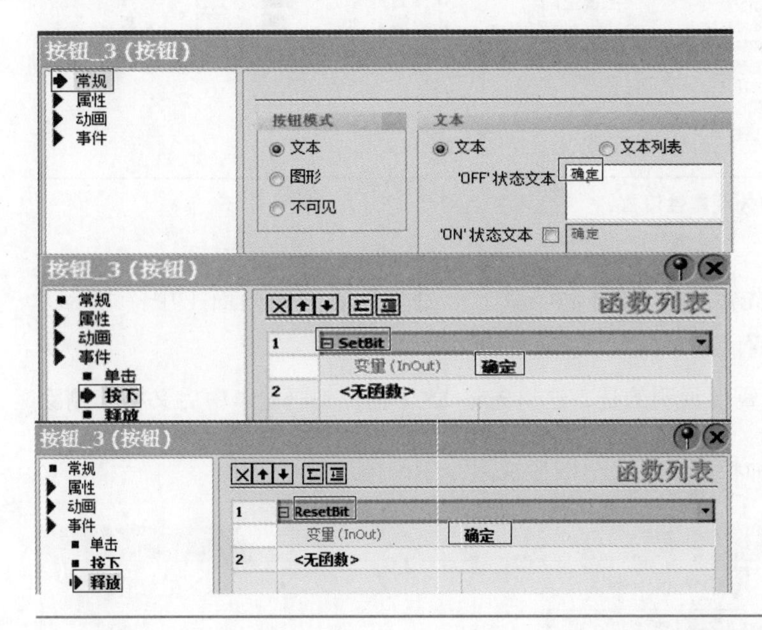


图 6-39　“确定”按钮常规和事件属性设置

选择为“999”，“过程变量”选择为“数据”，其余默认。

在“动画”的“外观”属性中，勾选“启用”；“变量”选择为“数据”；“类型”选择为“整数型”；数值在 50~80，“背景色”选择为“淡蓝”，数值在 81~100，“背景色”选择为“黄色”，其余默认。以上操作步骤，如图 6-40 所示。

“属性”中的“外观”与“文本”设置，可根据用户需要，本例没有给出，读者可以参考“文本域”的“外观”和“文本”进行设置。

（6）插入指示灯

单击工具箱中的“库”组，右键执行“库→打开”，打开全局库界面，选择 系统库 图标，选中 Button_and_switches.wlf，如图 6-41 所示。在 Button_and_switches 库文件夹下，会

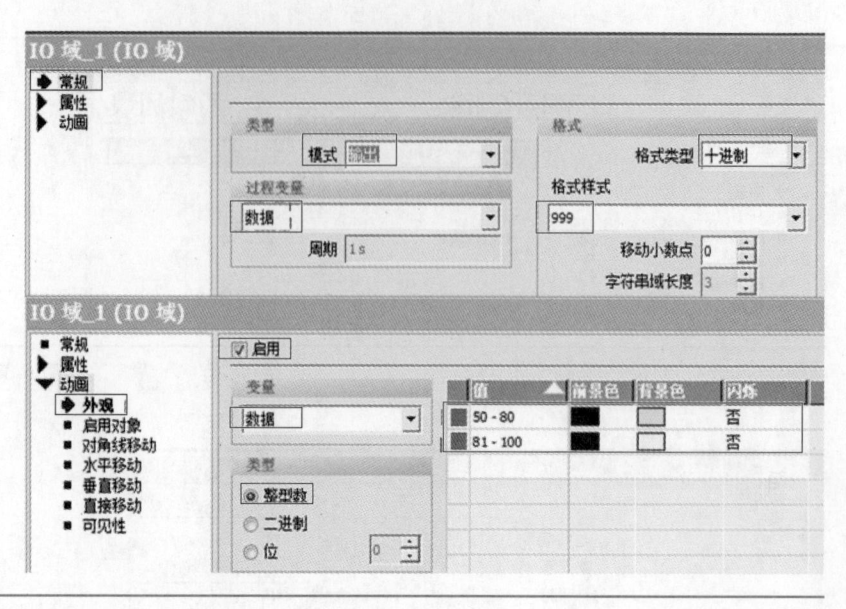


图 6-40 “I/O 域”的常规和动画中外观属性设置

出现 Indicator_switches，先后选中 PilotLight-1(en-US) 和 PilotLight-1(en-US)，分别将两者拖到画面 1 中，之后将 PilotLight-1(en-US) 删除，再复制粘贴 PilotLight-1(en-US)。需要说明的是，这里先将 PilotLight-1(en-US) 拖拽到画面 1 中后又将其删除的目的是让该指示灯的红绿两种状态出现在“图形视图”中，便于后续应用。

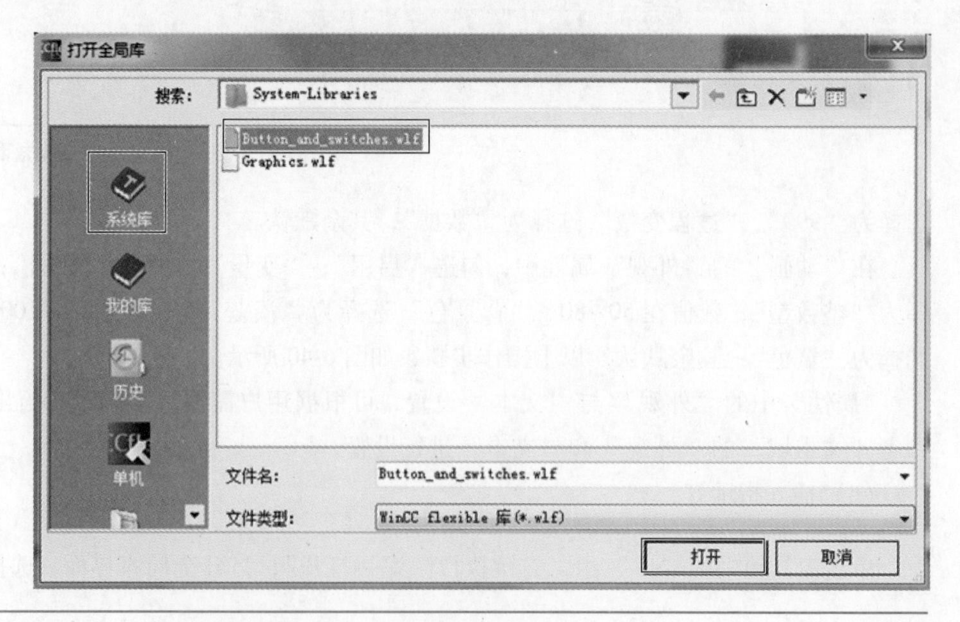


图 6-41 指示灯库的选择

选中第一个指示灯，在“常规”属性中，将“类型”选择为“通过图形切换”；在“ON 状态图形”后选择“Signal1_off”，在“OFF 状态图形”后选择“Signal1_off1”；“过程变量”选择为“红灯”。以上操作步骤，如图 6-42 所示。

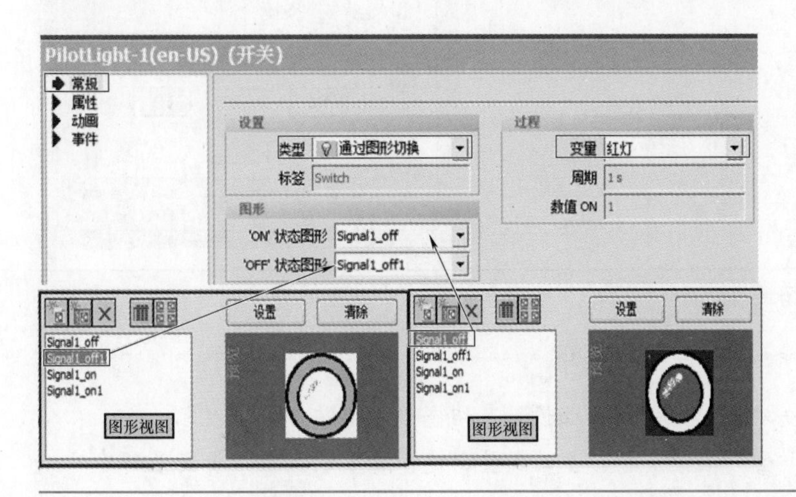


图 6-42　红灯常规属性设置

选中第二个指示灯，在“常规”属性中，将“类型”选择为“通过图形切换”；在“ON 状态图形”后选择“Signal1_on”，在“OFF 状态图形”后选择“Signal1_off1”；“过程变量”选择为“绿灯”。以上操作步骤，如图 6-43 所示。

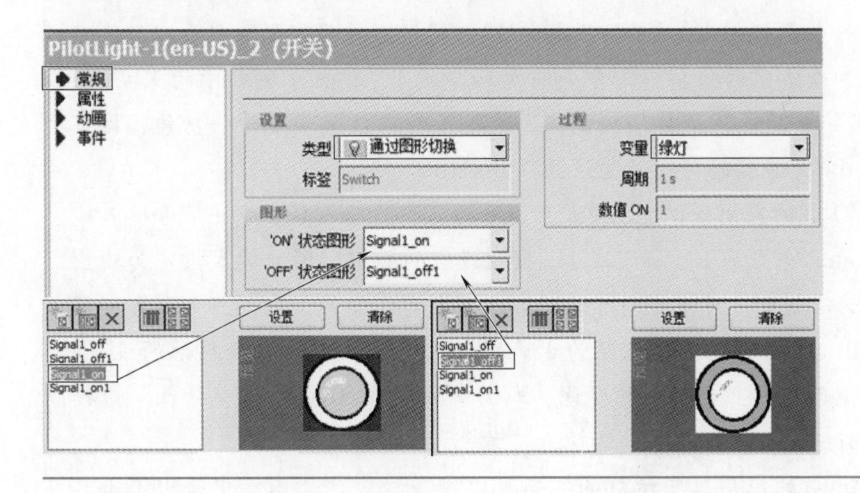


图 6-43　绿灯常规属性设置

至此，已讲解了画面中各元件的插入及组态，画面 1 的最终结果，如图 6-44 所示。需要说明的是，画面的各元件布局，需按图 6-44 所示排布好；项目的下载需参照 6.2.2 节，这里不再赘述。

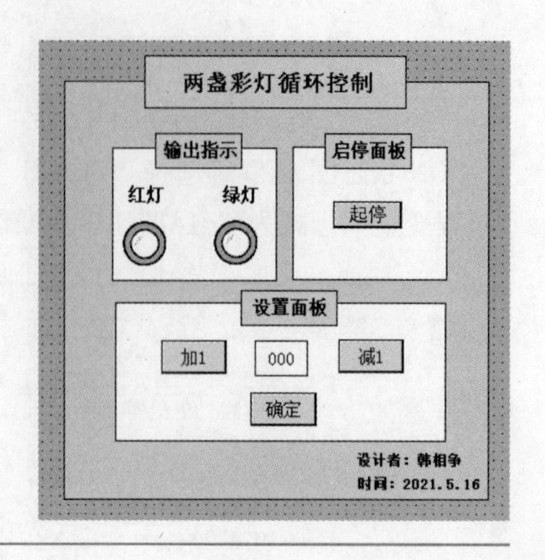


图 6-44　两盏彩灯循环点亮触摸屏最终画面

通过两盏彩灯循环点亮实例，触摸屏画面设计及组态着重要掌握如下内容：

1. 结合本实例读者要学会开关量和模拟量的变量新建，着重掌握模拟量变量新建时“限制值”的设定，即上下限的设定，这是触摸屏画面设计及组态时常会遇见的问题。

2. 要掌握开关通过文本来切换的组态方法。开关状态的切换可以分两种：一种是通过文本来切换，另一种是通过图形来切换。本例中给出了开关通过文本来切换的方法，本书将在蓄水罐水位控制案例中给出开关通过图形来切换的方法。

3. 本例考察了按钮的两类应用：第一类是通过按钮来改变变量的值，第二类是按钮的启停功能。通过按钮来改变变量的值，这里涉及了两个函数，一个是 Increase Value（增加值），另一个是 Decrease Value（减少值）。通过后边设定的加数或减数决定每按一次按钮变量增加或减少的值，本例中是自加和自减 1，相当于脚本中的 X=X+1 和 X=X-1；按钮的另一个功能就是启停功能，通过按下和释放来实现这一功能，按下时涉及了置位函数 SetBit，释放时涉及了复位函数 ResetBit。

4. 本例考察了 I/O 域的应用，I/O 域模式可以分为 3 类，输入域、输出域和输入输出域。由于本例只显示通过“加 1”和“减 1”按钮设定的数据，因此模式设定为输出域，格式类型可以分为二进制、十进制、十六进制、字符串、日期和时间日期，本例显示的数值范围 50~100，因此格式类型设定为十进制。通过动画中的外观属性的设置，可以让 I/O 在不同的范围内，显示不同的颜色，本例中数值为 50~80，“背景色”选择为“淡蓝”，数值为 81~100，“背景色”选择为“黄色”。

5. 本例考察了指示灯的应用，指示灯的组态可以有多种方法，本例中给出了工具箱中的“库”指示灯的组态方法，在下一章的交通灯控制案例中，指示灯的组态是用图形 I/O 中对象的“双状态”输出模式完成，读者可比较两种方法的异同，将这些组态方法用到实际的触摸屏画面设计中。

## 6.4 水泵控制

### 6.4.1 任务引入

现有 1 台水泵，采用 SMART LINE 触摸屏+S7-200 SMART PLC 联合控制模式。触摸屏上设有起停按钮和选择开关，通过起停按钮或选择开关都能起动和关闭水泵，触摸屏上还需设有水泵的状态指示。试设计程序并组态画面。

### 6.4.2 任务分析

根据上述任务，触摸屏组态软件 WinCC flexible SMART V3 画面需设有起停按钮 1 个，选择开关 1 个，符号 I/O 域 1 个指示水泵状态，图形 I/O 域 1 个组态水泵转动动画。

水泵运行和停止及触摸屏上水泵转动动画控制由 S7-200 SMART PLC 来完成。

### 6.4.3 硬件电路设计

水泵控制的硬件电路，如图 6-45 所示。

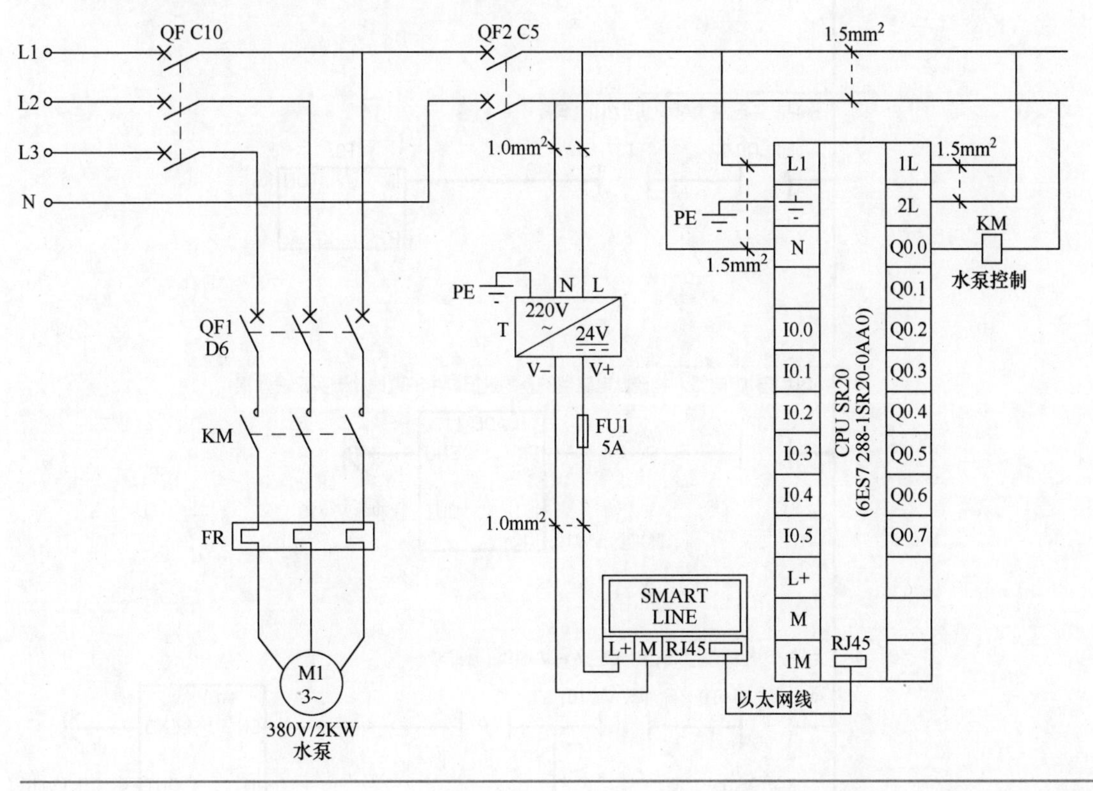


图 6-45　水泵控制硬件电路

### 6.4.4 PLC 程序设计

1）根据控制要求，进行 I/O 分配，见表 6-2。

表 6-2 水泵控制的 I/O 分配

| 输入量 | | 输出量 | |
|---|---|---|---|
| 开关起停 | M0.0 | 水泵 | Q0.0 |
| 按钮起停 | M0.1 | | |
| 脉冲数 | VW10 | | |

2）根据控制要求，编写控制程序。水泵控制程序，如图 6-46 所示。

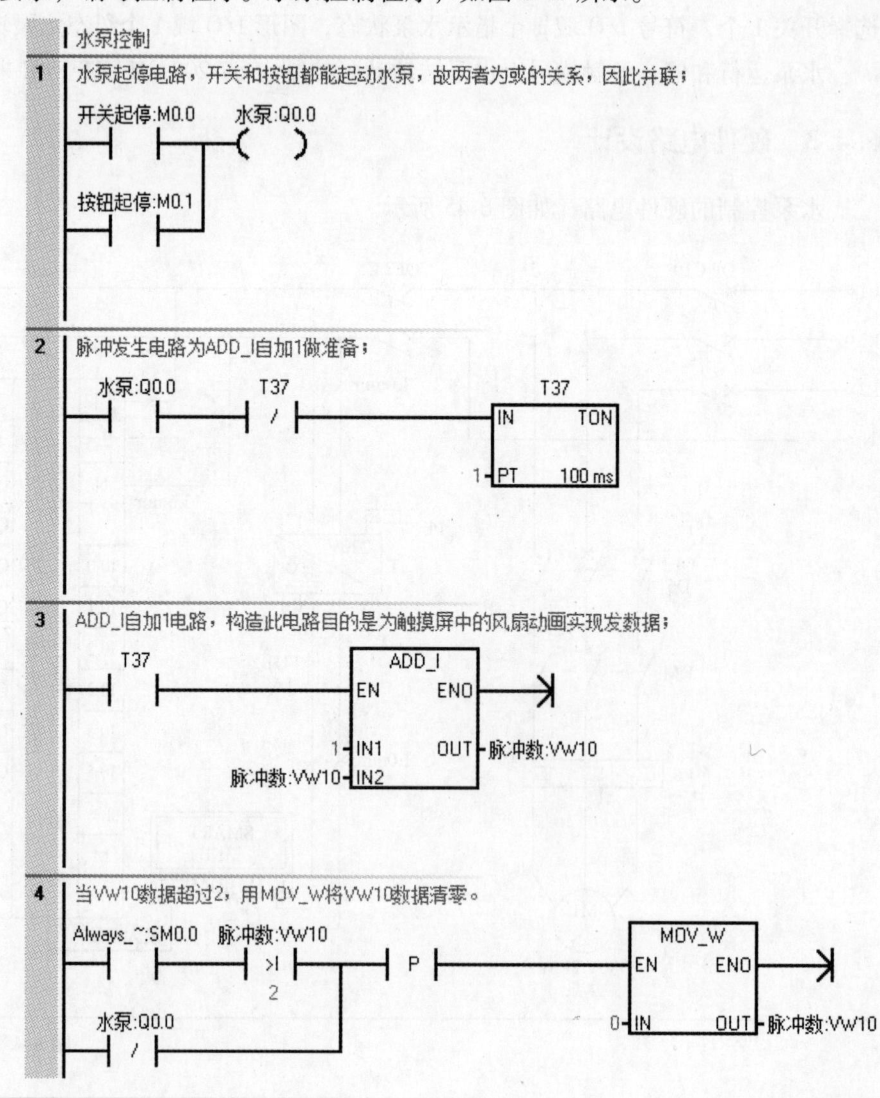


图 6-46 水泵控制程序

### 6.4.5　触摸屏画面设计及组态

**1. 创建项目、设备选择和新建变量**

具体操作步骤，与 6.2.2 节中一致，这里不再赘述。

**2. 新建变量**

将触摸屏的变量和 PLC 中的变量建立联系。单击鼠标右键打开项目树中的“通信”文件夹，双击“变量”，会出现“变量列表”。

本例中的变量分为两类，数字量和模拟量。数字量变量新建以“按钮起停”举例，在“名称”中双击，输入“按钮起停”；在“连接”中，选择“连接 1”；“数据类型”选择为“Bool”；地址选择“M0.0”。“开关起停”和“水泵”的变量创建方法与“按钮起停”的一致，故不赘述。

模拟量变量新建以“脉冲数”举例，在“名称”中双击，输入“脉冲数”；在“连接”中，选择“连接 1”；“数据类型”选择为“Int”；地址选择“VW10”。以上各变量采集周期均设为 100ms，将采集周期由默认 1s 改成 100ms，使画面各元件状态改变时响应时间更快。综上新建变量结果，如图 6-47 所示。

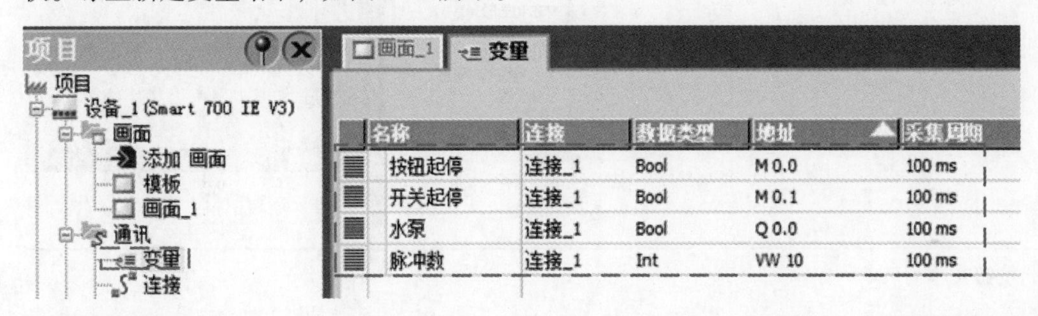


图 6-47　水泵控制新建变量结果

编者有料

在新建变量时，将变量的采集周期时间改短，能使画面各元件状态改变时响应时间更快。例如将脉冲数变量的采集周期由 100ms 改为 1s，画面中的风扇动画就不如采集周期为 100ms 时流畅。

**3. 创建画面**

扫一扫看视频

创建画面需在工作区中完成。

(1) 创建文本列表

本例中的起停按钮和水泵状态指示的符号 I/O 域都是用文本列表来实现的，因此这里需要提前创建文本列表。

单击鼠标右键打开项目树中的“文本和图形列表”文件夹，双击 文本列表图标，会打开“文本列表”。

1）按钮文本列表的创建。

在第一行第一列“名称”的位置双击，会出现名为“文本列表_1”的文本列表，将其名称改为“按钮列表”。“按钮列表”会对应 1 个“列表条目”，在“列表条目”的第一行第二列“数值”的位置双击，该位置会出现数字 0，在 0 后边对应的条目上输入“起动”；同理，在“列表条目”的第二行第二列“数值”的位置双击，该位置会出现数字 1，在 1 后边对应的条目上输入“停止”；上述操作的最终结果，如图 6-48 所示。

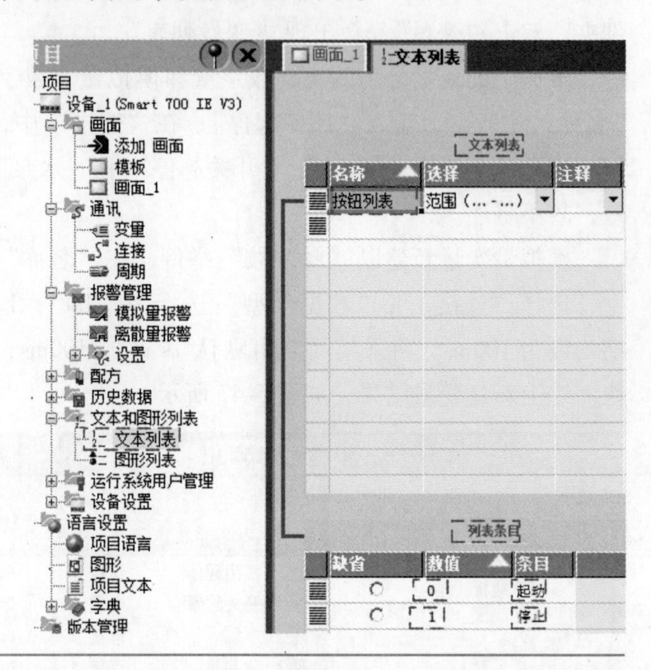


图 6-48　按钮文本列表

2）水泵状态指示文本列表的创建。

在第二行第一列“名称”的位置双击，会出现名为“文本列表_1”的文本列表，将其名称改为“水泵列表”。“水泵列表”也会对应 1 个“列表条目”，在“列表条目”的第一行第二列“数值”的位置双击，该位置会出现数字 0，在 0 后边对应的条目上输入“停机”；同理，在“列表条目”的第二行第二列“数值”的位置双击，该位置会出现数字 1，在 1 后边对应的条目上输入“运行”；上述操作的最终结果，如图 6-49 所示。

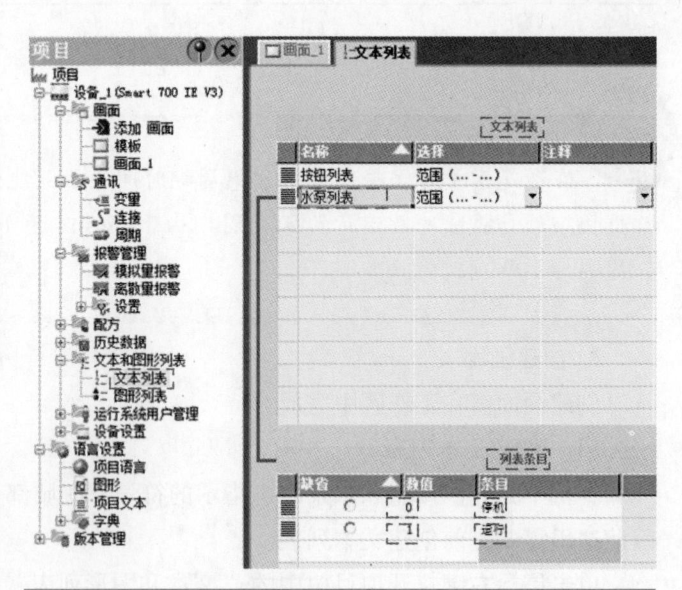


图 6-49　水泵状态指示文本列表

编者有料

每个“文本列表”都会对应 1 个“列表条目”，对于数字量变量来说，它的“列表条目”中会给出 0 状态所对应的显示信息和 1 状态所对应的显示信息。例如图 6-48“列表条目”告诉我们，变量 0 状态对应“起动”，变量 1 状态对应“停止”。读者要深刻理解列表条目，这样才会真正理解相应元件状态切换是如何实现的。

（2）创建图形列表的准备工作

本例中的选择开关和水泵旋转都是用图形列表来实现的，因此这里需要提前创建图形列表。创建图形列表会用到相应的图形，WinCC flexible SMART V3“工具箱”中的图形库提供了大量的精美图形供用户使用。本例中的选择开关就用到了“工具箱”中图形库里的图形。选择开关图形的路径，如图 6-50 所示。找到选择开关后，将两个选择开关先后拖拽到“画面 1”中，拖拽过去的选择开关会出现在“属性视图”列表中，如图 6-51 所示。经过上述操作，后续创建的图形列表就能调用这两个选择开关的图形了。两个选择开关添加到“属性视图”列表中后，可以将这两个选择开关在工作区域中删除。

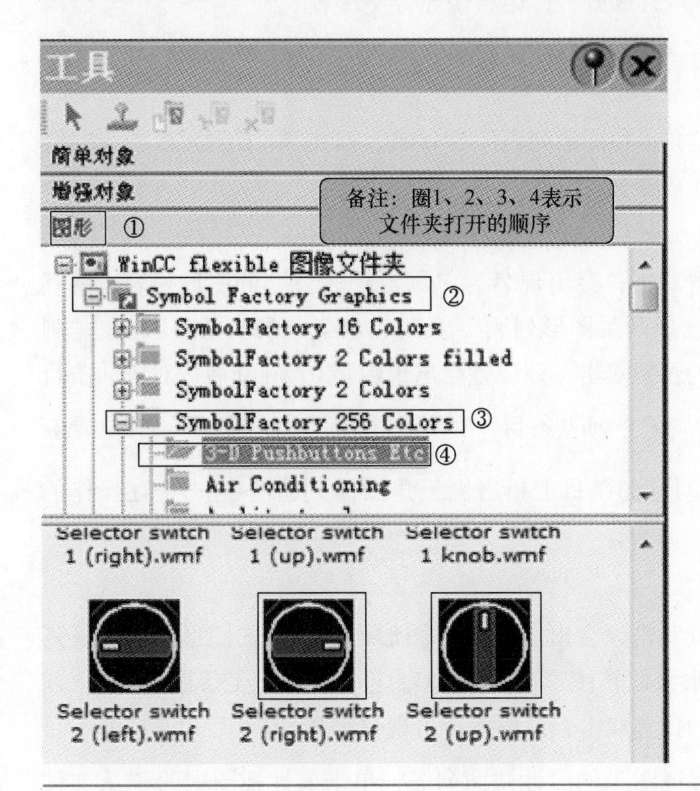


图 6-50　选择开关的图形路径

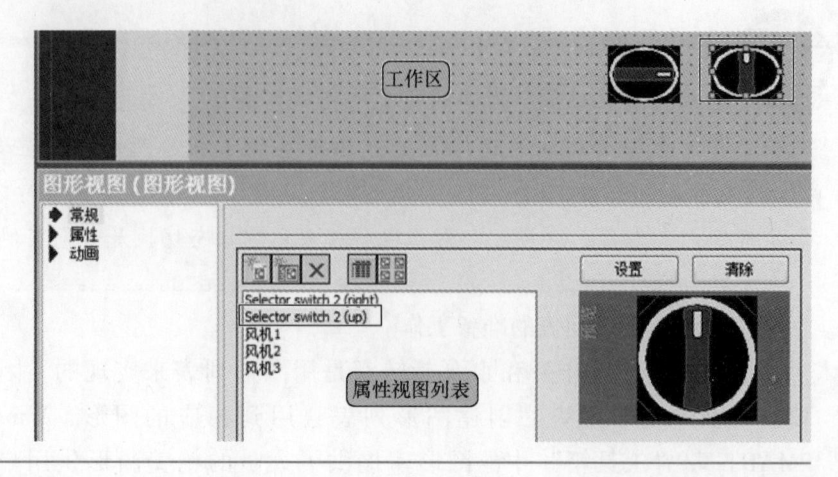


图 6-51　选择开关属性视图列表

编者有料

创建图形列表时，如果用到工具箱图形库中的图形时，需要事先找到相关图形的路径，并将其拖拽到工作区中，这样相应图形将会出现在图形视图的属性视图列表中，只有经过上述操作，图形列表才能选择到该图形，这点读者需要注意。

（3）创建图形列表

单击鼠标右键打开项目树中的“文本和图形列表”文件夹，双击 图形列表 图标，会打开“图形列表”。

1）选择开关图形列表的创建。

在第一行第一列“名称”的位置双击，会出现名为“图形列表_1”的图形列表，将其名称改为“选择开关图形列表”。“选择开关图形列表”会对应1个“列表条目”，在“列表条目”的第一行第二列“数值”的位置双击，该位置会出现数字0，在0后边对应的条目上单击倒三角图标选择；同理，在“列表条目”的第二行第二列“数值”的位置双击，该位置会出现数字1，在1后边对应的条目上单击倒三角图标选择；上述操作的最终结果，如图 6-52 所示。

2）水泵旋转图形列表的创建。

在第二行第一列“名称”的位置双击，会出现名为“图形列表_1”的图形列表，将其名称改为“水泵旋转图形列表”。“水泵旋转图形列表”会对应1个“列表条目”，在“列表条目”的第一行第二列“数值”的位置双击，该位置会出现数字0，在0后边对应的条目上单击倒三角图标，会打开“图形视图”的属性视图列表，单击属性视图中的“从文件创建新图形”键，找到图片存放的路径加载个人创建的图形。同理，“数值”1和2对应条目的图片也是这样加载，故不赘述。上述操作的最终结果，如图 6-53 所示。

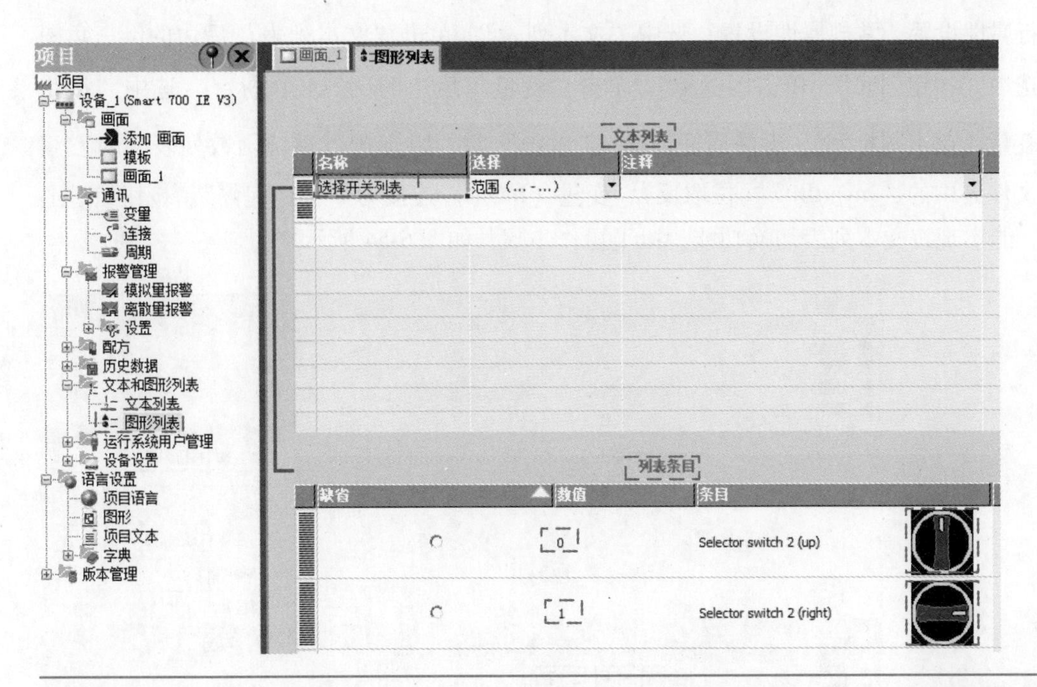


图 6-52　选择开关图形列表创建

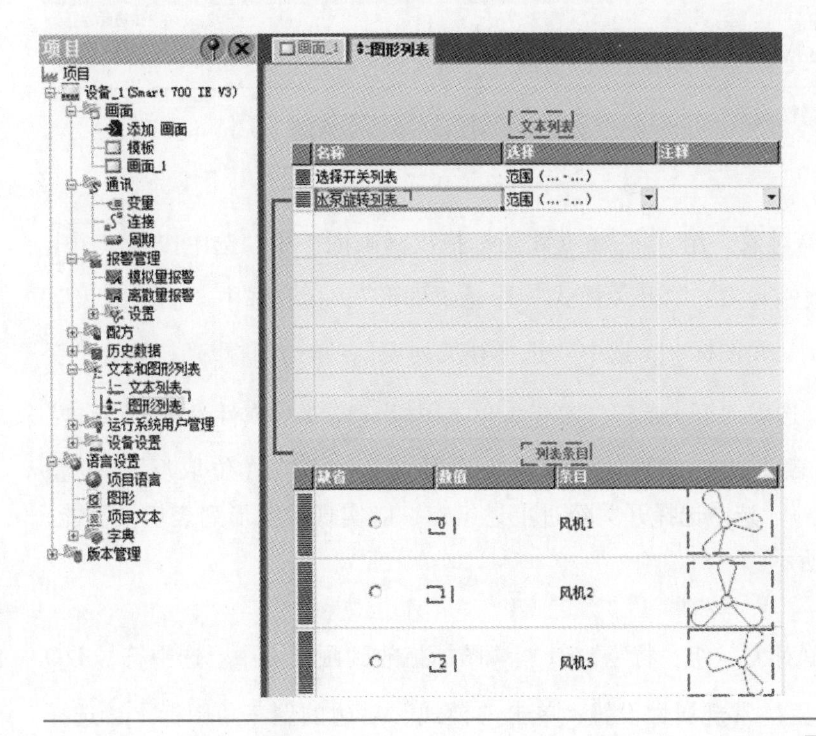


图 6-53　水泵旋转图形列表创建

（4）插入按钮

单击工具箱中的“简单对象”组，将 OK 按钮 图标拖放到画面 1 中。选中按钮 Text ，对其进行属性设置。常规属性设置：选中“文本列表”，单击“文本列表”后边的倒三角图标▼，选中“按钮列表”，单击图标✔。单击“变量”后边的倒三角图标▼，选中“按钮起停”变量，单击图标✔。事件属性设置：“单击”时，组态执行系统函数列表下的“编辑位”文件夹中的“InvertBit”（位取反），变量（InOut）连接为“按钮起停”。按钮经过上述组态，能实现按文本列表切换功能，以上操作步骤，如图 6-54 所示。

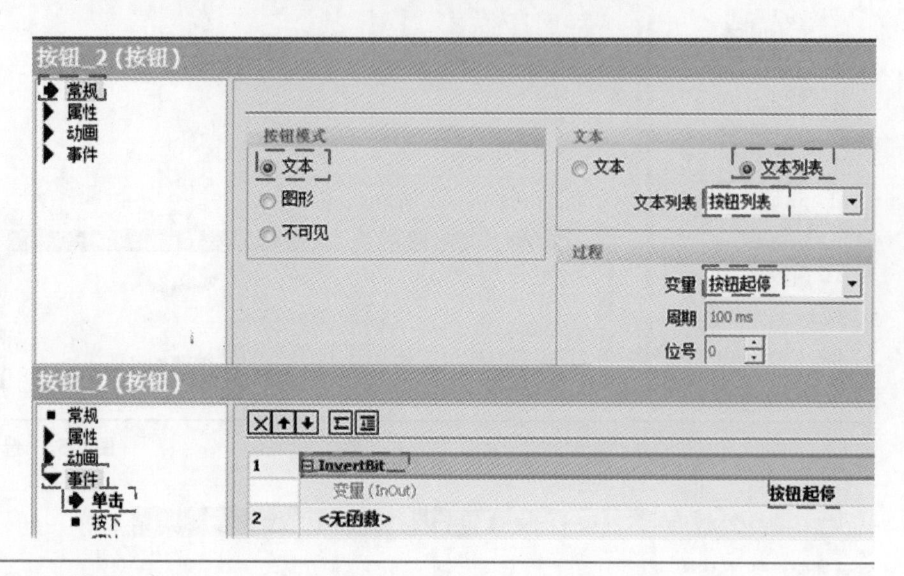


图 6-54 起停按钮常规和事件属性设置

（5）插入选择开关

单击工具箱中的“简单对象”组，将 OK 按钮 图标拖放到画面 1 中。选中按钮 Text ，对其进行属性设置。常规属性设置：“开关模式”选择“图形”，接着选中“图形列表”，单击“图形列表”后边的倒三角图标▼，选中“选择开关列表”，单击图标✔。单击“变量”后边的倒三角图标▼，选中“开关起停”变量，单击图标✔。事件属性设置：“单击”时，组态执行系统函数列表下的“编辑位”文件夹中的“InvertBit”（位取反），变量（InOut）连接为“开关起停”。选中选择开关经过上述组态，能实现按图形列表切换功能，以上操作步骤，如图 6-55 所示。

（6）插入符号 I/O 域

单击工具箱中的“简单对象”组，将 ▼ 符号 IO 域 图标拖放到画面 1 中。选中符号 I/O 域▭，对其进行属性设置。常规属性设置：单击“模式”后边的倒三角图标▼，选择“输出”，单击图标✔；单击“文本列表”后边的倒三角图标▼，选择“水泵列表”，单击图标✔；单击“变量”后边的倒三角图标▼，选择“水泵”，单击图标✔；动画属性设置：在“动画”的“外观”属性中，勾选“启用”；“变量”选择为“水泵”；“类型”选

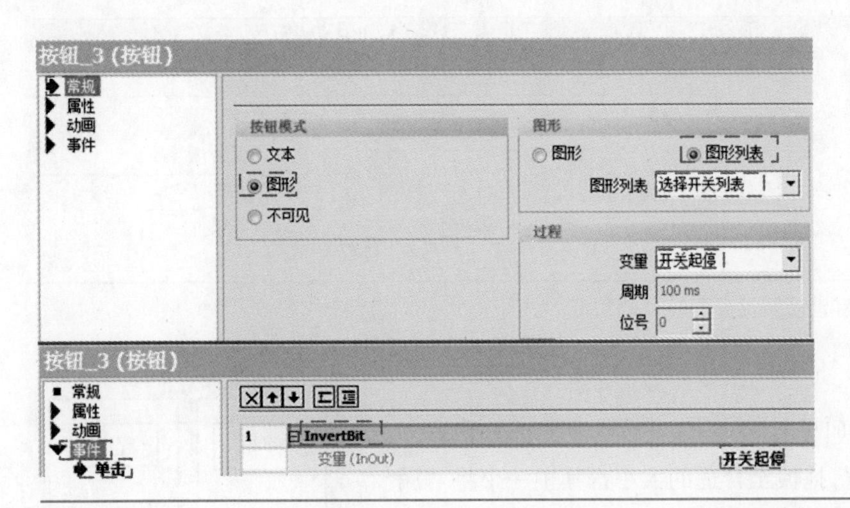


图 6-55　选择开关常规和事件属性设置

择为“位”；数值为 0，“背景色”选择为“白色”，数值为 1，“背景色”选择为“绿色”，其余默认。以上操作步骤，如图 6-56 所示。

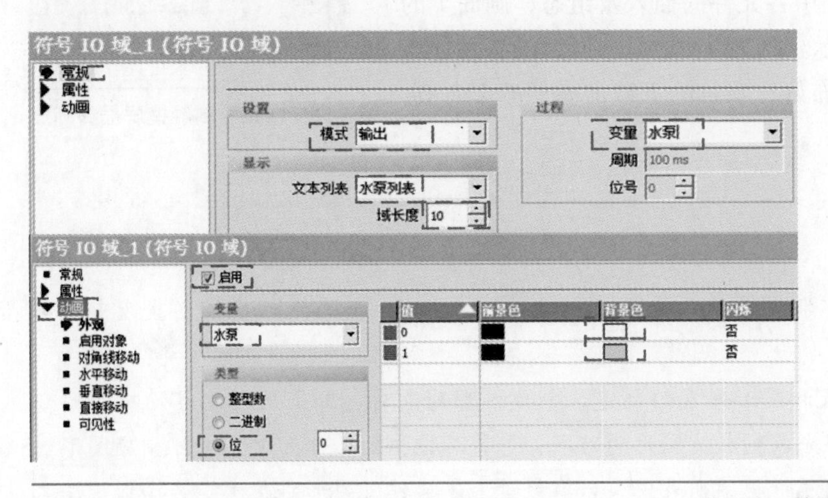


图 6-56　符号 I/O 域常规和动画属性设置

（7）插入图形 I/O 域

单击工具箱中的“简单对象”组，将 图形 IO 域 图标拖放到画面 1 中。选中符号 I/O 域，对其进行属性设置。常规属性设置：单击“模式”后边的倒三角图标，选择“输出”，单击图标；单击“图形列表”后边的倒三角图标，选择“水泵旋转列表”，单击图标；单击“变量”后边的倒三角图标，选择“脉冲数”，单击图标。以上操作步骤，如图 6-57 所示。

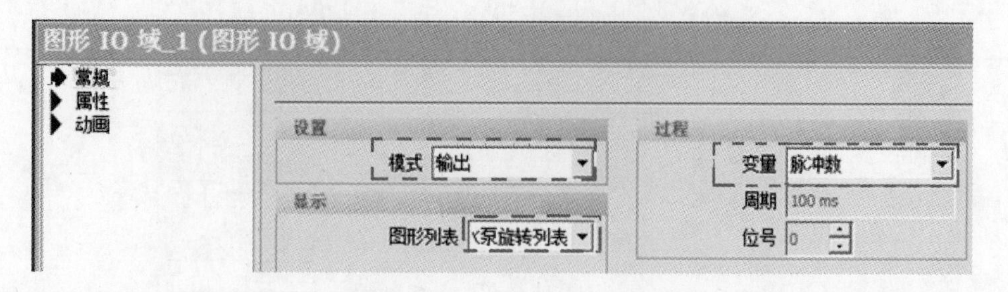


图 6-57　符号 I/O 域常规和动画属性设置

（8）插入矩形

单击工具箱中的“简单对象”组，将 矩形 图标拖放到画面 1 中，选中“矩形”拖拽至合适的大小，其中一个将“属性”→“外观”中的“填充颜色”设置为“淡蓝”，另一个“属性”默认。分别选中按钮、选择开关、符号 I/O 域和图形 I/O域，在工具栏中单击 按钮，将它们与矩形组合到一起。

至此，已讲解了画面中各元件的插入及组态，画面 1 的最终结果，如图 6-58 所示。需要说明的是，画面的各元件布局，需按图 6-58 所示排布好；项目的下载需参照 6.2.2 节，这里不再赘述。

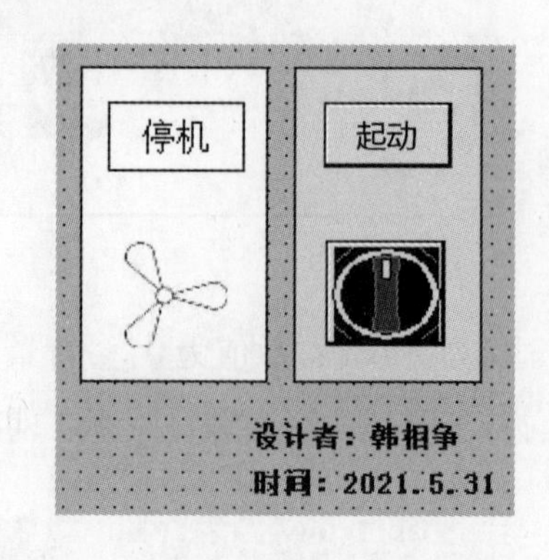


图 6-58　水泵控制触摸屏最终画面

**案例总结**

通过水泵控制实例，触摸屏画面设计及组态着重要掌握如下内容：

1. 在新建变量时，将变量的采集周期时间改短，能使画面各元件状态发生改变时响应时间更快。

2. 要掌握文本列表和图形列表的创建。创建图形列表时，如果用到工具箱中图形库中的图形时，需要事先找到相关图形的路径，并将其拖拽到工作区中，这样相应图形将会出现在图形视图的属性视图列表中。只有经过上述操作，图形列表才能选择到该图形，这点读者需注意。

3. 要掌握符号 I/O 域的组态及应用，有些项目会要求指示出设备的工作状态，西门子 WinCC flexible SMART V3 组态软件用符号 I/O 域实现很方便，它相当于 MCGS 组态软件中的“输入框”以字符串形式输出。

4. 要掌握图形 I/O 域的组态及应用，旋转动画是靠它来实现的。本例给出了旋转动画的组态，水平和垂直移动动画的组态（交通灯控制中给出），读者可比较它们的异同。

5. 西门子 WinCC flexible SMART V3 组态软件中各个元件状态的切换有 3 种方式，文本切换、文本列表切换和图形列表切换，读者掌握了这三种切换方式的组态，简单对象的应用也就都掌握了。

6. 此外，工具箱“Button_and_switches”库中的、和等元件，系统已经提前将其“图形列表”创建好了，读者可直接将这些元件拖拽到画面中直接组态应用即可，无须再创建“图形列表”。读者可打开项目树中的“文本和图形列表”文件夹，双击 图形列表 图标，查看它们的“图形列表”。

## 6.5　小车往返运动动画制作

### 6.5.1　任务引入

采用 SMART LINE 触摸屏+S7-200 SMART PLC 联合模式对一台小车往返运动进行控制。触摸屏上设有起停按钮，按下起动，小车左右往复运动，再次按下停止，小车停止运动回到左端。试设计程序并组态画面。

### 6.5.2　任务分析

根据上述任务，触摸屏组态软件 WinCC flexible SMART V3 画面需设有起停按钮 1 个，小车 1 台，为了使画面美观，还要画出地面，插入房子和标题。

小车起停和运动动画控制由 S7-200 SMART PLC 来完成。

### 6.5.3　PLC 程序设计

1）根据控制要求，进行 I/O 分配，见表 6-3。

表 6-3　小车往返运动动画的 I/O 分配

| 输入量 | | 输出量 |
|---|---|---|
| 开关起停 | M0.0 | 无 |
| 脉冲数 | VW10 | 无 |

2）根据控制要求，编写控制程序。小车往返运动动画程序，如图 6-59 所示。

### 6.5.4　触摸屏画面设计及组态

**1. 创建项目、设备选择和新建变量**

其具体操作步骤，与 6.2.2 节中一致，这里不再赘述。

**2. 新建变量**

将触摸屏的变量和 PLC 中的变量建立联系。单击鼠标右键开项目树中的“通信”文件夹，双击“变量”，会出现“变量列表”。

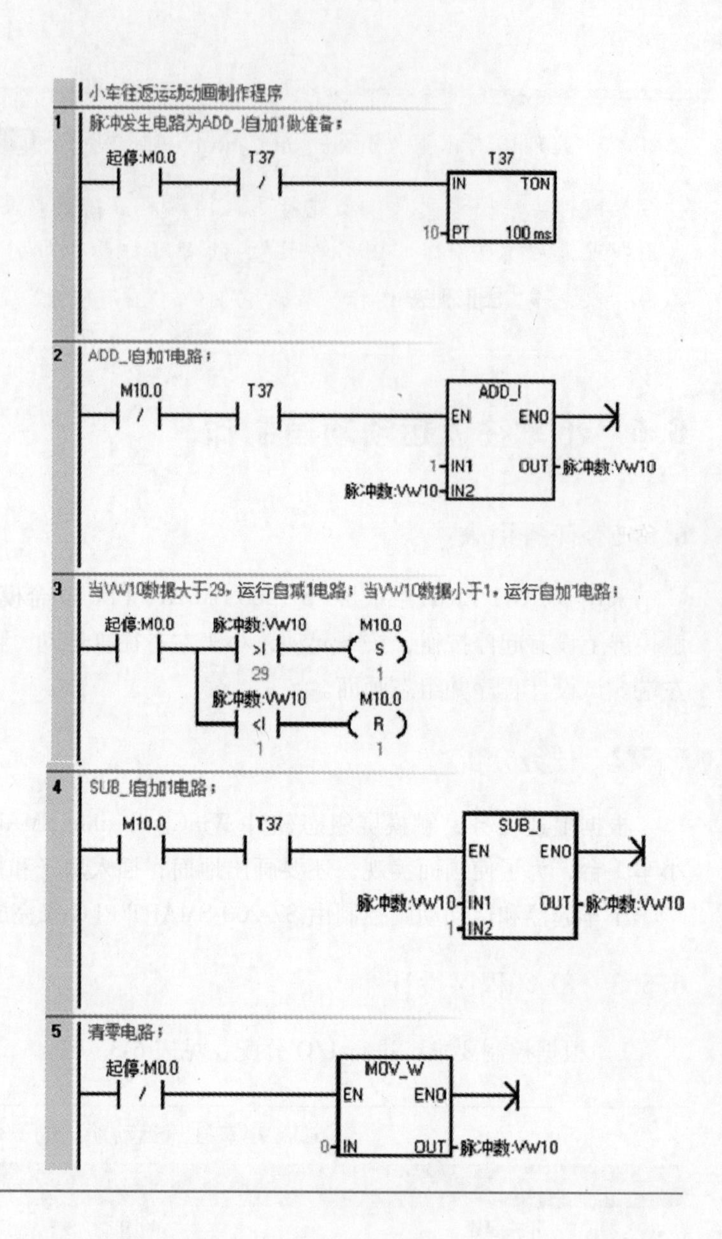


图 6-59　小车往返运动动画程序

本例中的变量分为两类，数字量和模拟量。数字量变量为“按钮起停”，模拟量变量为“脉冲数”，鉴于 6.2~6.4 节对变量新建均有详细讲解，故此处不再赘述。

新建变量结果，如图 6-60 所示。

**3. 创建画面**

创建画面需在工作区中完成。

（1）创建文本列表

本例中的起停按钮是用文本列表来实现的，因此这里需要提前创建文本列表。单击鼠标右键开项目树中的“文本和图形列表”文件夹，双击 文本列表图标，会打开“文本列表”。

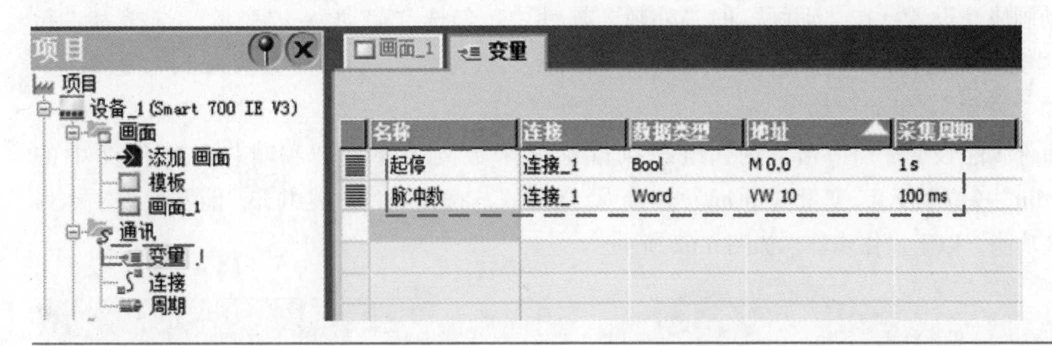


图 6-60　小车往返运动动画新建变量结果

在第一行第一列“名称”的位置双击，会出现名为“文本列表_1”的文本列表，将其名称改为“按钮列表”。“按钮列表”会对应1个“列表条目”，在“列表条目”的第一行第二列“数值”的位置双击，该位置会出现数字0，在0后边对应的条目上输入“起动”；同理，在“列表条目”的第二行第二列“数值”的位置双击，该位置会出现数字1，在1后边对应的条目上输入“停止”；上述操作的最终结果，如图6-61所示。

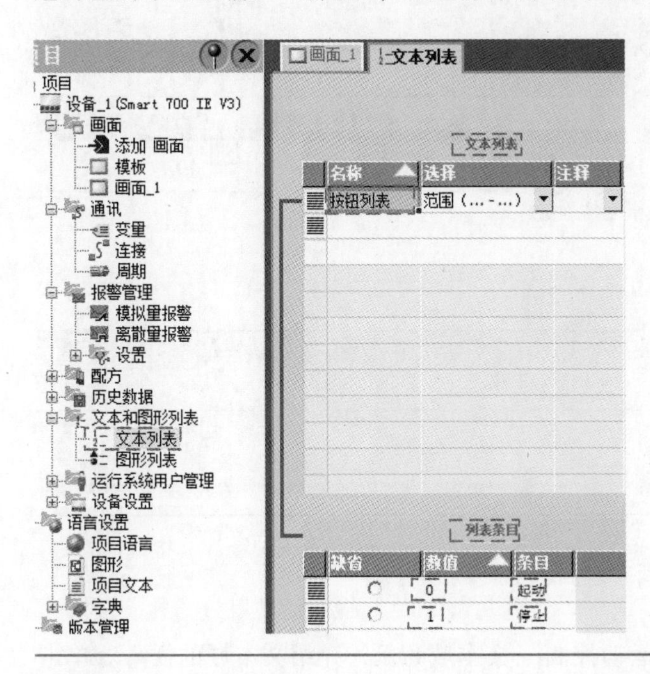


图 6-61　按钮文本列表

（2）插入按钮

单击工具箱中的“简单对象”组，将 OK 按钮 图标拖放到画面1中。选中按钮 Text，对其进行属性设置。常规属性设置：选中“文本列表”，单击“文本列表”后边的倒三角图标▾，选中“按钮列表”，单击图标✔。单击“变量”后边的倒三角图标▾，选中“起停”变量，单击图标✔。

动画属性设置：在“动画”的“外观”属性中，勾选“启动”；“变量”选择为“起停”；“类型”选择为“位”；数值为 0，“背景色”选择为“灰色”，数值为 1，“背景色”选择为“绿色”，其余默认。

事件属性设置：“单击”时，组态执行系统函数列表下的“编辑位”文件夹中的“InvertBit”（位取反），变量（InOut）连接为“起停”。按钮经过上述组态，能实现按文本列表切换功能，以上操作步骤，如图 6-62 所示。

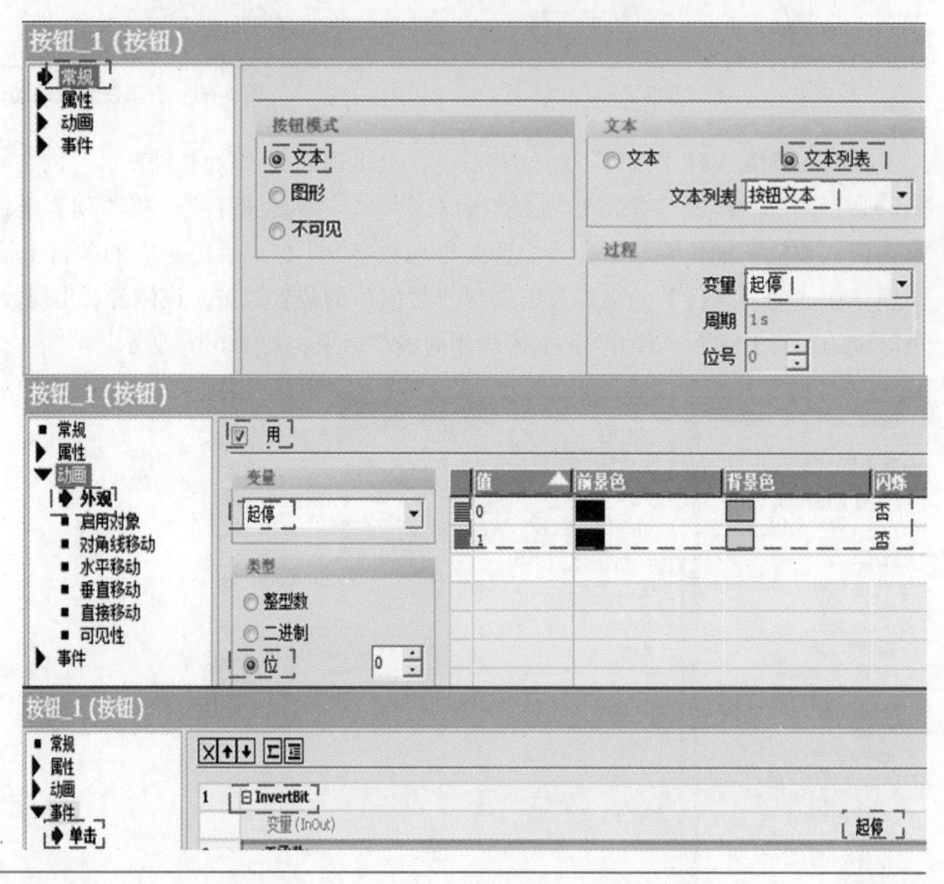


图 6-62　起停按钮常规、动画和事件属性设置

（3）插入文本域

本画中有 3 个文本域，以“小车的运动控制”文本域为例，介绍文本域的插入。单击工具箱中的“简单对象”组，将 A 文本域 图标拖放到画面 1 中。在“文本域”的“常规”属性中，将“名称”设置为“小车的运动控制”；在“文本域”“属性”的“文本”项中，“字体”选择“宋体，粗体，16”，“对齐”选择水平“居中”，垂直“中间”，“方向”为“0°”，在“文本域”“属性”的“外观”项中，“填充样式”选择“透明的”，“文本颜色”为“黄色”，其余默认。在“文本域”“属性”的“闪烁”项中，“闪烁”选择为“标准”。以上设置步骤，如图 6-63 所示。

其余 2 个文本域插入方法与“小车的运动控制”文本域插入方法一致，“常规”“外观”

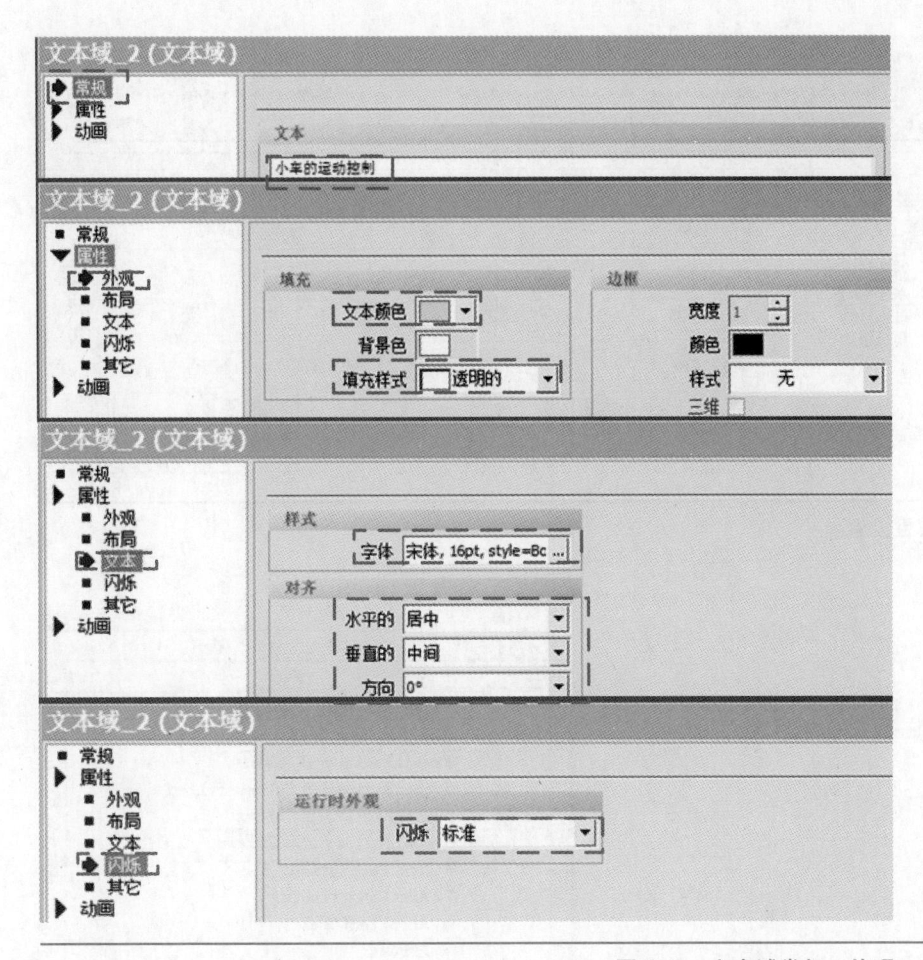


图 6-63　文本域常规、外观、文本和闪烁属性设置

和“文本”等属性，可根据实际的需要进行设置。

（4）小车动画制作

用工具箱的“简单对象”中的矩形和圆画一个小车，选中圆和矩形，执行菜单中的“格式”→“成组”，将两者组合为一个整体。

选中组合图形，再“动画”的“水平移动”属性中，勾选“启用”，“变量”选择为“脉冲数”，“范围”为从 0 至 30，“起始位置”项“X 轴位置”为 150，“Y 轴位置”为 214，“结束位置”项“X 轴位置”为 600，“Y 轴位置”为 214。以上操作，如图 6-64 所示。

（5）插入小房子

打开工具箱的“图形”组中“WinCC flexible SMART 图像文件夹”，经“Symbol Factory Graphics/Symbol Factory256 Colors”路径，在“Buildings”文件夹中找到 ，将其拖拽到画面 1 中。以上操作，如图 6-65 所示。为了画面美观，还是涉及了地面和外边框，用到了矩形和线条，两者非常简单按最终画面画上即可。

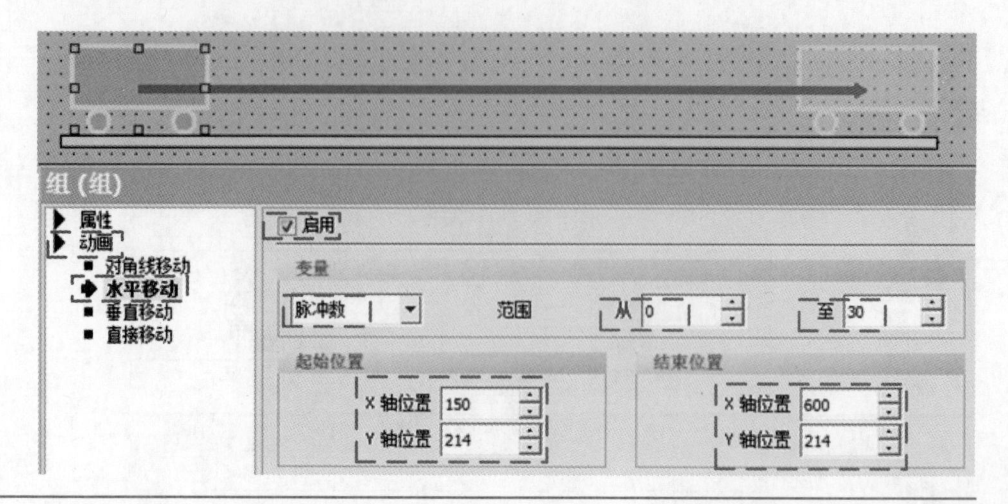


图 6-64　小车动画属性设置

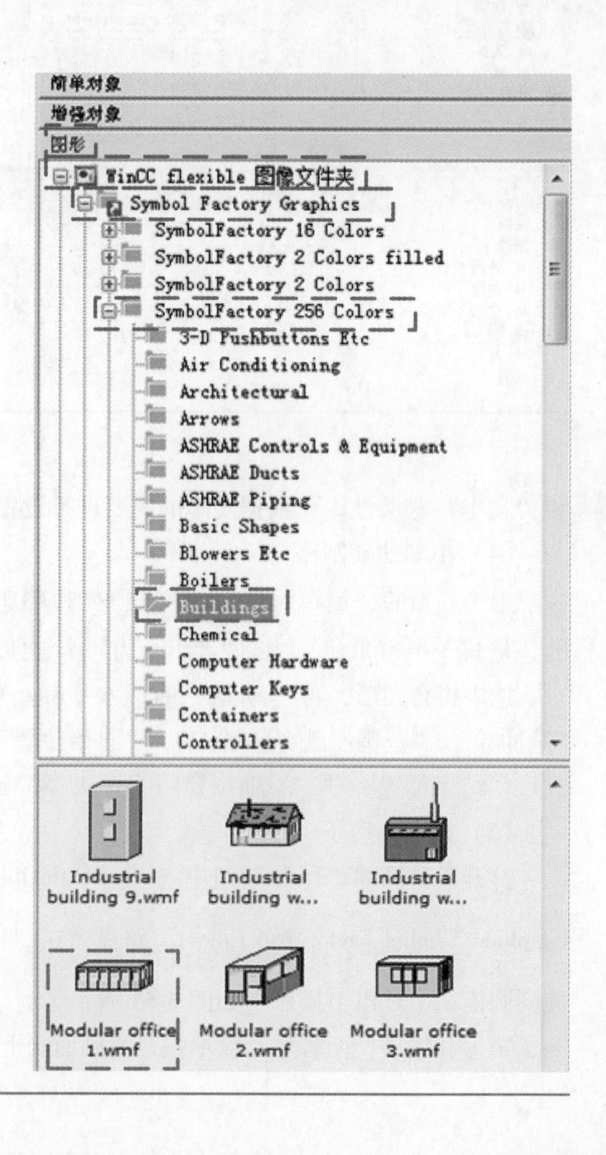


图 6-65　小房子所在路径

至此，已讲解了画面中各元件的插入及组态，画面 1 的最终结果，如图 6-66 所示。需要说明的是，画面的各元件布局，需按图 6-66 所排布好；项目的下载需参照 6.2.2 节，这里不再赘述。

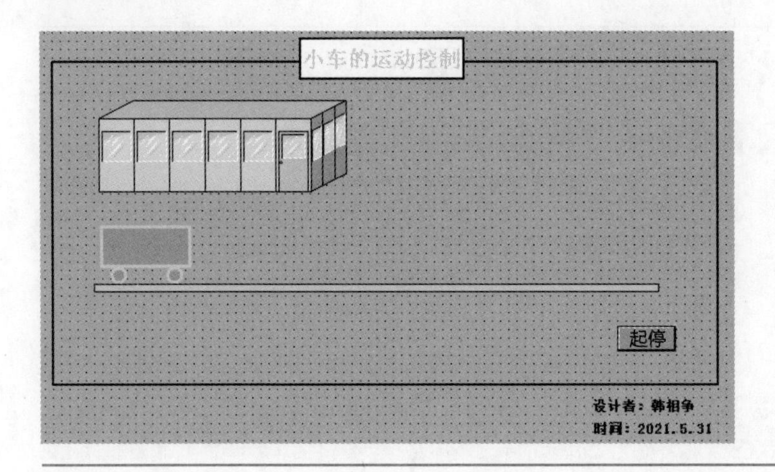


图 6-66　小车往返运动的最终画面

**案例总结**

通过小车往返运动动画实例，触摸屏画面设计及组态着重要掌握如下内容：

1. 在前几节的基础上，本例又介绍了文本域闪烁的功能和按钮按压后变色的功能，读者应掌握这些小技巧，让设计的画面变得更精彩。

2. WinCC flexible 组态软件具有丰富的动画功能，本例借助小车往返运动介绍了水平移动动画的组态，下一章交通灯控制案例将讲解垂直移动动画的组态。

# 第 7 章

# SMART LINE 触摸屏与 S7-200 SMART PLC 综合应用案例

**本章要点：**

◆ SMART LINE 触摸屏与 S7-200 SMART PLC 在交通灯控制中的应用

◆ SMART LINE 触摸屏与 S7-200 SMART PLC 在水位控制中的应用

◆ SMART LINE 触摸屏与 S7-200 SMART PLC 在信号发生与接收控制中的应用

在一章通过几个典型实例详细地讲解了文本域、I/O 域、开关、按钮、指示灯、符号 I/O、图形 I/O 域、文本列表和图形列表等内容，本章将在此基础上详细讲解 SMART LINE 触摸屏与 S7-200 SMART PLC 综合应用案例。

## 7.1 SMART LINE 触摸屏与 S7-200 SMART PLC 在交通灯控制中的应用

在实际工程中，触摸屏与 PLC 联合应用的情况很多。本节将以交通灯控制为例，重点讲解含有触摸屏的 PLC 控制系统的设计。

### 7.1.1 交通灯的控制要求

交通信号灯布置，如图 7-1 所示。按下起动按钮，东西绿灯亮 25s 闪烁 3s 后熄灭，然后黄灯亮 2s 后熄灭，紧接着红灯亮 30s 后再熄灭，再接着绿灯亮，如此循环；在东西绿灯亮的同时，南北红灯亮 30s，接着绿灯亮 25s 后闪烁 3s 熄灭，然后黄灯亮 2s 后熄灭，如此循环。具体控制要求见表 7-1。

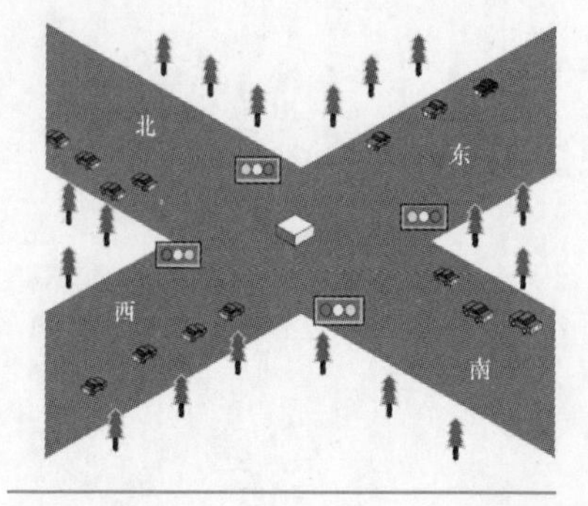


图 7-1 交通信号灯布置图

表 7-1　交通灯工作情况表

<table>
<tr><td rowspan="2">东西</td><td>绿灯</td><td>绿闪</td><td>黄灯</td><td colspan="3">红灯</td></tr>
<tr><td>25s</td><td>3s</td><td>2s</td><td colspan="3">30s</td></tr>
<tr><td rowspan="2">南北</td><td colspan="3">红灯</td><td>绿灯</td><td>绿闪</td><td>黄灯</td></tr>
<tr><td colspan="3">30s</td><td>25s</td><td>3s</td><td>2s</td></tr>
</table>

### 7.1.2　硬件电路设计

交通灯控制系统的 I/O 分配，如图 7-2 所示。硬件电路，如图 7-3 所示。

符号表

| | | | 符号 | 地址 |
|---|---|---|---|---|
| 1 | | | 停止 | M1.1 |
| 2 | | | 起动 | M1.0 |
| 3 | | | 南北红灯 | Q0.5 |
| 4 | | | 南北绿灯 | Q0.3 |
| 5 | | | 南北黄灯 | Q0.4 |
| 6 | | | 东西绿灯 | Q0.0 |
| 7 | | | 东西黄灯 | Q0.1 |
| 8 | | | 东西红灯 | Q0.2 |

图 7-2　交通灯控制系统 I/O 分配

### 7.1.3　硬件组态

交通灯控制系统硬件组态如图 7-4 所示。

### 7.1.4　PLC 程序设计

交通灯控制系统程序如图 7-5 所示。本程序采取的是移位寄存器指令编程法。

移位寄存器的移位输入端由若干串联电路并联而成，每条串联电路由某一步的辅助继电器的常开触点和对应的转换条件组成。网络 1 和网络 2 的作用是使 M0.1~M0.6 清零，使 M0.0 置 1。M0.0 置 1 使数据输入端 DATA 移入 1。当按下触摸屏上启动按钮 M1.0，移位输入电路第一行接通，使 M0.0 中的 1 移入 M0.1 中，M0.1 被激活，M0.1 的常开触点使输出量 T37、Q0.0、Q0.5 接通，南北红灯亮、东西绿灯亮。同理，各转换条件 T38~T42 接通产生的移位脉冲使 1 状态向下移动，并最终返回 M0.0。在整个过程中，M0.1~M0.6 接通，其相应常闭触点断开，使接在移位寄存器数据输入端 DATA 的 M0.0 总是断开的，直到 T42 接通产生移位脉冲使 1 溢出。T42 接通产生移位脉冲另一个作用是使 M0.1~M0.6 清零，这时网络 2M0.0 所在的电路再次接通，使数据输入端 DATA 移入 1，系统重新开始运行。

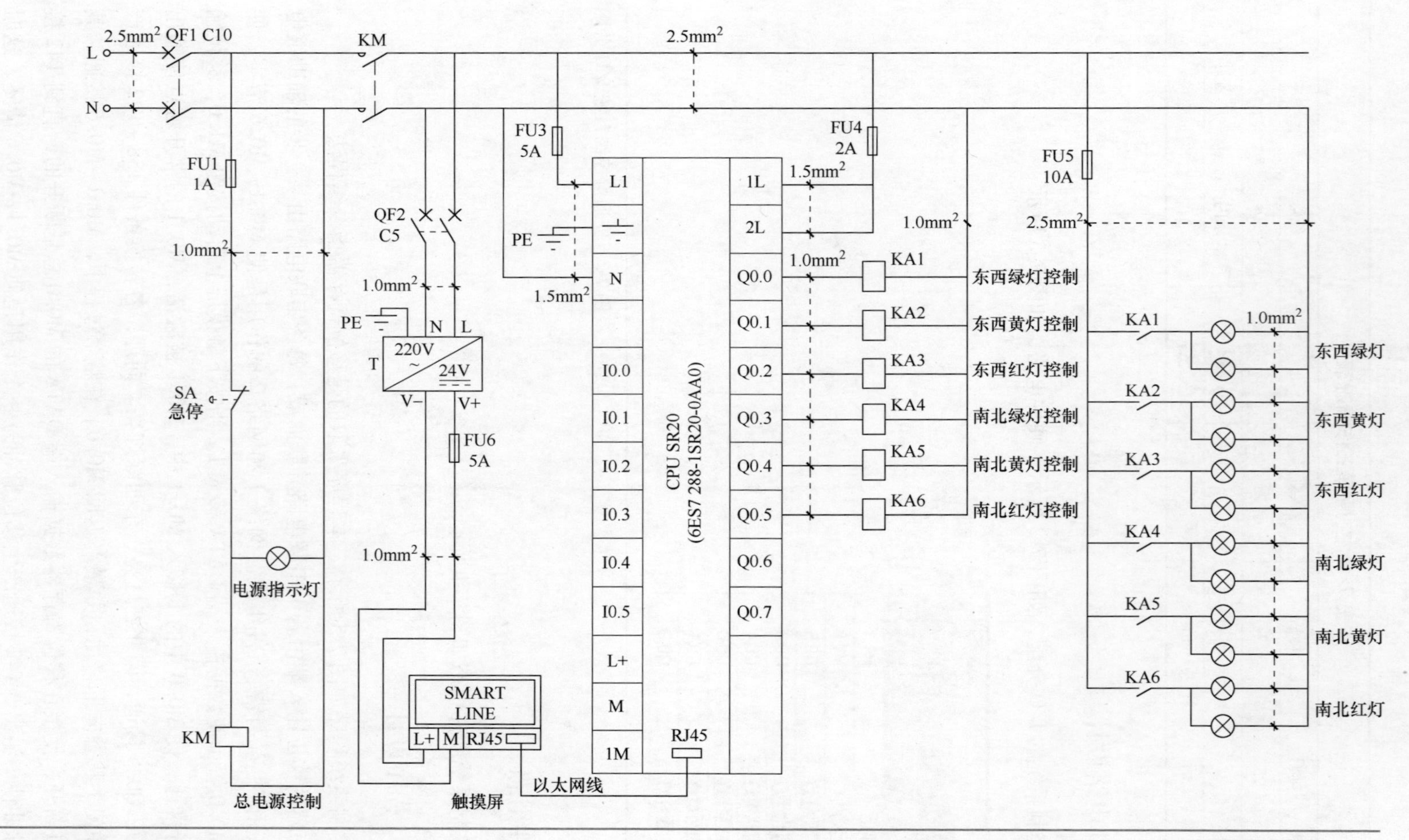


图 7-3 交通灯控制系统硬件电路

|  | 模块 | 版本 | 输入 | 输出 | 订货号 |
|---|---|---|---|---|---|
| CPU | CPU SR20 (AC/DC/Relay) | V02.00.00_00.00... | I0.0 | Q0.0 | 6ES7 288-1SR20-0AA0 |
| SB |  |  |  |  |  |
| EM 0 |  |  |  |  |  |
| EM 1 |  |  |  |  |  |

图 7-4　交通灯控制系统硬件组态

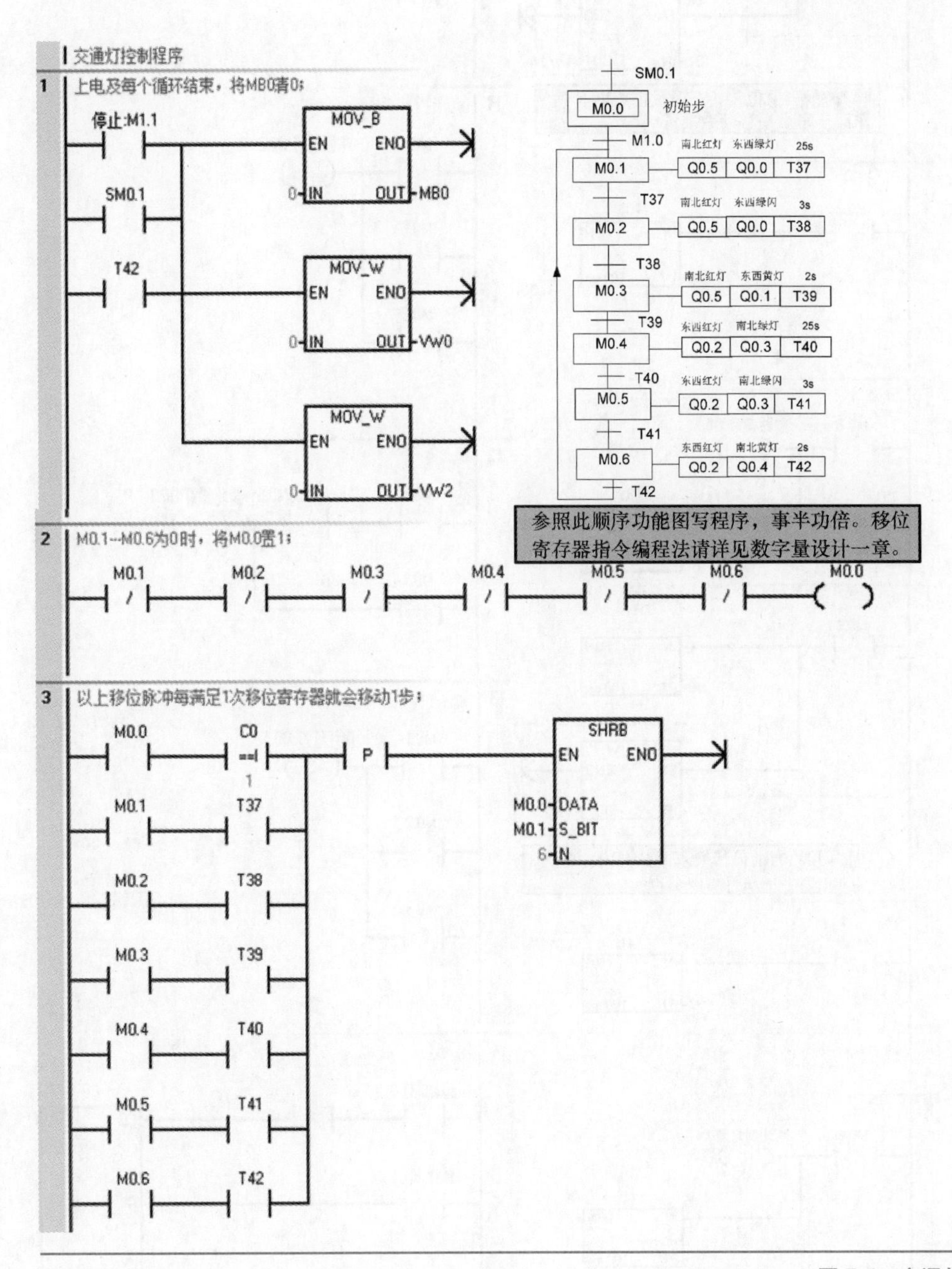


图 7-5　交通灯控制系统程序

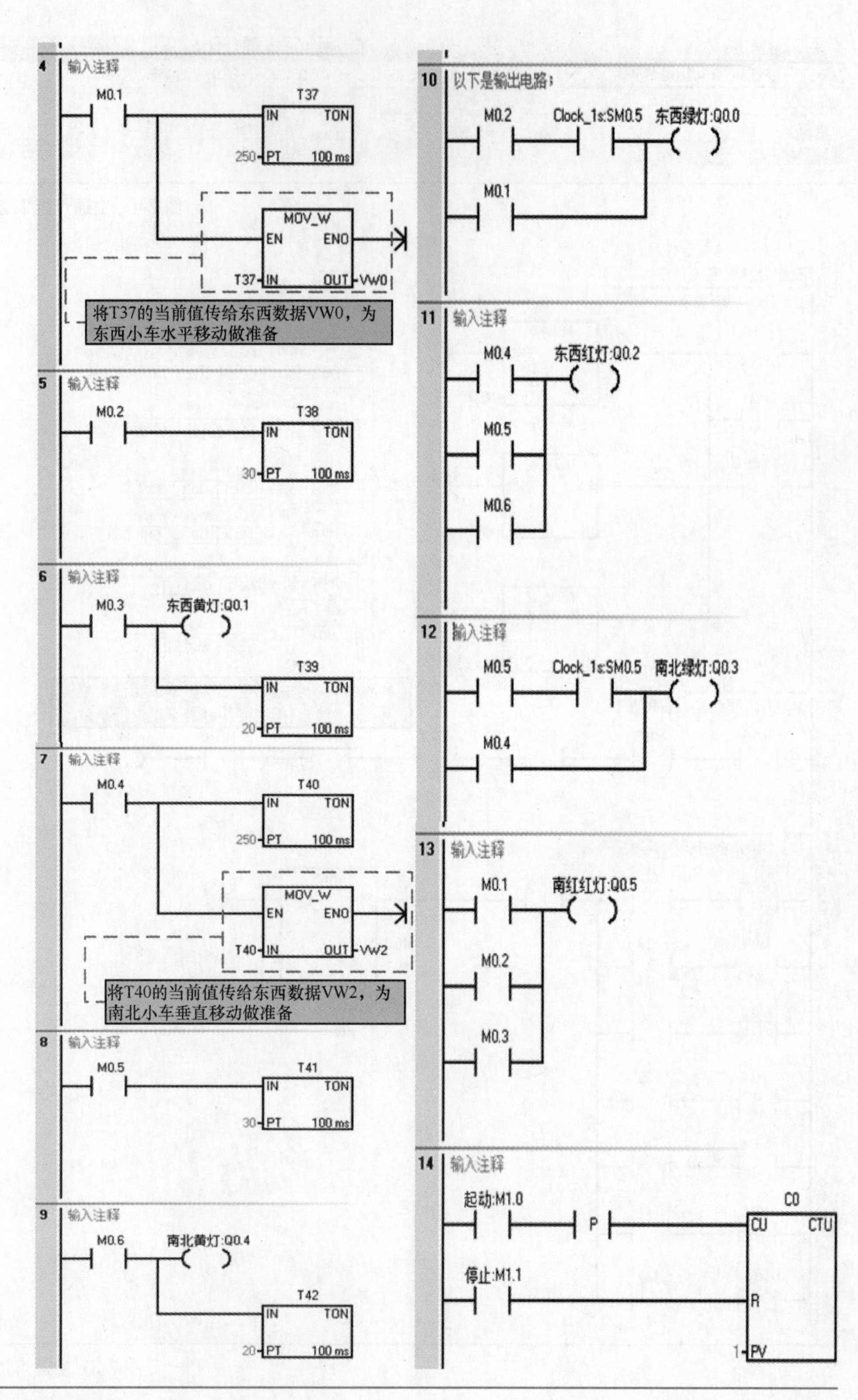


图 7-5　交通灯控制系统程序（续）

### 7.1.5　触摸屏画面设计及组态

**1. 创建项目、设备选择和新建变量**

具体操作步骤，与 6.2.2 节中一致，这里不再赘述。

**2. 新建变量**

将触摸屏的变量和 PLC 中的变量建立联系。单击鼠标右键打开项目树中的“通信”文件夹，双击“变量”，会出现“变量列表”。

本例中的变量分为两类，数字量和模拟量。数字量变量新建以“起动”举例，在“名称”中双击，输入“起动”；在“连接”中，选择“连接 1”；“数据类型”选择为“Bool”；地址选择为“M1.0”；“采集周期”为 1s。“停止”“东西绿灯”“东西黄灯”“东西红灯”“南北绿灯”“南北黄灯”和“南北红灯”的变量创建方法与“起动”一致，故不赘述。但需要注意的是，“东西绿灯”“东西黄灯”“东西红灯”“南北绿灯”“南北黄灯”和“南北红灯”变量的“采集周期”应修改为 100ms，这样设置能使画面中各交通灯状态切换时响应速度更快。

模拟量变量新建以“东西数据”举例，在“名称”中双击，输入“东西数据”；在“连接”中，选择“连接_1”；“数据类型”选择为“Word”；“地址”选择为“VW0”；“采集周期”为“100ms”。“南北数据”变量创建方法与“东西数据”一致，故不赘述。综上新建变量结果，如图 7-6 所示。

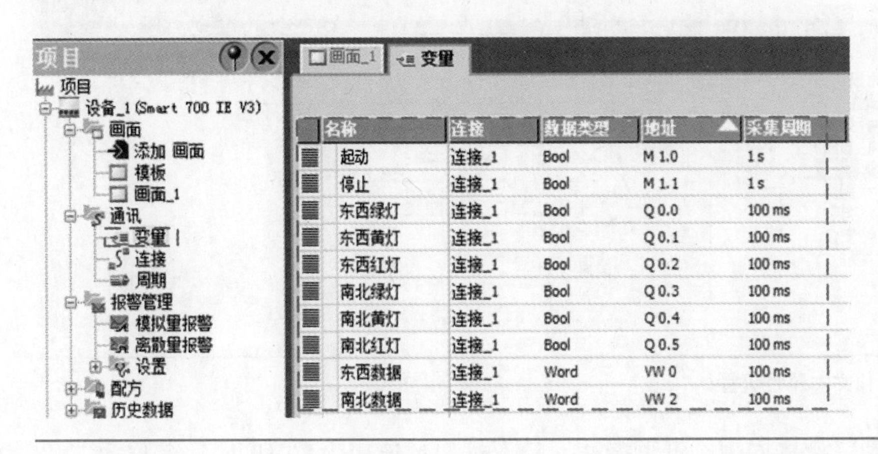


图 7-6　交通灯控制新建变量结果

**3. 创建画面**

创建画面需在工作区中完成。

（1）插入按钮

单击工具箱中的“简单对象”组，将 OK 按钮 图标拖放到画面 1 中。再拖拽一次或者复制第 1 个按钮后粘贴，在画面 1 中就会出现两个按钮。单击 Text 按钮，对其进行属性设置。

常规属性设置：选中第一个按钮，将其名称写为“起动”；外观属性设置：将“前景色”默认“黑色”；“背景色”改为“橙黄”；文本属性设置：将“字体”设置为“宋体，12pt，style=Bold”，“水平”设置为“居中”，“垂直”设置为“中间”。常规、外观和文本属性设置，如图 7-7 所示。事件属性设置：按下时，组态执行系统函数列表下的“编辑位”文件夹中的“setBit”（置位），变量（InOut）连接为“起动（M1.0）”。释放时，组态执行系统函数列表下的“编辑位”文件夹中的“ResetBit”（复位），变量（InOut）连接为“起动（M1.0）”。事件设置，如图 7-8 所示。

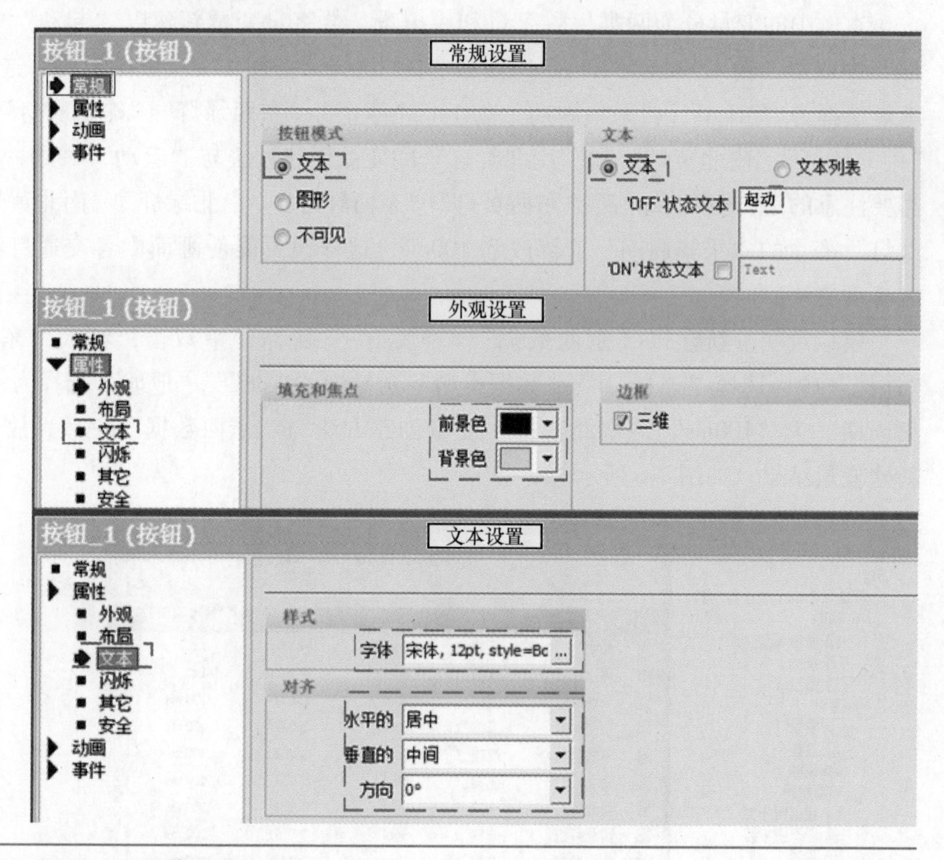


图 7-7　按钮常规、外观和文本属性设置

“停止”与“起动”设置同理，不再赘述。只不过变量连接为“M1.1”，名称为“停止”而已。

（2）插入指示灯

打开工具箱的“图形”组中“WinCC flexible SMART 图像文件夹”，经“Symbol Factory Graphics/Symbol Factory256 Colors”路径，在“3-D Pushbuttons Etc”文件夹中分别找到

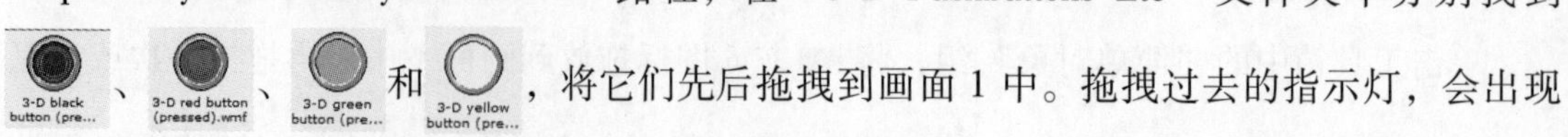


、、和，将它们先后拖拽到画面 1 中。拖拽过去的指示灯，会出现在图形视图的“属性视图”列表中，如图 7-9 所示。经过上述操作，后续创建的图形 I/O 域就能调用这些指示灯的图形了。指示灯添加到图形视图的“属性视图”列表中后，可以将

这些指示灯在工作区域中删除。

单击工具箱中的“简单对象”组，将 图形 IO 域 图标拖放到画面 1 中。下面以“南北红灯”为例，对指示灯的设置进行讲解。选中图形 I/O 域，对其进行属性设置。常规属性设置：单击“模式”后边的倒三角图标，选择“双状态”；单击“‘ON’状态图形”后边的倒三角图标，选择“3-D red button（pressed）”；单击“OFF 状态图形”后边的倒三角图标，选择“3-D black button（pressed）”；单击“变量”后边的倒三角图标，选择“南北红灯”，单击图标。以上操作步骤，如图 7-10 所示。后续的“南北绿灯”“南北黄灯”“东西红灯”“东西绿灯”和“东西黄灯”的组态方法与“南北红灯”一致，只不过图形 I/O 域的变量连接为相应的变量，“ON 状态图形”连接为相应的图形即可，故不赘述。

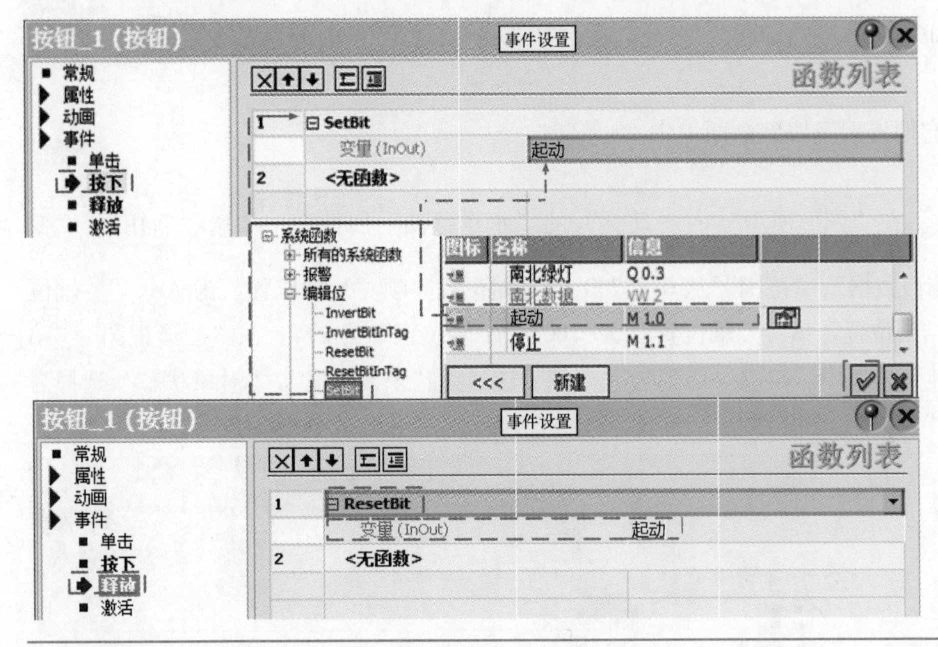


图 7-8　按钮事件设置

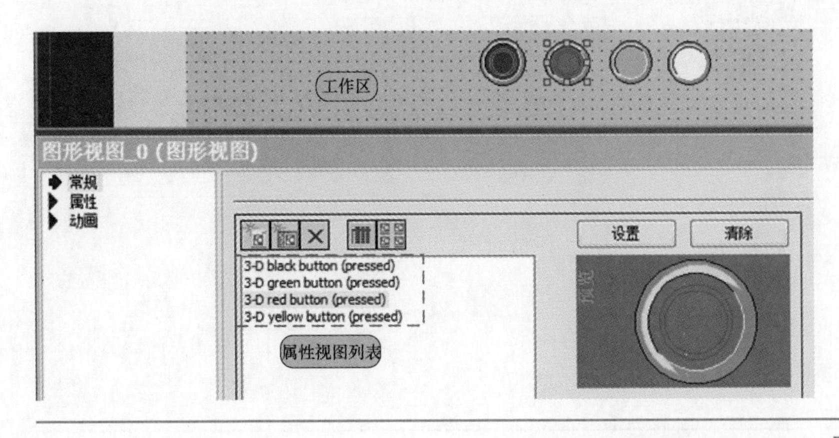


图 7-9　指示灯属性视图列表

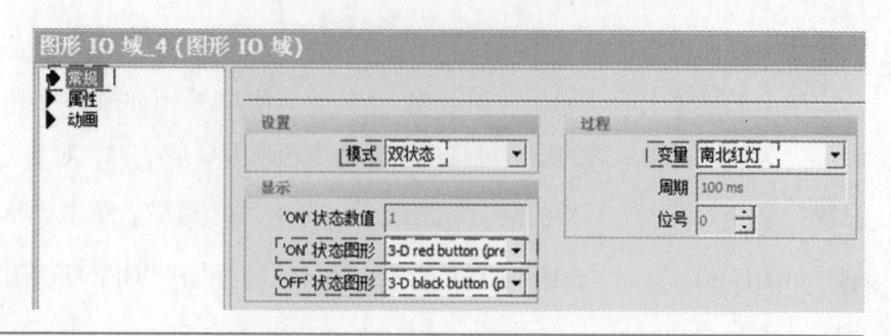


图 7-10　南北红灯图形 I/O 域设置

（3）车辆动画制作

打开工具箱的“图形”组中“WinCC flexible SMART 图像文件夹”，经“Symbol Factory Graphics/Symbol Factory256 Colors”路径，在“Vehicles”文件夹中分别找到 Tanker truck 2.wmf、Car 4.wmf 和 Truck for hauling.wmf，将它们先后拖拽到画面 1 中。

选中 Tanker truck 2.wmf，在“图形视图”→“动画”的“水平移动”属性中，勾选“启用”，“变量”选择为“东西数据”，“范围”从 0 至 250，“起始位置”项“X 轴位置”为 704，“Y 轴位置”为 224，“结束位置”项“X 轴位置”为-100，“Y 轴位置”为 224。在“图形视图”“动画”的“可见性”属性中，勾选“启用”，“变量”选择为“东西数据”，“对象状态”选择为“可见”，“类型”选择为“整数”，“范围”从 0 至 249。以上操作，如图 7-11 所示。

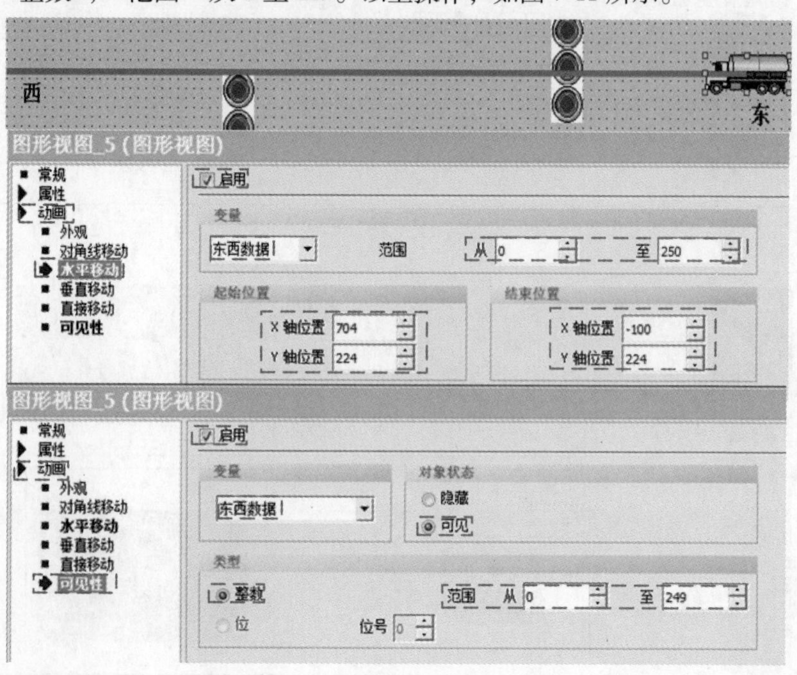


图 7-11　Tanker truck2 卡车动画属性设置

选中 Truck for hauling.wmf，在“图形视图”“动画”的“水平移动”属性中，勾选“启用”，“变量”选择为“东西数据”，“范围”从 0 至 250，“起始位置”项“X 轴位置”为 624，“Y 轴位置”为 296，“结束位置”项“X 轴位置”为-100，“Y 轴位置”为 296。在“图形视图”“动画”的“可见性”属性中，勾选“启用”，“变量”选择为“东西数据”，“对象状态”选择为“可见”，“类型”选择为“整数”，“范围”从 0 至 249。以上操作，如图 7-12 所示。

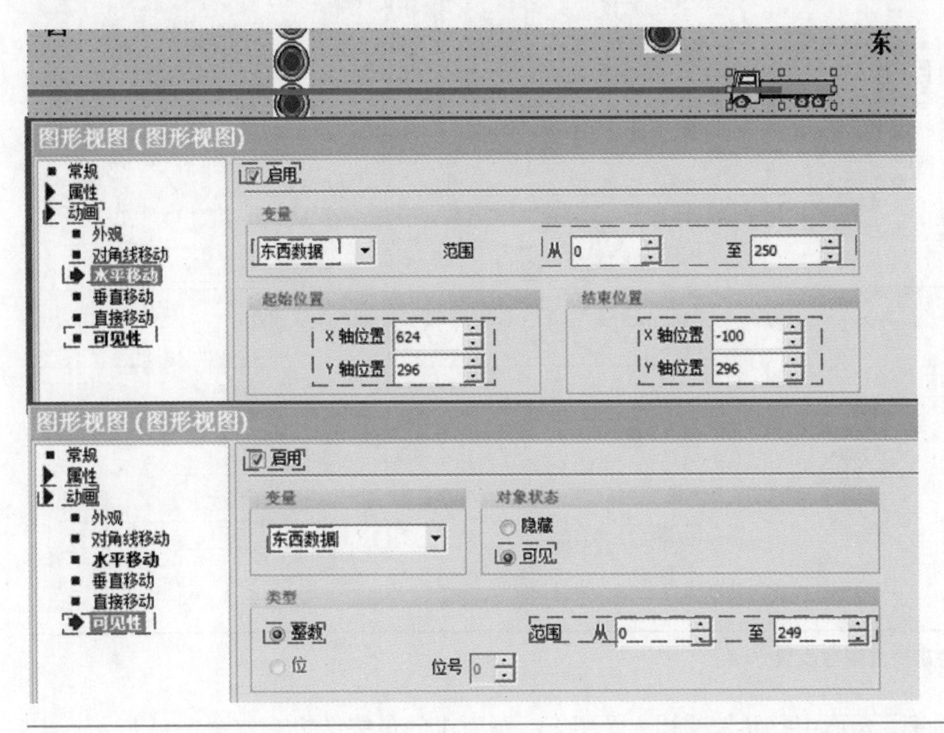


图 7-12 Truck for hauling 卡车动画属性设置

选中 Car 4.wmf，在“图形视图”“动画”的“垂直移动”属性中，勾选“启用”，“变量”选择为“南北数据”，“范围”从 0 至 240，“起始位置”项“X 轴位置”为 384，“Y 轴位置”为 112，“结束位置”项“X 轴位置”为 384，“Y 轴位置”为 480。在“图形视图”“动画”的“可见性”属性中，勾选“启用”，“变量”选择为“南北数据”，“对象状态”选择为“可见”，“类型”选择为“整数”，“范围”从 0 至 249。以上操作，如图 7-13 所示。

（4）插入绿色植物

打开工具箱的“图形”组中“WinCC flexible SMART 图像文件夹”，经“Symbol Factory Graphics/Symbol Factory256 Colors”路径，在“Nature”文件夹中分别找到 Plant 1.wmf 和 Simple tree.wmf，将它们先后拖拽到画面 1 中，之后将这些植物复制粘贴即可。

矩形和文本域的插入本书的第 6 章中多次讲过，由于此部分内容非常简单，这里不再赘述。

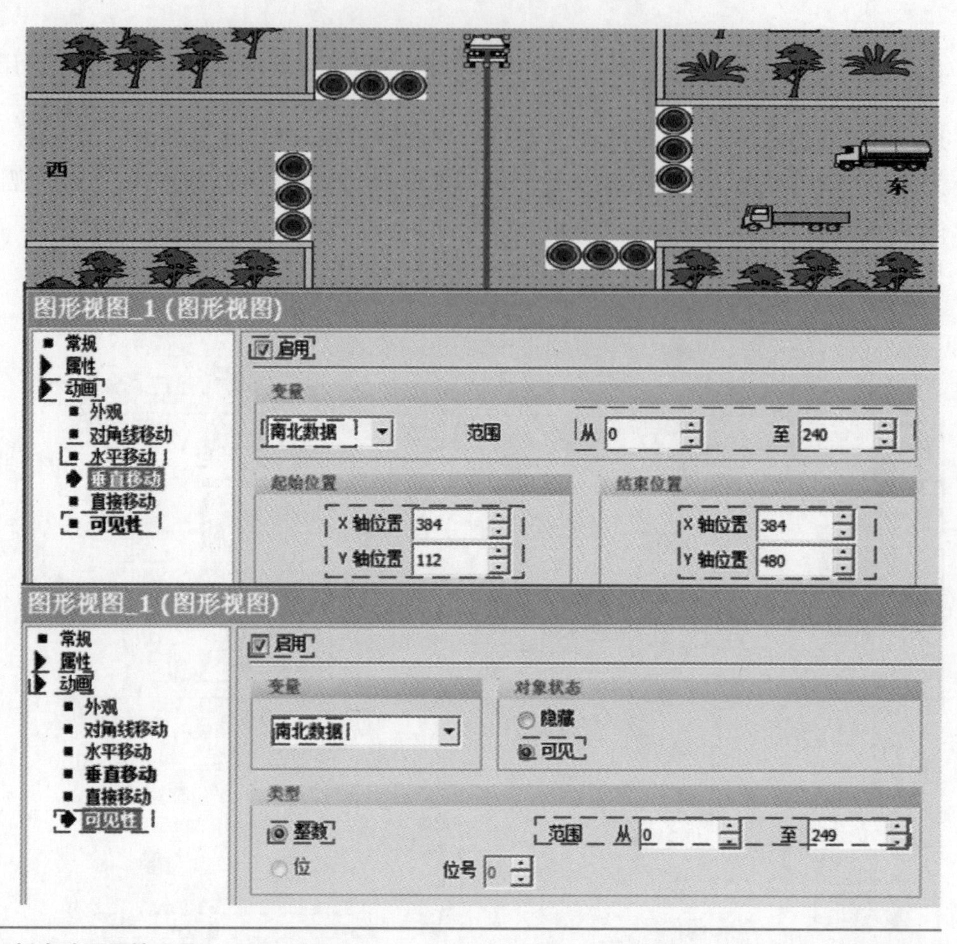


图 7-13　Car 4 轿车动画属性设置

至此，已讲解了画面中各元件的插入及组态，画面 1 的最终结果，如图 7-14 所示。需要说明的是，画面的各元件布局，需按图 7-14 所示排布好；项目的下载需参照 6.2.2 节，这里不再赘述。

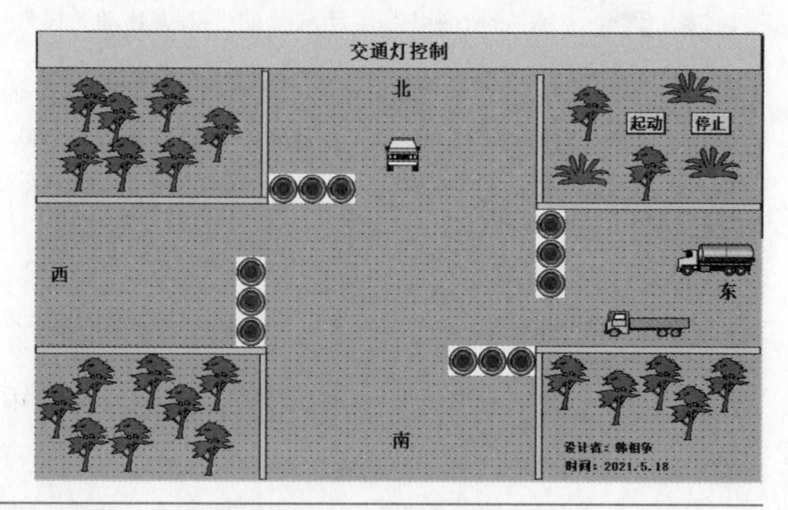


图 7-14　交通灯控制触摸屏最终画面

案例总结

通过交通灯控制综合案例，触摸屏画面设计及组态读者着重要掌握的内容如下：

1. 在新建变量时，将变量的采集周期时间改短，能使画面各元件状态改变时响应速度更快，否则有些元件的动画无法实现。

2. 本例考察了指示灯的应用，指示灯的组态可以有多种方法，在上一章“两盏彩灯控制”中给出了工具箱中的“库”指示灯的组态方法，本节交通灯控制案例中，指示灯的组态是用图形 I/O 中对象的“双状态”输出模式完成的，读者可比较两种方法的异同，将这些组态方法用到实际的触摸屏画面设计中。

3. WinCC flexible 组态软件动画功能丰富，本例借助车辆运动介绍了水平移动和垂直移动动画的组态方法和车辆可见性的设置，读者应熟练掌握这些技巧，从而使画面设计更生动。

4. 要保证触摸屏中的变量地址和 PLC 中的变量地址一致，否则触摸屏对 PLC 控制，以及触摸屏中的动画无法实现。如 PLC 中的起动地址为 M1.0，触摸屏中起动的地址也为 M1.0。

## 7.2　SMART LINE V3 触摸屏与 S7-200 SMART PLC 在水位控制中的应用

### 7.2.1　任务引入

某蓄水罐装有注水、排水装置和水位显示装置。按下起动按钮，吸水阀先打开，3s 后，水泵工作往蓄水罐内注水；当水位到达 8m 时，吸水阀和水泵停止工作，排水阀打开，蓄水罐开始排水；当水位小于 2m 时，排水阀关闭，吸水阀先打开，3s 后，水泵又开始工作往蓄水罐内注水，如此往复；当按下停止按钮，注水和排水工作停止；当水位低于 0m 或高于 9m，需有报警提示。试编写控制程序。

### 7.2.2　任务分析

根据任务说明，WinCC flexible SMART V3 触摸屏画面需设有系统起停按钮各 1 个，吸水阀、排水阀各 1 个，水泵 1 个，水位显示 1 个，蓄水罐 1 个，并要设有报警视图，以及管道和标签等。

吸水阀、水泵和排水阀的开关由 S7-200 SMART PLC 来控制，水位数值由 EM AE04 模块读取。水位传感器输出信号 4~20mA 对应测量范围 0~10m。

### 7.2.3　硬件电路设计

蓄水罐水位控制的硬件电路，如图 7-15 所示。

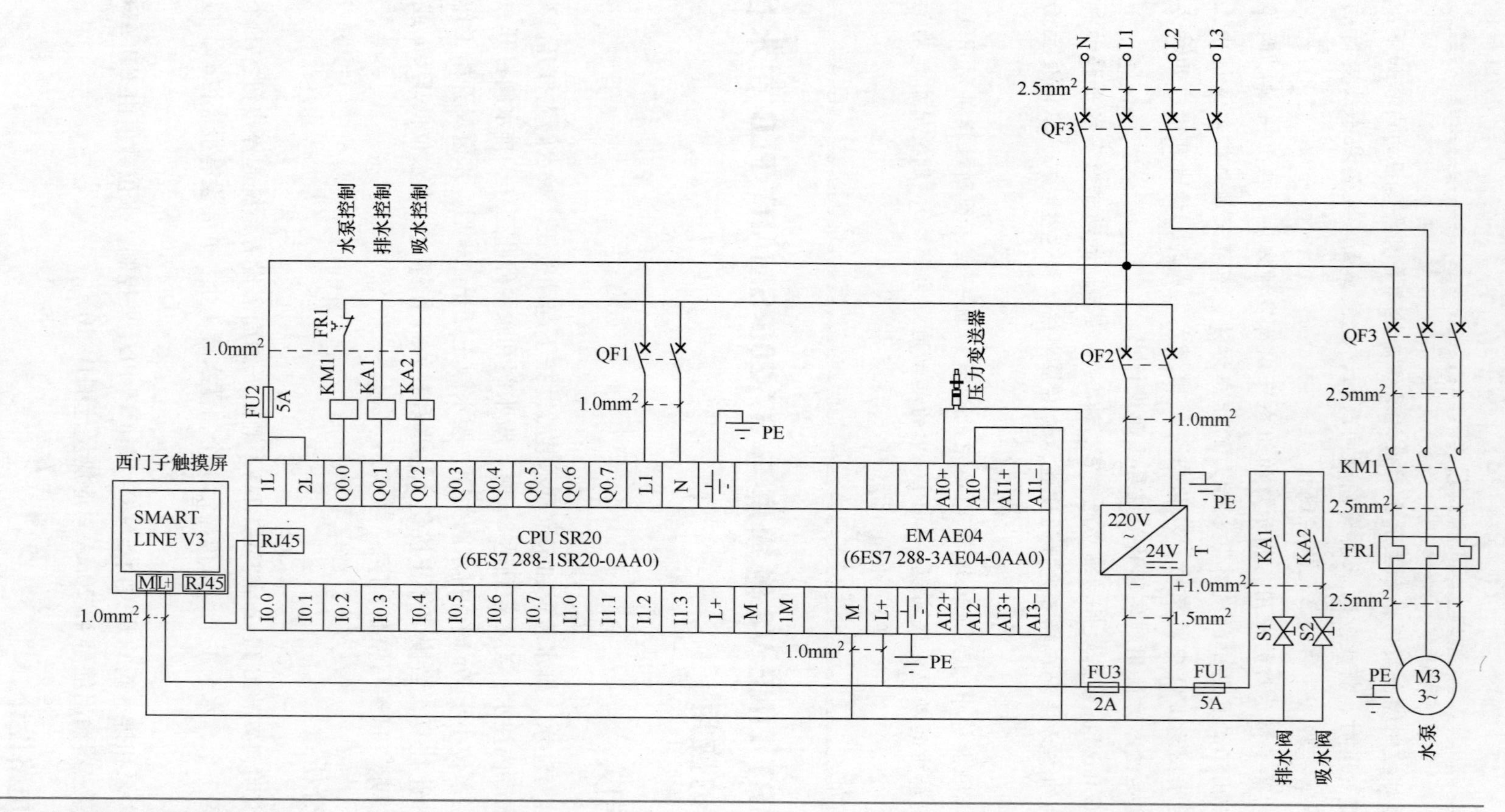


图 7-15 蓄水罐水位控制硬件电路

### 7.2.4　PLC 程序设计

1）根据控制要求，进行 I/O 分配，见表 7-2。

表 7-2　蓄水罐水位控制的 I/O 分配

| 输入量 | | 输出量 | |
|---|---|---|---|
| 起动 | M0.0 | 水泵 | Q0.0 |
| 停止 | M0.1 | 排水阀 | Q0.1 |
| 水位 | VD50 | 吸水阀 | Q0.2 |

2）硬件组态，如图 7-16 所示。

| | 模块 | 版本 | 输入 | 输出 | 订货号 |
|---|---|---|---|---|---|
| CPU | CPU SR20 (AC/DC/Relay) | V02.00.00_00.00... | I0.0 | Q0.0 | 6ES7 288-1SR20-0AA0 |
| SB | | | | | |
| EM 0 | EM AE04 (4AI) | | AIW16 | | 6ES7 288-3AE04-0AA0 |

图 7-16　蓄水罐水位控制硬件组态

3）根据控制要求，编写控制程序。蓄水罐水位控制程序，如图 7-17 所示。

### 7.2.5　触摸屏画面设计及组态

**1. 创建项目、设备选择和新建变量**

具体操作步骤，与 6.2.2 节中一致，这里不再赘述。

**2. 新建变量**

将触摸屏的变量和 PLC 中的变量建立联系。单击鼠标右键打开项目树中的“通信”文件夹，双击“变量”，会出现“变量列表”。

本例中的变量分为两类，数字量和模拟量。数字量变量新建以“系统起动”举例，在“名称”中双击，输入“系统起动”；在“连接”中，选择“连接 1”；“数据类型”选择为“Bool”；地址选择“M0.0”。“系统停止”“吸水阀”“排水阀”“手动排水”和“水泵”的变量创建方法与“系统起动”一致，故不赘述。

模拟量变量新建以“水位”举例，在“名称”中双击，输入“水位”；在“连接”中，选择“连接 1”；“数据类型”选择为“DWord”；地址选择“VD 50”。综上新建变量结果，如图 7-18 所示。

**3. 创建画面**

创建画面需在工作区中完成。本例中，有两个画面：一个是初始化画面，另一个是控制画面。

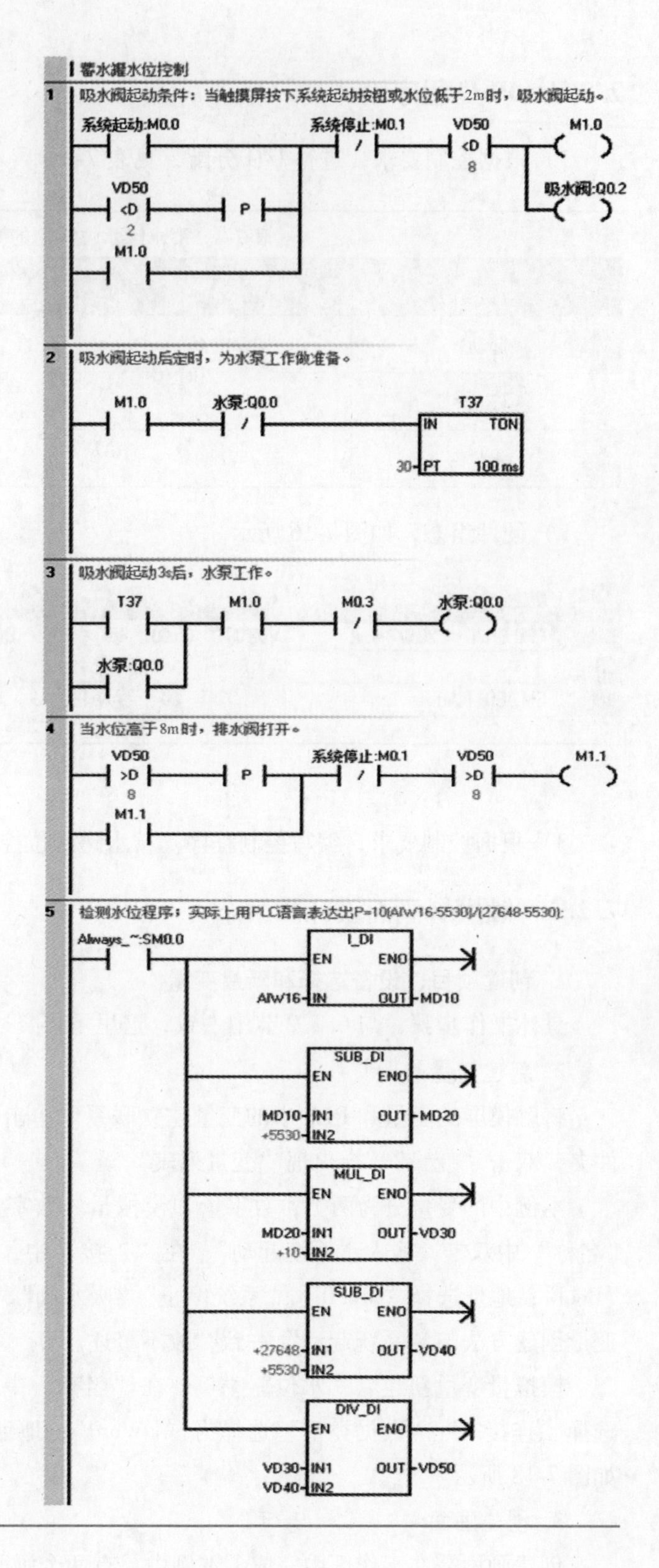


图 7-17　蓄水罐水位控制程序

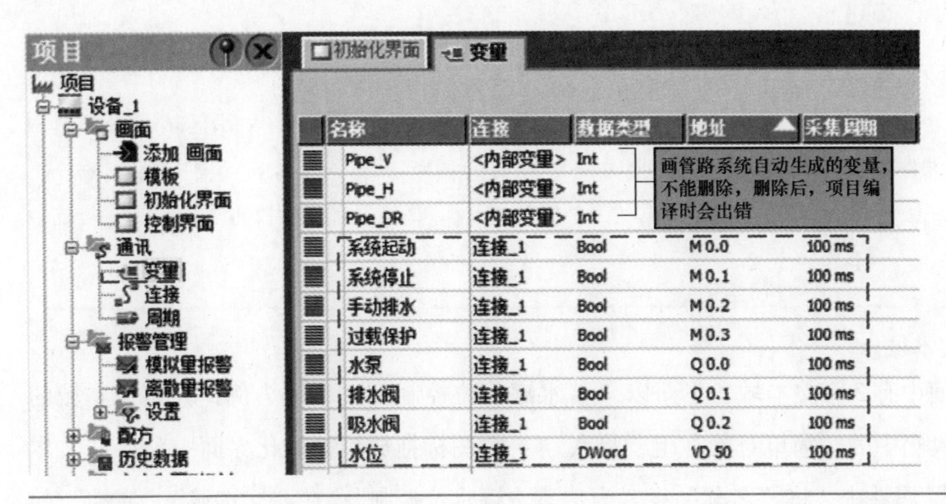


图 7-18　蓄水罐水位控制新建变量

（1）初始化画面创建

单击鼠标右键打开项目树中的“画面”文件夹，双击“画面 1”，会进入“画面 1”界面。在属性视图“常规”中，将“名称”设置为“初始化画面”，这样就将“画面 1”重命名了。“背景颜色”等都可以改变，读者可以根据需要设置。重命名的步骤，可以参考图 6-15。

1）新建画面切换按钮。

在“初始化界面”中，打开项目树中的“画面”文件夹，将“控制界面”图标拖拽到“初始化界面”的工作区域中。在“初始化界面”的工作区域中会自动生成一个名为“控制界面”的按钮，将其拖拽合适大小，避免字的遮挡。在该按钮的“常规”属性中，输入“进入控制界面”。以上操作步骤，如图 7-19 所示。

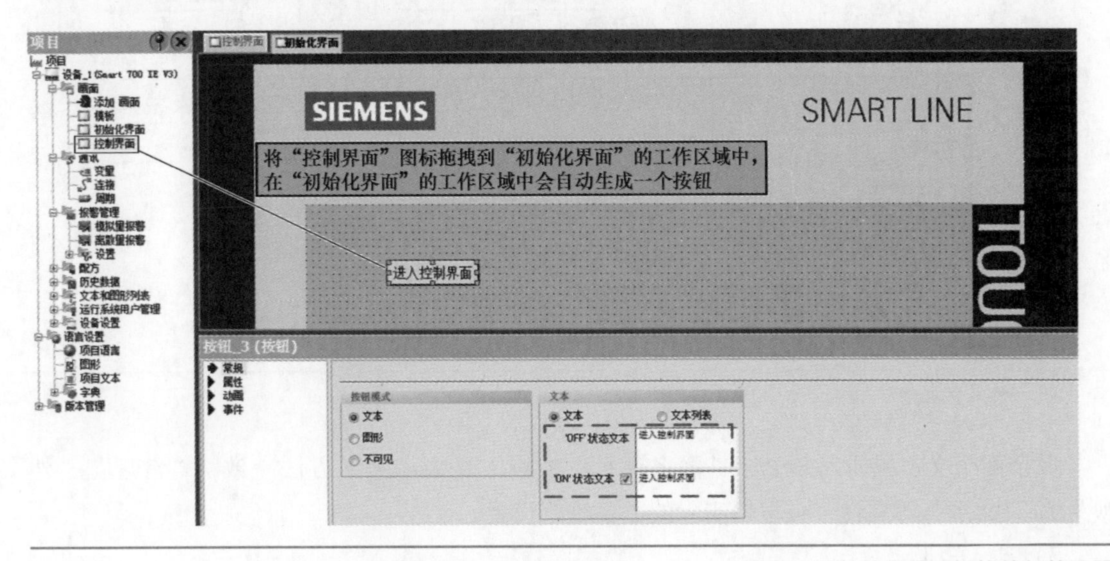


图 7-19　初始化界面切换按钮的设置

编者心语

图 7-19 给出的是画面切换按钮新建的最简单方法，在一个界面的工作区域，在项目树“画面”文件夹打开的情况下，拖拽另一个界面的图标，就会在本界面自动生成一个按钮，在该按钮的“常规”属性将其重命名即可，“事件”属性中的变量会自动连接好。

2）插入文本域。

初始化界面中有 3 个文本域，下面以“蓄水罐水位控制”文本域为例，介绍文本域的插入。单击工具箱中的“简单对象”组，将 A 文本域 图标拖放到初始化界面中。在“文本域”的“常规”属性中，将“名称”设置为“蓄水罐水位控制”；在“文本域”“属性”的“文本”项中，“字体”选择“宋体，粗体，26pt，style = Bold”，“对齐”选择水平“居中”，垂直“中间”，“方向”为“0°”，在“文本域”“属性”的“外观”项中，“填充样式”选择“透明的”，其余默认。以上设置步骤，如图 7-20 所示。

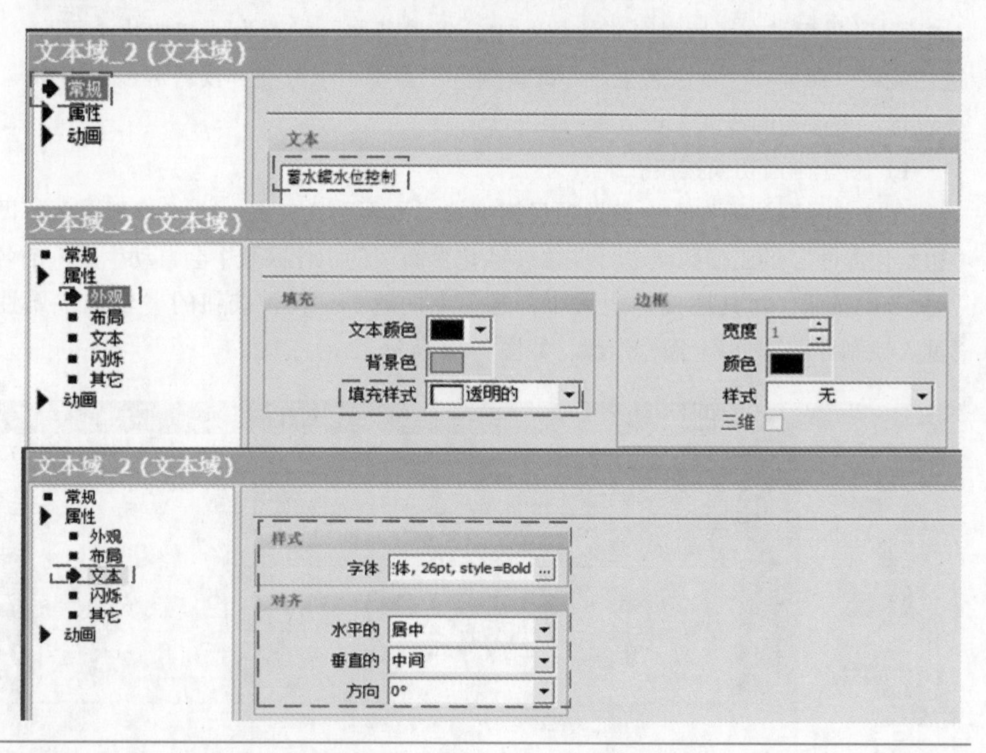


图 7-20 插入文本域

其余两个文本域插入方法与“蓄水罐水位控制”文本域插入方法一致，“常规”“外观”和“文本”等属性，可根据实际的需要进行设置。

3）插入矩形。

单击工具箱中的“简单对象”组，将 ▭ 矩形 图标拖放到初始化界面中，选中“矩形”

拖拽合适的大小。将“蓄水罐水位控制”文本域与该矩形叠放到一起，选中“蓄水罐水位控制”文本域，在工具栏中单击按钮，将“蓄水罐水位控制”文本域上移一层。

4）插入图形视图。

单击工具箱中的“简单对象”组，将图形视图图标拖放到初始化界面中，在“图形视图”的“常规”属性中，单击插入外部图片按钮，插入想要的图片，本例中插入的是 WinCC flexible SMART V3 触摸屏图片。

经过上述操作，初始化界面的最终画面，如图 7-21 所示。

图 7-21　初始化界面的最终画面

（2）控制画面创建

单击鼠标右键打开项目树中的“画面”文件夹，单击添加 画面，会添加一个“画面 2”，双击“画面 2”，会进入“画面 2”界面。在属性视图“常规”中，将“名称”设置为“控制画面”。

1）画面切换按钮新建。

在“控制界面”中，打开项目树中的“画面”文件夹，将“初始化界面”图标拖拽到“控制界面”的工作区域中，在“控制界面”的工作区域中会自动生成一个名为“初始化界面”的按钮，将其拖拽合适大小，避免字的遮挡。在该按钮的“常规”属性中，输入“进入初始化界面”。以上操作步骤，可参考图 7-19。

2）插入按钮并连接变量。

单击工具箱中的“简单对象”组，将 OK 按钮 图标拖放到“控制界面”画面中。再拖一次，在“控制界面”画面中就会出现两个按钮。单击 Text ，对其进行属性设置。常规属性设置：将其名称写为“系统起动”；外观属性设置为默认；文本属性设置：将“字体”设置为“宋体，加粗，10pt，style = Bold”，其余默认。以上操作步骤，如图 7-22 所示。事件设置：按下时，SetBit，M0.0；释放时，ResetBit，M0.0；事件设置，如图 7-23 所示。

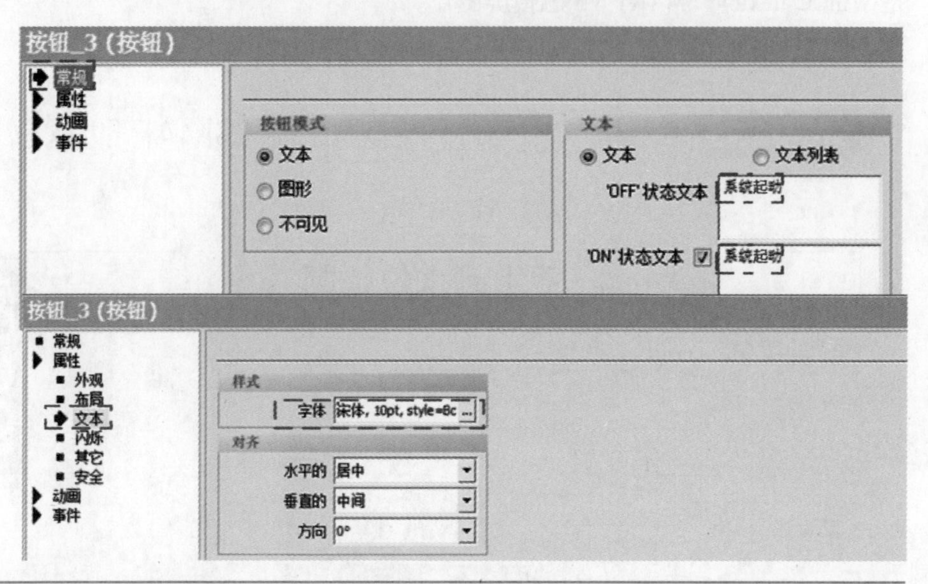


图 7-22　系统起动按钮常规和文本设置

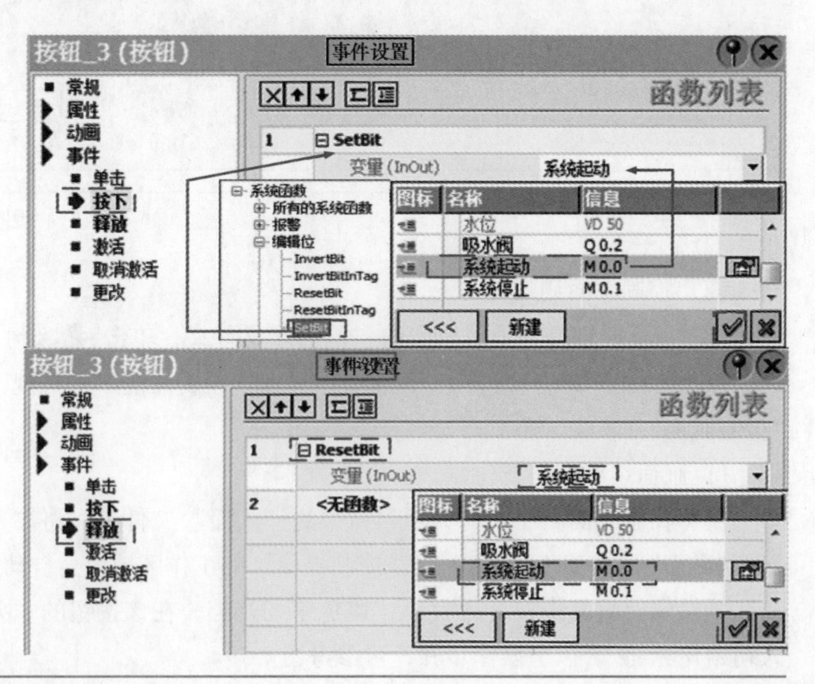


图 7-23　“系统起动”按钮事件属性设置

“系统停止”与“系统起动”事件属性设置方法一致，不再赘述。只不过变量为“M0.1”，名称为“系统停止”而已。

3）插入指示灯并连接变量。

本例以插入水泵指示灯和连接变量为例，对指示灯的插入及其变量连接进行介绍。单击工具箱中的“库”组，右键执行“库→打开”，打开全局库界面，选择 系统库 图标，选中 Button_and_switches.wlf，如图 7-24 所示。在 Button_and_switches库文件夹下，会出现 Indicator_switches，选中 PilotLight-1(en-US)，拖到“控制界面”画面中。在指示灯“常规属性”中，将过程变量选择为“水泵”，其余默认；在“事件属性”的“按下”选项中，函数 InvertBit 的变量连接为“水泵”。以上操作步骤，如图 7-25 所示。

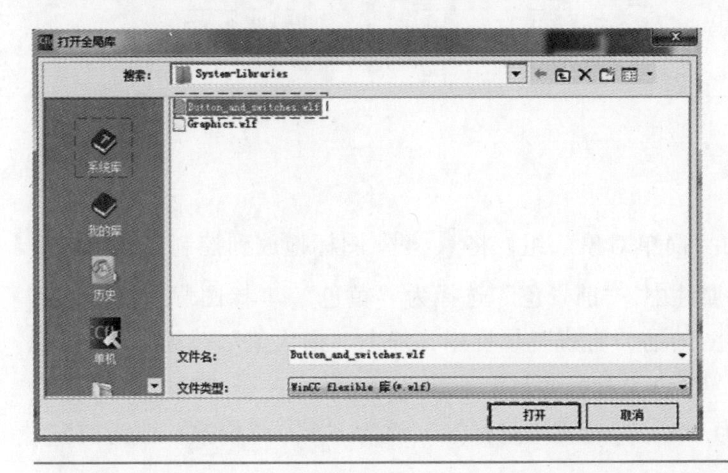


图 7-24　指示灯库的选择

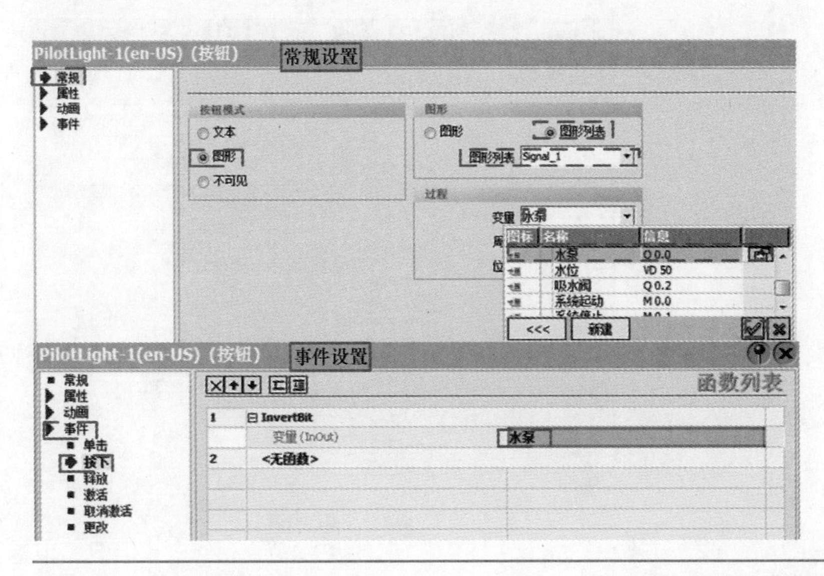


图 7-25　指示灯“常规属性”和“事件属性”设置

吸水阀指示灯和排水阀指示灯的设置方法与水泵指示灯的设置方法一致，只不过吸水阀指示灯对应的变量为“吸水阀”，排水阀指示灯对应的变量为“排水阀”而已。

4）插入 IO 域。

单击工具箱中的“简单对象”组，将 abl IO 域 图标拖放到控制界面中，在“IO 域”的“常规”属性中，“模式”选择为“输出”，“格式类型”选择为“十进制”，“格式样式”选择为“99”，“过程变量”选择为“水位”，其余默认。以上操作步骤，如图 7-26 所示。“外观”与“文本”属性设置，可根据用户需要进行调整，本例没有给出，读者可以参考“文本域”的“外观”和“文本”属性设置。

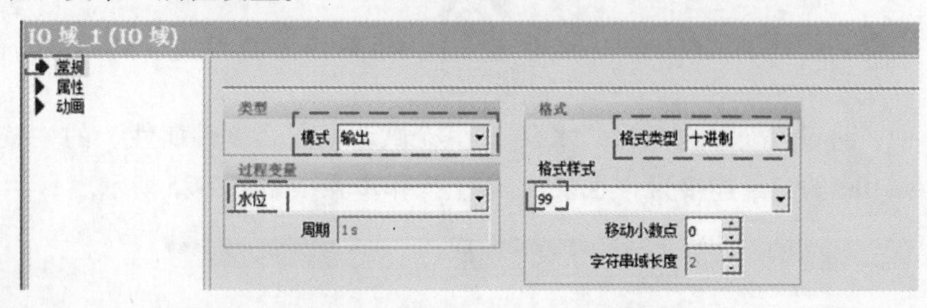


图 7-26　IO 域常规属性设置

5）插入棒图。

单击工具箱中的“简单对象”组，将 棒图 图标拖放到控制界面中，在“棒图”的“外观”属性中，“前景色”选择为“黄色”，“棒图背景色”选择为“白色”；在“棒图”的“常规”属性中，静态“最大值”改为“10”，静态“最小值”改为“0”，“过程变量”连接为“水位”；在“棒图”的“刻度”属性中，“大刻度间距”改为“5”。“标记增量标签”改为“3”，“份数”改为“5”。以上操作步骤，如图 7-27 所示。

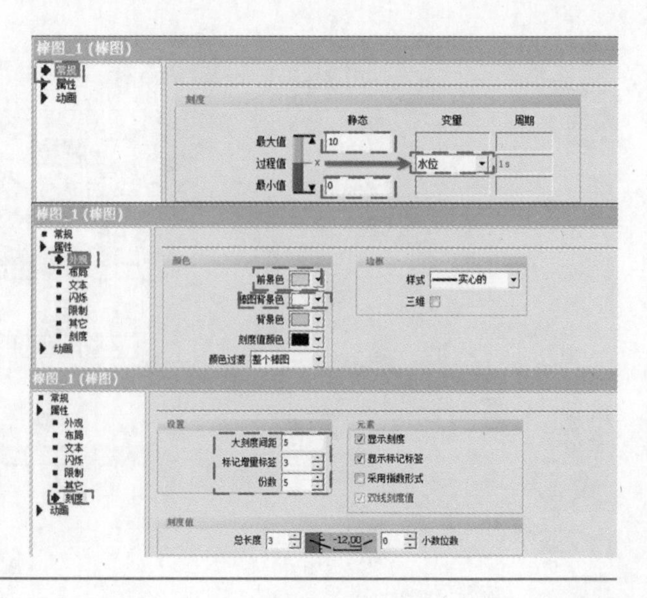


图 7-27　棒图相关属性设置

6）插入开关。

在 *Button_and_switches* 库文件夹下，会出现 *Rotary_switches*，选中 Rotary-OffOn-2(... ，拖到“控制界面”画面中。在开关“常规”属性中，将过程变量选择为“手动排水”，其余默认；在“事件属性”的“按下”选项中，函数 InvertBit 的变量连接为“手动排水”。以上操作步骤，如图 7-28 所示。

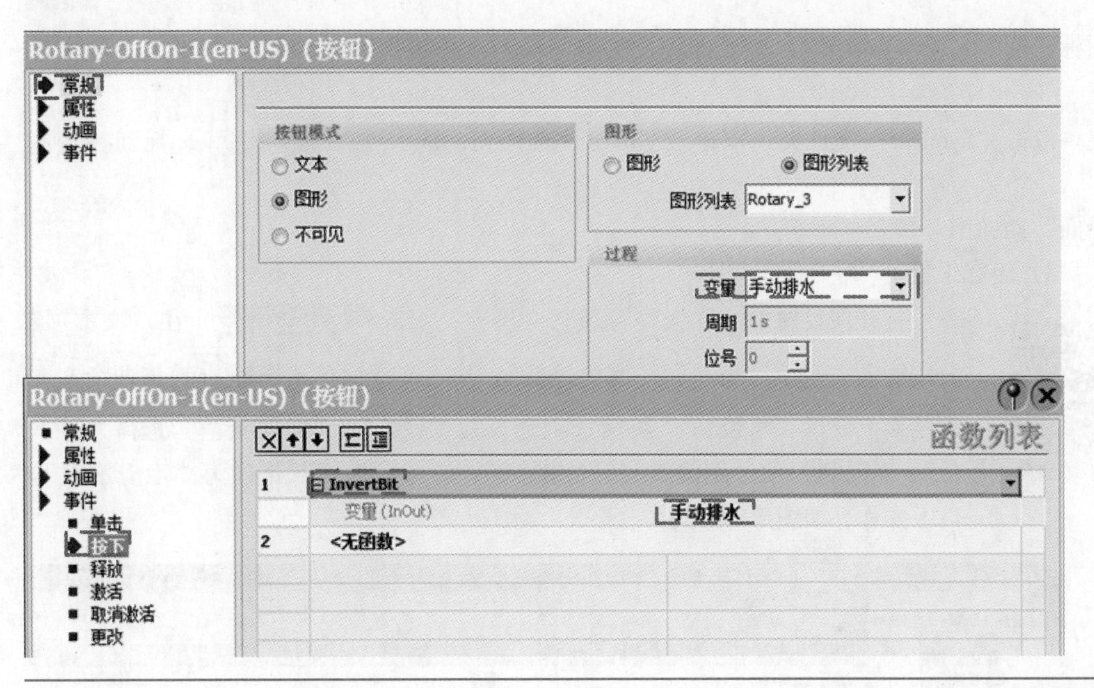


图 7-28　开关相关属性设置

7）插入阀门、蓄水罐、水泵和管道。

单击工具箱中的“图形”组，执行双击 WinCC flexible 图像文件夹→双击“Symbol Factory Graphics”文件夹→双击“SymbolFactory 16 Colors”文件夹→双击“Valves”文件夹，选中阀门图标 3-D Ball valve.wmf 拖拽到“控制界面”的工作区域中，并调整到合适大小，再复制一个阀门。

单击工具箱中的“图形”组，执行双击“WinCC flexible”图像文件夹→双击“Symbol Factory Graphics”文件夹→双击“SymbolFactory 16 Colors”文件夹→双击“Tanks”文件夹，选中阀门图标 Tank 36.wmf 拖拽到“控制界面”的工作区域中，并调整到合适大小。

单击工具箱中的“图形”组，执行双击“WinCC flexible”图像文件夹→双击“Symbol Factory Graphics”文件夹→双击“SymbolFactory 16 Colors”文件夹→双击“Pump”文件夹，

选中阀门图标 Centrifugal pump 4.wmf 并拖拽到“控制界面”的工作区域中，并调整到合适大小，选中该图标，单击工具栏中的水平翻转按钮，将水泵图标翻转。

单击工具箱中的“库”组，右键执行“库”→“打开”，打开全局库界面，选择 系统库 图标，选中 Graphics.wlf，单击打开。在 Graphics 库文件夹下，双击“Graphics”文件夹→双击“Symbols”文件夹→双击“Valves”文件夹，选中 或 ，拖到“控制界面”画面中。

8）组态报警。

打开项目树中的“报警管理”文件夹，双击 模拟量报警，在“文本项”分别输入“水位过高”和“水位过低”，输入文本后单击图标，将两个文本都连接上变量“水位”；“类别”项选择为“警告”，“触发变量”选择为“水位”；“限制”项分别输入“9”和“0”；“触发模式”选择为“上升沿时”。以上操作，如图 7-29 所示。

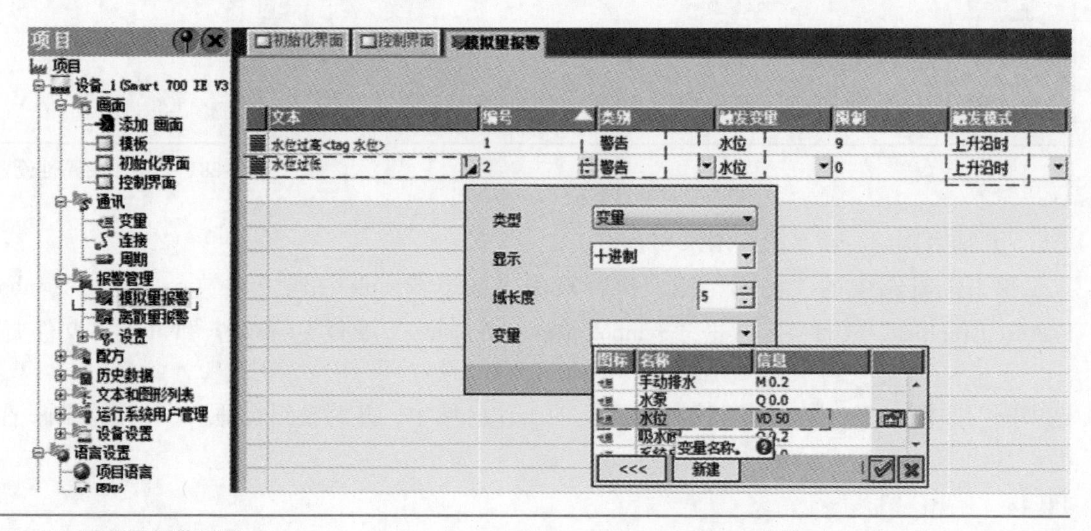


图 7-29　模拟量报警设置

单击工具箱中的“增强对象”组，将 报警视图 图标拖放到“控制界面”画面中。“常规”属性默认；在“布局”属性中，勾选“自动调整大小”，“可见报警”改为“4”，“视图类型”默认为“简单”；“显示”属性默认；在“列”属性中，“可见列”属性的“报警编号”不勾选，“状态”勾选，其余默认，“排序”选择“最新的报警最先”。以上操作，如图 7-30 所示。

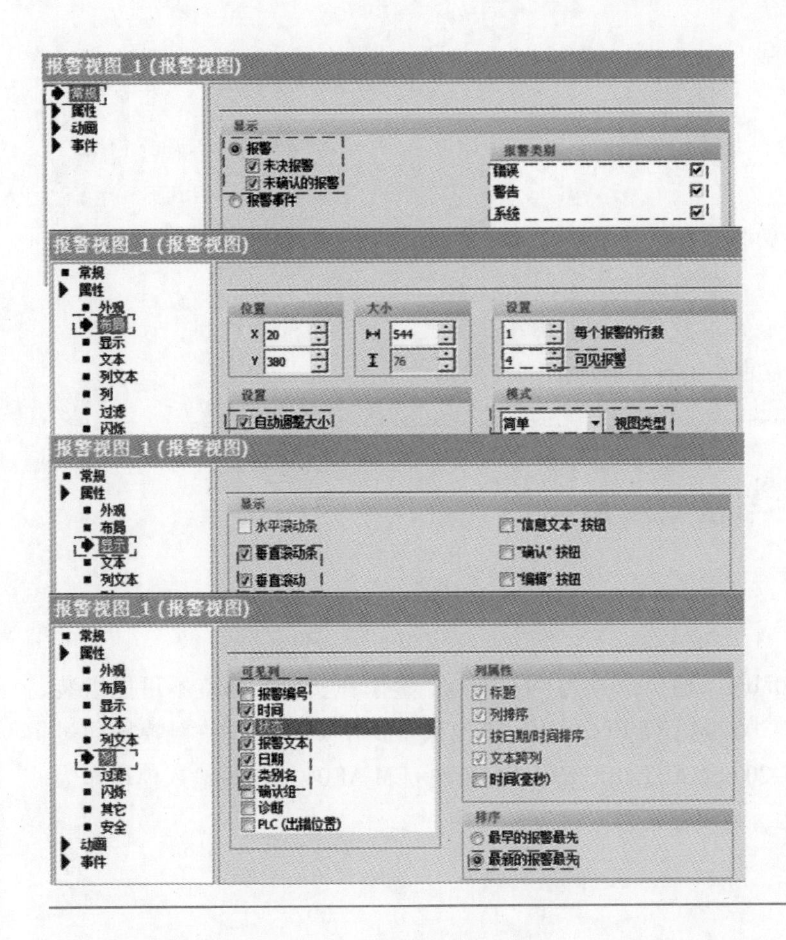


图 7-30　报警视图设置

至此，已讲解了画面中元件的插入及组态，“控制界面”的最终画面，如图 7-31 所示。需要说明的是，画面的元件布局，需按图 7-31 所示排布好；项目的下载需参照 6.2.2 节，这里不再赘述。

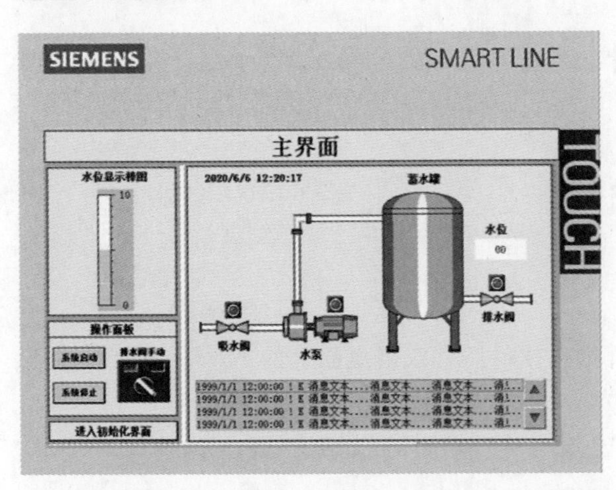


图 7-31　控制界面的最终画面

案例总结

通过蓄水罐水位控制综合案例，触摸屏画面设计及组态读者着重要掌握的内容如下：

1. 要掌握多个画面切换的技巧，这点组态画面时常用到的。

2. 要掌握棒图的组态技巧，使画面设计更生动。

3. 报警分为模拟量报警和离散量报警，本例给出的是模拟量报警的应用，读者要掌握报警的应用，这点是工程中组态画面时常遇到的问题。

## 7.3 模拟量信号发生与接收应用案例

### 7.3.1 控制要求

某压力变送器量程为0~10MPa，输出信号为4~20mA，鉴于在实验室环境不可能组装完整的控制系统，故这里用S7-200 SMART PLC CPU ST模块+SB AQ01信号板+触摸屏通过编程模拟4~20mA信号；用S7-200 SMART PLC CPU ST模块+EM AE04模拟量输入模块作为信号接收端，当压力大于6MPa，蜂鸣器报警。试设计程序。

### 7.3.2 硬件电路设计

模拟量信号发生和接收项目的硬件电路，如图7-32所示。

### 7.3.3 硬件组态

模拟量信号发生和接收项目的硬件组态，如图7-33所示。

### 7.3.4 模拟量信号发生 PLC 程序设计

模拟量信号发生PLC程序设计，如图7-34所示。

### 7.3.5 模拟量信号发生触摸屏画面设计及组态

**1. 创建项目**

安装完WinCC flexible SMART V3触摸屏组态软件后，双击桌面上的 

图标，打开WinCC flexible SMART V3项目向导，单击“创建一个空项目”，如图7-35所示。

**2. 设备选择**

选择触摸屏的型号，这里我们选择“SMART 700 IE V3”，选择完成后，单击“确定”

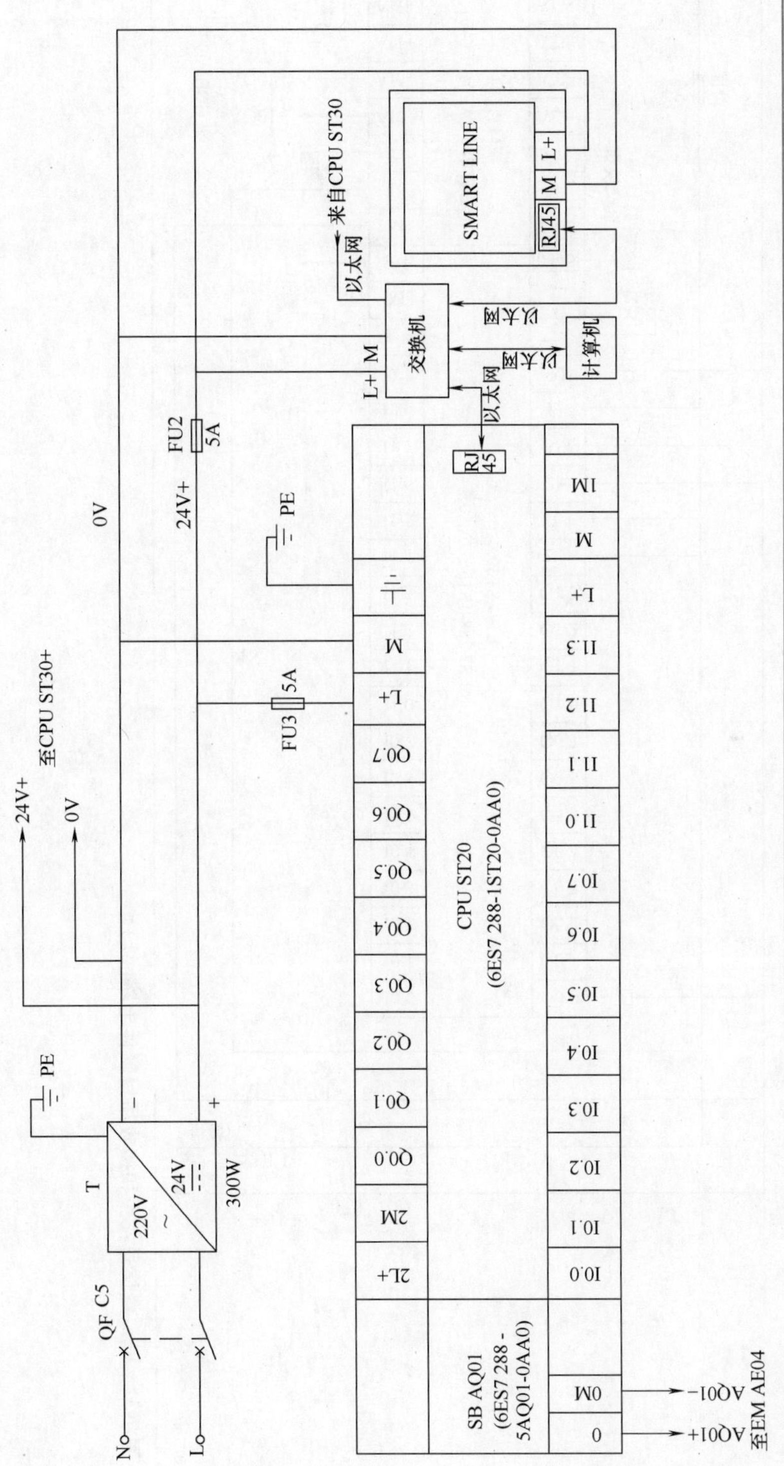


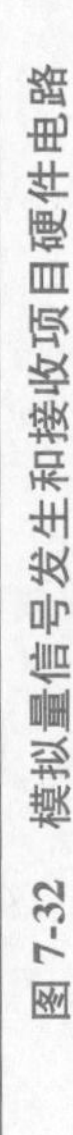
图 7-32　模拟量信号发生和接收项目硬件电路

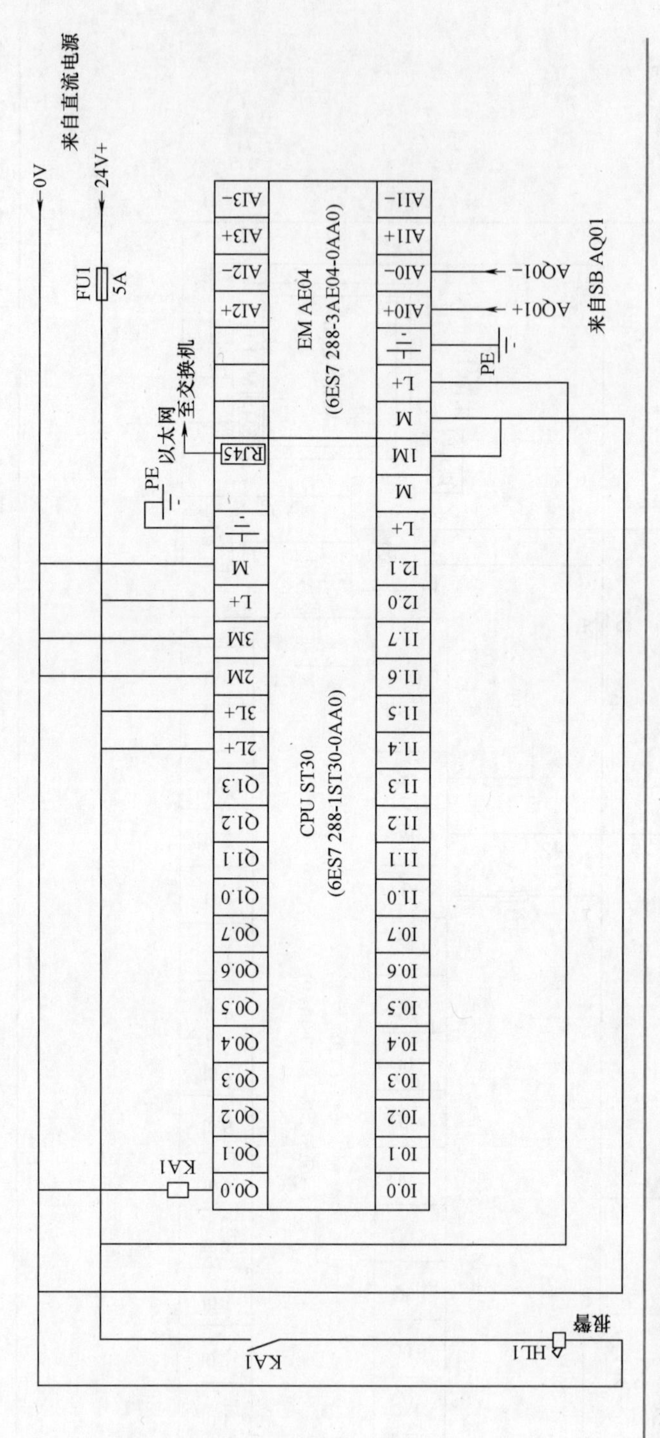


图 7-32　模拟量信号发生和接收项目硬件电路（续）

系统块

| | 模块 | 版本 | 输入 | 输出 | 订货号 |
|---|---|---|---|---|---|
| CPU | CPU ST20 (DC/DC/DC) | V02.01.00_00.00... | I0.0 | Q0.0 | 6ES7 288-1ST20-0AA0 |
| SB | SB AQ01 (1AQ) | | | AQW12 | 6ES7 288-5AQ01-0AA0 |
| EM 0 | | | | | |
| EM 1 | | | | | |
| EM 2 | | | | | |
| EM 3 | | | | | |
| EM 4 | | | | | |
| EM 5 | | | | | |

a) 4~20mA信号发生硬件组态

系统块

| | 模块 | 版本 | 输入 | 输出 | 订货号 |
|---|---|---|---|---|---|
| CPU | CPU ST30 (DC/DC/DC) | V02.00.02_00.00... | I0.0 | Q0.0 | 6ES7 288-1ST30-0AA0 |
| SB | | | | | |
| EM 0 | EM AE04 (4AI) | | AIW16 | | 6ES7 288-3AE04-0AA0 |
| EM 1 | | | | | |
| EM 2 | | | | | |
| EM 3 | | | | | |
| EM 4 | | | | | |
| EM 5 | | | | | |

b) 4~20mA信号接收硬件组态

**图 7-33　模拟量信号发生和接收项目的硬件组态**

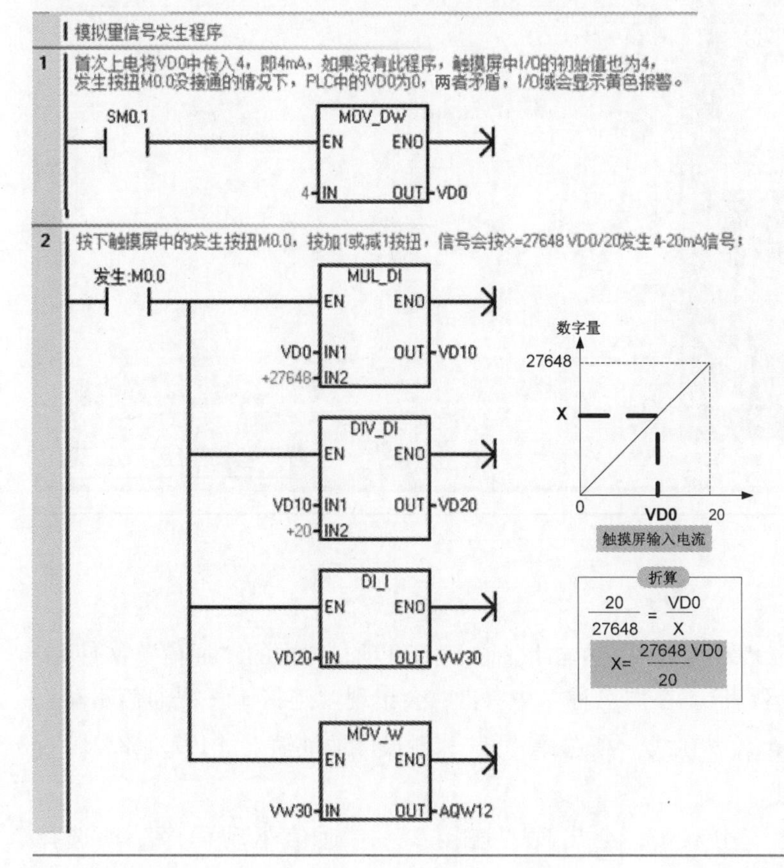


**图 7-34　模拟量信号发生 PLC 程序**

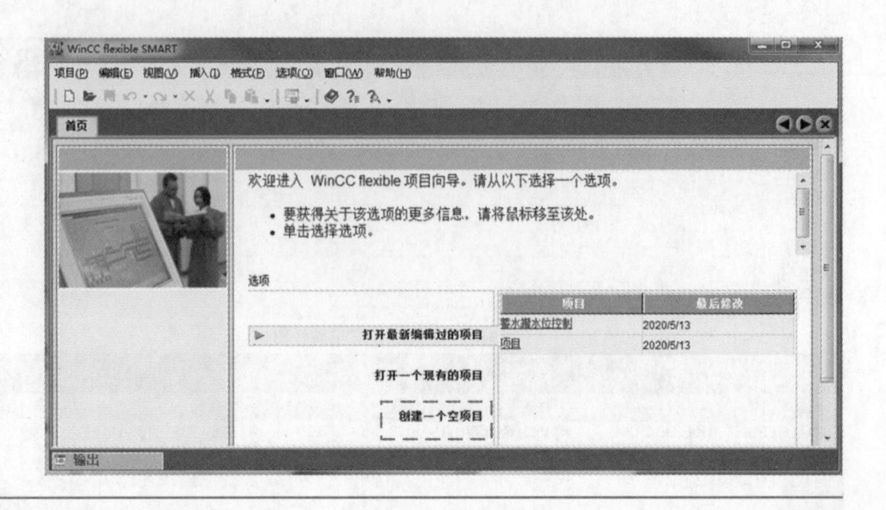


图 7-35　创建一个空项目

按钮，选择画面，如图 7-36 所示。单击“确定”按钮后，出现 WinCC flexible SMART V3 组态软件界面，如图 7-37 所示。

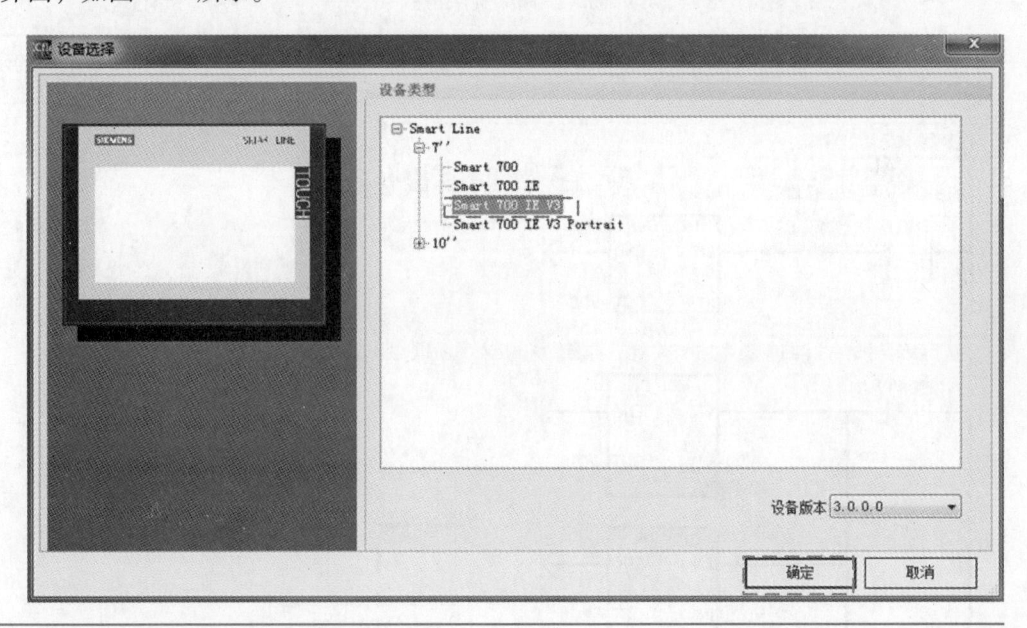


图 7-36　设备选择

**3. 新建连接**

新建连接即建立触摸屏与 PLC 的连接。单击鼠标右键打开项目树中的“通信”文件夹，双击“连接”，会出现“连接列表”。在“名称”中双击，会出现“连接 1”；“通信驱动程序”项选择 SIMATIC S7 200 Smart ，“在线”项选择“开”；触摸屏地址输入“192. 168. 2. 2”，PLC 地址输入“192. 168. 2. 1”。

在第二行第一列“名称”中双击，会出现“连接 2”；“通信驱动程序”项选择 SIMATIC S7 200 Smart ，“在线”项选择“开”；触摸屏地址输入“192. 168. 2. 2”，PLC 地址

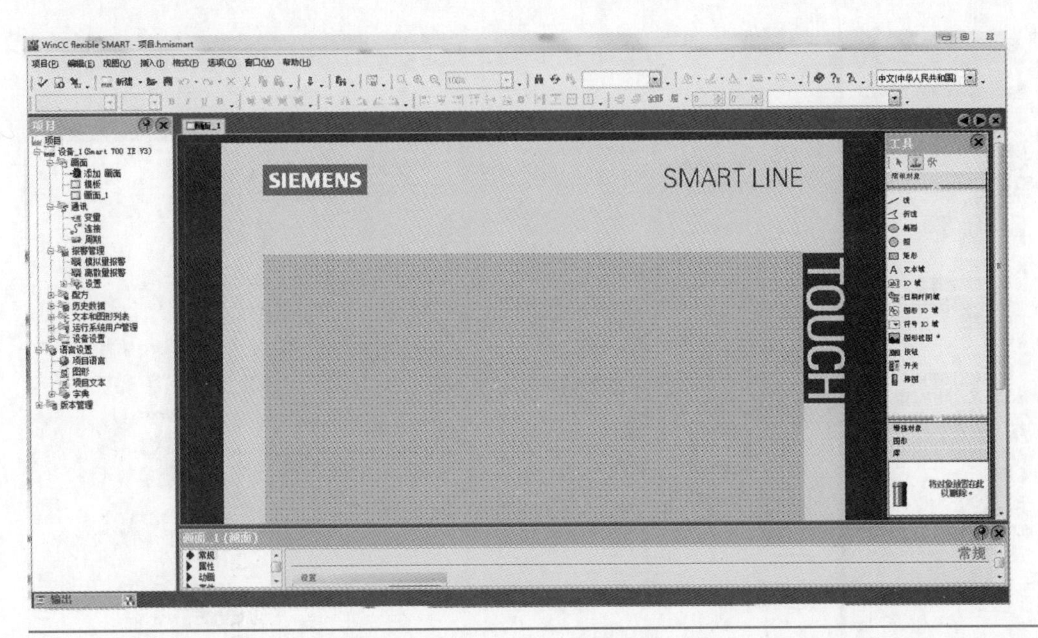


图 7-37　WinCC flexible SMART V3 组态软件界面

输入“192. 168. 2. 3”。

需要说明的是，两种设备能实现以太网通信的关键是，地址的前三段数字一致，第四段一定不一致。例如本例中，前三段地址为“192. 168. 2”，两个设备都一致，最后一段地址，触摸屏是“2”，PLC 是“1”，第四段不一致。以上新建连接的所有步骤，如图 7-38 所示。

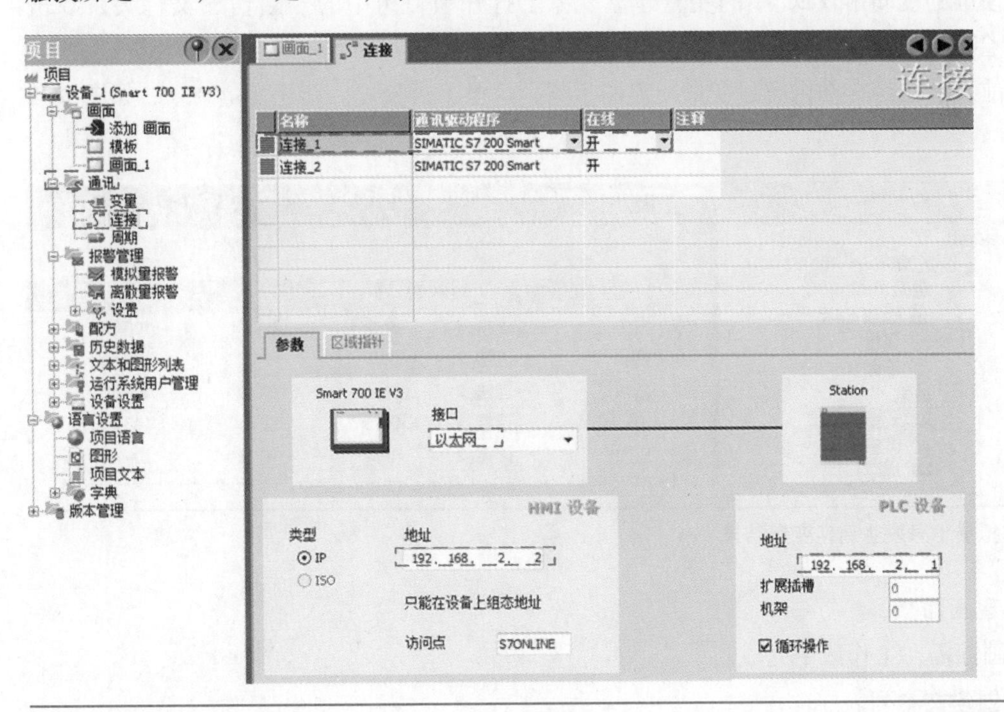


图 7-38　新建连接

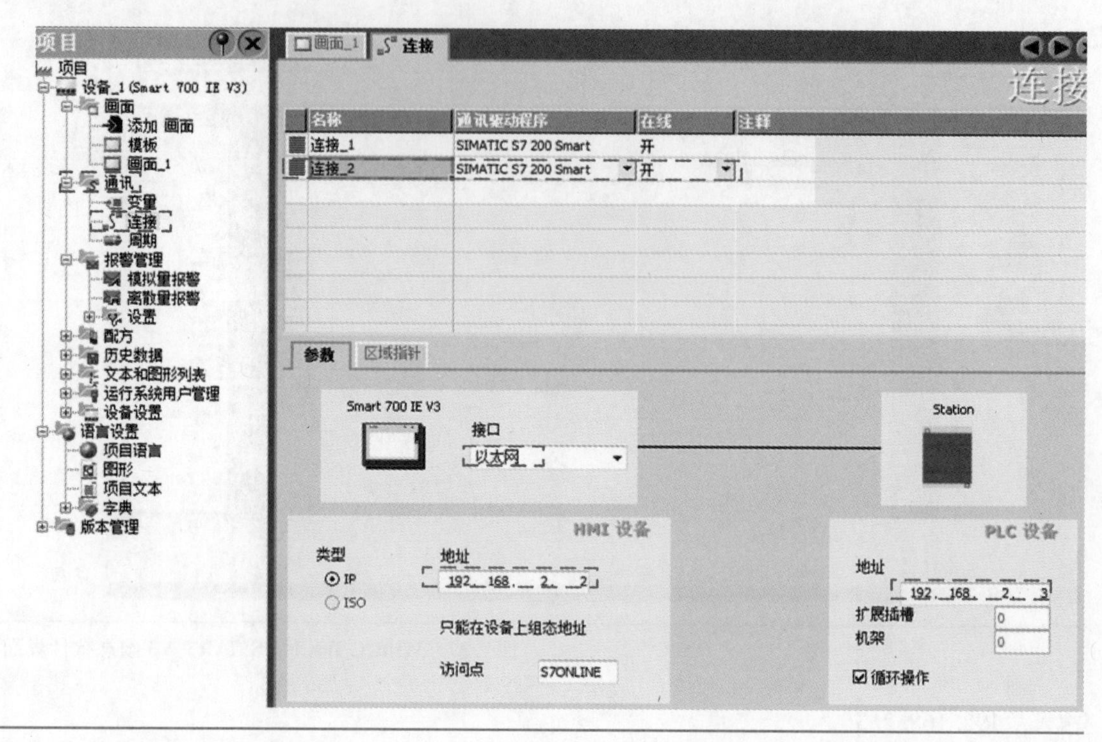

图 7-38 新建连接（续）

#### 4. 新建变量

将触摸屏的变量和 PLC 中的变量建立联系。打开项目树中的“通信”文件夹，双击“变量”，会出现“变量列表”。

鉴于前几节已经详细讲解过变量新建的步骤，这里不再赘述。新建变量结果，如图 7-39 所示。

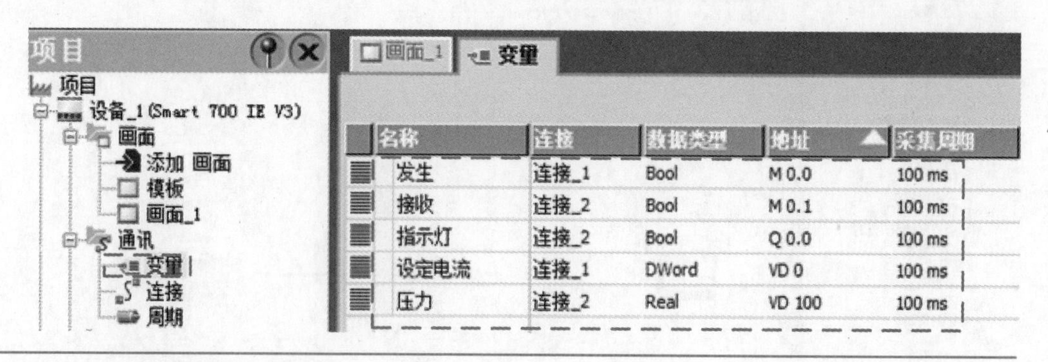

图 7-39 模拟量信号发生新建变量结果

#### 5. 创建画面

创建画面需在工作区中完成。

（1）创建文本列表

单击鼠标右键打开项目树中的“文本和图形列表”文件夹，双击 文本列表图标，会打开“文本列表”。

1）创建信号发生按钮文本列表。

在第一行第一列“名称”的位置双击，会出现名为“文本列表_1”的文本列表。“文本列表_1”会对应 1 个“列表条目”，在“列表条目”的第一行第二列“数值”的位置双击，该位置会出现数字 0，在 0 后边对应的条目上输入“发生”；同理，在“列表条目”的第二行第二列“数值”的位置双击，该位置会出现数字 1，在 1 后边对应的条目上输入“停止”。上述操作的最终结果，如图 7-40 所示。

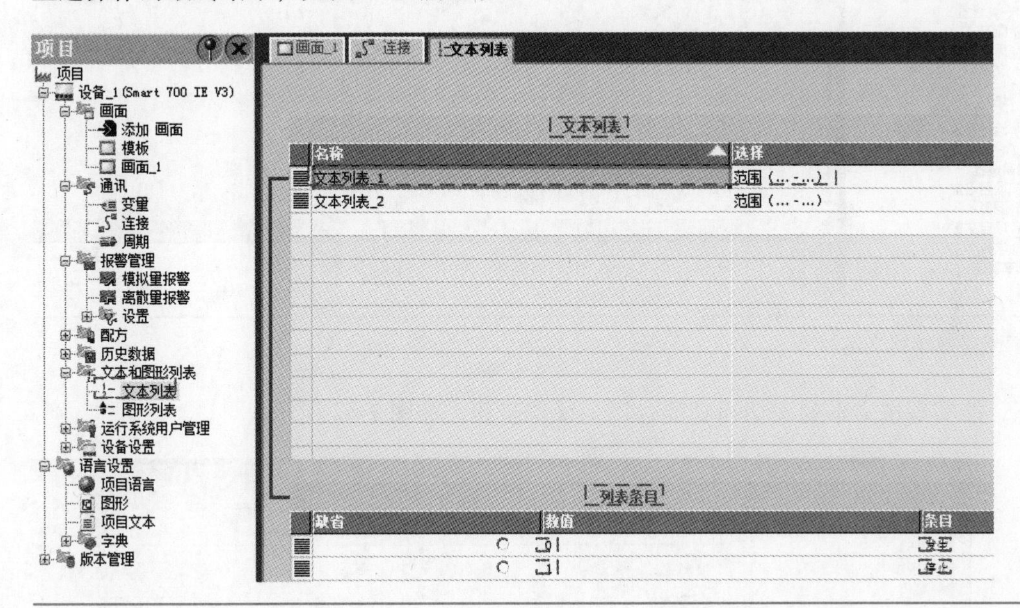


图 7-40　信号发生按钮文本列表

2）创建信号接收按钮文本列表。

在第二行第一列“名称”的位置双击，会出现名为“文本列表_2”的文本列表。“文本列表_2”会对应 1 个“列表条目”，在“列表条目”的第一行第二列“数值”的位置双击，该位置会出现数字 0，在 0 后边对应的条目上输入“接收”；同理，在“列表条目”的第二行第二列“数值”的位置双击，该位置会出现数字 1，在 1 后边对应的条目上输入“停止”。上述操作的最终结果，如图 7-41 所示。

（2）插入按钮

1）插入信号发生按钮。

单击工具箱中的“简单对象”组，将 OK 按钮 图标拖放到画面 1 中。选中按钮 Text ，对其进行属性设置。常规属性设置：选中“文本列表”，单击“文本列表”后边的倒三角图标 ▾ ，选中“文本列表_1”，单击图标 ✔。单击“变量”后边的倒三角图标 ▾ ，选中“发生”变量，单击图标 ✔。事件属性设置：“单击”时，组态执行系统函数列表下的“编辑位”文件夹中的“InvertBit”（位取反），变量（InOut）连接为“发生”。信号发生按钮经过

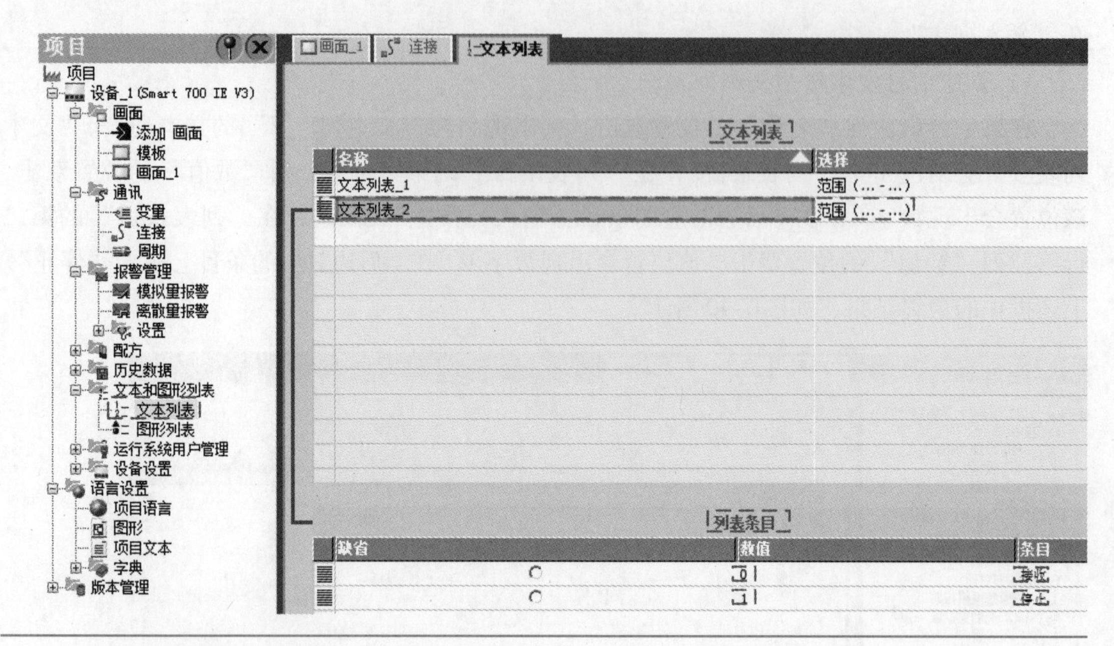


图 7-41　信号接收按钮文本列表

上述组态，能实现按文本列表切换功能。以上操作步骤，如图 7-42 所示。

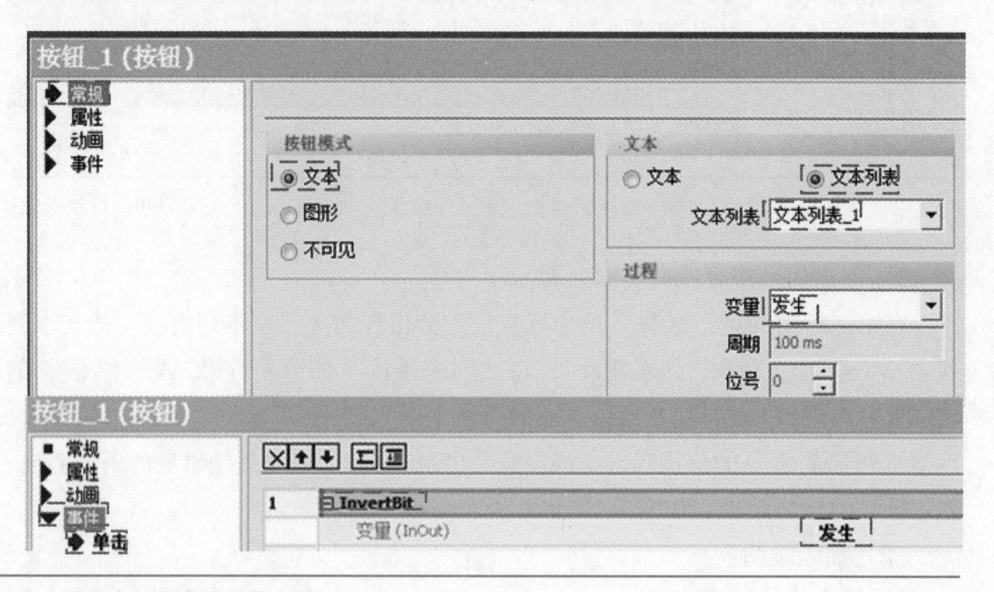


图 7-42　信号发生按钮常规和事件属性设置

2）插入信号接收按钮。

信号接收按钮与信号发生按钮的组态方法相似，故不赘述。组态结果，如图 7-43 所示。

3）插入加 1 和减 1 按钮。

单击工具箱中的“简单对象”组，将 OK 按钮 图标拖放到画面 1 中。再拖放一次，在画面 1 中会出现两个按钮。

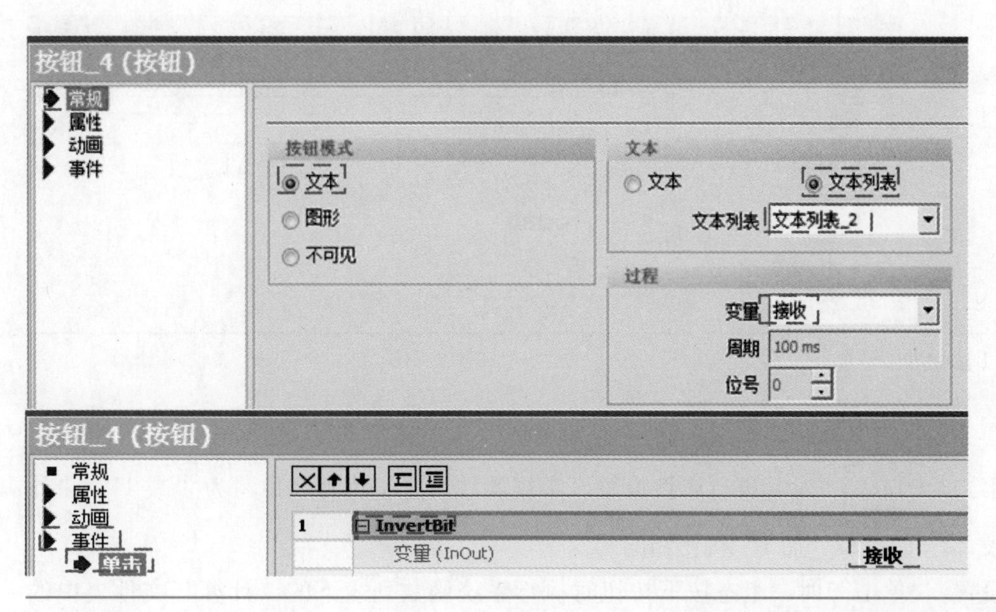


图 7-43 信号接收按钮常规和事件属性设置

①“加 1”按钮设置。

选中第一个 Text ，对其进行属性设置。常规属性设置为将其名称写为“加 1”；“属性”中的“外观”设置为默认；“属性”中的“文本”设置为，将“字体”设置为“宋体，标准，12pt”，其余默认。以上操作步骤，如图 7-44 所示。事件设置：“单击”时，组态按下按钮时执行系统函数列表下的“计算”文件夹中的“IncreaseValue”（增加值），变量（InOut）连接为“数据”，增加值写入 1，按钮经过上述组态，每按一下变量“数据”的值都会自加 1。以上操作步骤，如图 7-45 所示。

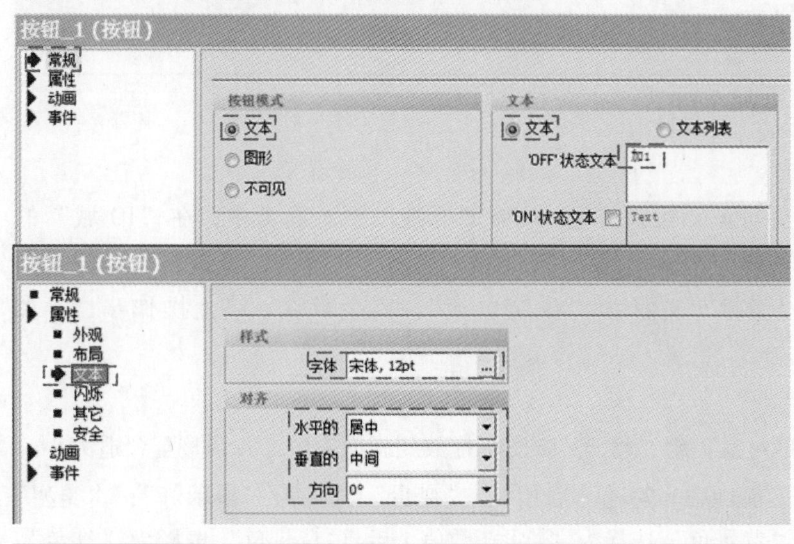


图 7-44 加 1 按钮常规和文本设置

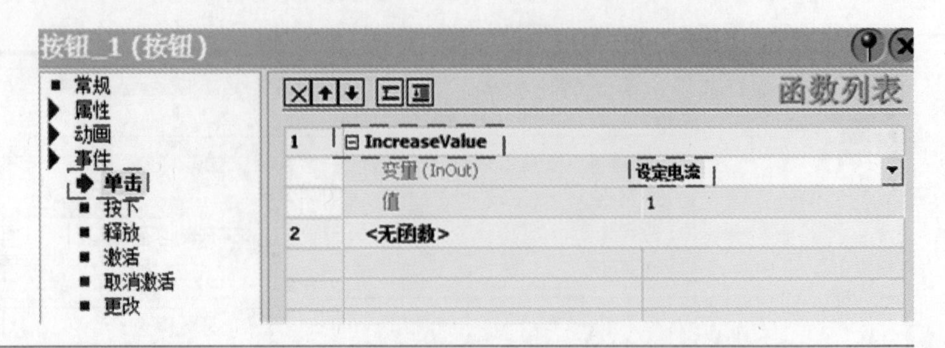


图 7-45 加 1 按钮事件设置

②“减 1”按钮设置。

选中第二个 Text ，对其进行属性设置。常规属性设置：将其名称写为“减 1”；“外观”和“文本”设置与“加 1”按钮相同。

事件设置：“单击”时，组态按下按钮时执行系统函数列表下的“计算”文件夹中的“DecreaseValue”（减少值），变量（InOut）连接为“数据”，减少值写入 1，按钮经过上述组态，每按一下变量“数据”的值都会自减 1。以上操作步骤，如图 7-46 所示。

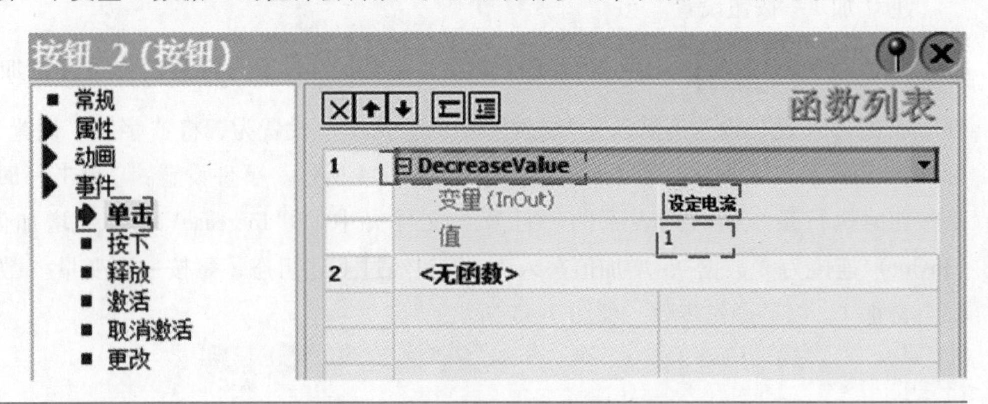


图 7-46 减 1 按钮事件设置

（3）插入 IO 域

单击工具箱中的“简单对象”组，将 abl IO 域 图标拖放到画面 1 中，在“IO 域”的“常规”属性中，“模式”选择为“输入/输出”，“格式类型”选择为“十进制”，“格式样式”选择为“99”，“过程变量”选择为“设定电流”，其余默认。以上操作步骤，如图 7-47所示。

（4）插入指示灯

单击工具箱中的“简单对象”组，将 圆 图标拖放到画面 1 中，并调整至合适大小。

在“动画”的“外观”属性中，勾选“启用”；“变量”选择为“指示灯”；“类型”选择为“位”；数值 0 后，“背景色”选择为“白”，数值 1 后，“背景色”选择为“红色”，其余默认。以上操作步骤，如图 7-48 所示。

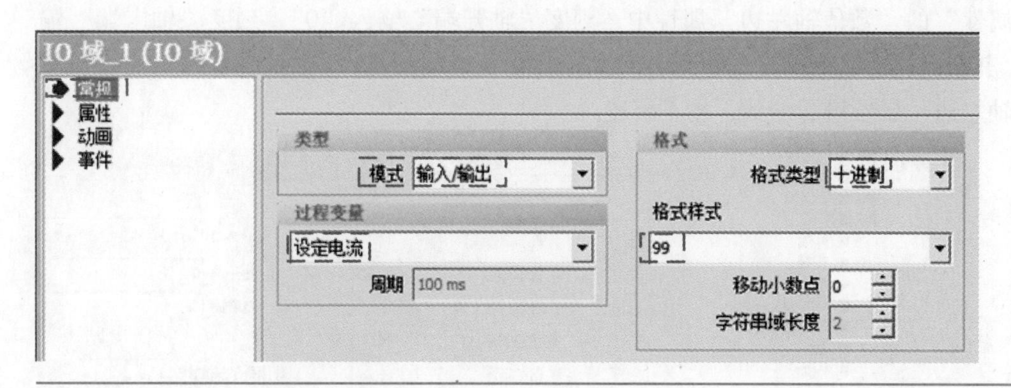


图 7-47　“IO 域”的常规属性设置

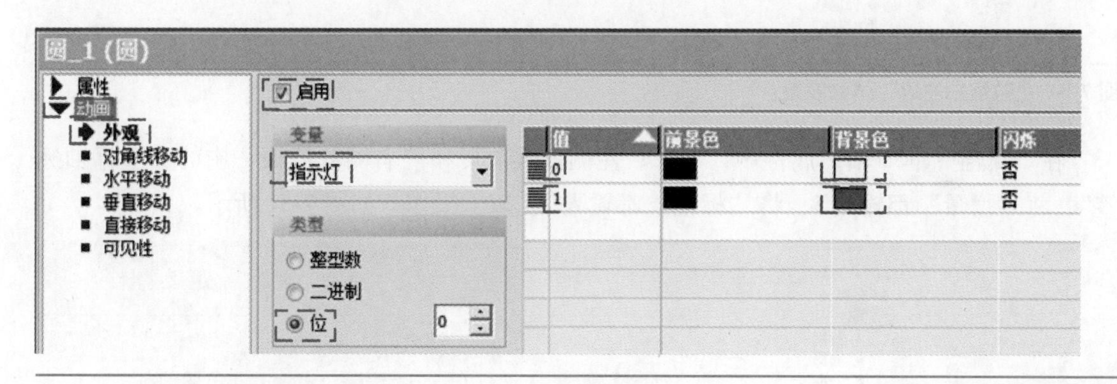


图 7-48　圆的动画属性设置

（5）插入趋势视图

1）“设定电流”的趋势视图设置。

单击工具箱中的“增强对象”组，将 趋势视图 图标拖放到画面 1 中，并调整合适大小。在“属性”的“X 轴”属性中，“模式”选择“时间”，“新值来源于”选择“居右”，“时间间隔”为“100”，单位为秒。以上操作，如图 7-49 所示。

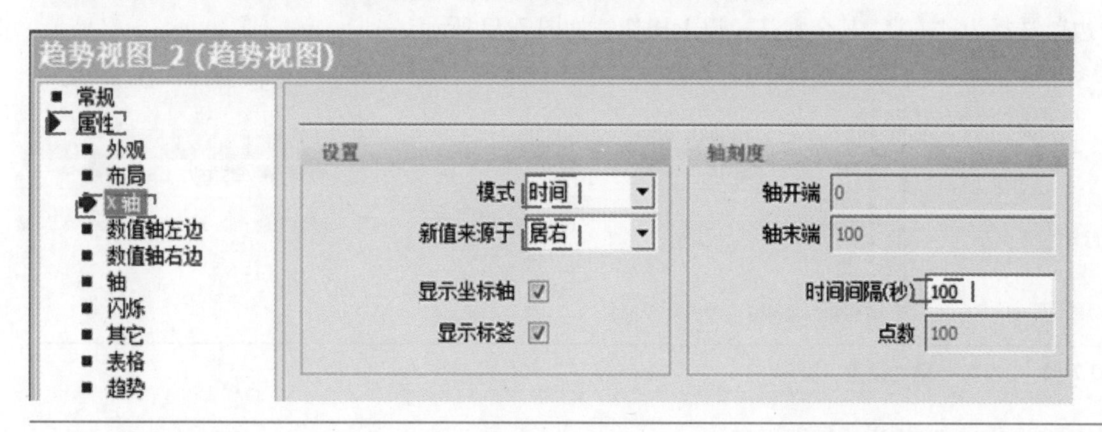


图 7-49　“X 轴”属性设置

在“属性”的“数值轴左边”属性中，刻度“轴开端”输入“0”，刻度“轴末端”输入“30”，其余默认。以上操作，如图 7-50 所示。需要说明的是，“数值轴右边”属性设置与“数值轴左边”属性设置一致，故不赘述。

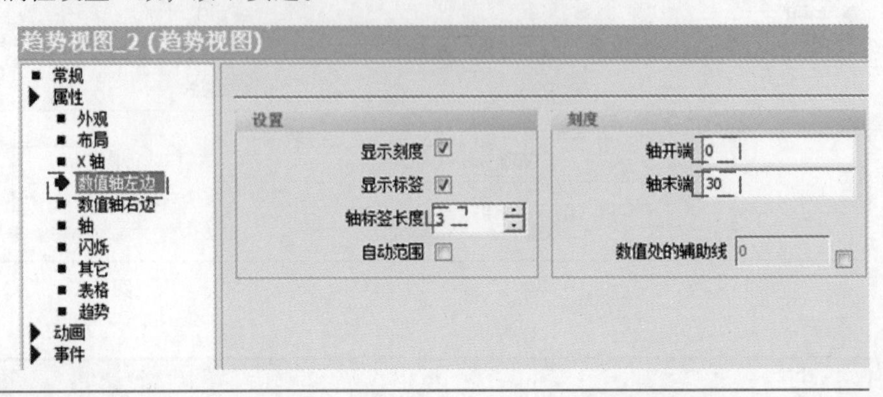


图 7-50 “数值轴左边”属性设置

在“属性”的“轴”属性中，勾选“左侧数值轴”和“右侧数值轴”中的“坐标轴标签”，将“增量”都输入 5，将“标记”都输入 2。以上操作，如图 7-51 所示。

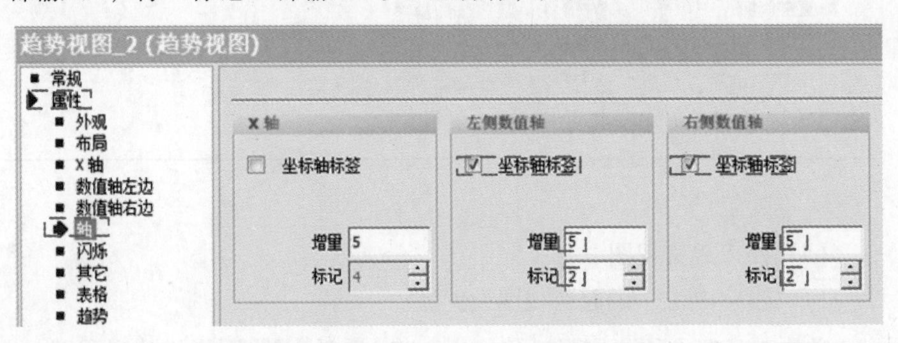


图 7-51 “轴”属性设置

在“属性”的“趋势”属性中，将“源设置”的“趋势变量”选择为“设定电流”，“边”选择为“右”，其余默认。以上操作，如图 7-52 所示。

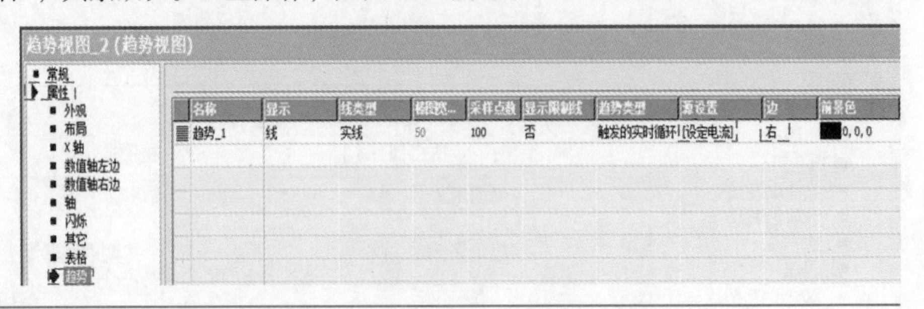


图 7-52 “趋势”属性设置

2）“压力”的趋势视图设置。

“压力”的趋势视图设置与“设定电流”的趋势视图设置相似，故具体操作步骤不再赘

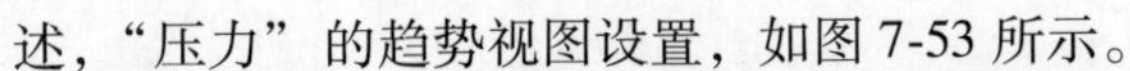

述，“压力”的趋势视图设置，如图 7-53 所示。

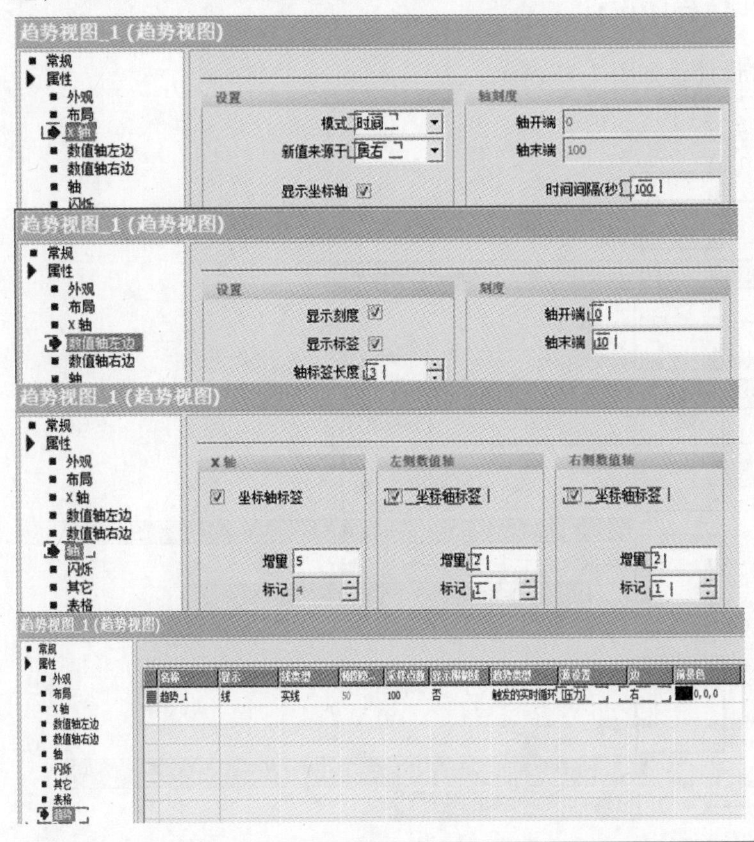


图 7-53　“数值轴左边”属性设置

文本域的插入第 6 章中已多次讲过，由于此部分内容非常简单，这里不再赘述。

至此，已讲解了画面中各元件的插入及组态，画面 1 的最终结果，如图 7-54 所示。需要说明的是，画面的各元件布局，需按图 7-54 所示排布好；项目的下载需参照 6. 2. 2 节，这里不再赘述。

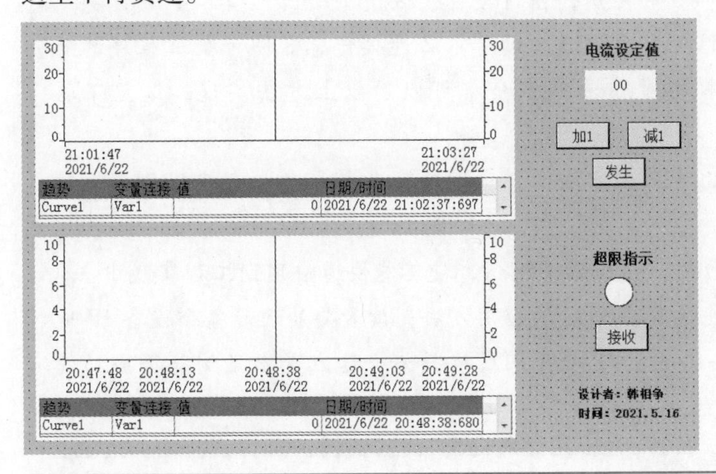


图 7-54　模拟量信号发生与接收触摸屏最终画面

### 7.3.6 模拟量信号接收 PLC 程序设计

模拟量信号接收 PLC 程序设计，如图 7-55 所示。

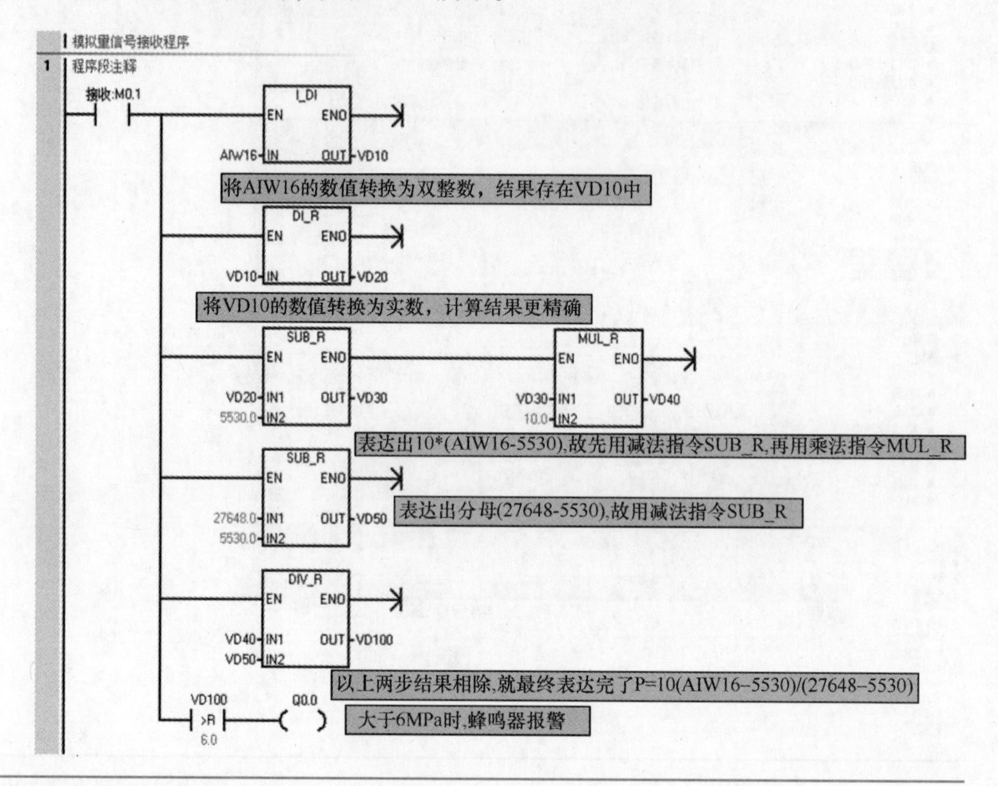


图 7-55 模拟量信号接收 PLC 程序

编者心语

1. 本例比较综合，给出了模拟量输入模块、模拟量输出模块的编程方法和触摸屏组态软件 WinCC flexible SMART V3 的应用，值得读者模仿。

2. 本例给出了 4~20mA 的信号发生方法，读者不必连接传感器即可验证程序的对错，实际上 0~5V、0~10V 等模拟量信号也完全都可以用以上方法实现，这里不再赘述。

3. 本例给出了指示灯组态的第三种方法，即通过改变背景颜色，来实现指示灯的点亮和熄灭。

4. 本例给出了趋势视图的应用，值得读者模仿，使其能快速应用到工程实践中去。

5. 本例给出了 1 台触摸屏连接多台 PLC 的应用方法，读者要处理好各个设备 IP 地址的关系，组态变量连接时，要将变量与相应 PLC 连接好，这点是本案例能否成功的关键。

### 7.3.7　知识拓展

除本例用触摸屏可以模拟传感器信号外，还可用电位器模拟变送器的 4~20mA 信号。

电位器模拟变送器信号的等效电路，如图 7-56 所示。在模拟量通道中，S7-200 SMART PLC 模拟量输入模块内部电压往往在 DC1~5V，当模拟量通道外部没有任何电阻时，此时电流最大即（20mA），电压为 5V，故此时内部电阻 R=5V/20mA=250Ω。

电位器可以替代变送器模拟 4~20mA 的标准信号，至于模拟电位器阻值应为多大？计算过程如下。

当模拟量通道内部电压最小时，即 1V，此时电位器分来的电压最大，即 24V-1V=23V；此时电流最小为 4mA，故此时 W1=23V/4mA=5.75kΩ。5.75kΩ 是理论值，市面上有 5.6kΩ 的多圈精密电阻，有 10 圈的和 20 圈的，20 圈的模拟出来的信号精度高些。若无特殊要求，一般 10 圈的就够用了。

需要指出的是，此电位器不同于普通的电位器，其内部结构为多圈电阻，故可以非常精确的模拟出 4~20mA 的标准信号时，这种性能是普通电位器所无法比拟的。

用电位器模拟标准信号，如果将电位器旋至最小电阻处，即 W1=0，此时 DC24V 电压就完全加在了模拟量通道内部电阻 R 上，这样超出了内部电路的载流能力，很可能将此路模拟量通道烧毁，故此在电位器的一端需串上 R1 电阻，用于分流。R1 具体为多少？计算如下。

此时模拟量通道内部电压为 5V，因此 R1 两端的电压为 24V-5V=19V，此时的电流为 20mA，故 R1=19V/20mA=950Ω。

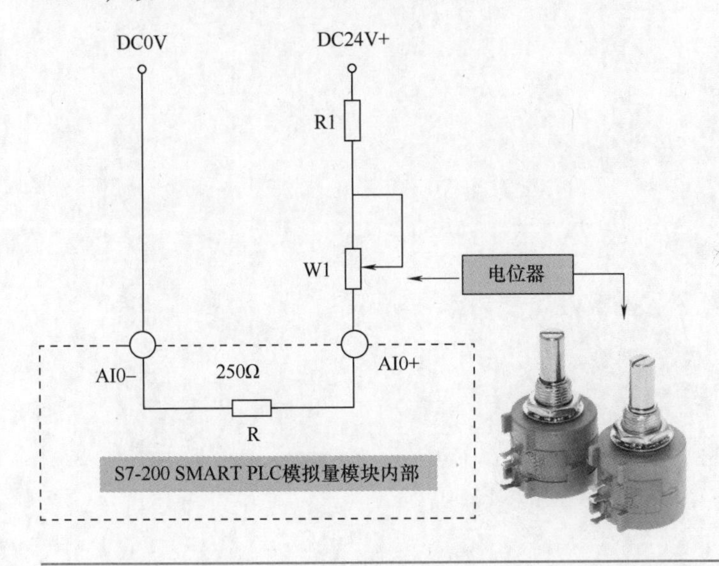


图 7-56　电位器模拟变送器信号的等效电路

# 第 3 篇

# 变频器

# 第 8 章 V20 变频器应用案例

本章要点：

- ◆ 变频调速前导知识
- ◆ V20 变频器简述
- ◆ V20 变频器接线图及端子含义
- ◆ V20 变频器基本操作面板功能简介
- ◆ V20 变频器菜单结构及参数设定实例
- ◆ V20 变频器的快速调试
- ◆ V20 变频器基本操作面板对电动机的控制
- ◆ V20 变频器控制电动机正反转及模拟量频率给定
- ◆ V20 变频器三段调速和七段调速控制

随着电力电子技术及新型半导体器件的迅速发展，变频调速技术得到了不断的提高和完善，变频器以其优异的性价比广泛应用在石油、化工、冶金和电力等多个领域。

鉴于此，本书将以西门子 V20 变频器为例，着重讲解变频器的基础知识和实用案例。

## 8.1 变频调速前导知识

### 8.1.1 变频调速三相异步电动机与普通三相异步电动机的区别

普通三相异步电动机都是按恒压恒频设计的，不可能完全适应变频调速的要求，且在设计时，主要考虑的性能参数是过载能力、起动性能、效率和功率因数；而变频调速三相异步电动机在设计时，主要考虑的是非正弦波电源特性对其绝缘结构、振动、噪声和冷却方式等方面的影响，具体如下：

**1. 考虑绝缘等级**

变频调速三相异步电动机由于要承受高频磁场，所以绝缘等级要比普通三相异步电动机高，绝缘等级一般为 F 级或更高，并要加强对地绝缘和线匝绝缘强度，特别要考虑绝缘耐冲击电压的能力。

**2. 考虑电动机的振动和噪声**

对于电动机的振动、噪声等问题，变频调速三相异步电动机充分考虑了电动机构件及整体的刚性，适当增加电动机的电感，尽力提高其固有频率，以避开与各次谐波产生共振现象。

**3. 考虑冷却方式**

普通三相异步电动机散热风扇与转子同轴，工作与转子同步；而变频调速三相异步电动机一般采用强迫通风冷却，即散热风扇用独立的电动机驱动，以保证变频调速三相异步电动机低频散热性能，如图 8-1 所示。

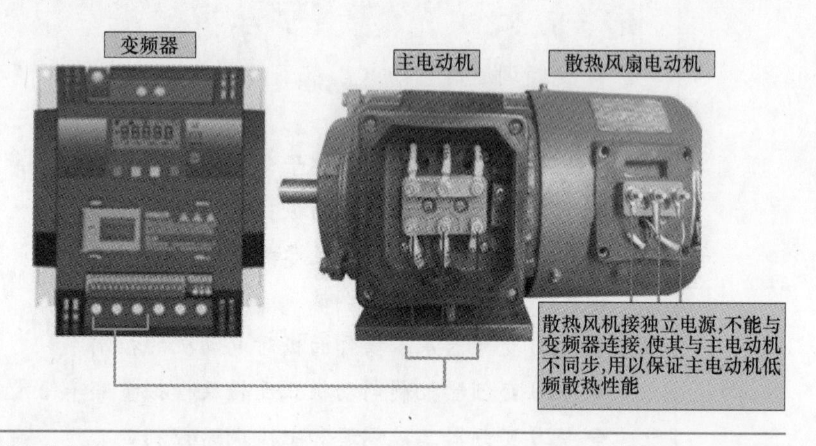


图 8-1　变频调速三相异步电动机冷却方式

**4. 考虑防止轴电流**

对容量超过 160kW 变频调速三相异步电动机，应采用轴承绝缘措施。这主要是因为磁路不对称，也会产生轴电流，当和其他高频分量产生的电流叠加一起作用时，轴电流将大大增加，从而导致轴承损坏，所以一般要采取绝缘措施。

**5. 特殊条件考虑用耐高温润滑脂**

对恒功率变频电动机，当转速超过 3000r/min 时，应采用耐高温的特殊润滑脂，以补偿轴承的温度升高。

编者有料

1. 变频调速三相异步电动机散热方式独立，通过这点可以轻松辨别是否为变频调速三相异步电动机。

2. 变频调速三相异步电动机相当于电抗器与普通三相异步电动机结合体，可以抑制变频器产生的高次谐波，从而避免共振现象；如果变频器与变频调速三相异步电动机连接的电缆过长，必须考虑安装输出电抗器，以减小变频器高次谐被对电动机的干扰。

3. 在调速要求不高的场合。普通三相异步电动机可以代替变频调速三相异步电动机，但给定频率应该在普通电动机额定频率附近，不能在过低或过高频段调速。在过低频段由于风扇的散热能力不够，电动机长时间工作在低频条件下，线圈绝缘因温升过高容易被损坏；在过高频频段，由于高次谐波的影响普通电动机容易出现振动和噪声现象。

### 8.1.2　电磁转矩实用公式

电磁转矩通俗来讲就是电动机转轴上的输出转矩。根据电机与电力拖动理论可知，当电动机的电磁转矩大于负载转矩时，电动机方能拖动负载。在实际工程中，我们通常不知道电动机设计的内部参数，往往根据电动机的选型样本或铭牌了解电动机的额定功率 $P_N$、额定转速 $n_N$等，根据这些参数我们同样也能计算出电动机的电磁转矩。电动机的电磁转矩实用公式如下：

$$T_N = 9550\frac{P_N}{n_N}$$

式中　$T_N$——电磁转矩（N·m）；

$P_N$——额定功率（kW）；

$n_N$——额定转速（r/min）。

编者有料

1. 电磁转矩是电动机的重要参数之一，看电动机是否能拖动负载，就是要看电磁转矩是否大于负载转矩。在设计之初，根据机械三维制图软件 Solidwords 通常能分析出生产设备的负载转矩。

2. 此电磁转矩公式非常重要，需熟记，实际工程中，往往是根据电动机名牌或选型样本的额定功率和额定转速，计算出电磁转矩的。

3. 应用此公式时，需注意额定功率的单位为 kW，额定转速的单位为 r/min，这样计算出来的电磁转矩单位才为 N·m。

### 8.1.3　负载转矩特性

电力拖动系统主要由电动机及其转轴上拖动的负载两部分组成。电力拖动系统的运行状态除了与电动机本身的机械特性有关，还与其负载的转矩特性有关，因此下面要讨论负载转矩特性。

所谓的负载转矩特性，是研究电力拖动系统中生产机械转速 $n$ 与负载转矩 $T_L$ 之间的函数关系。根据不同生产机械在运动中所具有的转矩特性不同，可将负载转矩特性大致分为 3 种，即恒转矩负载特性、恒功率负载特性和通风机型负载特性。以上 3 种负载转矩特性，见表 8-1。

**表 8-1　负载转矩特性**

| 负载转矩特性 | 特点 | 机械特性 | 功率特性 | 示例 |
| --- | --- | --- | --- | --- |
| 恒转矩负载特性 | 负载转矩 $T_L$ 与转速 $n$ 无关，负载功率 $P_L$ 与转速 $n$ 成比，在任何转速下，能保持转矩恒定的生产机械 | | | 皮带传送机、搅拌机、吊车平移和提升机构等重力型负载 |
| 恒功率负载特性 | 负载转矩 $T_L$ 与转速 $n$ 成反比。负载功率 $P_L$ 近似不变的生产机械 | | | 机床主轴电动机、造纸机、各类薄膜卷取机等机械 |
| 通风机型负载特性 | 负载转矩 $T_L$ 与转速 $n$ 的二次方成正比，负载功率 $P_L$ 与转速 $n$ 的三次方成正比的生产机械 | | | 水泵、风机等流体传送类机械 |

## 8.1.4　电力拖动应用实例

### 1. 选型要求

某皮带传送机示意图，如图 8-2 所示。皮带传送机负载转矩为 120Nm，传送速度 20r/min，根据此要求试选择合适的三相异步电动机。

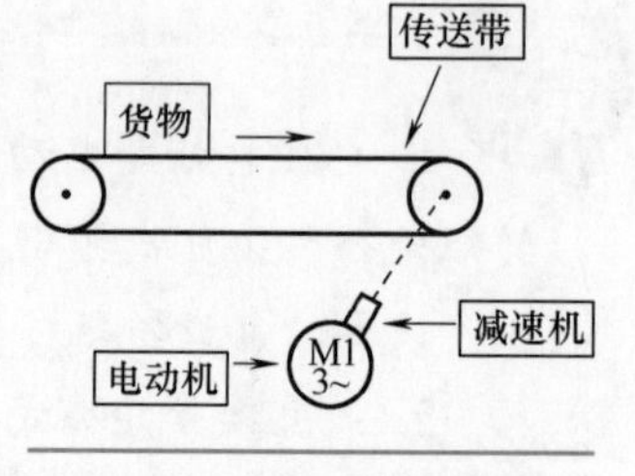

图 8-2　传送带设备示意图

### 2. 选型及分析

根据选型要求，皮带传送机传送速度为 20r/min，如果直接选择 20r/min 的三相异步电动机是不存在的，故需要配减速机（减速机起到减速增加转矩的作用，处理此类问题，配备减速机是工程中常用的手段）。假如我们选择的三相异步电动机额定转速为 1500r/min，那么减速机的减速比计算如下：

$$i=\frac{n_1}{n_2}=\frac{1500}{20}=75:1$$

式中　$n_1$——输入转速；

$n_2$——输出转速。

根据已知条件负载转矩为 120Nm，如果电动机能够拖动负载，那么电磁转矩 $T$ 要大于

负载转矩 $T_L$。考虑到拖动系统的摩擦、传动效率和机构不灵活等因素，电磁转矩取负载转矩的 1.5 倍，这样就留够了足够的裕量，不至于发生堵转现象。因此，三相异步电动机功率计算如下：

$$P=\frac{Tn}{9550}=\frac{1.5\times120\times20}{9550}\text{kW}\approx0.38\text{kW}$$

综上计算，应该选择一台额定电压 380V、额定功率 0.38kW、转速 1500r/min 的三相异步电动机，并配减速比为 75∶1 的行星减速机（行星减速机传动效率高，能达到 90%以上）。

编者有料

1. 本例为电磁转矩公式的变形应用，读者应熟练应用电磁转矩公式，已知功率和转速能够计算出电磁转矩；反过来，已知电磁转矩和转速也能够计算出功率。

2. 工程中，为了提高电动机输出转矩，常常配备减速机，而不是选择功率更大的电动机。

3. 配备减速机时，既要考虑减速机的结构和减速比，又要考虑减速机的传动效率。行星减速机传动效率最高，传动效率可得 90%以上，蜗轮蜗杆减速机传动效率低，传动效率仅有 50%。

### 8.1.5　交流调速公式及调速方法

#### 1. 交流调速公式及应用

(1) 交流调速公式

由电机学理论可以知道，三相异步电动机同步转速（即旋转磁场的转速）为

$$n_1=\frac{60f}{p}$$

式中　$n_1$——同步转速或旋转磁场转速（r/min）；

$f$——交流电源频率（Hz）；

$p$——磁极对数。

又由于转差率公式为

$$s=\frac{n_1-n}{n_1}$$

式中　$n$——转子转速（r/min）；

$s$——转差率，同步转速 $n_1$ 与转子转速 $n$ 之差称为转速差，转速差与同步转速 $n_1$ 之比称为转差率。

由以上两个公式推导出三相异步电动机调速公式为

$$n=n_1(1-s)=\frac{60f}{p}(1-s)$$

（2）交流调速公式应用

① 控制要求。有 1 台变频调速三相异步电动机用西门子 V20 变频器进行调速，其铭牌如图 8-3 所示。根据铭牌试估算变频调速三相异步电动机转速为 1200r/min 时，变频器的输出频率是多少？

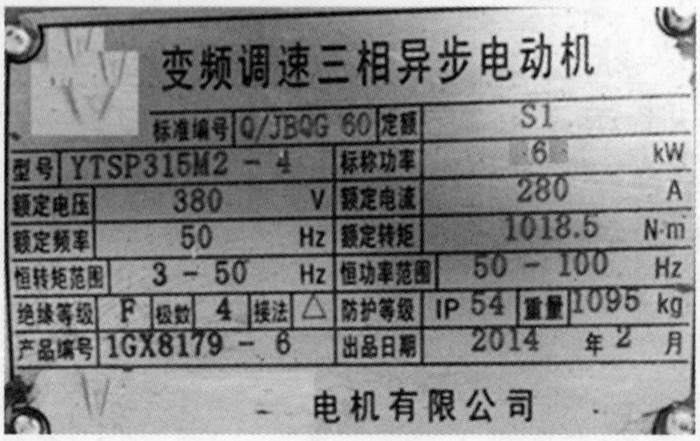

变频调速三相异步电动机

| 标准编号 | Q/JBQG 60 | | | | 定额 | S1 | |
|---|---|---|---|---|---|---|---|
| 型号 | YTSP315M2 - 4 | | | | 标称功率 | 6 | kW |
| 额定电压 | 380 | V | | | 额定电流 | 280 | A |
| 额定频率 | 50 | Hz | | | 额定转矩 | 1018.5 | N·m |
| 恒转矩范围 | 3 - 50 | Hz | | | 恒功率范围 | 50 - 100 | Hz |
| 绝缘等级 | F | 极数 | 4 | 接法 △ | 防护等级 | IP 54 重量 1095 | kg |
| 产品编号 | 1GX8179 - 6 | | | | 出品日期 | 2014 年 2 | 月 |

电机有限公司

图 8-3　变频调速三相异步电动机铭牌

② 案例解析。如根据三相异步电动机调速的变形公式 $f=\frac{np}{60(1-s)}$ 计算变频器的输出频率的话，由于转差率 $s$ 是个未知数使得变频器输出频率 $f$ 无法计算。工程中，通常根据旋转磁场的转速变形公式近似估算变频器的输出频率。因此，结合铭牌中的已知条件，变频器的输出频率计算如下：

$$f=\frac{pn_1}{60}=\frac{2\times1200}{60}\text{Hz}=40\text{Hz}$$

通过本例重点要掌握的内容如下：

1. 根据变频调速三相异步电动机铭牌，要弄清变频调速三相异步电动机的技术参数，从而弄清其与普通三相异步电动机的区别。

2. 实际工程中，往往是已知变频电动机的转速去求变频器的输出频率，进而设定变频器的频率参数，使得变频电动机达到预期的转速，输出频率的估算往往是使用旋转磁场转速的变形公式 $f=\frac{pn_1}{60}$，这点读者要格外注意。

**2. 交流调速方法**

由交流调速公式不难看出，转子转速和交流电源频率 $f$、磁极对数 $p$、转差率 $s$ 三个量有关，由此不难得出交流调速方法。交流调速方法如下：

（1）变频调速

变频调速是通过改变交流电源的频率从而达到调速的目的。变频调速的实现装置为变频器，变频器是利用电力半导体器件的通断，将固定频率的交流电变换成频率、电压连续可调的交流电，以供给电动机。

变频调速的主要特点是调速范围宽，稳定性好，平滑性好，可以实现无级调速，广泛用于石油、化工、冶金和电力等多个领域。

（2）变极调速

变极调速是通过改变三相异步电动机定子绕组的接线方法，来改变三相异步电动机的磁极对数，从而达到调速的目的。变极接线分为Y/YY（星形变为双星形）变极接法和△/YY（角形变为双星形）变极接法。

变极调速的特点是起动转矩大，稳定性较好，但调速范围不宽，平滑性差。变极调速一般适用于笼型三相异步电动机。

（3）改变转差率调速

改变转差率调速又分为定子调压调速、转子串电阻调速、串级调速 3 种。

定子调压调速能够实现无级调速，但降低电压时，转矩也按电压的二次方比例减少，故调速范围不宽。在定子电路中，串电阻（或电抗器）和晶闸管调压调速都属于这种调速方法。

转子串电阻调速只适用于绕线转子三相异步电动机，其调速范围不宽，稳定性和平滑性都较差。

串级调速也只适用于绕线转子三相异步电动机，但其调速范围较宽，稳定性和平滑性好。

## 8.2　V20 变频器简述

### 8.2.1　V20 变频器简介及特点

#### 1. V20 变频器简介

SINAMICS V20 是用于控制三相异步电动机速度的变频器系列，其外形如图 8-4 所示。该变频器有多种外形尺寸可以选择，可分为单相交流 230V 型和三相交流 400V 型，功率从 0.12kW 到 30kW。

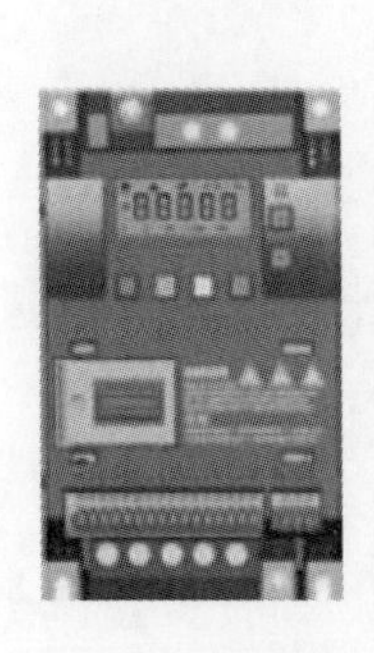
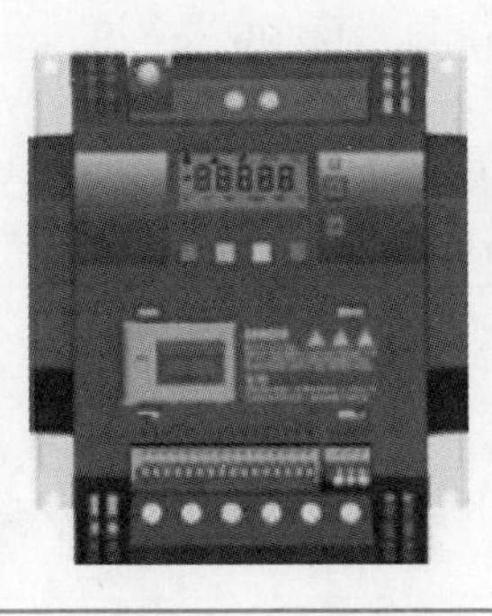
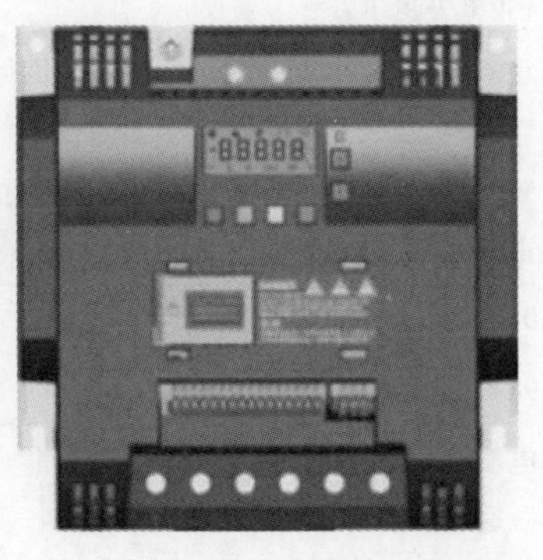

图 8-4　V20 变频器外形

**2. V20 变频器主要特点**

（1）安装简便

西门子变频器 SINAMICS V20 允许用户进行穿墙式安装和壁挂式安装，紧凑的安装方式允许使用较小的电柜。

（2）强大通信功能

西门子变频器 SINAMICS V20 集成了 USS 和 Modbus RTU 通信。USS 和 Modbus RTU 的预设参数定义在连接宏中，通过标准库和连接宏使调试过程更加便捷。

（3）宏方法使调试更便捷

通过连接宏和应用宏使 I/O 配置和设置更加便捷，减少了调试时间，可避免因参数设置不当导致的错误。

（4）异常不停机模式

西门子变频器 SINAMICS V20 的此项功能使变频器可在进线电源不稳定时进行自适应，从而能够实现了较高的生产率。

## 8.2.2 V20 变频器技术参数

选择使用 V20 变频器时，首先要了解其技术参数。V20 变频器技术参数，见表 8-2。

表 8-2 V20 变频器技术参数

| 电压等级与控制数据 | |
|---|---|
| 电压 | 1AC 220V：1AC 220V~240V（-10%/+10%）<br>3AC 380V：3AC 380V~480V（-15%/+10%） |
| 最大输出电压 | 100%输入电压 |
| 电源频率 | 50/60Hz |
| 电网类型 | TN、TT、IT |
| 功率范围 | 1AC 230V 0.12~3.0kW（1/6~4hp）<br>3AC 400V 0.37~30kW（1/2~40hp） |
| cosφ/功率因数 | ≥0.95/0.72 |
| 过载性能 | 15kW 及以下：<br>重载（HO）：150% IH，在 300s 的运行周期，过载 60s<br>18.5kW 及以上：<br>轻载（LO）：110% IL，在 300s 的运行周期，过载 60s<br>重载（HO）：150% IH，在 300s 的运行周期，过载 60s |
| 输出频率 | 0~550Hz，精度：0.01Hz |
| 能效系数 | 98% |
| 控制方式 | 电压/频率控制方式：线性 V/F 控制，V/F 控制，多点 V/F 控制<br>磁通电流控制方式：FCC |

（续）

| 电压等级与控制数据 | |
|---|---|
| 信号输入与输出 | |
| 模拟量输入 | AI1：双极性电流/电压模式，12 位分辨率<br>AI2：单极性电流/电压模式，12 位分辨率<br>可用作数字量输入 |
| 模拟量输出 | AO1：0~20mA |
| 数字量输入 | DI1~DI4，光电隔离 PNP/NPN 模式，可通过端子选择 |
| 数字量输出 | DO1：晶体管型输出<br>DO2：继电器型输出<br>250V　AC　0.5A，带阻性负载<br>30V　DC　0.5A，带阻性负载 |
| 功能 | |
| 节能 | （1）ECO 模式<br>（2）休眠模式<br>（3）能耗监控 |
| 易用性 | （1）连接宏和应用宏<br>（2）参数复制<br>（3）异常不停机模式<br>（4）USS/MODBUS RTU 通信<br>（5）用户自定义默认值<br>（6）修改参数列表<br>（7）变频器故障状态记录<br>（8）变频器无线调试、操作及诊断<br>（9）自动再起动<br>（10）捕捉再起动<br>（11）直流母线电压控制<br>（12）Imax 控制 |
| 应用 | （1）PID 控制器<br>（2）BICO 功能<br>（3）单脉冲高转矩起动模式<br>（4）多脉冲高转矩起动模式<br>（5）防堵模式<br>（6）多泵控制<br>（7）电压提升控制<br>（8）摆频功能<br>（9）滑差补偿<br>（10）双斜坡运行<br>（11）PWM 调制 |

（续）

| 电压等级与控制数据 | |
|---|---|
| 保护 | （1）霜冻保护<br>（2）冷凝保护<br>（3）气穴保护<br>（4）动能缓冲<br>（5）负载故障检测 |
| 安装与环境 | |
| 防护等级 | IP20 |
| 安装 | 壁挂式安装、并排安装、穿墙式安装 |
| 冷却 | （1）0.12~0.75kW：对流冷却<br>（2）所有外形尺寸：利用散热器及外接风扇进行冷却 |
| 环境温度 | （1）工作温度：-10~60℃<br>（2）储存温度：-40~70℃ |
| 相对湿度 | 95% |
| 安装海拔 | （1）海拔 4000m 以下<br>（2）1000~4000m：输出电流降容<br>（3）2000~4000m：输出电压降容 |
| 电动机电缆长度 | 非屏蔽电缆：50m 适用于 FSAA 至 FSD，100m 适用于 FSE<br>屏蔽电缆：25m 适用于 FSAA 至 FSD，50m 适用于 FSE<br>使用输出电抗器，可使用较长电动机电缆 |

## 8.3 V20 变频器接线图及端子含义

### 8.3.1 V20 变频器的接线图

V20 变频器的电路分为两部分：一部分是完成电能转换的主电路；另一部分是信息的收集、变换和传输的控制电路。V20 变频器的接线图，如图 8-5 所示。

**1. 主电路**

主电路是由电源输入单相或三相恒压恒频的正弦交流电压，经整流电路转换成恒定的直流电压，供给逆变电路。逆变电路在 CPU 的控制下，将恒定的直流电压逆变成电压、频率均可调的三相交流电供给电动机负载，如图 8-5 所示。

**2. 控制电路**

控制电路是由 CPU、模拟量输入、模拟量输出、数字量输入、数字量输出和操作面板组成，如图 8-5 所示。

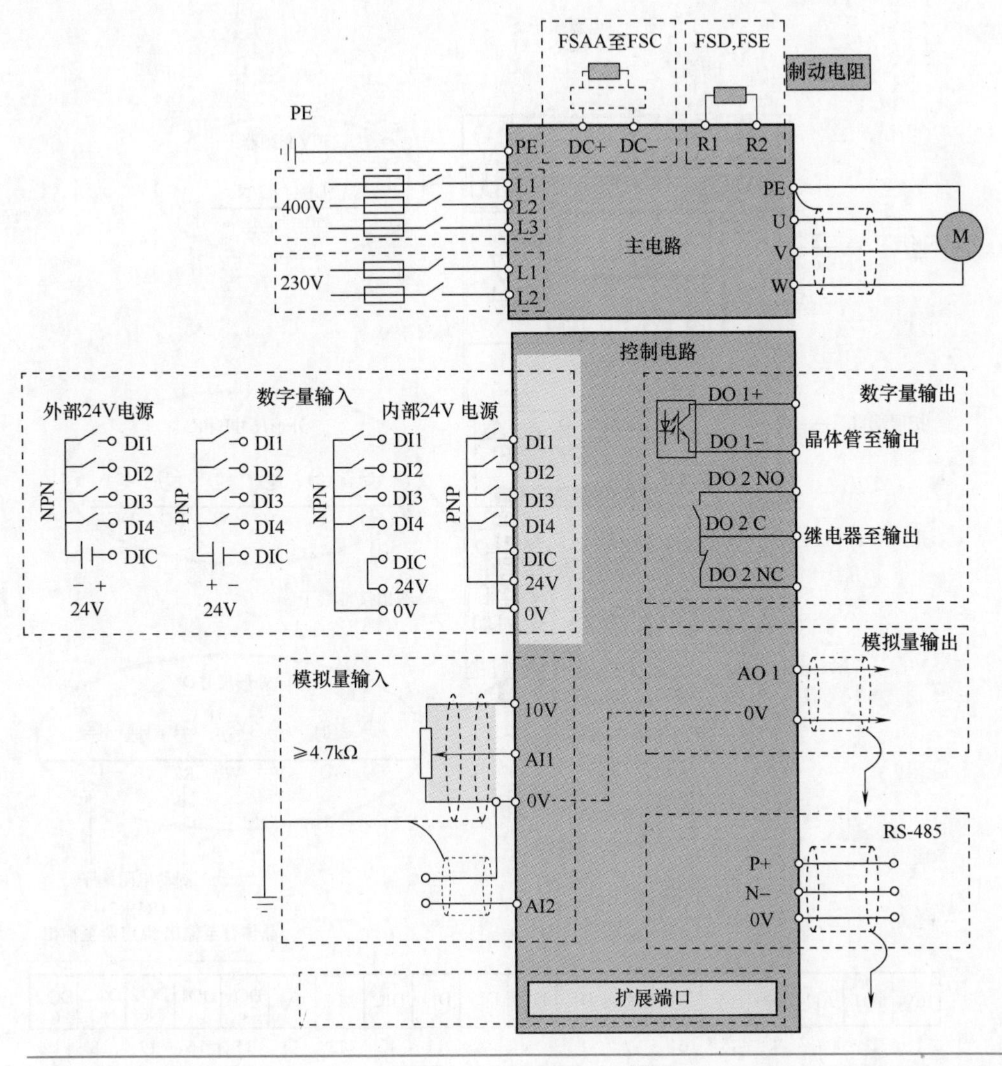


图 8-5　V20 变频器接线图

## 8.3.2　V20 变频器的接线端子

### 1. V20 变频器端子简介

V20 变频器的端子布局，如图 8-6 所示。端子 1、5 是变频器为用户提供的 1 个 10V 直流稳压电源。当采用模拟电压信号输入方式输入给定频率时，为≥4.7kΩ 电位器提供直流电源。

端子 2、3 为用户提供模拟电压给定输入端。作为频率给定信号，经变频器内部模数转换器 A/D，将模拟量信号转换为数字量信号，传输给 CPU 控制系统。

端子 4、5 为 1 路 0~20mA 模拟量输出。

端子 8、9、10、11 为用户提供 4 个数字量输入端，数字量输入信号经光耦隔离器输入给 CPU，对电动机进行正反转点动、正反转连续和固定频率设定值控制；端子 12 为数字量输入端子公共端。

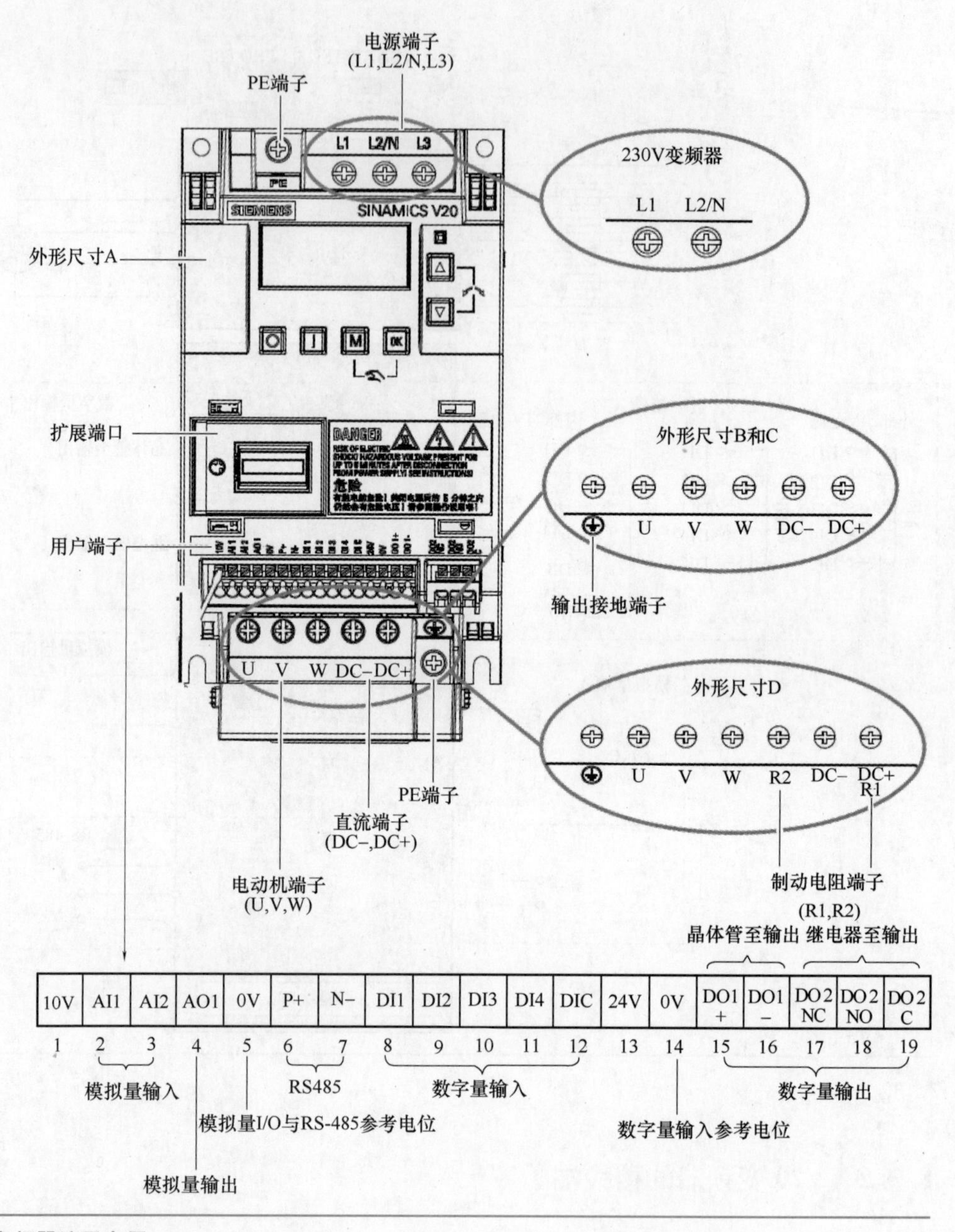


图 8-6 V20 变频器端子布局

端子 13、14 为 24V 直流电源端，为用户提供 24V 直流电源。

端子 15、16 为 1 路晶体管输出。

端子 17、18 和 19 为继电器输出的常开常闭点。

端子 6、7 为 RS-485 通信端。

编者心语

V20 变频器端子的功能很重要，读者需熟记。

**2. V20 变频器端子的技术参数**

V20 变频器端子技术参数，见表 8-3。

**表 8-3　V20 变频器端子技术参数**

| | 编号 | 端子标记 | 描述 | |
|---|---|---|---|---|
| | 1 | 10V | 以 0V 为参考的 10V 输出，最大 11mA，具有短路保护功能 | |
| 模拟量输入 | 2<br>3 | AI1<br>AI2 | 模式 | AI1：单端双极性电流和电压模式<br>AI2：单端单极性电流和电压模式 |
| | | | 控制电路隔离 | 无 |
| | | | 电压范围 | AI1：-10~10V；AI2：0~10V |
| | | | 电流范围 | 0~20mA（4~20mA 软件可选） |
| | | | 电压模式精度 | 全范围±5% |
| | | | 电流模式精度 | 全范围±5% |
| | | | 输入阻抗 | 电压模式：>30kΩ<br>电流模式：235Ω |
| | | | 精度 | 10 位 |
| | | | 断线检测 | 是 |
| | | | 阈值 0→1（用作数字量输入） | 4. 0V |
| | | | 阈值 1→0（用作数字量输入） | 1. 6V |
| | | | 响应时间（数字量输入模式） | 4ms±4ms |
| 模拟量输出 | 4 | AO1 | 模式 | 单端双极性电流模式 |
| | | | 控制电路隔离 | 无 |
| | | | 电流范围 | 0~20mA（4~20mA，软件可选） |
| | | | 精度（0~20mA） | ±1mA |
| | | | 输出能力 | 20mA 输出 500Ω |
| | 5 | 0V | RS-485 通信及模拟量输入/输出参考电位 | |
| | 6 | P+ | RS-485 P+ | |
| | 7 | N- | RS-485 N- | |
| 数字量输入 | 8<br>9<br>10<br>11<br>12 | DI1<br>DI2<br>DI3<br>DI4<br>DIC | 模式 | PNP（低电平参考端子）<br>NPN（高电平参考端子）<br>采用 NPN 模式时特性数值颠倒 |
| | | | 控制电路隔离 | 直流 500V（功能性低电压） |
| | | | 绝对最大电压 | 每 50s±35V 持续 500ms |
| | | | 工作电压 | -3V~30V |
| | | | 阈值 0⇒1（最大值） | 11V |
| | | | 阈值 1⇒0（最小值） | 5V |
| | | | 输入电流（保障性关闭值） | 0. 6~2mA |
| | | | 输入电流（最大导通值） | 15mA |
| | | | 兼容二线制接近开关 | 否 |
| | | | 响应时间 | 4ms±4ms |
| | | | 脉冲列输入 | 否 |

（续）

| | 编号 | 端子标记 | 描述 | |
|---|---|---|---|---|
| | 13 | 24V | 以 0V 为参考的 24V 输出（公差为-15%~+20%），最大 50mA，无隔离 | |
| | 14 | 0V | 数字量输入参考电位 | |
| 数字量输出（晶体管） | 15<br>16 | DO1+<br>DO1- | 模式 | 常开型无电压端子，有极性 |
| | | | 控制电路隔离 | 直流 500V（功能性低电压） |
| | | | 端子间最大电压 | ±35V |
| | | | 最大负载电流 | 100mA |
| | | | 响应时间 | 4ms±4ms |
| 数字量输出（继电器） | 17<br>18<br>19 | DO2 NC<br>DO2 NO<br>DO2 C | 模式 | 转换型无电压端子，无极性 |
| | | | 控制电路隔离 | 4kV（主电源 230V） |
| | | | 端子间最大电压 | AC240V/DC30V+10% |
| | | | 最大负载电流 | 0.5A@交流 250V，电阻负载<br>0.5A@直流 30V，电阻负载 |
| | | | 响应时间 | 打开：7ms±7ms<br>关闭：10ms±9ms |

## 8.4 V20 变频器基本操作面板功能简介

V20 变频器基本操作面板（BOP）的外形，如图 8-7 所示。基本操作面板分为显示部分和按键。显示部分可以显示参数的序号和数值、设定值、实际值、报警和故障信息等；按键可以改变变频器的参数。按键的具体功能，见表 8-4。

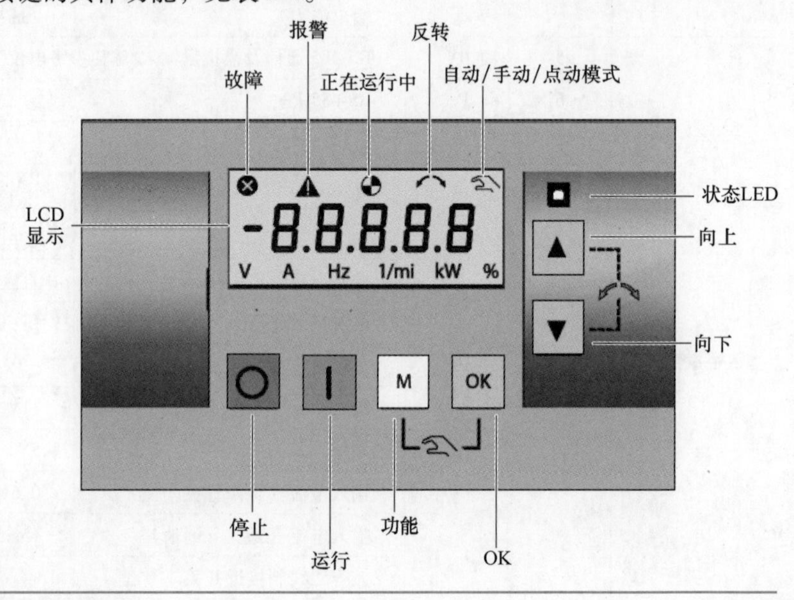


图 8-7 V20 变频器基本操作面板（BOP）

表 8-4　V20 变频器基本操作面板的按键功能

<table>
<tr><td rowspan="3">O</td><td colspan="2">停止变频器</td></tr>
<tr><td>单击</td><td>OFF1 停车方式：电动机按参数 P1121 中设置的斜坡下降时间减速停车<br>说明：若变频器配置为 OFF1 停车方式，则该按钮在“自动”运行模式下无效</td></tr>
<tr><td>双击（<2s）或长按（>3s）</td><td>OFF2 停车方式：电动机不采用任何斜坡下降时间按惯性自由停车</td></tr>
<tr><td>I</td><td colspan="2">起动变频器<br>若变频器在“手动”/“点动”运行模式下起动，则显示变频器运行图标（◕）<br>说明：若当前变频器处于外部端子控制（P0700=2，P1000=2）并处于“自动”运行模式，该按钮无效</td></tr>
<tr><td rowspan="3">M</td><td colspan="2">多功能按钮</td></tr>
<tr><td>短按（<2s）</td><td>进入参数设置菜单或转至下一显示画面<br>就当前所选项重新开始按位编辑<br>在按位编辑模式下连按两次即返回编辑前画面</td></tr>
<tr><td>长按（>2s）</td><td>返回状态显示画面进入设置菜单</td></tr>
<tr><td rowspan="2">OK</td><td>短按（<2s）</td><td>在状态显示数值间切换<br>进入数值编辑模式或换至下一位<br>清除故障</td></tr>
<tr><td>长按（>2s）</td><td>快速编辑参数号或参数值</td></tr>
<tr><td>M + OK</td><td colspan="2">手动/点动/自动<br>按下该组合键在不同运行模式间切换<br>M + OK<br>自动模式 → M + OK → 手动模式 → M + OK → 点动模式<br>（无图标）　（显示手形图标）　（显示闪烁的手形图标）</td></tr>
<tr><td>▲</td><td colspan="2">当浏览菜单时，按下该按钮即向上选择当前菜单下可用的显示画面<br>当编辑参数值时，按下该按钮将增大数值<br>当变频器处于“运行”模式，按下该按钮将增大速度<br>长按（>2s）该按钮快速向上滚动参数号、参数下标或参数值</td></tr>
<tr><td>▼</td><td colspan="2">当浏览菜单时，按下该按钮即向下选择当前菜单下可用的显示画面<br>当编辑参数值时，按下该按钮减小数值<br>当变频器处于“运行”模式，按下该按钮减小速度<br>长按（>2s）该按钮快速向下滚动参数号、参数下标或参数值</td></tr>
<tr><td>▲ + ▼</td><td colspan="2">使电动机反转。按下该组合键一次起动电动机反转。再次按下该组合键撤销电动机反转。变频器上显示反转图标（↷）表明输出速度与设定值相反</td></tr>
</table>

（续）

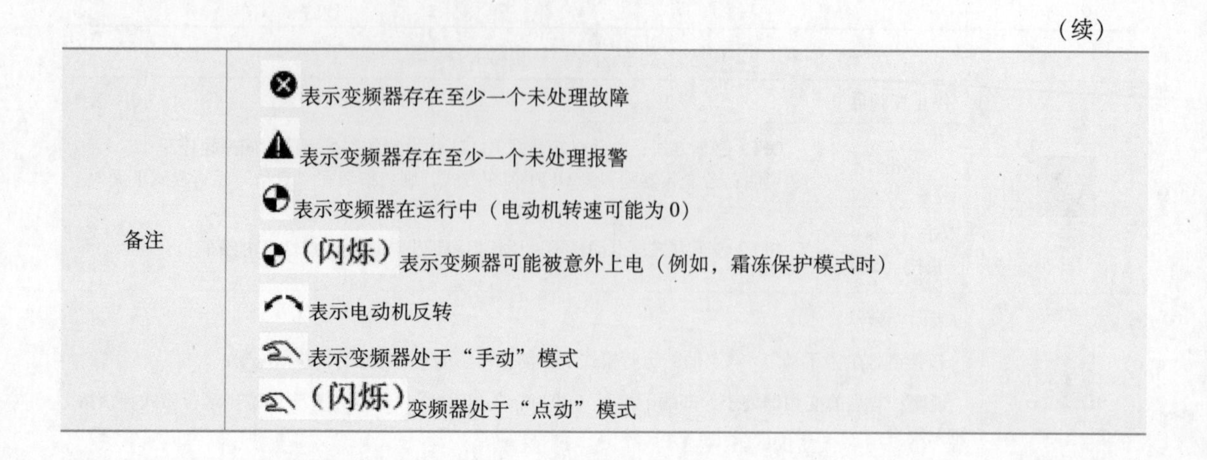

| | |
|---|---|
| 备注 | 表示变频器存在至少一个未处理故障<br>表示变频器存在至少一个未处理报警<br>表示变频器在运行中（电动机转速可能为 0）<br>（闪烁）表示变频器可能被意外上电（例如，霜冻保护模式时）<br>表示电动机反转<br>表示变频器处于“手动”模式<br>（闪烁）变频器处于“点动”模式 |

## 8.5 V20 变频器菜单结构及参数设定实例

### 8.5.1 V20 变频器菜单结构及相互间的切换

V20 变频器菜单可以分为 50/60Hz 频率选择菜单和主菜单。其中，主菜单又包括显示菜单、设置菜单和参数菜单 3 个部分。V20 变频器菜单的结构，如图 8-8 所示。

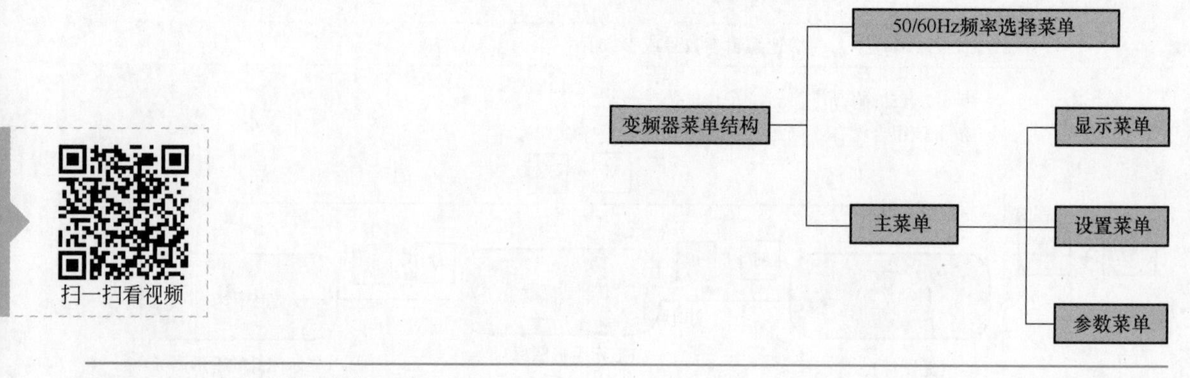


图 8-8 V20 变频器菜单结构

**1. 50/60Hz 频率选择菜单**

50/60Hz 频率选择菜单仅在变频器首次开机时或工厂复位后（P0010 = 30，P0970 = 1）可见。用户可以通过基本操作面板（BOP）选择频率或者不做选择直接退出该菜单。

50/60Hz 频率选择菜单内部参数的切换

50/60Hz 频率选择菜单内有 3 个参数，分别为 50Hz、60hp 和 60Hz，操作者可以通过 ▲ 或 ▼ 键进行参数间的切换，切换后，单击 OK 键，即可设定成相应的参数。也可默认为 50Hz，单击 OK 键跳过菜单内的参数切换，进入设置菜单，或者通过多功能键 M、起动键 | 或停止键 ○ 跳过菜单内的参数切换，进入显示菜单。上述切换，如图 8-9 所示。

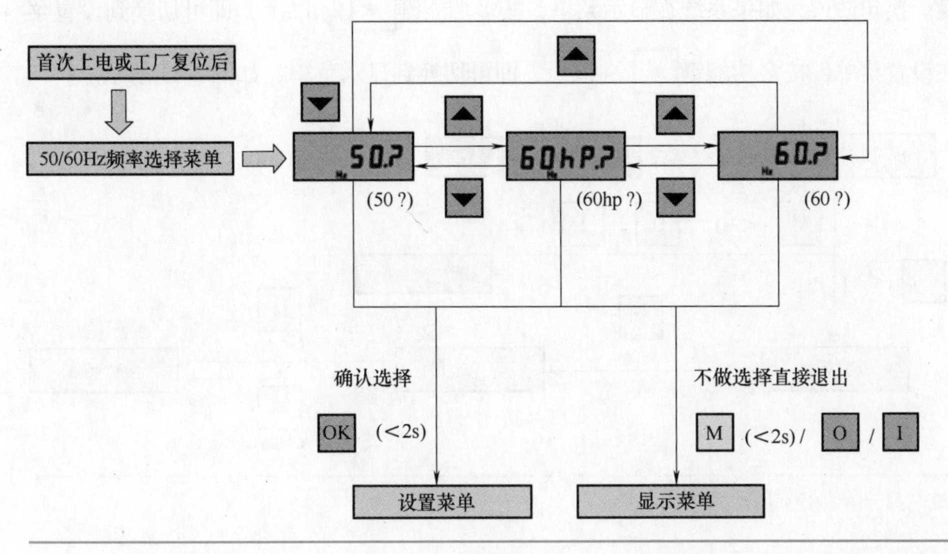


图 8-9　50/60Hz 频率选择菜单内部参数的切换

### 2. 显示菜单

显示菜单可以显示频率、电压、电流、直流母线电压等重要参数的基本监控画面。

（1）50/60Hz 频率选择菜单切换到显示菜单

变频器首次开机时或工厂复位后，会进入 50/60Hz 选择菜单，单击操作面板上的多功能键 M 或起动键 | 或停止键 O，会进入显示菜单，如图 8-9 所示。

（2）显示菜单内部参数的切换

菜单为显示菜单的情况下，单击 OK 键，可以实现输出频率、输出电压、电动机电流、直流母线电压和设定频率的显示切换，如图 8-10 所示。

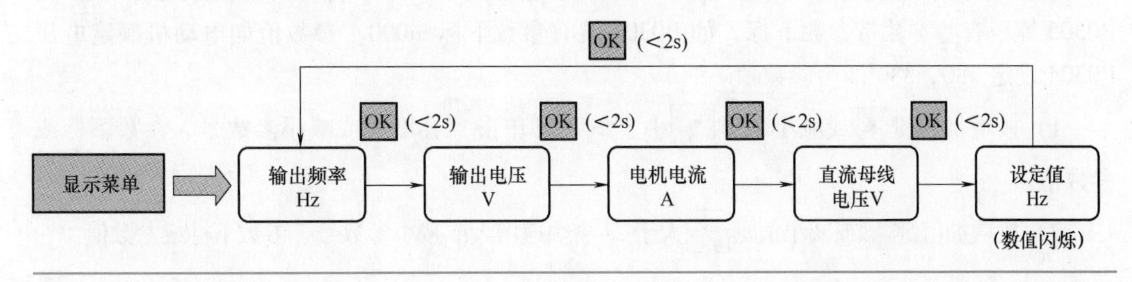


图 8-10　显示菜单内部参数的切换

### 3. 设置菜单

通过此菜单可以访问用于快速调试变频器系统的参数，快速调试变频器系统的参数有电动机参数、连接宏参数、应用宏参数和常用参数。

设置菜单与显示菜单之间的切换：如果按下多功能键 M 大于 2s，可以实现设置菜单和显示菜单之间的切换。换句话说，如果系统在显示菜单，按多功能键 M 2s 以上，即可切换到设置菜单；如果系统在设置菜单，按多功能键 M 2s 以上，即可切换到显示菜单，如图 8-11 所示。

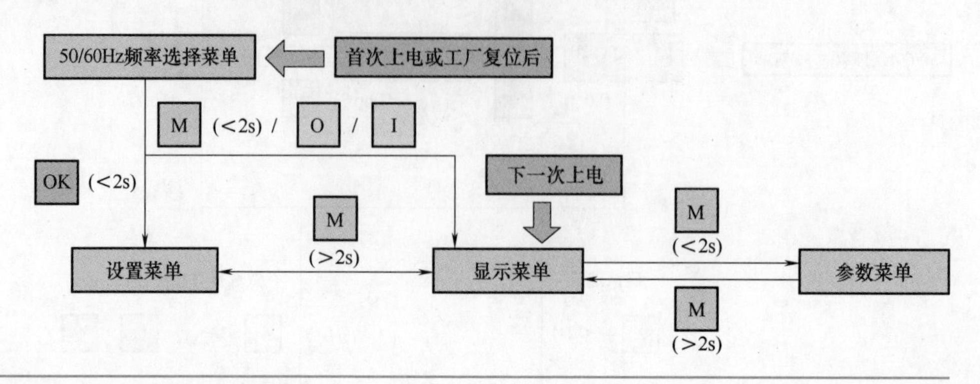


图 8-11 设置菜单与显示菜单之间的切换

**4. 参数菜单**

通过此菜单可以访问所有可用的变频器参数。

参数菜单和显示菜单之间的切换：如果系统在显示菜单，单击多功能键 M，即可切换到参数菜单；如果系统在参数菜单，按多功能键 M 2s 以上，即可切换到显示菜单，如图 8-11 所示。

### 8.5.2 V20 变频器参数的编辑

参数编辑分为常规参数编辑和按位编辑两种。

**1. 常规参数编辑**

此编辑方法适用于需要对参数号、参数下标或参数值进行较小变更的情况。

参数号分为只读参数号和可写参数号，只读参数号如 r0026 等，可写参数号如 P0304、P0305 等。有些参数带参数下标，如 P0304 就有参数下标 in000。参数值如电动机额定电压 P0304 设定 380，380 即为参数值。

1）按增加值键 ▲ 或减小值键 ▼ 小于 2s（即单击）会增大或减小参数号、参数下标或参数值。

2）按增加值键 ▲ 或减小值键 ▼ 大于 2s 会快速增大或减小参数号、参数下标或参数值。

3）按 OK 键确认设置。

4）按 M 键取消设置。

**2. 按位编辑**

按位编辑可用于编辑参数号、参数下标或参数值。此编辑方法适用于需要对参数号、参数下标或参数值进行较大变更的情况。

1）在任何编辑或显示模式下，长按（>2s） OK 键即可进入按位编辑模式。

2）按位编辑始终从最右边的数字开始。

3）按 OK 键可依次选定每一位数字。

4）按 M 键一次，光标移至当前编辑条目的最右位。

5）连续按 M 键两次，退出按位编辑模式且不保存对当前编辑条目的更改。

6）在光标位于最左位时按 OK 键即可保存当前数值。

7）将当前编辑数值的最左位数字增大到 9 以上，即可在其左侧再增加一位数字。

8）按增加值键 ▲ 或减小值键 ▼ 大于 2s 进入快速数字滚动模式。

**3. 例说快速改变参数号**

如果参数号较大时，单纯按 ▲ 或 ▼ 键来改变参数号将很麻烦。我们不妨一位一位地修改。

例：现参数号为 P0003，将其改为 P0947，如何修改？

解：修改步骤，如图 8-12 所示。

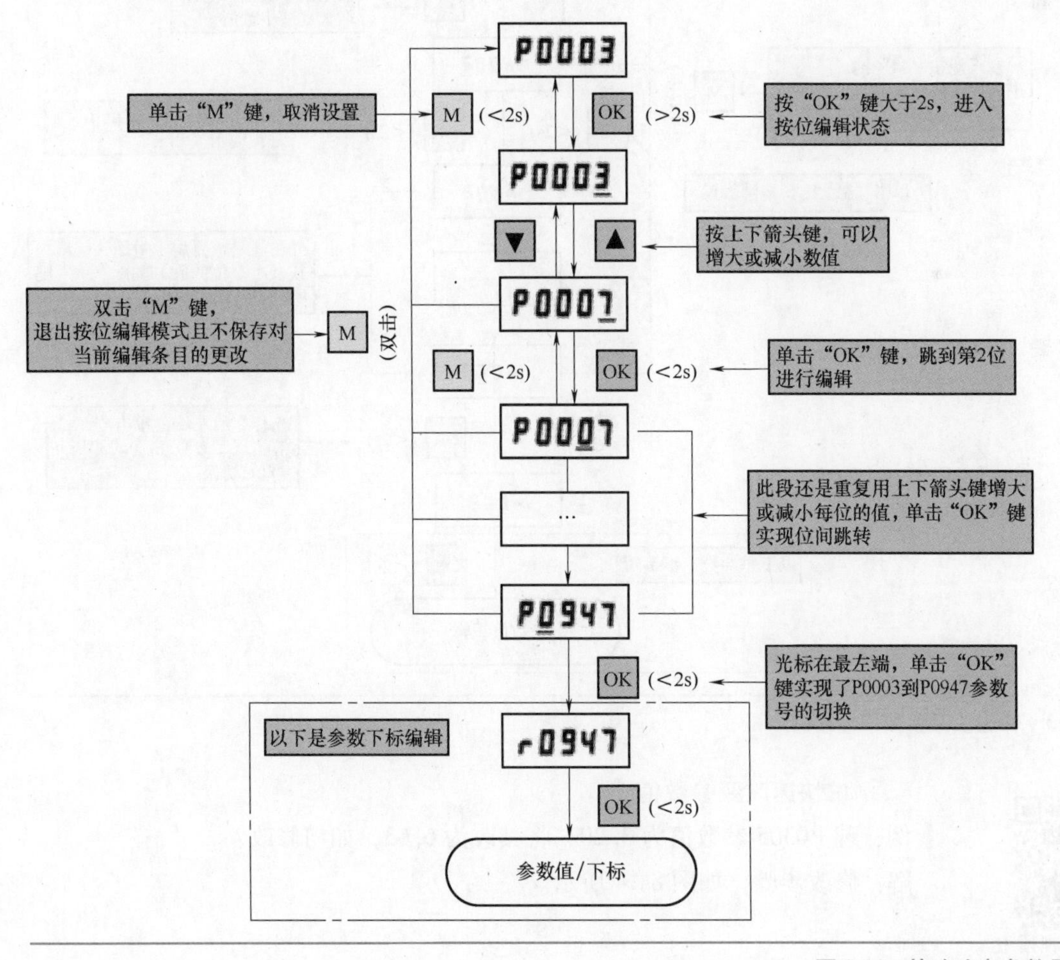


图 8-12　快速改变参数号实例

**4. 例说快速改变参数下标**

如果参数下标较大时，单纯按▲或▼键来改变参数下标将很麻烦。我们不妨一位一位地修改。

例：现参数下标为 in000，将其改为 in062，如何修改？

解：修改步骤，如图 8-13 所示。

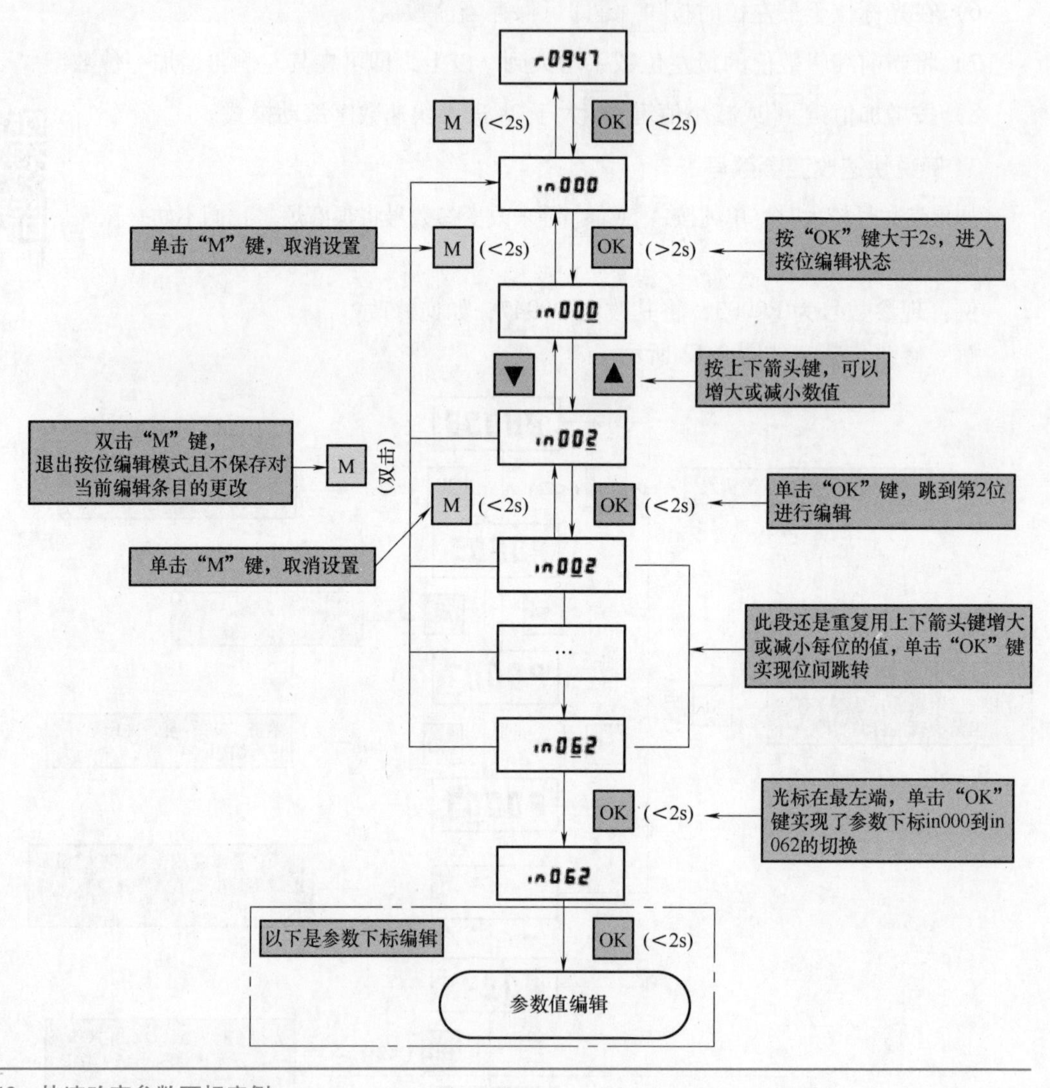


图 8-13　快速改变参数下标实例

**5. 例说快速改变参数值**

例：现 P0305 参数值为 3. 20，将其改为 6. 63，如何修改？

解：修改步骤，如图 8-14 所示。

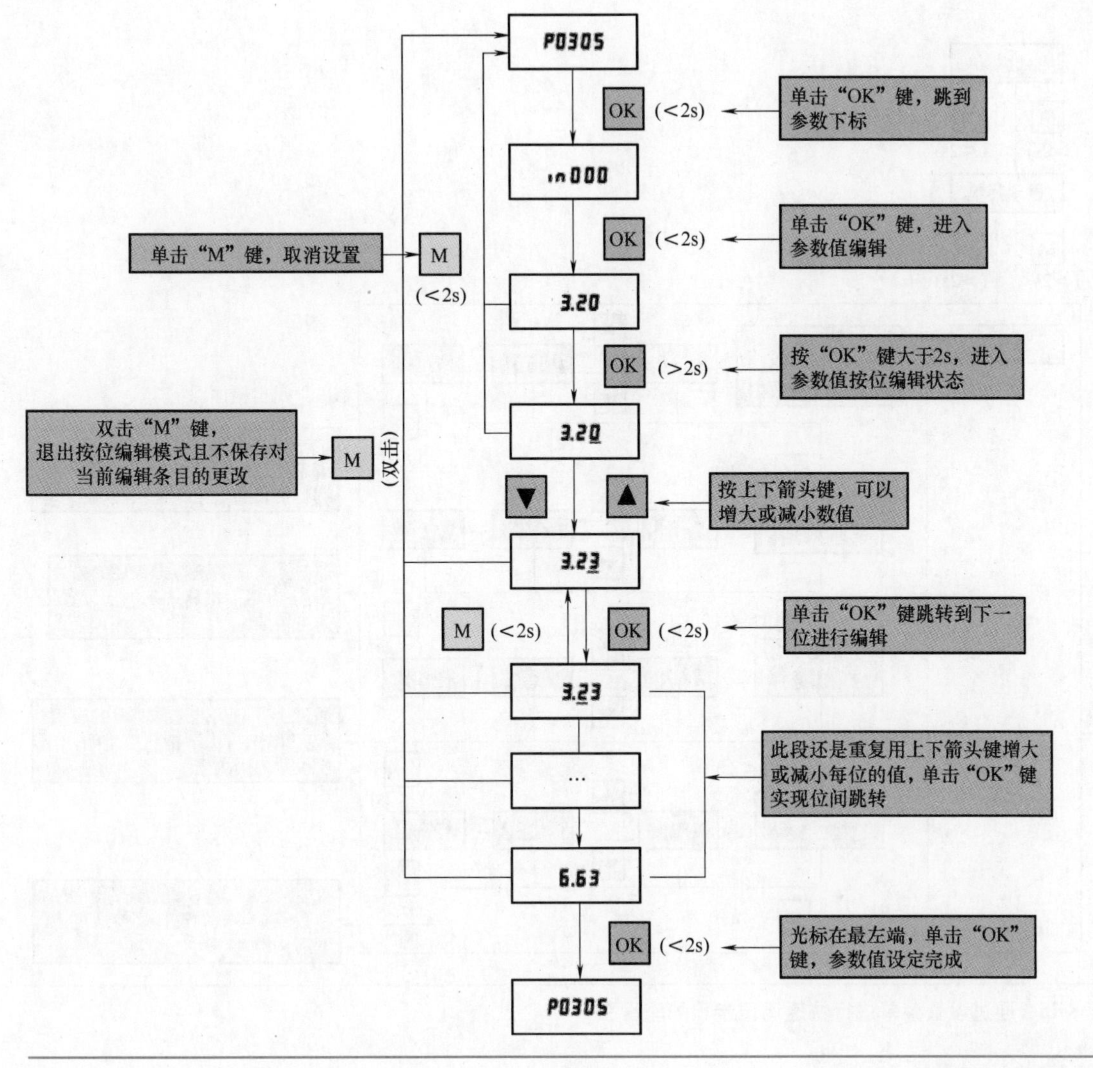


图 8-14　快速改变参数值实例

## 8.6　V20 变频器的快速调试

V20 变频器的快速调试有两种方法，分别是通过设置菜单进行快速调试和通过参数菜单进行快速调试。

### 8.6.1　通过设置菜单进行快速调试

V20 变频器通过设置菜单进行快速调试主要有以下 4 个步骤，其流程图如图 8-15 所示。

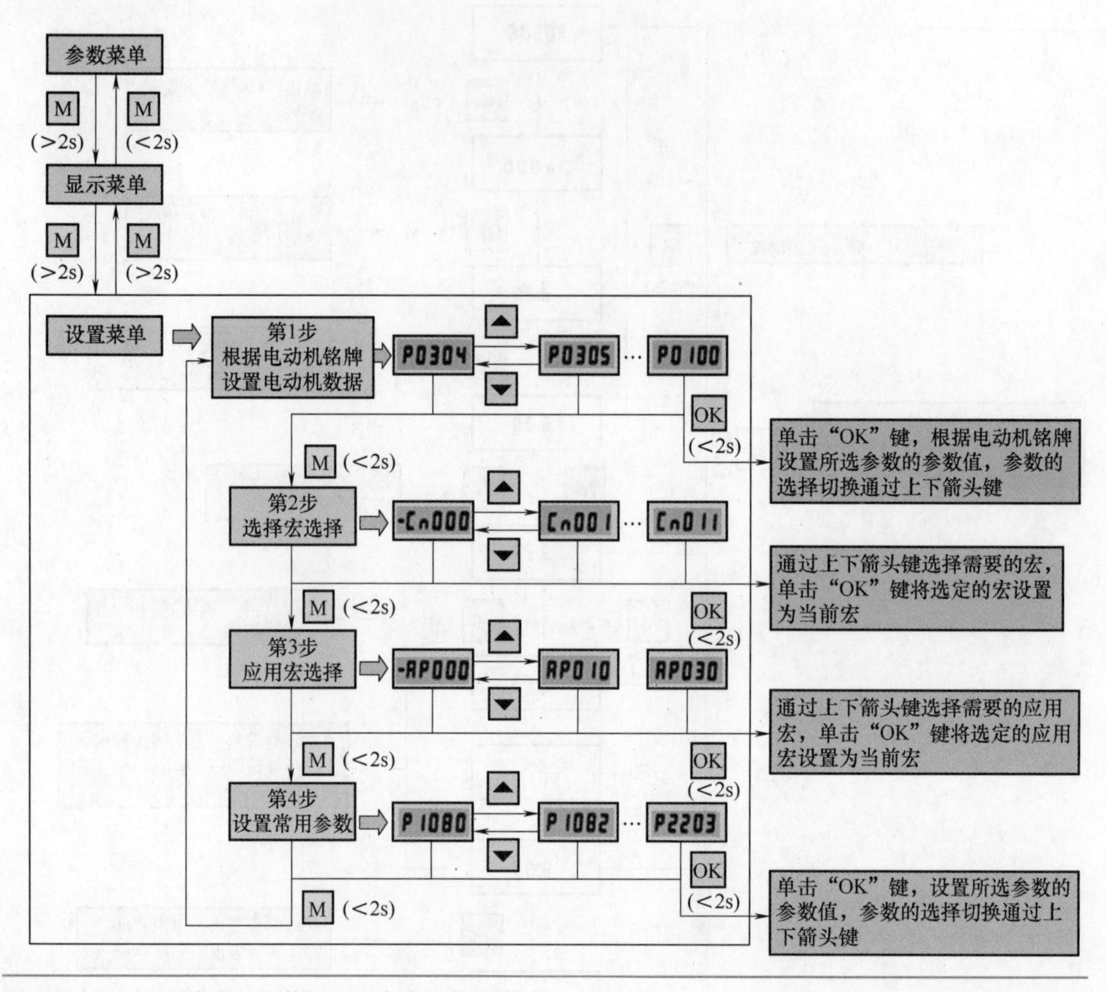


图 8-15　通过设置菜单进行快速调试步骤的流程图

**编者有料**

图 8-15 是通过设置菜单进行快速调试的步骤，后续案例各参数的设置都要依据此流程图，读者一定要深刻理解，为后续案例的参数设置打好基础。

第 1 步，根据电动机铭牌设置电动机数据。

在电动机数据中，常见的参数有额定电压（V）参数 P0304［0］、额定电流（A）参数 P0305［0］、额定功率（kW/hp）参数 P0307［0］、额定功率因数（cos$\varphi$）参数 P0308［0］、额定效率（%）参数 P0309［0］、额定频率（Hz）参数 P0310［0］和额定转速（RPM）参数 P0311［0］。在 V20 变频器上设定以上参数时，一定要根据电动机铭牌数据进行，因为铭牌上已经给出了该电动机的额定电压、额定电流和额定功率等。

**编者有料**

电动机数据设置的依据是电动机铭牌，在设置时，一定要根据电动机铭牌设置好额定电压（V）参数 P0304［0］、额定电流（A）参数 P0305［0］、额定功率（kW/hp）参数 P0307［0］、额定功率因数（cos$\varphi$）参数 P0308［0］、额定效率（%）参数 P0309［0］、额定频率（Hz）参数 P0310［0］和额定转速（r/min）参数 P0311［0］，设置时要注意各参数的单位，如设置额定功率参数 P0307［0］的单位为 kW，如果电动机铭牌额定功率是 W，请换算成 kW 后进行设置。

第 2 步，连接宏选择。

连接宏是 V20 变频器的一大特色功能，相当于配方，变频器设计之初针对工程中的典型应用准备了 11 种配方，即 11 种连接宏，见表 8-5。

**表 8-5　V20 变频器连接宏**

| 连接宏 | 描述 | 显示示例 |
| --- | --- | --- |
| Cn000 | 出厂默认设置。不更改任何参数设置 | -Cn000<br>Cn001<br>负号表明此连接宏为当前选定的连接宏 |
| Cn001 | BOP 为唯一控制源 | |
| Cn002 | 通过端子控制（PNP/NPN） | |
| Cn003 | 固定转速 | |
| Cn004 | 二进制模式下的固定转速 | |
| Cn005 | 模拟量输入及固定频率 | |
| Cn006 | 外部按钮控制 | |
| Cn007 | 外部按钮与模拟量设定值组合 | |
| Cn008 | PID 控制与模拟量输入参考组合 | |
| Cn009 | PID 控制与固定值参考组合 | |
| Cn0010 | USS 控制 | |
| Cn0011 | Modbus RTU 控制 | |

**编者有料**

当调试 V20 变频器时，连接宏设置为一次性设置。在更改上次的连接宏设置前，务必执行以下操作：

1. 对变频器进行工厂复位（P0010=30，P0970=1）。

2. 重新进行快速调试操作并更改连接宏。

如未执行上述操作，变频器可能会同时接受更改前后所选宏对应的参数设置，从而可能导致变频器非正常运行。请注意，连接宏 Cn010 和 Cn011 中所涉及的通信参数 P2010、P2011、P2021 及 P2023 无法通过工厂复位来自动复位。如有必要，请手动复位这些参数。在更改连接宏 Cn010 和 Cn011 中的参数 P2023 后，须对变频器重新上电。在此过程中，请在变频器断电后等待数秒，确保 LED 灯熄灭或显示屏空白后方可再次接通电。

第 3 步，应用宏选择。

在设置完电动机数据和选择宏后，便可以选择应用宏了。V20 变频器每个应用宏均针对某个特定的应用提供一组相应的参数设置。在选择了一个应用宏后，变频器会自动应用该宏的设置从而简化调试过程。V20 变频器应用宏见表 8-6。

应用宏出厂默认设置为“AP000”，即应用宏 0。如果用户的应用不在下列定义的应用之列，可选择与之应用最为接近的应用宏并根据需要做进一步的参数更改。

**表 8-6　V20 变频器应用宏**

| 应用宏 | 描述 | 显示示例 |
|---|---|---|
| AP000 | 出厂默认设置。不更改任何参数设置 | -AP000<br>AP010<br>负号表明此应用宏为当前选定的应用宏 |
| AP010 | 普通水泵应用 | |
| AP020 | 普通风机应用 | |
| AP021 | 压缩机应用 | |
| AP030 | 传送带应用 | |

编者有料

当调试 V20 变频器时，应用宏设置为一次性设置。在更改上次的应用宏设置前，务必执行以下操作：

1. 对变频器进行工厂复位（P0010＝30，P0970＝1）。

2. 重新进行快速调试操作并更改应用宏。

如未执行上述操作，变频器可能会同时接受更改前后所选宏对应的参数设置，从而可能导致变频器非正常运行。

第 4 步，设置常用参数。

V20 变频器通过设置菜单进行快速调试的最后一步就是设置常用参数。常用参数，见表 8-7。

**表 8-7　V20 变频器常用参数**

| 参数 | 访问级别 | 功能 | 文本菜单（若 P8553＝1） |
|---|---|---|---|
| P1080［0］ | 1 | 最小电动机频率 | MIn F（MIN F） |
| P1082［0］ | 1 | 最大电动机频率 | MAH F（MAX F） |
| P1120［0］ | 1 | 斜坡上升时间 | rMPUP（RMP UP） |

（续）

| 参数 | 访问级别 | 功能 | 文本菜单（若 P8553 = 1） |
| --- | --- | --- | --- |
| P1121［0］ | 1 | 斜坡下降时间 | rΠPdn (RMP DN) |
| P1058［0］ | 2 | 正向点动频率 | JoGP (JOG P) |
| P1060［0］ | 2 | 点动斜坡上升时间 | JoGUP (JOG UP) |
| P1001［0］ | 2 | 固定频率设定值 1 | FiHF1 (FIX F1) |
| P1002［0］ | 2 | 固定频率设定值 2 | FiHF2 (FIX F2) |
| P1003［0］ | 2 | 固定频率设定值 3 | FiHF3 (FIX F3) |
| P2201［0］ | 2 | 固定 PID 频率设定值 1 | PidF1 (PID F1) |
| P2202［0］ | 2 | 固定 PID 频率设定值 2 | PidF2 (PID F2) |
| P2203［0］ | 2 | 固定 PID 频率设定值 3 | PidF3 (PID F3) |

## 8.6.2 通过参数菜单进行快速调试

除通过设置菜单进行快速调试外，还可以通过参数菜单进行快速调试。通过参数菜单进行快速调试的步骤，如图 8-16 所示。

编者有料

基本面板快速调试的一般规律如下：

第一步，进入快速调试，即 P0010=1。

第二步，设置电动机参数，注意一定要按照实际控制电动机的铭牌去设置额定电压 P0304、额定电流 P0305、额定功率 P0307、额定频率 P0310 和额定转速 P0311。

第三步，选择命令源，即设置 P0700，P0700 = 1 由基本面板的按键来控制；P0700=2由外部端子来控制，这里的控制包括启停等等，后边章节将要讲到。

第四步，设置频率参数。频率设定值选择 P1000，P1000=1 由基本面板控制频率的升降；P1000=2，模拟量输入设定频率；P1000=3，固定频率设置；最大频率 P1082；最小频率 P1080。

第五步，斜坡时间设定，包括斜坡上升时间 P1120 和斜坡下降时间 P1121。

第六步，结束快速调试，即 P3900=1 或 P0010=0。

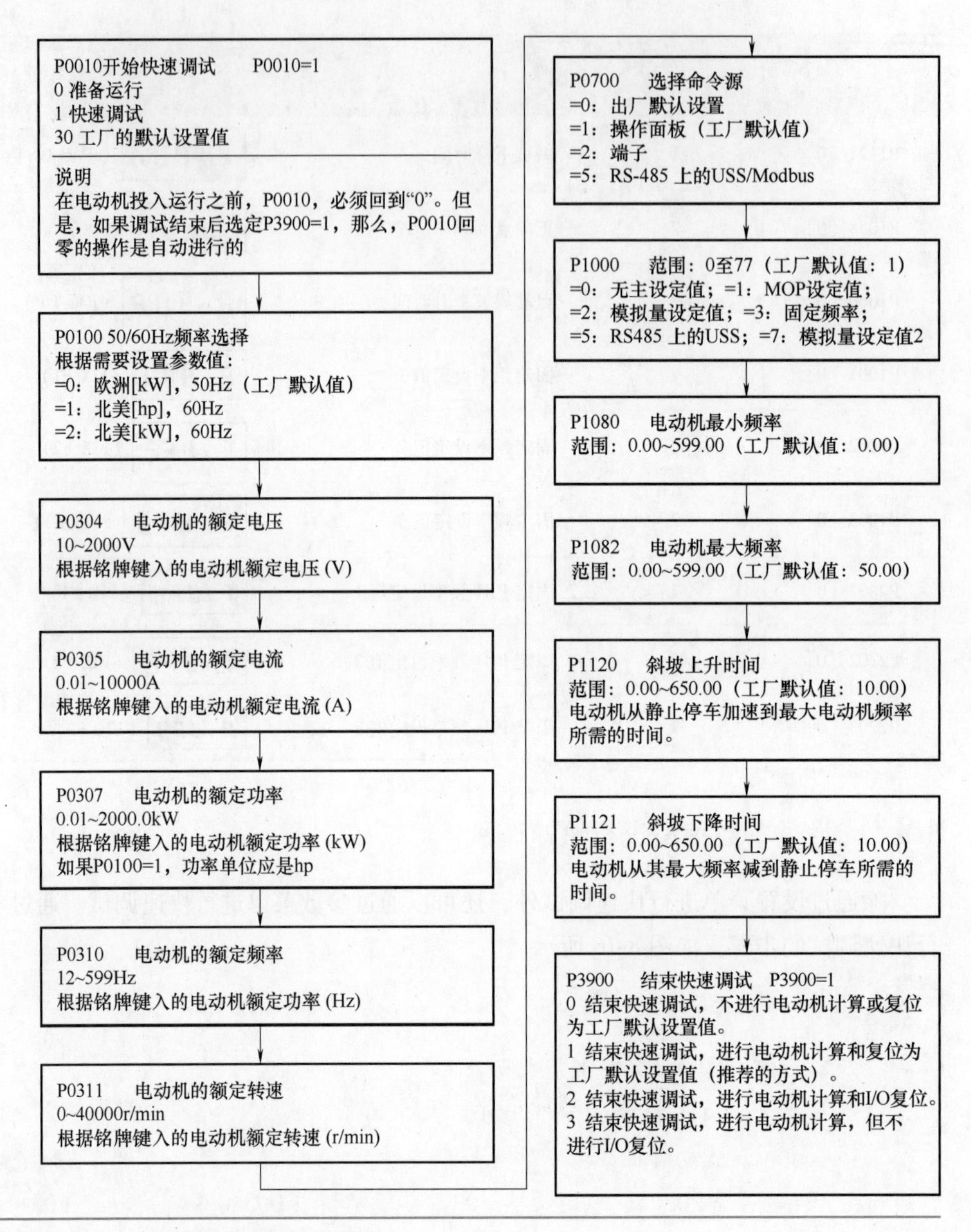


图 8-16 通过参数菜单进行快速调试步骤的流程图

## 8.7 V20 变频器基本操作面板对电动机的控制

在实际工程中，变频器基本操作面板（BOP）对电动机的起停、点动和反转控制是最基本的应用，本节将介绍相关内容。

## 8.7.1　任务引入

有 1 台三相异步电动机，铭牌如图 8-17 所示。现需用通过设置菜单和参数菜单两种方法进行快速调试，实现用基本操作面板对三相异步电动机进行起停、点动和反转控制，试完成任务。

图 8-17　三相异步电动机铭牌

## 8.7.2　电路连接

将单相电源经断路器连接到变频器输入端子 L1 和 N；将变频器的输出端子 U、V、W 连接到三相异步电动机的接线端子上，如图 8-18 所示。

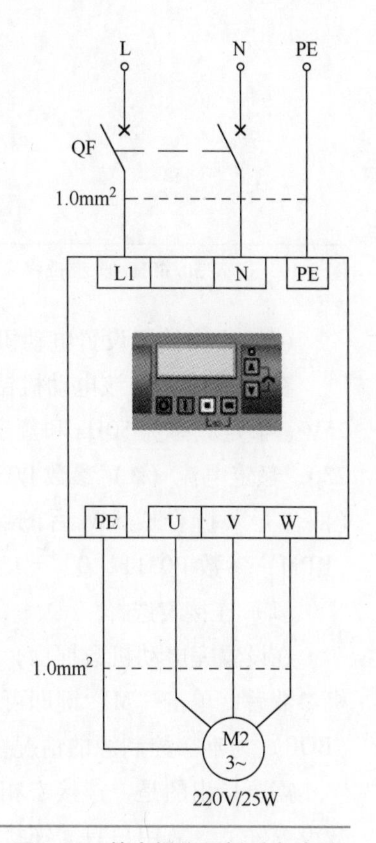


图 8-18　基本操作面板对电动机控制的电路连接

## 8.7.3　通过设置菜单进行快速调试

### 1. 进入频率选择菜单

变频器在首次上电时或者工厂复位后可以进入 50/60Hz 频率选择菜单。首次上电情况比较简单，无须任何设置，直接进入“50. ?”频率选择菜单；工厂复位情况较为复杂，需要设置 P0010 = 30 和 P0970 = 1 后，会进入“50. ?”频率选择菜单。上述进入 50/60Hz 频率选择菜单的两种情况及相关设置，如图 8-19 所示。鉴于在我国使用，进入“50. ?”频率菜单后，一般不切换到“60. ?”频率菜单，单击“OK”键会进入设置菜单，便可以进行快速调试了。

### 2. 进入设置菜单进行快速调试

进入设置菜单后，首先设置电动机数据，接下来是连接宏选择，之后是应用宏选择，最后是设置常用参数。上述流程图及相关设置，如图 8-20 所示。

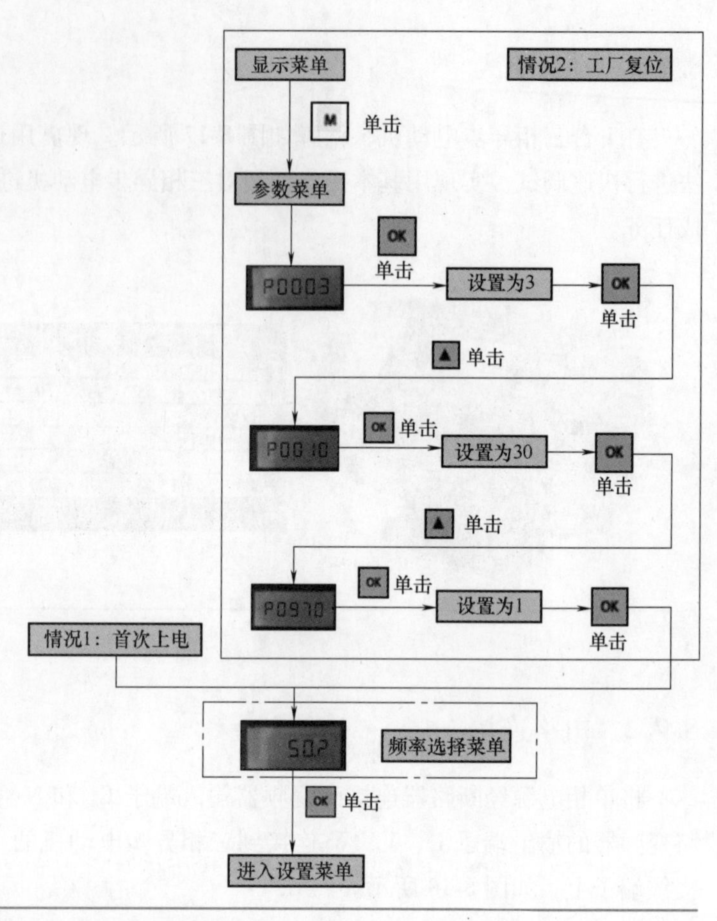


图 8-19　进入 50/60Hz 频率选择菜单的两种情况及相关设置

（1）根据铭牌设置电动机数据

在图 8-17 中，该电动机铭牌给出了额定电压为 220V，额定电流为 0.24A、额定功率为 25W、额定频率为 50Hz 和额定转速 1350r/min，故变频器额定电压（V）参数 P0304［0］= 230、额定电流（A）参数 P0305［0］=0.24、额定功率（kW/hp）参数 P0307［0］=0.03（四舍五入折合成 kW 后的结果）、额定频率（Hz）参数 P0310［0］=50 和额定转速（RPM）参数 P0311［0］=1350。以上设置过程，如图 8-20 所示。

（2）连接宏选择

在设置完电动机数据后，便可以进行连接宏选择了。连接宏选择十分简单，设置完电动机参数后，单击“M”键即可进行连接宏选择。本例连接宏选择为 Cn001，即基本操作面板（BOP）为唯一控制源的情况。上述设置过程，如图 8-20 所示。

需要指出的是，连接宏相当于配方，变频器系统出厂时本身已将 Cn001 内部的具体参数设置好了，故用户只需连接好相关的宏即可，无须再逐一设置内部参数了，这也是为什么 V20 变频器操作便捷的一个原因。

虽无须用户逐一设置 Cn001 内部的具体参数，但有必要了解一下 Cn001 的相关参数。Cn001 的相关参数，见表 8-8。

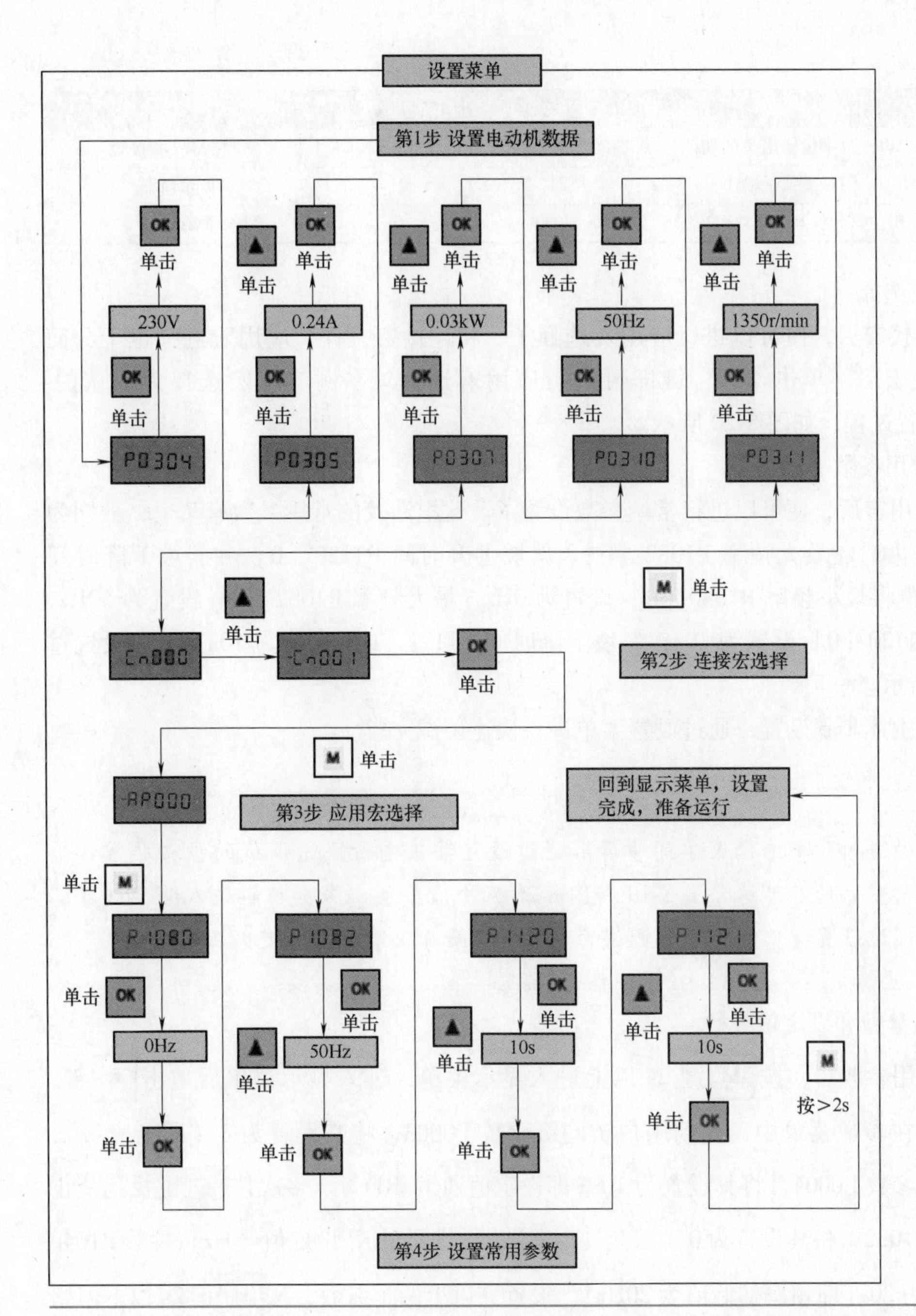

图 8-20　进入设置菜单进行快速调试的流程图及相关设置

表 8-8　Cn001 的相关参数

| 参数 | 描述 | 工厂默认值 | Cn001 默认值 | 备注 |
|---|---|---|---|---|
| P0700［0］ | 选择命令源 | 1 | 1 | BOP |
| P1000［0］ | 选择频率 | 1 | 1 | BOP MOP |
| P0731［0］ | BI：数字量输出 1 的功能 | 52. 3 | 52. 2 | 变频器正在运行 |

（续）

| 参数 | 描述 | 工厂默认值 | Cn001 默认值 | 备注 |
| --- | --- | --- | --- | --- |
| P0732［0］ | BI：数字量输出 2 的功能 | 52.7 | 52.3 | 变频器故障激活 |
| P0771［0］ | CI：模拟量输出 | 21 | 21 | 实际频率 |
| P0810［0］ | BI：CDS 位 0（手动/自动） | 0 | 0 | 手动模式 |

（3）应用宏选择

在设置完连接宏后，便可以进行应用宏选择了。和连接宏一样，应用宏选择也十分简单，选择完连接宏后，单击“M”键即可进行应用宏选择。本例应用宏选择为默认的-AP000。上述设置过程，如图 8-20 所示。

（4）设置常用参数

在设置完应用宏后，便可以进行常用参数设置了。这里涉及的常用参数有 7 个，分别为最小频率 P1080［0］、最大频率 P1082［0］、斜坡上升时间 P1120［0］和斜坡下降时间 P1121［0］。本例将最小频率 P1080［0］设置为 0Hz，最大频率 P1082［0］设置为 50Hz，斜坡上升时间 P1120［0］设置为 10s，斜坡下降时间 P1121［0］设置为 10s。上述设置过程，如图 8-20 所示。

综上，经过上述步骤设置，通过设置菜单进行快速调试完成。

编者有料

本例给出的进入频率选择菜单的步骤和通过设置菜单进行快速调试的步骤非常详细，值得读者借鉴，读者可结合图 8-19 和图 8-20 两个流程图，深刻理解进入频率选择菜单的步骤和通过设置菜单进行快速调试的步骤，从而真正学会 V20 变频器的调试。

### 3. 设置反转参数和设定值参数

在设置完常用参数后，按 M 键 2s 以上进入显示菜单，进入显示菜单后单击 M 键，进入参数菜单。在参数菜单中，找到用户访问级参数 P0003，将其设置为 3（即专家级），再找到参数过滤参数 P0004，将其设置为 10（即设定值通道/RFG）。多次按 ▲ 键找到禁止 MOP 反向参数 P1032，将其设置为 0（即允许反向）；再找到 MOP 设定值［Hz］参数 P1040［0］，将其设置为 20（即频率初始值为 20Hz）。设置完以上两个参数，按 M 键 2s 以上回到显示菜单，准备试机。

编者有料

1. 本例中除了通过设置菜单快速调试的参数外，禁止 MOP 反向参数 P1032 和 MOP 设定值［Hz］参数 P1040［0］是本例实验成功的关键，如果不将禁止 MOP 反向参数 P1032 设置为 0，在电动机运行的情况下同时按 ▲ 和 ▼ 键不能实现反转。设置 MOP 设定值［Hz］参数 P1040［0］的目的是将频率赋 1 个初始值，本例赋值为 20Hz。

2. 有时合理设置用户访问级参数 P0003 和参数过滤参数 P0004 能够快速找到所需参数，这个技巧值得读者学习掌握。

### 8.7.4　通过参数菜单进行快速调试

除通过设置菜单进行快速调试外，还可以通过参数菜单进行快速调试。通过参数菜单进行快速调试步骤如下：

1. 进入频率选择菜单

变频器在首次上电时或者工厂复位后可以进入 50/60Hz 频率选择菜单。首次上电情况比较简单，无须任何设置，直接进入“50.？”频率选择菜单；工厂复位情况较为复杂，需要将 P0010＝30 和 P0970＝1 后，会进入“50.？”频率选择菜单。上述进入 50/60Hz 频率选择菜单的两种情况及相关设置，如图 8-21 所示。鉴于在我国使用，进入“50.？”频率菜单后，

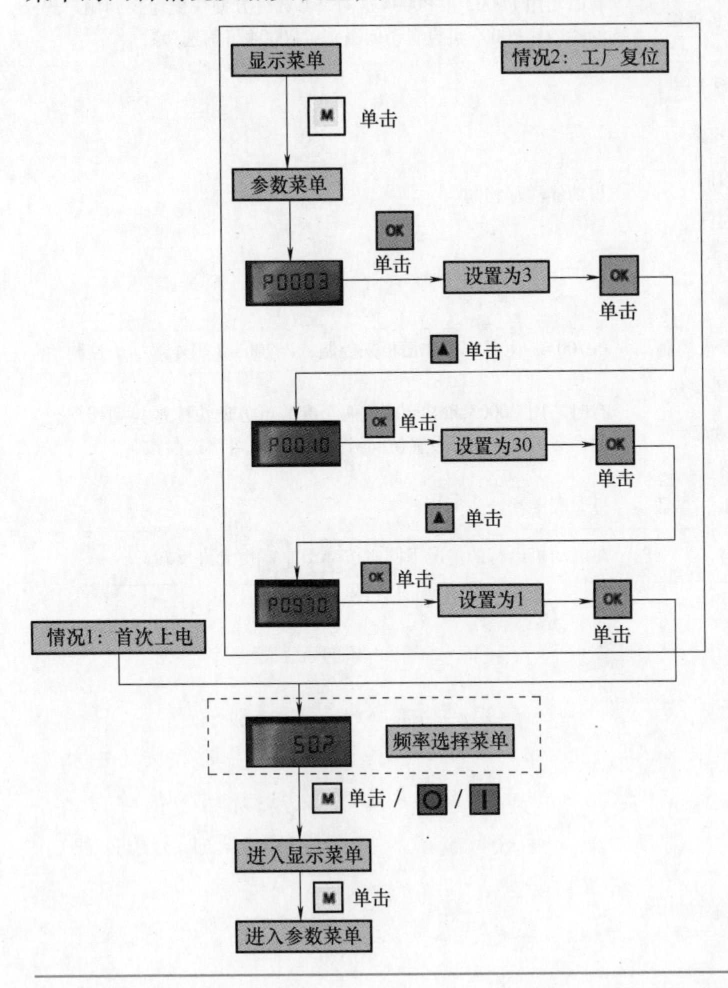


图 8-21　进入 50/60Hz 频率选择菜单的两种情况及相关设置

一般不切换到“60.?”频率菜单，单击“M”键或者〇或者Ⅰ会进入参数菜单，之后便可以通过参数菜单进行快速调试了。

### 2. 通过参数菜单进行快速调试

通过参数菜单进行快速调试的步骤，见表 8-9。

表 8-9　通过参数菜单进行快速调试的步骤

| 参数代码 | 设定数据 | 功能注释 | 备注 |
|---|---|---|---|
| P0010 | 1 | 进入快速调试 | 快速调试通常 P0010 和 P3900 配合应用，进入快速调试 P0010=1，结束快速调试 P3900=1 或 P0010=0 |
| P0304 [0] | 230 | 电动机额定电压 | 以上参数需按照图 8-17 电动机铭牌逐一设定；注意额定功率单位为 kW |
| P0305 [0] | 0.24 | 电动机额定电流 | |
| P0307 [0] | 0.03 | 电动机额定功率 | |
| P0310 [0] | 50 | 电动机额定频率 | |
| P0311 [0] | 1350 | 电动机额定转速 | |
| P3900 | 1 | 快速调试结束 | 快速调试结束 |
| P0003 | 2 | 参数可以访问扩展级 | 有时巧用 P0003 和 P0004 这两个参数可方便快捷地找到用户想要的参数；P0003 可设置访问级别；P0004 可筛选参数 |
| P1000 [0] | 1 | 用基本操作面板上▲和▼控制频率 | 与功能注释相同 |
| P1120 [0] | 10 | 斜坡上升时间 | |
| P1121 [0] | 10 | 斜坡下降时间 | |
| P1080 [0] | 0 | 最低频率 | |
| P1082 [0] | 50 | 最高频率 | |
| P0700 [0] | 1 | 由基本操作面板来控制 | P0700=1 由基本操作面板来控制；P0700=2 用外部端子控制 |
| P0003 | 3 | 参数可以访问专家级 | 有时巧用 P0003 和 P0004 这两个参数可方便快捷地找到用户想要的参数；P0003 可设置访问级别；P0004 可筛选参数 |
| P0004 | 10 | 筛选设定值通道/RFG 参数 | |
| P1040 [0] | 20 | MOP 设定值 [Hz] 参数 | 设置频率初始值 |
| P1032 | 0 | 允许反向 | 在电动机运行的情况下同时按▲和▼键允许反转 |

**编者有料**

本例的快速调试给出了两种方法，它们分别是通过设置菜单进行快速调试和通过参数菜单进行快速调试。两者有异曲同工之妙，但两者相比，通过设置菜单进行快速调试使用起来更加便捷和省时，建议读者在实际工程中使用此方法进行快速调试。但对于熟悉 MM440 和 MM420 变频器的读者来说，使用通过参数菜单进行快速调试可能更顺手，这种调试方法和 MM440 和 MM420 变频器调试方法是一样的。

### 8.7.5　试机

1）检查好电路连接后，给系统上电。

2）无论是通过设置菜单还是通过参数菜单设置好参数后，按 M 键 2s 以上回到显示菜单，准备试机，可以监控输出频率等参数状态。

3）按下起动键 I，电动机开始运转；▲或▼键，频率增加或减小，从而使电动机转速变快或变慢；电动机在运行状态，同时按▲和▼，电动机会反转；同时按 OK 和 M 键，图标闪烁，按起动键 I，电动机可以点动运行。按 O 键，电动机停止运转。

## 8.8　V20 变频器控制电动机的正反转及模拟量频率给定

在实际中，变频器经常用来控制电动机的正反转运行，来实现机械机构的前进、后退、上升和下降等。也会经常遇到模拟量频率给定问题，本节将介绍变频器对电动机正反转控制及模拟量频率给定的相关内容。

### 8.8.1　任务引入

有 1 台三相异步电动机，额定电压为 220V、额定功率为 25W、额定电流为 0.24A、额定频率为 50Hz、额定转速为 1350r/min。现需用西门子 V20 变频器对其进行正反转控制，用模拟量进行频率给定，试完成任务。

### 8.8.2　电路连接

将单相电源经断路器连接到变频器输入端子 L1 和 N；将变频器的输出端子 U、V、W 连接到三相异步电动机的接线端子上，如图 8-22 所示。

### 8.8.3　通过设置菜单进行快速调试

**1. 进入频率选择菜单**

变频器在首次上电时或者工厂复位后可以进入 50/60Hz 频率选择菜单。首次上电情况比较简单，无须任何设置，直接进入“50.?”频率选择菜单；工厂复位情况较为复杂，需要设置 P0010=30 和 P0970=1 后，会进入“50.?”频率选择菜单。上述进入 50/60Hz 频率选择菜单的两种情况及相关设置，如图 8-23 所示。鉴于在我国使用，进入“50.?”频率菜单后，一般不切换到“60.?”频率菜单，单击“OK”键会进入设置菜单，之后便可以通过设置菜单进行快速调试了。

**2. 进入设置菜单进行快速调试**

进入设置菜单后，首先设置电动机数据，接下来是连接宏选择，之后是应用宏选择，最

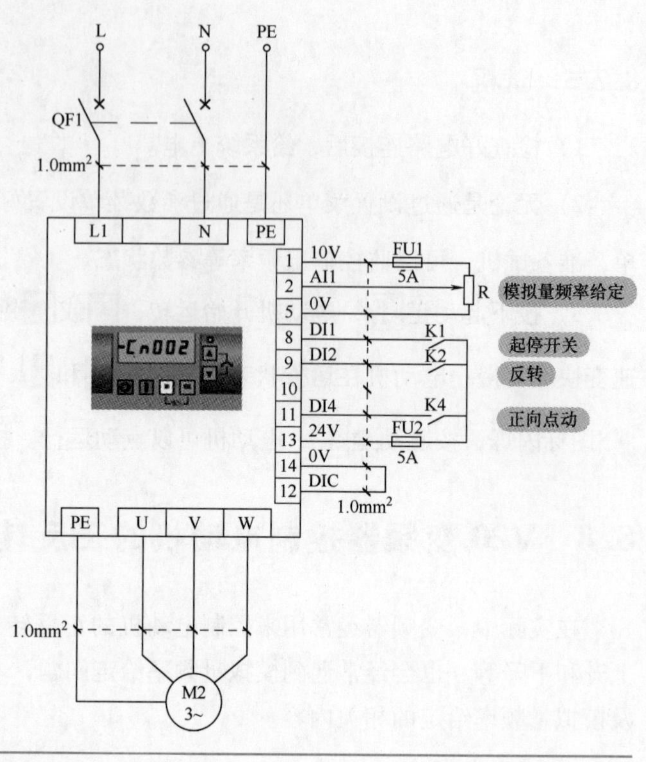


图 8-22　V20 变频器控制电动机正反转及模拟量频率给定的电路连接

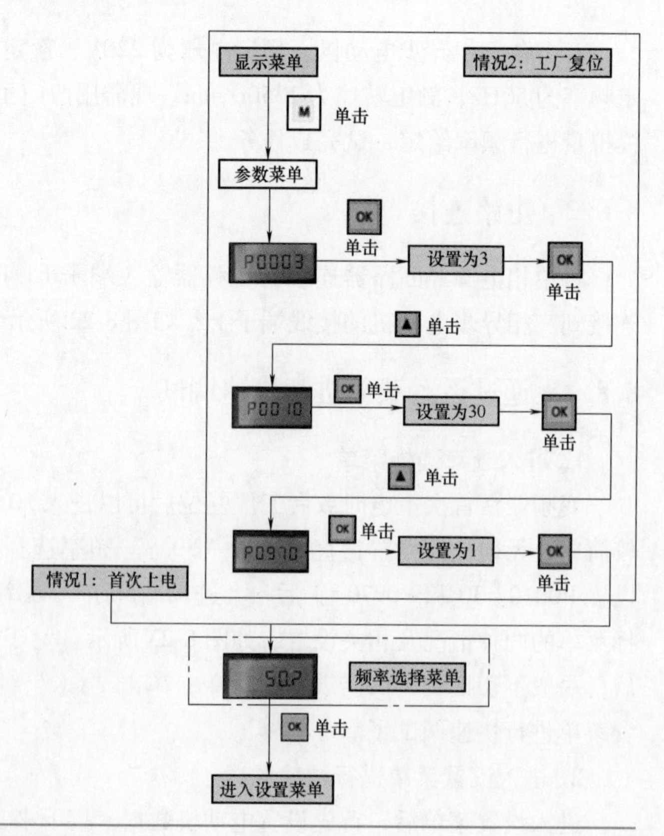


图 8-23　进入 50/60Hz 频率选择菜单的两种情况及相关设置

后是设置常用参数。上述流程图及相关设置，如图8-24所示。

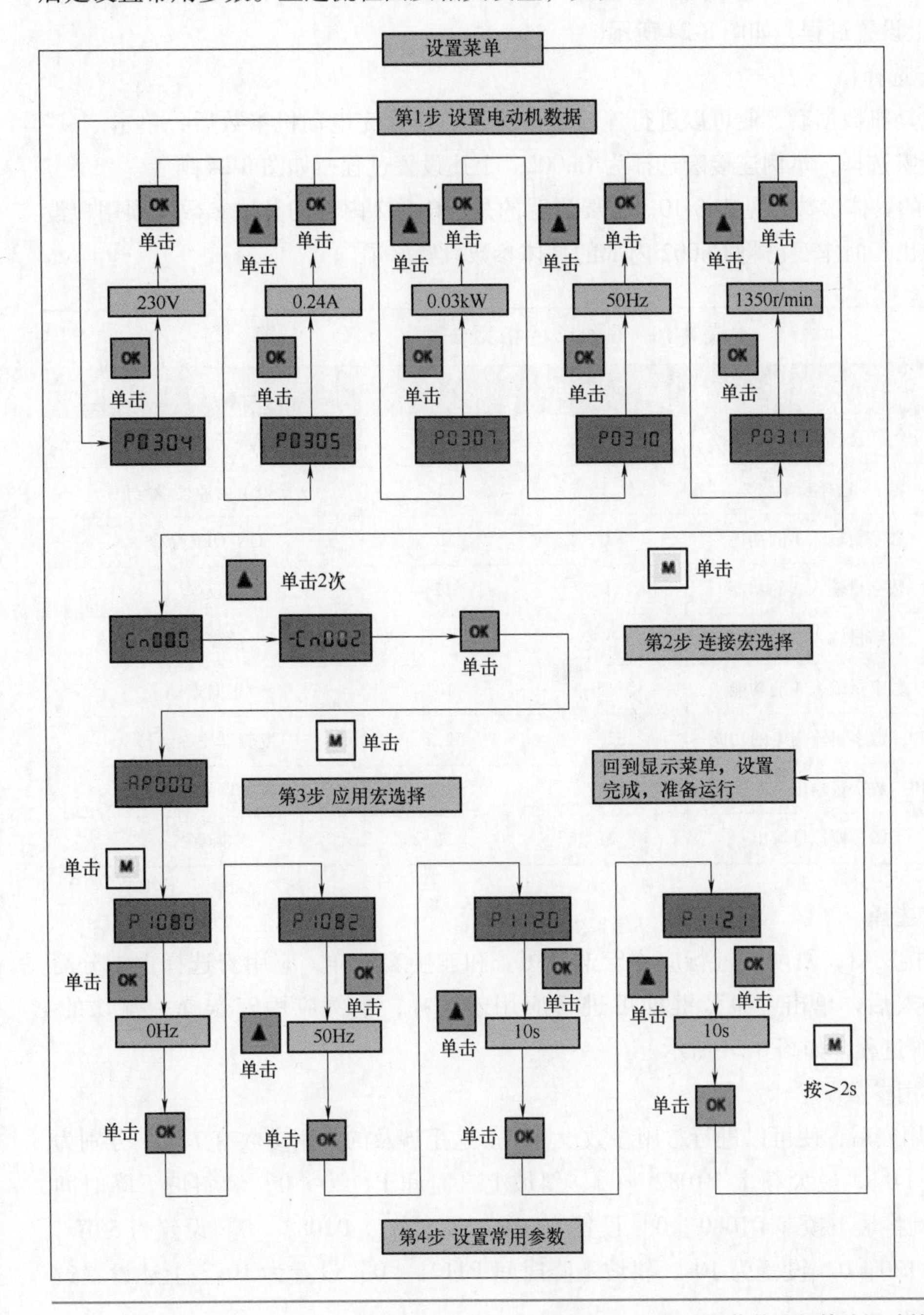


图8-24 进入设置菜单进行快速调试的流程图及相关设置

（1）根据铭牌设置电动机数据

由于电动机的额定电压为220V，额定电流为0.24A、额定功率为25W、额定频率为50Hz和额定转速1350r/min，故变频器额定电压（V）参数P0304［0］=230、额定电流（A）参数P0305［0］=0.24、额定功率（kW/hp）参数P0307［0］=0.03（四舍五入折合成 kW 后的结果)、额定频率（Hz）参数 P0310［0］=50 和额定转速（RPM）参数 P0311［0］=1350。以上设置过程，如图 8-24 所示。

（2）连接宏选择

在设置完电动机数据后，便可以进行连接宏选择了。设置完电动机参数后，单击“M”键即可进行连接宏选择，本例连接宏选择为 Cn002。上述设置过程，如图 8-24 所示。

Cn002 内部的具体参数，见表 8-10。需要说明的是，Cn002 内部的具体参数无须用户设置，变频器系统出厂时本身已将 Cn002 内部的具体参数设置好了。

**表 8-10　Cn002 的相关参数**

| 参数 | 描述 | 工厂默认值 | Cn002 默认值 | 备注 |
|---|---|---|---|---|
| P0700［0］ | 选择命令源 | 1 | 2 | 以端子为命令源 |
| P1000［0］ | 选择频率 | 1 | 2 | 模拟量为速度设定值 |
| P0701［0］ | 数字量输入 1 的功能 | 0 | 1 | ON/OFF 命令 |
| P0702［0］ | 数字量输入 2 的功能 | 0 | 12 | 反向 |
| P0703［0］ | 数字量输入 3 的功能 | 9 | 9 | 故障确认 |
| P0704［0］ | 数字量输入 4 的功能 | 15 | 10 | 正向点动 |
| P0731［0］ | BI：数字量输出 1 的功能 | 52.3 | 52.2 | 变频器正在运行 |
| P0732［0］ | BI：数字量输出 2 的功能 | 52.7 | 52.3 | 变频器故障激活 |
| P0771［0］ | CI：模拟量输出 | 21 | 21 | 实际频率 |

（3）应用宏选择

在设置完连接宏后，便可以进行应用宏选择了。和连接宏一样，应用宏选择也十分简单，选择完连接宏后，单击“M”键即可进行应用宏选择，本例应用宏选择为默认的-AP000。上述设置过程，如图 8-24 所示。

（4）设置常用参数

在设置完应用宏后，便可以进行常用参数设置了。这里涉及的常用参数有 7 个，分别为最小频率 P1080［0］、最大频率 P1082［0］、斜坡上升时间 P1120［0］和斜坡下降时间 P1121［0］。本例将最小频率 P1080［0］设置为 0Hz，最大频率 P1082［0］设置为 50Hz，斜坡上升时间 P1120［0］设置为 10s，斜坡下降时间 P1121［0］设置为 10s。上述设置过程，如图 8-24 所示。

综上，经过上述步骤设置，通过设置菜单进行快速调试完成。

### 8.8.4　通过参数菜单进行快速调试

除通过设置菜单进行快速调试外，还可以通过参数菜单进行快速调试。通过参数菜单进行快速调试步骤如下：

**1. 进入频率选择菜单**

变频器在首次上电时或者工厂复位后（P0010=30，P0970=1）可以进入 50/60Hz 频率选择菜单。该设置过程可以参考图 8-21，这里不再赘述。

**2. 通过参数菜单进行快速调试**

通过参数菜单进行快速调试的步骤，见表 8-11。

表 8-11　通过参数菜单进行快速调试的步骤

<table>
<tr><th>参数代码</th><th>设定数据</th><th>功能注释</th><th>备注</th></tr>
<tr><td>P0010</td><td>1</td><td>进入快速调试</td><td>快速调试通常 P0010 和 P3900 配合应用，进入快速调试 P0010=1，结束快速调试 P3900=1 或 P0010=0</td></tr>
<tr><td>P0304［0］</td><td>230</td><td>电动机额定电压</td><td rowspan="5">以上参数需按照本节任务引入电动机参数逐一设定；注意额定功率单位为 kW</td></tr>
<tr><td>P0305［0］</td><td>0.24</td><td>电动机额定电流</td></tr>
<tr><td>P0307［0］</td><td>0.03</td><td>电动机额定功率</td></tr>
<tr><td>P0310［0］</td><td>50</td><td>电动机额定频率</td></tr>
<tr><td>P0311［0］</td><td>1350</td><td>电动机额定转速</td></tr>
<tr><td>P3900</td><td>1</td><td>快速调试结束</td><td>快速调试结束</td></tr>
<tr><td>P0003</td><td>3</td><td>参数可以访问专家级</td><td rowspan="2">有时巧用 P0003 和 P0004 这两个参数可方便快捷地找到用户想要的参数；P0003 可设置访问级别；P0004 可筛选参数</td></tr>
<tr><td>P0004</td><td>10</td><td>筛选设定值通道/RFG 参数</td></tr>
<tr><td>P1000［0］</td><td>2</td><td>通过外部模拟量给定频率</td><td>P1000 参数是选择频率给定方式</td></tr>
<tr><td>P1120［0］</td><td>10</td><td>斜坡上升时间</td><td rowspan="4">与功能注释相同</td></tr>
<tr><td>P1121［0］</td><td>10</td><td>斜坡下降时间</td></tr>
<tr><td>P1080［0］</td><td>0</td><td>最低频率</td></tr>
<tr><td>P1082［0］</td><td>50</td><td>最高频率</td></tr>
<tr><td>P0004</td><td>7</td><td>筛选命令或二进制 I/O</td><td>设置 P0004=7 目的是筛选出 P0700~P0704</td></tr>
<tr><td>P0700［0］</td><td>2</td><td>用外部端子控制起停</td><td>P0700=1 是由基本面板来控制起停；P0700=2 是用外部端子控制起停，注意二者的区别</td></tr>
<tr><td>P0701［0］</td><td>1</td><td>运行/停机命令</td><td>端子接通电动机运行，断开停机</td></tr>
<tr><td>P0702［0］</td><td>2</td><td>反转命令</td><td>在电动机运行转态下，该端子接通反转</td></tr>
<tr><td>P0704［0］</td><td>10</td><td>正向点动</td><td>该端子的点动开关接通，电动机点动运行，松手停机</td></tr>
</table>

## 8.8.5　关键参数解析

无论是通过设置菜单还是通过参数菜单来快速调试，相关功能的实现和一些重要参数是分不开的。本例涉及的重要参数如下：

1）P0700［0］。P0700［0］是选择命令源参数，上一小节的案例是由基本操作面板（BOP）来控制变频器的起停的，故 P0700［0］=1，而本节案例由外部端子 DI1 控制变频器的起停，故 P0700［0］=2。

2）P0701［0］~P0704［0］。P0701［0］~P0704［0］是设置数字量输入的参数。

P0701［0］~P0704［0］设置为 1，控制电动机正向起停；设置为 12，在端子 DI1 接通的情况下，控制电动机反转；设置为 10，控制电动机正向点动运行。

3）P1000［0］。P1000［0］是频率设定值选择参数，上一小节案例是由电动电位计 MOP 给定频率，故 P1000［0］=1 而本例是由外部模拟量给定频率，故 P1000［0］=2。

### 8.8.6 试机

1）检查好电路连接后，给系统上电。

2）通过设置菜单和参数菜单设置好参数后，按 M 键 2s 以上回到显示菜单，准备试机，可以监控输出频率等参数状态。

3）接通起停开关 K1，电动机以模拟量给定频率开始运转；断开起停开关 K1，电动机停转；接通起停开关 K1 后再接通反转开关 K2，电动机反转；接通点动开关 K4，电动机点动运行。在接通起停开关 K1 电动机运行的情况下，旋转电位器 R，可以实现电动机的加减速运行。

## 8.9 V20 变频器三段调速控制

在工业生产中，由于工艺要求，很多设备需要在不同速度下运行，如高速、中速和低速。这就涉及多段调速问题，本节介绍三段调速控制。

### 8.9.1 任务引入

某水泵驱动电动机（三相 220V）的额定电压为 220V、额定功率为 0.5kW、额定电流为 3A、额定频率为 50Hz、额定转速为 1350r/min。现需用西门子 V20 变频器对其实现 3 种速度控制，要求低速为 600r/min，中速为 900r/min，高速为 1200r/min；试完成设计任务。

### 8.9.2 电路连接

将单相电源经断路器连接到变频器输入端子 L1 和 N；将变频器的输出端子 U、V、W 连接到三相异步电动机的接线端子上，如图 8-25 所示。

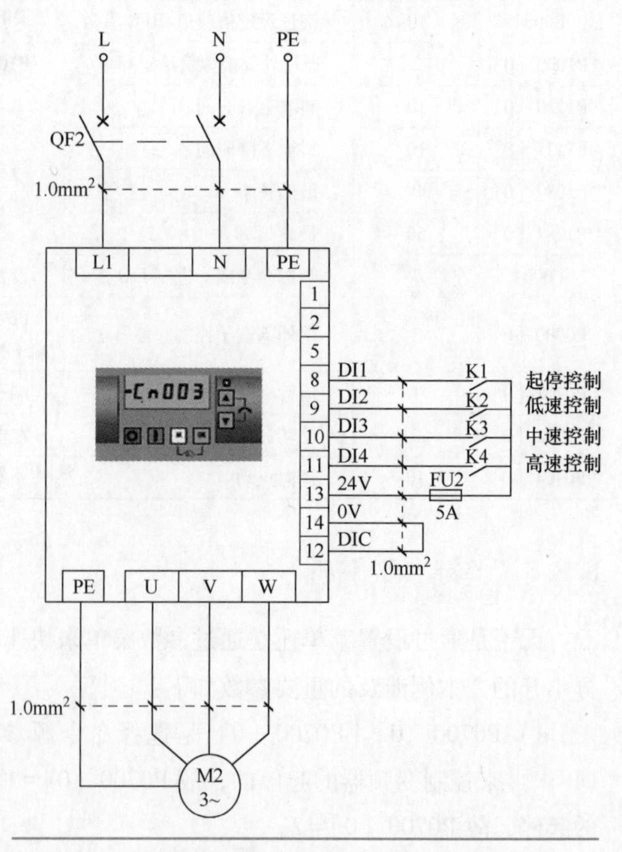


图 8-25 V20 变频器三段调速控制的电路连接

### 8.9.3　通过设置菜单进行快速调试

**1. 高中低速所对应的频率计算**

（1）高速所对应的频率

根据旋转磁场转速的变形公式估算高转速 1200r/min 所对应的频率如下：

$$f_1=\frac{pn_1}{60}=\frac{2\times1200}{60}\text{Hz}=40\text{Hz}$$

（2）中速所对应的频率

根据旋转磁场转速的变形公式估算中转速 900r/min 所对应的频率如下：

$$f_2=\frac{pn_2}{60}=\frac{2\times900}{60}\text{Hz}=30\text{Hz}$$

（3）低速所对应的频率

根据旋转磁场转速的变形公式估算低转速 600r/min 所对应的频率如下：

$$f_3=\frac{pn_3}{60}=\frac{2\times600}{60}\text{Hz}=20\text{Hz}$$

综上，根据上述计算三段调速控制高速要输入的给定频率为 40Hz，中速输入的给定频率为 30Hz，低速输入的给定频率为 20Hz。

编者有料

实际工程中，往往是用户提出转速要求，需要设计者通过计算估出高中低转速需要输入的设定频率，这点需要读者注意。估算公式为旋转磁场转速的变形公式 $f=\frac{pn_1}{60}$。

**2. 进入频率选择菜单**

变频器在首次上电时或者工厂复位后（P0010＝30，P0970＝1）可以进入 50/60Hz 频率选择菜单。该设置过程可以参考图 8-19，这里不再赘述。

**3. 进入设置菜单进行快速调试**

进入设置菜单后，首先设置电动机数据，接下来是连接宏选择，之后是应用宏选择，最后是设置常用参数。上述流程图及相关设置，如图 8-26 所示。

（1）根据铭牌设置电动机数据

由于电动机的额定电压为 220V，额定电流为 3A、额定功率为 0.5kW、额定频率为 50Hz 和额定转速为 1350r/min，故变频器额定电压（V）参数 P0304［0］＝230、额定电流（A）参数 P0305［0］＝3、额定功率（kW/hp）参数 P0307［0］＝0.5、额定频率（Hz）参数 P0310［0］＝50 和额定转速（r/min）参数 P0311［0］＝1350。以上设置过程，如图 8-26 所示。

（2）连接宏选择

在设置完电动机数据后，便可以进行连接宏选择了。设置完电动机参数后，单击“M”

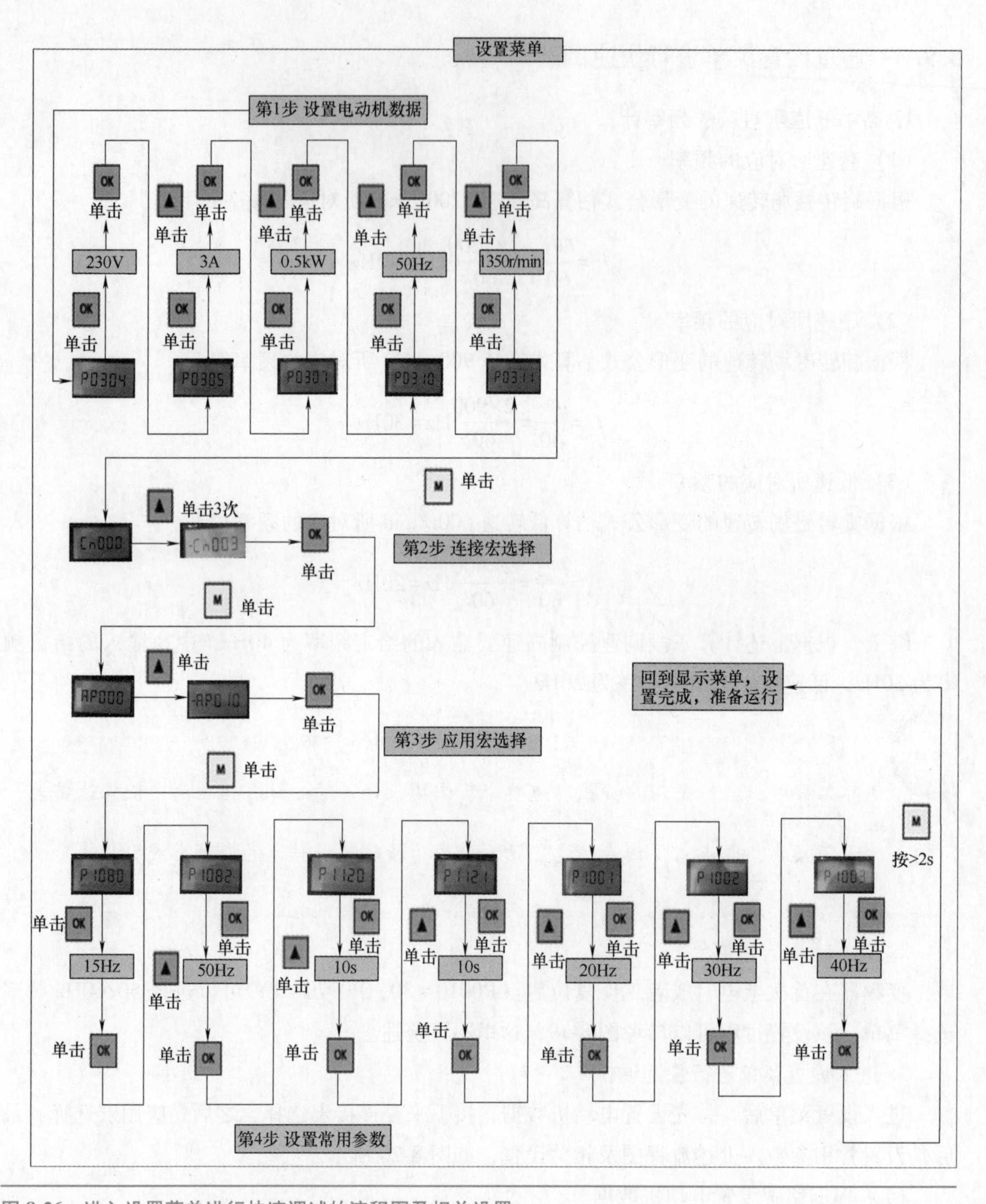


图 8-26 进入设置菜单进行快速调试的流程图及相关设置

键即可进行连接宏选择，本例连接宏选择为 Cn003。上述设置过程，如图 8-26 所示。

Cn003 内部的具体参数，见表 8-12。需要说明的是，Cn003 内部的具体参数无须用户设置，变频器系统出厂时本身已将 Cn003 内部的具体参数设置好了。

表 8-12　Cn003 的相关参数

| 参数 | 描述 | 工厂默认值 | Cn003 默认值 | 备注 |
| --- | --- | --- | --- | --- |
| P0700［0］ | 选择命令源 | 1 | 2 | 以端子为命令源 |
| P1000［0］ | 选择频率 | 1 | 3 | 固定频率 |
| P0701［0］ | 数字量输入 1 的功能 | 0 | 1 | ON/OFF 命令 |
| P0702［0］ | 数字量输入 2 的功能 | 0 | 15 | 固定转速位 0 |
| P0703［0］ | 数字量输入 3 的功能 | 9 | 16 | 固定转速位 1 |
| P0704［0］ | 数字量输入 4 的功能 | 15 | 17 | 固定转速位 2 |
| P1016［0］ | 固定频率模式 | 1 | 1 | 直接选择模式 |
| P1020［0］ | BI：固定频率选择位 0 | 722.3 | 722.1 | DI2 |
| P1021［0］ | BI：固定频率选择位 1 | 722.4 | 722.2 | DI3 |
| P1022［0］ | BI：固定频率选择位 2 | 722.5 | 722.3 | DI4 |
| P1001［0］ | 固定频率 1 | 10 | 10 | 低速 |
| P1002［0］ | 固定频率 2 | 15 | 15 | 中速 |
| P1003［0］ | 固定频率 3 | 25 | 25 | 高速 |
| P0731［0］ | BI：数字量输出 1 的功能 | 52.3 | 52.2 | 变频器正在运行 |
| P0732［0］ | BI：数字量输出 2 的功能 | 52.7 | 52.3 | 变频器故障激活 |
| P0771［0］ | CI：模拟量输出 | 21 | 21 | 实际频率 |

（3）应用宏选择

在设置完连接宏后，便可以进行应用宏选择了。和连接宏一样，应用宏选择也十分简单，选择完连接宏后，单击“M”键即可进行应用宏选择，本例应用宏选择为-AP010。上述设置过程，如图 8-26 所示。

AP010 内部的具体参数，见表 8-13。需要说明的是，AP010 内部的具体参数无须用户设置，变频器系统出厂时本身已将 AP010 内部的具体参数设置好了。

表 8-13　AP010 的相关参数

| 参数 | 描述 | 工厂默认值 | AP010 默认值 | 备注 |
| --- | --- | --- | --- | --- |
| P1080［0］ | 最小频率 | 0 | 15 | 禁止变频器 |
| P1300［0］ | 控制方式 | 0 | 7 | 平方 V/F 控制 |
| P1110［0］ | BI：禁止负的频率设定值 | 0 | 1 | 禁止水泵反转 |
| P1210［0］ | 自动再起动 | 1 | 2 | 上电时故障确认 |
| P1120［0］ | 斜坡上升时间 | 10 | 10 | 从零上升到最大频率的斜坡时间 |
| P1121［0］ | 斜坡下降时间 | 10 | 10 | 从最大频率下降到零的斜坡时间 |

(4) 设置常用参数

在设置完应用宏后，便可以进行常用参数设置了。这里涉及的常用参数有 7 个，分别为最小频率 P1080 [0]、最大频率 P1082 [0]、斜坡上升时间 P1120 [0]、斜坡下降时间 P1121 [0]、固定频率 1P1001 [0]、固定频率 2P1002 [0] 和固定频率 3P1003 [0]。本例将最小频率 P1080 [0] 设置为 15Hz，最大频率 P1082 [0] 设置为 50Hz，斜坡上升时间 P1120 [0] 设置为 10s，斜坡下降时间 P1121 [0] 设置为 10s，固定频率 1P1001 [0] 修改为 20Hz，固定频率 2P1002 [0] 修改为 30Hz，固定频率 3P1003 [0] 修改为 40Hz。上述设置过程，如图 8-26 所示。

综上，经过上述步骤设置，通过设置菜单进行快速调试完成。

## 8.9.4 关键参数解析

相关功能的实现和相关重要参数分不开，本例涉及的重要参数如下：

1) P0700 [0]。P0700 [0] 是选择命令源参数，由基本操作面板 (BOP) 来控制变频器的起停 P0700 [0]=1；本节案例由外部端子 DI1 控制变频器的起停，故 P0700 [0]=2。

2) P0701 [0]。P0701 [0] 是设置数字量输入 1 的参数；P0701 [0] 设置为 1，控制电动机起停。

3) P0702 [0]~P0704 [0]。P0702 [0]~P0704 [0] 分别是设置数字量输入 2~4 的参数。P0702 [0] 设置为 15，定义固定转速位 0；P0703 [0] 设置为 16，定义固定转速位 1；P0704 [0] 设置为 17，定义固定转速位 2。

4) P1016 [0]。P1016 [0] 是选择固定频率模式参数，选择固定频率模式有 2 种方式，P1016 [0]=1 为直接选择，P1016 [0]=2 为二进制编码选择。本例是直接选择，后文将介绍二进制编码选择。

5) P1000 [0]。P1000 [0] 是频率设定值选择参数，本例是固定频率选择，故 P1000 [0]=3。

## 8.9.5 试机

1) 检查好电路连接后，给系统上电。

2) 通过设置菜单设置好参数后，按 M 键 2s 以上回到显示菜单，准备试机，可以监控输出频率等参数状态。

3) 接通起停开关 K1，电动机以最小频率 15Hz 开始运转；断开起停开关 K1，电动机停转；接通起停开关 K1 后再接通低速开关 K2，电动机以低速给定频率 20Hz 运转；接通起停开关 K1 后再接通低速开关 K3，电动机以中速给定频率 30Hz 运转；接通起停开关 K1 后再接通低速开关 K4，电动机以高速给定频率 40Hz 运转。

编者有料

三段调速控制本节使用的是直接选择方式，也可以仿照下节运用的二进制编码选择方式，读者可自行尝试，这里不赘述。

## 8.10　V20 变频器七段调速控制

上一节介绍了多段调速控制的一种，即三段调速控制，本讲将介绍另一种，七段调速控制。

### 8.10.1　任务引入

有 1 台变频调速三相异步电动机（三相 220V），额定电压为 220V、额定功率为 0.5kW、额定电流为 3A、额定频率为 50Hz、额定转速为 1350r/min。现需用西门子 V20 变频器对其实现七段调速控制，输出转速要求是第一段为 300r/min，第二段为 600r/min，第三段为 900r/min，第四段为 450r/min，第五段为 1200r/min，第六段为 1350r/min，第七段为 750r/min。试完成任务。

### 8.10.2　电路连接

将单相电源经断路器连接到变频器输入端子 L1 和 N；将变频器的输出端子 U、V、W 连接到三相异步电动机的接线端子上，如图 8-27 所示。

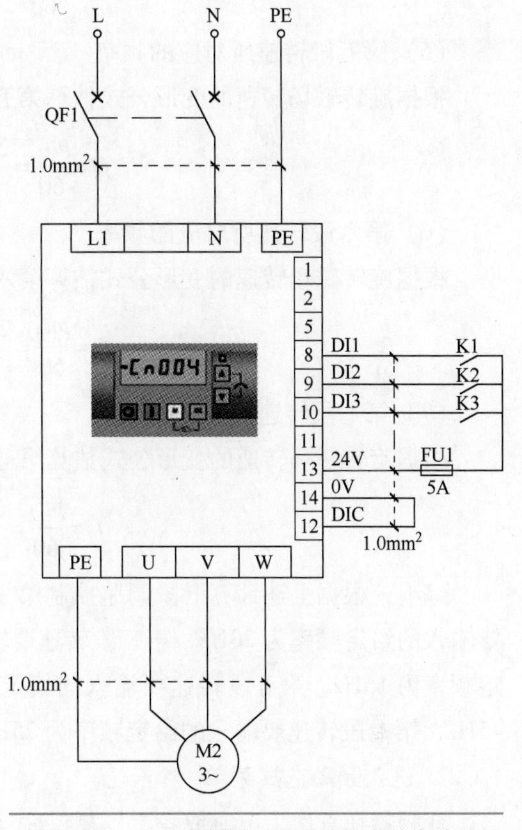


图 8-27　V20 变频器七段调速控制的电路连接

### 8.10.3　通过设置菜单进行快速调试

**1. 七段转速对应的频率计算**

（1）第一段转速所对应的频率

根据旋转磁场转速的变形公式估算第一段转速 300r/min 所对应的频率如下：

$$f_1=\frac{pn_1}{60}=\frac{2\times300}{60}\text{Hz}=10\text{Hz}$$

（2）第二段转速所对应的频率

根据旋转磁场转速的变形公式估算第二段转速 600r/min 所对应的频率如下：

$$f_2=\frac{pn_2}{60}=\frac{2\times600}{60}\text{Hz}=20\text{Hz}$$

（3）第三段转速所对应的频率

根据旋转磁场转速的变形公式估算第三段转速 900r/min 所对应的频率如下：

$$f_3=\frac{pn_3}{60}=\frac{2\times900}{60}\text{Hz}=30\text{Hz}$$

（4）第四段转速所对应的频率

根据旋转磁场转速的变形公式估算第四段转速 450r/min 所对应的频率如下：

$$f_4=\frac{pn_4}{60}=\frac{2\times450}{60}\text{Hz}=15\text{Hz}$$

（5）第五段转速所对应的频率

根据旋转磁场转速的变形公式估算第五段转速 1200r/min 所对应的频率如下：

$$f_5=\frac{pn_5}{60}=\frac{2\times1200}{60}\text{Hz}=40\text{Hz}$$

（6）第六段转速所对应的频率

根据旋转磁场转速的变形公式估算第六段转速 1350r/min 所对应的频率如下：

$$f_6=\frac{pn_6}{60}=\frac{2\times1350}{60}\text{Hz}=45\text{Hz}$$

（7）第七段转速所对应的频率

根据旋转磁场转速的变形公式估算第七段转速 750r/min 所对应的频率如下：

$$f_7=\frac{pn_7}{60}=\frac{2\times750}{60}\text{Hz}=25\text{Hz}$$

综上，根据上述计算七段调速控制第一段转速要输入的给定频率为 10Hz，第二段转速要输入的给定频率为 20Hz，第三段转速要输入的给定频率为 30Hz，第四段转速要输入的给定频率为 15Hz，第五段转速要输入的给定频率为 40Hz，第六段转速要输入的给定频率为 45Hz，第七段转速要输入的给定频率为 25Hz。

**2. 进入频率选择菜单**

变频器在首次上电时或者工厂复位后（P0010=30，P0970=1）可以进入 50/60Hz 频率选择菜单。该设置过程可以参考图 8-19，这里不再赘述。

**3. 进入设置菜单进行快速调试**

进入设置菜单后，首先设置电动机数据，接下来是连接宏选择，之后是应用宏选择，最后是设置常用参数。上述流程图及相关设置，如图 8-28 所示。

（1）根据铭牌设置电动机数据

由于电动机的额定电压为 220V，额定电流为 3A、额定功率为 0.5kW、额定频率为 50Hz 和额定转速 1350r/min，故变频器额定电压（V）参数 P0304［0］=230、额定电流（A）参数 P0305［0］=3、额定功率（kW/hp）参数 P0307［0］=0.5、额定频率（Hz）参数 P0310［0］=50 和额定转速（r/min）参数 P0311［0］=1350。以上设置过程，如图 8-28 所示。

（2）连接宏选择

在设置完电动机数据后，便可以进行连接宏选择了。设置完电动机参数后，单击“M”键即可进行连接宏选择，本例连接宏选择为 Cn004。上述设置过程，如图 8-28 所示。

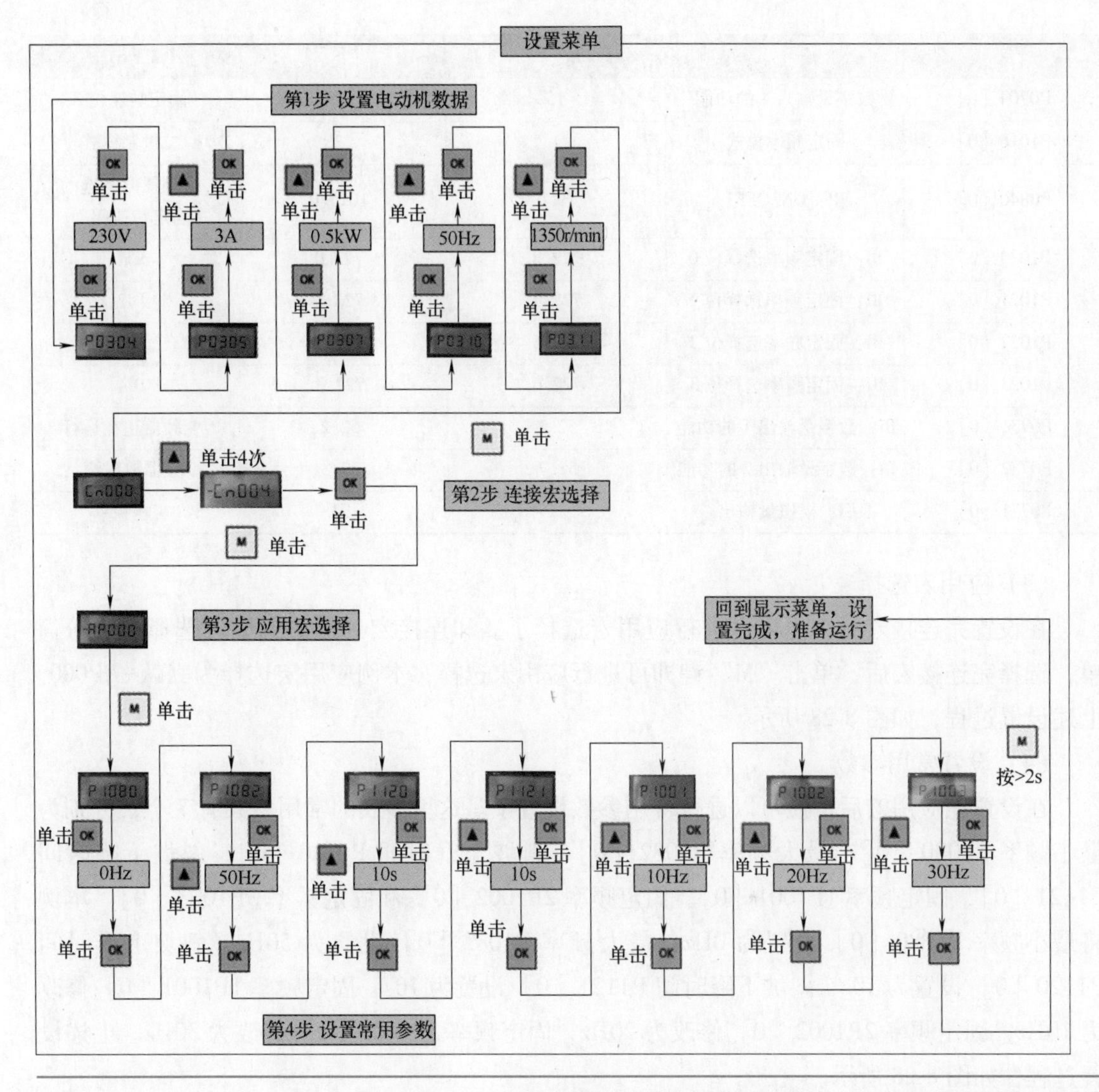


图 8-28 进入设置菜单进行快速调试的流程图及相关设置

Cn004 内部的具体参数，见表 8-14。需要说明的是，Cn004 内部的具体参数无须用户设置，变频器系统出厂时本身已将 Cn004 内部的具体参数设置好了。

表 8-14 Cn004 的相关参数

| 参数 | 描述 | 工厂默认值 | Cn004 默认值 | 备注 |
|---|---|---|---|---|
| P0700［0］ | 选择命令源 | 1 | 2 | 以端子为命令源 |
| P1000［0］ | 选择频率 | 1 | 3 | 固定频率 |
| P0701［0］ | 数字量输入 1 的功能 | 0 | 15 | 固定转速位 0 |
| P0702［0］ | 数字量输入 2 的功能 | 0 | 16 | 固定转速位 1 |
| P0703［0］ | 数字量输入 3 的功能 | 9 | 17 | 固定转速位 2 |

（续）

| 参数 | 描述 | 工厂默认值 | Cn004 默认值 | 备注 |
|---|---|---|---|---|
| P0704［0］ | 数字量输入 4 的功能 | 15 | 18 | 固定转速位 3 |
| P1016［0］ | 固定频率模式 | 1 | 2 | 二进制模式 |
| P0840［0］ | BI：ON/OFF1 | 19.0 | 1025.0 | 变频器以所选的固定转速起动 |
| P1020［0］ | BI：固定频率选择位 0 | 722.3 | 722.0 | DI1 |
| P1021［0］ | BI：固定频率选择位 1 | 722.4 | 722.1 | DI2 |
| P1022［0］ | BI：固定频率选择位 2 | 722.5 | 722.2 | DI3 |
| P1023［0］ | BI：固定频率选择位 3 | 722.6 | 722.3 | DI4 |
| P0731［0］ | BI：数字量输出 1 的功能 | 52.3 | 52.2 | 变频器正在运行 |
| P0732［0］ | BI：数字量输出 2 的功能 | 52.7 | 52.3 | 变频器故障激活 |
| P0771［0］ | CI：模拟量输出 | 21 | 21 | 实际频率 |

（3）应用宏选择

在设置完连接宏后，便可以进行应用宏选择了。和连接宏一样，应用宏选择也十分简单，选择完连接宏后，单击“M”键即可进行应用宏选择，本例应用宏选择为默认-AP000。上述设置过程，如图 8-28 所示。

（4）设置常用参数

在设置完应用宏后，便可以进行常用参数设置了。这里涉及的常用参数有 7 个，分别为最小频率 P1080［0］、最大频率 P1082［0］、斜坡上升时间 P1120［0］、斜坡下降时间 P1121［0］、固定频率 1P1001［0］、固定频率 2P1002［0］和固定频率 3P1003［0］。本例将最小频率 P1080［0］设置为 0Hz，最大频率 P1082［0］设置为 50Hz，斜坡上升时间 P1120［0］设置为 10s，斜坡下降时间 P1121［0］设置为 10s，固定频率 1P1001［0］修改为 10Hz，固定频率 2P1002［0］修改为 20Hz，固定频率 3P1003［0］修改为 30Hz。上述设置过程，如图 8-28 所示。

综上，经过上述步骤设置，通过设置菜单进行快速调试完成。

**4. 设置后续固定频率参数**

由于设置菜单的常用参数中只有固定频率参数 P1001［0］~P1003［0］，故还需在参数菜单中设置 P1004［0］~P1007［0］。

在设置完常用参数后，按 M 键 2s 以上进入显示菜单，进入显示菜单后单击 M 键，进入参数菜单。在参数菜单中，找到用户访问级参数 P0003，将其设置为 3（即专家级），再找到参数过滤参数 P0004，将其设置为 10（即设定值通道/RFG）。多次按 ▲ 找到固定频率 4P1004［0］，将其设置为 15；再找到固定频率 5P1005［0］，将其设置为 40，再找到固定频率 6P1006［0］，将其设置为 45，再找到固定频率 7P1007［0］，将其设置为 25，设置完以上参数，按 M 键 2s 以上回到显示菜单，准备试机。

### 8.10.4　关键参数解析

相关功能的实现和相关重要参数分不开，本例涉及的重要参数如下：

1）P0700［0］。P0700［0］是选择命令源参数，由基本操作面板（BOP）来控制变频器的起停 P0700［0］=1；本节案例由外部端子 DI1 控制变频器的起停，故 P0700［0］=2。

2）P0701［0］~P0704［0］。P0701［0］~P0704［0］分别是设置数字量输入 1~4 的参数。P0701［0］设置为 15，定义固定转速位 0；P0702［0］设置为 16，定义固定转速位 1；P0703［0］设置为 17，定义固定转速位 2；P0704［0］设置为 18，定义固定转速位 3。

3）P1016［0］。P1016［0］是选择固定频率模式参数，选择固定频率模式有 2 种方式，P1016［0］=1 为直接选择，P1016［0］=2 为二进制编码选择，本例是二进制编码选择。

4）P1000［0］。P1000［0］是频率设定值选择参数，本例是固定频率选择，故 P1000［0］=3。

5）P1001［0］~P1007［0］。P1001［0］~P1007［0］为固定频率参数，定义固定频率设定值。本例固定频率 1，P1001［0］设置为 10Hz；固定频率 2，P1002［0］设置为 20Hz；固定频率 3，P1003［0］设置为 30Hz；固定频率 4，P1004［0］设置为 15Hz；固定频率 5，P1005［0］设置为 40Hz；固定频率 6，P1006［0］设置为 45Hz；固定频率 7，P1007［0］设置为 25Hz。

### 8.10.5　试机

1）检查好电路连接后，给系统上电。

2）通过设置菜单和参数菜单设置好参数后，按 M 键 2s 以上回到显示菜单，准备试机，可以监控输出频率等参数状态。

3）开关 K1~K3 的通断和固定频率的对应关系见表 8-15。

表 8-15　K1~K3 开关组合与固定频率对应关系

| 固定频率 | 端子开关 | | |
|---|---|---|---|
| | K3（P0703） | K2（P0702） | K1（P0701） |
| P1001［0］ | 0 | 0 | 1 |
| P1002［0］ | 0 | 1 | 0 |
| P1003［0］ | 0 | 1 | 1 |
| P1004［0］ | 1 | 0 | 0 |
| P1005［0］ | 1 | 0 | 1 |
| P1006［0］ | 1 | 1 | 0 |
| P1007［0］ | 1 | 1 | 1 |

注：表中 1 代表开关 ON；0 代表开关 OFF。

接通开关 K1，电动机以 10Hz 频率运转；接通开关 K2，电动机以 20Hz 频率运转；接通开关 K1+K2，电动机以 30Hz 频率运转；接通开关 K3，电动机以 15Hz 频率运转；接通开关 K1+K3，电动机以 40Hz 频率运转；接通开关 K2+K3，电动机以 45Hz 频率运转；接通开关 K1+K2+K3，电动机以 25Hz 频率运转。

V20 变频器应用选择宏 C0004 最多可以实现十五段调速。

# 第 9 章

# V20 变频器与 S7-200 SMART PLC 综合应用案例

**本章要点：**

◆ V20 变频器与 S7-200 SMART PLC 在冷却风机项目中的应用
◆ V20 变频器与 S7-200 SMART PLC 在正压控制项目中的应用

第 8 章重点讲解了 V20 变频器的基本应用，在此基础上，本章继续深入探讨 S7-200 SMART PLC 与 V20 变频器的综合应用问题。

## 9.1 V20 变频器与 S7-200 SMART PLC 在冷却风机项目中的应用

### 9.1.1 任务引入

某工厂有 1 台冷却风机额定电压为 380V，额定功率为 3kW，额定转速为 1500r/min。现需用 S7-200 SMART PLC 与 V20 变频器通过 USS 通信对冷却风机进行起停和调速控制，起停控制和速度设定需在 SMART LINE 触摸屏上完成，此外变频器输出频率、输出电压和冷却电动机转速也需在 SMART LINE 触摸屏上显示。根据上述要求，试设计冷却风机控制系统。

### 9.1.2 硬件电路设计

本系统采用 SMART LINE 触摸屏+S7-200 SMART PLC+V20 变频器联合控制，硬件电路如图 9-1 所示。SMART LINE 触摸屏和 S7-200 SMART PLC 之间采用以太网通信，S7-200 SMART PLC 和 V20 变频器之间采用 USS 通信。

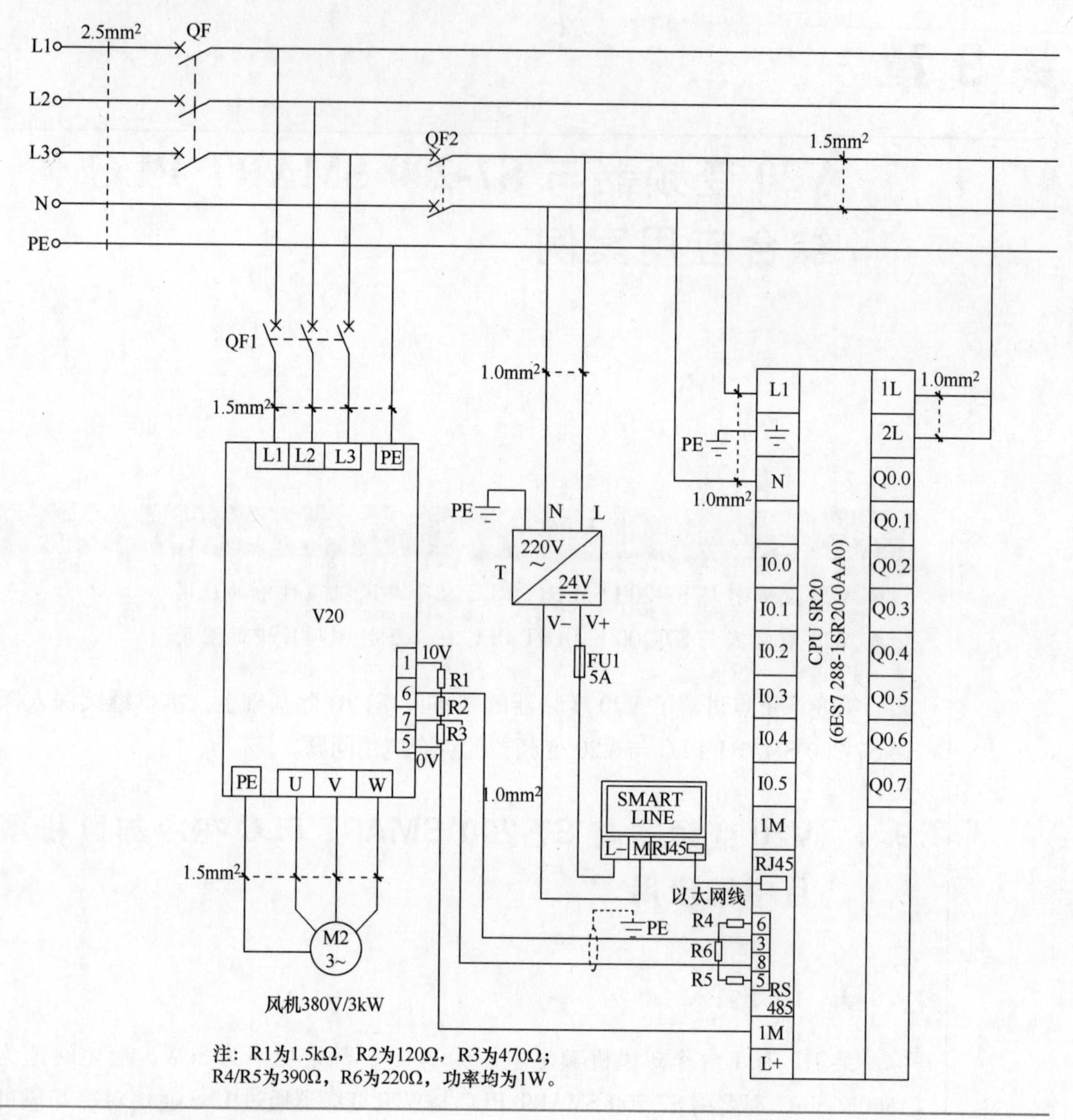


图 9-1　冷却风机控制硬件电路

## 9.1.3　知识链接

本例涉及了 S7-200 SMART PLC 和 V20 变频器之间 USS 通信，下边对 USS 通信知识进行讲解。

**1. USS 通信简介**

USS（Universal Serial Interface，即通用串行通信接口）是西门子专为驱动装置开发的通信协议，多年来也经历了一个不断发展、完善的过程。

USS 通信协议是主从结构的协议，规定了在 USS 总线上只有 1 个主站，最多有 31 个从站。每个从站都有 1 个从站地址，主站靠此地址识别从站。从站只对主站发来的报文做出响应并回送报文，从站间不能直接进行数据交换。

**2. USS 通信指令**

本例中 USS 通信涉及了 3 条指令，分别为初始化指令 USS_INIT、驱动装置控制指令 USS_CTRL 和参数读指令 USS_RPM_R。初始化指令 USS_INIT 的指令格式，见表 9-1。驱动装置控制指令 USS_CTRL 的指令格式，见表 9-2。参数读指令 USS_RPM_R 的指令格式，见表 9-3。

**表 9-1 USS_INIT 指令的指令格式**

| 指令 | 输入/输出端 | 输入/输出端数据类型 | 输入/输出端操作数 | 输入输出功能注释 |
|---|---|---|---|---|
| USS_INIT<br>EN<br>Mode Done<br>Baud Error<br>Port<br>Active | EN | BOOL | I、Q、M、S、SM、T、C、V、L | 使能端：只需在程序中执行一个扫描周期就能改变通信接口的功能，以及进行其他一些必要的初始设置，因此可以使用 SM0.1 或者沿触发来调用 USS_INIT 指令 |
| | Mode | BYTE | VB、IB、QB、MB、SB、SMB、LB、AC、常数、*VD、*AC、*LD | 模式：为 1 时，设置为 USS 通信协议并进行相关初始化；为 0 时，恢复为 PPI 协议并禁用 USS 通信 |
| | Baud | DWORD | VD、ID、QD、MD、SD、SMD、LD、AC、常数、*VD、*AC、*LD | 波特率：USS 通信波特率，支持的通信波特率为 1200bit/s、2400bit/s、4800bit/s、9600bit/s、19200bit/s、38400bit/s、57600bit/s、115200bit/s；此参数要和变频器的参数设置一致 |
| | Port | BYTE | VB、IB、QB、MB、SB、SMB、LB、AC、常数、*VD、*AC、*LD | 端口号：0=CPU 集成的 RS-485 通信接口；1=可选 CM 01 信号板 |
| | Active | DWORD | VD、ID、QD、MD、SD、SMD、LD、AC、常数、*VD、*AC、*LD | 此参数决定网络上的哪些 USS 从站在通信中有效 |
| | Done | BOOL | I、Q、M、S、SM、T、C、V、L | 初始化完成标志 |
| | Error | BYTE | VB、IB、QB、MB、SB、SMB、LB、AC、*VD、*AC、*LD | 初始化错误代码 |
| 指令功能说明 | 使用 USS_INIT 指令初始化 USS 通信功能 | | | |

表 9-2　USS_CTRL 指令的指令格式

| 指令 | 输入/输出端 | 输入/输出端数据类型 | 输入/输出端操作数 | 输入输出功能注释 |
|---|---|---|---|---|
| USS_CTRL<br>EN<br>RUN<br>OFF2<br>OFF3<br>F_ACK<br>DIR<br>Drive　Resp_R<br>Type　Error<br>Speed_SP　Status<br>Speed<br>Run_EN<br>D_Dir<br>Inhibit<br>Fault | EN | BOOL | I、Q、M、S、SM、T、C、V、L | 使能端：必须保证每一扫描周期都被使能（使用 SM0.0） |
| | RUN | BOOL | I、Q、M、S、SM、T、C、V、L | 驱动装置的起动/停止控制；为 1 时，表示运行；为 0 时，表示停车；此停车是按照驱动装置中设置的斜坡减速指电动机停止 |
| | OFF2 | BOOL | I、Q、M、S、SM、T、C、V、L | 停车信号 2。此信号为“1”时，驱动装置将封锁主回路输出，电动机自由停车 |
| | OFF3 | BOOL | I、Q、M、S、SM、T、C、V、L | 停车信号 3。此信号为“1”时，驱动装置将快速停车 |
| | F_ACK | BOOL | I、Q、M、S、SM、T、C、V、L | 故障确认。当驱动装置发生故障后，将通过状态字向 USS 主站报告；如果造成故障的原因排除，可以使用此输入端清除驱动装置的报警状态，即复位。注意这是针对驱动装置的操作 |
| | DIR | BOOL | I、Q、M、S、SM、T、C、V、L | 电动机运转方向控制。其 0 和 1 状态决定运行方向 |
| | Drive | BYTE | VB、IB、QB、MB、SB、SMB、LB、AC、*VD、*AC、*LD、常数 | 驱动装置在 USS 网络上的站号。从站必须先在初始化时激活才能进行控制 |
| | Type | BOOL | VB、IB、QB、MB、SB、SMB、LB、AC、*VD、*AC、*LD、常数 | 向 USS_CTRL 功能块指示驱动装置类型；为 1 时，表示 MM4 系列，G110，V20；为 0 时，表示 MM3 系列或更早的产品 |
| | Speed_SP | REAL | VD、ID、QD、MD、SD、SMD、LD、AC、*VD、*AC、*LD、常数 | 速度设定值。该速度是全速的一个百分数；“Speed_SP”为负值将导致变频器反向运行 |
| | Speed | REAL | VD、ID、QD、MD、SD、SMD、LD、AC、*VD、*AC、*LD、常数 | 驱动装置返回的实际运转速度值，实数 |
| 指令功能说明 | USS_CTRL 指令用于对单个驱动装置进行运行控制 | | | |

表 9-3 USS_RPM_R 指令的指令格式

| 指令 | 输入/输出端 | 输入/输出端数据类型 | 输入/输出端操作数 | 输入输出功能注释 |
|---|---|---|---|---|
| USS_RPM_R<br>EN<br>XMT_~<br>Drive Done<br>Param Error<br>Index Value<br>DB_Ptr | EN | BOOL | I、Q、M、S、SM、T、C、V、L | 使能端：使能端必须接通才能启用对请求的发送 |
| | XMT_REQ | BOOL | I、Q、M、S、SM、T、C、V、L | 如果此位接通，每次扫描时都会向变频器发送 USS_RPM_R 请求 |
| | Drive | BYTE | VB、IB、QB、MB、SB、SMB、LB、AC、常数、*VD、*AC、*LD | 驱动装置在 USS 网络上的站号。从站有效地址从 0~31 |
| | Param | WORD | VW、IW、QW、MW、SW、SMW、LW、T、C、AC、AIW、*VD、*AC、*LD、常数 | 变频器中的参数编号 |
| | Index | WORD | VW、IW、QW、MW、SW、SMW、LW、T、C、AC、AIW、*VD、*AC、*LD、常数 | 参数下标。有些参数由多个带下标的参数组成一个参数组，下标用来指出具体的某个参数。对于没有下标的参数，可设置为 0 |
| | DB_Ptr | DWORD | &VB | 读指令需要一个 16 字节的数据缓冲区，用间接寻址形式给出一个起始地址。此数据缓冲区与“库存储区”不同，是每个指令（功能块）各自独立需要的 |
| | Done | BOOL | I、Q、M、S、SM、T、C、V、L | 读功能完成标志位，读完成后置 1 |
| | Error | BYTE | VB、IB、QB、MB、SB、SMB、LB、AC、*VD、*AC、*LD | 出错代码，0=无错误 |
| | Value | REAL | VD、ID、QD、MD、SD、SMD、LD、AC、*VD、*AC、*LD、常数 | 读出的数据值。该数据值在“Done”位为 1 时有效 |

## 9.1.4 PLC 程序设计

### 1. I/O 分配

明确控制要求后，进行 I/O 分配。I/O 分配，如图 9-2 所示。

### 2. 硬件组态

对冷却风机控制进行硬件组态。硬件组态结果，如图 9-3 所示。

| | | | 符号 | 地址 |
|---|---|---|---|---|
| 1 | | | 启停 | M0.0 |
| 2 | | | 速度设定百分比 | VD10 |
| 3 | | | 转速 | VD200 |
| 4 | | | 输出电压 | VD80 |
| 5 | | | 输出频率 | VD50 |

图 9-2 I/O 分配

| | 模块 | 版本 | 输入 | 输出 | 订货号 |
|---|---|---|---|---|---|
| CPU | CPU SR20 (AC/DC/Relay) | V02.02.00_00.00... | I0.0 | Q0.0 | 6ES7 288-1SR20-0AA0 |
| SB | | | | | |
| EM 0 | | | | | |

图 9-3 冷却风机控制硬件组态

**3. 程序设计**

冷却风机控制程序，如图 9-4 所示。

**4. 编程思路解析**

（1）用 USS_INIT 指令初始化 USS 通信功能

在使用 USS_INIT 指令初始化 USS 通信功能时最重要的两点是设置好从站激活标志和波特率。

1）从站激活标志：由于 1 个主站，能连接 0~31 个从站。因此从站地址和从站激活标志之间有如下关系，见表 9-4。由于本例只有 1 个从站（变频器 V20），且从站地址为 1，因此根据表 9-4 USS 通信初始化指令 USS_INIT 的从站激活标志 Active 的值为 16#00000002，从站激活标志 Active 这里也可用十进制和二进制，但需注意数制间的转换关系。

表 9-4 从站地址和从站激活标之间对应关系

| 位号 | MSB 31 | 30 | 29 | 28 | … | 03 | 02 | 01 | LSB 00 |
|---|---|---|---|---|---|---|---|---|---|
| 对应从站地址 | 31 | 30 | 29 | 28 | … | 03 | 02 | 01 | 00 |
| 从站激活标志（二进制） | 0 | 0 | 0 | 0 | … | 0 | 0 | 1 | 0 |
| Active = | 16#00000002 | | | | | | | | |

2）波特率：主站的波特率必须和从站保持一致，这也是决定 S7-200 SMART PLC 与 V20 变频器进行 USS 通信成功与否的关键之一。V20 变频器波特率参数 P2010［0］设置为 57600bit/s，因此 USS_INIT 指令的波特率也需设置成为 57600bit/s。

S7-200 SMART PLC与V20实现USS通信

1 初始化程序，首个扫描周期复位M10.0开始的两位，SM0.1下降沿置位M10.0；

First_Sc~:SM0.1
M10.0
R
2
N
M10.0
S
1

2 用初始化脉冲SM0.1调用USS_INIT指令。Mode为1，表示设置为USS通信协议；波特率为57600 bit/s；port为0，使用的是CPU本身的RS-485接口；Active从站激活标志为2；

First_Sc~:SM0.1
USS_INIT
EN
1 - Mode Done - M14.0
57600 - Baud Error - VB0
0 - Port
16#02 - Active

3 与RUN相连的触点M0.0接通变频器启动；断开，变频器按斜坡减速停车；
OFF2接通为停止主电路输出，自由停车；OFF3接通为快速停车；DIR可以控制电动机的转向，DIR为1正转的话，为0则为反转；Drive设置从站地址，即变频器地址，这里设定为1；本变频器为V20故Type选择为1；Speed_SP为速度设定百分比。

Always_~:SM0.0
USS_CTRL
EN
起停:M0.0
RUN
M0.1
OFF2
M0.2
OFF3
M0.3
F_ACK
M0.4
DIR
1 - Drive Resp_~ - M14.1
1 - Type Error - VB14
速度设~:VD10 - Speed~ Status - VW15
Speed - VD20
Run_~ - M14.2
D_Dir - M14.3
Inhibit - M14.4
Fault - M14.5

图 9-4 冷却风机控制程序

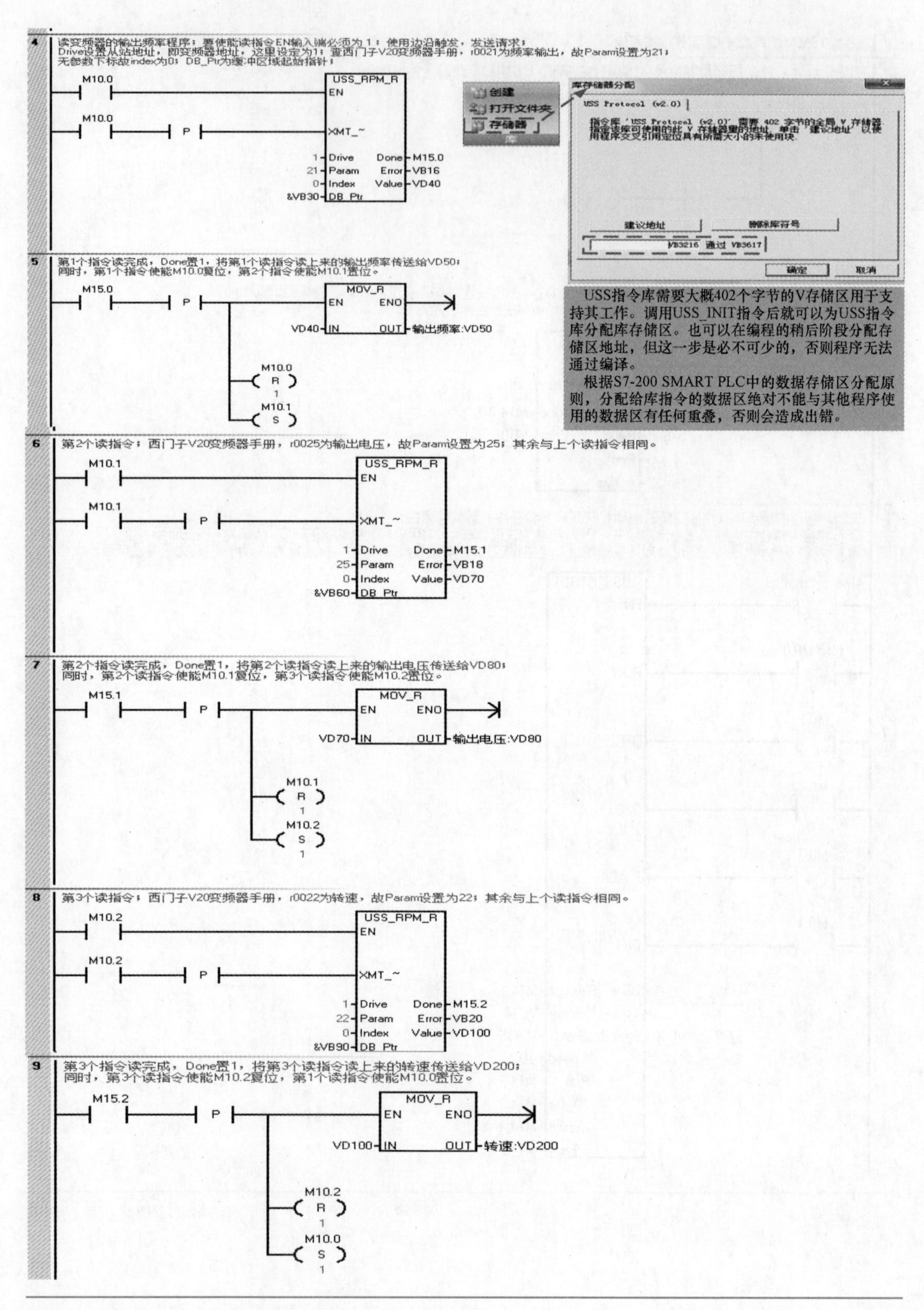


图 9-4 冷却风机控制程序（续）

（2）用 USS_CTRL 指令控制驱动装置

使用 USS_CTRL 指令时应注意如下几个关键点：

1）使能端必须保证每一扫描周期都能被使能，因此通常用 SM0.0 常开触点与使能端 EN 连接。

2）控制驱动装置的起停和 USS_CTRL 指令的 RUN 端有关，RUN 端接通能起动驱动装置，RUN 端断开时要注意驱动装置按设定的斜坡下降时间减速停机，如需自由停车则需用到 USS_CTRL 指令的 OFF2 端，如需快速停车则需用到 USS_CTRL 指令的 OFF3 端。

3）设置 USS_CTRL 指令的从站号必须与 V20 变频器保持一致。由于 V20 变频器的地址参数 P2011［0］为 1，故 USS_CTRL 指令的 Drive 端输入为 1。

4）看用户的变频器是西门子的哪款产品，从而决定 USS_CTRL 指令的 Type 端输入。由于本例从站是 V20 变频器，故 Type 端输入为 1。

5）设定速度设定值。注意该速度设定值是全速的一个百分数；如本例 Speed_SP 端 VD10 中的数值是 40.0，代表是全速的 40%，即设定速度 = 1500r/min×40% = 600r/min。

6）电动机的转速是 SPEED 端的数值，本例将电动机的转速放在了 VD20 中，也可通过 USS_RPM_R 指令读取电动机的转速，详见程序。

（3）轮询电路设置

如果涉及多个参数的读写每个读写指令之间必须设置轮询电路。本例涉及读变频器的输出频率（变频器的 r0021 参数）、输出电压（变频器的 r0025 参数）和转速（变频器的 r0022 参数），故读每个参数是都需设置轮询电路，轮询电路即网络 1、5、7、9。

编者有料

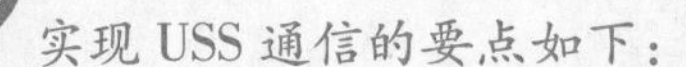

实现 USS 通信的要点如下：

1. 将初始化指令 USS_INIT 的从站激活标志和波特率设置正确。从站激活标志应按表 9-4 设置好，USS_INIT 的波特率要与从站的波特率保持一致。

2. 无论是 USS_CTRL 指令、USS_RPM_X 指令还是 USS_WPM_X 指令，都需设置好它们的从站号 Drive，即变频器的地址。当有多个变频器时，每台变频器的地址是不同的，因此指令从站号 Drive 也是不同的。

3. 涉及多条读写指令时，一定要写好轮询电路。

4. 当有多个从站程序编写时，只需有一个初始化指令 USS_INIT，有几个从站就有几条 USS_CTRL 指令，USS_RPM_X 指令和 USS_WPM_X 指令的多少要看所读写从站参数的多少，就是只有一个从站也可有多条 USS_RPM_X 指令或 USS_WPM_X 指令，如本例。

5. USS 指令库需要 402 个字节的 V 存储区用于支持其工作。调用 USS_INIT 指令后就可以为 USS 指令库分配库存储区。也可以在编程的稍后阶段分配存储区地址，但这一步是必不可少的，否则程序无法通过编译。

> 根据 S7-200 SMART PLC 中的数据存储区分配原则，分配给库指令的数据区绝对不能与其他程序使用的数据区有任何重叠，否则会造成出错。

### 9.1.5 触摸屏画面的设计及组态

**1. 创建1个项目**

安装完 WinCC flexible SMART V3 触摸屏组态软件后，双击桌面上的图标，打开 WinCC flexible SMART V3 项目向导，单击“创建一个空项目”，如图 9-5 所示。

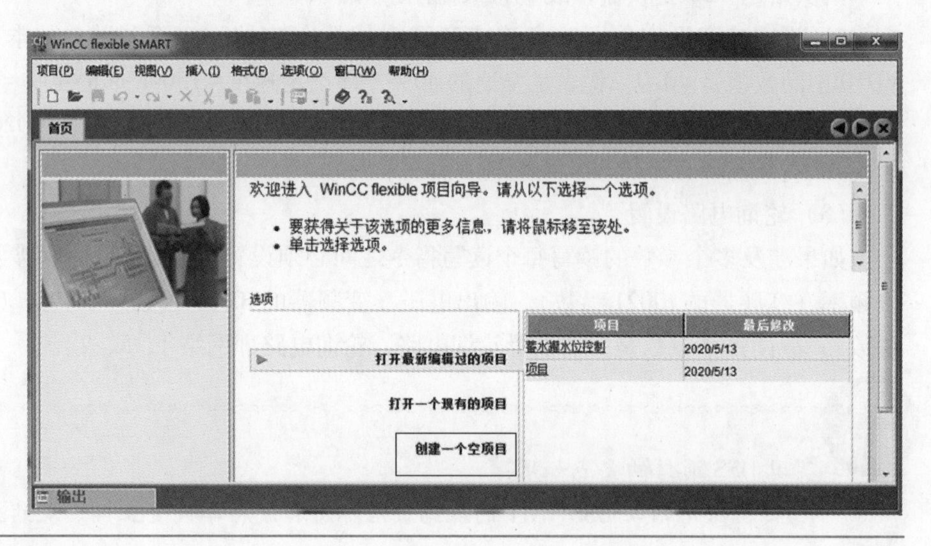


图 9-5 创建一个空项目

**2. 设备选择**

选择触摸屏的型号，这里选择“SMART 700 IE V3”，选择完成后，单击“确定”按钮，选择画面，如图 9-6 所示。单击“确定”按钮后，出现 WinCC flexible SMART V3 组态软件界面，如图 9-7 所示。

**3. 新建连接**

新建连接即建立触摸屏与 PLC 的连接。打开项目树中的“通信”文件夹，双击“连接”，会出现“连接列表”。在“名称”中双击，会出现“连接1”；“通信驱动程序”项选择 SIMATIC S7 200 Smart，“在线”项选择“开”；触摸屏地址输入“192. 168. 2. 2”，PLC 地址输入“192. 168. 2. 1”。需要说明的是，两种设备能实现以太网通信的关键是地址的前三段数字一致，第四段一定不一致。例如本例中，前三段地址为“192. 168. 2”，两个设备都一致，最后一段地址，触摸屏是“2”，PLC 是“1”，第四段不一致。以上新建连接的所有步骤，如图 9-8 所示。

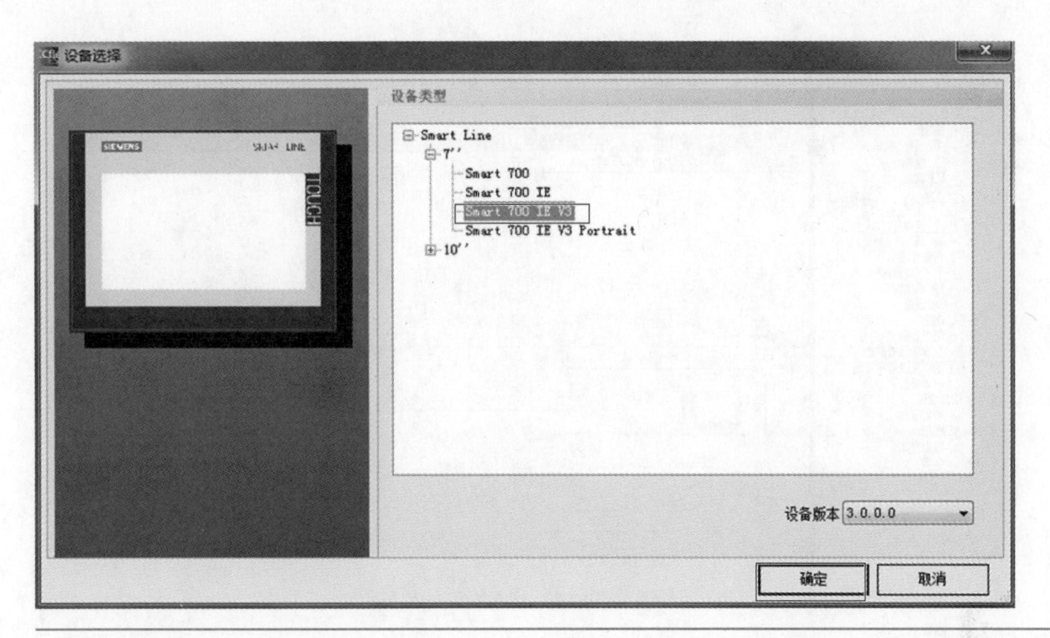


图 9-6 设备选择

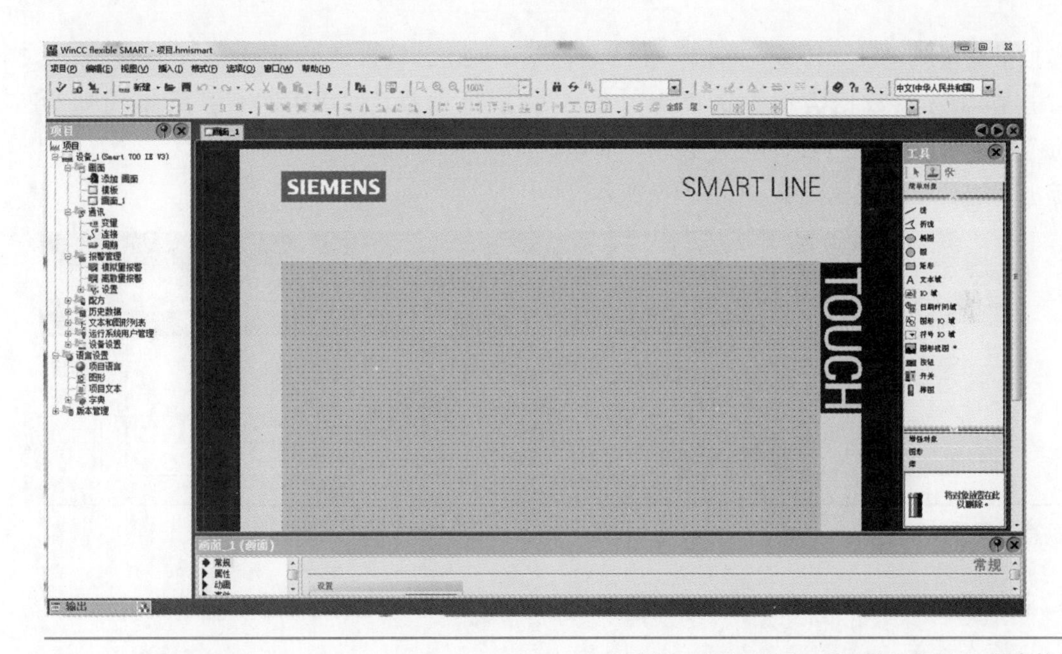


图 9-7 WinCC flexible SMART V3 组态软件界面

### 4. 新建变量

将触摸屏的变量和 PLC 中的变量建立联系。打开项目树中的“通信”文件夹，双击“变量”，会出现“变量列表”。

本例中的变量分为两类，数字量和模拟量。数字量变量新建以“起停”举例。在“名称”中双击，输入“起停”；在“连接”中，选择“连接 1”；“数据类型”选择为“Bool”；地址选择为“M0.0”；采集周期选择为“1s”。

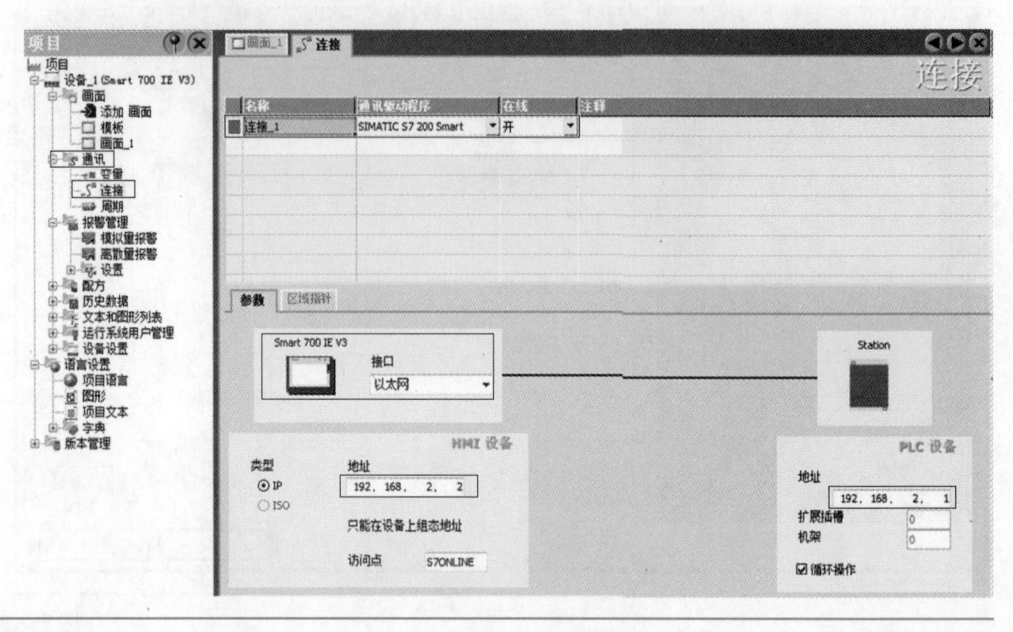


图 9-8　新建连接

模拟量变量新建以“转速”举例，在“名称”中双击，输入“转速”；在“连接”中，选择“连接 1”；“数据类型”选择为“Real”；地址选择为“VD 200”；采集周期为“100ms”。其余变量新建可以参考上述两个变量。

综上所述，新建变量结果，如图 9-9 所示。

| 名称 | 连接 | 数据类型 | 地址 | 采集周期 | 数组计数 |
|---|---|---|---|---|---|
| 起停 | 连接_1 | Bool | M 0.0 | 1 s | 1 |
| 速度设定百分比 | 连接_1 | Real | VD 10 | 100 ms | 1 |
| 转速 | 连接_1 | Real | VD 200 | 100 ms | 1 |
| 输出频率 | 连接_1 | Real | VD 50 | 100 ms | 1 |
| 输出电压 | 连接_1 | Real | VD 80 | 100 ms | 1 |

图 9-9　新建变量结果

**5. 画面设计及组态**

（1）插入开关

单击工具箱中的“简单对象”组，将 开关 图标拖放到画面 1 中，选中 开关 调整至合适的大小。在“开关”的“常规”属性中，将“类型”设置为“通过文本切换”；将“ON 状态文本”后输入“停止”，将“OFF 状态文本”后输入“起动”；“变量”连接为“起动”。以上设置步骤，如图 9-10 所示。

（2）插入按钮

单击工具箱中的“简单对象”组，将 按钮 图标拖放到画面 1 中。再拖 1 次，在画面 1

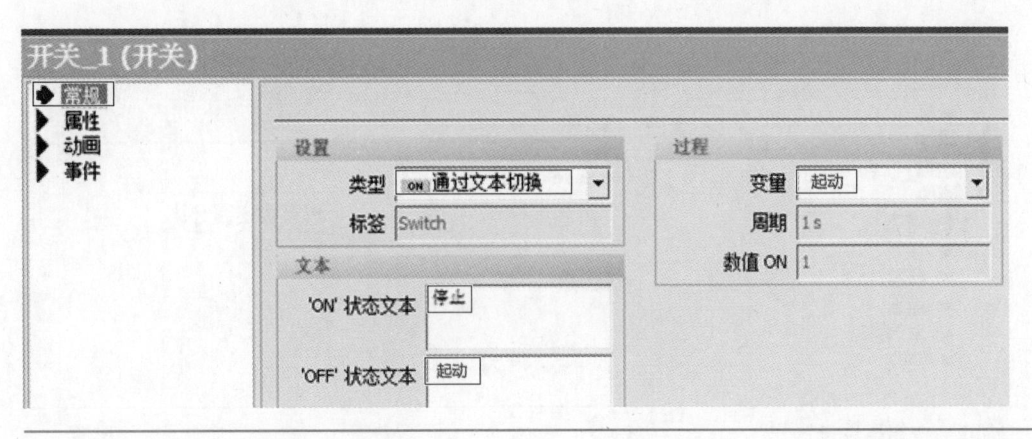


图 9-10　插入开关及组态

中会出现 2 个按钮。

1）“加 1” 按钮设置。

选中第一个 Text ，对其进行属性设置。常规属性设置：将其名称写为“加 1”；“属性”中的“外观”设置为默认；“属性”中的“文本”设置：将“字体”设置为“宋体，标准，12pt”，其余默认。以上操作步骤，如图 9-11 所示。事件设置：单击时，组态按下按钮时执行系统函数列表下的“计算”文件夹中的“Increase Value”（增加值），变量（InOut）连接为“数据”，增加值写入 1，按钮经过上述组态，每按一下变量“数据”的值都会自加 1。以上操作步骤，如图 9-12 所示。

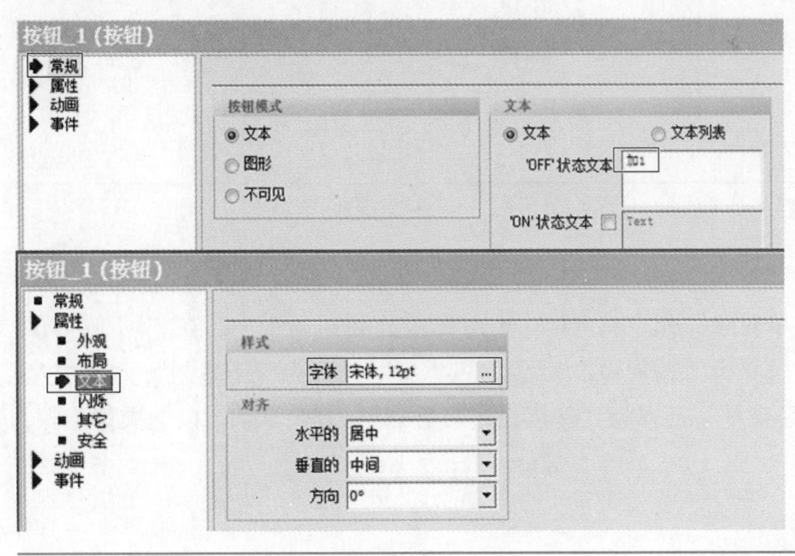


图 9-11　“加 1” 按钮常规和文本设置

2）“减 1” 按钮设置。

选中第二个 Text ，对其进行属性设置。常规属性设置：将其名称写为“减 1”；“外

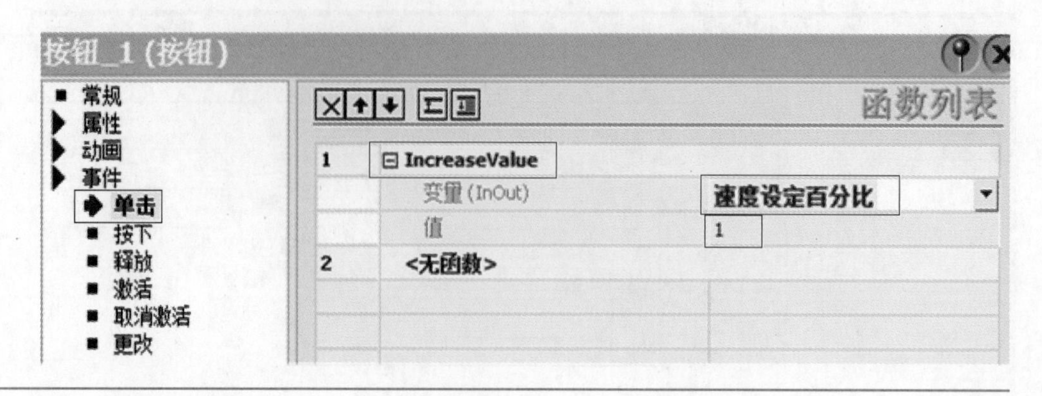


图 9-12 “加 1”按钮事件设置

观”和“文本”设置与“加 1”按钮相同。事件设置：单击时，组态按下按钮时执行系统函数列表下的“计算”文件夹中的“Decrease Value”（减少值），变量（InOut）连接为“数据”，减少值写入 1，按钮经过上述组态，每按一下变量“数据”的值都会自减 1。以上操作步骤，如图 9-13 所示。

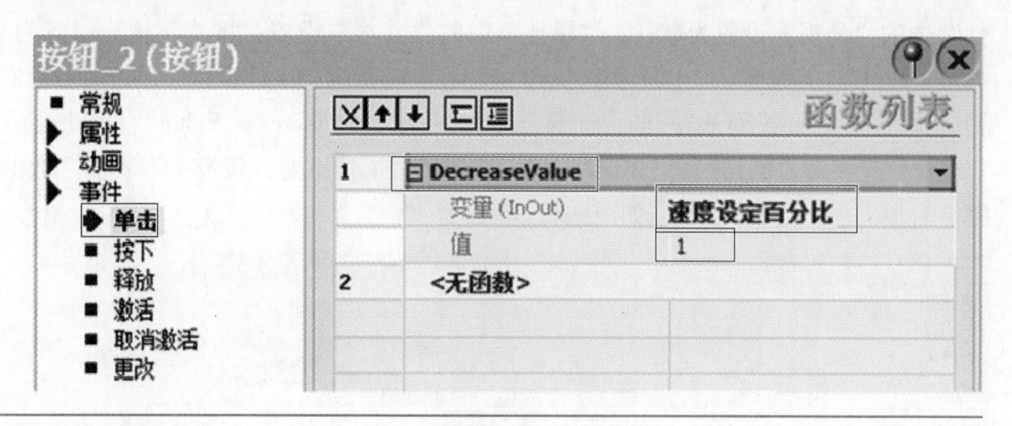


图 9-13 “减 1”按钮事件设置

（3）插入 IO 域

单击工具箱中的“简单对象”组，将 abl IO 域 图标拖放到画面 1 中，在“IO 域”的“常规”属性中，“模式”选择为“输入输出”，“格式类型”选择为“十进制”，“格式样式”选择为“999”，“过程变量”选择为“速度设定百分比”，其余默认。以上操作步骤，如图 9-14 所示。

（4）插入棒图

1）转速棒图的插入。

单击工具箱中的“简单对象”组，将 棒图 图标拖放到画面 1 中，在“棒图”的“外观”属性中，“前景色”选择为“黄色”，“棒图背景色”选择为“白色”；在“棒图”的“常规”属性中，静态“最大值”改为“1500”，静态“最小值”改为“0”，“过程变量”连接为“转速”；在“棒图”的“刻度”属性中，“大刻度间距”改为“100”，“标记增量

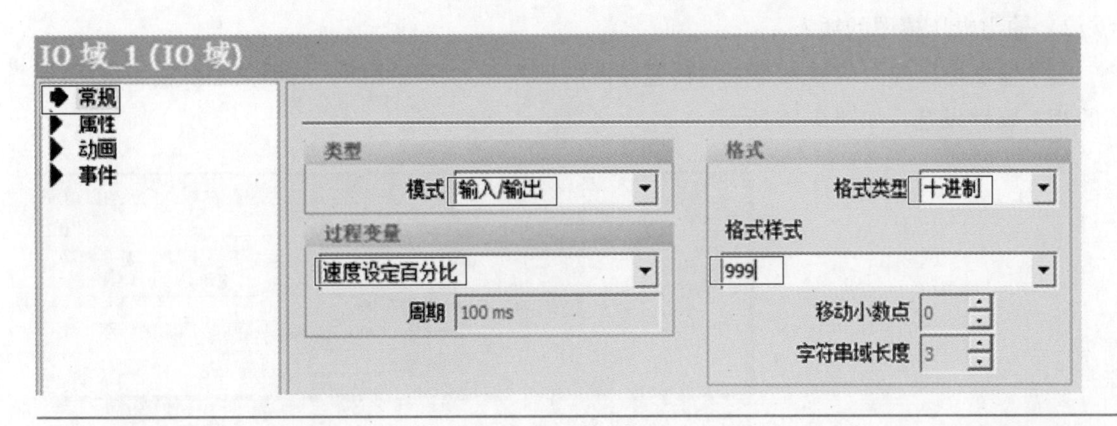


图 9-14 “IO 域”的常规属性设置

标签”改为“3”，“份数”改为“5”，“刻度值”的“总长度”设置为“4”。以上操作步骤，如图 9-15 所示。

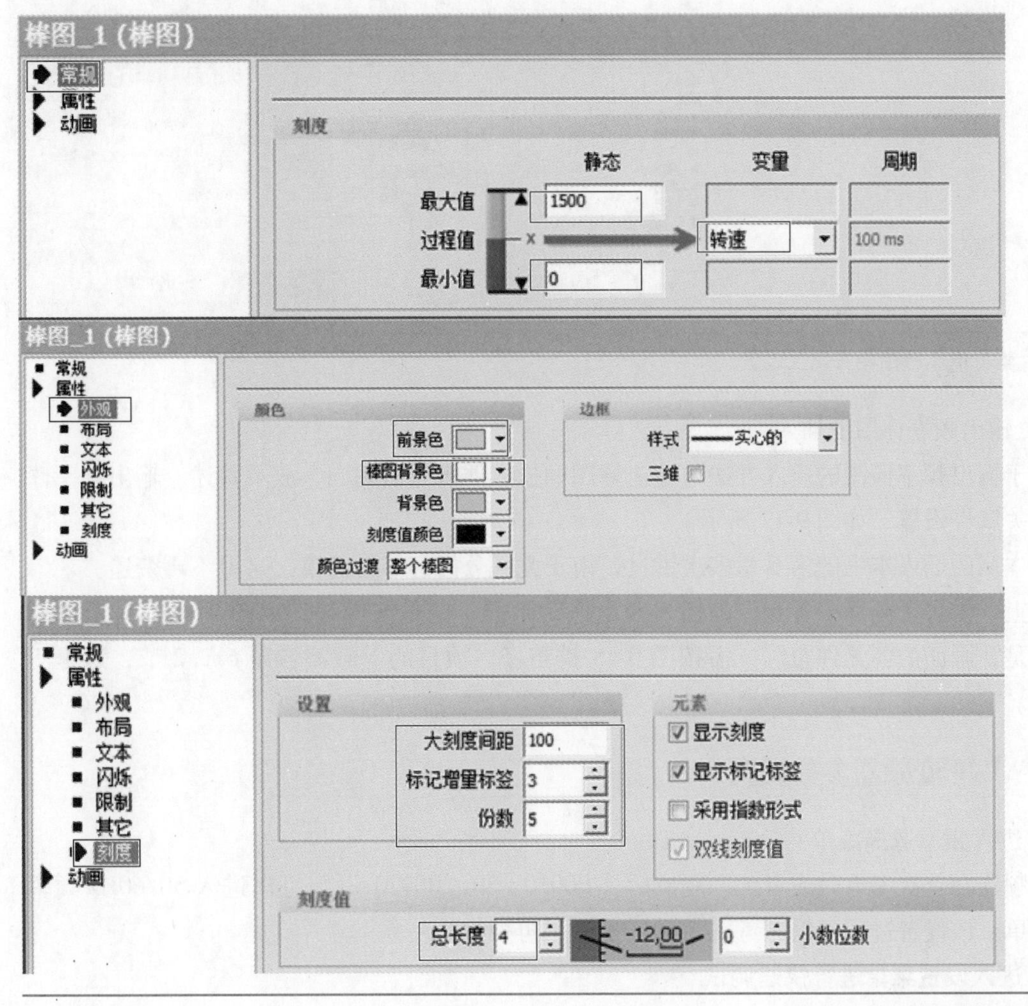


图 9-15 转速棒图相关属性设置

2）输出电压棒图的插入。

鉴于输出电压棒图的插入方法与转速棒图的插入插入方法相同，故不赘述。输出电压棒图的相关属性设置，如图 9-16 所示。

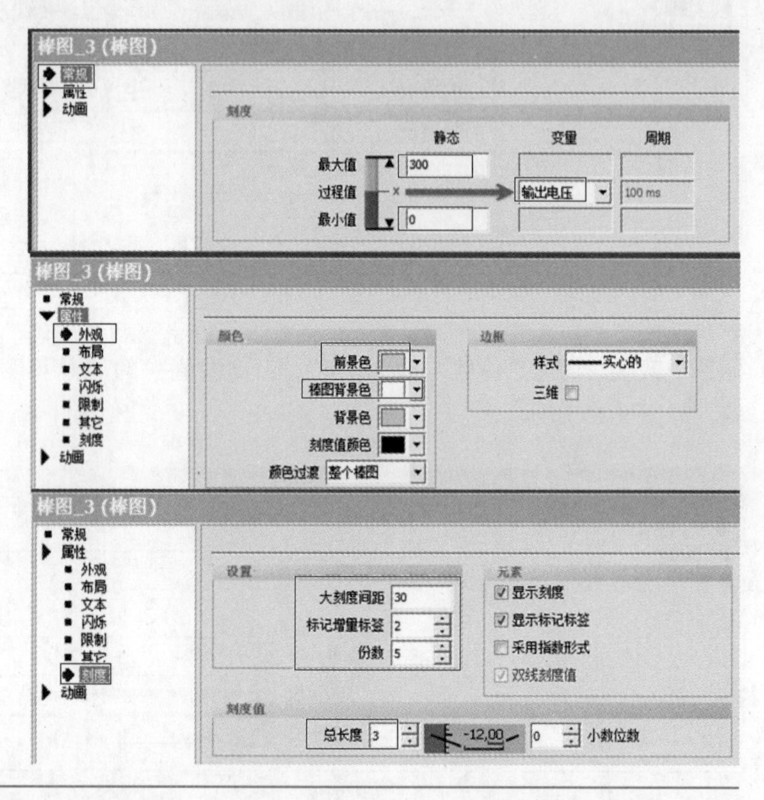


图 9-16　输出电压棒图相关属性设置

3）输出频率棒图的插入。

鉴于输出频率棒图的插入方法与转速棒图的插入插入方法相同，故不赘述。输出频率棒图的相关属性设置，如图 9-17 所示。

文本域的插入本书的第 6 章多次讲过，由于此部分内容非常简单，这里不再赘述。

综上，讲解了画面中各元件的插入及组态，画面 1 的最终结果，如图 9-18 所示。需要说明的是，画面的各元件布局，需按图 9-18 排布好。项目的下载需参照 6. 2. 2 节，这里不再赘述。

## 9. 1. 6　V20 变频器参数设置

### 1. 进入频率选择菜单

变频器在首次上电时或者工厂复位后（P0010 = 30，P0970 = 1）可以进入 50/60Hz 频率选择菜单。该设置过程可以参考图 8-19，这里不再赘述。

### 2. 进入设置菜单进行快速调试

进入设置菜单后，首先设置电动机数据，接下来是连接宏选择，之后是应用宏选择，最后是设置常用参数。上述流程图及相关设置，如图 9-19 所示。

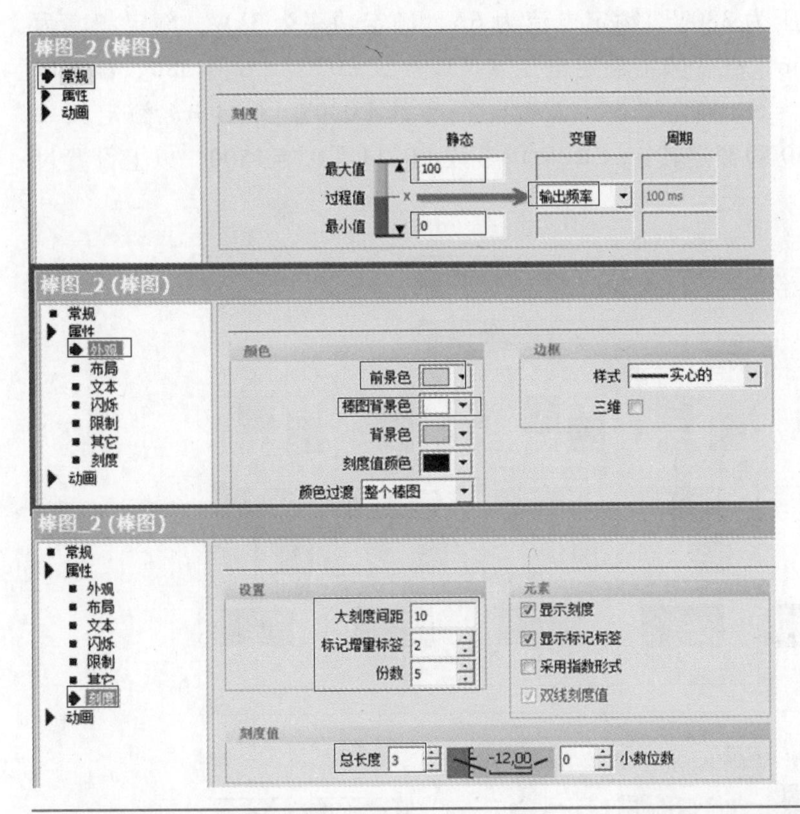


图 9-17 输出频率棒图相关属性设置

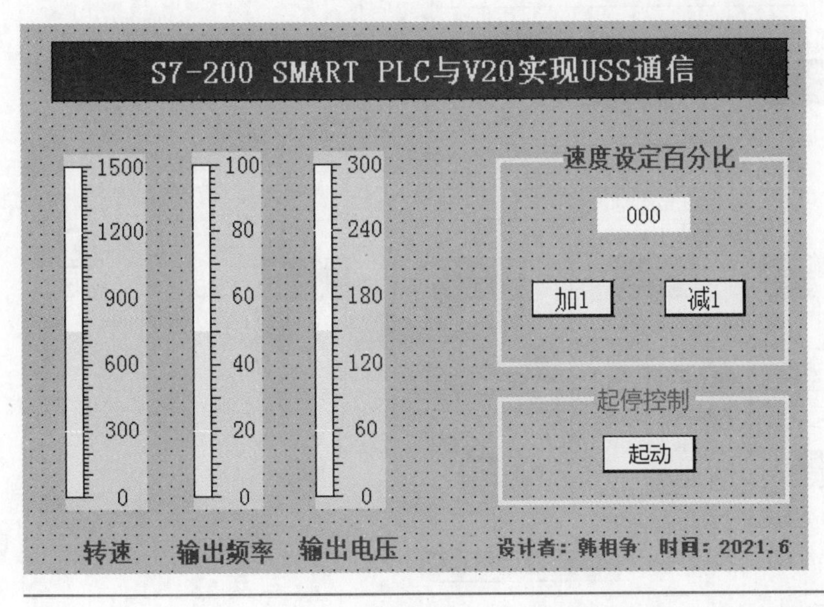


图 9-18 S7-200 SMART PLC 与 V20 变频器 USS 通信触摸屏最终画面

（1）根据铭牌设置电动机数据

由于电动机的额定电压为 380V，额定电流为 6A、额定功率为 3kW、额定频率为 50Hz 和额定转速 1500r/min，故变频器额定电压（V）参数 P0304［0］= 380、额定电流（A）参数 P0305［0］= 6、额定功率（kW/hp）参数 P0307［0］= 3、额定频率（Hz）参数 P0310［0］= 50 和额定转速（RPM）参数 P0311［0］= 1500。以上设置过程，如图 9-19 所示。

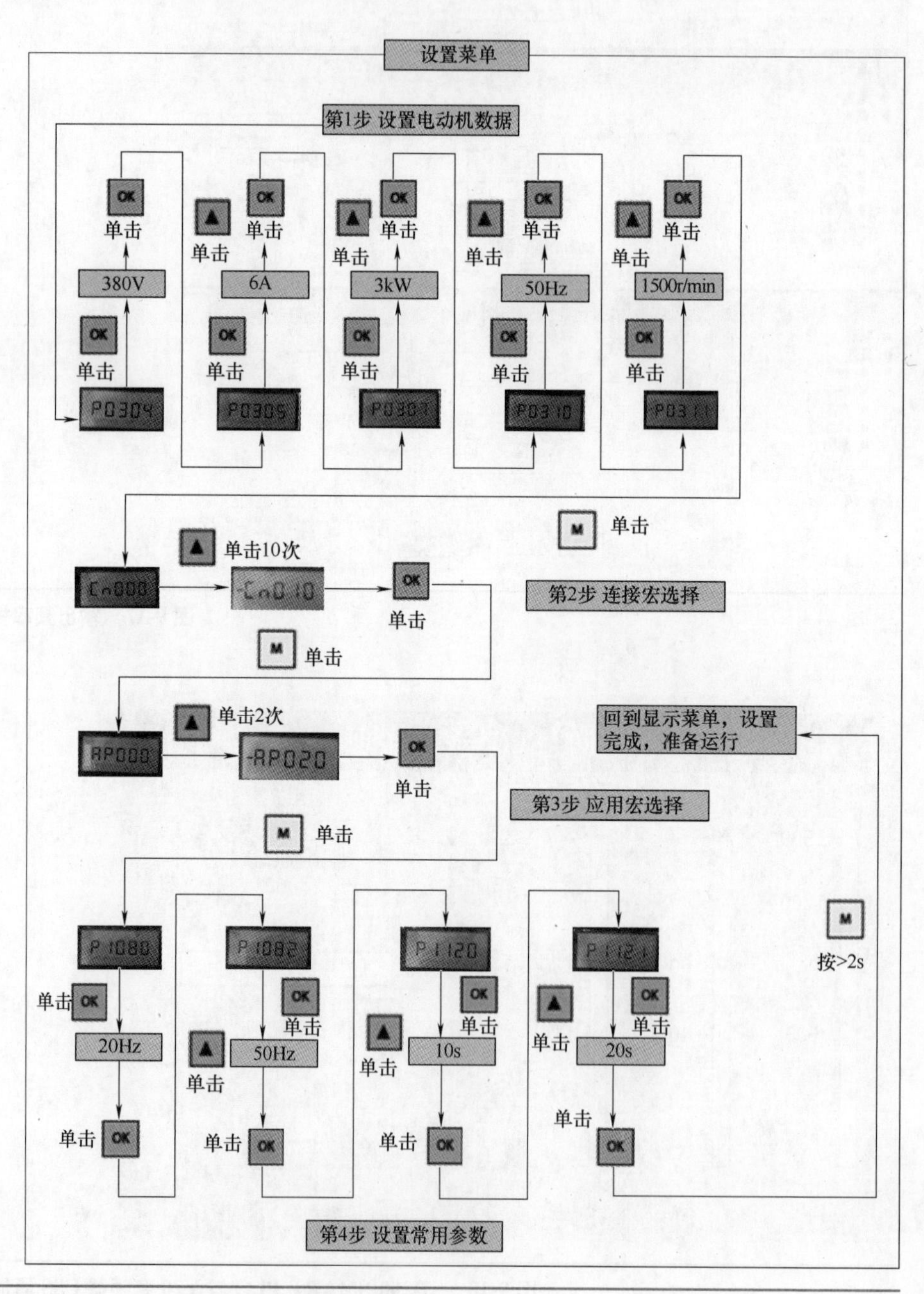


图 9-19 进入设置菜单进行快速调试的流程图及相关设置

（2）连接宏选择

在设置完电动机数据后，便可以进行连接宏选择了。设置完电动机参数后，单击“M”键即可进行连接宏选择，本例连接宏选择为 Cn010。上述设置过程，如图 9-19 所示。

Cn010 内部的具体参数，见表 9-5。需要说明的是，Cn010 内部的具体参数无须用户设置，变频器系统出厂时本身已将 Cn010 内部的具体参数设置好了。

**表 9-5 Cn010 的相关参数**

| 参数 | 描述 | 工厂默认值 | Cn010 默认值 | 备注 |
| --- | --- | --- | --- | --- |
| P0700［0］ | 选择命令源 | 1 | 5 | RS-485 为命令源 |
| P1000［0］ | 选择频率 | 1 | 5 | RS-485 为速度设定值 |
| P2023［0］ | RS485 协议选择 | 1 | 1 | USS 协议 |
| P2010［0］ | USS/MODBUS 波特率 | 8 | 8 | 波特率为 38400bit/s |
| P2011［0］ | USS 地址 | 0 | 1 | 变频器的 USS 地址 |
| P2012［0］ | USS PZD 长度 | 2 | 2 | PZD 部分的字数 |
| P2013［0］ | USS PKW 长度 | 127 | 127 | PKW 部分字数可变 |
| P2014［0］ | USS/MODBUS 报文间断时间 | 2000 | 500 | 接收数据时间 |

（3）应用宏选择

在设置完连接宏后，便可以进行应用宏选择了。和连接宏一样，应用宏选择也十分简单，选择完连接宏后，单击“M”键即可进行应用宏选择，本例应用宏选择为-AP020。上述设置过程，如图 9-19 所示。

AP020 内部的具体参数，见表 9-6。需要说明的是，AP020 内部的具体参数无须用户设置，变频器系统出厂时本身已将 AP020 内部的具体参数设置好了。

**表 9-6 AP020 的相关参数**

| 参数 | 描述 | 工厂默认值 | AP020 默认值 | 备注 |
| --- | --- | --- | --- | --- |
| P1110［0］ | BI：禁止负的频率设定值 | 0 | 1 | 禁止风机反转 |
| P1300［0］ | 控制方式 | 0 | 7 | 二次方 V/f 控制 |
| P1200［0］ | 捕捉再起动 | 0 | 2 | 搜索处于运行状态且带高惯量负载的电动机的速度并使其按设定值运行 |
| P1210［0］ | 自动再起动 | 1 | 2 | 上电时故障确认 |
| P1080［0］ | 最小频率 | 0 | 20 | 禁止变频器低于此速度运行 |
| P1120［0］ | 斜坡上升时间 | 10 | 10 | 从零上升到最大频率的斜坡时间 |
| P1121［0］ | 斜坡下降时间 | 10 | 20 | 从最大频率下降到零的斜坡时间 |

（4）设置常用参数

在设置完应用宏后，便可以进行常用参数设置了。这里涉及的常用参数有 4 个，分别为最小频率 P1080［0］、最大频率 P1082［0］、斜坡上升时间 P1120［0］和斜坡下降时间 P1121［0］。本例将最小频率 P1080［0］设置为 20Hz，最大频率 P1082［0］设置为 50Hz，斜坡上升时间 P1120［0］设置为 10s，斜坡下降时间 P1121［0］设置为 20s。上述设置过程，如图 9-19 所示。

综上，经过上述步骤设置，通过设置菜单进行快速调试完成。

**3. 修改通信参数**

通过设置菜单进行快速调试时，波特率参数 P2010［0］和接收数据时间参数 P2014［0］设置得不太合适，故需要在参数菜单中进行修改。

在设置完常用参数后，按 M 键 2s 以上进入显示菜单，进入显示菜单后单击 M 键，进入参数菜单。在参数菜单中，找到用户访问级参数 P0003，将其设置为 3（即专家级），再找到参数过滤参数 P0004，将其设置为 20（即找通信参数）。多次按 ▲ 找到波特率参数 P2010［0］，将其设置为 9，即波特率为 57600bit/s，这样就与程序 USS_INIT 指令中的波特率保持吻合了；再找到接收数据时间参数 P2014［0］，将其设置为 2000，即 USS 通信报文间断时间为 2000ms；设置完以上 2 个参数后，按 M 键 2s 以上回到显示菜单，准备试机。

**4. 关键参数解析**

相关功能的实现和相关重要参数分不开，本例涉及的重要参数如下：

1）P0700［0］。P0700［0］是选择命令源参数，本例命令源为 RS-485，故选择宏中的 P0700［0］=5。

2）P1000［0］。P1000［0］是频率设定值选择参数，本例是通过 RS-485 来设定速度，故选择宏中的 P1000［0］=5。

3）P2023［0］。P2023［0］为 RS-485 协议选择参数，由于本例执行的是 USS 通信协议，故选择宏中的 P2023［0］=1。

4）P2010［0］。P2010［0］为波特率参数，由于程序 USS_INIT 指令中的波特率为 57600bit/s，故将其修改为 9。

5）P2011［0］。P2011［0］为地址参数，由于程序指令中的 Drive 为 1，故选择宏中 P2011［0］=1。

6）P2014［0］。P2014［0］为接收数据时间参数，将其设置为 2000，即 USS 通信报文间断时间为 2000ms。将其时间延长防止出现通信错误。

### 9.1.7 试机

1）检查好电路连接后，给系统上电。

2）V20 变频器通过设置菜单设置好参数后，按 M 键 2s 以上回到显示菜单，准备试机，可以监控输出频率等参数状态。

3）将图 9-4 的程序下载到 S7-200 SMART PLC（CPU SR20）中，按运行按钮后，再按程序状态监控程序。

4）参考 6.2.2 节将触摸屏画面下载到 SMART LINE 触摸屏上。按触摸屏上的 加1 按钮设置好速度，按 起动 按钮起动系统，结合转速棒图、输出频率棒图和输出电压棒图观察冷却风机的运转情况。

## 9.2 V20 变频器与 S7-200 SMART PLC 在正压控制项目中的应用

正压控制广泛应用于石油化工领域，由于正压的存在，使得可燃性气体难以进入某一空间，为一些实验提供一个安全的环境。本节将以正压控制为例，重点讲解数字量端子控制变频器起停，模拟信号调速的知识。

### 9.2.1 任务引入

某实验需在正压环境下进行，压力应维持在 50Pa。按下起动按钮轴流风机 M1、M2 同时全速运行；当室内压力到达 60Pa 时，轴流风机 M1 停止，改由轴流风机 M2 进行 PID 调节，将压力维持在 50Pa；若有人开门出入，系统压力会骤降，当压力低于 10Pa 时，两台轴流风机将全速运转，直到压力再次达到 60Pa，轴流风机 M1 停止，又回到了改由轴流风机 M2 进行 PID 调节状态。根据控制要求，试完成设计任务。

### 9.2.2 任务实施

**1. 设计方案确定**

1）室内压力取样由压力变送器完成，考虑压力最大不超 60Pa，因此选择量程为 0~500Pa，输出信号为 4~20mA 的压力变送器。

2）轴流风机 M1 通断由接触器来控制，轴流风机 M2 由变频器来控制。

3）轴流风机的动作，压力采集后的处理，变频器的控制均有 S7-200 SMART PLC 来完成。

**2. 硬件电路设计**

本项目硬件电路的设计包括以下几部分（见图 9-20）：

1）两台轴流风机主电路设计。

2）西门子 CPU SR30 模块供电和控制设计。

**3. 硬件组态**

正压控制硬件组态，如图 9-21 所示。

**4. 程序设计**

正压控制的程序，如图 9-22 所示。

本项目程序的编写主要考虑 3 个方面，具体如下：

1）两台轴流风机起停控制程序的编写。两台轴流风机起停控制比较简单，采用起保停电路即可。使用起保停电路关键是找到起动和停止信号，轴流风机 M1 的起动信号一个是起动按钮所给的信号，另一个为当压力低于 10Pa 时，比较指令所给的信号，两个信号是或的关系，因此要并联。轴流风机 M1 控制的停止信号为当压力为 60Pa 时，比较指令通过中间编程元件所给的信号。轴流风机 M2 的起动信号为起动按钮所给的信号，停止信号为停止按钮所给的信号，若不按停止按钮，整个过程 M2 始终为 ON。

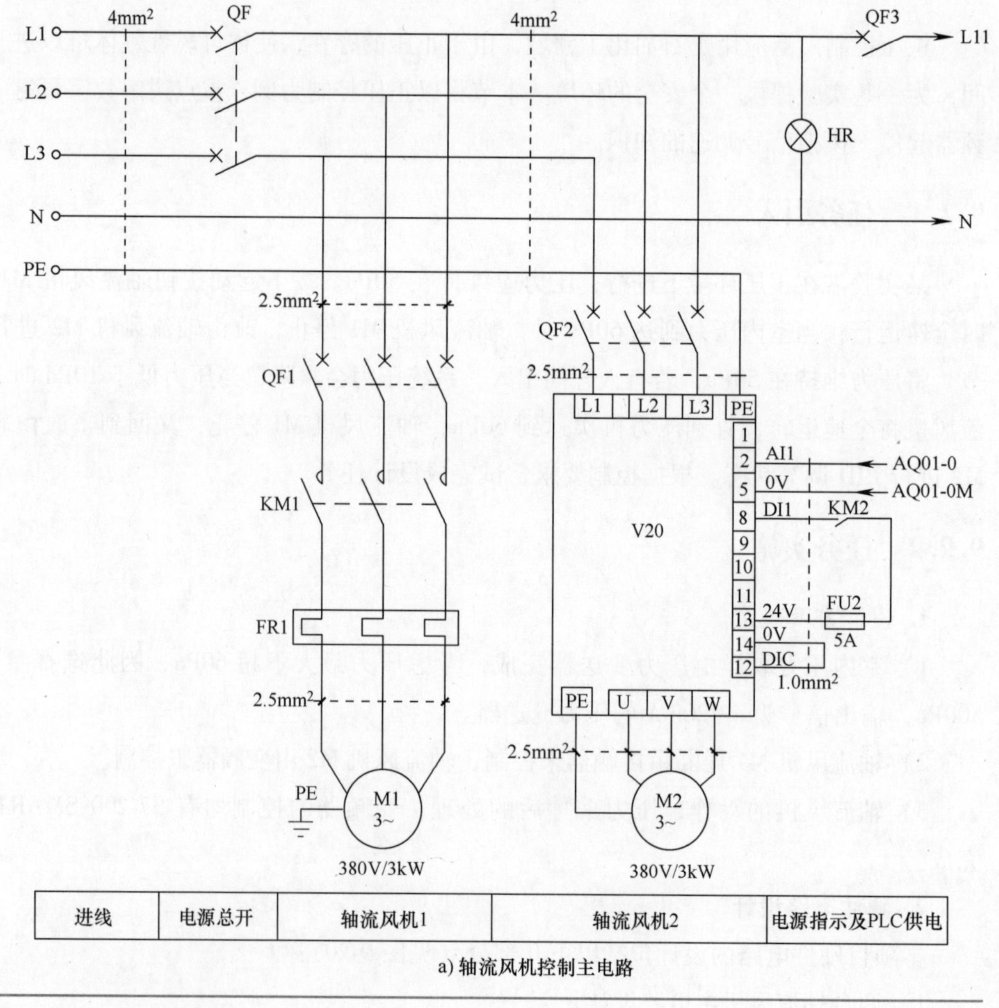


a) 轴流风机控制主电路

图 9-20 轴流风机控制主电路

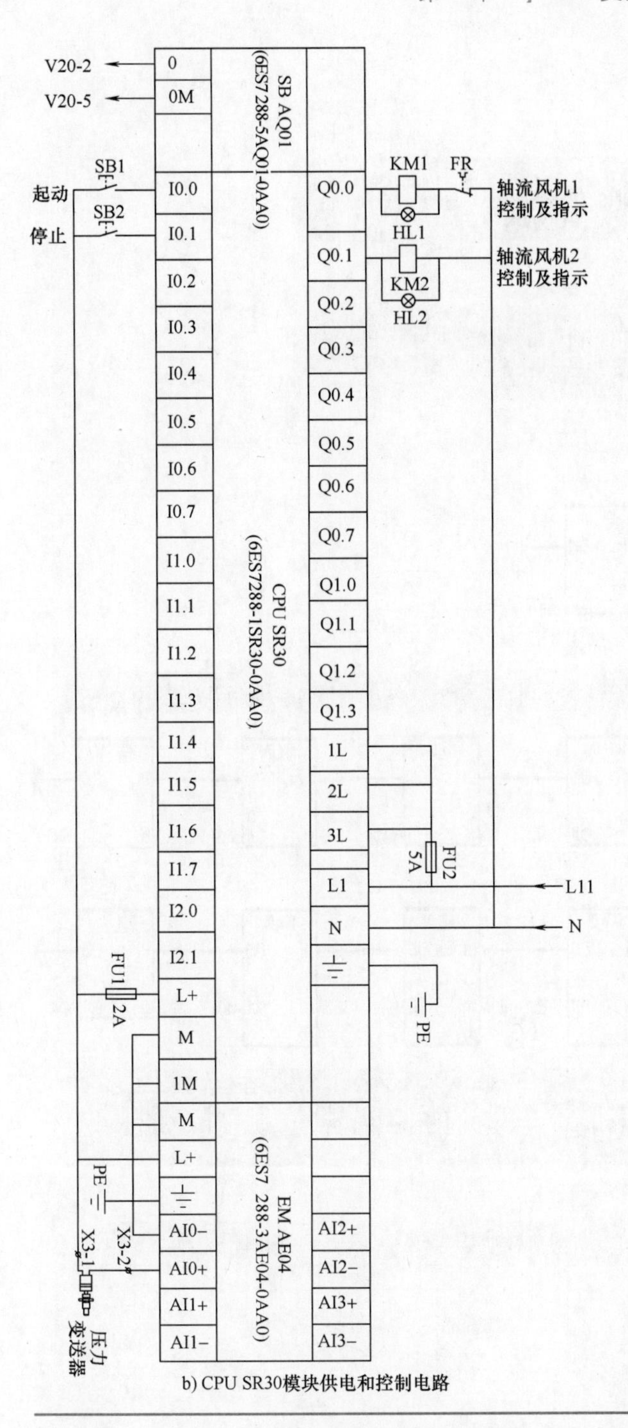


b) CPU SR30模块供电和控制电路

图 9-20 轴流风机控制主电路（续）

|  | 模块 | 版本 | 输入 | 输出 | 订货号 |
|---|---|---|---|---|---|
| CPU | CPU SR30 (AC/DC/Relay) | V02.02.00_00.00... | I0.0 | Q0.0 | 6ES7 288-1SR30-0AA0 |
| SB | SB AQ01 (1AQ) |  |  | AQW12 | 6ES7 288-5AQ01-0AA0 |
| EM 0 | EM AE04 (4AI) |  | AIW16 |  | 6ES7 288-3AE04-0AA0 |
| EM 1 |  |  |  |  |  |

图 9-21 正压控制硬件组态

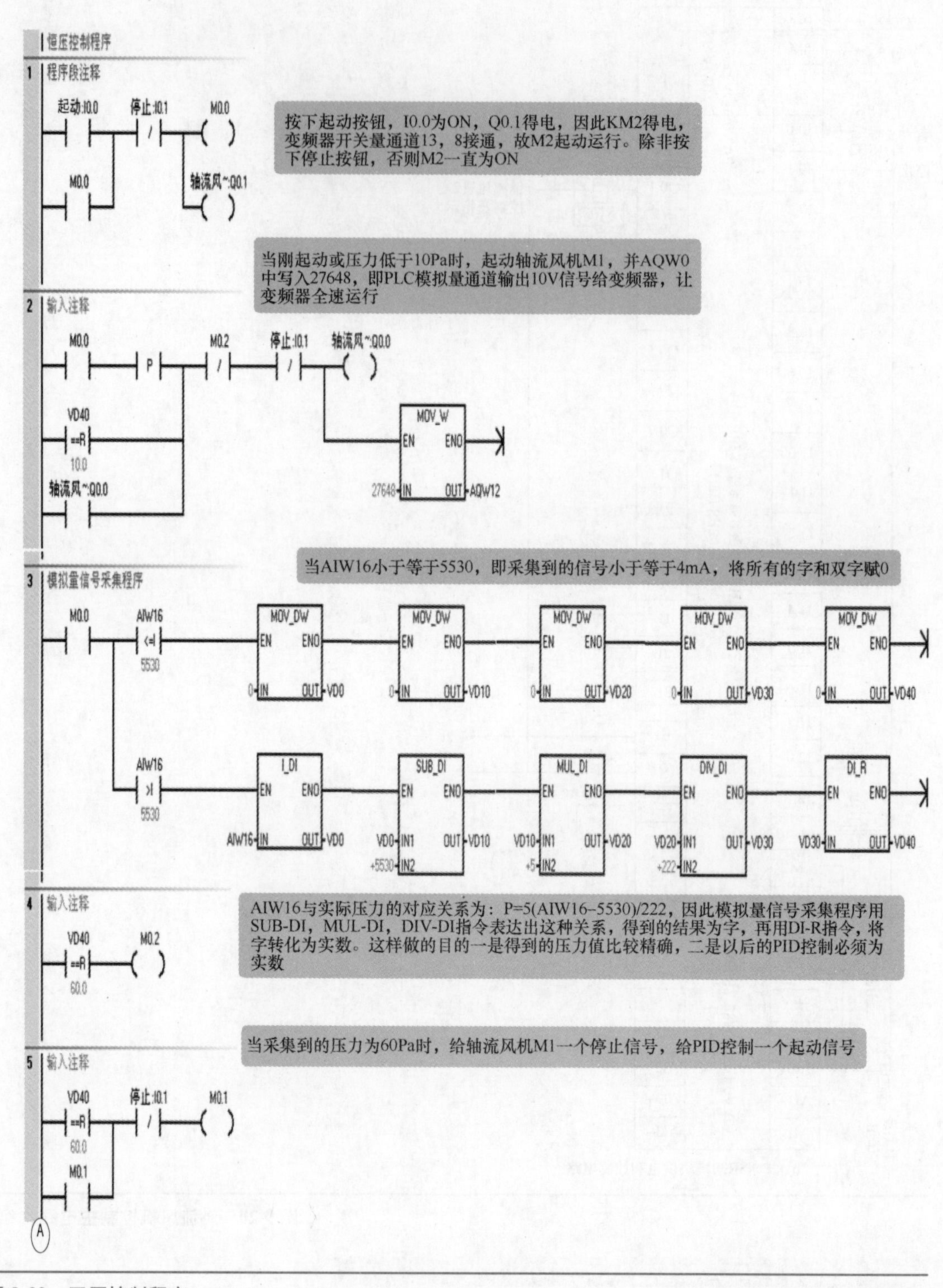

恒压控制程序
1 程序段注释
起动:I0.0
停止:I0.1
M0.0
轴流风~:Q0.1
按下起动按钮，I0.0为ON，Q0.1得电，因此KM2得电，变频器开关量通道13，8接通，故M2起动运行。除非按下停止按钮，否则M2一直为ON
当刚起动或压力低于10Pa时，起动轴流风机M1，并AQW0中写入27648，即PLC模拟量通道输出10V信号给变频器，让变频器全速运行
2 输入注释
M0.0
P
M0.2
停止:I0.1
轴流风~:Q0.0
VD40
==R
10.0
MOV_W
EN ENO
27648 IN OUT AQW12
3 模拟量信号采集程序
当AIW16小于等于5530，即采集到的信号小于等于4mA，将所有的字和双字赋0
AIW16
<=I
5530
MOV_DW
0 IN OUT VD0
0 IN OUT VD10
0 IN OUT VD20
0 IN OUT VD30
0 IN OUT VD40
>I
I_DI
SUB_DI
MUL_DI
DIV_DI
DI_R
AIW16 IN OUT VD0
VD0 IN1 OUT VD10
+5530 IN2
VD10 IN1 OUT VD20
+5 IN2
VD20 IN1 OUT VD30
+222 IN2
VD30 IN OUT VD40
4 输入注释
AIW16与实际压力的对应关系为：P=5(AIW16-5530)/222，因此模拟量信号采集程序用SUB-DI，MUL-DI，DIV-DI指令表达出这种关系，得到的结果为字，再用DI-R指令，将字转化为实数。这样做的目的一是得到的压力值比较精确，二是以后的PID控制必须为实数
VD40
==R
60.0
M0.2
当采集到的压力为60Pa时，给轴流风机M1一个停止信号，给PID控制一个起动信号
5 输入注释
停止:I0.1
M0.1
A


图 9-22　正压控制程序

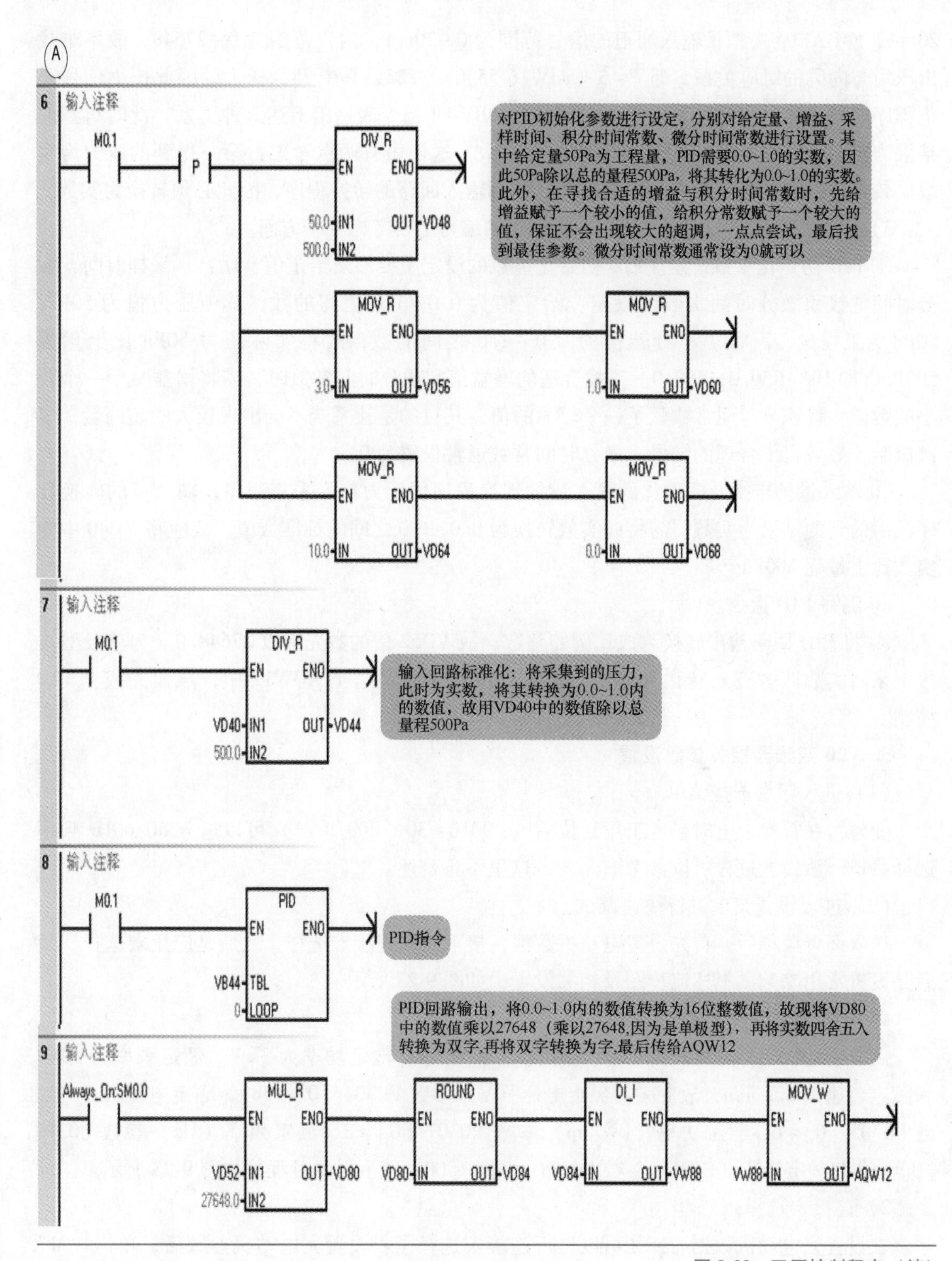


图 9-22 正压控制程序（续）

2）压力信号采集程序的编写。笔者不止一次强调，解决此问题的关键在于找到实际物理量压力与内码 AIW16 之间的比例关系。压力变送器的量程为 0~500Pa，其输出信号为 4~

20mA，EM AE04 模拟量输入通道的信号范围为 0~20mA，内码范围为 0~27648，故不难找出压力与内码的对应关系，即 $P=5$（AIW16-5530）/222，其中 $P$ 为压力。因此压力信号采集程序编写实际上就是用 SUB-DI、MUL-DI、DIV-DI 指令表达出上述这种关系，此时得到的结果为双字，再用 DI-R 指令将双字转换为实数。这样做有两点考虑：第一得到的压力为实数比较精确；第二此段程序恰好也是 PID 控制输入回路的转换程序，因此必须转换为实数。

3）PID 控制程序的编写。PID 控制程序的编写主要考虑 4 个方面。

① PID 初始化参数设定。PID 初始化参数的设定主要涉及给定值、增益、采样时间、积分时间常数和微分时间常数的设定。给定值为 0.0~1.0 之间的数，其中压力恒为 50Pa，50Pa 为工程量，需将工程量转换为 0.0~1.0 之间的数，故将实际压力 50Pa 比上量程 500Pa，即 DIV-R50.0，500.0。寻找合适的增益值和积分时间常数时，需将增益赋予一个较小的数值，将积分时间常数赋予一个较大的值，其目的是让系统不会出现较大的超调量，多次试验，最后得出合理的结果。微分时间常数通常设置为 0。

② 输入量的转换及标准化。输入量的转换程序即压力信号采集程序，输入量的转换程序最后的到的结果为实数，需将此实数转换为 0.0~1.0 之间的标准数值，故应将 VD40 中的实数比上量程 500Pa。

③ 编写 PID 指令。

④ 将 PID 回路输出转换为成比例的整数；故 VD52 中的数先除以 27648.0（为单极型），接下来将实数四舍五入转化为双字，再将双字转化为字送至 AQW12 中，从而完成了 PID 控制。

**5. V20 变频器相关参数设置**

（1）进入频率选择菜单

变频器在首次上电时或者工厂复位后（P0010=30，P0970=1）可以进入 50/60Hz 频率选择菜单。该设置过程可以参考图 8-19，这里不再赘述。

（2）进入设置菜单进行快速调试

进入设置菜单后，首先设置电动机数据，接下来是连接宏选择，之后是应用宏选择，最后是设置常用参数。上述流程图及相关设置，如图 9-23 所示。

1）根据铭牌设置电动机数据。

由于电动机的额定电压为 380V，额定电流为 6A、额定功率为 3kW、额定频率为 50Hz 和额定转速 1500r/min，故变频器额定电压（V）参数 P0304［0］=380、额定电流（A）参数 P0305［0］=6、额定功率（kW/hp）参数 P0307［0］=3、额定频率（Hz）参数 P0310［0］=50 和额定转速（RPM）参数 P0311［0］=1500。以上设置过程，如图 9-23 所示。

2）连接宏选择。

在设置完电动机数据后，便可以进行连接宏选择了。设置完电动机参数后，单击“M”键即可进行连接宏选择，本例连接宏选择为 Cn002。上述设置过程，如图 9-23 所示。

Cn002 内部的具体参数，见表 8-10。需要说明的是，Cn002 内部的具体参数无须用户设置，变频器系统出厂时本身已将 Cn002 内部的具体参数设置好了。

（3）应用宏选择

在设置完连接宏后，便可以进行应用宏选择了。和连接宏一样，应用宏选择也十分简单，选择完连接宏后，单击“M”键即可进行应用宏选择，本例应用宏选择为默认的-AP000。上述设置过程，如图 9-23 所示。

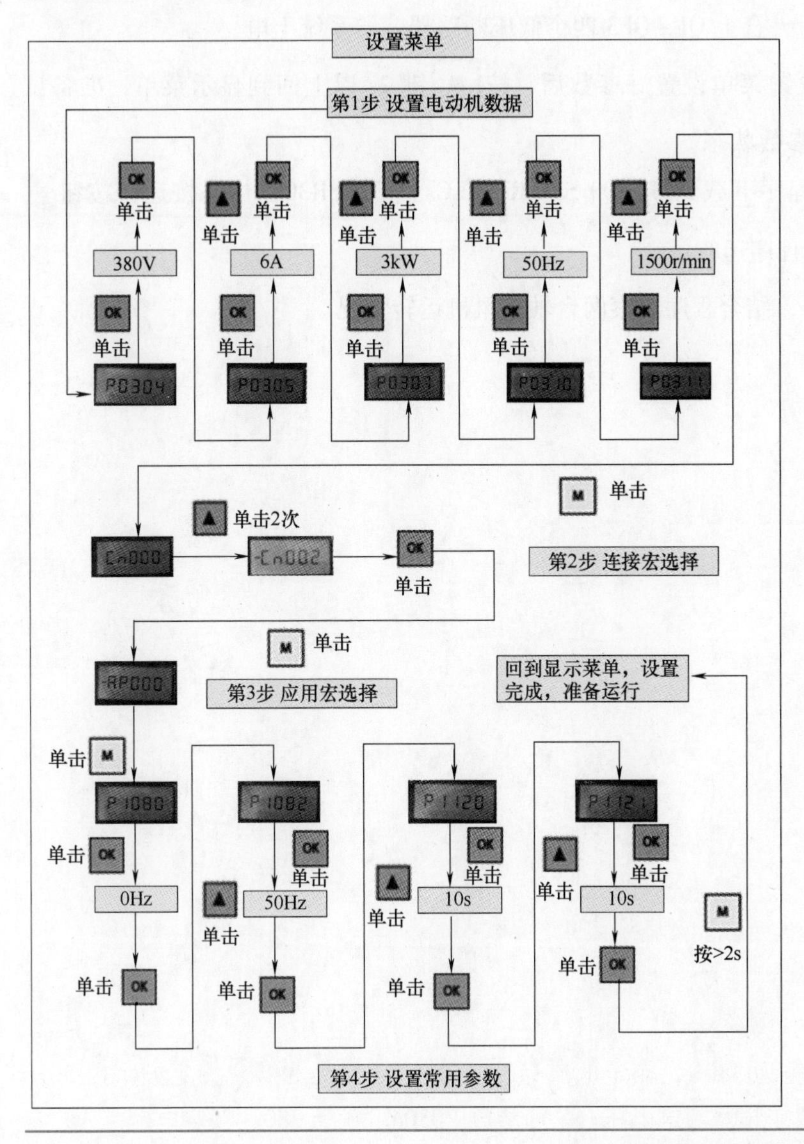


图 9-23 进入设置菜单进行快速调试的流程图及相关设置

（4）设置常用参数

在设置完应用宏后，便可以进行常用参数设置了。这里涉及的常用参数有 4 个，分别为最小频率 P1080［0］、最大频率 P1082［0］、斜坡上升时间 P1120［0］和斜坡下降时间 P1121［0］。本例将最小频率 P1080［0］设置为 0Hz，最大频率 P1082［0］设置为 50Hz，斜坡上升时间 P1120［0］设置为 10s，斜坡下降时间 P1121［0］设置为 10s。上述设置过程，如图 9-23 所示。

综上，经过上述步骤设置，通过设置菜单进行快速调试完成。

### 9.2.3 试机

1）检查好电路连接后，合上 QF~QF3 四个低压断路器，给系统上电。

2）V20 变频器通过设置菜单设置好参数后，按 M 键 2s 以上回到显示菜单，准备试机，可以监控输出频率等参数状态。

3）将图 9-22 所示的程序下载到 S7-200 SMART PLC（CPU SR30）中，按运行按钮后，再按 程序状态 监控程序运行。

4）按下起动按钮 SB1，结合程序观察两台轴流风机运转情况。

# 参考文献

[1] 韩相争. 图解西门子 S7-200 PLC 编程快速入门 [M]. 北京：化学工业出版社，2013.
[2] 韩相争. 三菱 FX 系列 PLC 编程速成全图解 [M]. 北京：化学工业出版社，2015.
[3] 韩相争. 西门子 S7-200 PLC 编程与系统设计精讲 [M]. 北京：化学工业出版社，2015.
[4] 韩相争. 西门子 S7-200 SMART PLC 编程技巧与案例 [M]. 北京：化学工业出版社，2017.
[5] 宋爽，等. 变频技术及应用 [M]. 北京：高等教育出版社，2008.
[6] 王建，等. 西门子变频器实用技术 [M]. 北京：机械工业出版社，2012.
[7] 王廷才. 变频器原理及应用 [M]. 北京：机械工业出版社，2009.
[8] 陶权，等. 变频器应用技术 [M]. 广州：华南理工大学出版社，2011.
[9] 李庆海，等. 触摸屏组态控制技术 [M]. 北京：电子工业出版社，2015.
[10] 向晓汉. 西门子 WinCC V7 从入门到提高 [M]. 北京：机械工业出版社，2012.
[11] 廖常初. S7-200 SMART PLC 编程及应用 [M]. 北京：机械工业出版社，2013.
[12] 向晓汉. S7-200 SMART PLC 完全精通教程 [M]. 北京：机械工业出版社，2013.
[13] 田淑珍. S7-200 PLC 原理及应用 [M]. 北京：机械工业出版社，2009.
[14] 张永飞，姜秀玲. PLC 及应用 [M]. 大连：大连理工大学出版社，2009.
[15] 梁森，等. 自动检测与转换技术 [M]. 北京：机械工业出版社，2008.
[16] 许翏. 电机与电气控制技术 [M]. 北京：机械工业出版社，2005.
[17] 刘光源. 机床电气设备的维修 [M]. 北京：机械工业出版社，2006.
[18] 胡寿松. 自动控制原理 [M]. 北京：科学出版社，2013.
[19] 段有艳. PLC 机电控制技术 [M]. 北京：中国电力出版社，2009.
[20] 徐国林. PLC 应用技术 [M]. 北京：机械工业出版社，2007.

# 参考文献